"十四五"普通高等教育本科部委级规划教材

河南省"十四五"普通高等教育规划教材

U0151303

食品化学

（第2版）

⑤hipin Huaxue

李红　张华◎主编

中国纺织出版社有限公司

内 容 提 要

本教材重点介绍食品化学的基础理论及相关的应用知识,主要包括食品的六大营养成分、色香味及有害成分的结构、性质和它们在食品加工和贮藏中的变化及其对食品品质和安全性产生的影响,酶和食品添加剂在食品工业中的应用等。本教材融入一定的实践知识,并结合化学反应,加深学生对课程内容的理解,为后续专业课的学习建立必要的理论基础。此外,每章节给出了学习目标与要求、课程思政案例以及必要的思考题,便于帮助学生掌握该章节的主要内容,同时加强学生的思政教育。

本书各章的主要内容均配有相应的习题、电子课件、部分教学视频等数字化资源,有助于读者更轻松、更便捷、更高效地掌握本书的精髓,大幅提高学习效率。

本书可以作为高等院校"食品科学与工程""食品质量与安全"等专业本科生的教材使用,也可以作为食品工业、农业、营养、食品质量控制等领域技术人员和管理人员的参考书。

图书在版编目(CIP)数据

食品化学 / 李红,张华主编. -- 2 版. -- 北京:中国纺织出版社有限公司,2022.3(2025.1重印)

"十四五"普通高等教育本科部委级规划教材 河南省"十四五"普通高等教育规划教材

ISBN 978 - 7 - 5180 - 9181 - 2

Ⅰ.①食… Ⅱ.①李… ②张… Ⅲ.①食品化学—高等学校—教材 Ⅳ.①TS201.2

中国版本图书馆 CIP 数据核字(2021)第 241030 号

责任编辑:毕仕林 国 帅 责任校对:王蕙莹
责任印制:王艳丽

中国纺织出版社有限公司出版发行
地址:北京市朝阳区百子湾东里 A407 号楼 邮政编码:100124
销售电话:010—67004422 传真:010—87155801
http://www.c-textilep.com
中国纺织出版社天猫旗舰店
官方微博 http://weibo.com/2119887771
三河市宏盛印务有限公司印刷 各地新华书店经销
2022 年 3 月第 2 版 2025 年 1 月第 3 次印刷
开本:787×1092 1/16 印张:32.5
字数:656 千字 定价:78.00 元

普通高等教育食品专业系列教材
编委会成员

《食品化学》编委会成员

第2版前言

"食品化学"是食品科学与工程、食品质量与安全及相关专业的一门重要的专业基础课程,是从化学角度和分子水平研究食品的化学组成、结构、理化性质、营养和安全性质,以及食品在加工、贮藏和运销过程中发生的变化及其对食品品质和安全性产生影响的科学,在食品科学与工程类特色学科发展及食品专业人才培养中起重要作用。

《食品化学》(第1版)已出版6年有余,在此期间,受到了广大师生及业界人士的支持和认可。随着食品工业的持续快速发展,人们对食品安全和健康意识不断加强,食品工业进入了一个产业升级、调整和提高的关键时期,食品科学与工程领域中出现了许多新的研究方法和成果。同时,伴随"互联网+"时代的到来,线下教育已不能满足社会需求,线上、线下相结合及在线教学资源已成为时代的主流,原有教材已不能满足新时代食品学科发展的需要,作为高等教育部委级规划教材,更应及时反映本学科科学技术发展的最新内容及产业和社会经济发展的最新需求,与时俱进。因此,非常有必要对《食品化学》(第1版)进行修订和补充。

本书第2版,编者认真汲取国内外优秀教材最新研究的精华,结合我国食品工业的实际,以期充分反映食品化学及相关领域的最新进展。在第1版的基础上,结合课程思政育人目标,第一章增加了食品化学家学生在食品化学发展中的作用,其余章节后均增加了相应的课程思政案例,加强思政教育;结合工程教育专业认证要求,新教材充分贯彻理论与实际相结合的原则,补充较多实际案例,帮助学生深入理解并掌握理论知识,提高解决实际问题的能力;根据人们对食品安全和健康意识的提高这一现象,增加了维生素和矿物质的增补与强化方面的知识,并对食品添加剂一章做了结构和内容的调整,增加了对食品添加剂的科学认知;应"互联网+"及线上教育的时代需求,增加了部分章节的"视频"及全部章节的"PPT"和"练习题"等线上资源,便于学生及其他使用本教材的人员有效利用碎片时间学习。

参与本书编写的人员均为多年从事食品化学教学和研究的教师,曾多次参与编写食品科学领域的专业书籍,在参编人员的共同努力下,顺利完成了十二章内容的编写。其中郑州轻工业大学李红编写第一章和第五章;郑州轻工业大学史苗苗编写第二章和第七章;西昌学院蔡利编写第三章;郑州轻工业大学刘兴丽编写第四章;蚌埠学院马龙编写第六章和第十二章;内蒙古农业大学杨飞芸编写第八章;齐鲁工业大学孙华编写第九章;福建农林大学张龙涛编写第十章;郑州轻工业大学张华编写第十一章。全书由李红统稿。

本书编写受到了各参编院校及编者家人持久而坚定的支持,编写过程中参考和引用了国内外大量有关食品化学方面的书籍和文献。同时,在本书的编辑、出版过程中得到了教育部食品科学与工程类专业教学指导委员会秘书长、江南大学夏文水教授的关心和支持,以及中国纺织出版社有限公司的大力支持。此外,本教材得到河南省"十四五"普通高等教育规划教材立项及郑州轻工业大学教材出版基金资助,在此,谨向他们表示诚挚的敬意和衷心的感谢。

本书可作为高等院校食品、粮油和农产品加工等专业本科生、研究生和教师的教科书和参考书,对于在上述领域工作的科技人员也具有一定的参考价值。

鉴于编者学识、实践经验和撰稿水平有限,书中难免有疏漏和不妥之处,敬请读者谅解并给予批评指正。

编者

2021 年 9 月

第1版前言

"食品化学"是食品科学与工程和食品质量与安全专业本科生的一门必修课,是继"有机化学"和"生物化学"之后的一门专业基础理论课,是从化学角度和分子水平上研究食品的化学组成、结构、理化性质、营养和安全性质,以及它们在生产、加工、储存和运销过程中的变化及其对食品品质和食品安全性影响的科学,是为改善食品品质、开发食品新资源、革新食品加工工艺和储运技术、科学调整膳食结构、改进食品包装、加强食品质量控制及提高食品原料加工和综合利用水平奠定理论基础的学科。因此,食品科学与工程和食品质量与安全专业的本科生,必须掌握食品化学的基本知识和研究方法,才能在食品加工、保藏、食品安全等领域较好地工作。

本教程综合近年来食品化学相关书籍和文献,在考虑食品科学与工程和食品质量与安全专业对食品化学要求的基础上,共编写了十二章内容,其中郑州轻工业学院李红编写第一章、第五章和第九章;江苏常熟理工学院黄友如编写第二章和第十章;郑州轻工业学院张华编写第四章和第十一章;西昌学院蔡利编写第三章和第七章;蚌埠学院马龙编写第六章和第十二章;内蒙古农业大学杨飞芸编写第八章。全书由李红统稿。

本教材的编写受到了各参编院校及编者家人持久而坚定的支持,编写过程中参考和引用了国内外大量食品化学方面的书籍和文献。同时在本书的编辑、出版过程中得到了教育部食品科学与工程类专业教学指导委员会秘书长、江南大学夏文水教授的关心和支持,以及中国纺织出版社的大力支持,此外,本教材得到郑州轻工业学院教材出版基金资助,在此,谨向他们表示诚挚的敬意和衷心的感谢。

鉴于编者学识、实践经验和撰稿水平有限,书中难免有疏漏和不妥之处,敬请读者谅解并给予批评指正。

编者

2014 年 4 月

目　录

第一章　绪论

学习目标与要求

1. 了解食品化学的研究对象、发展历史及食品化学在食品科学中的地位和作用。

2. 掌握食品化学的概念、化学组成、主要研究内容、研究方法及学习方法。

3. 培养学生自主学习、勇于创新和求真务实的科学素养,激发科技兴国的爱国主义情怀,树立良好的职业道德观,增强社会责任感。

PPT 课件

第一节　食品化学的概念

一、食品的组成

食物是指可供人类食用的、含有营养素的物质原料的统称。食品是指经特定方式加工后供人类食用的食物。营养素是指那些能维持人体正常生长发育和新陈代谢所必需的物质。目前已知的人体必需的营养素有 40～50 种,根据化学性质分可分为六大类,即蛋白质、脂肪、碳水化合物、矿物质、维生素和水,也有人提出将膳食纤维列为第七类营养素。

食品是一个非常复杂的体系,其化学组成从食品各个组分的来源看,可分为天然成分和非天然成分两大类。天然成分是指在正常的食品原料生产过程中生成的化合物,包括无机成分和有机成分,无机成分主要是水分和矿物质,有机成分则包括蛋白质、碳水化合物、脂类化合物、维生素、色素、呈香和呈味物质、酶及有毒物质。非天然成分则分为食品加工过程中添加的物质(如食品添加剂)、食品生产过程中由环境、微生物或食品加工产生的污染物质,如图 1 - 1 所示。

二、食品化学的定义

食品化学是食品科学中一个重要的研究领域,是利用化学的理论和方法研究食品本质的一门科学,即从化学角度和分子水平上研究食品的化学组成、结构、理化性质、营养和安全性质,以及它们在生产、加工、贮藏和运销过程中的变化及其对食品品质和安全性的影响,是为改善食品品质、开发食品新资源、革新食品加工工艺和储运技术、科学调整膳食结构、改进食品包装、加强食品质量控制及提高食品原料加工和综合利用水平奠定理论基础的一门学科,属于应用化学的一个分支。

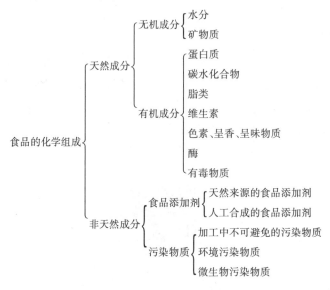

图 1-1　食品的化学组成

第二节　食品化学的发展历史

食品科学源于远古,盛于当今。20 世纪初,化学、生物化学和食品科学的发展,促进了"食品化学"的发展,使其成为一门相对独立的学科。纵观它的发展史,可分为四个阶段。

初期阶段　早期食品化学(19 世纪 50 年代以前)是天然动植物特征成分分离和分析阶段。该时期食品化学知识的积累完全是依赖于基础化学学科的发展,当化学家掌握了分离与分析食物的理论与手段后,便开始对一些食物及食品的特征成分进行研究,当时的研究是分散的、不系统的,有的重大发现甚至是在其他研究中偶然得到的。在这一阶段比较突出的发现如下:

瑞典药剂师舍雷(Carl Wilhelm Scheele)(1742—1786)是有史以来最伟大的化学家之一。他分离和研究了乳酸的性质(1780 年),从柠檬汁(1784 年)和醋栗(1785 年)中分离出柠檬酸,从苹果中分离出苹果酸(1785 年),并且检测了 20 种普通水果中的柠檬酸、苹果酸和酒石酸的含量,成为农业和食品化学领域定量研究的先驱。

法国化学家拉瓦锡(Antoine Laurent Lavoisier)(1743—1794)首次于 1784 年测定了乙醇的元素成分(碳、氢、氧),建立了燃烧有机分析的基本原理,率先用化学平衡方程式描述发酵过程,是最早发表关于水果中含有机酸论文的作者之一。

瑞士化学家尼古拉斯(Nicolas Théodore de Saussure)(1767—1845)进一步阐明和规

范了拉瓦锡提出的农业和食品化学的基本理论。1804 年研究了植物呼吸时 CO_2 和 O_2 的变化,1807 年用灰化法测定了植物中矿物质的含量,并首次完成了乙醇的精确元素组成分析。

法国化学家盖·吕萨克(Joseph Louis Gay – Lussac)(1778—1850)和塞纳德(Louis – Jacques Thenard)(1777—1857)于 1811 年首次提出了蔬菜干中碳、氢、氮的定量测定方法。

发展阶段 食品化学在"农业化学"发展的过程中不断充实。农业化学是介绍有关土壤、肥料、农作物等化学知识的一门学科,其中涵盖了大量"食品化学"的内容。这一阶段也涌现出大量化学家为食品化学的发展做出巨大贡献。

英国化学家戴维(Sir Humphrey Davy)(1778—1829)在 1807 年和 1808 年分离出元素 K、Na、Ba、Sr、Ca 和 Mg,并于 1813 年出版了第一本《农业化学原理》,指出"植物的所有组成部分都可被分解为少数几种元素,它们被用作食品或用于工艺品,取决于这些元素的组合排列,研究这些物质的性质是农业化学的一个基本部分",论述了食品化学的一些相关内容。

瑞典化学家贝采里乌斯(Jons Jacob Berzelius)(1779—1848)和苏格兰化学家托马斯(Thomas Thomson)(1773—1852)的探索性研究为有机化学方程奠定了基础。贝采里乌斯测定了约 2000 种化合物的元素组成,证实了定比定律,发明了一种精确测定有机物水分含量的方法。

法国化学家谢弗勒尔(Michel Eugene Chevreul)(1786—1889)在《有机分析及其应用概论》中列出了当时已知存在于有机物中的 O、Cl、I、N、H 等元素,发现并命名了硬脂酸和油酸,成为有机物分析的先驱。

德国化学家李比希(Justus Von Liebig)(1803—1873)1842 年提出将食品分为含氮的(植物纤维蛋白、清蛋白、酪蛋白及动物肉和血等)和不含氮的(脂肪、碳水化合物等)两类,优化了采用燃烧法定量分析有机化合物的方法,并于 1847 年出版了食品化学领域的第一本著作《食品化学的研究》。

19 世纪早期,随着农业化学的发展,食品掺假现象日益严重,促进了化学家深入研究食品和掺杂物的性质,建立检测掺假物的方法。因此,1820—1850 年,化学和食品化学的重要性在欧洲逐渐被认可,化学研究实验室和化学研究杂志在高校相继建立和创办,德国还建立了第一个由政府资助的农业实验站,开发了用于检测食品主要组分的方法,极大地推动了化学和食品化学的发展。

成熟阶段 生物化学的发展推动了食品化学的发展。1871 年法国化学家杜马(Jean Baptiste André Dumas)(1800—1884)提出仅由蛋白质、碳水化合物和脂肪组成的膳食不足以维持人类的生命。1906 年,英国生物化学家霍普金斯(Frederick Gowland Hopkins)(1861—1947)通过一系列动物实验,证明了牛奶中含有微量的、能促进大鼠生长的、被他称为"辅助因子"的物质。此后,他还从食品中分离并鉴定了色氨酸的结构,被视为生物化学之父。1911 年,波兰生物化学家冯克(Casimir Funk)(1884—1967)从米糠和酵母中提取了抗脚气病的胺类物质,命名为"Vitamin",开始了维生素的研究。

到 20 世纪前半期,食品工业已成为发达国家和一些发展中国家的重要工业,对人体有益的维生素、矿物质、脂肪酸和一些氨基酸等大部分食品组分已被化学家、生物学家和营养学家探明,为食品化学的建立奠定了基础。

20 世纪 30~60 年代,一些具有重要影响的杂志如《Journal of Food Science》《Journal of Agricultural and Food Chemistry》《Food Chemistry》等相继创刊,标志着食品化学作为一门学科正式建立。

随后,食品化学著作、教科书相继问世,基本反映了食品化学的发展水平,其中美国著名学者 Owen R. Fennema 对当今食品化学的发展做出了极大的贡献,他多次编写《食品化学》一书,逐渐把该书的内容充实和系统化,使之成为一部具有世界一流水平的食品化学著作,被全球高等院校作为教材或参考教材广泛使用。

现代阶段 20 世纪后期,膜技术、超临界萃取、超微粉碎、超高压、电磁波等现代食品加工技术的发展及色谱、质谱、色质联用等现代分析技术在食品工业中的广泛应用,进一步推动了食品化学在理论和应用方面的研究进展,为食品化学的研究和发展开拓了新的领域。研究方向逐渐向食品在加工贮藏过程中各种化学或生物化学的反应机理、特殊营养成分的结构和功能性质、食品加工贮藏新技术、新型食品包装材料、新产品的开发、新型食品资源的利用等方面发展。

第三节　食品化学的研究内容

食品化学是从化学角度和分子水平上研究食品的化学组成、结构、理化性质、营养与功能性质及它们在加工、贮藏和运销中的变化,以及这些变化对食品品质和安全性产生影响的一门学科;是为改善食品品质,开发食品新资源,革新食品加工工艺和储运技术,科学调整膳食结构,改进食品包装,加强食品质量控制及提高食品原材料深加工和综合利用水平奠定理论基础的发展性学科。因此,食品化学的研究内容可归纳为两个方面:一方面是食品成分化学和食品在加工;另一方面是贮藏中的变化及该变化对食品品质的影响。

一、食品成分化学

根据食品化学研究内容的主要范围,食品成分化学主要包括食品营养成分化学、食品酶学、食品色香味化学、食品添加剂、食品有害成分化学及食品中的保健成分。主要涉及各成分的结构、理化性质、营养和安全性质研究,食品原料、配方改进研究以及食品化学理论和方法研究。根据研究对象的物质分类,食品成分化学的研究内容主要包括:

(1)食品中的水

水是食品六大营养素之一,广泛存在于各类食品中,占食品质量的 4%~95%。作为食品中某些反应的反应物或反应介质,水决定着食品的特性、质地、外观、可接受性及贮藏期,是食品质量评价的重要指标。

(2)食品中的碳水化合物

碳水化合物是食品的主要成分之一,主要存在于谷物、蔬菜、水果及其他可食用植物中,是人类生存所必需的基础物质之一,是人类食品中热量的主要来源,还为食品提供了期望的质地、良好的口感及愉快的甜味。

(3)食品中的脂肪

脂肪是食品中重要的营养成分,不仅能提供热量和人体必需脂肪酸,还能作为载体输送脂溶性维生素。此外,脂肪是重要的热媒介质,赋予食品良好的口感和风味。

(4)食品中的蛋白质

蛋白质是生物体的重要组成部分,在生物体系中发挥核心作用,是生命活动的物质基础。在食品中,蛋白质和氨基酸对食品的色、香、味,以及组织状态和结构特征起着非常重要的作用,是食品化学的主要研究对象。

(5)食品中的酶

酶是生物活细胞产生的、具有高效催化活性和高度专一性的蛋白质或RNA。食品中的酶可分为添加到食品中有助于食品发生某些反应的外源酶和原本就存在于食品原料中的内源酶,两种酶对食品的加工和贮藏都有很大的影响。

(6)食品中的维生素

维生素是由多种不同结构的有机化合物构成的、人类生命活动所必需的微量营养素,是动植物食品的组成成分。不同种类的维生素的化学结构、理化性质和生理功能各不相同。维生素的含量是评价食品营养和功能价值的重要指标之一。

(7)食品中的矿物质

矿物质是构成人体组织和维持正常生理功能所必需的各种无机物的总称,是人体必需营养素之一。食品中矿物质的种类和含量非常丰富,并对食品其他成分的功能和食品的形状具有复杂的影响,是食品营养价值的重要评价指标之一。

(8)食品中的色素

食品色素是存在于动植物细胞和生物组织中的天然显色物质,以及一部分人工合成的着色剂。食品的色泽是构成食品感官质量的一个重要指标,同时还影响人们对食品风味的感知。因此,了解食品色素和着色剂的种类、特征及其在加工和贮藏过程中如何保持或赋予食品良好的色泽,防止颜色变化,是食品化学中值得被重视的问题。

(9)食品中的风味物质

食品风味是食物在摄入前后刺激人体的所有感官而产生的各种感觉的综合,包括味觉、嗅觉、触觉、视觉等感官反应而引起的化学、物理和心理感觉的综合效应,也就是食品使摄入者产生的综合效应。而食品风味物质则是能体现食品风味的化合物的统称。风味物质大多为非营养物质,虽不参加体内代谢,但能促进食欲。因此,研究风味物质对控制食品的加工贮藏条件,使食品保持优良的风味,产生需宜的风味,防止非需宜风味的形成是非常必要的。风味也因此成为评价食品质量的重要指标之一。

（10）食品添加剂

食品添加剂是为了达到改善食品的色、香、味,保持或提高食品的品质,增强食品的营养,延长食品的保质期,改善生产工艺和设备,提高劳动生产率等目的,有意识地加入食品中的一些物质。随着食品高新技术和新产品的发展,食品添加剂的使用范围越来越广。然而,无论哪种添加剂,其使用均需符合《GB 2760—2014 食品安全国家标准 食品添加剂使用标准》。

（11）食品中的有害物质

食品中的有害物质是食品或食品原料中含有的各种分子结构不同、对人体有毒或具有潜在危险性的物质,如农药、兽药残留,重金属污染,真菌毒素、亚硝胺或不良加工产生的多种微量有害物质。因此,预防、分析和减除食品中的有害物质是食品科学面临的重要任务之一。

（12）食品中的保健成分

食品中的保健成分是保健食品中含有的、较为丰富的具有调节人体某种生理功能的成分（营养因子）,长期摄入这类食品,可改善亚健康人群的健康状态,对健康人群也无毒副作用。现代食品化学发展要求明确功能因子的功能、安全性、含量、量效关系及在食品加工贮藏中的稳定性。

二、食品在加工贮藏中的变化及其对食品质量的影响

食品从原料生产、加工、贮藏、运输到产品销售,每个过程无不涉及一系列化学和生物化学变化,这些变化不仅影响食品的营养价值、功能性质及风味,还会带来食品安全性问题。因此,对食品加工、贮藏中的变化及控制研究成为食品化学研究的核心内容,包括研究食品加工、贮藏过程中发生的化学、生物化学变化,该变化的机理及影响因素,变化对食品品质和安全性产生的影响。

表1-1~表1-4扼要给出了食品加工、贮藏中可能经历的品质变化、改变品质变化的反应类型、因果关系及决定食品品质的重要因素。将导致食品品质和安全性变化的原因和结果相联系,便于提高人们分析问题的能力,结合决定食品品质的重要因素,控制食品加工和贮藏条件,改进食品加工工艺和设备,解决导致食品质量变化的根本问题,以便更好地保护食品有益成分,减少有害成分,进一步提高产品的品质和安全性。

表1-1　在食品加工或贮藏中发生的典型品质变化

属性	变化
质地	失去溶解性,失去持水性,质地变坚韧,质地软化
风味	产生酸败、焦味、异味等不良风味,产生美味和芳香等期望的风味
颜色	褐变（暗色）,漂白（褪色）,出现异常颜色和诱人色彩

属性	变化
营养价值	蛋白质、脂类、维生素和矿物质的降解或损失及生物利用率的改变
安全性	产生毒物,钝化毒物,产生有调节生理机能作用的物质

表 1-2 改变食品品质的一些化学反应和生物化学反应

反应类型	实例
非酶褐变	焙烤食品表皮成色
酶促褐变	切开的水果或蔬菜迅速褐变
氧化反应	脂肪产生异味,维生素降解,色素褪色,蛋白质营养损失
水解反应	脂类、蛋白质、维生素、碳水化合物、色素降解
金属反应	与花青素作用改变颜色,叶绿素脱镁变色,作为自动氧化催化剂
脂类异构化	顺式不饱和脂肪酸→反式不饱和脂肪酸,非共轭脂肪酸→共轭脂肪酸
脂类环化	产生单环脂肪酸
脂类聚合	油炸中油的泡沫产生和黏稠度的增加
蛋白质变性	卵清凝固,酶失活
蛋白质交联	在碱性条件下加工蛋白质使营养价值降低
糖降解	宰后动物组织和采后植物组织的无氧呼吸

表 1-3 食品加工、贮藏中变化的因果关系

初期变化	二期变化	影响
脂类水解	游离脂肪酸与蛋白质反应	质构、风味、营养价值改变
多糖水解	糖与蛋白质反应	质构、风味、颜色、营养价值改变
脂类氧化	氧化产物与许多其他成分反应	质构、风味、颜色、营养价值改变,毒物产生
水果破碎	细胞打破、酶释放、氧气进入	质构、风味、颜色、营养价值改变
绿色蔬菜加热	细胞壁和膜的完整性破坏、酶释放、酶失活	质构、风味、颜色、营养价值改变
肌肉组织加热	蛋白质变性和凝聚、酶失活	质构、风味、颜色、营养价值改变
脂类的不饱和脂肪酸顺反异构化	在油炸中油发生热聚合	油炸过度时产生泡沫,降低油脂的营养价值

表 1-4 决定食品在加工、贮藏中稳定性的重要因素

产品自身的因素	各组成成分(包括催化剂)的化学性质,氧气含量,pH,水分活度(A_w),玻璃化转变温度(T_g),玻璃化转变温度时的水含量(W_g)
环境因素	温度(T),处理时间(t),大气成分,经受的化学、物理和生物处理,见光,污染,极端的物理环境

食品在加工和贮藏过程中发生的变化,一船包括生理成熟、后熟和衰老过程中的酶促变化和化学变化,主要有氧化反应、水解反应、热降解反应、交联反应等,例如,食品的酶促和非酶褐变、脂类水解、脂类氧化、脂类聚合、蛋白变性、多糖水解等(表 1-2)。这些化学

变化将会不同程度地影响食品的品质和安全性(表1-3)。然而,不同因素对加工贮藏中食品的质量变化影响程度不同(表1-4),可通过控制影响因素保证食品质量。

水分活度改变引起的变化多种多样。例如一定程度的脱水加工引起了非酶褐变,脂肪和脂溶性维生素的氧化及蛋白质的加速变性,但当水分活度降低至单分子层时,食品中常见的不利变化几乎全部变阻,使食品得以长期保质。

加工过程(如加热、搅拌、冷却等)中,原料被混合,细胞结构遭破坏,酶与底物的接触机会增加,发生水解、氧化、聚合等变化的可能性增加,从而引起食品营养物消耗、质构变软、风味和色泽发生改变。

自动氧化、光敏氧化和酶促氧化是食品加工和贮藏中引起食品变质的重要原因。许多维生素(C、D、E、A 和 B_2)、脂类、色素及蛋白质中的含硫氨基酸及芳香氨基酸残基等都极易被氧化,造成营养损失,不良风味和有害成分形成。

光照和电离辐射在食品加工和贮藏中也经常引起品质变化。例如,牛奶长期日照会产生异味,腌肉制品和脱水蔬菜长期日照会变色或褪色,高剂量的电离辐射会引起脂类和蛋白质的分解变质,肉品辐射保藏过程中会出现异味。

酸、碱、金属离子和其他污染食品的成分也会引起某些变化。例如酸是多糖和苷类水解的催化剂,还是造成叶绿素脱镁的效应物。

酶活控制是食品加工和贮藏中保证食品质量的重要方法。主要通过加热、调节 pH、加入酶激活剂或抑制剂、改变底物浓度或辅基浓度的方法实现对酶活力的控制。

食品加工和贮藏中可能会产生毒物。例如马铃薯贮藏过程中茄苷的生成、食品在烟熏中苯并芘的产生、肉类腌制中亚硝胺的生成等,这些毒物产生的途径各不相同,疏于防范会造成严重后果。

包装也会影响食品的变化,选用真空、充惰气等包装方法或合适的包装材料,大多数反应速度会很低,反之,反应速度会很高。例如残存在包装内的氧气造成的氧化反应会继续使食品营养成分损失;光照会导致天然色素变色或褪色;金属罐中金属转为离子会与植物多酚类或肉蛋白分解产生的硫化氢结合产生黑色物质。

在食品的加工、贮藏和运销中,微生物会引起多种化学变化。此时不同于微生物的工业利用,由于没有专门的调控措施,微生物在食品中引起的变化主要是不利变化。因此,食品化学注重研究由不同杀菌、消毒、防腐剂应用、酸度、水分活度、氧化还原电势、低温等防止微生物生长的条件引起的食品自身成分的变化,并试图寻找既能防止微生物生长,又能减轻食品品质受损的最佳方法。

食品的品质主要涉及质构、风味、颜色和营养(表1-1)。食品发生的变化会对自身产生有利和不利两方面的影响,要掌握该变化对食品到底产生何种影响,首先,要研究反应本身,掌握反应物、反应步骤和产物,明确反应条件对反应方向、速度和程度的影响。同时,搞清楚该反应和其他反应之间的关系。其次,要明确这些变化对食品品质的影响,特别要弄清该变化会影响食品品质的何种属性,还要知晓该变化产生的间接影响。最后,要掌握某类反应发生的条件或某种食品常发生的反应,便于在加工和贮藏中控制食品品质。

图1－2简要示意了食品中主要成分的变化及相互关系。从图1－2可知,脂类、碳水化合物、蛋白质等变化产生的过氧化物和活泼的羰基化合物是非常重要的反应中间产物,会引起色素、维生素和风味物质变化,最终导致食品品质发生变化。

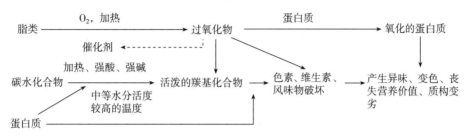

图1－2　主要食品成分的化学变化和相互联系

第四节　食品化学的研究方法

食品化学研究是把食品的化学组成、理化性质及变化的研究与食品的品质和安全性研究联系起来。因此,从试验设计开始,食品化学研究就以揭示食品品质或安全性为目的,并把实际的食品物质系统和主要加工工艺条件作为试验设计的依据。由于食品是多种组分构成的复杂体系,在加工和贮藏过程中会发生许多变化,这就给食品化学的研究带来一定困难。为了使分析、推导和综合有一个清晰的背景,食品化学研究通常采用一个简化的、模拟的食品体系进行试验,再将所得结果应用到食品体系,以确定食品组分间的相互作用,及其对食品营养、感官品质和安全性造成的影响。这种方法使研究的问题过于简单化,很难全面揭示食品体系中的真实情况。因此建立模拟体系时应认真思考研究对象的实际情况,设计好模拟体系,选好研究工作的切入点,抓住主要目标,并且认真考虑研究中存在的不足,通过多角度、多次试验,不断提高研究水平、完善研究成果。

食品化学的研究内容大致可划分为四个方面:

① 确定食品的组成、营养价值、功能性质、安全性和品质等重要性质。

② 食品在加工和贮藏过程中可能发生的各种化学和生物化学变化及其反应动力学。

③ 在上述研究的基础上,确定影响食品品质和安全性的主要因素。

④ 将研究结果应用于食品的加工和贮藏。

图1－3简明示意了食品化学研究的基本方法。

从图1－3中看出,食品化学的试验应包括理化试验和感官试验,理化试验主要是对食品成分进行分离、分析和结构鉴定,并对食品成分的变化进行追踪,以便分析其变化机制,即分析试验的物质系统中的营养成分、有害成分、色素和风味物的存在、分解、生成量和性质及其化学结构;感官试验是通过人的直观检评来分析试验系统的质构、风味和颜色的变化。

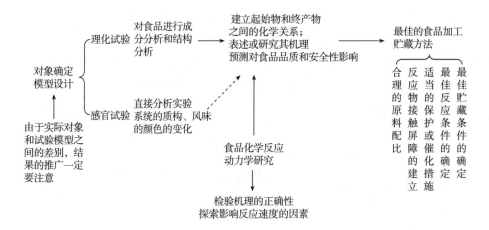

图 1-3　食品化学研究的基本方法

在食品化学研究中,理化试验和感官试验相结合,能更科学地鉴定食品物质,进而在变化的起始物和终产物间建立化学反应方程式,研究反应动力学,得出比较合理的反应机理,并预测这种反应对食品品质和安全性的影响,然后再用加工研究实验来验证机理和结果,并探讨物质浓度、碰撞概率、空间阻碍、活化能、反应温度、压力及时间等影响反应速率和反应平衡的因素。同时,深化对反应中间产物、催化因素、反应方向及反应程度受各种因素影响的认识,确定食品加工和贮藏的最佳方法(如合理的原料配比、最佳的反应时间、最适的反应温度、适当的保护或催化措施等)以控制食品的品质和安全性。

第五节　食品化学在食品科学中的地位

食品化学是根据现代食品工业发展的需要,在多种相关学科理论与技术发展的基础上形成和发展起来的,它具有显著的多源性、综合性及应用性。在理论、方法和技术方面通过广泛的吸收、消化和创造过程,食品化学成了食品科学理论和食品工业技术发展与进步的支柱学科之一,与食品科学诸领域均有紧密联系(表1-5)。

表1-5　食品化学与食品科学诸领域的关系

食品科学领域	关系
食品加工	通过研究食品有效成分在各种加工条件下的变化,说明加工工艺的合理性,不断开发新的食品加工技术
食品贮藏	通过研究不同贮藏条件对食品成分、质构的影响,不断探索开发新的贮藏手段和技术
食品营养	通过研究食品组分的理化性质,结合生物化学研究,可为食品营养研究提供基本数据
食品安全与卫生	食品化学是各种检测手段的基础,检测手段又是考查食品安全的前提条件
食品分析	食品化学与食品质量检测和食品标准的制定都有直接关系
食品添加剂	化学合成和提取分离手段是食品添加剂研究最直接的动力
功能及绿色食品开发	功能因子的表征、开发及先进检测手段是新型食品开发的基础

因此,食品化学在食品科学发展和研究中的重要地位概括为:

① 提升食品科学工作者对食品原料、食品加工与贮藏、食品加工技术应用本质的认知能力,增强研究的深度和广度。

② 促使食品科学由定性转向定量,确定食品组分含量,制定更先进合理的食品标准。

③ 加速先进技术在食品工业中的应用,促使加工工艺不断更新,推动食品工业发展。

④ 促进安全、卫生、营养的新型食品问世,推动食品科学发展。

随着科技的进步和人民生活水平的提高,传统食品已不能满足人们对高层次食品的需求,现代食品正向着强调营养、卫生与感官品质,注重保健作用和食用方便的方向发展。食品化学的基础理论和应用研究成果,正在并继续指导人们依靠科技进步,健康而持续地发展食品工业,如果没有食品化学的理论指导,就没有日益发展的现代食品工业。食品化学指导下的现代食品工业见表1-6。

表1-6　食品化学指导下现代食品工业的发展

方面	过去	发展
食品配方	依靠经验	依据原料组成、性质分析和理性设计
工艺	依据传统、经验和粗放小试	依据原料及同类产品组成、特性的分析,根据优化理论设计
开发食品	依据传统和感觉盲目地开发	依据科学研究资料,目的明确地开发,并增大了功能性食品的开发
控制加工和贮藏变化	依据经验,尝试性简单控制	依据变化机理,科学控制
开发食品资源	盲目甚至破坏性地开发	科学地、合理地开发现有资源和新资源
深加工	规模小、浪费大、效益低	规模大、范围宽、浪费少、效益高

由于食品化学的发展,有了对美拉德反应、焦糖化反应、脂肪自动氧化反应、酶促褐变、淀粉的糊化与老化、多糖水解反应、蛋白质水解反应、蛋白质变性反应、色素变色与褪色反应、维生素降解反应、酶的催化反应、脂肪水解、脂肪酯交换反应、脂肪热聚、热氧化分解反应、风味物的产生途径和分解变化、生物性食品原料的采后生理生化反应等变化的越来越清楚的认识;也有了对食品成分迁移特性、结晶特性、水化特性、质构特性、风味特性、食品体系的稳定性和流变性、食品分散系的特性、食品原料的组织特性等物理、生物化学和功能性质的越来越深刻的认知。这些认知极大地武装了食品战线上的工作者,因而对现代食品加工和贮藏技术的发展产生了深刻的影响(表1-7)。

表1-7　食品化学对各食品行业技术进步的影响

食品工业	影响方面
果蔬加工贮藏	化学去皮,护色,质地控制,维生素保留,打蜡涂膜,化学保鲜,气调贮藏,活性包装,酶促榨汁,过滤和澄清及化学防腐等
肉品加工	宰后处理,保汁和嫩化,提高肉糜乳化力、凝胶性和黏弹性,超市鲜肉包装,熏肉剂的生产和应用,人造肉的生产,内脏的综合利用(制药)等

食品工业	影响方面
饮料工业	速溶,克服上浮下沉,稳定蛋白饮料,水质处理,稳定带肉果汁,果汁护色,控制澄清度,提高风味,白酒降度,啤酒澄清,啤酒泡沫和苦味改善,防止啤酒馊味,果汁脱涩,大豆饮料脱腥等
乳品工业	稳定酸乳和果汁乳,开发凝乳酶代用品及再制乳酪、乳清的利用,乳品的营养强化等
焙烤工业	生产高效膨松剂,增加酥脆性,改善面包皮色和质构,防止产品老化和酶变等
食用油脂工业	精炼,冬化,调温,脂肪改性,DHA、EPA 及 MCT 的开发利用,食用乳化剂生产,抗氧化剂,减少油炸食品吸油量等
调味品工业	生产肉味汤料、核苷酸鲜味剂,碘盐和有机硒盐等
发酵食品工业	发酵产品的后处理,后发酵期间的风味变化,菌体和残渣的综合利用等
基础食品工业	面粉改良,精谷制品营养强化,水解纤维素与半纤维素,生产高果糖浆,改性淀粉,氢化植物油,生产新型甜味料,生产新型低聚糖,改性油脂,分离植物蛋白质,生产功能性肽,开发微生物多糖和单细胞蛋白质,食品添加剂生产和应用,野生、海洋和药食两用可食资源的开发利用等
食品检验	检验标准的制定,快速分析,生物传感器的研制等

农业和食品工业是生物工程最广阔的应用领域之一,生物工程的发展为食用农产品的品质改造、新食品的开发及食品添加剂和食用酶的开发拓宽了道路。然而,生物技术在食品中应用的成功与否紧紧依赖着食品化学。首先,必须通过食品化学的研究来指明原有生物原料哪些物性需要改造及改造的关键,指明食品添加剂和食用酶的急需程度及它们的结构与性质。例如,食品化学揭示了多聚半乳糖醛酸酶在植物组织软化中的作用,利用生物工程技术创造出采后不表达该酶的番茄,从而使番茄在后熟中可以保持良好的硬度。其次,生物工程产品的结构和性质并不完全符合其在食品中的应用要求,需要进一步分离、纯化、复配、改性和修饰,在此,食品化学具有重要的指导意义。例如,复合添加剂的配制,新产品的品质分析等。最后,利用生物工程生产出的新型材料,需由食品化学研究其在食品中利用的可能性、安全性和有效性。

近年来,食品科学与工程领域开发了许多新技术,并逐步应用于食品工业。例如,利用光化学理论和技术发展可降解食品包装材料,利用生化反应器改造食品发酵技术,利用电磁理论和技术发展微波加工技术,利用低温技术发展速冻食品技术和食品冷冻干燥技术,利用放射化学理论与技术发展食品辐照保鲜技术,利用传质理论和膜技术发展可食膜包装和微胶囊技术,利用结构与韧性关系理论发展原料改性及食品挤压、膨化和超微粉碎技术。这些新技术能否被用于食品工业,取决于对物质结构、韧性和变化的把握,因此,新技术的发展速度依赖于食品化学在该领域的发展速度。

总之,尽管食品化学已成为一门独立的学科,食品化学理论和技术的发展仍依赖于其他学科的发展。

第六节　食品化学的发展前景和研究方向

一、食品化学发展前景

近年来,中国的食品工业飞速发展,为了满足人们生活水平日益提高的需要,今后的食品工业必将会更快、更健康地发展。而且,食品工业的发展客观上更加依赖于科技进步,因此,我国把食品科研的重点转向高、深、新的理论和技术,为食品化学的发展创造更加有利的机会。同时,由于现代分析方法和食品技术的应用,以及现代生物学和应用化学理论的进步,使我们对食品成分的结构和反应机理有了更新的理解。另外,采用现代生物技术和工业技术改变食品的成分、结构、功能和营养性,提高食品的质量和安全性,从分子水平上对功能食品营养因子的生理活性及保健作用进行深入研究等,将会促进今后食品化学的理论和应用产生新的突破。

二、食品化学学科今后的研究方向

食品化学今后的研究方向主要有以下几个方面:

① 继续研究不同原料和不同食品的组成、性质和在食品加工贮藏中的变化及其对食品品质和安全性的影响。

② 开发新食源,特别是新的食用蛋白资源,发现并脱除新食源中的有害成分,保留有益成分。

③ 继续研究并解决现有食品工业生产中存在的各种技术问题,如变色变味,质地粗糙、货架期短、风味不自然等。

④ 运用现代化科学与技术手段对功能性食品营养因子的含量、结构、生理活性、保健作用、提取方法及食品应用加以深入研究,强化保健食品开发的科学性。

⑤ 现代贮藏保鲜技术中辅助性的化学处理剂和被膜剂的研究和应用。

⑥ 利用现代分析手段和高新技术,深入研究食品的风味化学和加工工艺学。

⑦ 新的食品添加剂的开发、生产、应用和安全性的研究。

⑧ 快速和精确分析检验食品成分(特别是有害成分)的方法或新的检测技术的研究和开发。

⑨ 食品深加工和资源综合利用的研究,特别是对高经济价值成分的确立、资源转化中的化学变化及转化产物的提取分离技术的研究。

⑩ 食品基础原料的改性技术研究。

可以肯定,尽管目前我国食品化学学科基础还很薄弱,未来的发展道路也不平坦,但随着科学技术的进步,食品化学的蓬勃发展必将到来。

第七节　食品化学家和学生在食品化学发展中的作用

一、食品化学家的作用

尽管食品化学的研究工作已有多年的历史,但是作为一门学科在大学开设还不过几十年,基础也比较薄弱,要想使其继续取得良好的发展,食品化学家应义无反顾地投身到食品化学的发展和建设中来,承担起一名科技工作者的社会责任。原因如下:

① 食品化学家接受过高等教育并掌握特殊的科学技能,应具有不断探索、努力开拓、勇于创新、潜心研究的奉献精神和培养食品界后备力量的重要职责。

② 食品化学家的活动影响到食品的供应、食品的成本、人体的健康、废物的产生和处理、水和能源的使用及食品法规的性质,这些与公众的福利紧密相连,因而食品化学家有责任服务于社会。

③ 食品化学家具备食品科学理论知识,更有资格对食品相关问题发表观点,在食品和饮食方面教育和引导公众,防止公众受消费活动家、职业说客、媒体工作者、骗子和反技术的狂热分子等的意见左右。

④ 食品化学家有责任帮助公众解决或解答那些影响或可能影响公众健康和公众对科技发展看法的社会争论问题,如转基因食品的安全性、农作物中能否使用动物源激素、有机与传统方式种植的农产品的相对营养价值等。

食品化学家在掌握过硬的理论知识外,还应具备良好的社会公德和指导科学社会的伦理道德,通过参加有关的职业团体、政府咨询委员会或开展社会服务活动等形式向社会公众宣传食品方面的科学知识。此外,食品科学家还应承担用所学知识为社会创造最大财富的责任,这就要求他们在日常职业生活中追求卓越,并以高职业道德要求自己密切关注公众健康和科学启蒙。

二、学生的作用

21 世纪已进入数字化信息时代,科学技术的发展是推动国家繁荣富强的重要力量,自主创新是攀登世界科技高峰的必由之路,而创新之道,唯在得人。因此,要牢固确立人才引领发展的战略地位,全面聚集人才,着力夯实创新发展人才基础。当代大学生作为食品行业的后备力量,社会将来的中流砥柱,要恪守作为食品人的职业道德,逐渐增强社会责任感,树立科技兴国的远大理想,把科技创新作为己任,努力学习专业知识,弘扬科学精神,敢于质疑,勤于思考,勇于探索,培养创新精神和实践能力,努力使自己成为社会需要的创新型人才。

食品化学是食品科学类专业的一门专业基础课程,涉及面非常广,而且开设在其他专业课之前,对于既没有食品理论知识又没有食品加工实践经验的学生来说,有一定难度。

因此,编者建议学生在学习本门课程时应注意以下几点。

① 建立食品化学反应是多步骤、复杂的概念。

② 掌握食品主要组分的结构、性质及加工贮藏中的典型反应等,以其作为本课程的基本知识元素,有利于今后新产品的开发。

③ 了解常见食品的特点,特别是主要化学组成和化学变化,便于预测食品在加工贮藏中可能发生的化学变化。

④ 教材中有关食品加工工艺技术的举例,最好能及时查阅有关工艺资料或进行科学实验,加深对理论知识的理解。

⑤ 学习过程中如遇到不理解的典型的有机反应或生物学现象,要及时查阅相关书籍或请教他人,将知识弄清楚、搞明白。

⑥ 将食品化学知识与日常生活中遇到的实际问题相联系,培养对本课程的学习兴趣和解决实际问题的能力。

⑦ 每一章学习结束后,要及时归纳和总结,养成课前预习、课后复习的好习惯。

⑧ 本课程与实验紧密结合,实验过程中,要注意观察和记录实验现象,结合理论知识做出合理解释,培养理论联系实际的能力。

⑨ 认真听讲,及时完成作业,加强与师生的交流,实践探讨式的学习。

思考题

1. 食品的化学组成包括哪些成分?

2. 什么是食品化学? 它的研究内容和范畴是什么?

3. 食品化学的主要研究内容是什么?

4. 食品化学的研究方法有何特色?

5. 食品化学家应如何发挥自身在食品化学发展中的作用?

习题

第二章　水分

学习目标与要求

1. 了解食品中水分含量和水分活度的测定方法。

2. 掌握水和冰的结构及其在食品体系中的行为对食品的质地、风味和稳定性的影响;掌握水分活度与水分吸着等温线的概念和意义及水分活度对食品稳定性的影响。

3. 使学生能够应用水分活度及水分等温线等知识解决食品在加工和保藏过程中水分变化引起的品质变化。

PPT 课件

在地球上,水是储量最多、分布最广的一类物质,它不仅以游离的状态集中地存在于江河海洋中,也以分散的形式存在于绝大部分的物体中。生物体内含有大量的水,一般占体重的70% ~ 80%,是体内含量最高的组分。水在生物体内的功能可概括为:

① 稳定生物大分子的构象,使其表现出特异的生物活性。

② 作为体内通用的介质,使各类生物化学反应得以顺利进行;在许多反应中,水又是反应物或生成物,参与了反应。

③ 作为营养物质或代谢废物的载体,把它们输送到生物体的各有关部位。

④ 由于水的热容量大,故可用来调节温度、平衡温度。

⑤ 对体内各运动部位起润滑作用。

第一节　水在食品中的作用

水是食品六大营养素之一,是维持人类正常生命活动必需的基本物质。它广泛地存在于各类食品中,并与食品的质量和稳定保藏有非常密切的关系。作为许多食品的主要成分,每一种食品都具有特定的水分含量(表2-1)。它以适当的数量定位和定向存在于食品中,对食品的结构、外观以及对腐败的敏感性有着很大的影响。

表 2 – 1 各种食品的含水量

食品	含水量/%
肉类	
猪肉:生的分割瘦肉	53 ~ 60
牛肉:生的零售分割肉	50 ~ 70
鸡肉:各种级别的去皮生肉	74
鱼:肌肉蛋白质	65 ~ 81
水果	
浆果、樱桃、梨	80 ~ 85
苹果、桃子、橘子、葡萄柚	85 ~ 90
草莓、番茄	90 ~ 95
蔬菜	
豌豆(绿)	74 ~ 80
甜菜、茎椰菜、胡萝卜、马铃薯	80 ~ 90
芦笋、菜豆(绿)、卷心菜、花菜、莴苣	90 ~ 95

水在食品中的作用可分为以下几个方面:

① 作为食品的溶剂,水是有极性的,作为溶剂可以溶解很多物质,这些物质的分子也往往具有一定的极性,溶于水后成为水溶液。这些物质包括营养物质和风味物质,还有异味和有害物质等,统称为水溶性物质。它们有的存在于食品的细胞内或结构组织中间,有的是在加工贮藏过程中产生。例如,畜肉中含有低肽、氨基酸、低分子有机物、单糖、双糖、低级有机酸、维生素、无机盐等水溶性物质,烹制肉时,其细胞破裂,结构松散,水溶性成分溶出,与加热过程中产生的水溶性风味物质和调味品中的水溶性物质混合在一起,构成特有的肉香味。水在这里主要作为溶剂,起着综合风味的作用。

② 水作为食品中的反应物或反应介质,在食品加工过程中发生的大部分物理化学变化,都是在水溶液中进行或者在水的参与下发生的,这时水作为介质能加快反应速率。同时,水还能作为反应物质参加反应,如水解反应、羰氨反应,需在有水参与下才能完成。又如发酵面团中的酵母等微生物,需要适宜的水和温度才能使分泌的酶很好地发挥作用,将面团中的糖类很快氧化,产生大量的二氧化碳,从而使面团变得蓬松。

③ 水能去除食品加工过程中的有害物质,有些苦味物质和有害物质,可在水中溶解除去或者被水解破坏。利用这个原理,常用浸泡、焯水等方法去除异味和有害物质。例如,核桃中单宁物质是造成苦涩味的主要成分,必须用热水浸泡并去皮除去大部分单宁,才能去掉苦味,并且色白。又如鲜黄花菜中含有对人体有害的秋水仙碱,它可溶于水,如将鲜黄花菜浸泡 2 h 以上或用热水烫后,挤去水分,漂洗干净,即可去除秋水仙碱供食用。应当说明的是,水在食品加工中除具有上述积极作用外,还具有某些消极作用,即会使有益物质流失。一些水溶性的营养物质和风味物质,如单糖和某些低聚糖、水溶性维生素、水溶性含氮化合物、某些醇类、氨基酸等被水溶解,如加工方法不当,会造成营养物质流失,食品加工中应充分注意这个问题。

④ 作为食品的浸涨剂,水可使干货食品制品中的高分子物质,例如,淀粉、蛋白质、果胶、琼脂、藻酸等干凝胶吸水发生浸涨。浸涨是高分子化合物干凝胶在水中浸泡引起体积

增大的现象。被高分子物质吸收的水,储存于它们的凝胶结构网络中,使其体积膨大;由于分子体积大,不能形成水溶液,而是以凝胶状态存在。浸涨后的物质比其在浸涨前更易受热、酸、碱和酶的作用,所以容易被人体消化吸收,但也容易被细菌或其他不正常环境因素破坏而腐败变质,故干货原料应随发随用。

⑤ 作为食品的传热介质,水是液体,具有较大的流动性,传热比原料快得多,同时水的黏性小,沸点相对较低,渗透力强,又是反应介质,因此是食品理想的传热介质。水主要以对流的形式进行热传导。在加热时,水分子的运动是很剧烈的,由于上下的水温不同,形成了对流。通过水分子的运动和对原料的撞击传递热量。当然,在各种加工方法中,水的多种作用不是截然分开的,无论是以溶剂作用为主,还是以传热为主。总体来说,传热和综合风味的作用、反应介质的作用等都是同时存在的。

⑥ 水是生物大分子化合物构象的稳定剂,以及包括酶催化在内的大分子动力学行为的促进剂。此外,水也是植物进行光合作用过程中合成碳水化合物所必需的物质。

第二节　食品中水和冰的结构与性质

由于大多数新鲜的食品含有大量的水,因此期望长期储存它们,就需要采取有效的保藏方式。传统的脱水或局部地使水形成纯冰结晶(冷冻)都可以将水除去,但这会明显地改变食品和生物物质的原有性质。事实上,试图将水恢复到原有状态(复水、解冻)的诸多努力均未取得完全的成功,因而有必要对水与冰做详尽的研究。

一、食品中水的结构

(一)水分子的结构

从水分子结构来看,水分子中氧的 6 个价电子参与杂化,形成 4 个 sp^3 杂化轨道,有近似四面体的结构(图 2 - 1),其中氢原子的 1s 电子云与氧原子中的两个 sp^3 成键轨道相互作用,形成了两个共价 σ 键,另 2 个杂化轨道呈未键合电子对。

水分子具有在三维空间内形成许多氢键的能力可充分地解释水分子间存在着大的引力。与共价键(平均键能约 355 kJ/mol)相比,氢键较弱(键能一般为 2~40 kJ/mol)。

水是典型的极性分子。应当指出,纯水中不仅含有普通的水分子,而且含有其他的微量成分。例如靠水分子自身的极性,水分子可以发生微弱的电离,所以,水中含有微量的氢离子(以 H_3O^+ 存在)和羟基离子(OH^-)。水分子具有很强的缔合作用,这种强缔合作用的具体解释主要是由于 O—H 键的强极性,共用电子对强烈地偏向氧原子一端,氢原子几乎成为裸露的带正电荷的质子,这个半径很小且带正电荷的质子,能够和带相对负电荷的另一水分子中的氧原子之间产生静电引力,这种作用力所产生的能量一般为 2~40 kJ/mol 的范围,比化学键弱,但比纯分子间力强,称为氢键。由于水分子呈 V 字形,且水分子中的氧原子最外层有两对孤对电子,所以,每个水分子最多能与另外 4 个水分子形成氢键,得到四面体结构。水分子通过氢键形成的四面体结构如图2-2所示。

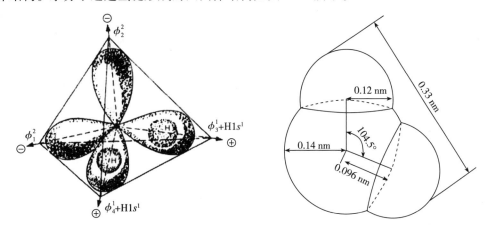

（a）sp³构型　　　　　　　（b）气态水分子的范德瓦耳斯力半径

图2-1　单个水分子的结构示意图（增加水平构型图）

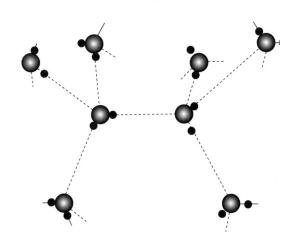

图2-2　水分子通过氢键形成的四面体结构

（大球和小球分别代表氧原子和氢原子，虚线代表氢键）

（二）水分子的缔合作用

从水的异常性质可以推测水分子间存在着强烈的吸引力，且水和冰具有不同寻常的结构。水分子的V字形式以及O—H键的极性导致电荷的不对称分布和蒸汽态纯水分子的偶极矩为1.84 D（德拜）（1 D = 3.336×10^{-30} C·m）。此极性程度使水分子间产生引力，因而水分子以相当大的强度缔合。然而，水分子间异常大的引力并不能完全由它的大偶极矩来解释，因为偶极矩不能反映电荷暴露的程度和分子的几何形状，当然这些方面与分子缔合强度有重要的关系。

在液态水中，水分子通过氢键缔合，在温度恒定的条件下，整个体系的氢键和结构形式保持不变。在实际情况中，由于一个水分子可以和几个水分子相互靠近形成各种不同结构和大小的"水分子团"，当有其他物质存在时，水分子团就会受到各种各样的影响，这就直接影响水的口感和作用。

由于静电力对氢键键能做出了主要的贡献(可能是最大的贡献),又由于水的静电模型是简单的,而且当水以冰的形式存在时,导出一个基本正确的 H—O—H 的几何图形,因此,进一步讨论由水分子缔合形成的几何模式时将着重于静电作用。虽然就目前的意图而言,这种简化处理的方法是完全满意的,但是如果要满意地解释水的其他特性,必须对这个方法进行改良。

因为每个水分子具有数量相等的氢键给予体和氢键接受体的部位,并且这些部位的排列可以形成三维氢键,因此,甚至与其他一些也形成氢键的小分子(如 NH_3 或 HF)相比较,存在于水分子间的吸引力仍然是特别的大。氨含有三个氢和一个接受体部位,氟化氢含有一个氢和三个接受体部位。虽然它们都具有四面体排列,但是没有相等数量的给予体和接受体部位,因此只能形成二维氢键网,每分子氢键的数目比水少。

如果考虑同位素变种、水合氢离子和羟基离子时,可以想象到一些水分子的缔合是极其复杂的。如图 2-3 所示,由于水合氢离子(a)带正电荷,因此,可以预料它比非离子化水具有更大的氢给予能力;由于羟基离子(b)带负电荷,因此,可以预料它比非离子化水具有更大的氢接受能力。

(a)水合氢离子的结构和形成氢键的可能性　　　　(b)羟基离子的结构和形成氢键的可能性

图 2-3　水合氢离子和羟基离子的结构和形成氢键的可能性
（虚线代表氢键,而 X、H 代表溶质或水分子）

水具有形成三维氢键的能力,这为它的许多异常性质提供了一个合乎逻辑的解释。例如,水具有高热容、高熔点、高沸点、高表面张力和高相变热,这些都是与打破分子间氢键所需额外的能量有关。水的介电常数也受氢键的影响。虽然水是偶极分子,但是单纯用偶极并不能解释水的介电常数的大小。显然,水分子的成簇氢键产生了多分子偶极,它能显著地提高水的介电常数。

液体水具有结构,显然它不足以产生长距离范围的刚性,但肯定比蒸汽态分子的排列有规则得多,因此,某个水分子的定向与流动性显著地受到与它相邻分子的影响。

水是一种"敞开"的液体,它的密度仅相当于根据紧密堆积推算的60%,此种紧密堆积在非结构液体中是普遍存在的。水部分地保留了冰的敞开、氢键和四面体排列,根据这一点就易于解释水的低密度。虽然冰的熔化热很高,但是它只能打断冰中约15%的氢键。尽管不一定需要原存在于冰中的氢键的85%保留在水中(如更多的氢键可能断裂,而同时增加的范德瓦耳斯力相互作用可能掩盖了能量的变化),然而许多研究结果仍然支持确实存在着众多水—水氢键的见解。

阐明纯水的结构是非常复杂的问题。研究者已经提出了许多理论,但大多都过于简单或不完整,几乎没有哪个陈述能保证在它们被提出之后的数年之内不被修改。因此,这里仅简略地介绍若干个模型。

目前,已经提出三个一般模型:混合模型、间隙模型和连续模型(也称均一模型)。混合模型的主要概念如下:分子间氢键瞬时地浓集在庞大成簇的水分子中,后者与其他更稠密的水分子处于动态平衡。

连续模型包含如下的概念:分子间氢键均匀地分布在整个试样中,原存在于冰中的许多键在冰融化时简单地扭曲而不是断裂。此模型认为存在着一个由水分子构成的连续网,当然具有动态本质。

间隙模型涉及如下的概念:水保留一种似冰或笼形物结构,而个别水分子填充在笼形物的间隙中。在三种模型中,占优势的结构特征是液体水分子以短暂、扭曲的四面体形方式形成氢键缔合。所有的模型也容许各个水分子频繁地改变它们的排列,即一个氢键快速地终止而代之以一个新的氢键,在温度不变的条件下,整个体系的氢键和结构程度保持不变。

水分子中分子间氢键键合的程度取决于温度。冰在0℃时具有4的配位数(最接近的水分子的数目),与最接近的水分子的距离为0.276 nm。当温度达到熔化潜热时冰融化,即一些氢键断裂(最接近的水分子间的距离增加),而其他氢键变形,水分子呈缔合的流体状态,总体上它们更加紧密。随着温度提高,配位数从0℃冰时的4增加至1.5℃水时的4.4时,随后至83℃水时的4.9。同时,最接近的水分子间的距离从0℃冰时的0.276 nm增加至1.5℃水时的0.29 nm,乃至随后83℃水时的0.305 nm。

显然,冰向水转变伴随着最接近的水分子间的距离的增加(密度下降)和最接近的水分子的平均数目的增加(密度增加),当后一个因素占优势时就导致大家所熟悉的净密度增加。当进一步加热使温度超过熔点时,水的密度在3.98℃达到最大后逐渐下降。显然,配位数增加的效应在0℃和3.98℃之间是占优势的,而最接近的水分子间的距离增加的效应(热膨胀)在温度超过了3.98℃后占优势。温度对水密度的影响如图2-4所示。通常,将4℃的水密度定为1(g/mL),以此作为衡量密度的标准。

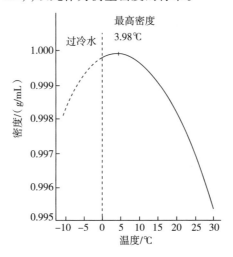

图2-4 不同温度下水的密度特性

水的低黏度特点是与前已描述的它的结构类型相一致,这是因为水分子的氢键键合排列是高度动态的,允许各个水分子在毫微秒至微微秒的时间间隔内改变它们与邻近水分子间的氢键键合关系,从而增加了水的流动性。

二、食品中冰的结构

(一)冰的结构

冰是水分子有序排列形成的晶体。水冻结成冰时,水分子之间通过氢键连接在一起形成低密度的刚性结构。冰中最邻近的 O—O 核间距离是 0.276 nm,O—O—O 键角约为 109°(图 2-5)。在此结构中,每一个水分子和四个其他水分子缔合(配位数 4),如图 2-5 所示的晶胞中水分子 W 及与它相邻的四个水分子(1、2、3 和 W')。

当几个晶胞重叠在一起时,若从顶部(沿着 C 轴向下)观察,可看出冰的正六方对称结构。分子 W 与其周围四个最相邻的分子形成了明显的四面体亚结构,其中 1、2 和 3 是可见的,而第四个分子位于 W 分子的正下方。扩大的普通冰结构,见图 2-6。可以看出,冰中的每个水分子都与其相邻的 4 个水分子形成四面体结构,每个水分子都位于四面体的顶点(晶格结点),这样就构成了水分子的分子晶体。冰并非是静止或均一的,它的特征还取决于温度,当温度接近 -180℃ 或更低时,所有的氢键才是完整的,随着温度的升高,就会有部分氢键断裂,使冰晶体变得不完整。

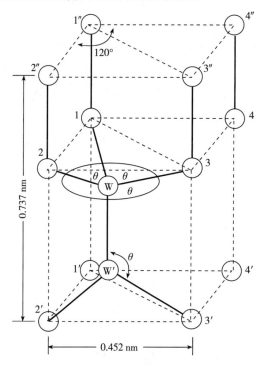

图 2-5 0℃时普通冰的晶胞

(圆圈代表的是氧原子,最邻近的 O—O 核间
距离为 0.276 nm;θ = 109°)

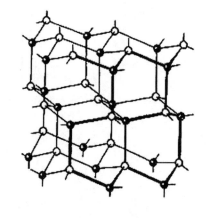

图 2-6 扩大的普通冰结构示意图

(空心和实心圆圈分别代表基本
平面的上层和下层中的氧原子)

(二)溶质对冰晶结构的影响

冰晶的晶型、数量、大小、结构、位置和取向,受水中溶质的种类、数量、冻结速度的影响。当冻结速度较慢,并且水中溶质(如蔗糖、甘油、蛋白质)的性质与浓度对水分子的流动干扰不大时,就产生六方晶形,随着冷冻速度的加快或亲水胶体(如明胶、琼脂等)浓度的增加,立方形和玻璃态的冰较占优势。冻结温度越低,冻结速度越快,越能限制水分子的活动范围使其不易形成大的冰晶,甚至完全成为玻璃态结构。

冰的结构主要有4种类型:六方形、不规则树状、粗糙球状、易消失的球晶。而食品中冰总是以最有序的六方形冰结晶形式存在。反之,例如高浓度明胶会导致形成较无序的冰晶形式。

三、食品中水和冰的性质

由于食品中水和冰结构上的特殊性,导致它们与结构相近的化合物如 CH_4、NH_3、H_2S 相比具有许多特殊的物理性质:水在异常高的温度下沸腾;水具有异常高的表面张力、介电常数、热容和相转变热(熔化热、蒸发热和升华热);水具有较低的密度;水在结晶时显示异常的膨胀特性;水具有低的黏度。水的低黏度是与前面所描述的它的结构相一致的,因为水分子的氢键排列是高度动态的。水的这些热学性质对于食品加工中冷冻和干燥过程都有重大的影响。

食品中含有一定水溶性成分,这将使食品的完全结冰温度持续下降到更低,直至低共熔点。低共熔点在 $-55 \sim -65℃$,而中国的冷藏食品的温度常为 $-18℃$,因此,冻藏食品的水分实际上并未完全凝结固化。尽管如此,在这种温度下绝大部分水已冻结了,并且是在 $-1 \sim -4℃$ 完成了大部分冰的形成过程。在纳秒至皮秒间个别的水分子可以改变与它邻近的水分子间的氢键关系,因此增加了水的运动和流动。食品中水与冰的某些物理性质,见表 $2-2$。

表 $2-2$　水与冰的物理性质

物理量名称	物理量数值		
相对分子质量	18.0153		
相变性质			
熔点(在0.1 MPa)	0.000℃		
沸点(在0.1 MPa)	100.000℃		
临界温度	373.99℃		
临界压力	22.064 MPa		
三相点	0.01℃和611.73 Pa		
溶解热(0℃)	6.012 kJ/mol		
蒸发热(100℃)	40.657 kJ/mol		
升华热(0℃)	50.91 kJ/mol		
其他性质	20℃(水)	0℃(水)	0℃(冰)	−20℃(冰)
密度/(g/cm³)	0.99821	0.99984	0.9168	0.9193
黏度/(Pa·s)	1.002×10^{-3}	1.793×10^{-3}	—	—

物理量名称	物理量数值			
界面张力(相对于空气)/(N/m)	72.75×10^{-3}	75.64×10^{-3}	—	—
蒸汽压/kPa	2.3388	0.6113	0.6113	0.103
热容/[J/(g·K)]	4.1818	4.2176	2.1009	1.9544
热导率(液体)/[W/(m·K)]	0.5984	0.5610	2.240	2.433
热扩散率/(m²/s)	1.4×10^{-7}	1.3×10^{-7}	11.7×10^{-7}	11.8×10^{-7}
介电常数	80.20	87.90	~90	~98

第三节　食品中水的存在状态及其与非水组分的相互作用

一、食品中水的存在状态

食品中的水分,根据连接水分子的作用力形式和水分子与非水成分的相互作用程度不同,可分为两类。

(一)食品中的体相水(bulk water)

这类水也称自由水(free water),主要是指食品中容易结冰也能溶解溶质的水。自由水具有水的全部性质,微生物可利用自由水生长繁殖,各种化学反应也可在其中进行,因此,自由水的含量直接关系着贮藏过程中食品质量的好坏。自由水主要是靠毛细管力维持,大致可以分为三类:不可移动水或滞化水、毛细管水和自由流动水。

① 滞化水(entrapped water)。例如一块质量100 g的肉,总含水量为70~75 g,含蛋白质20 g,在总含水量中有60~65 g被组织中的纤维或亚纤维结构及膜所阻留住的水,不能自由流动,所以称为不可移动水或滞化水。

② 毛细管水(capillary water)。在生物组织的细胞间隙和制成食品的结构组织中,还存在着一种由毛细管力所截留的水分,称为毛细管水,在生物组织中又称细胞间水。它在物理和化学性质上与滞化水是一样的。

③ 自由流动水(free flow water)。动物的血浆、淋巴和尿液,植物导管和细胞内液泡中的水分都是可以自由流动的水分,也称游离水。

(二)食品中的结合水

结合水也称束缚水。它是存在于溶质和其他非水成分相邻近,并与同一体系中的体相水具有显著不同性质的那部分水。它与溶质和其他非水成分主要靠氢键结合力维系。结合水有以下属性:

① 结合水是样品在一定温度和较低相对湿度下的平衡水分含量。

② 结合水在高频电场下对介电常数没有显著影响,但它的转动受到与它缔合的物质的限制。

③ 结合水在低温(通常为 -40℃或更低)下不会冻结。

④ 结合水不能作为外加溶质的溶剂。

⑤ 结合水不能为微生物所利用。

⑥ 结合水在质子核磁共振试验中产生宽带。

结合水主要以构成水、邻近水、多层水三种状态存在。

① 构成水。构成水是指与食品中其他亲水物质(或亲水基团)结合最紧密的那部分水,它与非水物质构成一个整体。

② 邻近水。邻近水是指亲水物质的强亲水基团周围缔合的单层水分子膜。它与非水物质主要靠水—离子、水—偶极强氢键缔合作用结合在一起。

③ 多层水。单分子水化膜外围绕亲水基团形成的另外几层水,主要依靠水—水氢键缔合在一起。虽然多层水中亲水基团强度不如邻近水,但由于水与亲水物质靠得足够近,以至于性质也和纯水大不相同。

除了上述化学结合水外,存在于一些细胞中的微毛细管水(毛细管半径小于 0.1 μm),由于受微毛细管的物理限制作用,被强烈束缚,也属于结合水的范畴。大部分的结合水是和蛋白质、糖等相结合。据测定,每 100 g 组织中可结合的水分平均达 50 g 之多。在动物的器官组织中,蛋白质约占 20%,所以在 100 g 组织中由蛋白质结合的水可达 10 g。植物材料的情况也与此相类似,每 100 g 淀粉的持水量在 30 ~ 40 g。

虽然在结合水和体相水之间难以做定量的划分,但是可以根据其物理、化学性质做定性的区分。结合水有两个特点:不易结冰(冰点 -40℃);不能作为溶剂。结合水不易结冰这一点有很重要的生物学意义。由于这种性质,植物的种子和微生物的孢子(都是几乎没有自由水的材料)才得以在很低的温度下保持其生命力,而多汁的组织(新鲜水果、蔬菜、肉等)在冰冻后细胞结构被冰晶所破坏,解冻后组织立即崩溃。此外,与体相水相比较,应考虑结合水虽然具有"被严重阻碍的流动性",但却不是"被彻底固定化的"。在一种典型的高水分含量食品中,结合水仅占总含水量的很小比例。

二、食品中水与非水组分的相互作用

向食品中水添加各种不同的溶质,不仅会改变被添加溶质的性质,而且水本身的性质也会发生明显的变化。亲水溶质会改变邻近水的结构和流动性,水会改变亲水溶质的反应性,有时甚至改变其结构。

水与溶质的结合力十分重要,它们的相互作用如表 2-3 所示。

表 2-3　水—溶质相互作用的分类

类型	实例	与水—水氢键[①]相比的相互作用强度
偶极—离子	水—游离离子 水—有机分子上的带电基团	较大[②]

续表

类型	实例	与水—水氢键[①]相比的相互作用强度
偶极—偶极	水—蛋白质 NH 水—蛋白质 CO 水—侧链 OH	近乎相等
疏水水合	水 + R[③]→R(水合的)	较小($\Delta G > 0$)
疏水相互作用	R(水合的) + R(水合的)→R₂(水合的) + H₂O	不可比[④](> 疏水相互作用;$\Delta G < 0$)

注　①12 ~ 25 kJ/mol;②比单个共价键的强度弱得多;③ R 是烷基;④疏水相互作用是熵驱动的,而偶极—离子和偶极—偶极相互作用是焓驱动的。

(一)食品中水与离子和离子基团的相互作用

离子和有机分子的离子基团比任何其他类型的溶质在更大的程度上阻碍了水分子的流动性。水—离子键的强度大于水—水氢键的强度,但是远小于共价键的强度。加入可以离解的溶质会打破纯水的正常结构(基于氢键的四面体排列)。水和简单的无机离子产生偶极—离子相互作用。图 2 - 7 所示的例子包括 NaCl 离子对的水合。图中仅描述了纸平面上的第一层水分子。在一个稀离子水溶液中,由于第一层水分子和处在更远的以四面体方式定向的"体相"水所产生的相互矛盾的结构的影响,因此可以认为第二层水是以结构被扰乱的状态存在。在浓盐溶液中,或许不存在体相水,而离子或许支配着水的结构。

大量证据表明一些离子在稀溶液中具有净结构破坏效应(溶液比纯水具有较高的流动性),而另一些离子具有净结构形成效应(溶液比纯水具有较低的流动性)。应将术语"纯结构"理解为它涉及所有种类的结构,包括正常的或新类型的水结构。从"正常"的水结构观点来看,所有离子都是破坏性的。

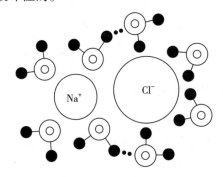

图 2 - 7　邻近 NaCl 的水分子的可能排列方式

(图中仅显示纸平面中的水分子)

一种指定的离子改变净结构的能力紧密地关系到它的极化力(电荷除以半径)或它的电场强度。小离子或多价离子(大多数阳离子,如 Li⁺、Na⁺、H₃O⁺、Ca²⁺、Ba²⁺、Mg²⁺、Al³⁺、F⁻ 和 OH⁻)具有强电场,是净结构形成者。这些离子形成的结构超过了对正常水结构的任何损失的补偿。这些离子强烈地与4 至 6 个第一层水分子相互作用,导致它们比纯水中的

H—O—H 具有较低的流动性和包装得更紧密。半径大的和单价离子(大多数阴离子和大阳离子,如 K^+、Rb^+、Cs^+、NH_4^+、Cl^-、Br^-、I^-、NO_3^-、BrO_3^-、IO_3^- 和 ClO_4^-)具有颇弱的电场,是净结构打破者,尽管对于 K^+ 来说此效应是很微弱的。这些离子打破水的正常结构,并且新的结构又不足以补偿这种结构上的损失。

当然,离子的效应远超过它们对水结构的影响。离子具有不同的水合(争夺水)、改变水结构、影响水介质的介电常数以及决定胶体周围双电层的厚度等能力,因而显著地影响了其他非水溶质和悬浮在介质中的物质的"相容程度"。于是,蛋白质的构象与胶体的稳定性(与 Hofmeister 或感胶离子序相一致的盐溶和盐析)也大幅地受到共存的离子的种类和数量的影响。

(二)食品中水与具有氢键形成能力的中性基团(亲水性溶质)的相互作用

水与食品中的蛋白质、淀粉、果胶、纤维素等成分可通过氢键结合,它与非离子、亲水溶质的相互作用弱于水—离子相互作用,而与水—水氢键相互作用的强度大致相同,相互作用取决于水—溶质氢键的强度,第一层水与体相水相比,显示或不显示较低的流动性和其他不同的性质。

人们或许可以预料能形成氢键的溶质会促进或至少不会打破纯水的正常结构。然而,在某些情况下,已发现溶质氢键部位的分布和定向在几何上与在正常水中所存在的是不相容的。于是,这些类型的溶质对水的正常结构往往具有一种破坏作用。尿素可作为一个具有形成氢键能力的小分子溶质的很好例子,由于几何上的原因,它对水的正常结构具有显著的破坏作用。

应当指出,加入一种能破坏水的正常结构的具有形成氢键能力的溶质并不能显著地改变每摩尔溶液中氢键的总数,这可能是由于遭破坏的水—水氢键被水—溶质氢键所替代的缘故。因此,这些溶质对上节所定义的净结构的影响是很小的。

水能与各种潜在的合适基团(如羟基、氨基、羰基、酰胺或亚氨基)形成氢键。有时形成"水桥",这是指一个水分子与一个或多个溶质分子的两个合适的氢键部位相互作用。水与蛋白质中两类功能团形成氢键(虚线)如图 2-8 所示。

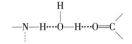

图 2-8　水与蛋白质中两类功能团形成氢键(虚线)

一个更详尽的例子是木瓜蛋白酶主链单元之间的由 3 个水分子构成的水桥,如图 2-9 所示。

目前已经发现,许多结晶大分子中的亲水基团彼此相隔一定距离,这个距离与纯水中最相邻的氧的间隔相等。如果在水合的大分子中普遍存在这种间隔,有可能在第一层和第二层水中相互形成氢键。

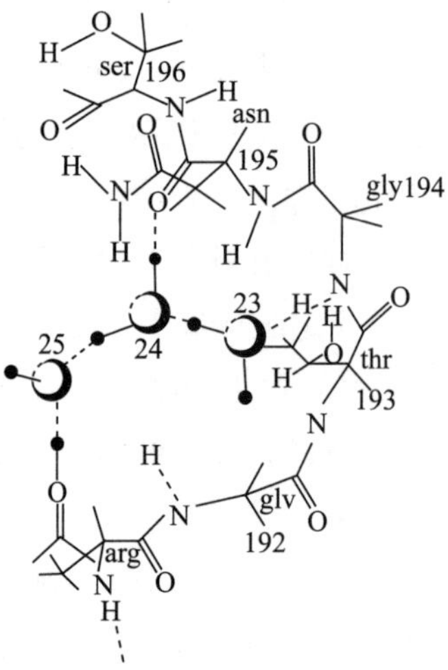

图2-9　存在于木瓜蛋白酶中的一个三分子水桥

(23,24 和 25 是水分子)

(三)食品中水与非极性物质的相互作用

水与非极性物质,如烃类、稀有气体、脂肪酸、氨基酸和蛋白质的非极性基团,相混合无疑是一个在热力学上不利的过程($\Delta G > 0$)。自由能的变化是正的并不是由于 ΔH 是正的(对于低溶解度溶质确是如此),而是因为 $T\Delta S$ 是负的。熵的减少是由于在这些不相容的非极性物质的邻近处形成了特殊的结构。此过程被称为疏水水合[图2-10(a)]。

由于疏水水合在热力学上是不利的,因此,可以理解水会倾向于尽可能地减少与共存的非极性物质缔合。于是,当两个分离的非极性基团存在时,不相容的水环境会促使它们缔合,从而减小了水—非极性界面,这是一个热力学上有利的过程($\Delta G < 0$)。此过程是疏水水合的部分逆转,被称为"疏水相互作用",并可用下式描述它的最简单形式:

$$R(水合的) + R(水合的) \longrightarrow R_2(水合的) + H_2O$$

式中:R 是一个非极性基团[图2-10(b)]。

由于水和非极性基团具有相对抗的关系,因此水调整自身的结构以便尽可能少地与非极性基团接触。图2-11描述了确信存在于邻近非极性基团的水层中的这类水结构。水和疏水基团间相对抗关系的两个方面值得加以详尽地描述:笼状水合物的形成和水与蛋白质分子中的疏水基团的缔合。

笼状水合物是冰状包合物,其中水为"主体"物质,通过氢键形成了笼状结构,后者物理截留了另一种被称为"客体"的非极性小分子。笼状水合物的意义在于它们代表了水对非极性物质的最大程度的结构形成响应,而且在生物物质中天然地存在着相似类型的超微结构。事实上,笼状水合物是结晶,它们易于生长至可见大小,只要压力足够的高,一些笼状水合物在温度高于0℃时仍然是稳定的。

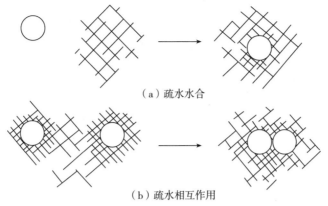

（a）疏水水合

（b）疏水相互作用

图 2 - 10　疏水水合和疏水相互作用的图示

（空心圆球代表疏水基团,画影线的区域代表水）

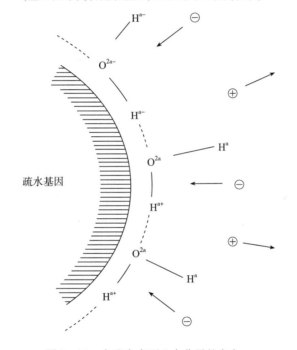

图 2 - 11　在疏水表面上水分子的定向

　　笼状水合物的客体分子是相对分子质量较低的化合物,它们的大小和形状适合于由 20 ~ 74 个水分子构成的主体水笼子。典型的客体分子包括低相对分子质量烃和卤代烃、稀有气体、短链一级胺、二级胺和三级胺、烷基铵、锍和锛盐。水和客体之间的相互作用是轻微的,通常不超过弱范德瓦耳斯力。笼状水合物是水力图避免与疏水基团接触而形成的特殊产物。

　　有证据表明,类似于结晶笼状水合物的结构可能天然地存在于生物物质中,如果正是如此,由于这些结构可能影响如蛋白质这样的分子的构象、反应性和稳定性而比结晶水合物重要得多。例如,有人认为在暴露的蛋白质的疏水基团存在着部分笼状结构。水的笼状结构在像氙这样的惰性气体的麻醉作用中也可能有一定的作用。

水与蛋白质的疏水基团之间不可避免的缔合对于蛋白质功能性质具有重要的影响。由于在典型的低聚食品蛋白质中约40%氨基酸侧链是非极性的,因此这些不可避免的接触的程度可能是相当大的。这些非极性基团包括丙氨酸的甲基、苯丙氨酸的苯基、缬氨酸的异丙基、半胱氨酸的巯甲基和亮氨酸的异丁基和异亮氨酸的仲丁基。其他化合物如醇、脂肪酸和游离氨基酸的非极性基团也能参与疏水相互作用,但是这些相互作用的结果的重要性肯定不如涉及蛋白质的那些相互作用的结果更重要。

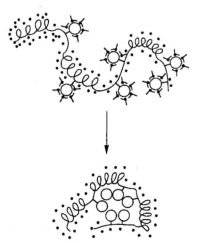

由于蛋白质的非极性基团暴露于水中在热力学上是不利的,因此,就会出现如图2－12所示的疏水基团的缔合或"疏水相互作用"。疏水相互作用提供了使蛋白质折叠的一个重要的驱动力,导致许多疏水残基处在蛋白质分子的内部。尽管存在着疏水相互作用,然而球状蛋白质中的非极性基团一般仍占据40%～50%的表面积。疏水相互作用也被认为在维持大多数蛋白质的三级结构中起着首要的作用。

图2－12　一个经受疏水相互作用的球状蛋白质的图示

(其中,空心圆球是疏水基团,圆球周围的"L－形"物质是根据疏水表面定向的水分子,小点代表与极性基团缔合的水分子)

因此,降低温度会导致疏水相互作用变弱和氢键变强,这一点是相当重要的。

(四)水与双亲分子的相互作用

水也能作为双亲分子的分散介质。在食品体系中这些双亲分子包括脂肪酸盐、蛋白质、脂质、糖脂、极性脂类和核酸。双亲分子的特征表现为在一个分子中同时存在亲水和疏水基团[图2－13(1)～(4)]。水与双亲分子亲水部位的羧基、磷酸基、羟基、羰基或一些含氮基团的缔合导致双亲分子的表观"增溶"。双亲分子在水中形成大分子聚集体,被称为胶团,参与形成胶团的分子数从几百到几千不等[图2－13(5)]。双亲分子的非极性部分指向胶团的内部而极性部分定向至水环境[图2－13(5)],可用于非极性物质增溶,改善其在水相中的分散性。

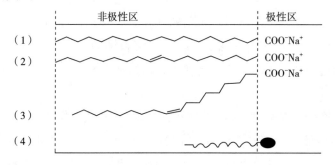

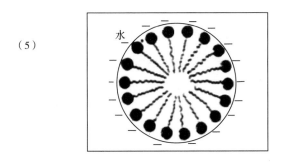

（5）

图 2 - 13　双亲脂肪酸盐的各种结构(1) ~ (3)；双亲分子的一般结构(4)；
双亲分子在水中形成的胶团结构(5)

第四节　食品中含水量的表示方法

食品存放过程中,经常有腐败现象发生,这与食品中水分的含量有关。浓缩和脱水过程的主要目的是降低食品的水分含量,同时提高溶质的浓度和降低食品的腐败性。但不同类型的食品虽然水分含量相同,但是他们的腐败性质显著不同。因此,食品中水分含量不是腐败性的可靠指标。出现这种情况的部分原因是食品中水与非水成分缔合强度上的差别:参与强缔合的水比起弱缔合的水参与变质反应的程度低,例如对于微生物生长和水解化学反应。在此情况下,引入水分活度(A_w)的概念,能反应水与各种非水成分缔合的强度,比水分含量能更可靠地预示食品的稳定性、安全性和其他性质,更能说明食品腐败的问题。

尽管水分活度(A_w)也并非是一个完全可靠的指标,然而它与微生物生长和许多降解反应具有很好的相关性,因此它成为一个产品稳定性与微生物安全的有用指标。

一、水分活度的定义

G. N. Lewis 从平衡热力学定律中严密地推导出物质活度的概念,而 Scott 首先将它应用于食品。严格地说,水分活度应按下式定义:

$$A_w = f/f_0 \qquad (2-1)$$

式中:f 是溶剂的逸度(逸度是溶剂从溶液逃脱的趋势),而 f_0 是纯溶剂的逸度。在低压(如室温)下,f/f_0 和 P/P_0 之间的差别小于 1%,因此根据 P/P_0 定义 A_w 显然是有理由的。

于是:

$$A_w = P/P_0 \qquad (2-2)$$

式中:A_w 为水分活度;P 为是某种食品在密闭容器中达到平衡状态时的水蒸气分压,即食品上空水蒸气的分压力;P_0 为相同温度下的纯水的饱和蒸汽压。

此等式成立的前提是溶液是理想溶液和存在热力学平衡。然而,食品体系一般不符合上述两个条件,因此应将式(2-2)看作为一个近似,更合适的表达式应是如下所示。

$$A_w \approx P/P_0 \qquad\qquad (2-3)$$

由于 P/P_0 是测定项目，并且有时不等于 A_w，因此，使用 P/P_0 项比 A_w 更为准确。P/P_0 又称"相对蒸汽压"（RVP）。尽管对于食品体系使用 RVP 在科学意义上比使用 A_w 更确切，但 A_w 是被普遍使用的术语，它也会出现在本书的其他章节。

如果出现下述两种基本情况，那么就不能采用 A_w—RVP 方法完美地估计食品的稳定性：违背方程(2-2)能成立的假设和存在溶质的特殊效应。但当用水的吸收而不是解吸制备干燥产品时出现一个例外(滞后效应)，后面会讨论这个问题。

当出现违背方程(2-2)得以成立的假设的情况时，RVP 作为解释理论模型的机制的工具就失效，因为理论模型是以这些假设为基础的（水分吸着等温线的理论模型往往是符合这些假设的）。

在少数很重要的实例中，溶质特殊效应使 RVP 成为食品稳定和安全的不良指示物，这种情况甚至在方程(2-2)得以成立的假设得到完全满足时仍可能发生。在这些情况下，具有相同的 RVP 而含有不同溶质成分的食品能显示不同的稳定性和其他性质。如果我们期望 RVP 作为判断食品安全或稳定的一个工具，那么绝不能忽视这个问题。图 2-14 的数据清楚地指出，金黄色葡萄球菌（*staphlococcus aureus*）生长所需的最低 RVP 取决于溶质的种类。

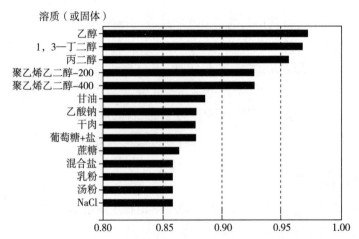

图 2-14　不同溶质对金黄色葡萄球菌生长所需的最低 RVP 的影响
（温度接近最适生长温度，PEG 是聚乙烯乙二醇）

RVP 与产品环境的百分平衡相对湿度（ERH）有关，如下式所示：

$$RVP = P/P_0 = ERH/100 \qquad\qquad (2-4)$$

必须注意此关系的两个方面：第一，RVP 是样品的一种内在性质，而 ERH 是与样品平衡的大气的性质；第二，仅当产品与它的环境达到平衡时方程(2-4)的关系才能成立。平衡的建立即使对于很小的试样(小于 1 g)也是一个耗时的过程，对于大的试样，尤其当温度低于50℃时，几乎是不可能的。

可按下法测定小试样的 RVP：将试样置于一个密闭的容器内，待达到表观平衡(试样恒重)后测定容器内的压力或相对湿度。很多仪器可以测定压力(量压计)和相对湿度如电子湿度计、露点仪。也可以根据冰点下降的数据测定 RVP。根据综合研究的结果，A_w 测定的精确度可以达到 ±0.02。

采用下述步骤可以将一个小的试样调节至一个特定的 RVP：将试样与一种合适的饱和盐溶液一起置于一个密闭的容器中，让它们在不变温度下达到平衡(试样重量不再改变)，于是就能将试样保持在一个具有恒定相对湿度的环境中。

二、水分活度与温度的关系

基于水分活度与相对蒸汽压的关系，我们可以表示出相对蒸汽压与温度的关系，进而间接的求出水分活度与温度的关系。

相对蒸汽压与温度有关，可根据 Clausius – Clapeyron 方程式的改变形式估计这个关系。虽然这个方程式包含 A_w 项，但是也适用于 RVP：

$$\frac{d\ln A_w}{d(1/T)} = \frac{-\Delta H}{R} \qquad (2-5)$$

式中：T 是绝对温度；R 是气体常数；ΔH 是在试样某一水分含量时的等量吸附热。

式(2-5)经重排后成为直线方程，$\ln A_w$ 对 $1/T$ 作图(在恒定的水分含量)是一条直线(图2-15)，$\ln P/P_0$ 对 $1/T$ 作图也应是一条直线。

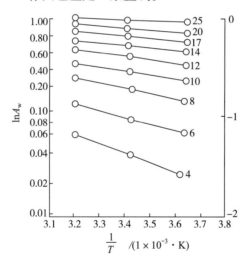

图 2-15 马铃薯淀粉在不同水含量时的 $\ln A_w$—$1/T$ 直线图

(参数是水分含量，在每一条直线上标明了水分含量 H_2O/g 干淀粉)

图2-15是马铃薯淀粉在不同水分含量时的 $\ln A_w$—$1/T$ 直线图。显然，A_w 随温度变化的程度是水分含量的函数。起始 A_w 为 0.5，温度系数在 2~40℃ 范围内是 0.0034℃$^{-1}$。研究者表明，对于高碳水化合物或高蛋白质食品，A_w 的温度系数(温度范围 5~50℃，起始 A_w 为 0.5)在 0.003~0.02℃$^{-1}$ 范围内。因此，不同产品，10℃温度变化能导致 0.03~0.2 的

A_w 的变化。由于包装食品因温度变化而引起 RVP 的变化,这就使它的稳定性对温度依赖的程度大于未经包装的相同食品,因此,A_w 与温度的关系对于食品的包装非常重要。

当温度范围扩大时,$\ln A_w$—$1/T$ 图并非总是直线,在冰开始形成时,直线一般出现明显的折断(图 2 - 16)。在冰点以下时,应将分母项(P_0)等同于过冷水的蒸汽压而不是冰的蒸汽压,这是因为:

① 只有采用过冷水的蒸汽压值才能使冰点以下温度的 RVP 值正确地与冰点以上温度的 RVP 值相比较。

② 对于含有冰的试样选择冰的蒸汽压作为 P_0 或许会造成一种无意义的状况,即在所有的冰点以下温度 RVP 都等于 1。这是因为冷冻食品中水的分压等于相同温度下冰的蒸汽压。

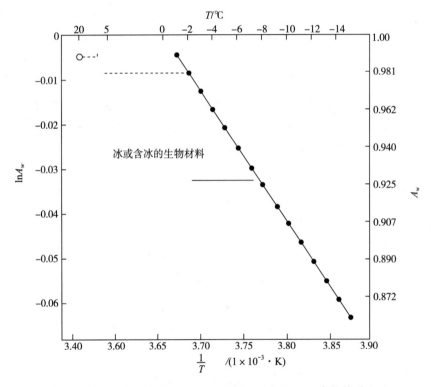

图 2 - 16　复杂食品在冰点以上和以下时 A_w 和温度的关系

由于已能在 - 15℃测定过冷水的蒸汽压,并且在更低温度下测定冰的蒸汽压,因此可用下式准确地计算冷冻食品的 RVP 值。

$$A_w = \frac{P_{ff}}{P_{0(scw)}} = \frac{P_{ice}}{P_{0(scw)}} \quad\quad (2-6)$$

式中:P_{ff} 是部分冻结食品中水的分压;$P_{0(scw)}$ 是纯过冷水的蒸汽压;而 P_{ice} 是纯冰的蒸汽压。

列于表 2 - 4 中的 RVP 值是根据冰和过冷水的蒸汽压计算得到的,这些值与在相同温度下的 RVP 值相等。

表 2 - 4　水和冰的蒸汽压和蒸汽压比

温度/℃	蒸汽压				
	液态水[a]		冰[b]或食品(含冰)		$P_冰/P_水$
	Pa	mmHg	Pa	mmHg	
0	611[b]	4.58	611	4.58	1.00
-5	421	3.16	402	3.02	0.95
-10	287	2.15	260	1.95	0.91
-15	191	1.43	165	1.24	0.86
-20	125	0.94	103	0.77	0.82
-25	80.7	0.61	63	0.47	0.78
-30	50.9	0.38	38	0.29	0.75
-40	18.9	0.14	13	0.098	0.69
-50	6.4	0.05	3.9	0.029	0.61

a. 除0℃外在所有的温度都是过冷的,在 -15℃以上测定,然后计算至 -15℃以下。
b. 数据引自"Lide,D.R.,ed.(1993/1994). Handbook of Chemistry and Physics,74[th]ed.,CRC Press,Boca Raton,FL."

在比较冰点以上和冰点以下温度的 A_w 值时,应注意到两个重要的差别。首先,在冰点以上时,A_w 是试样成分和温度的函数,而前者起着主要的作用;在冰点以下时,A_w 与试样的成分无关,仅取决于温度,即冰相存在时 A_w 不受溶质的种类或比例的影响。于是,不能根据 A_w 预测受溶质影响的冰点以下发生的过程,例如,扩散控制过程、催化反应、低温保护剂影响的反应、抗微生物剂影响的反应和化学试剂(改变 pH 和氧化还原电位)影响的反应。因此,A_w 作为物理和化学过程的指示剂在冰点以下的价值比起冰点以上低得多,而且也不能根据冰点以下温度的 A_w 预测冰点以上温度的 A_w。其次,当温度充分变化至形成冰或熔化冰时,从食品稳定性考虑 A_w 的意义也发生变化。例如,一个产品在 -15℃(A_w = 0.86)时微生物不能生长而化学反应能缓慢地进行;然而,在20℃和 A_w = 0.86 时,一些化学反应能快速地进行而一些微生物能以中等速度生长。

三、水分活度与水分含量

(一)水分的吸着等温线

1.定义

在恒定温度下,食品水分含量(每单位质量干物质中水的质量)对 A_w 作图得到水分吸着等温线(moisture sorption isotherms,MSI)。由于:在浓缩和干燥过程中除去水的难易程度与 A_w 有关;配制食品混合物时必须避免水分在配料之间的转移;必须确定包装材料的阻湿性质;必须确定怎样的水分含量能抑制微生物生长;需要预测食品的化学和物理的稳定性与水分含量的关系。因此,从 MSI 得到的信息是有价值的。

图 2 - 17 是一种高水分含量范围的 MSI,曲线包含了从正常至干燥的整个水分含量范围。这类 MSI 由于没有详细地显示最有价值的低水分区的数据,因此没有很大的用处。通

常略去高水分区和扩展低水分区而得到更有价值的 MSI(图 2 – 18)。

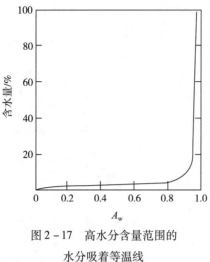

图 2 – 17　高水分含量范围的
水分吸着等温线

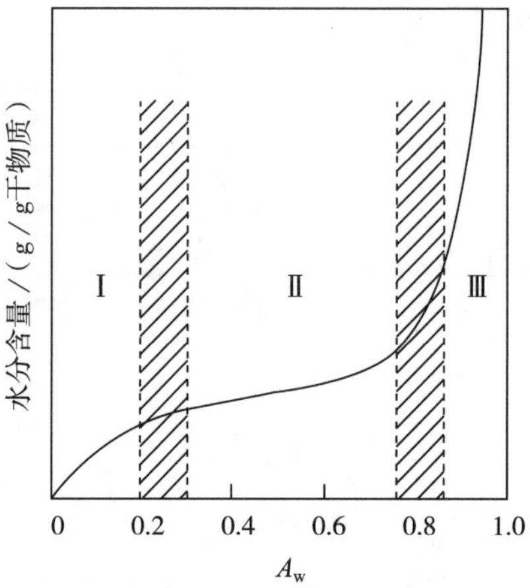

图 2 – 18　食品低水分部分吸着
等温线的一般形式(20℃)

不同物质的 MSI 具有显著不同的形状。如图 2 – 19 所示,这些都是回吸(或吸着)等温线,它们是将水加入预先干燥的试样中得到的。解吸等温线也是常见的。S 形等温线是大多数食品的特征。水果、糖果和咖啡提取物含有大量糖和其他可溶性小分子,而聚合物的含量不高,它们的等温线如图 2 – 19 中的曲线 1,呈 J 形。决定等温线的形状和位置的因素包括试样的成分、试样的物理结构(如结晶或无定形)、试样的预处理、温度和制作等温线的方法。许多人企图将 MSI 模型化,从而使一个模型能很好地符合整个范围的 MSI 实际数据,但还没有取得成功。已知的比较好的模型是由 Brunauer,Emmett 和 Teller(简称 BET)提出的。Guggenheim,Anderson 和 DeBoer 研究得到的 GAB 模型也是较好模型中的一个。

有时将图 2 – 18 中的吸着等温线分成几个区,这有助于理解吸着等温线的意义和实用性。当加入水时(回吸),试样的组成从区Ⅰ(干)移至区Ⅲ(高水分),而与各个区相关的水的性质存在着显著的差别。

存在于等温线区Ⅰ中的水是被最牢固地吸附的和最少流动的。这部分水通过 H_2O—离子或 H_2O—偶极相互作用与可接近的极性部位缔合,它在 – 40℃ 不能冻结,不具有溶解溶质的能力,它的量不足以对固体产生增塑效应。根据这部分水的性质可简单地将它看作固体的一部分。

区Ⅰ的高水分端(区Ⅰ和区Ⅱ的边界)相当于食品的"BET 单分子层"水含量。应将单分子层水含量值理解为在干物质的可接近的高极性基团上形成一个单层所需的近似水量。对于淀粉,此量为每个脱水葡萄糖基一个 H_2O 分子。在高水分食品材料中,区Ⅰ水仅占总水量的极小部分。

区Ⅱ的水占据了仍然有效的第一层部位。这部分水主要通过氢键与相邻的水分子和溶质分子缔合,它的流动性比体相水稍差,其中大部分在 – 40℃ 不能冻结。当水增加至靠近区Ⅱ的低水分端,它对溶质产生显著的增塑作用,降低了它们的玻璃化转变温度(glass

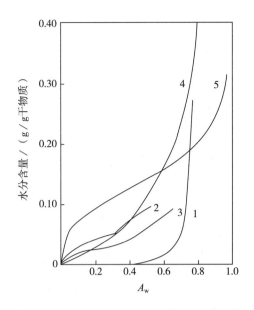

图2-19　各种食品和生物物质的回吸等温线

（除"1"是40℃外，其余的都是20℃）1—糖果（主要成分是蔗糖粉）　2—喷雾干燥菊苣提取

物　3—焙烤哥伦比亚咖啡　4—猪胰酶提取物　5—天然大米淀粉

transition temperature，缩写为 T_g），并导致固体基质的初步膨胀。此作用和开始出现的溶解过程使大多数反应的速度加快。区Ⅰ和区Ⅱ的水通常占高水分食品材料中5%以下的水分。

在凝胶或细胞体系中，体相水被物理截留，因此宏观流动受到阻碍。在所有其他方面，这部分水具有类似于稀盐溶液中的水的性质，这是因为加入至区Ⅲ的水分子被区Ⅰ和区Ⅱ的水分子隔离了溶质分子影响的结果。被截留或者处在自由状态的存在于区Ⅲ的体相水通常占高水分食品总水分的95%以上，这一点在图2-18中表达的不明显。

正如前面已经提到的，在图2-18中指出区的边界主要是为了便于讨论，而这些边界并非真实地存在。可以确信水分子能在区内和区间快速地交换，从区Ⅰ至区Ⅲ水性质连续变化的概念比各个区水性质截然不同的观点似乎更正确。有意义的是，加入仅含少量水分子的干物质中去的水提高了原有水分子的流动性，减少了它们的停留时间。然而，水被加入至已具有完全或近乎完全的水合材料中时，不会对原有水的性质产生显著的影响。

在后面的章节中将会讨论溶质引起的水性质上的差别对食品稳定性的重要影响。目前，可以肯定地说，任何食品试样中流动的水决定着它们的稳定性。

2. 温度对水分吸着等温线的影响

正如前面已经提到的 A_w 与温度有关，MSI也必定与温度有关。在一定的水分含量时，水分活度随温度的上升而增大，这与 Clausius-Clapeyron 方程一致，符合食品中所发生各种变化的规律（图2-20）。

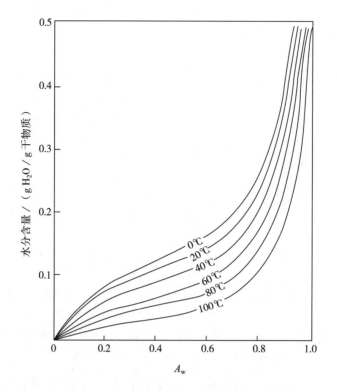

图 2 - 20　在不同温度下马铃薯的水分吸着等温线

(二)吸着等温线的滞后现象

对于食品体系,将水加入一个干燥的试样(回吸)而得到的 MSI 不一定与解吸等温线重叠,这就增加了复杂性。水分回吸等温线和解吸等温线之间的不一致被称为滞后现象(hysteresis),图 2 - 21 是滞后现象的一个实例。从图 2 - 18 可以看到,在任何指定的 A_w,解吸过程中试样的水分含量大于回吸过程中试样的水分含量。聚合物、玻璃态低相对分子质量化合物和许多食品的 MSI 呈现滞后现象。

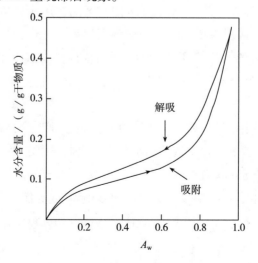

图 2 - 21　水分吸着等温线的滞后现象

滞后现象的程度、曲线的形状以及滞后环的起点和终点会有相当大的变化,影响的因素很多,如食品的性质、除去水分和加入水分时食品发生的物理变化、温度、解吸的速度以及解吸过程中水分被除去的程度。温度的影响是显著的;在高温(约80℃)时往往不能察觉滞后现象,而当温度降低时滞后现象逐渐变得明显。

已经提出几种理论定性地解释吸着等温线的滞后现象。这些理论涉及的因素包括肿胀现象、介稳定局部结构小区、化学吸着、相转变、毛细管现象以及随温度下降非平衡状态逐渐持久。水分吸着等温线滞后现象的确切解释目前还没有形成。

水分吸着等温线的滞后现象具有实际意义。将鸡肉和猪肉的 A_w 值调节至 0.74~0.84 范围,如果用解吸的方法,那么试样中脂肪氧化的速度要高于用回吸的方法。高水分试样具有较低的黏度,因而使催化剂具有较高的流动性,基质的肿胀也使催化部位更充分地暴露,同时氧的扩散系数也较高。用解吸方法制备试样时需要达到较低的 A_w(与用回吸方法制备的试样相比)才能阻止一些微生物的生长。

可见,不同产品的 MSI 不同,而且对于一种特定的产品 MSI 还因制备的方法不同而显著地改变,因此 MSI 概念具有实际意义。

第五节　水分活度与食品稳定性

从以上的分析可以看出:虽然食品水分含量相同,但如果体相水和结合水所占比例不同,那么水与各种非水组分的缔合程度也就不同,从而导致水分活度 A_w 不同,食品的稳定性也就不同。在此从以下几个方面讨论这个问题。

一、水分活度与微生物生命活动的关系

在表 2-5 中列出了各种常见的微生物能够生长的 A_w 范围,同时也将常见食品按它们的 A_w 分类列于表中。

表 2-5　食品中水分活度与微生物生长

A_w 范围	在此范围内的最低水分活度一般所能抑制的微生物	在此水分活度范围内的食品
1.00~0.95	假单孢菌、大肠杆菌、变形杆菌、志贺氏菌属、克雷伯氏菌属、芽孢杆菌、产气荚膜梭状芽孢杆菌、一些酵母	极易腐败变质(新鲜)食品、罐头水果、蔬菜、肉、鱼、牛乳、熟香肠和面包、含有约40%(质量分数)蔗糖或7%氯化钠的食品
0.95~0.91	沙门氏杆菌属、溶副血红蛋白弧菌、肉毒梭状芽孢杆菌、沙雷氏杆菌、乳酸杆菌属、足球菌、一些霉菌、酵母(红酵母、毕赤氏酵母)	一些干酪(英国切达、瑞士、法国明斯达、意大利菠萝伏洛)、腌制肉(火腿)、一些水果汁浓缩物、含有55%(质量分数)蔗糖或12%氯化钠的食品
0.91~0.87	许多酵母(假丝酵母、球拟酵母、汉逊酵母)、小球菌	发酵香肠(萨拉米)、松蛋糕、干的干酪、人造奶油、含有约65%(质量分数)蔗糖(饱和)或15%氯化钠的食品

A_w 范围	在此范围内的最低水分活度一般所能抑制的微生物	在此水分活度范围内的食品
0.87~0.80	大多数霉菌(产生毒素的青霉菌)、金黄色葡萄球菌、大多数酵母菌属(拜耳酵母)、德巴利氏酵母菌	大多数浓缩果汁、甜炼乳、巧克力糖浆、槭糖浆和水果糖浆、面粉、米、含有15%~17%水分的豆类食品、水果蛋糕、家庭自制火腿、微晶糖膏、重油蛋糕
0.80~0.75	大多数嗜盐细菌、产真菌毒素的曲霉	果酱、加柑橘皮丝的果冻、杏仁酥糖、糖渍水果、一些棉花糖
0.75~0.65	嗜旱霉菌(谢瓦曲霉、白曲霉、海洋来源的耐盐真菌)、二孢酵母	含有约10%水分的燕麦片、颗粒牛轧糖、砂性软糖、棉花糖、果冻、糖蜜、粗蔗糖、一些干果、坚果
0.65~0.60	耐渗透压酵母(鲁酵母)、少数霉菌(刺孢曲霉、二孢红曲霉)	含有15%~20%水分的干果、一些太妃糖与焦糖、蜂蜜
0.5	微生物不增殖	含有约12%水分的酱、含有约10%水分的调味料
0.4	微生物不增殖	含有约5%水分的全蛋粉
0.3	微生物不增殖	含3%~5%水分的曲奇饼、脆饼干、面包硬皮等
0.2	微生物不增殖	含2%~3%水分的全脂奶粉、含有约5%水分的脱水蔬菜、含有约5%水分的玉米片、家庭自制的曲奇饼、脆饼干

在许多情况下食品稳定性与A_w是紧密相关的,表2-5和图2-22(1)中的数据提供了能说明这些关系的实例。不同的微生物在食品中繁殖时对A_w的要求不同。一般来说,$A_w<0.9$,细菌不生长;$A_w<0.87$,大多数酵母菌受到抑制;$A_w<0.8$,大多数霉菌不生长;$A_w<0.6$,绝大多数微生物都无法生长。我们把微生物生长所需的最低水分活度称为阈值,A_w低于阈值,微生物生长受限。

二、水分活度与食品化学反应的关系

图2-22中的数据是在25~45℃范围反应速度和A_w的定性关系。为了便于比较,在图2-22(6)中还加上一条典型的水分吸着等温线。试样的成分、试样的物理状态和结构、大气的成分(尤其是氧的含量)、温度和滞后效应都会改变确切的反应速度和曲线的位置和形状[图2-22(1~5)]。

在图2-22中,所有化学反应在解吸过程中首次出现最低反应速度是在等温线区Ⅰ和区Ⅱ的边界(A_w为0.20~0.30),除氧化反应外的所有反应当A_w进一步降低时仍保持此最低反应速度。在解吸过程中,在首次出现最低反应速度时的水分含量相当于"BET单分子层"水分含量。

在A_w很低时,脂肪氧化速度和A_w的变化与其他反应不同[图2-22(3)]。从等温线的左端开始,加入水至BET单分子层水值,脂肪氧化速度逐渐下降。显然,经受氧化的试样过分干燥会导致稳定性低于最佳稳定性。对这个现象可以作如下解释:最初加入至非常干燥样品的水与氢过氧化物结合,妨碍了它们的分解,从而阻碍氧化进程。此外,这部分水

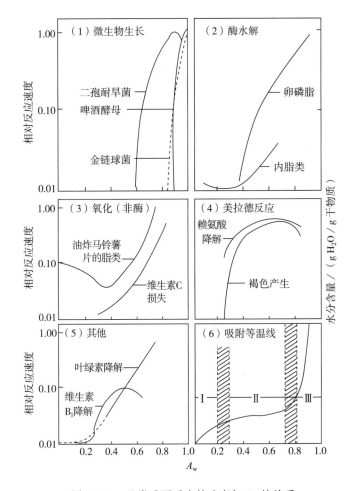

图 2-22　几类重要反应的速度与 A_w 的关系

还同金属离子水合,降低它们催化氧化的效率。继续加入水超过区Ⅰ和区Ⅱ的边界[图 2-22(3)和图2-22(6)]会导致氧化速度的增加,加入至等温线此区域的水提高了氧的溶解度和促使大分子肿胀,从而暴露更多的催化部分,加速氧化反应。在 A_w(>0.80)较高时,加入的水会稀释催化剂,降低其效率,因而阻止氧化。

三、降低水分活度提高食品稳定性的机理

从图 2-22(1)、(4)、(5)可以看出美拉德反应、维生素 B_1 的降解和微生物的生长曲线都在中等至高 A_w 时显示最高反应速度。对于在中等至高水分含量食品中反应速度随 A_w 提高而下降的现象,有以下两种解释:

① 在这些反应中水是一个产物,水含量的增加导致产物抑制作用。

② 当试样中水分含量已达到这样的水平,使能够促进反应速度的成分的溶解度、可接近性(大分子表面)和流动性不再是速度限制因素,进一步加水将稀释速度限制成分和降低反应速度。

由于根据食品的 BET 单分子层水分含量值能很快地对干燥产品具有最高稳定性时的水分含量做出最初的估计,因此有关此值的知识具有重要的实际意义。如果能得到食品水分吸着等温线低水分端的数据,那么就比较容易测定 BET 单分子层水值。我们可以采用由 Brunauer 等推出的 BET 方程式来计算此单分子层水值。

$$\frac{A_w}{m(1-A_w)} = \frac{1}{m_1 C} + \frac{C-1}{m_1 C}A_w \qquad (2-7)$$

式中:A_w 是水分活度,m 是水分含量(g H_2O/g 干物质),m_1 是 BET 单分子层水值,C 是与吸附热有关的常数。实际上,在方程 2-7 中使用得更多的是 P/P_0 而不是 A_w。

根据此式,可作 $A_w/m(1-A_w)$—A_w 图,即 BET 图,显然是一条直线。图 2-23 是天然马铃薯的 BET 图,一般认为 A_w 大于 0.35 时此线性关系变差。

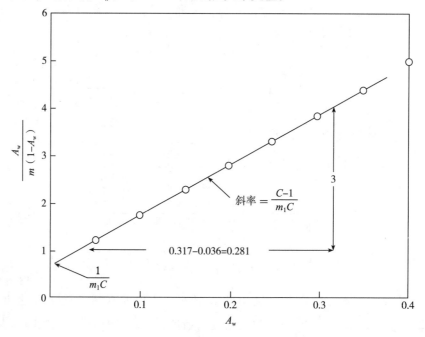

图 2-23 天然马铃薯淀粉的 BET 图(回吸温度为20℃)

可按下述方法计算 BET 单分子层水值:

$$单层值(m_1) = \frac{1}{Y_{截距} + 斜率} \qquad (2-8)$$

从图 2-23 得到 $Y_{截距}$ 为 0.6,斜率为 10.7,于是:

$$m_1 = \frac{1}{0.6+10.7} = 0.088(g\ H_2O/g\ 干物质) \qquad (2-9)$$

在这个特定的实例中,BET 单分子层水值相当于 0.2 A_w。

除了化学反应和微生物生长外,A_w 也影响干燥和半干食品的质构。例如,为了保持饼干、爆米花和马铃薯片的脆性,避免颗粒状蔗糖、乳粉和速溶咖啡的结块和防止硬糖果的黏结,有必要将这些产品保持在较低的 A_w 下。0.35~0.5 是不使干物质的期望性质造成损失

所允许的最高 A_w 范围。不过,软质构食品需要较高的水分活度才可避免不期望的质地变硬,这是由于它们的水分活度大于环境空气的相对湿度,保存时需要防止水分蒸发。通过各种各样的包装可以赋予维持食品质构的小环境,满足不同食品对水分活度的要求。

第六节　分子流动性与食品稳定性

一、概述

除了 A_w 是预测、控制食品稳定性的关键指标外,分子流动性(molecular mobility,M_m,移动或转动)也是一个重要的参数。分子流动性是分子的旋转移动和平动移动性的总度量(不包括分子的振动),它与食品中许多重要的扩散限制性质有关。决定分子流动性的关键成分是水合食品中占支配地位的非水成分。这类食品包括淀粉食品、蛋白质类食品、中等水分含量食品、干燥或冷冻干燥食品。表 2-6 所示为食品中与分子流动性相关的某些性质。

表 2-6　一些由分子流动性决定的食品性质和特征(在无定形区的产品中由扩散限制的变化)

干燥或半干燥食品	冷冻食品
流动性和黏性	水分迁移(冰结晶)
结晶和重结晶	乳糖结晶(在冷冻甜食中的"砂质")
巧克力糖霜	酶活力
食品在干燥时碎裂	在冷冻干燥的升华(第一)阶段发生无定形区的结构塌陷
干燥和中等水分食品的质构	食品体积收缩(冷冻甜食中泡沫状结构的部分塌陷)
在冷冻干燥第二阶段(解吸)发生的结构塌陷	
微胶囊化产品中挥发性芯材的逸失	
酶活力	
美拉德反应	
淀粉的糊化	
焙烤食品在冷却阶段的爆裂	
微生物孢子的热失活	

在深入讨论分子流动性和食品稳定性的关系之前,先介绍几个相关的专业术语:

① 无定形(amorphous)是一种物质的非平衡、非结晶状态。当饱和条件占优势并且溶质保持非结晶状态时,此饱和溶液可被称为无定形。此时微观粒子无规则排列,近程有序,远程无序。

② 玻璃态(glass state,Glassy)是聚合物的一种状态,它既像固体一样有一定的形状和体积,又像液体一样分子间排列只是近程有序,因此是非晶态或无定形态。处于此状态的

聚合物的链段运动被冻结,只允许小尺寸的运动,其形变很小,类似于坚硬的玻璃,因此称为玻璃态。

③ 玻璃化转变温度(glass transition temperature T_g, T_g'),高聚物转变为柔软而具有弹性的固体,称为橡胶态。无定形食品从玻璃态到橡胶态的转变为玻璃化转变,此时的温度称为玻璃化转变温度。T_g'是特殊的T_g,仅适用于含有冰的试样。对于一个复杂试样,当温度低于T_g或T_g'时,除水分子外的所有分子停止移动,仅保留有限的转动和振动。当食品发生玻璃化转变时,其物理和力学性能都发生急剧变化,如比热容、膨胀系数等发生突变,该变化可用差示扫描量热法测定。

④ 大分子缠结(macromoleculer entanglement)是指大的聚合物以随机的方式相互作用,没有形成化学键,有或者没有形成氢键。当大分子缠结很广泛时(需要达到大分子的一个最低临界浓度和时间),会形成黏弹性缠结网。

当一个食品被冷却或水分含量减少,以至于全部或部分转变成玻璃化状态时,M_m显著降低,食品的扩散限制的性质也将变得稳定。在大多数情况下,A_w和M_m方法对研究食品稳定性有较好的互补性。A_w方法主要用于反映食品中水的可利用性,如水作为溶剂的能力,而M_m方法则主要用于衡量食品的微观黏度(microviscosity)和化学组分的扩散能力。因此,从A_w和M_m方法适用对象来看,二者各有优劣:就预测不含冰的产品中微生物生长和非扩散限制的化学反应速度而言,应用A_w更有效;针对扩散限制的性质(冷冻食品物理性质、冷冻干燥的最佳条件和结晶、胶凝等物理变化)评估,M_m方法更有效。

二、食品的冻藏

虽然冷冻被认为是长期保藏大多数食品最好的方法,但是这项保藏技术的益处主要来自低温而不是冰的形成。在食品细胞和食品凝胶中形成冰会产生两个有害结果:在非冷冻相中非水组分被浓缩(商业上采用的所有保藏温度下的食品都含有非冷冻相)和水转变成冰时体积增加9%。

在水溶液、细胞悬浮液或组织冷冻过程中,水从溶液转变成可变的高纯度的冰结晶。因此,所有的非水组分被浓缩在数量逐渐减少的未冷冻水中。在此情况下,除了温度较低和被分离的水是以冰的形式局部地沉积外,净效果类似于常规的脱水。浓缩的程度主要受最终温度的影响,也在较低程度上受搅拌、冷却速度和低共熔物形成的影响。

由于冷冻浓缩效应,非冷冻相在诸如 pH、可滴定酸度、离子强度、黏度、冰点(和所有其他依数性质)、表面和界面张力和氧化—还原电位等性质上都发生了变化。此外,溶质有时会结晶,过饱和的氧和二氧化碳会被逐出溶液,水的结构和水—溶质相互作用会产生剧烈的改变以及大分子被迫靠得更近,使相互作用较易发生。这些与浓缩相关的性质的变化往往有利于提高反应速度。于是,冷冻对反应速度会产生两个相反的效果:降低温度总是降低反应速度和冷冻浓缩有时会提高反应速度。因此,在冰点以下反应速度既不能很好地符合 Arrhenius 关系,也不能很好地符合 WLF(Williams - Landel - Ferry)动力学,有时甚至偏差很大。事实上,在冷冻期间加速的反应不常被发现。

下面我们讨论冷冻的一些特殊例子和分子流动性(M_m)对冷冻食品稳定性的重要性。如图 2-24 所示,体系首先考虑一个复杂食品的缓慢冷冻过程。非常缓慢的冷冻使食品接近固—液平衡和最高冷冻浓缩。从图 2-24 的 A 开始,缓慢冷却使产品移至 B,即试样的最初冰点。进一步冷却,使试样过冷并在 C 开始形成晶核。晶核形成后晶体随即长大,在释放结晶潜热的同时温度升高至 D。进一步除去热导致有更多的冰形成,非冷冻相浓缩,试样的冰点下降和试样的组成沿着 D 至 T_E 的路线改变。对于被研究的复杂食品,T_E 是具有最高低共熔点的溶质的 $T_{E\,max}$(在此温度溶解度最小的溶质达到饱和)。在复杂的冷冻食品中,溶质很少在它们的低共熔点或低于此温度时结晶。在冷冻甜食中乳糖低共熔混合物的形成是商业上一个重要的例外,它造成被称为产品"沙质"的质构缺陷。

设想低共熔混合物确实没有形成,冰的进一步形成导致许多溶质的介稳定过饱和(一个无定形液体相)和未冷冻相的组成沿着 T_E 至 E 的途径变化。E 点是推荐的大多数冷冻食品的保藏温度(-20℃)。不幸的是,E 点高于大多数食品的玻璃化转变温度,因而在此温度 M_m 较强和取决于扩散的食品物理和化学性质较不稳定,并且高度依赖于温度。由于在冷却期间的冷冻—浓缩效应和温热期间的熔化—稀释效应没有被 WLF 方程所考虑,因此不应期望与 WLF 动力学的完全一致。

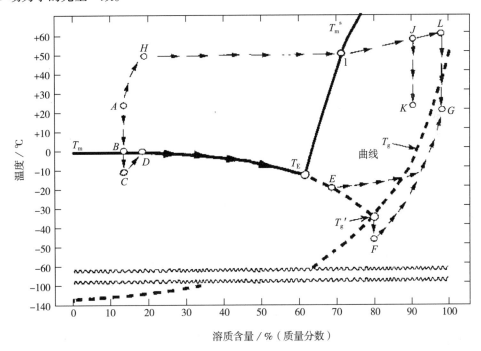

图 2-24 二元体系状态图

(冷冻:不稳定顺序 ABCDE,稳定顺序 ABCDET$_g$′F;干燥:不稳定顺序 AHIJK,稳定顺序 AHIJLG;冷冻干燥:不稳定顺序 ABCDEG,稳定顺序 ABCDET$_g$′FG)(图中显示的干燥温度比实际上采用的温度要低一些,这是为了将数据载入图中)

如果继续冷却至低于 E 点,有更多的冰形成进一步冷冻浓缩,使未冷冻部分的组成从相当于 E 点变化至相当于 T_g' 点。在 T_g' 点,大多数过饱和未冷冻相转变成包含冰结晶的玻璃态。T_g' 是一个准恒定的 T_g,它仅适用于在最高冷冻浓缩条件下的未冷冻相。观察到的 T_g' 主要取决于试样的溶质组成和试样的起始水分含量(T_g 同样取决于溶质组成和水分含量)。由于在测定 T_g' 的步骤中很少达到最高冷冻浓缩,因此观察到的 T_g' 并不完全是恒定的。进一步冷却不会导致进一步的冷冻浓缩,仅是除去显热和朝着 F 点的方向改变产品的温度。低于 T_g' 时,分子流动性 M_m 大幅地降低,而由扩散限制的性质通常是非常稳定的。

表 2-7 ~ 表 2-10 列出了淀粉水解产品、氨基酸、蛋白质和一些食品的 T_g'。这些 T_g' 值应被称为"观察到的"或"表观的" T_g' 值,这是因为在所采用的测定条件下最大冰形成(最大冷冻浓缩)几乎是不可能的。然而,这些观察到的 T_g' 值比起真正的(稍低的) T_g' 值或许更贴近实际情况。当产品所含有的主要化学组分以两种构象形式存在时,或者当产品的不同区域所含有的大分子与小分子溶质的比例不同时,会出现多个 T_g' 的情况。此时,最高的 T_g' 通常被认为是最重要的。

表 2-7　商业淀粉水解产品(SHP)的玻璃化转变温度(T_g')和 DE(葡萄糖当量)

SHP	制造商	淀粉来源	T_g'/℃	DE
Staley300	Staley[a]	玉米	−24	35
Maltrin M250	GPC[b](1982)	Dent 玉米	−18	25
Maltrin M150	GPC	Dent 玉米	−14	15
Paselli SA – 10	Avebe[c]	马铃薯(AP)	−10	10
Star Dri 5	Staley(1984)	Dent 玉米	−8	5
Crystal gum	National[d]	木薯	−6	5
Stadex 9	Staley	Dent 玉米	−5	3.4
AB 7436	Anhellser – Busch	蜡质玉米	−4	0.5

注:a A. E Staley Manufacturing Co. 。

　　b Grain Processing Corp. 。

　　c Avebe America。

　　d National Starch and Chemical. 。

大多数水果由于具有很低的 T_g' 值,而保藏的温度一般又高于 T_g',因此在冷冻保藏时质构稳定性往往较差。蔬菜的 T_g' 值一般较高,理论上它们的保藏期应长于水果,但实际并非总是如此。限制蔬菜(或任何种类的食品)保藏期的质量特性随品种而异,有可能一些质量特性受 M_m 影响的程度不如其他质量特性。

根据表 2-10 中肌肉的 T_g' 值,可以推断在典型的商业冻藏条件下,所有由扩散限制的物理变化和化学变化均被有效地阻滞。由于鱼和肉的贮藏脂肪存在于与肌纤维蛋白分离的区域,因此在冻藏条件下它们或许不受玻璃态基质的保护,一般是不稳定的。

表 2-8　纯碳水化合物的玻璃化转变值和相关的性质

碳水化合物	性质(干燥状态)				性质(水合状态,水 = W_g')			
	相对分子质量	T_m/℃	T_g^b/℃	T_m/T_g^c	$T_g'(\approx T_c \approx T_r)^{b,d}$/℃	$W_g'^{b,e}$/(w_t%)	MW_W^f	MW_n^g
丙三酮	92.1	18	-93	1.62	-65	46	58.0	31.9
木糖	150.1	153	9~14	1.49 ±0.01	-48	31	109.1	45.8
核糖	150.1	87	-10~ -13	1.37 ±0.01	-47	33	106.7	44.0
葡萄糖	180.2	158	31~39	1.39 ±0.02	-43	29	133.0	49.8
果糖	180.2	124	7~17[h]	1.39 ±0.03	-42	49	100.8	33.3
半乳糖	180.2	170	30~32[h]	1.45 ±0.01	-41~ -42	29~45	107~ 151	35.6~50
山梨醇	182.2	111	-2~ -4	1.45 ±0.01	-43~ -44	19	151	66.7
蔗糖	342.3	192	52~70	1.40 ±0.04	-32~ -46	20~36	225.9	45.8
麦芽糖	342.3	129	43~95	1.19 ±0.1	-30~ -41	20	277.4	74.4
海藻糖	342.3	203	77~79	1.35 ±0.01	-27~ -30	17	288.2	85.5
乳糖	342.3	214	101	1.37	-28	41	209.9	41.0
麦芽三糖	504.5	134	76	1.17	-23~ -24	31	353.5	53.7
麦芽五糖	828.9		125~ 165		-15~ -18	24~32	569.6	53.8
麦芽己糖	990.9		134~ 175		-14~ -15	24~33	666.6	52.1
麦芽庚糖	1153.0		139		-13~ -18	21~33	911.7	80.0

注:a 主要摘自 Levine 和 Slade。
　　b 最常见于报道的值或最常见于报道值的范围。
　　c 根据 K 氏温标计算。
　　d T_c = 塌陷温度,T_f = 开始重结晶的温度。
　　e C_g',在 T_g' 时溶质的 W_t% = 100 - W_g'。
　　f 重均相对分子质量。
　　g 数均相对分子质量。
　　h Slade 和 Levine 报道了果糖的两个 T_g 值(30℃和110℃),他们认为较高的值是控制性质的。

表 2-9　氨基酸和蛋白质的玻璃化转变温度(T_g')和相关的性质[a]

物质	相对分子质量	pH	T_g'/℃	$W_g'^a$/(W_t%)	$W_g'^b$/(g UFW/g 干AA)
氨基酸					
甘氨酸	75.1[c]	9.1	-58	63	1.7
DL-丙氨酸	89.1[d,e]	6.2	-51		
DL-苏氨酸	119.1[d]	6.0	-41	51	1.0
DL-门冬氨酸	133.1[c]	9.9	-50	66	2.0

物质	相对分子质量	pH	$T_g'/℃$	$W_g'^a/(W_t\%)$	$W_g'^b/(g\ UFW/g\ 干AA)$
DL-谷氨酸·H_2O	147.1[c]	8.4	-48	61	1.6
DL-赖氨酸·HCl	182.7[d]	5.5	-48	55	1.2
DL-精氨酸·HCl	210.7[d]	6.1	-44	43	0.7
蛋白质					
牛血清白蛋白			-13	25~31	0.33~0.44
α-酪蛋白			-13	38	0.6
胶原(牛,SigmaC9879)[f]			-6.6±0.1		
酪蛋白酸钠			-10	39	0.6
明胶(175 bloom)			-12	34	0.5
明胶(300 bloom)			-10	40	0.7
面筋蛋白(Sigma)			-7	28	0.4
面筋蛋白(商业)			-5~-10	7~29	0.07~0.4

注:a W_g'是处在T_g'的试样中未冷冻相的水。
  b UFW是未冷冻相水。
  c 采用NaOH溶解。
  d 未调整pH。
  e 经溶质结晶。
  f 摘自N. Brake和O. Fennema(未发表)。采用DSC测定;将试样在-10℃回火1 h后,从-60℃起按5℃/min的
   速度扫描至25℃。
  g 两次测定的平均值±SD。

表2-10 食品的玻璃化转变值(T_g')[a]

食品	$T_g'/℃$	食品	$T_g'/℃$
果汁		马铃薯(新鲜)	-12
柑橘(各种试样)	-37.5±1.0	菜花(冷冻茎)	-25
菠萝	-37	豌豆(冷冻)	-25
梨	-40	青刀豆(冷冻)	-27
苹果	-40	冬季花椰菜	
梅	-41	冷冻茎	-27
白葡萄	-42	冷冻头	-12
柠檬(各种试样)	-43±1.5	菠菜(冷冻)	-17
水果(新鲜)		冷冻甜食	
斯帕克尔草莓(中间部分)	-38.5和-33	香草冰淇淋	-31~-33
其他品种的草莓	-33和-41	香草冰奶冻	-30~-31
桃	-36	干酪	
香蕉	-35	契达	-24
苹果	-42	鱼	
番茄	-41	鳕鱼肌肉[b,c]	-11.7±0.6

续表

食品	T_g'/℃	食品	T_g'/℃
蔬菜（新鲜或冷冻）		牛肉肌肉[b,c]	-12.0 ± 0.3
甜玉米（超市新鲜）	-8		

注：a 除另有说明外，资料摘自 Levine 和 Slade。
　　b 摘自 N. Brake 和 O. Fennema，采用 DSC 测定；将试样在 -15℃回火 1 h 后，以 5℃/min 的速度从 -60℃扫描至 25℃。
　　c 四次重复测定平均值 ±SD。

其中"未冷冻"需要作两点说明。首先，未冷冻涉及一个实际的时间尺度。由于水在 T_g' 不是完全固定的，在未冷冻相和玻璃相之间的平衡是介稳平衡而不是完全平衡（不是最低自由能），因此，在很长的时间周期中，未冷冻部分将稍许地减少。其次，术语"未冷冻"往往被认为是"结合水"的同义词，然而，结合水因有许多不同的定义而陷入可能被摒弃的处境。相当数量的 W_g' 水参与了相互作用，主要是氢键，它们在强度上显著地不同于水—水氢键。这部分水之所以未冷冻完全是由于玻璃态的局部黏度大到足以在一个实际的时间间隔排除对于进一步形成冰和溶质结晶（形成低共熔混合物）所需的移动和转动。于是，大多数 W_g' 水应被认为是介稳定的，并且它们的流动性被严重地"阻碍"。

在商业上，食品冷冻的速度要比小试样的生物物质的一般冷冻速度慢，前者需几分钟至 1 小时达到 -20℃，即使如此，最高冷冻浓缩仍然未必能达到。如图 2-25 所示，提高冷冻速度会影响温度—组成关系，这就产生了一个明显的问题：在商业条件下，食品冷冻的参考温度是 T_g 还是 T_g'。对此，目前还没有定论。

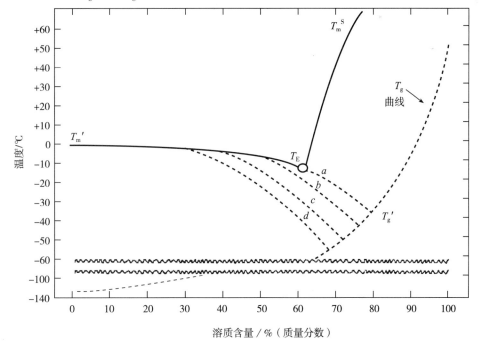

图 2-25　提高冷冻速度（速度 $a < b < c < d$）对 T_g 影响的二元体系状态图
注：当最高冷冻浓缩出现时即为 $T_m^l - T_E$ 曲线，T_m^l 是融化平衡曲线，T_m^s 是溶解平衡曲线，T_E 是低共熔点，T_g 是玻璃化转变温度，T_g' 是特定溶质的最大冷冻浓缩溶液的玻璃化转变温度。

Slade 和 Levine 认为 T_g' 是合适的值。然而,选择 T_g' 为合适的温度有一个问题需要解决:由于起始的 T_g(冷冻后随即达到的)总是低于 T_g',而在冷冻保藏期间从 T_g 达到 T_g'(由于有更多的冰形成)是缓慢的,或许是不能完成的。

如果按照一些学者的建议,选择起始 T_g 作为参考 T_g,那么也会产生一些问题:起始 T_g 不仅受产品的类型的影响,还受冷冻速度的影响;起始 T_g 随冷冻保藏时间而改变,当保藏温度在 $T_m - T_g$ 区时,它以一个在商业上有重要意义的速度提高,当保藏温度 $< T_g$ 时,它以较慢然而是明显的速度提高。W_g 和 W_g' 也存在同样的问题。

比较合理的解决方法是将 T_g' 看作为一个温度区域而不是一个特定的温度。此区域的下边界取决于冷冻速度和保藏的时间/温度。但在商业重要的情况下,此边界(起始 T_g)应该不会超过 T_g'($-10℃$)。对于通过零售渠道上市的一种食品产品,由于其平均保藏温度较高而使得此平均 T_g 不大可能如接近起始 T_g 那样更接近 T_g'。此处将继续采用术语 T_g',同时应将它看作为一个温度区。

还有几个要点与冷冻食品中扩散限制的性质有关:

① 可以通过下列措施提高产品的稳定性(扩散限制):将保藏温度降低至接近或低于 T_g';在产品中加入高相对分子质量溶质以提高 T_g'。由于第二个措施增加了产品保藏在低于 T_g' 时的概率和降低了在产品温度高于 T_g' 时的 M_m,因此是有利的。

② 重结晶的速度显然与 T_g' 有关(重结晶是指冰结晶的平均大小增加,同时数目减少)。假如出现最高冰结晶作用,重结晶的临界温度(T_r)是冰的重结晶作用可以避免的最高温度(往往是 $T_r \sim T_g'$;见图 2 – 26)。在 T_m 至 T_g' 区的重结晶速度有时较好地符合 WLF 动力学(图 2 – 26)。假如冰的结晶作用不是最高的,冰的重结晶可以避免的最高温度大致等于 T_g。一般情况下,T 必须稍许高于 T_g' 或 T_g 重结晶速度才有实际意义。

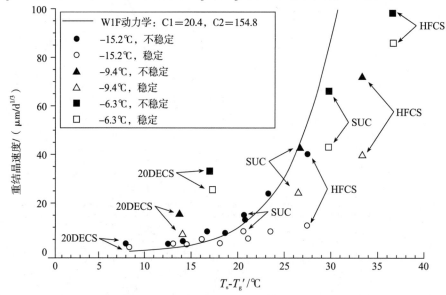

图 2 – 26　冰淇淋中冰重结晶的速度与保藏温度(T_s)、甜味剂种类和是否存在稳定剂的关系

③ 一般情况下,在一个指定的低于冰点的保藏温度,高 T_g'(通过加入水溶性大分子达到)和低 W_g' 与坚硬的冷冻结构和良好的保藏稳定性有关;反之,低 T_g' 和高 W_g'(通过加入单体物质达到)与柔软的冷冻结构和较差的保藏稳定性有关。

实线是根据 WLF 方程所做的图,条件是在 $\triangle T = 25℃$ 时存在一个 $30\ \mu m/d^{1/3}$ 的微不足道的重结晶速度。T_g' 是"表观" T_g'。HFCS 是高果糖玉米糖浆,SUC 是蔗糖,CS 是玉米糖浆,DE 是葡萄糖当量,d 是天数,图中的数字是葡萄糖当量。当使用单一甜味剂时,用箭头指出。没有箭头的符号代表用两种甜味剂按 1:1 的比例制备的冰淇淋,其中一种甜味剂选自表明的那些甜味剂,而另一种则是 42DE CS。当使用稳定剂时,海藻胶和刺槐豆胶按 1:4 的比例和 0.1%(质量分数)的总浓度加入。

三、冻藏对食品稳定性的影响

(一)冻藏对食品产生冻害

结构比较疏松、细胞间隙比较大、外皮薄、含体相水高的水果、蔬菜类,很容易遭受到冻害。当周围的环境温度降到这些食品的冰点以下时,蔬菜、水果中细胞间的部分自由水开始在细胞间隙形成冰晶,细胞内的游离水开始向细胞外渗透,使冰晶不断长大,长大到一定程度,由于冰晶膨胀(水转变成冰时体积增加 9%)对细胞起机械破坏作用。解冻后细胞汁液外流,失去了原有的品质。冻害不很严重的原料,细胞破坏程度不大,但解冻速度太快(如加热、放在热水中融化等),使融化的水来不及向细胞内渗透而流失,也会降低其品质。

(二)冻藏使食品中成分产生变化

食品冻结后,由于溶质的冷冻浓缩效应,未冻结相的 pH、离子强度、黏度、表面张力等特性发生变化,这些变化对食品成分造成伤害。如 pH 降低导致蛋白质变性及持水能力下降,使解冻后汁液流失;冻结导致体相水结冰、水分活度降低,油脂氧化速率相对提高。

在冻藏过程中冰结晶大小、数量、形状的改变也会导致食品劣变,而且可能是冷冻食品品质劣变最重要的原因。由于贮藏过程中温度出现波动,温度升高时已冻结的冰融化,温度再次降低后,原先未冻结的水或先前小冰晶融化出来的水会扩散并附着在较大的冰晶表面,造成再结晶的冰晶体积增大,这样对组织结构的破坏性很大。所以低温冷冻贮藏食品时,温度的稳定控制就显得相当重要。即使是在稳定的贮藏温度下,也会出现冰结晶成长的现象,但这种变化的影响比较小。

除以上情况外还应当注意,冷冻食品中仍含有相当多的未冻结水,它们可作为食品中劣变反应的反应介质,因此,即使是在冷冻条件下,食品中仍然发生着各种化学和生化变化。

四、玻璃化转变温度与食品稳定性

近年来在低温冷冻食品中,往往用玻璃化转变温度作为评价其稳定性的指标。

食品在低温冷冻过程中,随着温度的下降,组织中不断地有水分冻结成冰,未冻结的水和非水物质构成未冻结相。随着水不断冻结,未冻结相的溶质的浓度不断提高,冰点不断下移,直到食品中的非水成分也开始结晶(此时的温度可称为共晶温度),形成所谓的共晶物后,冷冻浓缩也就终止。由于大多数食品的组成相当复杂,共晶温度低于其起始冰冻温度,所以其未冻结相,随温度降低可维持较长时间的黏稠液体过饱和状态,而黏度又未见显著增加,这即是所谓的胶化状态。这时,物理、化学及生物化学反应依然存在,并导致食品腐败。继续降低温度,未冻结相的高浓度溶质的黏度开始显著增加,并且限制了溶质晶核的分子移动与水分的扩散,食品体系将从未冻结的胶化状态变成所谓的玻璃化状态(即无定形固体存在的状态,简称玻璃化状态)。此时温度即所谓的玻璃转化温度,简称玻璃化转变温度(T_g)。

玻璃化状态下的未冻结的水不是按前述的氢键方式结合的,其分子的移动性被束缚在由极高溶质黏度所产生的具有极高黏度的玻璃化状态下,这样的水不具有反应活性,使整个食品系统以不具有反应活性的非结晶性固体形式存在。因此,在玻璃化转变温度下,食品可维持高度的稳定状态。现在的研究认为,低温冷冻食品的稳定性用该食品的玻璃化转变温度(T_g)与贮藏温度(t)的差($t - T_g$)来决定,差值越大,食品的贮藏寿命就越短,稳定性越差。

下面是采用分子流动性方法研究食品稳定性的九个重要概念。

(一)许多食品含有无定形组分并且以介稳定或非平衡状态存在

复杂的食品往往含有无定形区(非结晶固体或过饱和液体)。生物聚合物是典型的无定形或部分的无定形。具体的例子包括蛋白质(如明胶、弹性蛋白和面筋蛋白)和碳水化合物(如支链淀粉和直链淀粉)。许多小分子,如蔗糖,也能以无定形状态存在。所有干燥、部分干燥、冷冻和冷冻干燥食品都含有无定形区。

无定形区以介稳平衡或非平衡状态存在。达到热力学平衡(最小自由能)不是食品加工的目标,尽管这样的条件能导致最高的稳定性。食品科学家和工艺学家的一个主要目标(虽然他们很少以这样的方式来考察自己的职责)是最大限度地使食品具有期望的品质,而这些品质取决于介稳状态,并且这些期望的品质在不可避免地取决于非平衡状态的条件下能达到可接受的稳定性。硬糖果(无定形固体)是一个常见的介稳定状态食品的例子,而乳状液、小冰结晶和不饱和脂是以不稳定的非平衡状态存在的食品组分的例子。用干燥或冷冻方法往往能使食品达到介稳定状态。

(二)大多数物理变化和一些化学变化的速度是由分子流动性(M_m)所决定的

由于大多数食品是以介稳或非平衡状态存在的,因此动力学方法比热力学方法更适用于了解、预测和控制它们的性质。分子流动性(M_m)与食品中由扩散限制的变化的速度有着因果关系,因此它被认为是适合于此目的的一种动力学方法。WLF(Williams - Landel - Ferry)方程提供了能估计在玻璃化转变温度以上而在 T_m^l 或 T_m^s 以下温度的 M_m 的一种方法。状态图指示了允许介稳状态和非平衡状态存在的温度和组分条件。

M_m 方法可用于预测许多种类的物理变化,但在有些情况下并不适用。这些情况包括:

反应速度没有强烈地受扩散影响的化学反应;通过特定的化学物质的作用(如改变pH或氧的压力)所产生的期望的或不期望的效应;试样的M_m是根据一个聚合物组分(聚合物的T_g)估计的,而渗透进入聚合物基质的小分子的M_m却是决定产品重要性质的决定性因素;微生物细胞的生长(P/P_0是比M_m更可靠的估计参数)。

在室温下,一些反应是由扩散限制的,而许多反应不是由扩散限制的。在恒定的温度和压力下,决定化学反应速度的三个主要因子是:扩散因子D(为了支撑一个反应,反应物首先必须彼此相遇);碰撞的频率因子A(在相遇后单位时间碰撞的次数);化学活化能因子E_a(两个适当定向的反应物发生碰撞时有效能量必须足以导致一个反应的发生,即反应物能量必须超过活化能)。后两者已并入描述反应速度常数与温度关系的Arrhenius方程。对于由扩散限制的反应,显然A和E_a不一定是限制速度的,也就是说,适当定向的反应物必定以很高的频率碰撞,并且活化能必定是足够的低以至于具有高概率的碰撞导致反应的发生。由扩散限制的反应一般具有低活化能(8~25 kJ/mol)。此外,大多数"快速反应"(低活化能E_a和高频率因子A)是由扩散限制的。质子转移反应、自由基重新结合反应、包括H^+和OH^-输送的酸—碱反应、许多酶催化反应、蛋白质折叠反应、聚合物链增长反应以及血红蛋白和肌红蛋白的氧合/去氧反应都是扩散限制反应。这些反应涉及各种化学本体,它们包括分子、原子、离子和自由基。在室温下,由扩散限制的双分子反应的速度常数为$10^{10} \sim 10^{11} M^{-1}S^{-1}$,因而这样大小的速度常数被认为是反应由扩散限制的推定证据。溶液中进行的反应可能比由扩散限制的反应来得慢,即由扩散限制的速度是可能的最高速度(设定常规反应机制)。这样,反应速度显著地低于由扩散限制的反应的最高速度时,此反应是由A或E_a或这两个因子的结合所限制的。Smoluchowski在1917年提出了描述由扩散限制的反应的理论。对球状、未带电的粒子,二级扩散限制速度常数为:

$$K_{扩散} = \frac{4\pi N_A}{1000}(D_1 + D_2)r$$

式中:N_A是Avogadro数;D_1和D_2分别是粒子1和2的扩散常数;r是粒子1和2的半径的总和,即最接近的距离。

此后Debye修改了此方程,使它适用于带电的粒子,后人进一步修改此方程,使它适用于真实体系的其他特征。根据Smoluchowski方程可在数量级上估计$k_{扩散}$。

扩散常数与黏度和温度的依赖关系与目前的讨论密切相关。此关系由Stokes – Einstein方程表示:

$$D = \frac{KT}{\pi\beta\eta r_s}$$

式中:k是Boltzmann常数;T是绝对温度;β是一个数字常数(约6),η是黏度;r_s是扩散物的流体动力学半径。D(进而$k_{扩散}$)对黏度的依赖性具有特殊的意义,这是因为在WLF区黏度随温度下降而剧烈地增加。

在室温条件下,高水分食品中的一些反应的速度似乎是由扩散限制的,而其他一些似乎不是由扩散限制的。由扩散限制的反应,当温度下降或水分含量减少时当然符合WLF

动力学;许多在室温下不是由扩散限制的反应(或许是非催化的慢反应),当温度下降至低于冻结点或水分减少至溶质饱和或过饱和时,或许也成为由扩散限制的反应。这是可能的,原因如下:温度下降减少了供活化的热能和大幅度地增加了黏度;水分含量的减少导致黏度的显著增加。由于碰撞的频率因子 A 并非强烈地取决于黏度,因此在上述的条件下它或许不是一个反应限制机制中的决定因素。当温度下降或水分含量减少时一些化学反应可能从非扩散限制转变成由扩散限制,这会导致这些反应在 WLF 区的上部不符合 WLF 动力学而在 WLF 区的下部较好地符合 WLF 动力学。

(三)自由体积在机制上与 M_m 相关

当温度下降时,自由体积减小,使移动和转变(M_m)变得更加困难;这对聚合物片段的运动和食品中局部的黏度有直接的影响。于是,当温度 $< T_g$ 时,由扩散限制的食品性质的稳定性一般是好的。加入低相对分子质量溶剂(如水)或提高温度,或同时采取这两项措施能增加自由体积(通常并不期望如此)和分子的移动。自由体积为解释 M_m 与食品稳定性的关系提供了一个基础,到目前为止,还未能将自由体积作为定量的指标预测食品的稳定性。

(四)大多数食品具有玻璃化转变温度(T_g 或 T_g')或范围

T_g 与由扩散限制的食品性质的稳定性有着重要的关系。含有无定形区或在冷却或干燥时无定形区成长起来的食品具有 T_g 或 T_g' 范围。在生物体系中,溶质很少在冷却或干燥时结晶,所以无定形区和玻璃化相变是常见的,可以从 M_m 和 T_g 的关系估计这类物质的由扩散限制的性质的稳定性。M_m 和所有由扩散限制的变化,包括许多变质反应,在低于 T_g 时通常受到严格的限制。然而,许多食品保藏的温度 T 高于 T_g,比起保藏在 $T < T_g$ 的食品,M_m 高得多而稳定性差得多。

对于简单体系,可采用配有导数作图附件的差示扫描量热计(DSC)测定 T_g,但必须仔细操作才能获得精确的结果。对于复杂体系(大多数食品),较难采用 DSC 精确地测定 T_g,可以采用动态力学分析(DMA)和动态力学热分析(DMTA)作为替代技术。但这些方法花费比较大,且不适用于工厂的测定。

对于仅含有几个组分的试样,可用已有的各种方程式来计算它们的 T_g。当试样的成分和各个组分的 T_g 值已知时,这个方法能提供一个有价值的估计。Gordon 和 Taylor 提出的应用于二元体系的方程如下:

$$T_g = \frac{W_1 T_{g1} + k W_2 T_{g2}}{W_1 + k W_2}$$

式中:T_{g1} 和 T_{g2} 分别代表试样中组分 1(水)和组分 2 的玻璃化转变温度;W_1 和 W_2 是试样中组分 1 和组分 2 的重量分数;k 是一个经验常数。

(五)食品性质与温度的相依性

T_m 代表 T_m^l 或 T_m^s,取决于试样的组成。对于食品,$T_m^l \sim T_g$ 或者 $T_m^s \sim T_g$ 这个温度范围可能高至 100℃,也可能低至 10℃;在此温度范围内,含有无定形区的许多产品的 M_m 和黏弹性质显示了对温度异常大的相依性。大多数分子的流动性在 T_m 时很强,而在 T_g 或低于 T_g 时却被抑制。此温度范围所包含的产品的稠度被称为"似橡胶的"和"似玻璃的"(尽管术语"似橡胶"仅适用于产品中含有大的聚合物时)。图 2−27 描述了物质的性质和温度(包括范围 $T_m \sim T_g$)之间的定性关系。

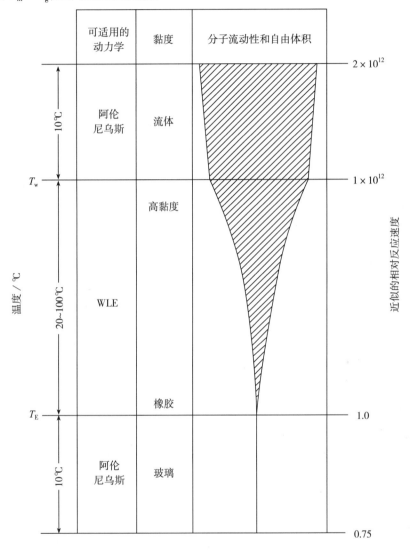

图 2−27　物质的性质和温度之间的定性关系图
(基于平均常数的 WLF 动力学)

M_m 对温度的依赖性和那些强烈地取决于 M_m 的食品性质(大多数物理性质和一些化学性质)对温度的依赖性在 $T_m \sim T_g$ 区远大于在高于或低于此区的温度时的依赖性。于是,通常可以发现 Arrhenius 图从 $T_m \sim T_g$ 区外进入区内时它的斜率有一个变化(活化能的变化)。估计在 $T_m \sim T_g$ 区反应速度对温度的依赖性是颇为重要的研究项目,然而尚未建立能精确地应用于所有类型的反应和条件的方程。在 $T_m \sim T_g$ 区,许多物理变化的速度较严密地符合 WLF 方程和其他类似的方程,而与 Arrhenius 方程符合的程度相对较差。由于化学反应对 M_m 的依赖性随反应物的类型会有显著的变化,因此 WLF 和 Arrhenius 方程都不能在 $T_m \sim T_g$ 区应用于所有的化学反应。物理和化学变化与 WLF 或 Arrhenius 关系的一致性在有冰存在时比无冰存在时较差,这是因为冰形成的浓缩效应与上述两种方法都不相容。

由于 WLF 方程是估计在 $T_m \sim T_g$ 区物理变化速度的有效工具,因此值得对它做进一步的讨论。用黏度表达的 WLF 方程如下:

$$\lg(\eta/\eta_g) = \frac{-C_1(T - T_g)}{C_2 + (T - T_g)}$$

式中:η 是在产品温度 $T(K)$ 时的黏度(注意:可用 $1/M_m$ 或任何其他由扩散限制的松弛过程取代 η);η_g 是在产品温度 $T_g(K)$ 时的黏度;C_1(无量纲的)和 $C_2(K)$ 是常数。当不存在冰时,一般认为 T_g 可作为 WLF 方程中的参考温度。当存在冰时,是 T_g 还是 T_g' 更恰当,依然存在分歧。在涉及冷冻保藏的工艺问题的章节中再进一步讨论该问题。

C_1 和 C_2 项是由物质所决定的常数(即与温度无关),对于许多合成的、纯的(无稀释剂)、完全无定形聚合物,它们的平均值(有时称为"通用的")分别为 17.44 和 51.6。这些常数的数值随水分含量和物质种类而显著地变化,因此,适用于食品的数值往往与此平均值有着明显的差别。如果希望数据与方程能达到合理的一致,就必须采用所研究食品的特定常数。

WLF 方程表明在 $T_m \sim T_g$ 区物质性质对温度有着很大的依赖性。如果假设与 WLF 动力学(平均常数)一致,不存在冰和最初的物质温度 $< T_g$,那么温热将导致黏度(或 $1/M_m$)的一系列变化:

① 在从玻璃态向过饱和液体的等温度转变期间,黏度下降,约为原先的 10^{-3} 倍,而 M_m 提高约 10^3 倍。

② 在温度高于 T_g 时立即温热使温度升高 20℃ 时,黏度下降,约为原先的 10^{-5} 倍,而 M_m 提高约 10^5 倍(对于冷冻试样的非冻结部分,温度升高 1℃,这些性质的变化更大)。

③ 温热使温度从 T_g 升高至 T_m,黏度下降,约 10^{-12} 倍,而 M_m 提高约 10^{12} 倍。

对于处在 WLF 区($T_m \sim T_g$)由扩散限制的食品稳定性,下述两项具有特别的重要性:$T - T_g$(或 $T - T_g'$)和 T_m/T_g。$T - T_g$(T 是产品温度)规定了食品在 WLF 区中的位置。$\lg(\eta/\eta_g)$(或任何其他与黏度相关的性质,如 M_m)随 $T - T_g$ 呈曲线形变化。T_m/T_g(按 K 氏温标计算)提供了对产品在 T_g 时黏度(与 M_m 有着反比的关系)的一个大概的估计。由于产品在 T_g 时黏度是在 WLF 方程中的参考值,并且此值随产品的成分显著地变化,因此有关产品在 T_g 时黏度的知识是重要的。

主要是根据由扩散限制的碳水化合物性质推断出与 $T_m - T_g$,$T - T_g$ 和 T_m/T_g 相关的有价值的概念,它们包括:

① $T_m \sim T_g$ 区的大小为 10～100℃,它的变化取决于产品的组成。

② 在 $T_m \sim T_g$ 区,产品的稳定性取决于产品的温度 T,即反比于 $\triangle T = T - T_g$。

③ 在确定的 T_g 值和恒定的固体含量，T_m/T_g 的变化反比于 M_m，于是 T_m/T_g 在 T_g 和 WLF 区的 $T > T_g$ 时，直接相关于由扩散限制的产品稳定性和产品硬度（黏度）；例如，在 WLF 区的任意指定的 T，具有小的 T_m/T_g 值的物质（如果糖）相比于具有大的 T_m/T_g 值的物质（如丙三醇）产生较大 M_m 值和较高的由扩散限制的变化的速度；T_m/T_g 值的小差异会导致 M_m 和产品稳定性很大的差异。

④ T_m/T_g 显著地取决于溶质的类型（表 2-7）。

⑤ 如果 T_m/T_g 相同，在一个指定的产品温度，固体含量的增加导致 M_m 的降低和产品稳定性的提高。

（六）水是一种高效增塑剂并且显著地影响 T_g

对于亲水性和含有无定形区的高聚、低聚和单聚食品物质，水是一种特别有效的增塑剂。水的增塑剂作用在高于和低于 T_g 时都能促进 M_m。当水增加时，T_g 下降而自由体积增加，这种情况的出现是由于混合物的平均相对分子质量降低。一般情况下，每加入 1%（W/W）水，T_g 降低 5～10℃。然而，应该注意到，水的存在并不一定产生增塑作用，水必须被吸收至无定形区时才会有效。

由于水是小分子物质，即使在玻璃态基质中它仍能保持令人惊奇的流动。这种流动性使一些有小分子参加的反应在低于聚合物基质的 T_g 时能继续以可以测量的速度进行下去，它也使水在温度低于 T_g 的冷冻干燥的第二阶段能解吸。

（七）溶质的类型显著地影响 T_g 和 T_g'

T_g 强烈地取决于溶质种类和水分含量，而观察到的 T_g' 主要取决于溶质类型，水分含量（起始）仅轻微地影响它。对于蔗糖、糖苷和多元醇，T_g（和 T_g'）随溶质相对分子质量增加（最高至 1200）而成比例地提高。由于分子的移动随分子增大而降低，因此一个较大的分子比一个较小的分子需要更高的温度才能运动。然而，当相对分子质量大于 3000（淀粉水解产物的 DE 值 <6）时，T_g 与相对分子质量（M_r）无关。当时间和大分子浓度足以形成"缠结网状结构"时，出现例外的情况，此时 T_g 随相对分子质量的增加而继续稍有提高。图 2-27 中一个值得注意的方面是溶质的功能性质和它们的 DE 值（或数均相对分子质量 M_n）之间的关系。曲线的低相对分子质量部分（垂直边）所代表的化合物是甜味剂、湿润剂、参与 Maillard 反应的化合物和冷冻保护剂，与曲线的高平部分所代表的化合物具有完全不同的功能，这在图 2-28 中已指出。

M_r 低于 3000 的溶质的 M_r—T_g 图是线性的，可用于观察 M_r 和 T_g' 的关系。对于干溶质，合适的图是 T_g 对溶质的 $-1/M_{r,n}$（数均相对分子质量的负倒数）作图。对于含有相当数量水的试样，合适的图是 T_g' 对水-溶质溶液的 $-1/M_{r,w}$（重均相对分子质量的负倒数）作图，而溶液处在试样的 T_g'。必须注意到，当非同一系列的物质并入同一图中时，显著地损害了这些图良好的线性关系。于是，当相同的 M_r（或相同的 DE）的化学物质相互交换时，并不一定得到相同的产品性质（稳定性、加工性能）。当这样的交换涉及不同族的化学物质时，相同 M_r 的化合物更不能显示一致的性质。例如，对于相同 M_r 的不同糖，T_g' 的差别能大到

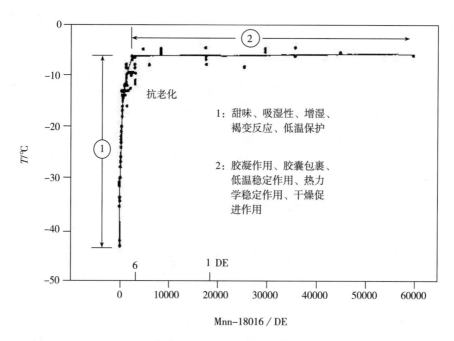

图2-28　商业水解淀粉产品的数均相对分子质量和葡萄糖当量(DE)对 T_g' 的影响

[T_g' 是从最大冷冻浓缩溶液测定的,溶液的起始水分含量为80%(质量分数)]

10℃。相同类型的分子如果构型不同,它们的性质也会有差异。表2-7列出了部分纯碳水化合物的 T_g 和 T_g' 值以及相关的相对分子质量和其他一些重要的性质。

大多数(或许所有的)高 M_r 生物聚合物具有非常类似的玻璃化曲线和接近 -10℃ 的 T_g' 值。具有此范围 T_g' 值的生物聚合物包括多糖如淀粉,麦芽糊精,纤维素,半纤维素,羧甲基纤维素,葡聚糖,黄原胶及蛋白质如面筋蛋白质、麦谷蛋白、麦醇溶蛋白、玉米醇溶蛋白、胶原、明胶、弹性蛋白、角蛋白、白蛋白、球蛋白和酪蛋白。

(八)溶质的种类显著地影响 W_g

W_g 是试样在 T_g 时的水分含量,而 W_g' 是在 T_g' 时的未冷冻水含量。C_g 和 C_g' 分别是试样在 T_g 和 T_g' 时固体的含量($C_g' = 100 - W_g'$,相同的关系适用于在一个指定温度下的 C_g 和 W_g)。W_g' 和 W_g 具有如下特性。

① 在 T_g',W_g' 随分子流动性 M_m 增加而增加,而随产品稳定性增加而减少。产品水分含量超过 W_g' 或 W_g 导致稳定性下降和 M_m 增加。

② W_g' 值随溶质种类而显著地变化,正如表2-7中的数据所示。W_g' 值一般随 T_g' 和 M_n 增加而减少,然而这些都是定性关系,除对于同系物的成员外,不能用于预测的目的。一般情况下,通过测定获得最可靠的溶质或产品的 W_g' 值。

根据前述,不能认为具有相同的相对分子质量或相同 P/P_0 的化合物在 WLF 区显示相同的性质,这是因为这些化合物会具有不同的 W_g' 和 T_g'(或 W_g 和 T_g)值,例如,比较葡萄糖与果糖的 W_g' 值和乳糖与海藻糖的 W_g' 值就很清楚了。虽然每一对化合物具有相同的相对分子质量,但是它们对产品稳定性的影响通常是十分不同的,至少可将这一现象部分地归之于 W_g' 的差别。

(九)分子的缠结能显著地影响食品的性质

当溶质分子足够大(以碳水化合物为例, $> 3000\ M_r$, < 6 DE),溶质浓度超过临界值和体系保持足够长的时间时,大分子的缠结能形成缠结网状结构(EN)。除碳水化合物外,蛋白质也能形成 EN,如面团中的面筋蛋白和仿制 Mozzarella 干酪中的酪蛋白酸钠。

EN 对食品性质有显著的影响。例如,根据一些实验证据,EN 能减缓冷冻食品的结晶速度,阻滞焙烤食品中水分的迁移,帮助早餐谷物食品保留脆性,帮助糕点和馅饼的外壳减少湿润性以及促进干燥、凝胶形成和胶囊化过程。一旦形成 EN,进一步提高 M_r 不仅会导致 T_g 或 T_g' 的进一步提高,而且会产生坚硬的网状结构。

第七节　水分转移与食品稳定性

食品中水分的转移可分为两种情况:一种情况是水分在同一食品中的不同部位或在不同食品之间发生位移,导致了原来水分分布状况的改变;另一种情况是食品水分的相移,特别是气相和液相的水互相转移,导致了食品含水量的变化,这对食品的贮藏性及加工性和商品价值都有极大的影响。

一、食品中水分的位移

由于温差引起的水分转移,是食品水分从高温区域沿着化学势降落的方向运动,最后进入低温区域,这个过程较为缓慢。

由于水分活度不同引起的水分转移,水分从 A_w 高的地方自动地向 A_w 低的地方转移。如果把水分活度大的蛋糕与水分活度低的饼干放在同一环境中,则蛋糕里的水分就逐渐转移到饼干里,使两者的品质都受到不同程度的影响。

二、食品中水分的相移

如前所述,食品的含水量是指在一定温度、湿度等外界条件下食品的平衡水分含量。如果外界条件发生变化,则食品的水分含量也就发生变化。

空气湿度的变化就有可能引起食品水分的相转移,空气湿度变化的方式与食品水分相转移的方向和强度密切相关。

1. 空气湿度的表示方法

① 绝对湿度:是指空气中实际所含有的水蒸气的数量,即单位体积空气中所含水蒸气的质量或水蒸气所具有的压力。

② 饱和湿度:是指在一定的温度下,单位体积空气所能容纳的最大水蒸气量或水蒸气所具有的最大压力。

③ 相对湿度:指空气绝对湿度与同温度下饱和湿度的比值,用%表示。相对湿度表明空气的绝对湿度接近饱和湿度的程度。若相对湿度越小,在其他条件相同时,则空气的干燥能力越大。

2. 食品中水分相移的主要形式

食品中水分的相移主要形式为水分蒸发和蒸汽凝结。

① 食品中水分蒸发。食品中的水分由液相变为气相而散失的现象称为食品的水分蒸发。水分蒸发对食品质量有重要的影响。利用水分的蒸发进行食品的干燥或浓缩可制得低水分活度的干燥食品或中湿食品。但对新鲜的水果、蔬菜、肉禽、鱼贝及其他许多食品,水分蒸发对食品的品质会产生不良的影响,会导致外观皱缩,原来的新鲜度和脆度受到很大的影响,严重的甚至会丧失其商品价值。同时,由于水分蒸发,还会促使食品中水解酶活力增强、高分子物质水解、产品的货架寿命缩短。

水分蒸发主要与空气湿度与饱和湿度差有关,饱和湿度差是指空气的饱和湿度与同一温度下空气中的绝对湿度之差。若饱和湿度差越大,则空气要达到饱和状态所能容纳的水蒸气量就越多,反之就越少。因此,饱和湿度差是决定食品水分蒸发量的一个极为重要的因素。饱和湿度差大,则食品水分蒸发量大;反之,蒸发量就小。

影响饱和湿度差的因素主要有空气温度、绝对湿度、流速等。空气的饱和湿度随着温度的变化而变化,温度升高,空气的饱和湿度也升高。在相对湿度一定时,温度升高,饱和湿度差变大,食品水分蒸发量增大。在绝对湿度一定时,若温度升高,饱和湿度随之增大,所以饱和湿度差也增大,相对湿度降低。同样,食品水分蒸发量加大。若温度不变,绝对湿度改变,则饱和湿度也随着发生变化;如果绝对湿度增大,温度不变,则相对湿度增大,饱和湿度差减小,食品的水分蒸发量减小。空气的流动可以从食品周围的空气中带走较多的水蒸气,从而降低了这部分空气的水蒸气气压,加大了饱和湿度差,因而能加快食品水分的蒸发,使食品的表面干燥。

总之,环境的相对湿度越低,空气的饱和湿度差越大,食品水分蒸发越强烈。

② 食品中水分的凝结。空气中的水蒸气在食品的表面凝结成液体水的现象称为水蒸气凝结。

单位体积的空气所能容纳水蒸气的最大数量随着温度的下降而减少,当空气的温度下降一定数值时,就有可能使原来饱和的或不饱和的空气变为饱和状态,导致空气中的一部分水蒸气有可能在其物体上凝结成液态水。空气中的水蒸气与食品表面、食品包装容器表面等接触时,如果其表面的温度低于水蒸气饱和时的温度,则水蒸气也有可能在表面凝结成液态水。在一般情况下,若食品为亲水性物质,则水蒸气凝结后铺展开来并与之溶合,如糕点、糖果等就容易被凝结水润湿,并可将其吸附;若食品为憎水性的物质,则水蒸气凝聚后收缩为小水珠,如蛋的表面和水果的蜡质层均为憎水性物质,水蒸气在其上面凝结时不能扩展而凝结为小水珠。

可以说水不仅是食品中最丰富的组分,而且是决定食品品质的最关键成分之一。水是食品腐败变质的主要影响因素;它决定了许多化学反应的速度;它在冻结时产生的不希望有的副反应中起着作用;它以复杂的方式与非水组分相结合,这种结合一旦被某些方法,例如干燥或冷冻所破坏,就再也不能完全恢复原状。因此水的性质及作用极其复杂,对水的研究尚需深入。

课程思政案例

案例一:汤圆,是汉族传统小吃的代表之一,同时,也是中国的传统节日元宵节最具有特色的食物,也表达了古代人民对幸福生活的一种向往和期盼。1920 年世界上第一台快速冷冻机在美国试制成功后,速冻加工品随即问世,到 50 年代速冻食品越来越受到欢迎。中国速冻食品起步于 20 世纪 80 年代,经历了快速发展和价格大战,已经成为食品行业最具竞争力的领域。随着生活水平的提高,速冻食品日益成为中国城市家庭的主流食品之一。数据显示,我国速冻汤圆市场规模由 2011 年的 100.01 亿元,增长至 2018 年的 350.13 亿元,而市场排名前三的三全、思念、湾仔码头,合计占据了 60% ~70% 的市场份额。

——摘自①隋晓,赵爱云,郭群群,齐宏涛.《食品化学》课程思政教学的探讨[J]. 中文信息,2021(1):200.;②林淑琴. 食品化学课程思政教学模式探索和实践[J]. 食品界,2020(12):88.;③百度百科——速冻食品、速冻汤圆

课程思政育人目标:使学生能够充分了解到科研技术成果与人民生活之间的密切关系,提高学生的创新、努力拼搏和不甘现状的意识;使学生能够明确学习目标,更加主动地投入到学习之中。

案例二:水不仅是一种维持生命的自然物质,还是人类社会和文化的重要构建要素,在驱动人类社会的发展过程中产生了重要作用。没有水,人类的生命不能延续,人类的社会不能维持。当下,全世界仍有 22 亿人在生活中无法获得安全饮用水,联合国的目标是希望到 2030 年为所有人提供水和环境卫生。我国是全球人均水资源最贫乏的国家之一,人均水资源仅为世界平均水平的 1/4。我国在水资源保护方面进行了一系列措施,比如积极推进节约用水,提高用水效益;加大水污染防治和水资源保护工作力度,修复生态环境;优化配置水资源,促进水资源可持续利用。

——摘自①满在伟,郭静. 课程思政教育背景下《食品化学》的课程改革与实践[J]. 广州化工,2020,48(23):231 – 233;②百度百科——保护水资源

课程思政育人目标:增强学生对环境保护等国家政策的认识,深入理解水的价值,关爱水环境、珍惜水资源。

思考题

1. 水在食品中起什么作用?

2. 食品中水与离子和离子基团的相互作用?

3. 食品中水与中性基团的相互作用?

4. 食品中水与非极性物质的相互作用?

5. 食品中水有几种存在状态?

6. 水对食品品质产生什么影响?

7. 食品中水含量为什么要用水分活度(A_w)来表示?

8. 如何用水分活度(A_w)值来说明食品稳定性?

9. 如何降低食品中水分活度以提高食品稳定性?

10. 利用水分吸附等温线描述食品非水组分的水合过程。

11. 简述滞后现象及其实际意义。

12. 冻藏是如何影响食品稳定性的?

13. 食品中水分的转移形式有哪些类型?

习题　　　　　水分

第三章　蛋白质

学习目标与要求

1.了解氨基酸的分子结构特点、分类、理化性质;蛋白质的化学组成、结构、分类及理化性质;蛋白质在食品加工中的应用;蛋白质的改性方法。

2.掌握蛋白质的功能特性;蛋白质的分子结构与功能的关系;蛋白质的变性机理及其影响因素;蛋白质变性对食品品质的影响;蛋白质在加工贮藏过程中的变化及对食品品质和营养性的影响。

3.培养学生自主学习、勇于创新和求真务实的科学素养,激发科技兴国的爱国主义情怀,树立良好的职业道德观,增强社会责任感。

PPT 课件

蛋白质(Protein)是一类生物大分子,几乎存在于生物体所有的组织和器官中,其相对分子质量范围常在 $10^4 \sim 10^5$,一些甚至可以达到 10^6。生物体结构越复杂,其蛋白质种类和功能也越繁多。一个真核细胞可能含有数千种蛋白质,从很小的肽到相对分子质量达数百万的巨型聚合物,这些蛋白质包括各种酶、抗体、多肽类激素、转运蛋白、收缩蛋白等,它们都有着各自特殊的结构和功能。

蛋白质是生物体的重要组成部分,在生物体系中起着核心作用,约占活细胞干重的50%,它与核酸等其他生物大分子共同构成生命的物质基础。尽管遗传信息的携带者是核酸,但遗传信息的传递和表达需要有酶的催化,受到各种蛋白质的调节控制,并通过编码蛋白质来最终实现。生物体的生长、运动、消化、呼吸、免疫、光合作用等各种活动,以及对外界环境变化的感知和所做出的必要反应等,都必须依靠蛋白质来实现,如收缩蛋白、胶原蛋白。蛋白质也是机体内生物免疫作用所必需的物质,它能在机体内形成抗体以防止机体感染,如免疫球蛋白。部分蛋白质作为生物催化剂(酶和激素)控制着机体的生长、消化、代谢、分泌及其能量转移等变化过程,如胰岛素,血红蛋白,生长激素。在食品加工中,蛋白质除具有营养价值外,对食品的色、香、味、质地等方面都有着极其重要的功能作用。

第一节　概述

一、食品中蛋白质的定义及化学组成

蛋白质(Protein)是由氨基酸组成的一类生物大分子,主要由碳、氢、氧、氮、硫等元素组成。有些蛋白质还含有少量磷、铁、铜、锌、锰等元素,个别蛋白质还含有碘。

其中,各种蛋白质的含氮量十分接近,平均约为16%。动植物组织中的含氮化合物主要以蛋白质为主,因此,测定食品中的含氮量可按下列公式推出食品中蛋白质的大概含量。

100 g 样品中蛋白质含量(g/100 g) = 每克食品中含氮量 × 6.25 × 100

通常,食品中的蛋白质包括可供人类食用、易于消化、安全无毒、富有营养、具有功能特性的蛋白质。乳品、肉类、禽蛋类、谷物类、豆类等是食品蛋白质的主要来源。

二、食品中蛋白质特性及分类

大多数蛋白质是由20种不同的氨基酸组成的生物大分子,蛋白质完全水解的产物是氨基酸,它们的侧链结构和性质各不相同。蛋白质分子中的氨基酸残基通过肽键(酰胺键)连接可形成含多达几百个氨基酸残基的多肽链。肽键具有部分双键性质,不同于多糖和核酸的醚键和磷酸二酯键,因此,蛋白质的结构非常复杂,这些特定的空间构象赋予蛋白质特殊的生物功能和特性。例如:酪蛋白胶束独特的胶体结构决定了乳品的质构性质和凝乳块的形成性质;小麦面筋蛋白质的黏弹性质决定了焙烤食品的感官性质;肌肉蛋白质的结构性质决定了肉类产品的质构和多汁的特征。

蛋白质的种类繁多,分类方法也多样。根据化学组成的不同,蛋白质可分为单纯蛋白质(homoprotein)、结合蛋白质(conjugated protein)和衍生蛋白质三种。单纯蛋白质仅由氨基酸组成,不含有其他化合物。结合蛋白质由单纯蛋白质和其他非蛋白质化合物结合而成。非蛋白质部分称为辅基(prosthetic group)。根据辅基化学性质的不同,结合蛋白质又分为核蛋白、脂蛋白、糖蛋白、磷蛋白和金属蛋白。衍生蛋白质是指用酶或化学方法处理蛋白质后得到的相应产物。

根据分子形状和空间构象的不同,蛋白质又可分为纤维状蛋白质(fibrous protein)和球状蛋白质(globular protein)。其中,蛋白质分子的长轴与短轴的比值小于10的蛋白质就称为球状蛋白质,如胶原蛋白、弹性蛋白、角蛋白等。

根据蛋白质的不同功能可将其分为结构蛋白质、生物活性蛋白质和食品蛋白质。

根据蛋白质化学组成和在不同介质中的溶解性,可分为水溶蛋白质、盐溶蛋白质、碱(酸)溶蛋白质、醇溶蛋白质等。常见各种蛋白质的溶解特性、主要来源和实例如表3 – 1所示。

表 3 - 1　蛋白质的分类

蛋白质		特性	来源	实例
单纯蛋白	白蛋白	溶于水、盐类、酸、碱溶液,在饱和硫酸铵中析出,加热凝固	动植物细胞和体液中	血清蛋白、乳清蛋白、卵白蛋白、豆白蛋白
	球蛋白	溶于盐类、酸、碱溶液,不溶于水,在半饱和硫酸铵中析出,加热时多数凝固	动植物细胞和体液中	血清球蛋白、β - 乳球蛋白、大豆球蛋白、肌球蛋白、溶菌酶
	谷蛋白	溶于稀酸、稀碱溶液,不溶于水、盐溶液	植物种子	麦谷蛋白、米胶谷蛋白
	醇溶蛋白	溶于稀酸、稀碱溶液及66% ~ 80%乙醇,不溶于水、盐溶液,脯氨酸、谷氨酸较高,赖氨酸较低	植物种子	麦胶蛋白、醇溶蛋白、玉米胶蛋白
	硬蛋白	一般不溶于各种溶液或水,也不能被酶分解	动物组织	胶原蛋白、弹性蛋白、角蛋白
	组蛋白	溶于稀酸和水,不溶于氨水,在酸性或中性溶液中加磷钨酸沉淀	动物细胞	胸腺组蛋白、红细胞组蛋白、核蛋白
	精蛋白	溶于稀酸和水,不溶于氨水,在酸性或中性溶液中加磷钨酸沉淀,精氨酸含量高	成熟的生殖细胞中	鱼类精蛋白
结合蛋白	核蛋白	核酸(RNA,DNA)	动植物细胞	胸腺组蛋白、病毒蛋白
	磷蛋白	含磷酸基,可被磷酸酯酶分解	动植物细胞和体液	酪蛋白、卵黄磷蛋白
	色素蛋白	含铁、铜等及有机色素	动植物体和细胞	血红蛋白、肌红蛋白、细胞色素、过氧化氢酶
	糖蛋白	含糖基	动物细胞	血清糖蛋白、卵黏蛋白
衍生蛋白	一次衍生物	蛋白质初始变性物,酸、碱变性蛋白质		凝乳酶凝固的酪蛋白
	二次衍生物	蛋白质的分解产物,性质明显改变		肽类

第二节　氨基酸

　　蛋白质是一类大分子物质,可以在酸、碱或蛋白酶的作用下水解为小分子物质。蛋白质彻底水解后,能得到其基本组成单位——氨基酸(amino acid)。存在于自然界中的氨基酸有300余种,但是参与构成蛋白质的氨基酸通常有 20 种,并且它们均属于 L - α - 氨基酸(甘氨酸除外)。这些氨基酸以不同的连接顺序通过肽键连接起来构成蛋白质。

一、氨基酸的组成、结构与分类

　　组成蛋白质的 20 种氨基酸的结构有共同的特点。蛋白质水解得到的氨基酸都是 α - 氨基酸(其中,脯氨酸为 α - 亚氨酸),氨基连接在 α 碳原子上,它可用下面的结构通式表示。结构通式如图 3 - 1 所示,其中,R 称为氨基酸的侧链基团。

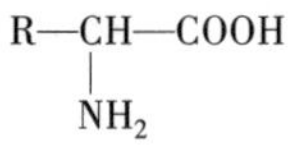

$$R—CH—COOH$$
$$|$$
$$NH_2$$

图 3-1 氨基酸的结构通式

不同氨基酸的 R 基团也各不相同，除了 R 为 H 原子的甘氨酸外，其他氨基酸的 α 碳原子都是手性碳原子，故它们都具有旋光性，存在 D-型和 L-型两种异构体，如图 3-2 所示。但是，组成天然蛋白质的氨基酸均为 L-型。

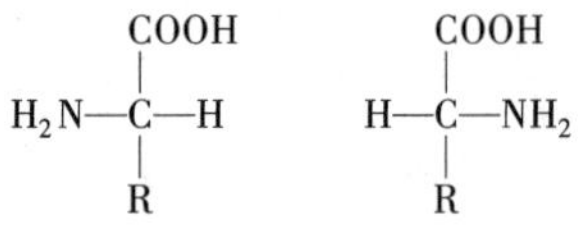

$$\begin{array}{cc} COOH & COOH \\ | & | \\ H_2N—C—H & H—C—NH_2 \\ | & | \\ R & R \end{array}$$

L-α-氨基酸　　　D-α-氨基酸

图 3-2 氨基酸的两种异构体

氨基酸的分类依据有多种，按照 R 基团的不同对其进行分类，可将氨基酸分为四类，如表 3-2 所示。

1. 带负电荷的酸性氨基酸

在氨基酸的 R 基团中均含有一个羧基，在生理条件下，氨基酸的羧基完全解离使氨基酸本身带负电荷，故称为酸性氨基酸。这类氨基酸包括 2 种，即天冬氨酸（aspartic acid）和谷氨酸（glutamic acid）。

2. 带正电荷的碱性氨基酸

由于氨基酸的 R 基团中均含有一个氨基，在生理条件下，氨基酸的氨基完全解离而使氨基酸本身带正电荷，故称为碱性氨基酸。这类氨基酸有 3 种，即赖氨酸（lysine）、精氨酸（arginine）和组氨酸（histidine）。

3. 非极性或疏水性氨基酸

由于氨基酸的 R 基团是疏水性的，故称为非极性或疏水性氨基酸。这类氨基酸包括 8 种，即丙氨酸（alanine）、亮氨酸（leucine）、异亮氨酸（isoleucine）、缬氨酸（valine）、脯氨酸（proline）、甲硫氨酸（methionine）、苯丙氨酸（phenylalanine）和色氨酸（tryptophan）。

4. 极性非解离氨基酸

由于氨基酸的 R 基团具有极性，但在中性溶液中不解离，故称为极性非解离氨基酸。这类氨基酸有 7 种，即甘氨酸（glycine）、半胱氨酸（cysteine）、丝氨酸（serine）、苏氨酸（threonine）、天冬酰胺（asparagine）、谷氨酰胺（glutamine）和酪氨酸（tyrosine）。

表 3-2 氨基酸的分类

分类	名称	简写符号	结构式	相对分子质量	pI
酸性氨基酸	天冬氨酸	Asp	HOOC—CH$_2$—CH—COOH 丨 NH$_2$	133.1	2.77
	谷氨酸	Glu	HOOC—CH$_2$—CH$_2$—CH—COOH 丨 NH$_2$	147.1	3.22

分类	名称	简写符号	结构式	相对分子质量	p*I*
碱性氨基酸	赖氨酸	Lys	CH_2—CH_2—CH_2—CH_2—$\underset{\underset{NH_2}{\mid}}{CH}$—COOH，$\underset{NH_2}{}$	146.2	9.74
	精氨酸	Arg	H_2N—$\underset{\underset{NH}{\parallel}}{C}$—NH—$(CH_2)_3$—$\underset{\underset{NH_2}{\mid}}{CH}$—COOH	174.2	10.76
	组氨酸	His	CH_2—$\underset{\underset{NH_2}{\mid}}{CH}$—COOH	155.2	7.59
非极性或疏水性氨基酸	丙氨酸	Ala	CH_3—$\underset{\underset{NH_2}{\mid}}{CH}$—COOH	89.06	6.02
	亮氨酸	Leu	CH_3—$\underset{\underset{CH_3}{\mid}}{CH}$—$CH_2$—$\underset{\underset{NH_2}{\mid}}{CH}$—COOH	131.11	5.98
	异亮氨酸	Ile	CH_3—CH_2—$\underset{\underset{CH_3}{\mid}}{CH}$—$\underset{\underset{NH_2}{\mid}}{CH}$—COOH	131.11	6.02
	缬氨酸	Val	CH_3—$\underset{\underset{CH_3}{\mid}}{CH}$—$\underset{\underset{NH_2}{\mid}}{CH}$—COOH	117.09	5.96
	脯氨酸	Pro	COOH（环结构，N—H）	115.13	6.30
非极性或疏水性氨基酸	甲硫氨酸	Met	CH_3—S—$(CH_2)_2$—$\underset{\underset{NH_2}{\mid}}{CH}$—COOH	149.15	5.47
	苯丙氨酸	Phe	CH_2—$\underset{\underset{NH_2}{\mid}}{CH}$—COOH	165.09	5.48
	色氨酸	Trp	CH_2—$\underset{\underset{NH_2}{\mid}}{CH}$—COOH	204.22	5.89
极性非解离氨基酸	甘氨酸	Gly	CH_2—COOH，$\underset{NH_2}{}$	75.05	5.97
	半胱氨酸	Cys	HS—CH_2—$\underset{\underset{NH_2}{\mid}}{CH}$—COOH	121.12	5.07
	丝氨酸	Ser	HO—CH_2—$\underset{\underset{NH_2}{\mid}}{CH}$—COOH	105.6	5.68
	苏氨酸	Thr	CH_3—$\underset{\underset{OH}{\mid}}{CH}$—$\underset{\underset{NH_2}{\mid}}{CH}$—COOH	119.08	6.17
	天冬酰胺	Asn	H_2N—$\underset{\underset{O}{\parallel}}{C}$—$CH_2$—$\underset{\underset{NH_2}{\mid}}{CH}$—COOH	132.02	5.41

续表

分类	名称	简写符号	结构式	相对分子质量	pI
极性非解离氨基酸	谷氨酰胺	Gln	$H_2N-C-CH_2-CH_2-CH-COOH$ 其中 C 连 O，CH 连 NH_2	146.15	5.65
	酪氨酸	Tyr	$HO-\bigcirc-CH_2-CH-COOH$，CH 连 NH_2	181.09	5.66

上述氨基酸中,脯氨酸和半胱氨酸结构较为特殊。脯氨酸属于 α - 亚氨基酸,但其亚氨基仍能与另一羧基形成肽链。在蛋白质合成加工时,脯氨酸可被修饰成羟脯氨酸。此外,2 个半胱氨酸通过脱氢后可以二硫键的形式结合,形成胱氨酸。蛋白质中有不少半胱氨酸以胱氨酸形式存在。

除上述 20 种氨基酸外,从蛋白质水解物中还分离出一些其他的氨基酸。例如,胶原蛋白中含有羟基脯氨酸和 5 - 羟基赖氨酸,弹性蛋白中含锁链素(desmosine)和异锁链素(isodesmosine),肌肉蛋白中存在甲基组氨酸、$\varepsilon - N$ - 甲基赖氨酸和 $\varepsilon - N$ - 三甲基赖氨酸。这些氨基酸从化学结构上看都是属于上述的常见氨基酸的衍生物。另外,还有一些氨基酸是代谢的中间产物或前体,或在神经传递过程中有重要作用。

二、氨基酸的物理性质

氨基酸为无色晶体,熔点超过 200℃,比一般有机化合物的熔点高很多。α - 氨基酸有酸、甜、苦、鲜 4 种不同味感。谷氨酸单钠盐和甘氨酸是用量最大的鲜味调味料。氨基酸一般都溶于水、酸溶液和碱溶液中,不溶或微溶于乙醇或乙醚等有机溶剂。氨基酸在水中的溶解度差别很大,例如酪氨酸的溶解度最小,25℃时,100 g 水中酪氨酸仅溶解 0.045 g,但在热水中酪氨酸的溶解度较大。赖氨酸和精氨酸常以盐酸盐的形式存在,因为它们极易溶于水,因潮解而难以制得结晶。

(一)旋光性

除甘氨酸外,大多数氨基酸的 α - 碳原子是不对称的手性碳原子,所以大多数氨基酸都具有旋光性(rotation),其旋光性方向和大小不仅与侧链 R 基的性质有关,还与水溶液的 pH、温度等介质条件有关。氨基酸的旋光性可以用于它们的定量分析和定性鉴别。一些氨基酸的比旋光度如表 3 - 3 所示。

表 3 - 3　氨基酸的比旋光度

氨基酸	比旋光度/(°)	氨基酸	比旋光度/(°)	氨基酸	比旋光度/(°)
丙氨酸	+ 14.7	组氨酸	- 39.0	脯氨酸	- 52.6
精氨酸	+ 26.9	异亮氨酸	+ 40.6	丝氨酸	+ 14.5

氨基酸	比旋光度/(°)	氨基酸	比旋光度/(°)	氨基酸	比旋光度/(°)
天冬氨酸	+34.3	亮氨酸	+15.1	苏氨酸	−28.4
胱氨酸	−214.4	赖氨酸	+25.9	色氨酸	−31.5
谷氨酸	+31.2	甲硫氨酸	+21.2	酪氨酸	−8.6
甘氨酸	0	苯丙氨酸	−35.1	缬氨酸	+28.8

(二)氨基酸的紫外吸收和荧光

常见的 20 种氨基酸在 400 ~ 780 nm 可见光区域内均无吸收。但由于羧基的存在,所有氨基酸在紫外光区的短波长 210 nm 附近均有弱的吸收。酪氨酸、色氨酸和苯丙氨酸由于含有芳香环,分别在 278 nm、279 nm 和 259 nm 处有较强的吸收,摩尔吸光系数 ε 分别为 $1400\ L \cdot mol^{-1} \cdot cm^{-1}$、$5600\ L \cdot mol^{-1} \cdot cm^{-1}$、$200\ L \cdot mol^{-1} \cdot cm^{-1}$,可以利用这个性质对这三种氨基酸进行分析测定。酪氨酸、色氨酸结合后的残基等同样在 280 nm 附近有最大的吸收,故紫外分光光度法同样也可以用于蛋白质的定量分析。

酪氨酸、色氨酸和苯丙氨酸也能受激发而产生荧光,激发后它们可在 304 nm、348 nm 和 282 nm 分别测定其荧光强度,而其他的氨基酸则不产生荧光。

(三)氨基酸的酸碱性质

氨基酸的离子化能力是非常重要的,这一性质可用于氨基酸的定量分析。另外,氨基酸的一些性质(熔点、溶解度、偶极矩及在水溶液中的介电常数)都是由于在水溶液中的电荷分布不均匀而产生的。因此,在接近中性 pH 的水溶液中,所有氨基酸主要以两性离子(zwitterion),也称偶极离子(dipolor ion)的形式存在,如图 3-3 所示。

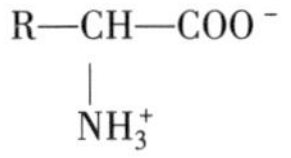

$$R—CH—COO^-$$
$$|$$
$$NH_3^+$$

图 3-3　氨基酸偶极离子

在不同的 pH 条件下,氨基酸既可作为碱接受一个 H^+,又可作为酸离解出一个 H^+,因此,一个单氨基单羧基氨基酸全部质子化以后,可将其看作一个二元酸,存在两个离解常数 pK_{a_1} 和 pK_{a_2},分别对应于羧基和氨基的离解。当氨基酸侧链还有另外的可离解基团时,例如碱性氨基酸或酸性氨基酸的 ε - 氨基、ε - 羧基,此时,氨基酸就具有了第三个离解常数 pK_{a_3}。

当氨基酸分子在溶液中呈电中性时(即净电荷为零,氨基酸分子在电场中不运动),此时,溶液的 pH 即为该氨基酸的等电点(pI,isoelectric point)。在等电点时,氨基酸的溶解性能最差,容易从溶液中沉淀析出。一个单氨基单羧基的氨基酸,其 pI 与 pK_{a_1}、pK_{a_2} 的关系为 $2pI = pK_{a_1} + pK_{a_2}$;碱性氨基酸的 pI 与 pK_{a_2}、pK_{a_3} 的关系为 $2pI = pK_{a_2} + pK_{a_3}$;酸性氨基酸的 pI 与 pK_{a_1}、pK_{a_3} 的关系为 $2pI = pK_{a_1} + pK_{a_3}$。常见氨基酸的 pK_a 值和 pI 值(25℃)如表 3-4 所示。

表 3 - 4　常见氨基酸的 pK_a 和 pI(25℃)

氨基酸	pK_{a_1}(α - COOH)	pK_{a_2}(α - NH$_3^+$)	pK_{a_R}(R = 侧链)	pI
丙氨酸	2.35	9.69		6.02
精氨酸	2.17	9.04	12.48	10.76
天冬酰胺	2.02	8.08		5.41
天冬氨酸	2.09	9.82	3.86	2.97
半胱氨酸	1.96	10.28	8.18	5.07
谷氨酰胺	2.17	9.13		5.65
谷氨酸	2.19	9.67	4.25	3.22
甘氨酸	2.34	9.78		6.06
组氨酸	1.82	9.17	6.00	7.85
异亮氨酸	2.36	9.68		6.02
亮氨酸	2.36	9.64		6.00
赖氨酸	2.18	8.95	10.53	9.74
甲硫氨酸	2.28	9.21		5.75
苯丙氨酸	1.83	9.24		5.53
脯氨酸	1.99	10.6		6.30
丝氨酸	2.21	9.15		5.68
苏氨酸	2.71	9.62		6.16
色氨酸	2.38	9.39		5.89
酪氨酸	2.20	9.11	10.07	5.65
缬氨酸	2.32	9.62		5.97

(四)氨基酸的疏水性

蛋白质在水中的溶解度同氨基酸侧链的极性基团(带电荷或不带电荷)和非极性(疏水)基团的分布状态有关,同时蛋白质和肽的结构、溶解性及结合脂肪的能力等许多物理化学性质,都与其所含有的氨基酸的疏水性有关。

氨基酸的疏水性(hydrophobicity)定义为将 1 mol 氨基酸从乙醇溶液中转移到水溶液中时所产生的自由能变化。在忽略活度系数变化的情况下,此时体系的自由能变化为:

$$\Delta G^\circ = -RT\ln(S_{水}/S_{乙醇})$$

式中:$S_{乙醇}$为氨基酸在乙醇中的溶解度,(mol/L);$S_{水}$为氨基酸在水中的溶解度,(mol/L)。

氨基酸分子中有多个基团,则 ΔG° 应该是氨基酸中多个基团的加和函数,即有:

$$\Delta G^\circ = \sum \Delta G_i^\circ$$

如果将氨基酸分子分为两个部分,一部分是甘氨酸基,另一部分是侧链(R),并设定甘氨酸的侧链(此时 R = H)的 ΔG° 为零,则有:

$$\Delta G^\circ = \Delta G^\circ_{(侧链)} + \Delta G^\circ_{(甘氨酸)}$$

因此,任何一种氨基酸侧链残基的疏水性就为 $\Delta G^\circ_{(侧链)} = \Delta G^\circ - \Delta G^\circ_{(甘氨酸)}$。

目前,食品化学中常用 Tanford 法来确定氨基酸侧链的疏水性大小。常见氨基酸侧链的疏水性如表 3-5 所示。

表 3-5　氨基酸侧链的疏水性(25℃,乙醇—水,Tanford 法)

氨基酸	$\Delta G^\circ_{(侧链)}$/(kJ/mol)	氨基酸	$\Delta G^\circ_{(侧链)}$/(kJ/mol)
丙氨酸	2.09	亮氨酸	9.61
精氨酸	3.1	赖氨酸	6.25
天冬酰胺	0	甲硫氨酸	5.43
天冬氨酸	2.09	苯丙氨酸	10.45
半胱氨酸	4.18	脯氨酸	10.87
谷氨酰胺	-0.42	丝氨酸	-1.25
谷氨酸	2.09	苏氨酸	1.67
甘氨酸	0	色氨酸	14.21
组氨酸	2.09	酪氨酸	9.61
异亮氨酸	12.54	缬氨酸	6.27

如果疏水性数值是较大的正值,意味着氨基酸的侧链是疏水的,在蛋白质结构中该残基倾向分布于分子的内部;而疏水性数值是较大的负值,则意味着氨基酸的侧链是亲水的,在蛋白质结构中倾向分布于分子的表面。但是,赖氨酸却是一个例外,它是一个亲水性的氨基酸,而其疏水性数值为正值,这是因为赖氨酸的分子中含有 4 个易溶于有机相的亚甲基。这些数据也可用于预测氨基酸在疏水性载体上的吸附行为,因为吸附吸收与疏水性程度成正比。

三、氨基酸的化学性质

氨基酸分子中的官能团都可以进行多种化学反应,既有氨基参与的反应,也有羧基参与的反应,还有侧链基团参与的反应。

(一)氨基的反应

1.与亚硝酸的反应

α-氨基酸的 α-NH_2 能定量与亚硝酸作用,产生氮气和羟基酸。

$$R-\underset{NH_2}{\underset{|}{\overset{H}{\overset{|}{C}}}}-\overset{O}{\overset{\|}{C}}-OH + HNO_2 \longrightarrow R-\underset{OH}{\underset{|}{\overset{H}{\overset{|}{C}}}}-\overset{O}{\overset{\|}{C}}-OH + H_2O + N_2$$

只要测定 N_2 的体积就可以得到样品中氨基酸的含量。与 α-NH_2 不同,ε-NH_2 与 HNO_2 反应较慢,脯氨酸的 α-亚氨基则不与 HNO_2 反应,精氨酸、色氨酸和组氨酸的分子中被环结合的氮也不能与 HNO_2 反应。

2. 与醛类化合物的反应

氨基酸的 α‑氨基可与醛类化合物发生反应,生成 Schiff 碱类化合物,Schiff 碱则是美拉德反应的重要中间产物。

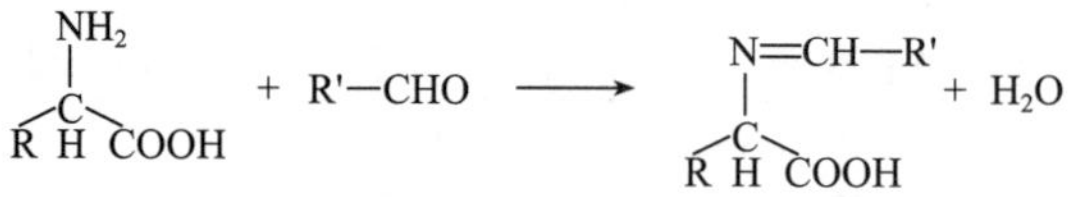

3. 酰基化反应

氨基酸的 α‑氨基与苄氧基甲酰氯在弱碱性条件下反应,则生成氨基衍生物,此反应可用于肽的合成。

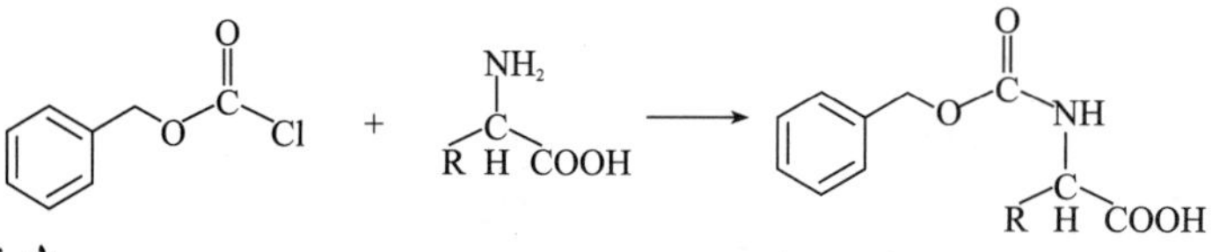

4. 烃基化反应

氨基酸的 α‑氨基可以与 2,4‑二硝基氟苯反应,生成稳定的黄色化合物,此反应可用于氨基酸、蛋白质中末端氨基酸的分析。

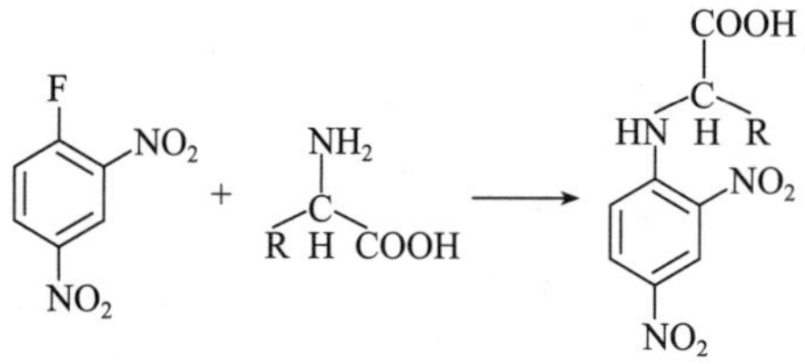

(二)羧基的反应

1. 酯化反应

氨基酸在干燥 HCl 存在条件下,能够与无水甲醇或乙醇作用生成甲酯或乙酯。

2. 脱羧反应

大肠杆菌中含有谷氨酸脱羧酶,这种酶可作用于谷氨酸使其发生脱羧反应。该反应通常用于味精中谷氨酸钠的含量分析。

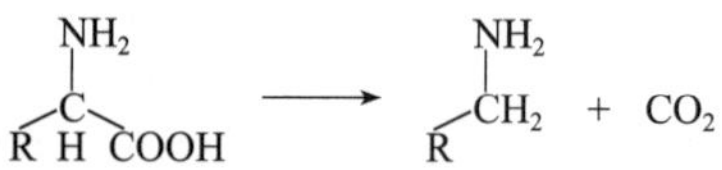

(三)由氨基与羧基共同参与的反应

1. 形成肽键

一个氨基酸的羧基和另一个氨基酸的氨基之间发生缩合反应,脱去一分子水,则形成肽键(peptide bond),此反应过程是形成蛋白质的物质基础。

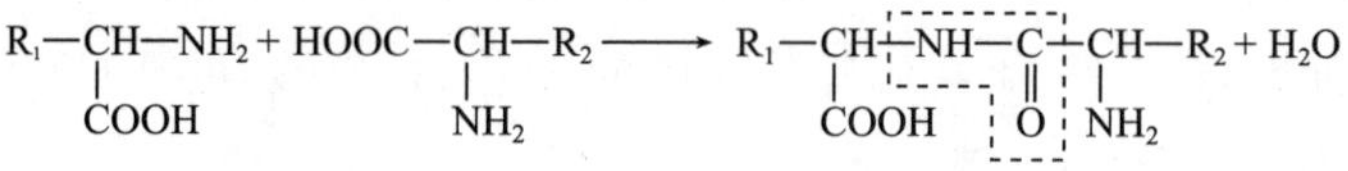

$$R_1-CH-NH_2 + HOOC-CH-R_2 \longrightarrow R_1-CH-NH-C-CH-R_2 + H_2O$$

2. 与茚三酮的反应

氨基酸的 α - 氨基酸与茚三酮在碱性溶液中共热会发生反应,最终生成蓝紫色的化合物,这类化合物通常在 570 nm 处有最大吸收。此反应可用于氨基酸的定性和定量分析。脯氨酸因其分子结构中含有 α - 亚氨基,它与茚三酮共热后,生成物为黄色的化合物,此化合物通常在 440 nm 处有最大吸收。

(四)侧链的反应

α - 氨基酸的侧链 R 基的反应很多,例如 R 基上含有酚基时可还原 Folin—酚试剂,生成钼蓝和钨蓝。如果 R 基上含有—SH 基,可氧化生成二硫键;而在还原剂存在条件下,二硫键也可被还原,重新变成—SH 基,这个反应在蛋白质功能性质等方面具有重要作用。

$$—SH \ + \ —SH \longrightarrow —S—S—$$

氨基酸或蛋白质的定性鉴别中,有一些涉及氨基酸的侧链基团的重要化学反应,见表 3 - 6。

表 3 - 6　氨基酸(蛋白质)的一些重要颜色反应

反应名称	试剂	反应氨基酸/基团/化学键	颜色
米伦反应	汞、亚汞的硝酸溶液	苯酚基/酪氨酸	砖红色
黄色蛋白反应	浓硝酸	苯环/酪氨酸、色氨酸	黄色,加碱为橙色
乙醛酸反应	乙醛酸	色氨酸/吲哚环	紫色
茚三酮反应	水合茚三酮	α - 氨基酸、ε - 氨基	紫色或蓝紫色
Ehrlich 反应	p - 二甲基氨基苯甲醛	吲哚环	蓝色
Sakaguchi 反应	α - 萘酚,次氯酸钠	呱啶环/精氨酸	红色
Sullivan 反应	1,2 - 萘醌磺酸钠,亚硫酸钠,硫代硫酸钠、氰化钠	胱氨酸、半胱氨酸	红色

第三节　蛋白质的结构和性质

一、蛋白质的结构

蛋白质分子是由许多氨基酸通过肽键连接而成的生物大分子。每种蛋白质都具有一定氨基酸数量及氨基酸排列顺序,以及多肽链在空间的特定排布。每种蛋白质具有独特生理功能的结构基础是氨基酸排列顺序及多肽链的空间排布。蛋白质的分子量一般都较大,组成蛋白质的氨基酸大约有 20 种,因此蛋白质分子中氨基酸排列顺序和空间位置几乎是无穷尽的,足以为成千上万种蛋白质提供不同的序列和特定的空间排布,从而完成生命所赋予的数以千万计的生理功能。我们将蛋白质的分子结构分为一级结构、二级结构、三级结构和四级结构4个层次,后三者统称为高级结构或空间构象。蛋白质的空间构象涵盖了蛋白质分子中的每一原子在三维空间的相对位置,它们是蛋白质特有性质和功能的结构基础。但是,并非所有的蛋白质都有四级结构,仅由一条多肽链构成的蛋白质只具有一级、二级和三级结构,只有由二条或二条以上多肽链构成的蛋白质才可能具备完整的四级结构。

(一)一级结构

蛋白质的一级结构(primary structure)也称作蛋白质的共价结构,它是指蛋白质中氨基酸的数目和排列顺序及其共价连接。一级结构是蛋白质分子的基本结构。但是这个概念仅适用于只含有氨基酸的简单蛋白质。在生物体内还有很多的结合蛋白质,它们的分子结构中除了含有氨基酸外,还有其他的组分,比如糖类、脂类等。对于结合蛋白质,其完整的一级结构的概念应该是包括多肽链及多肽链以外的其他的成分(如糖蛋白上的糖链,脂蛋白中的脂类的部分等)以及这些非肽链部分的连接方式和位点。蛋白质的一级结构是一个无空间概念的一维结构。

在蛋白质多肽链中,带有游离氨基的一端被称作为 N-端,而带有游离羧基的一端则称作 C-端。目前,许多蛋白质的一级结构已经确定,例如胰岛素、血红蛋白、酪蛋白等。少数蛋白质中氨基酸残基数目为几十个,大多数的蛋白质含有 100~500 个氨基酸残基,也有一些不常见的蛋白质含有多达数千个氨基酸残基。

图3-4为牛胰岛素的一级结构。牛胰岛素的一级结构中含有 A 链和 B 链二条多肽链,A 链含有 21 个氨基酸残基,B 链含有有 30 个氨基酸残基。牛胰岛素分子的一级结构中总共形成 3 个二硫键,其中 1 个二硫键位于 A 链内部,由 A 链的第 6 位和第 11 位半胱氨酸的巯基氧化脱氢而形成,另外 2 个二硫键均形成于 A 链和 B 链之间。

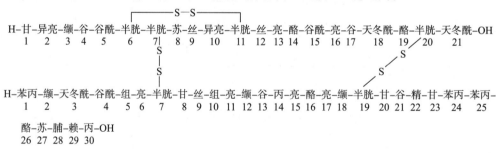

图3-4 牛胰岛素的一级结构

蛋白质的一级结构是决定其空间结构的基础,而空间结构则是其实现生物学功能的基础。尽管各种蛋白质的基本结构都是多肽链,但所含氨基酸的数目、各种氨基酸所占构成比例、氨基酸在肽链中的排列顺序的不同,就形成了结构多种多样、功能各异的蛋白质。因此,蛋白质一级结构的研究,是在分子水平上阐述蛋白质结构与其功能关系的基础。

(二)二级结构

蛋白质的二级结构(secondary structure)是指蛋白质分子多肽链骨架中原子的局部空间排列,不涉及氨基酸残基侧链的构象(conformation)。蛋白质的二级结构的常见类型包括 α-螺旋、β-折叠、β-转角和无规卷曲。

1. α-螺旋

α-螺旋(α-helix)是存在于各种天然蛋白质中的一种特定的螺旋状肽链立体结构,是蛋白质中最常见、最典型、含量最丰富的二级结构元件。α-螺旋结构如图3-5所示。

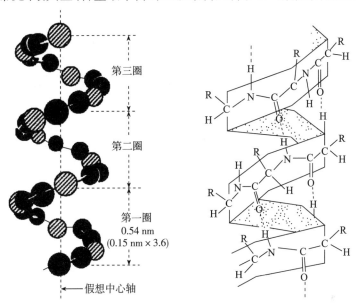

图3-5　α-螺旋结构示意图

α-螺旋的结构特点如下:

① 在 α-螺旋结构中,多肽链通过链内的多个肽平面上的 α-碳原子旋转,紧密盘绕成稳固的右手螺旋,每圈螺旋有3.6个氨基酸残基,氨基酸残基位于螺旋的外侧,螺旋的表观直径为0.6 nm,螺旋之间的距离为0.54 nm,相邻的2个氨基酸残基的垂直距离为0.15 nm。

② 在 α-螺旋结构中,相邻两圈螺旋通过肽键中C=O和NH形成许多链内氢键,即每一个氨基酸残基中的NH和前面相隔三个残基的C=O之间形成氢键。肽链中的全部肽键都可以形成氢键,这是稳定 α-螺旋的主要因素。氢键的方向与螺旋的长轴基本平行。

③ 在 α-螺旋结构中,肽链中氨基酸侧链R分布于螺旋外侧,侧链R的形状、大小和所带电荷均会影响 α-螺旋的形成。其中,酸性或碱性氨基酸集中的区域,由于同性电荷相斥,不利于 α-螺旋形成;较大的R基(如苯丙氨酸、色氨酸、异亮氨酸)集中的区域,也不利于 α-螺旋的形成;脯氨酸分子结构中由于 α-碳原子位于五元环上,不易扭转,α-亚氨基存在的部位也不易形成氢键,所以脯氨酸也不利于上述 α-螺旋的形成;甘氨酸的R基为H,空间占位很小,同样不利于维持该处螺旋的稳定性。

2. β – 折叠

β – 折叠(β – pleated sheet)也称 β – 片层(β – sheet),是蛋白质中常见的二级结构,它由伸展的多肽链组成的。β – 折叠的构象是通过一个肽键的羧基的氧和位于同一个肽链的另一个亚氨基的氢之间形成的氢键来维持的。氢键形成的方向几乎都垂直于伸展的肽链。β – 折叠结构如图 3 – 6 所示。

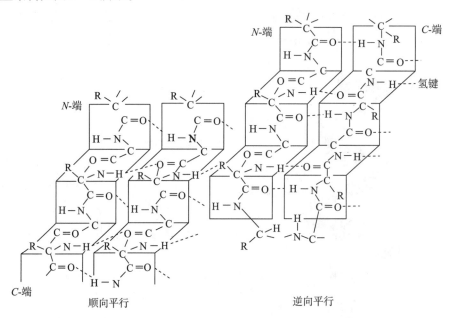

图 3 – 6　β – 折叠结构示意图

β – 折叠的结构特点如下:

① 在 β – 折叠结构中,多肽链得到充分伸展,肽链平面之间折叠成锯齿状,同一条多肽链上相邻肽键平面间呈110°夹角。多肽链中氨基酸残基的 R 侧链均向外伸出分别位于折叠面的上方或下方。

② 在 β – 折叠结构中,分子依靠两段肽链间的 C＝O 和 NH 形成氢键,使蛋白质构象趋于稳定。

③ 在 β – 折叠结构中,两段多肽链有顺向平行的,也有逆向平行的。前者两条链从"N – 端"到"C – 端"是同方向的,后者是反方向的。顺向平行的 β – 折叠结构中,形成氢键的两个残基间距为 0.65 nm;逆向平行的 β – 折叠结构中,形成氢键的两个残基间距则为 0.70 nm。β – 折叠的形成通常与结构蛋白质的空间结构有关,但在有些球状蛋白质的空间结构中也存在。例如,天然丝蛋白中就同时存在 β – 折叠和 α – 螺旋,溶菌酶、羧肽酶等球状蛋白中也都存在 β – 折叠结构。

3. β – 转角

在蛋白质的分子结构中,多肽链通常会在空间结构中出现180°的回折,这种回折处的构象就称为 β – 转角(β – turn)。在 β – 转角结构中,第一个氨基酸残基的 C＝O 与第四个氨基酸残基的 NH 之间形成氢键,从而使结构稳定,如图 3 - 7 所示。其中,β - 转角结构中第二个氨基酸残基通常为脯氨酸,除此之外,甘氨酸、天冬氨酸、天冬酰胺和色氨酸也都常常出现在 β - 转角的位置。β - 转角结构常存在于球状蛋白质分子的表面,与蛋白质的生物学功能有关。

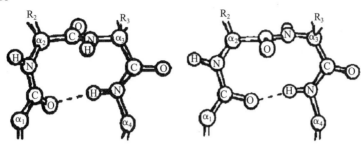

图 3 - 7　β - 转角结构示意图

4.无规卷曲

大部分蛋白质,尤其是球状蛋白质,通常包含几种有规律的二级结构,如上面提到的 α - 螺旋和 β - 折叠,但蛋白质多肽链中还包含一部分难以确定规律的肽链构象,我们通常把它称作无规卷曲(random coil)。

在蛋白质的构象中,还存在着二级结构与三级结构之间的一个层次,称为超二级结构(supersecondary structure)。它是指在多肽链内顺序上相互邻近的二级结构常常在空间折叠中靠近,彼此相互作用,形成规则的二级结构聚集体。目前,发现的蛋白质超二级结构有三种形式:α - 螺旋组合($\alpha\alpha$)、β - 折叠组合($\beta\beta\beta$)和 α - 螺旋 β - 折叠组合($\beta\alpha\beta$),其中以 $\beta\alpha\beta$ 组合最为常见。

(三)三级结构

蛋白质的三级结构(tertiary structure)是指在二级结构的基础上,多肽链借助多种作用力,进一步折叠卷曲形成紧密的复杂球形分子的结构。蛋白质的三级结构如图 3 - 8 所示。

稳定蛋白质三级结构的作用力主要是次级键,包括氢键、疏水作用、离子键及范德瓦耳斯力等。其中,疏水作用是最主要的稳定作用力。疏水作用是蛋白质分子中疏水基团之间的结合力。酸性和碱性氨基酸的 R 基团可以带电荷,正负电荷相互吸引形成离子键。与氢原子共用电子对形成的键则为氢键。稳定蛋白质三级结构的这些作用力可存在于一级结构序号相隔很远的氨基酸残基的 R 基团之间。而这些作用力都属于非共价键,因此易受环境中 pH、温度、离子强度等因素的影响,有变动的可能性。二硫键虽然不属于次级键,但是它在稳定蛋白质三级结构中也起着重要的作用,因为在某些多肽链中它能使相隔较远的两个肽段联系在一起。

一些具备三级结构的蛋白质,如血浆清蛋白、球蛋白、肌红蛋白等属于球状蛋白,球状蛋白的疏水基团多聚集在分子的内部,而亲水基团则多分布于分子的表面,所以球状蛋白是亲水的。更重要的是,多肽链经过盘曲形成三级结构后,可形成具有某些生物功能的特定区域,如酶的活性中心。

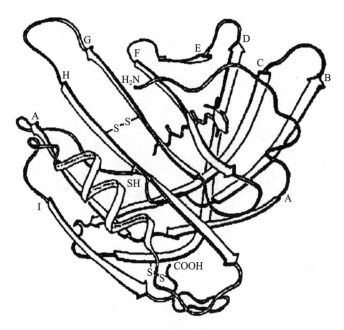

图 3 – 8　蛋白质三级结构示意图

蛋白质三级结构包括蛋白质分子主链的构象和分子中各个侧链所形成的一定的构象。其中,侧链构象是指形成的结构域。结构域(domain)是蛋白质构象中特定的空间区域。在分子较大的蛋白质中,多肽链上相邻的超二级结构紧密联系,就能形成两个或多个稳定的球形结构单位。一般每个结构域由 100 ~ 200 个氨基酸残基组成,有着各自的独特的空间结构,并承担着不同的生物学功能。

(四)四级结构

蛋白质的四级结构(quaternary structure)是指一些具有特定的三级结构的肽链通过非共价键形成大分子体系的组合方式,是含有两条及以上多肽链的蛋白质的空间排列。构成蛋白质四级结构的每一条具有完整三级结构的多肽链,称为蛋白质的亚基(subunit)。构成蛋白质的亚基的分子结构可以相同,也可以不同。蛋白质的四级结构如图 3 – 9 所示。

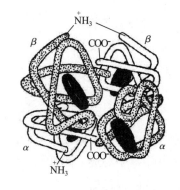

图 3 – 9　蛋白质四级结构示意图

在蛋白质的四级结构中,亚基之间的作用力不含有共价键,各亚基之间的作用力主要是氢键和疏水作用。一种蛋白质中所含疏水性氨基酸的摩尔比例高于 30% 时,它形成的四级结构的倾向大于含较少疏水性氨基酸的蛋白质。

蛋白质从一级结构到四级结构的形成过程如图 3 – 10 所示。

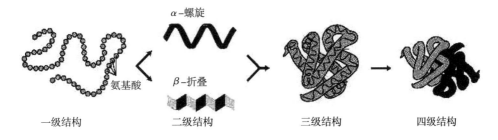

图 3 - 10　蛋白质结构形成示意图

二、维持和稳定蛋白质结构的作用力

蛋白质是生物大分子,结构复杂,种类繁多。它同任何分子一样,只有在分子内部存在某些特定的相互作用时,分子中一些原子或基团间的相对位置才能被固定,呈现出完整、稳定的立体结构。维持和稳定蛋白质结构的作用力主要有:

1. 肽键

在蛋白质分子的多肽链中,一个氨基酸的 α - 羧基和另外一个氨基酸的 α - 氨基之间脱去一分子水,缩合就能形成肽键(peptide bond)。肽键是蛋白质一级结构的主要作用力。肽键的结构如图 3 - 11 所示。

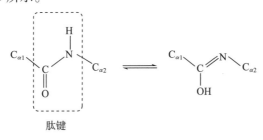

图 3 - 11　肽键的结构

肽键中的 C—N 键具有部分双键的性质,其键长为 0. 132 nm,介于单键和双键之间,不能自由旋转。组成肽键的 C、O、N、H 这 4 个原子和与之相邻的 2 个 α - 碳原子($C_{\alpha1}$ 和 $C_{\alpha2}$)均位于同一肽平面内,构成肽单元(peptide unit)。肽单元中 C_α 分别与 N 和羧基 C 相连的键都是典型的单键,可以自由旋转。肽单元上的 C_α 所连的两个单键的自由旋转角度,决定了两个相邻的肽单元平面的相对空间位置。

2. 二硫键

二硫键是由两个半胱氨酸残基中的巯基氧化后以共价键的方式连接在一起而形成的。二硫键也是维系蛋白质一级结构的主要作用力。二硫键存在于蛋白质分子多肽链的链内和链间,二硫键数目越多,则蛋白质抵抗外界不利因素的能力越强。在生物体内,具有保护作用的角蛋白含二硫键数目最多。某些二硫键是蛋白质形成生物活性所必需的,这些二硫键被还原后,将引起蛋白质天然构象的改变和生物活性的丧失。

3. 氢键

氢键是指具有孤电子对的电负性原子,如 N、O 和 S 等,与一个 H 原子结合形成的键,而 H 原子本身同时又与另一个电负性的原子以共价方式结合。在蛋白质分子中,一个肽键的羰基和另一个肽键的 N—H 的氢形成氢键。氢键距离O⋯H 约为 0.175 nm,键能为 8 ~ 40 kJ/mol,键能的大小取决于参与氢键的电负性原子的性质和形成的键角。氢键是蛋白质空间结构的主要作用力。

蛋白质多肽链骨架中亚氨基团的氢,色氨酸侧链吲哚环上和氮原子连接的氢,组氨酸侧链咪唑环上和氮原子连接的氢,酪氨酸侧链酚基上的氢,还有一些酸性氨基酸的羧基的氢和酰胺基上的氢,以及侧链羟基上的氢都能与羰基和许多极性基团相互作用形成氢键。在具有 α – 螺旋和 β – 折叠结构的多肽键中,其 N—H 和羰基 C=O 之间形成氢键的数量最多。

氢键的稳定性与环境的介电常数有关。蛋白质分子中氨基酸残基的庞大侧链能阻止水与 N—H 和羰基 C=O 接近形成氢键,从而维持着蛋白质二级结构中氢键的稳定性。

4. 离子键

离子键,也称盐键,是由正负离子之间的静电引力所形成的化学键。蛋白质分子中,有带正、负电荷的基团如羧基、氨基、咪唑基等,在空间结构和环境适宜的情况下,就能形成离子键。大多数情况下,这些基团分布在蛋白质分子表面,与水分子发生电荷—偶极作用,形成排列有序的水化层,从而稳定蛋白质在水溶液中的构象。高浓度的盐、过高 pH 或过低 pH 等条件,都可以破坏蛋白质构象中的离子键,这就是强酸、强碱致使蛋白质发生变性的原因。

5. 范德瓦耳斯力

范德瓦耳斯力包括三种较弱的作用力,即定向力、诱导力、分散力,它们都是静电引力。定向力发生在极性分子(或基团)与极性分子(或基团)之间。极性分子具有偶极,而偶极与偶极之间的相互吸引使相反的极相对。诱导力是指极性分子(或基团)的偶极与非极性分子(或基团)的诱导偶极之间的相互吸引。分散力是指非极性分子(或基团)瞬时偶极之间的相互吸引,是大多数情况下起主要作用的范德瓦耳斯力。分子或基团中电子电荷密度的波动即电子运动的不对称性会造成瞬时偶极,范德瓦耳斯力可以诱导周围的分子或基团产生诱导偶极,诱导偶极反过来又稳定了原来的偶极,因此在它们之间产生了相互作用。

范德瓦耳斯力非常微弱,键能只有 0.4 ~ 4 kJ/mol,但是,它在蛋白质分子中大量存在,它是形成和维持蛋白质三级、四级结构的非常重要的作用力。

6. 疏水作用力

在水溶液中,蛋白质非极性侧链的氨基酸残基彼此可以紧密靠近,形成的疏水结构往往藏在蛋白质分子的内部,从而避开与水分子的接触,这种现象叫作疏水作用力。实际上,许多亲水的球状蛋白质的三级结构,就是大量非极性基团聚集在内部,极性基团分布于蛋白质分子表面的球形结构。疏水基团的聚集是一个有序化的过程,如果想破坏这种聚集结构,使蛋白质分子展开并与水分子充分接触,就需要外界提供能量。疏水作用力也是维持蛋白质三级、四级结构稳定的重要因素。

维持蛋白质构象的作用力如图 3 – 12 所示。

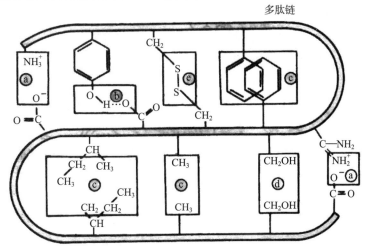

图 3 – 12　维持蛋白质构象的作用力

a—离子键　b—氢键　c—疏水作用力　d—范德瓦耳斯力　e—二硫键力

三、蛋白质的理化性质

蛋白质分子是由氨基酸组成的,其理化性质有一部分与氨基酸相似或相关。例如,酸碱性及等电点、紫外吸收性质、呈色反应等。除此之外,蛋白质还具有胶体性质、沉淀性、水解性和疏水性等其他功能性质。

(一)蛋白质的酸碱性

蛋白质同氨基酸一样,也属于两性电解质,它能同酸或者碱发生反应。蛋白质可离解基团除了 C – 末端的 a – 羧基和 N – 末端的 a – 氨基外,其他的可离解基团主要来自蛋白质分子的侧链,因此,蛋白质相当于一个多价离子,其所带电荷的性质和数量与分子中可离解基团的含量、分布有关,同时也与溶液的 pH 有关。蛋白质分子在某一个 pH 时所带电荷数为零,这就是它的等电点 pI。在 pH > pI 的介质中,蛋白质作为阴离子在电场中可向阳极移动;而在 pH < pI 的介质中,蛋白质则作为阳离子向阴极移动;在 pH = pI 的介质中,蛋白质在电场中不运动,此时蛋白质的溶解度也最低。

(二)蛋白质的水解

蛋白质在酸、碱或酶的催化作用下,发生肽键断裂,最终完全水解生成氨基酸。在水解的过程中,随着水解程度的不同,反应会生成不同的中间产物,主要是蛋白胨和各种不同长度的肽类。

蛋白质→蛋白胨→小肽→二肽→氨基酸

蛋白质在酸水解过程中,得到的色氨酸会被破坏;蛋白质发生碱水解时,胱氨酸、半胱氨酸、精氨酸等遭到破坏,还会引起氨基酸的外消旋化。而蛋白质的酶水解较为理想,它对氨基酸的破坏较小。但是,酶水解的反应速度较慢,要将蛋白质彻底水解往往还需要一系列酶的共同作用。

(三)蛋白质的颜色反应

蛋白质分子中的肽键和许多侧链基团都可以与一些特定的试剂发生呈色反应。这些呈色反应常用于蛋白质的定性和定量检测。

1. 双缩脲反应

在蛋白质的颜色反应中,双缩脲反应(biuret reaction)是一个重要的颜色反应。双缩脲反应的原理是在碱性溶液中,蛋白质或三肽及以上的分子均可与 Cu^{2+} 发生双缩脲反应,生成紫红色络合物。因为氨基酸的分子中没有肽键,二肽分子中只含有一个肽键,故不能发生此反应。因此,双缩脲反应可用于检测蛋白质的水解程度。反应如图 3 - 13 所示。

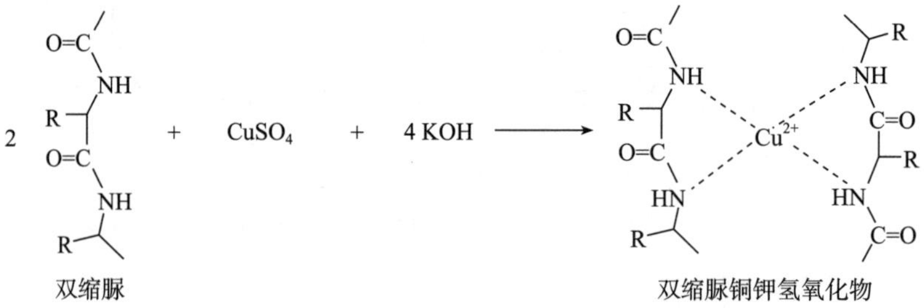

双缩脲   +   CuSO₄   +   4 KOH   双缩脲铜钾氢氧化物

图 3 - 13 双缩脲反应

2. 酚试剂反应

酚试剂呈色反应是最为常用的蛋白质定量方法(Lowry 法)。蛋白质分子中的色氨酸与酪氨酸残基可将试剂中的磷钨酸和磷钼酸盐还原生成蓝色化合物(钼蓝)。酚试剂法灵敏度很高,可用于蛋白质的定性和定量检测。

3. 茚三酮反应

茚三酮反应也是蛋白质的一个重要颜色反应,在 pH = 5 ~ 7 条件下,蛋白质与水合茚三酮溶液共热,可生成蓝紫色的化合物(图 3 - 14)。

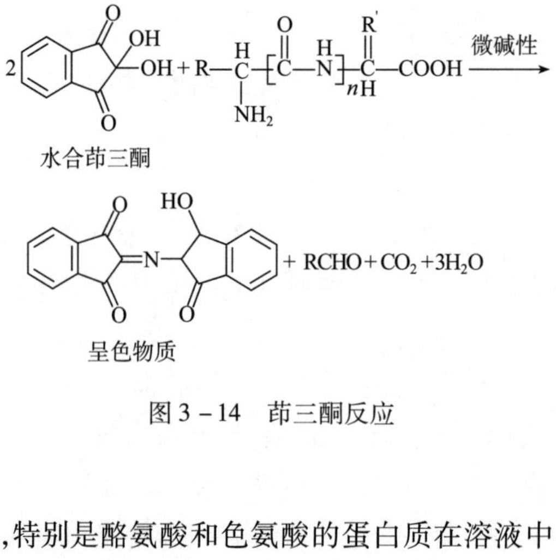

水合茚三酮   微碱性   + RCHO + CO₂ + 3H₂O

呈色物质

图 3 - 14 茚三酮反应

4. 黄色反应

含有芳香族氨基酸,特别是酪氨酸和色氨酸的蛋白质在溶液中与硝酸反应,先产生白色沉淀,加热白色沉淀则变成黄色,再加入碱,颜色变深至橙黄色。这也是皮肤、毛发、指甲遇到浓硝酸变黄的原因。

5.米伦反应

米伦试剂为硝酸汞、亚硝酸汞、硝酸和亚硝酸的混合液。蛋白质溶液中加入米伦试剂后即产生白色沉淀,加热后沉淀变成红色。由于酪氨酸分子结构中含有酚基,故酪氨酸及含有酪氨酸的蛋白质都能发生此反应。

(四)蛋白质的疏水性

蛋白质有它自身的疏水性,理论上,已知一种蛋白质的氨基酸组成,就可以根据各氨基酸的疏水性确定蛋白质的平均疏水性,即各氨基酸的疏水性加和后与总氨基酸数的比值。

$$\Delta \bar{G}^{\circ} = \frac{\sum \Delta G^{\circ}}{n}$$

蛋白质的表面疏水性(或表观疏水性,surface hydrophobicity)是一个重要的物理化学常数。蛋白质的表面疏水性与蛋白质的空间结构、蛋白质所呈现的表面性质和与脂肪结合能力等有重要的关系,更能反映出蛋白质同水、其他化学物质的作用。

四、蛋白质的功能性质

在食品加工、制备、保藏和消费期间凡是能够影响蛋白质在食品体系中的性能的那些蛋白质的物理和化学性质都被称为蛋白质的功能性质(functional property)。例如,蛋白质的胶凝、溶解、泡沫、乳化、黏度等。蛋白质功能性质大多数影响着食品的感官质量,尤其是在质地方面,也对食品成分制备、食品加工或储存过程中的物理特性起着重要的作用。各种蛋白质在不同食品中的功能作用如表3-7所示。

表3-7 蛋白质在食品中的功能作用

功能	作用机理	食品	蛋白质类型
溶解性	亲水性	饮料	乳清蛋白
黏度	持水性,流体动力学的大小和形状	汤,调味汁,色拉调味汁,甜食	明胶
持水性	氢键,离子水合	肉,香肠,蛋糕,面包	肌肉蛋白,鸡蛋蛋白
胶凝作用	水的截留和不流动性,网络的形成	肉,凝胶,蛋糕焙烤食品和奶酪	肌肉蛋白,鸡蛋蛋白和牛奶蛋白
黏结—黏合	疏水作用,离子键和氢键	肉,香肠,面条,焙烤食品	肌肉蛋白,鸡蛋蛋白和乳清蛋白
弹性	疏水键,二硫交联键	肉和面包	肌肉蛋白,谷物蛋白
乳化	界面吸附和膜的形成	香肠,大红肠,汤,蛋糕,甜食	肌肉蛋白,鸡蛋蛋白和乳清蛋白
泡沫	界面吸附和膜的形成	搅打顶端配料,冰淇淋,蛋糕,甜食	鸡蛋蛋白,乳清蛋白
脂肪和风味的结合	疏水键,截留	低脂肪焙烤食品,油炸面圈	牛奶蛋白,鸡蛋蛋白和谷物蛋白

蛋白质的功能性质是多样的,它们对不同食品的不同品质起着决定性的作用。各种食

品中蛋白质的功能性质如表 3 – 8 所示。

表 3 – 8　各种食品中蛋白质的功能性质

食品	功能性质
饮料	不同 pH 时的溶解性、热稳定性、黏度
汤、沙司	黏度、乳化作用、持水性
面团焙烤产品(面包、蛋糕)	成型和形成黏弹性膜、内聚力、热变性和胶凝作用、乳化作用、吸水作用、发泡、褐变
乳制品(干酪、冰淇淋、甜点心)	乳化作用、对脂肪的保留、黏度、发泡、胶凝作用、凝结作用
鸡蛋	发泡、胶凝作用
肉制品(香肠、火腿)	乳化作用、胶凝作用、内聚力、对水和脂肪的吸收和保持
肉代用品(组织化植物蛋白)	对水和脂肪的吸收和保持、不溶性、硬度、咀嚼性、内聚力、热变性
食品涂膜	内聚、黏合
糖果制品(牛奶巧克力)	分散性、乳化作用

(一)水合性质

大多数食品是水合(hydration)的固体体系,食品中各种组成成分的物理化学性质和流变学特性会受到体系中水的影响和水与食品中其他组成成分的相互作用的影响。蛋白质在溶液中的构象主要取决于它和水之间的相互作用,水能改变蛋白质的物理、化学性质,如具有无定形和半结晶性质的食品蛋白质,水的增塑作用可以改变它们的玻璃化转变温度 T_g 和变性温度 T_d。此外,在食品加工过程中,浓缩蛋白质或分离蛋白的应用,都涉及蛋白质的水合过程。蛋白质吸附水、保留水的能力,不仅能影响蛋白质的黏度和其他性质,还能影响食品的质地,影响最终产品的质量。

蛋白质制品的许多功能特性都与水合作用有关,例如水吸收作用、溶解性、溶胀、润湿性、增稠性、黏度、持水容量(或水保留作用)、黏附和内聚力,以及聚集、乳化、起泡性等,都与水合作用的过程有关。

1.蛋白质—水相互作用

蛋白质的水合作用指的是蛋白质的肽键(偶极—偶极或氢键),或氨基酸侧链(离子的极性甚至非极性基团)同水分子之间的相互作用。蛋白质的水合作用,通常以持水力(water holding capacity)或保水性(water retention capacity)来衡量。蛋白质的持水力是指蛋白质将水截留(保留)在其组织中的能力,被截留的水包括吸附水、物理截留水和流体动力学水。由于氨基酸组成不同,所以不同蛋白质的水合能力也不同。研究表明,分子中含有极性基团的极性氨基酸、离子化的氨基酸、蛋白质盐等对水有更强的结合能力,所以它们的结合水量相对较大。

2.水合性质的测定方法

蛋白质的水合性质对食品品质有着十分重要的作用。实验室测定食品蛋白质的吸水性和持水容量的方法通常有以下 4 种。

① 相对湿度法(或平衡水分含量法)。相对湿度法是测定保持在某一水分活度 A_w 时,食品所吸收的水量的方法。这种方法在食品中可用于评价蛋白粉的吸湿性和结块现象。

② 溶胀法。溶胀法是通过将蛋白质粉末置于下端连有刻度的毛细管的烧结玻璃过滤器上,让其自发地吸收过滤器下面毛细管中的水,即可测定水合作用的速率和程度的方法。

③ 过量水法。过量水法是使蛋白质试样同超过蛋白质所能结合的过量水接触,随后通过过滤或低速离心或挤压使过剩水同蛋白质保持的水分离的方法。这种方法只适用于溶解度低的蛋白质。用于可溶性蛋白质测定时必须进行校正。

④ 水饱和法。水饱和法是指测定蛋白质饱和溶液所需的水量(用离心法测定对水的最大保留性)的方法。

3. 影响水合性质的因素

蛋白质的浓度、pH、温度、离子强度、其他成分等,均能影响蛋白质—蛋白质和蛋白质—水的相互作用。蛋白质总水吸附量随蛋白质浓度的增加而增加,而在等电点时蛋白质表现出最小的水合作用,这是由于在等电点条件下蛋白质—蛋白质的相互作用达到最大,蛋白质分子所带的净电荷数最少,蛋白质同水的作用最小。

pH 的变化影响蛋白质分子的解离和净电荷量,因而可改变蛋白质分子间的相互吸引力和排斥力及其与水缔合的能力。在等电点时,蛋白质—蛋白质相互作用最强,蛋白质的水合作用和溶胀最小。例如,宰后僵直前的生牛肉(或牛肉匀浆)pH 从 6.5 下降到接近5.0(等电点),其持水容量显著减少,并导致肉的汁液减少和嫩度降低。

温度的变化会影响蛋白质的氢键作用和离子基团结合水的能力,从而影响蛋白质结合水的能力。蛋白质结合水的能力一般随温度升高而降低。蛋白质加热时发生变性和聚集,聚集可以减少蛋白质的表面面积和极性氨基酸对水结合的有效性,因此,变性后聚集的蛋白质结合水的能力因蛋白质之间相互作用而下降。

离子的种类和浓度对蛋白质的吸水性、溶胀和溶解度也有很大影响。盐类和氨基酸侧链基团通常同水发生竞争性结合。在低盐浓度(<0.2 mol/L)时,蛋白质的水合作用增强,这是由于水合盐离子与蛋白质分子的带电基团发生微弱结合的原因,但是这样低的浓度不会对蛋白质带电基团的水合层带来影响。实质上,增加的结合水量是来自与蛋白质结合离子的缔合水。高盐浓度时,水和盐之间的相互作用超过水和蛋白质之间的相互作用,因而引起蛋白质"脱水"。

4. 水合作用和蛋白质其他功能性质之间的关系

蛋白质的其他功能如胶凝、乳化作用也与蛋白质的水合性质存在密切的关系。在食品实际加工中,对于蛋白质的水合作用,通常以持水力或保水性来衡量。持水力是指蛋白质将水截留(或保留)在其组织中的能力,持水力与蛋白质的水合作用有关,会影响到食品特别是肉制品和面团的嫩度、多汁性、柔软性。因此持水力对食品品质具有更重要的实际意义。

(二)溶解性

蛋白质作为有机大分子化合物,在水中以分散态存在,因此,蛋白质在水中无严格意义上的溶解度,只是将蛋白质在水中的分散量或分散水平相应地称为蛋白质的溶解度(solubility)。蛋白质溶解度的大小在食品加工过程中非常重要,因为溶解度特性数据在确定天然蛋白质的提取、分离、纯化时是非常有用的,蛋白质的变性程度也可以以蛋白质的溶解行为的变化作为评价指标。溶解度也是评价蛋白质饮料的一个主要特征。

1. 溶解性的表示方法

蛋白质溶解度的常用表示方法为蛋白质分散指数(protein dispersibility index,PDI)、氮溶解指数(nitrogen solubility index,NSI)、水可溶性氮(water soluble nitrogen,WSN)。

$$PDI = (水分散蛋白质/总蛋白质) \times 100\%$$
$$NSI = (水溶解氮/总氮) \times 100\%$$
$$WSN = (可溶性氮的质量/样品质量) \times 100\%$$

2. 影响蛋白质溶解性质的因素

蛋白质溶解度的大小受到 pH、离子强度、温度、溶剂类型等因素的影响。影响蛋白质溶解性质的因素主要有:

(1)氨基酸组成与疏水性

蛋白质分子中氨基酸的疏水性和离子性是影响蛋白质溶解性的主要因素。疏水相互作用增强了蛋白质与蛋白质的相互作用,使蛋白质在水中的溶解度降低。离子相互作用则有利于蛋白质—水相互作用,可使蛋白质分散在水中,从而增大了蛋白质在水中的溶解度。蛋白质的溶解度与氨基酸残基的平均疏水性和电荷频率有关,平均疏水性越小或电荷频率越大,蛋白质的溶解度也就越大。

(2)pH 的影响

蛋白质的溶解度在等电点 pI 时通常是最低的,pH 在高于或低于等电点 pI 时,蛋白质所带的净电荷为负电荷或正电荷,其溶解度均增大。但是,蛋白质的种类不同,其在等电点 pI 时的溶解度也会各异。一些蛋白质如酪蛋白、大豆蛋白在等电点时几乎不溶,而乳清蛋白在等电点时的溶解性仍然很好。利用大多数蛋白质在 pH 为 8~9 时具有很高的溶解性,可提取植物蛋白。例如,将大豆粉置于 pH 为 8~9 的碱性水溶液中浸提,然后利用等电点沉淀法将 pH 调至 4.5~4.8,再从提取液中回收大豆蛋白质。

(3)离子强度的影响

不同浓度的盐溶液对蛋白质的溶解性会产生不同的影响。当中性盐溶液浓度为 0.1~1 mol/L 时,它可增大蛋白质在水中的溶解度,叫作盐溶(salting in),此时蛋白质的溶解性与离子强度有关。而当中性盐溶液的浓度大于 1 mol/L 时,它会降低蛋白质在水中的溶解度甚至使蛋白质产生沉淀析出,叫作盐析(salting out)。

(4)温度的影响

在一定的 pH 和离子强度条件下,蛋白质的溶解度在 0~40℃会随着温度的升高而增大。但是,对于高疏水性蛋白质,它们的溶解度的变化则与温度呈负相关。例如 β - 酪蛋白和某些谷蛋白,在温度超过 40℃时,其分子运动足以使稳定的二级和三级结构的键断裂,这种变性就会伴随着分子聚集现象的发生而发生。

大多数蛋白质在较高温度条件下处理时,溶解度会发生明显的不可逆降低。但是,有时为了杀灭微生物,钝化微生物体内的酶,去除异味、水分和其他成分,加热处理又是不可或缺的。

（5）有机溶剂的影响

有机溶剂同样会影响蛋白质的溶解性。一些有机溶剂如丙酮、乙醇等,可降低蛋白质溶液中水的介电常数,使得蛋白质分子内和分子间的静电作用力提高。蛋白质分子内的静电排斥作用使得蛋白质分子伸长,有利于肽链基团的暴露和分子间氢键的形成,并促使分子间的异种电荷产生静电吸引。这些分子间的极性相互作用,促使蛋白质在有机溶剂中聚集沉淀或在水介质中溶解度降低。

（三）黏度

溶液的黏度（viscosity）反映了溶液对流动的阻力情况。一般用黏度系数 μ 表示一种液体的黏度大小。蛋白质溶液的黏度是蛋白质在食品加工中增稠能力的指标。通常,在加工处理中高温杀菌、pH 的改变、蛋白质的水解、无机离子的存在等都会严重影响蛋白质溶液的黏度。

$$\tau = \mu \cdot \gamma = \mu \cdot v / d$$

式中:τ 为液体流动时的剪切力;γ 为液体流动时的剪切速率;v 为板块的运动速率;d 为两个板块间的距离。

影响蛋白质流体黏度特性的主要因素是分散蛋白质分子或颗粒的表观直径。表观直径的变化受以下参数的影响:

① 蛋白质分子的固有特性,如蛋白质分子的分子大小、体积、结构、电荷数及浓度等。

② 蛋白质和溶剂（水）分子间的相互作用情况。

③ 蛋白质分子间的相互作用力。

任何影响蛋白质黏度的因素,都会影响到蛋白质分子的表观直径大小。

蛋白质溶液的黏度系数会随其流速的增大而降低,这种现象称为"剪切稀释"（shear thinning）。该现象产生的原因为:

① 蛋白质分子运动方向取向逐渐一致,使液体流动时的摩擦阻力降低。

② 蛋白质的水合环境在运动方向产生形变。

③ 氢键和其他弱的键断裂,使得蛋白质的聚集体、网状结构离解,蛋白质体积减小。

当溶液流动时,蛋白质中弱的作用力的断裂通常是缓慢发生的,因此蛋白质流体在达到平衡之前,其表观黏度随时间的增加而降低。当剪切停止时,原来的聚集体可能重新形成,但黏度系数不会降低,如乳清蛋白浓缩物和大豆分离蛋白。

蛋白质体系的黏度、稠度是流体食品如饮料、肉汤、汤汁等食品的主要功能性质,它影响着食品的品质、质地,对于蛋白质食品的输送、混合、加热和冷却等加工过程也有实际意义。

（四）胶凝作用

蛋白质的胶凝作用（gelation）是指变性的蛋白质分子聚集并形成有序的蛋白质网络结构的过程。蛋白质的胶凝作用与蛋白质的缔合、聚集、沉淀、絮凝和凝结等都属于蛋白质分子在不同水平上的聚集变化，但它们相互之间有一定的区别。蛋白质的缔合（association）一般是指在亚基或分子水平上的变化；聚合（polymerization）或聚集（aggregation）是指有较大的聚合物生成；沉淀（flocculation）是指由于蛋白质溶解度部分或全部丧失而引起的一切聚集反应；絮凝（precipitation）指蛋白质没有变性时所发生的无序聚集反应；凝结（coagulation）是变性蛋白质所产生的无序聚集反应。

蛋白质通过胶凝作用形成的凝胶具有三维网状结构，它是蛋白质—蛋白质之间的相互作用（氢键、疏水相互作用），蛋白质—水之间的相互作用以及邻近肽键之间的吸引力和排斥力这 3 类作用力达到平衡时的产物。蛋白质凝胶可以容纳其他的成分和组分，对食品的外观、形态、质地等方面具有重要作用，如肉类食品，不仅可以形成黏弹性质地，同时还具有保水、稳定脂肪、黏结等作用。热处理通常是蛋白质凝胶形成的重要过程，随后的冷却过程中，酸化有助于凝胶的形成。添加盐类，特别是 Ca^{2+} 能提高凝胶形成的速率和凝胶的强度，例如大豆蛋白、乳清蛋白和血清蛋白。但是，有少量的蛋白质不经过加热也可以形成凝胶。例如酪蛋白胶束、卵白蛋白和血纤维蛋白可经过适度的酶水解后形成凝胶；酪蛋白胶束可通过添加 Ca^{2+} 形成凝胶；大豆蛋白还可通过先碱化，然后恢复到中性或等电点 pI 的方式来形成凝胶。

蛋白质的热凝结胶凝作用分为以下两个步骤：第一步是在加热条件下，蛋白质分子发生一定程度的变性和伸展，从溶液状态转变为预凝胶状态，一些有利于凝胶网络形成的基团暴露，一定数量的基团通过非共价键结合，为第二步凝胶的形成做准备，此过程是不可逆的，存在一定程度的聚集；第二步是冷却的过程，随着溶液的温度冷却到室温，溶液体系的热动能降低，有利于各种分子暴露的功能基团间非共价键的稳定形成，从而形成凝胶。

根据胶凝形成的途径，可将凝胶分为热致凝胶和非热致凝胶两类。例如，卵白蛋白加热形成的凝胶为热致凝胶，而通过调节 pH、加入二价金属离子或者是部分水解蛋白质形成的凝胶则为非热致凝胶。根据蛋白质形成凝胶后，凝胶对热的稳定性的不同，可将凝胶分为热可逆凝胶和非热可逆凝胶两类。热可逆凝胶是通过蛋白质分子间的氢键形成而保持稳定，当凝胶重新被加热后会再次形成溶液，冷却后又恢复凝胶状态，如明胶。非热可逆凝胶多涉及分子间的二硫键形成，二硫键一旦形成就不容易再发生断裂，加热不会对其产生破坏作用，如卵白蛋白、大豆蛋白。

蛋白质形成凝胶有两类不同的结构方式，分别为肽链的有序串性聚集排列和肽链的自由聚集排列两类。肽链的有序串性聚集排列形成的凝胶是透明或半透明的，例如血清蛋白、溶菌酶、卵白蛋白、大豆球蛋白等形成的凝胶；肽链的自由聚集排列形成的凝胶是不透明的，例如肌浆蛋白在高离子强度下形成的凝胶，还有乳清蛋白、β - 乳球蛋白所形成的凝胶。常见蛋白质的凝胶结构中，这两种方式可同时存在，并且受到凝胶条件（蛋白质浓度、

pH、离子种类、离子强度、加热温度和加热时间等）的影响。

胶凝是某些蛋白质的一种很重要的功能性质，在许多食品的制备中起着主要的作用，例如，各种乳品、果冻、凝结蛋白、明胶凝胶、各种加热的碎肉或鱼制品、大豆蛋白凝胶、膨化或喷丝的组织化植物蛋白和面包面团的制作等。

（五）面团的形成

小麦蛋白是众多食品蛋白质中唯一具有形成黏弹性面团特性的蛋白质。小麦面粉与水大约以 3∶1 的比例在室温下混合、揉搓，能形成强内聚性和强黏弹性的面团（dough），再通过发酵、焙烤等工艺就可制成面包。

小麦面粉中含有可溶性蛋白质和不溶性蛋白质两类蛋白质。可溶性蛋白质大约占小麦总蛋白的20%，主要包括清蛋白和球蛋白，以及少量的糖蛋白，它们对于小麦粉的面团形成特性没有贡献。面筋蛋白是不溶性蛋白质，约占小麦总蛋白的80%，主要包括麦醇溶蛋白（gliadin）和麦谷蛋白（glutenin），它们是面团形成的主要因素。小麦粉中的面筋蛋白在形成面团以后，其中还包含有其他成分，如淀粉、糖和极性脂类、非极性脂类、可溶性蛋白质等，这些成分都有助于面筋蛋白形成面团三维网状结构，从而影响着面包的质地。

面筋中氨基酸组成比较独特，其中谷氨酰胺和脯氨酸残基含量占总氨基酸残基的40%以上，有利于分子间氢键的形成，同时也使面筋具有很强的吸水能力和黏弹性质。面筋中所含有的许多非极性氨基酸有利于蛋白质分子和脂类的疏水作用，使之产生聚集。半胱氨酸残基和胱氨酸残基占面筋总量的2%~3%，可形成许多二硫键，有利于蛋白质分子在面团中形成紧密的连接。

水和面粉在混合和揉搓时，面筋蛋白质分子开始排列成行和部分伸展，分子间疏水相互作用随之增强，从而促使二硫键的形成。最初的面筋颗粒转变成薄膜，形成具有三维空间的黏弹性蛋白质凝胶网络，该网络能够起到截留淀粉粒和其他成分（糖、极性脂类和非极性脂类）的作用。但是，面团对网络结构破坏的抵抗能力随着捏合时间的延长而增强，达到最大耐受值，随后又减弱，此时凝胶网络结构被破坏。这种破坏包括聚合物在剪切方向的取向和二硫键的断裂，以及由此引起的聚合物聚集体的减小。在面团形成过程中，加入氧化剂 $KBrO_3$ 有助于二硫键的形成，可增加面团的弹性和韧性。

麦谷蛋白（glutenin）和麦醇溶蛋白（gliadin）二者的适当平衡的比例对于面团的形成也是非常重要的。麦谷蛋白的含量决定着面团的弹性、黏合性和强度，麦醇溶蛋白决定着面团的流动性、伸展性和膨胀性。面包的强度与大分子的麦谷蛋白有关，麦谷蛋白的含量过高会抑制发酵过程中残留的 CO_2 气泡的膨胀，抑制面团的鼓起，而若麦醇溶蛋白的含量过高则会导致过度的膨胀，使产生的面筋膜易破裂和易渗透，面团容易出现塌陷。在面团中加入极性脂类有利于麦谷蛋白和麦醇溶蛋白的相互作用，提高面筋的网络结构。脂可以形成"醇溶蛋白—脂—谷蛋白"复合体。极性脂与面筋蛋白结合后，面筋蛋白就能利用其极性基团与淀粉、戊聚糖或水等相互结合，大幅增强面团弹性，改善面团强度，从而改变面团的加工性能。

(六)蛋白质的界面性质

蛋白质的界面性质(interficial properties)是指蛋白质能自发地迁移至汽—水界面或油—水界面的性质。由于蛋白质分子是两亲分子,它在界面上的吉布斯自由能低于其在体相水中的自由能,因此,体相水中的蛋白质能自发地向界面迁移,到达平衡时,蛋白质在界面上的浓度总是高于其在体相水中的浓度。蛋白质作为一类天然大分子物质,它能够在界面上形成高黏弹性薄膜,并产生物理垒以抵抗外界机械作用的冲击,使得界面体系更加稳定。

影响蛋白质的表面活性的因素分为内在因素和外在因素。内在因素指的是蛋白质中氨基酸的组成、结构、立体构象、分子中极性和非极性残基的分布与比例、二硫键的数目与交联以及分子的大小、形状和柔顺性等。外在因素指凡是能影响蛋白质构象、亲水性与疏水性的环境因素,它包括温度、pH、离子强度和盐的种类、界面的组成、蛋白质浓度、糖类和低相对分子质量表面活性剂的加入、能量的输入,以及形成界面加工的容器和操作顺序等。

蛋白质是一种比较理想的表面活性剂,其特点有:

① 具有能快速吸附到界面的能力。

② 吸附到达界面后蛋白质分子能迅速伸展和取向。

③ 蛋白质一旦到达界面,就能立即与邻近分子发生相互作用而形成具有强内聚力和黏弹性的膜,能耐受热和机械作用的破坏。

许多天然的和加工的食品都是泡沫或乳化体系的产品,需要利用蛋白质的起泡性、泡沫稳定性和乳化性等功能性质。

1. 乳化性质

食品乳化体系是分散的互不相溶的两个液态相,常见的液态相为水相和油相。由于两相的极性不同,在界面上界面张力比较大,使乳化体系在热力学上是不稳定的体系,因此需要通过乳化剂的作用来降低界面张力,增加体系的稳定性。蛋白质分子中同时具有亲水基团和亲油基团,可以在食品乳化体系的形成过程中发挥乳化剂的作用。

许多食品都是由蛋白质稳定的乳状液,形成的分散系有油包水型(W/O)和水包油型(O/W)两种形式。蛋白质在维持这些乳状液体系的稳定性中发挥着十分重要的作用,它吸附在分散的油滴和连续水相的界面上,能使油滴具备产生抗凝集性的物理学、流变学性质。可溶性蛋白质最重要的作用是它有向油—水界面扩散并在界面吸附的能力,蛋白质分子的一部分与界面相接触,其疏水性氨基酸残基面向非水相排列,降低了体系的自由能,蛋白质分子的其余部分发生伸展并自发地吸附在界面上,表现出相应的界面性质。一般认为蛋白质分子的疏水性越大,界面上吸附的蛋白质的浓度也越大,界面张力也就越小,乳状液体系就越稳定。

影响蛋白质乳化作用的因素主要有:

① 蛋白质的溶解度与其乳化性质(emulsifying property)之间存在着正相关。例如,在

肉馅胶体(pH 为 4～8)中,如果有 0.5～1 mol/L 氯化钠的存在就可大幅提高蛋白质的乳化容量,增大蛋白质的溶解性,从而达到较好的乳化效果。

② pH 对蛋白质的乳化作用也有影响。某些蛋白质在等电点 pH 时溶解度很低,乳化能力下降,不能稳定油滴的表面电荷。当达到等电点或一定的离子强度时,蛋白质以高黏弹性紧密结构形式存在,这样不但可以阻止蛋白质伸展或在界面吸附,还可稳定已吸附在界面的蛋白质膜,阻止表面形变或解吸。

③ 加热可降低被界面吸附的蛋白质膜的黏度和刚性,从而降低乳状液体系的稳定性。例如,β-乳球蛋白经过热处理后,分子内的—SH 暴露,与相邻分子之间的—SH 形成二硫键,在界面上发生有限聚集。

④ 添加低相对分子质量的表面活性剂,不利于由蛋白质稳定的乳状液体系的稳定性。因为小分子表面活性剂会降低蛋白质膜的硬性,削弱蛋白质在界面保留的能力。

通常,评价蛋白质乳化性质的指标包括乳化活性指数(EAI, emulsifying activity index)、乳化容量(EC, emulsion capacity)和乳化稳定性(ES, emulsion stability)。

① 乳化活性指标(EAI)指单位质量的蛋白质所产生的界面面积。

$$EAI = \frac{3\varphi}{Rm}$$

式中:φ 为分散相的体积分数;R 为乳状液粒子的平均半径;m 为蛋白质的质量。

另一种简便且实际的测定蛋白质的 EAI 的方法是浊度法,即乳状液的浊度。

$$EAI = \frac{2.303A}{l}$$

式中:A 为吸光度;l 为光路长度。

② 乳化容量(EC)是指在乳状液相转变前(从 O/W 乳状液转变成 W/O 乳状液)每克蛋白质所能乳化的油的体积。

测定蛋白质乳化容量的方法:在不变的温度和速度下,将油或熔化的脂肪加至在食品捣碎器中被连续搅拌的蛋白质水溶液中,根据后者黏度和颜色的突然变化或电阻的增加检测相的转变。

对于一个由蛋白质稳定的乳状液,相转变通常会发生在 φ 为 0.65～0.85 范围。

相转变并非一个瞬时过程,转变之前先形成 W/O/W 双重乳状液。

乳化容量随相转变达到时蛋白质浓度的增加而减少,而未吸附的蛋白质累积在水相。

③ 乳化稳定性(ES):由蛋白质稳定的乳状液一般在数日内是稳定的。试样在正常条件下,在合理的保藏期内通常观察不到相分离。因此,常采用诸如保藏在高温或在离心力下分离这样的剧烈条件来评价乳化稳定性。

若采用离心的方法,可用乳状液界面面积(即浊度)减少的百分数,或者分出的乳油的百分数,或者乳油层的脂肪含量表示乳状液的稳定性。常用下式表示乳化稳定性

$$ES = \frac{乳油层体积}{乳状液总体积} \times 100$$

乳化性质也是蛋白质重要的功能性质之一。在食品加工中,球蛋白具有很稳定的结构和很强的表面亲水性,它们不是良好的乳化剂,例如,血清蛋白、乳清蛋白。酪蛋白分子结构中肽链上高度亲水区域与高度疏水区域是隔开的,所以它们是很好的乳化剂。大豆蛋白分离物、肉和鱼肉蛋白质也是不错的乳化剂。

2. 起泡性质

食品泡沫(foam)是指气泡在连续的液相或含有可溶性表面活性剂的半固相中形成的分散体系。通常,气体是空气或 CO_2,连续相是含蛋白质的水溶液或悬浊液。食品泡沫的特点是:

① 含有大量的气体。

② 在气相和连续相之间存在较大的表面积。

③ 溶质的浓度在界面处较高。

④ 具有能膨胀、具有刚性或半刚性和弹性的膜。

⑤ 泡沫不透明。

泡沫食品的柔软性决定于气泡体积、薄层厚度及流变学性质。泡沫中,分散的两相之间存在界面张力,蛋白质的作用就是吸附在气—液界面,降低界面的张力,同时对所形成的吸附膜产生必要的流变学特性和稳定性。

许多加工食品都是泡沫型产品,例如蛋白质酥皮、蛋糕、棉花糖和充气糖果、点心顶端配料、冰淇淋、蛋奶酥、啤酒泡沫、奶油冻和面包等。冰淇淋是很复杂的泡沫体系,它含有脂肪球、乳胶体、分散的冰晶悬浮体、多糖凝胶、糖和蛋白质的浓缩溶液以及空气气泡等多种成分。

食品加工中,产生泡沫的方法主要有以下几种:

① 让鼓泡的气体通过多孔分配器(如烧结玻璃),然后通入浓度为 0.01% ~ 2.0% 的蛋白质水溶液中可产生泡沫。

② 在大量气相存在时搅打、搅拌或振摇蛋白质水溶液可产生泡沫。

③ 突然解除预先加压溶液的压力可产生泡沫。

形成的泡沫由于表面张力等原因,会发生破裂,造成泡沫不稳定性的因素主要有:

① 重力、压力差、蒸发作用等降低了薄层的厚度,导致泡沫的破裂。

② 泡沫本身大小不一,会导致泡沫的破裂。

③ 分隔气泡的薄层发生破裂从而导致泡沫的破裂。

影响蛋白质起泡性质的因素主要包括以下几点。

(1)蛋白质本身的性质

具有良好起泡性的蛋白质应当是蛋白质分子能够快速扩散到气—液界面,易于在界面吸附、展开和重排,并且通过分子间的作用形成黏弹性的吸附膜。蛋白质自身性质对起泡性质的影响如表 3 – 9 所示。

表3-9 蛋白质本身性质对起泡性质的影响

蛋白质的性质	起泡性质
疏水性	极性区与疏水区的相对独立分布,起到降低界面张力的作用
肽链的柔韧性	有利于蛋白质分子在界面上的伸展,变形
肽链间的相互作用	有利于蛋白质分子间的相互作用,形成黏弹性好、稳定的吸附膜
基团的离解	有利于气泡间的排斥,但是高电荷密度也不利于蛋白质在膜上的吸附
极性基团	对水的结合、蛋白质分子之间的相互作用有利于吸附膜的稳定性

具有良好起泡能力的蛋白质,其泡沫的稳定性一般较差,相反,起泡能力差的蛋白质,其形成泡沫的稳定性较好,因为蛋白质的起泡能力和泡沫的稳定性是由两类不同的分子性质决定的。起泡能力取决于蛋白质分子的快速扩散、对界面张力的降低、疏水基团的分布等性质,主要由蛋白质的溶解性、疏水性、肽链的柔软性决定;泡沫稳定性主要由蛋白质溶液的流变学性质决定,如吸附膜中蛋白质的水合、蛋白质的浓度、膜的厚度、适当的蛋白质分子间相互作用。

在食品加工中,卵清蛋白是最好的蛋白质起泡剂,血清蛋白、明胶、酪蛋白、谷蛋白、大豆蛋白等也具有不错的起泡性质。

(2)盐类

盐的种类和蛋白质在盐溶液中的溶解特性,影响着蛋白质的起泡性。大多数球状蛋白(如牛血清蛋白、卵清蛋白、谷蛋白和大豆蛋白等)的起泡性和泡沫稳定性,随着 NaCl 溶液浓度的增大而增强;相反,另外一些蛋白质(如乳清蛋白、特别是 β - 乳球蛋白)的起泡性和泡沫稳定性,随着盐浓度的增大而减弱。二价阳离子(Ca^{2+}、Mg^{2+})在浓度为 0.02% ~ 0.04% 范围内,能与蛋白质的羧基生成桥键,使之形成黏弹性较好的蛋白质膜,从而提高了泡沫的稳定性。

(3)糖类

蔗糖、乳糖和其他糖类通常会抑制泡沫的膨胀。蛋白质在糖溶液中,由于其结构的稳定性大大增强,不能在界面吸附和伸长,因此蛋白质在搅打时就很难产生较大的界面面积和较大的泡沫体积。制作蛋白酥皮和其他含糖泡沫甜食时,最好在泡沫膨胀后再加入糖。而有的蛋白质在糖溶液中具有较好的起泡性质,例如卵清蛋白、糖蛋白等。

(4)脂类

低浓度(小于 0.1%)脂类与蛋白质共存时,其起泡性能会大幅降低。特别是具有高表面活性的极性脂类化合物占据了空气/水界面,对吸附蛋白质膜的最适宜构象产生干扰,从而抑制了蛋白质在界面的吸附,使泡沫的内聚力和黏弹性降低,最终降低泡沫的稳定性,造成搅打过程中泡沫的破裂。

(5)蛋白质浓度

蛋白质浓度越高,泡沫越稳定;蛋白质的起泡能力一般也随着蛋白质浓度的增大而增强,并在某一浓度达到最大值。蛋白质浓度在2% ~8%的范围内,液相具有最好的黏度,膜具有适宜的厚度和稳定性;但当蛋白质浓度超过10%时,溶液的黏度过大,影响到蛋白质的起泡能力,气泡变小、泡沫变硬。

（6）机械搅拌

机械搅拌是形成泡沫的常用手段,但是搅拌强度和时间必须适中,才能使蛋白质在界面形成良好的吸附。过度搅拌会使蛋白质产生絮凝,不能很好地吸附在界面上,从而降低了膨胀度和泡沫的稳定性。

（7）加热处理

蛋白质经过加热处理致使其部分变性,可以改善蛋白质本身的起泡性。在产生泡沫前,适当加热可提高大豆蛋白(70~80℃)、乳清蛋白(40~60℃)等蛋白质的起泡性能。但是,加热会使泡沫中的气体膨胀、黏度降低,导致泡沫的破裂,因此,加热处理大大降低泡沫的稳定性,却有利于蛋白质的起泡能力。

（8）pH

在溶液的pH接近等电点pI时,蛋白质分子之间的排斥力很小,有利于蛋白质分子间的相互作用和蛋白质在膜上的吸附,形成黏稠的吸附膜,从而提高蛋白质的起泡性能和泡沫的稳定性。在pI值之外的pH环境中,蛋白质的起泡能力较好,但泡沫的稳定性很差。

（七）蛋白质与风味物质结合

蛋白质可以跟风味物质(flavor compounds)结合,从而影响食品的感官品质。食品中存在的风味物质主要有醛、酮、酸、酚和脂肪氧化的分解产物等,它们与蛋白质结合会影响到食品在加工过程中或是食用时的口感。

风味结合包括风味物质在食品的表面吸附或经扩散向食品内部渗透,风味结合与蛋白质样品的水分含量和蛋白质与风味物质的相互作用有关。固体食品的吸附分为两种类型:一种是范德瓦耳斯力或氢键相互作用,以及蛋白质粉的空隙和毛细管中的物理截留引起的可逆物理吸附;另一种是共价键或静电力的化学吸附。对于液态或高水分含量食品,风味物质与蛋白质结合的机理主要是风味物质的非极性部分与蛋白质表面的疏水性区或空隙部分的相互作用,以及风味化合物与蛋白质极性基团,如羟基和羧基,通过氢键和静电作用的相互结合。而醛和酮在表面疏水区被吸附后,还可以进一步扩散至蛋白质分子的疏水区内部。

风味物质与蛋白质的相互作用通常是完全可逆的。但是,如果挥发性物质(如醛或酮)以共价键的方式与蛋白质结合,这种结合通常是不可逆的。风味物质与蛋白质的可逆的非共价键结合应遵循斯卡特卡尔(Scatchard)方程,平衡时

$$V_{结合}/[L] = nk - V_{结合}k$$

式中:$V_{结合}$为每摩尔蛋白质结合挥发性物质的物质的量(mol);$[L]$为平衡时游离挥发性化合物的浓度(mol/L);k为平衡结合常数(mol/L);n为每摩尔蛋白质可用于结合挥发性化合物的总位点数。

根据平衡时的不同$[L]$值,用斯卡特卡尔方程,从实验测定的$V_{结合}$值即可计算出k和

n,或者以 $V_{结合}/[L]$ 对 $V_{结合}$ 作图,得到一条直线,k 为直线的斜率,nk 为截距。这是假设蛋白质中的所有配体的结合位点都具有相同的亲和力,而且配体与蛋白质结合时其构象不发生变化。与此相反的另一个假设,当蛋白质与风味物质结合时,通常会产生适度的构象变化。此时,风味物质将扩散至蛋白质的疏水内部,并破坏蛋白质链段间的疏水相互作用,从而使蛋白质的结构去稳定和改变蛋白质的溶解性。由于这些结构的变化,斯卡特卡尔关系式在蛋白质应用中呈曲线。各种羰基化合物与蛋白质结合的热力学常数如表3-10所示。

表 3 - 10　羰基化合物与蛋白质结合的热力学常数

蛋白质	羰基化合物	$n/(mol/mol)$	$k/(mol/L)$	$\Delta G/(kJ/mol)$
血清蛋白	2 - 壬酮	6	1800	-18.4
	2 - 庚酮	6	270	-13.8
β - 乳球蛋白	2 - 庚酮	2	150	-12.4
	2 - 辛酮	2	480	-15.3
	2 - 壬酮	2	2440	-19.3
大豆蛋白(天然)	2 - 庚酮	4	110	-11.6
	2 - 辛酮	4	310	-14.2
	2 - 壬酮	4	930	-16.9
	5 - 壬酮	4	541	-15.5
大豆蛋白(部分变性)	壬酮	4	1094	-17.3
大豆蛋白(琥珀酰化)	2 - 壬酮	4	1240	-17.6
	2 - 壬酮	2	850	-16.7

注:n 为天然状态时结合部位的数目;k 为平衡结合常数。

　　蛋白质与风味物质的结合也会受到环境因素的影响,水可以提高蛋白质对极性挥发物质的结合,但不影响蛋白质对非极性物质的结合,这是因为水增加了极性物质的扩散速度。高浓度的盐使蛋白质的疏水相互作用减弱,导致蛋白质伸展,可提高蛋白质与羰基化合物的结合。在中性或碱性 pH 条件下,酪蛋白与羰基化合物的结合能力更强。蛋白质的水解会降低蛋白质与风味物质的结合能力。蛋白质的热变处理会增强其与风味物质的结合。脂类物质的存在,可促进蛋白质与各种羰基挥发物质的结合和保留。对蛋白质进行真空冷冻干燥处理时,可使原本与蛋白质结合的50%的挥发物质释放出来。

(八)与其他物质的结合

　　蛋白质除了可与水分、脂类和挥发性风味物质结合以外,还能通过弱的相互作用或共价键与其他的很多物质(金属离子、色素、染料等)结合,也能与一些具有诱变性和其他生物活性的物质结合。这些物质的结合能产生良好的解毒作用,也可产生毒性增强的作用,还有可能使得食品中蛋白质的营养价值降低。蛋白质与金属离子结合有利于一些矿物质(钙、铁)的吸收,蛋白质与色素的结合可用于蛋白质的定量分析,大豆蛋白与异黄酮结合可有效提高其营养价值。

第四节　蛋白质的变性

　　蛋白质变性（protein denaturation）是指蛋白质在某些物理和化学因素作用下，其特定的空间构象（如二级结构、三级结构或四级结构）被改变，导致理化性质的改变和生物活性的丧失，而一级结构（氨基酸的排列顺序）不会受到影响的现象。蛋白质的天然结构是各种吸引和排斥相互作用的净结果，由于生物大分子含有大量的水，因此这些作用力包括分子内的相互作用和蛋白质分子与周围水分子之间的相互作用。

　　变性是一个复杂的过程，在这个过程中有新的构象的出现，这些构象通常是以中间状态的形式，短暂存在的，蛋白质变性后最终会成为完全伸展的多肽结构（无规卷曲）。某些情况下，天然蛋白质的构象即使是只有一个次级键的改变，或一个侧链基团的取向不同，也同样会引起蛋白质的变性。而对于某些天然状态就为伸展结构的蛋白质（如酪蛋白单体）来说，它们的分子却是不易发生变性的。从结构观点来看，蛋白质分子的变性状态是很难被定义的状态。蛋白质分子在结构上的较大变化通常表现为 α - 螺旋和 β - 折叠结构的增加，以及随机结构的减少。然而在多数情况下，变性涉及有序结构的丧失。蛋白质的变性程度与变性条件有关，各种变性状态之间的吉布斯自由能差别很小。球蛋白完全变性时，会成为无规卷曲的结构。

　　蛋白质变性可引起结构、功能和某些性质发生变化。许多具有生物活性的蛋白质在变性后，它们的活性会完全丧失或者部分降低。但是，有的蛋白质适度变性后仍然可以保持原有活性，甚至还会在原有活性的基础上有所提高，这是由于变性后某些活性基团暴露所致。食品蛋白质变性后通常引起溶解度降低或失去溶解性，从而影响蛋白质的功能特性或加工特性。在某种情况下，变性又是有益的。例如，利用豆类中胰蛋白酶抑制剂的热变性，对其进行加热处理后，可以显著提高豆类在动物体内的消化率和豆类本身的生物有效性。部分变性的蛋白质则比其天然状态更易于消化，或具有更好的乳化性、起泡性和胶凝性。热变性也是食品蛋白质产生热诱导凝胶的先决条件。

　　蛋白质变性对蛋白质的结构、物理化学性质、生物学性质的影响，一般包括：

　　① 分子内部疏水性基团暴露，蛋白质在水中的溶解度降低。

　　② 生物蛋白质的生物活性丧失，如失去酶活性或免疫活性。

　　③ 蛋白质肽键的暴露，使得蛋白质易于被蛋白酶类催化而发生水解。

　　④ 蛋白质结合水的能力发生改变。

　　⑤ 蛋白质分散体系的黏度发生改变。

　　⑥ 蛋白质的结晶能力丧失。

　　蛋白质的变性情况，可通过测定蛋白质的一些性质，如光学性质、沉降性质、黏度、电泳和热力学性质等来反映，也可以用免疫学的方法如酶联免疫吸附法（ELISA）来测定蛋白质的变性情况。

天然蛋白质的变性有时是可逆的,有时是不可逆的。在温和的条件下,蛋白质比较容易发生可逆的变性,而在比较剧烈的条件下,蛋白质将发生不可逆的变性。当稳定蛋白质构象的二硫键被破坏时,则变性的蛋白质就很难复性了。发生可逆变性的蛋白质,当引起其变性的因素被解除后,蛋白质能恢复到原状的过程称为蛋白质的复性(renaturation)。

引起蛋白质变性的因素有物理因素和化学因素两大类。常见的有温度、机械处理、pH、化学试剂和辐射等。

一、蛋白质的物理变性

1. 加热

加热是引起蛋白质变性最常见的物理因素,也是食品加工中常用的处理方法。蛋白质加热到一定温度,会发生变性,这个温度叫作蛋白质的变性温度。蛋白质经过热变性后表现出相当程度的伸展变形,而且会影响食品的功能特性。

蛋白质在加热时,稳定其结构的氢键作用力被破坏,分子发生伸展使一些疏水性残基和反应基团暴露,可以导致蛋白质分子间的聚集反应。许多化学反应的温度系数为3~4,即反应温度每升高10℃,反应速度将增加3~4倍。但是,蛋白质变性的温度系数为600左右,即温度每升高10℃,变性速度将增加600倍左右。这个性质在食品加工中有很重要的应用价值,如高温瞬时杀菌(HTST)和超高温瞬时杀菌(UHT)技术就是利用高温能大大加快蛋白质的变性速度,短时间内能破坏生物活性蛋白质或微生物中的酶,同时因为食品中其他营养素化学反应的速度变化相对较小而确保损失较少。一些变化的活化能及温度的相关性如表3-11所示。

表3-11　一些变化的活化能以及温度相关性

变化类型	活化能/(kJ/mol)	100℃的相关性	变化类型	活化能/(kJ/mol)	100℃的相关性
化学反应	80~125	2~3	蛋白变性	200~600	6~175
酶促反应	40~60	~1.5	酶失活	450	50
脂肪自动氧化	80~100	1.4~2.4	细菌灭活	200~600	6~175
美拉德反应	100~180	2.4~5	孢子灭活	250~330	9~17

影响蛋白质的热变性的因素有很多,例如蛋白质的组成、浓度、水分活度、pH和离子强度等。大多数的蛋白质在低温下比较稳定,分子中含有较多的疏水性氨基酸的蛋白质要比含有较多的亲水性氨基酸的蛋白质稳定,即蛋白质平均疏水性、疏水性氨基酸分布与蛋白质的变性温度相关。如表3-12所示。

表3-12　一些蛋白质的热变性温度(Td)与其平均疏水性

蛋白质	Td/℃	平均疏水性(残基)/(kJ/mol)	蛋白质	Td/℃	平均疏水性(残基)/(kJ/mol)
胰蛋白酶原	55	3.68	鸡蛋白蛋白	76	4.01
胰凝乳蛋白酶原	57	3.78	胰蛋白酶抑制物	77	—
弹性蛋白酶	57	—	肌红蛋白	79	4.33

蛋白质	T_d/℃	平均疏水性(残基)/(kJ/mol)	蛋白质	T_d/℃	平均疏水性(残基)/(kJ/mol)
胃蛋白酶	60	4.02	α-乳清蛋白	83	4.26
核糖核酸酶	62	3.42	β-乳球蛋白	83	4.50
羧肽酶	63	—	大豆球蛋白	92	—
乙醇脱氢酶	64	—	蚕豆11S蛋白	94	—
牛血清白蛋白	65	4.22	向日葵11S蛋白	95	—
血红蛋白	67	3.98	燕麦球蛋白	108	—
溶菌酶	72	3.72			

蛋白质的变性温度与水分的关系表明,生物活性蛋白质在干燥状态下比较稳定,对温度变化的承受能力较强,而在湿热状态下容易发生变性。在一些大豆产品的加工过程中,例如豆粕需要经过水蒸气脱除溶剂,或者是大豆粉采用高温处理破坏其抗营养因子,均是考虑到水对蛋白质变性的影响作用。

在间接利用 ELISA 对牛半膜肌和收缩肌提取物进行研究时,发现加热时间 30 min、加热温度 40℃时,提取物中的蛋白质开始失去抗原性,在 70℃时有近 50% 的蛋白质失去抗原性,在 100℃时则有 70% 以上的蛋白质失去抗原性,如表 3-13 所示。回归分析发现加热后蛋白质抗原性的保留率与加热温度负相关。由于加热至 40℃时已经发现蛋白质变性,所以 ELISA 技术对蛋白质变性的评价可能比其他技术更灵敏。

表 3-13　加热对牛后半膜肌和收缩肌提取物的变性影响

热处理	无	40℃	50℃	60℃	70℃	80℃	90℃	100℃
抗原浓度/(ng/μg)	32.4	28.0	24.2	20.9	16.5	14.6	11.3	9.4
抗原性保留率/%	100	86.3	54.6	64.4	50.9	44.9	35.0	28.9

2. 冷冻

低温处理也可以导致某些蛋白质的变性。低温可以改变蛋白质的水合环境,破坏维持蛋白质结构的作用力的平衡,同时一些基团的水化层也被破坏,基团之间的作用力引起蛋白质的聚集或者亚基重排;较低温度时体系结冰后的盐效应也会导致蛋白质变性。另外,冷冻引起浓缩效应,可能导致蛋白质分子内、分子间的二硫键交换反应增加,从而导致蛋白质变性。

肌红蛋白在 30℃ 显示出最大的稳定性,一旦温度低于 0℃,就会发生变性;L-苏氨酸胱氨酸酶在室温下稳定,但在 0℃时不稳定;11S 大豆蛋白质、乳蛋白在冷却或冷冻时可以发生凝集和沉淀,这也是蛋白质低温变性的典型例子。但是,低温也能引起某些低聚物解离和亚单位重排。脱脂牛乳在 4℃ 保藏时,β-酪蛋白会从酪蛋白胶束中解离出来,从而改变胶束的物理化学性质和凝乳性质。乳酸脱氢酶和甘油醛磷酸脱氢酶在 4℃ 条件下,由于其亚基的解离,会失去大部分活性,如果将其移至室温下保温数小时后,亚基又重新缔合为原来的天然结构,并恢复其原有的活性。

3. 机械处理

揉捏、振动、挤压或搅打等高速机械剪切处理,都能引起蛋白质变性。剪切速率越高,蛋白质变性的程度则越大。同时,如果蛋白质受到高温和高速剪切力共同处理,它往往会发生不可逆变性。在 pH 为 3.5～4.5,温度为 80～120℃ 的条件下,浓度为 10%～20% 的乳清蛋白经过 7500～10000 s^{-1} 的剪切速度处理后,就可以形成蛋白质脂肪代用品,如具有润滑和乳状液口感的冰淇淋等就是运用这种方法制备的。

4. 静高压

球状蛋白质分子内部存在空穴,具有柔顺性和可压缩性,高压可以导致这类蛋白质变性。光学性质表明,大多数蛋白质在 100～1000 MPa 压力范围作用下才会产生变性。当压力很高时,一般在 25℃ 即能发生变性。由于高压而导致的蛋白质的变性或酶的失活,在高压消除以后会重新恢复。

高压加工的方法优于热加工方法,它不会损害蛋白质中的必需氨基酸、天然色泽和风味,也不会导致有毒化合物的生成。对肉制品进行高压处理还可以使肌肉组织中的肌纤维裂解,从而提高肉制品的品质。因此,高压技术是食品高新加工技术之一。

5. 辐射

高能射线可被芳香族氨基酸残基(色氨酸、酪氨酸和苯丙氨酸)所吸收,导致蛋白质构象的改变,同时还会使氨基酸残基发生各种变化,如共价键的破坏、分子离子化、分子游离基化等。所以辐射不仅可以使蛋白质发生变性,还可能因结构的改变而导致蛋白质的营养价值变化。

但是,运用于食品保鲜时,辐射对食品蛋白质的影响极小,一是由于食品处理时使用的辐射剂量较低,二是食品中存在水的裂解而减少了其他物质的裂解。

6. 界面作用

蛋白质分子在水和空气、水和非水溶液或固相等界面吸附时,一般会发生不可逆变性。一般认为,蛋白质在界面的吸附包括界面吸附和变性两个阶段。蛋白质大分子向界面扩散的过程中,蛋白质可能与界面高能水分子发生相互作用,致使蛋白质—蛋白质之间的氢键遭到破坏,结构发生"微伸展",蛋白质在界面进一步的伸展和扩展,而亲水和疏水残基分别在水相和非水相中取向,从而引起蛋白质变性。蛋白质吸附速率与其向界面扩散的速率有关,当界面吸附的变性蛋白质达到饱和时,吸附立即停止。

二、蛋白质的化学变性

1. pH

蛋白质所处介质的 pH 值对变性过程有很大的影响,蛋白质在等电点时最稳定,溶解度最低,在中性 pH 环境中,除少数几个蛋白质带有正电荷外,大多数蛋白质都带有负电荷。几种蛋白质的等电点如表 3－14 所示。

表 3 – 14   几种蛋白质的等电点(pI)

蛋白质	等电点	蛋白质	等电点
胃蛋白酶	1.0	血红蛋白	6.7
κ – 酪蛋白 B	4.1 ~ 4.5	糜蛋白酶	8.3
卵清蛋白	4.6	糜蛋白酶原	9.1
大豆球蛋白	4.6	核糖核酸酶	9.5
血清蛋白	4.7	细胞色素 c	10.7
β – 乳球蛋白	5.2	溶菌酶	11.0
β – 酪蛋白 A	5.3		

酸碱引起的蛋白质变性可能是因为蛋白质溶液 pH 的改变导致多肽链中某些基团的解离程度发生变化,从而破坏了维持蛋白质分子空间结构所必需的某些带相反电荷基团之间因静电作用形成的键。在中性 pH 附近,静电排斥的净能量小于其他相互作用,大多数蛋白质是稳定的,然而当 pH 超出 4 ~ 10 范围就会发生变性。在极端 pH 时,蛋白质分子内的离子基团产生强静电排斥,促使蛋白质分子伸展和溶胀。

2. 盐类

在蛋白质溶液中加入中性盐后,因中性盐浓度的不同可产生不同的反应。低浓度盐可使大多数蛋白质溶解度增加,称为盐溶作用(salting in)。由于低浓度盐可促使蛋白质表面吸附某种离子,导致其颗粒表面同性电荷数目增加而排斥力增强,同时与水分子作用也增强,从而提高了蛋白质的溶解度。当蛋白质处于高盐浓度环境时,蛋白质的水化层会遭到破坏,并且分子中的电荷会被中和,蛋白质颗粒随即相互聚集而沉淀,这种现象称为盐析作用(salting out)。

不同的蛋白质因分子大小、电荷多少的不同,盐析时所需盐的浓度也各异。混合蛋白质溶液可用不同浓度的盐使其分别沉淀,这种方法称为分级沉淀。盐析常用的无机盐有 $(NH_4)_2SO_4$、NaCl 和 Na_2SO_4。在等离子强度条件下,各种阴离子影响蛋白质结构稳定性的能力遵循下列顺序:$F^- < SO_4^{2-} < Cl^- < Br^- < I^- < ClO_4^- < SCN^- < Cl_3CCOO^-$。这个顺序称为感胶离子序(hofmeister series)或离液序列(chaotropic series)。采用盐析法沉淀分离蛋白质的优点是沉淀出来的蛋白质不会发生变性。因此,中性盐沉淀法常用于酶、激素等具有生物活性的蛋白质的分离制备。

金属离子能够与蛋白质分子中的某些基团结合形成难溶的复合物,同时破坏了蛋白质分子的立体结构而造成蛋白质的变性。碱金属如 Ca^{2+}、Fe^{2+}、Cu^{2+} 和 Mg^{2+} 可以成为某些蛋白质分子中的一个组成部分。一般用透析法或螯合剂可将金属离子从蛋白质分子中除去,但这将明显降低这类蛋白质对热和蛋白酶作用的稳定性。过渡金属例如 Cu^{2+}、Fe^{2+}、Hg^{2+} 和 Ag^+ 等容易与蛋白质发生作用,其中许多能与巯基形成稳定的复合物,从而使蛋白质变性。卤水点豆腐就是一个典型的例子,金属离子致使大豆蛋白质分子发生变性,凝集后形成豆腐。

3. 有机溶剂

在蛋白质溶液中加入一定量的能与水互溶的有机溶剂(organic solvents),如酒精、甲醇、丙酮、甲醛等,会致使蛋白质颗粒聚集而沉淀。因为有机溶液降低了溶液的介电常数,使蛋白质分子内基团间的静电力增加;或者是破坏、增加了蛋白质分子内的氢键,改变了稳定蛋白质构象原有的作用力情况;或是进入蛋白质的疏水性区域,破坏了蛋白质分子的疏水相互作用。

低浓度的有机溶剂对蛋白质结构的影响较小,一些甚至具有稳定作用。而在高浓度的有机溶剂存在的条件下,所有的有机溶剂均能对蛋白质产生变性作用。例如以脱脂大豆粉为原料,采用水—乙醇混合物提取其中的可溶性糖类化合物(低聚糖)和无机盐制备的大豆浓缩蛋白。按此法得到的大豆浓缩蛋白的溶解度一般偏低,这显然是因为有机溶剂乙醇致使部分大豆蛋白变性的缘故。如果在低温下操作可以减轻或避免有机溶剂造成的蛋白质变性现象。

4. 有机化合物水溶液

某些有机化合物水溶液,例如 4～8 mol/L 的尿素和胍盐(guanidine salts)的高浓度水溶液,能致使氢键断裂,从而使蛋白质发生不同程度的变性。同时,还可通过增大疏水性氨基酸残基在水相中的溶解度,降低疏水相互作用。

在室温下,4～6 mol/L 尿素和 3～4 mol/L 盐酸胍,可使球状蛋白质从天然状态转变至变性状态的中点,而 8 mol/L 尿素和约 6 mol/L 盐酸胍可以使蛋白质完全转变为变性状态。尿素易于同蛋白质结合形成新的氢键。盐酸胍的作用与尿素相似,能破坏氢键,使巯基暴露。尿素和盐酸胍引起的变性通常是可逆的。但是在某些情况下,由于一部分尿素可以转变为氰酸盐和氨,而蛋白质的氨基能够与氰酸盐反应改变蛋白质的电荷分布。现在它们被广泛用于检测蛋白质的可伸展性和构象的稳定性。

5. 表面活性剂

表面活性剂如十二烷基磺酸钠(SDS)是一种很强的变性剂。SDS 浓度在3～8 mmol/L范围内可引起大多数球状蛋白质变性。SDS 在蛋白质的疏水区和亲水环境之间起着媒介作用,除了可以破坏蛋白质分子内的疏水相互作用外,还能与蛋白质分子强烈地结合,在接近中性 pH 时使蛋白质带有大量的净负电荷,从而增加蛋白质内部的斥力,促使天然蛋白质伸展趋势增大,这也是 SDS 类表面活性剂能在较低浓度下使蛋白质完全变性的原因。同时,SDS 类表面活性剂诱导的蛋白质变性是不可逆的。

6. 还原剂

巯基乙醇($HSCH_2CH_2OH$)、半胱氨酸、二硫苏糖醇等还原剂,由于具有—SH 基,能使蛋白质分子中存在的二硫键被还原,破坏蛋白质的结构,从而改变蛋白质的原有构象,导致蛋白质的不可逆变性。

$$HSCH_2CH_2OH + —S—S—Pr \longrightarrow —S—SCH_2CH_2OH + HS—Pr$$

一些化合物对蛋白质变性的影响如表 3-15 所示。

表 3 – 15　一些化合物对 β – 乳球蛋白变性的影响

化合物	浓度/(mol/L)	Td/℃	ΔH/(J/g)	化合物	浓度/(mol/L)	Td/℃	ΔH/(J/g)
无	0	81.5	14.4	SDS	0.01	82.3	12.5
脲	3	75.8	12.9		0.10	80.5	11.8
	6	66.7	9.6		0.20	76.4	7.1
NaCl	0.3	84.2	13.1	CaCl₂	0.1	83.5	13.2
	0.5	85.4	15.2		0.3	84.0	13.2
	0.75	86.3	16.3		0.5	85.0	13.1
	1.0	87.7	15.2		1.0	84.6	13.5

对于食品加工而言,蛋白质的变性一般来讲是有利的,但在某些情况下蛋白质的变性又必须避免,如在酶的分离、牛乳的浓缩过程中,蛋白质由于过度变性会导致酶的失活或蛋白质沉淀,这些变化是生产所不希望的。

第五节　食品蛋白质在加工和贮藏中的变化

在食品工业中,从原料的处理、加工到产品的贮藏、运输和销售的整个过程中,常常会涉及热处理、低温处理、脱水、碱处理和辐射等处理手段,它们将会不可避免地引起蛋白质的物理、化学和营养的变化。而这些变化有些对食品的营养和产品品质是有利的,有些变化则是不利的。因而,对食品蛋白质在加工和贮藏中的变化作全面详细的了解,有助于我们选择适宜的处理手段和条件,来避免蛋白质发生不利的变化,从而促使蛋白质发生有利的变化。

蛋白质在加工、贮藏过程中发生的主要化学反应如表 3 – 16 所示。

表 3 – 16　蛋白质在加工、贮藏过程中发生的主要化学反应

加工处理方法	主要的化学反应
温和热处理(100℃)	变性、水解、与还原糖的反应(美拉德反应初期)
高温热处理(100~150℃)	异肽键的形成、水解、与还原糖的反应(美拉德反应后期)、解离、缔合、复合物的形成、氨基酸的分解反应
过度热处理(150℃以上)	低分子化、热分解(形成风味物质)、外消旋化、交联、形成自由基
氧化	与空气中的氧反应、与脂质过氧化物反应、与氧化剂反应、光氧化反应
碱处理	外消旋化、交联、消去反应、水解
冷冻、干燥	变性、水结合状态改变

一、热处理的影响

热处理在食品加工中对蛋白质的影响比较大。其影响程度的大小取决于加热温度、加热

时间、湿度以及有无还原性物质存在等因素。在热处理过程中与蛋白质相关的化学反应有蛋白质变性、蛋白质分解、氨基酸氧化、氨基酸键之间的交换、氨基酸新键的形成等。因此,在食品加工中选择适宜的热处理条件,对于保持蛋白质的营养价值有着极其重要的意义。

大多数食品蛋白质在 60~90℃ 条件下,经过温热处理 1 h 或更短的时间,会产生适度变性。蛋白质原有的肽链上的氢键因受热而断裂,使原来折叠部分的肽链松散,容易被消化酶作用,提高了蛋白质的消化吸收率。因此,绝大多数蛋白质的营养价值经过温和热处理后得到了提高。对其所含氨基酸进行分析发现,适度变性的蛋白质中的氨基酸几乎没有发生变化。从营养学的角度来看,温和热处理所引起的蛋白质变性一般都是有利的。例如,哺乳动物胶原蛋白在大量水存在的条件下,加热至65℃以上会出现伸展、解离和溶解现象;肌纤维蛋白在同样的条件下则出现收缩、聚集和持水力降低的现象。

一些植物蛋白质通常含有蛋白质类的抗营养因子,温和热处理可以破坏它们,从而提高食品的营养价值。豆类和油料种子蛋白质含有胰蛋白酶抑制因子和胰凝乳蛋白酶抑制因子,这些抑制因子会降低蛋白质的消化率和生物有效性。同时,这些抑制剂会引起胰腺过量分泌胰蛋白酶和胰凝乳蛋白酶,使胰腺肿大,甚至出现胰腺瘤。豆类和油料种子蛋白质中还含有外源凝集素,又称为植物凝血素,它们是糖蛋白。植物凝血素会导致血红细胞的凝集,它们对碳水化合物具有高亲和力,会与肠黏膜细胞的膜糖蛋白结合,从而影响肠功能。当人体摄入含有植物凝血素的蛋白质时,会损害蛋白质的消化作用,造成其他营养成分的肠吸收障碍。由于存在于植物蛋白质中的蛋白酶抑制因子和植物凝血素是热不稳定的,故适当的热处理即可很好地解决这些问题。

热烫或蒸煮可以使酶失去活性,例如酯酶、脂肪氧合酶、蛋白酶、多酚氧化酶和其他氧化酶及酵解酶类。酶失活能防止食品产生不期望的颜色、风味、质地等变化和纤维素含量的降低。例如,油料种子和豆类富含脂肪氧合酶,在大豆油脂提取或大豆分离蛋白的制备过程中,在分子氧存在的条件下脂肪氧合酶可催化多不饱和脂肪酸氧化而产生氢过氧化物,随后氢过氧化物分解并释放出醛和酮。产生的酮会使大豆粉、大豆分离蛋白和浓缩蛋白产生不良风味。为了避免不良风味的形成,有必要在破碎原料前钝化脂肪氧合酶的活性。鸡蛋蛋白中的蛋白酶抑制剂(胰蛋白酶抑制剂和卵类黏蛋白抑制剂)、牛乳中的蛋白酶抑制剂、血纤维蛋白酶抑制剂等,在有水存在的条件下,经适度热处理,都会失活。

对蛋白质品质产生不利影响的热处理一般是过度热处理,因为强热处理蛋白质时,会发生氨基酸的脱氨、脱硫、脱二氧化碳反应,使氨基酸被破坏,从而降低蛋白质的营养价值。当食品中含有还原糖时,赖氨酸残基可与还原糖发生美拉德反应,形成在消化道中不能被酶水解的 Schiff 碱,从而降低蛋白质的营养价值。非还原糖如蔗糖在高温下水解生成的羰基化合物和脂肪氧化生成的羰基化合物,均能与蛋白质发生美拉德反应。强热处理还会导致赖氨酸残基与谷氨酰胺残基之间发生交联作用(图 3-15)。而在高温下对蛋白质进行长时间处理,会使其分子中的肽键在无还原剂存在时发生转化,生成蛋白酶无法水解的化学键,因而降低蛋白质的生物利用率。

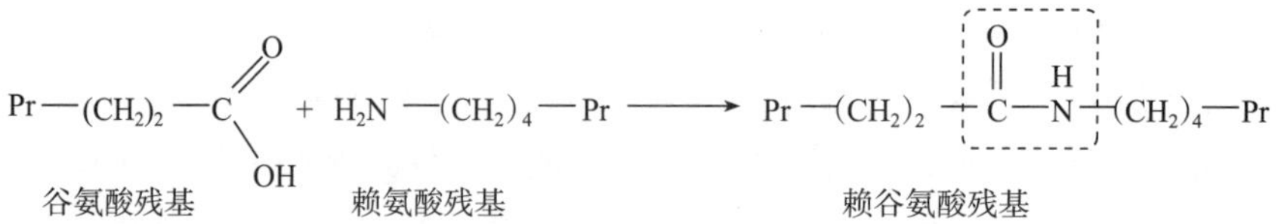

图 3-15 谷氨酸残基与赖氨酸残基的交联反应

72℃巴氏杀菌时,牛乳中大部分酶可失去活性,而牛乳中的乳清蛋白、牛乳的香味和牛乳的营养价值变化不大;但若在更高温度下进行杀菌,酪蛋白发生脱磷酸作用,乳清蛋白发生热变性,从而对牛乳的品质产生严重的影响。在进行杀菌时,肉类肌浆蛋白和肌纤维蛋白在80℃时即发生凝集,同时肌纤维蛋白中的—SH基被氧化生成二硫键;杀菌温度为90℃时,则会释放出H_2S,同时蛋白质会和还原糖发生美拉德反应,使某些必需氨基酸失去其营养价值。经过煎炸或烧烤处理的食品蛋白质可生成环状衍生物,其中有些具有强致突变作用。肉在200℃以上条件加热时,蛋白质环化生成氨基咪唑基氮杂环(AIAS)类致突变化合物。其中一类是由肌酸酐、糖和某些氨基酸(如甘氨酸、苏氨酸、丙氨酸和赖氨酸)的浓缩产品在剧烈加热时生成的咪唑喹啉类化合物。

在食品工业中,蛋白质往往还需要在碱性pH条件下进行热处理,如蛋白质的浓缩、分离、组织化、乳化或发泡等,此时将会发生一些不良的反应。在碱性pH条件下热处理,精氨酸转变为鸟氨酸、尿素、瓜氨酸和氨,半胱氨酸转变成脱氢丙氨酸,从而引起氨基酸的损失。在酸性pH条件下加热,丝氨酸、苏氨酸和赖氨酸的含量也会降低。不过总体看来,热处理对食品蛋白质品质的影响是利大于弊的。

二、低温处理的影响

在低温下贮藏食品能抑制微生物的繁殖、抑制酶活性及降低化学反应速率的目的,从而延缓或防止蛋白质的腐败。通常低温处理的方法有:

① 冷却。即将食品的贮藏温度控制在略高于食品的冻结温度,此时微生物的繁殖受到抑制,蛋白质较稳定,冷却处理对食品风味的影响较小。

② 冷冻及冻藏。即将食品的贮藏温度控制在低于食品的冻结温度(一般为-18℃),这对食品的风味则有些影响,一般情况下冷冻处理对蛋白质的营养价值无影响,但对蛋白质的品质往往有比较严重的影响。

肉类食品经冷冻和解冻后,其组织及细胞膜被破坏,水—蛋白质结合状态被破坏,取而代之的是蛋白质—蛋白质之间的相互作用,形成不可逆的蛋白质变性。这些变化导致肉类食品的质地变硬,持水性降低。解冻后鱼肉变得干且有韧性,同时鱼脂肪中不饱和脂肪酸含量一般较高,在冻藏期间也极易发生自动氧化反应,生成的过氧化物和游离基再与肌肉蛋白作用,使蛋白质聚合,氨基酸也被破坏。牛乳中的酪蛋白冷冻后,极其容易形成解冻后不易分散的沉淀,从而影响牛乳的感官品质。蛋黄能冷冻并储存于-6℃,解冻后呈胶状结构,但若在蛋黄冷冻前加10%的糖或盐则可防止该现象的发生。

冷冻使蛋白质变性的原因主要是由于蛋白质分解密度的变化而引起的。由于温度下降，冰结晶逐渐形成，使蛋白质分子中的水化膜减弱甚至消失，蛋白质侧链暴露出来，同时加上在冻结中形成的冰结晶的挤压，使蛋白质分子互相靠近而结合，致使蛋白质凝集沉淀。蛋白质在冷冻条件下的变性程度与冷冻速度有关。一般来说，冻结速度越快，形成的冰结晶越小，挤压作用也越小，变性程度就越小。因此，食品工业一般都是采用快速冷冻的方法，尽量保持食品原有的质地和风味。

三、脱水的影响

食品脱水（dehydration）又叫作食品干燥，其目的在于提高食品的稳定性，延长食品的保藏期限，但同时对蛋白质的品质也将产生一些不利的影响。食品经过脱水干燥后由于质量减轻、水分活度降低从而便于储存和运输。蛋白质溶液中除去部分水，可引起所有非水组分浓度的增加，结果增加了蛋白质—蛋白质、蛋白质—糖类和蛋白质—盐类之间的相互作用，这些相互作用会明显地改变蛋白质功能性质。蛋白质溶液中水分几乎全部除去后，常常引起蛋白质分子的大量聚集，特别是在高温下除去水分，可导致蛋白质溶解度和表面活性剧烈降低，食品的复水性降低、硬度增加、风味变劣。

食品工业中，常用的食品脱水方法如下：

① 热风干燥。热风干燥后的畜禽肉、鱼肉会变得坚硬、复水性差、烹调后既无原来的风味又感觉坚韧，目前已经很少采用。

② 真空干燥。由于食品处于真空环境中，氧气分压低，所以氧化速度慢，同时干燥温度较低还可以减少美拉德反应和其他化学反应的发生。与热风干燥相比，真空干燥对肉类品质的影响较小。

③ 冷冻干燥。冷冻干燥的原理是使蛋白质的外层水化膜和蛋白质颗粒间的自由水在低温下结成冰，然后在真空下升华除去水分而达到干燥保存的目的。冷冻干燥可使食品保持原有的色、香、味和形状，具有多孔性，有较好的回复性，是肉类脱水最好的干燥方法。但是，冷冻干燥也会使部分蛋白质变性，持水性下降，不过对蛋白质的营养价值及消化吸收率没有影响，特别适用于对生物活性蛋白（酶、益生菌）的干燥。

④ 喷雾干燥。液体食品以雾状进入快速移动的热空气，食品中的水分会被快速蒸发而得到小颗粒，同时颗粒物的温度能很快降低，所以对蛋白质本身的性质影响较小。蛋白质食品或一些蛋白质配料常用喷雾干燥方法来脱去其中的水分。

干燥通常是制备蛋白质配料的最后一道工序，所以应该注意干燥处理对蛋白质功能性质的影响。干燥条件对粉末颗粒的大小以及内部和表面孔隙的影响，将会改变蛋白质的可湿润性、吸水性、分散性和溶解度。充分干燥磨碎的蛋白质粉末或浓缩物可形成小的颗粒和大的表面积。这与未磨碎的对应物比较，可以提高蛋白质的吸水性、溶解性和起泡性。当水以蒸汽形式迅速被除去时，可以达到最低限度的颗粒收缩以及盐类和糖类向干燥表面迁移，通常可以得到多孔性的粉末颗粒。

四、碱处理的影响

食品加工中,如果采用碱处理配合热处理,特别是在强碱性条件下,会使蛋白质发生一些不良的变化,如蛋白质的营养价值严重下降,甚至产生安全性问题。

蛋白质经过碱处理后会发生很多变化,生成各种新的氨基酸。发生变化的氨基酸有丝氨酸、赖氨酸、胱氨酸和精氨酸等。大豆蛋白在 pH = 12.2 条件下,于 40℃加热 4 h 后,胱氨酸、赖氨酸逐渐减少,并有赖氨基丙氨酸的生成(图 3 - 16)。脱氢丙氨酸还可与精氨酸、组氨酸、苏氨酸、丝氨酸、酪氨酸和色氨酸残基之间通过缩合反应形成天然蛋白质中不存在的衍生物,使肽链间产生共价交联(图 3 - 17),从而造成蛋白质营养价值大幅降低。

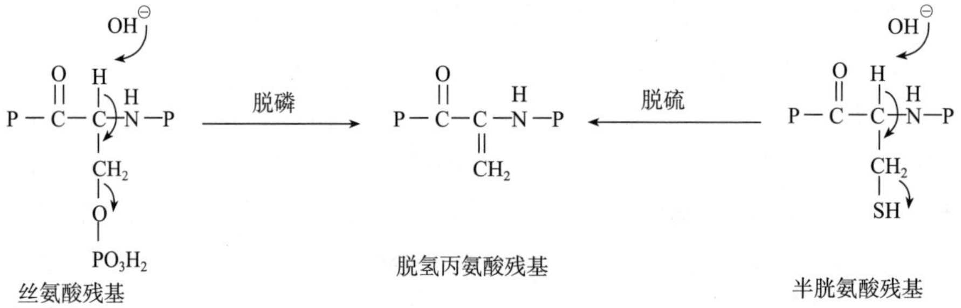

图 3 - 16 脱氢丙氨酸残基的形成

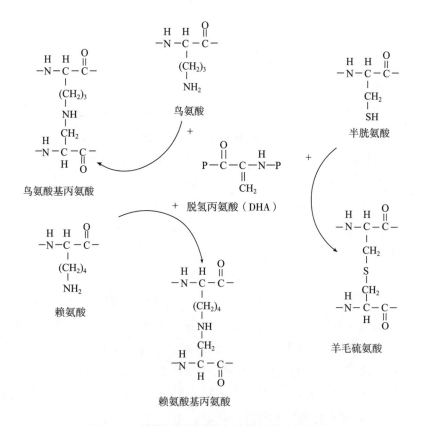

图 3 - 17 脱氢丙氨酸残基与其他氨基酸的交联

加热条件下的碱处理方式对蛋白质的影响更大。这样处理会导致赖氨酰丙氨酸、羊毛硫氨酸、鸟氨酰丙氨酸的形成以及在分子间或分子内形成共价交联。在强烈热处理条件下,赖氨酸和谷氨酰胺之间,或赖氨酸和天冬酰胺残基之间可分别形成肽链间共价键,高达15%的蛋白质赖氨酸残基参加了这个反应。这种键的形成使蛋白质消化率和蛋白质效率比大大降低。如果温度超过200℃,碱处理还可使精氨酸—脱氨酸、色氨酸、丝氨酸和赖氨酸等发生构型变化,与羧基相连的碳原子(手性碳原子)发生脱氢反应,生成平面结构的负离子,当再次形成氨基酸残基时,H⁺有两个不同的进攻位置,由天然的 L – 型转变为 D – 型,由于 D – 型氨基酸不具有营养价值,所以外消旋化将使蛋白质的营养价值降低(图3 – 18)。

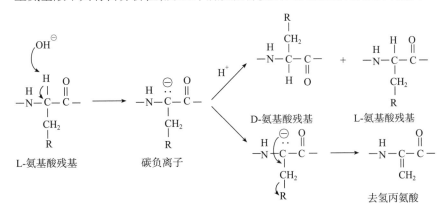

图 3 – 18 氨基酸的消旋化及去氢丙氨酸的生成

五、辐射

辐射(irradiation)方法在许多国家被用于食品的保藏。当物质吸收射线,会形成离子与受激分子,然后受激分子和离子降解或者与邻近分子反应引起化学键断裂而产生游离基,游离基可以相互结合或扩散到体相介质中去与其他分子反应。射线对蛋白质的影响随波长和能量的变化而变化。芳香族氨基酸残基(Trp,Tyr 和 Phe)能吸收紫外线,一旦紫外线的能量水平足够高,就能断裂其间的二硫交联,从而导致蛋白质构象的变化。

辐射可以使水分子离解成游离基和水合电子,使脂肪和蛋白质裂解成游离基或正负碳离子,如果在有氧气存在的条件下,辐射还可产生氧化游离基。当受到 γ – 辐射或者在有氧化脂肪存在条件下,蛋白质会发生分子间或分子内的共价交联,主要在氨基酸残基 α – 碳上形成自由基而发生聚合反应。γ – 辐射还可引起低水分含量食品的多肽链断裂。当过氧化氢酶存在时,酪氨酸会发生氧化交联生成二酪氨酸残基。与此同时,产生的变化有氨基酸残基氧化、共价键断裂、离子化、形成蛋白质自由基以及重新结合和聚合反应。上述的许多反应是以水的辐射裂解为媒介而发生的。在这些高活性物质存在下,食品的脂肪、蛋白质、色素和维生素等会发生多种形式的分解和变化,生成各种各样的辐照产物。这些辐照产物都有一定的气味,称为辐照味。但一般剂量的辐射对氨基酸和蛋白质的营养价值影响不大。例如,在 –5 ~ –40℃采用 $4.7 \times 10^4 \sim 7.1 \times 10^4$ Gy/剂量辐射牛肉时,牛肉蛋白质的氨基酸残基没有变化。然而,某些食品对辐照非常敏感,牛乳就是其中之一,在辐照剂量低于灭菌所需的水平时牛乳就会产生不良风味。在经过辐射的脱脂乳和酪蛋白酸钠溶液中检出甲基硫化物,这显然与蛋白质分子中含硫氨基酸残基的变化有关。

六、蛋白质与其他物质的反应

除了上述的五种影响因素外,脂类游离基、亚硝酸盐、亚硫酸盐、氧化剂等均能与蛋白质发生作用,影响蛋白质在加工和贮藏过程中的品质。

(一)与脂类游离基的反应

脂蛋白是由蛋白质和脂类组成的非共价复合物,广泛存在于活体组织中。它影响着食品的物理性质和功能性质。脂类氧化产物与蛋白质之间可产生共价键结合,某些食品和饲料的脂类在氧化后,都是蛋白质—脂类的共价相互作用的结果,如冷冻或干制鱼、鱼粉和油料种子。脂类的氧化与蛋白质的共价结合和脂类诱导的蛋白质聚合反应包括以下机理。

① 脂类的氧化产物可与蛋白质发生共价结合反应,随后发生蛋白质交联聚合反应。

$$ROO \cdot + Pr \longrightarrow \cdot ROOPr \qquad 脂类—蛋白质游离基$$

$$\cdot ROOPr + O_2 \longrightarrow \cdot OOROOPr$$

$$\cdot OOROOPr + Pr \cdot \longrightarrow PrOOROOPr \qquad 脂类—蛋白质交联$$

② 脂类游离基可以与蛋白质作用生成蛋白质游离基,随后发生蛋白质聚合反应。

$$ROO \cdot + Pr \longrightarrow ROOH + Pr \cdot \qquad 蛋白质游离基$$

$$Pr \cdot + Pr \longrightarrow \cdot Pr - Pr \qquad 二聚物$$

$$Pr - Pr \cdot + Pr \longrightarrow \cdot Pr - Pr - Pr \qquad 三聚物$$

蛋白质的交联聚合会导致蛋白质营养价值的降低。而油脂氧化生成的分解产物丙二醛,则是使一些食品蛋白质功能特性劣化的重要原因。

此外,在模拟体系中的研究表明,氧化脂肪还可以对蛋白质或氨基酸产生破坏作用,造成相应的分解和侧链降解反应,特别是在体系的水分含量降低时。同时还发现了这种破坏作用与蛋白质、反应条件间的依赖关系。模拟体系中氧化脂肪对蛋白质、氨基酸的破坏作用情况如表3-17和表3-18所示。

表3-17 蛋白质与氧化脂肪作用时氨基酸的损失情况

反应体系		反应条件		氨基酸损失率/%
蛋白质	脂肪	时间	温度/℃	
细胞色素C	亚麻酸	5 h	37	组氨酸59,丝氨酸55,脯氨酸53,缬氨酸49,精氨酸42,甲硫氨酸38,半胱氨酸35
胰蛋白酶	亚油酸	40 min	37	甲硫氨酸83,组氨酸12
溶菌酶	亚油酸	8 d	37	色氨酸56,组氨酸42,赖氨酸17,甲硫氨酸14,精氨酸9
酪蛋白	亚油酸乙酯	4 d	60	赖氨酸50,甲硫氨酸47,异亮氨酸30,苯丙氨酸30,精氨酸19,组氨酸28,苏氨酸27,丙氨酸27
卵白蛋白	亚油酸乙酯	24 h	55	甲硫氨酸17,丝氨酸10,赖氨酸9,亮氨酸8,丙氨酸8

表 3 - 18　氧化脂肪对氨基酸的破坏作用

反应体系		反应形成的化合物
蛋白质	脂肪	
组氨酸	亚油酸甲酯	咪唑基乳酸,咪唑基乙酸
半胱氨酸	花生四烯酸乙酯	胱氨酸,硫化氢,磺酸,丙氨酸
甲硫氨酸	亚油酸甲酯	甲硫氨酸亚砜
赖氨酸	亚油酸甲酯	氨基戊烷,甘氨酸,丙氨酸,天冬氨酸,α - 氨基己酸等

(二) 与亚硝酸盐的作用

硝酸盐存在于土壤、水体和动植物组织中。如果在农产品生长时使用过多的硝酸盐化肥,农产品中硝酸盐的含量就会偏高;奶牛在饮用盐碱水时其分泌的乳汁中的硝酸盐含量也会偏高。硝酸盐在一定条件下可以转化为亚硝酸盐,例如在微生物的还原作用下;蔬菜在正常条件下的储存、腐烂或腌制时,亚硝酸盐的含量就会增大。

亚硝酸盐对人类的健康存在危害,因为在酸性条件下,食品中的亚硝酸盐能与二级胺和三级胺反应,生成 N - 亚硝胺(图 3 - 19),某些游离的或蛋白质结合的氨基酸如脯氨酸、色氨酸、酪氨酸、半胱氨酸、精氨酸或组氨酸构成反应底物。蛋白质食品在烹调或胃酸 pH 条件消化过程中,通常容易发生这种反应。由于已经发现许多亚硝胺具有致突变作用,因而该反应和亚硝酸盐在食品中的安全性问题就引起了人们的关注。肉类食品中通常存在的极低浓度的亚硝酸盐,不致引起赖氨酸、色氨酸和半胱氨酸的含量或有效性明显降低。

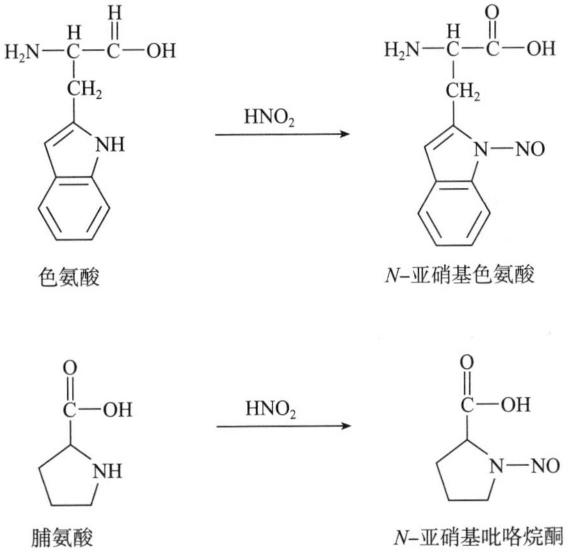

图 3 - 19　亚硝胺的形成

（三）与亚硫酸盐的作用

亚硫酸盐是一种还原剂，亚硫酸根离子能够还原蛋白质中的二硫键，生成S-磺酸盐衍生物（图3-20）。当还原剂为半胱氨酸或巯基乙醇时，S-磺酸盐衍生物可被转化为半胱氨酸；在酸性或者碱性条件下，S-磺酸盐衍生物可被分解生成二硫化合物。虽然对二硫键的S-磺化作用不会影响半胱氨酸的生物利用度，但是由于增加了蛋白质的电负性和二硫键的断裂，导致蛋白质的分子构象改变并影响其功能性质。

$$\boxed{Pr_1}-S-S-\boxed{Pr_2} + SO_3^{2-} \longrightarrow \boxed{Pr_1}-S-SO_3^- + \boxed{Pr_2}-S^-$$

图3-20　亚硫酸盐与二硫键的作用

由于蛋白质中许多胱氨酸残基的性质比较稳定，因此不容易受到亚硫酸盐的作用，所以亚硫酸盐对蛋白质的营养价值没有影响。通常情况下，亚硫酸盐能与羰基化合物反应，因此，亚硫酸盐的存在还可防止蛋白质发生不利于营养价值的美拉德反应。

（四）氧化剂的氧化

在食品加工过程中，氧化剂的使用比较广泛。过氧化氢是常用的杀菌剂和漂白剂，用于干酪加工中牛乳的冷灭菌；也可用于鱼蛋白质浓缩物和谷物面粉、麦片、油料种子蛋白质离析物等产品的色泽改善；还可用于含黄曲霉毒素的面粉、豆类和麦片的脱毒以及种子去皮。过氧化苯甲酰是面粉和乳清粉常用的漂白剂。次氯酸钠具有杀菌作用也常广泛应用于肉品的喷雾法杀菌和受黄曲霉毒素污染的花生粉脱毒。次氯酸钠脱毒的原理主要是根据黄曲霉毒素的内酯环在碱性介质中开环后很容易被次氯酸氧化，生成无毒的衍生物，从而达到脱毒的目的。

多酚类物质广泛存在于很多植物中，多酚类物质在中性或碱性pH条件下容易被氧化生成醌类化合物或聚合物。反应生成的过氧化物属于强氧化剂，因而容易引起蛋白质中氨基酸的损失。另外，一些色素通过光敏氧化或碱加工处理产生的自由基等，也对蛋白质的营养性和功能性造成影响。

脂类氧化产生的过氧化物及其降解产物存在于许多食品体系中，它们通常会引起蛋白质成分发生降解反应。氨基酸残基由于光氧化反应、辐射、亚硫酸盐—微量金属—氧体系的作用、热空气干燥和发酵过程中充气等原因，也会发生氧化。

在氧化反应中最为敏感的氨基酸是含硫氨基酸和色氨酸，其次是酪氨酸和组氨酸。

（1）甲硫氨酸的氧化

甲硫氨酸残基能被强氧化剂（过甲酸）氧化生成甲硫氨酸砜，游离的或结合的甲硫氨酸可被过氧化氢氧化成甲硫氨酸亚砜，有时也被氧化成甲硫氨酸砜（图3-21）。例如，将pH=5~8，浓度为10 mmol/L的甲硫氨酸溶液或pH=7，浓度为5%的酪蛋白溶液与0.1 mol/L的过氧化氢于50℃加热30 min，甲硫氨酸将全部转变成甲硫氨酸亚砜。此外，蛋白质与次氯酸钠、亚硫酸盐—锰—氧体系、氧化的脂类或多酚类化合物共存时，也可以形成甲硫氨酸亚砜。在有光、氧和敏化剂（如核黄素和次甲基蓝）存在时，甲硫氨酸残基由于光氧化作用可生成甲硫氨酸亚砜。某些情况下,也会生成高半胱氨酸或同型半胱氨酸。

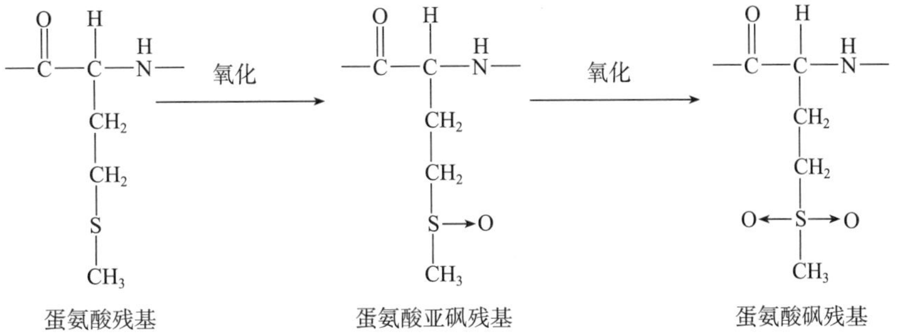

图3-21 甲硫氨酸的氧化

对氧化结合型甲硫氨酸的营养价值的研究发现,甲硫氨酸砜和高半胱氨酸对鼠在生理上是不可利用的物质,甚至还表现出某种程度的毒性。然而,游离的或蛋白质结合的甲硫氨酸亚砜可代替鼠或鸡饲料中甲硫氨酸,所产生的效率依甲硫氨酸构型(L-或D-型)而异。用将甲硫氨酸全部氧化成甲硫氨酸亚砜的酪蛋白进行鼠喂饲试验,结果表明蛋白质功效比(或蛋白质净利用率)比对照的未氧化酪蛋白大约低10%。如果用经消化的酪蛋白喂饲鼠,鼠的血液和肌肉中甲硫氨酸亚砜的水平会增高,这说明甲硫氨酸亚砜在鼠体内的还原过程是缓慢的。

(2)半胱氨酸和胱氨酸的氧化

半胱氨酸和胱氨酸发生氧化反应后存在多种氧化衍生物。这些氧化衍生物一般都是不稳定的,所以很难对每一种产物进行鉴定,其中有一些已经用核磁共振法鉴定。从营养学的角度来看,L-胱氨酸的一、二亚砜衍生物和半胱次磺酸能部分代替L-半胱氨酸,而磺基丙氨酸和半胱亚磺酸则不能代替L-半胱氨酸。

(3)色氨酸的氧化

色氨酸是人体必需氨基酸,有着十分重要的生理作用。在强氧化剂存在时,游离色氨酸氧化成β-氧吲哚基丙氨酸和N-甲酰犬尿氨酸、犬尿氨酸等(图3-22)。从营养学角度来看,犬尿氨酸无论是甲酰化或非甲酰化,至少对鼠来说它们都不能代替色氨酸的作用。犬尿氨酸注射至动物膀胱内会产生致癌作用,色氨酸得到这类降解产物对培养的鼠胚胎成纤维细胞的生长有抑制作用,并且表现出致突变性。色氨酸—核黄素的光加合物对哺乳动物的细胞产生细胞毒性,并在胃肠外营养中引起肝功能障碍。

(4)酪氨酸的氧化

酪氨酸溶液在过氧化物酶和过氧化氢作用下可被氧化为二酪氨酸(图3-23)。这类交联产物已经在天然蛋白质(如节肢弹性蛋白、弹性蛋白、角蛋白和胶原蛋白)和面团中被发现。

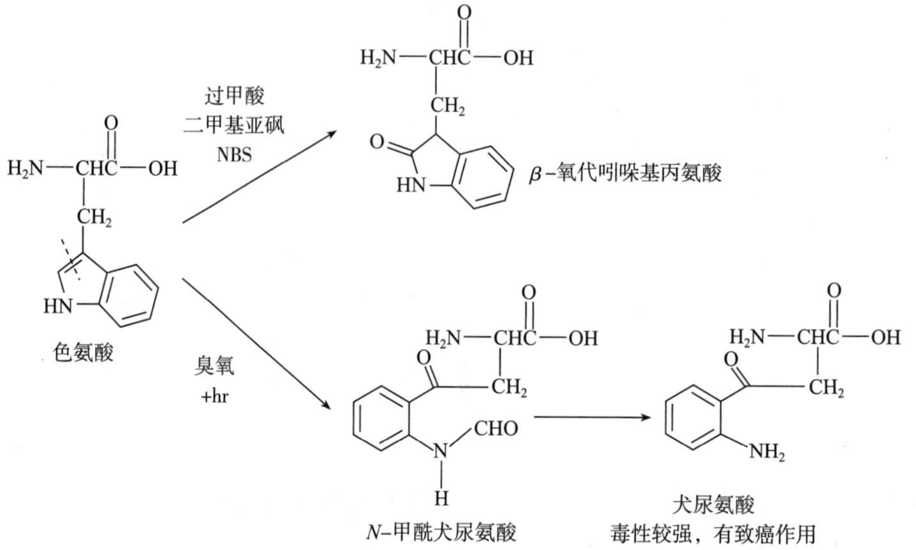

图 3-22　色氨酸的氧化产物

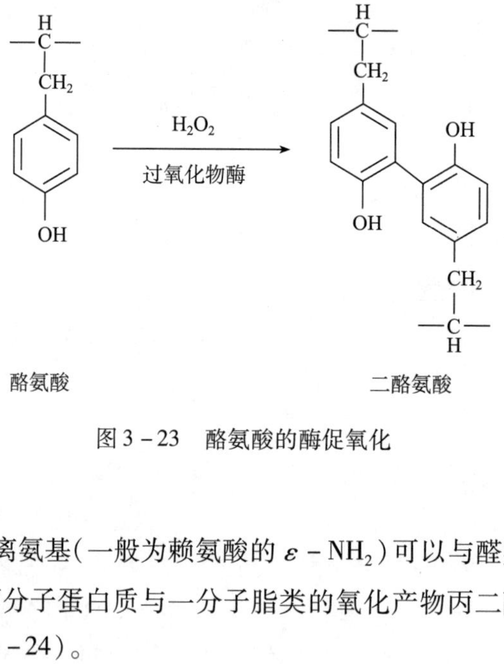

图 3-23　酪氨酸的酶促氧化

（五）蛋白质的交联

蛋白质分子上的游离氨基（一般为赖氨酸的 $\varepsilon-NH_2$）可以与醛类发生缩合，生成缩合产物 Schiff 碱。例如，两分子蛋白质与一分子脂类的氧化产物丙二醛会发生反应，因而产生了蛋白质的交联（图 3-24）。

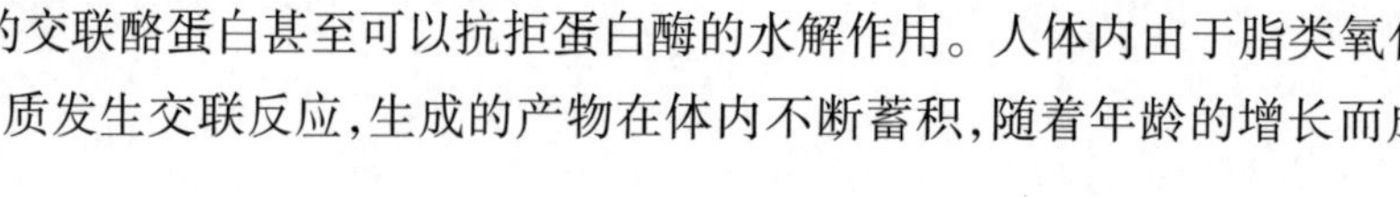

图 3-24　丙二醛与蛋白质的交联作用

蛋白质的交联改变了蛋白质本身的溶解度、保水能力等功能性质。酪蛋白经过交联处理后，生成的交联酪蛋白甚至可以抗拒蛋白酶的水解作用。人体内由于脂类氧化生成的丙二醛与蛋白质发生交联反应，生成的产物在体内不断蓄积，随着年龄的增长而成为所谓的脂褐质(lipofusin)，又被称作增龄色素，这是机体衰老的标志。

一些食品蛋白质同时含有分子内和分子间的交联。例如球状蛋白质、锁链素(desmosine)和异锁链素(isodesmosine)中的二硫键和纤维状蛋白质角蛋白、弹性蛋白、节肢弹性蛋白和胶原蛋白中的二酪氨酸和三酪氨酸类的交联。胶原蛋白中也含有 $\varepsilon-N-(\gamma-$谷氨酰基)赖氨酰基和 $\varepsilon-N-(\gamma-$天冬氨酰基)赖氨酰基交联。存在于天然蛋白质中的这些交联作用使得代谢性的蛋白质水解降到最低。蛋白质在食品加工中，尤其在碱性 pH 条件下，也能诱导交联的形成。在多肽链之间形成非天然的共价交联降低了包含在或接近交联的必需氨基酸的消化率和生物有效性。

经碱处理的蛋白质，由于形成蛋白质—蛋白质之间的交联，它们的消化率和生物价降低。离子辐照能导致蛋白质聚合作用。在 70～90℃ 和中性 pH 条件下加热蛋白质会引起—SH 和—S—S—的交换反应，因而造成蛋白质的聚合作用。这类热诱导的交联一般不会影响蛋白质和必需氨基酸的消化率和生物有效性。纯蛋白质溶液或低碳水化合物含量的蛋白质食品经过长时间加热也会形成 $\varepsilon-N-(\gamma-$谷氨酰基)赖氨酰基和 $\varepsilon-N-(\gamma-$天冬氨酰基)赖氨酰基交联，这些交联并不存在于原先的蛋白质中，它们又被称作异肽键(isopeptide bonds)。

(六)与糖类或醛类的相互作用

在食品加工和贮藏过程中，含有还原性糖或羰基化合物(如脂类氧化产生的醛和酮)的蛋白质食品，有可能发生非酶褐变(美拉德反应)。因为非酶褐变中的许多反应具有高活化能，所以在蒸煮、热处理、蒸发和干燥时这些反应也明显增强。中等水分含量的食品，如焙烤食品、炒花生、焙烤早餐谷物和用滚筒干燥的奶粉其褐变转化速率最大。

非酶褐变反应中生成的羰基衍生物，很容易与游离氨基酸发生斯特雷尔(strecker)降解反应，生成醛、氨和二氧化碳。生成的醛可在食品中产生特殊的香气，如表 3-19 所示。这些醛类是食品产生风味物质的重要途径之一，甚至是一些食品(如面包、可可豆、茶叶、酱油等)产生风味物质的必需途径，但有时可能有副作用，过度的反应会产生焦糊味。

食品在比较温和的条件下发生美拉德反应时，降低了 Lys 的利用率和食品中蛋白质的含量，从而降低了食品的营养价值。蛋白质与葡萄糖在高温高压下，即使是经过短时间的加热，损失的营养价值也很大。蛋白质加热时，还原糖对氨基酸破坏的同时，蔗糖也参与这种破坏作用。通过 Lys 的氨基进行的 1,2-配糖键的氨基分解，配糖键的裂解导致还原基团的形成，生成的还原性基团可以与 Lys 的另一个分子发生典型的美拉德反应，氨基分解对美拉德反应起着一种刺激反应的机制。

表 3-19　氨基酸和葡萄糖反应生成的醛类及产生的风味

氨基酸	醛类化合物	风味	
		100～150℃	180℃
甘氨酸	甲醛	焦糖	烧焦臭味
丙氨酸	乙醛	焦糖	烧焦臭味
缬氨酸	甲基丙醛	糕点	巧克力

氨基酸	醛类化合物	风味	
		100～150℃	180℃
亮氨酸	3－甲基丁醛	面包、巧克力	烤焦干酪
丝氨酸	羟乙醛	枫糖	烧焦气味
苯丙氨酸	苯乙醛	蔷薇	焦糖
甲硫氨酸	甲硫醛	马铃薯、甘蓝	马铃薯
脯氨酸		玉蜀黍	面包
组氨酸		面包、黄油	
精氨酸		面包、爆玉米	烧焦
赖氨酸		马铃薯	油炸马铃薯
天冬氨酸			焦糖
谷氨酸		焦糖	烧焦
异亮氨酸	2－甲基丁醛	糕点、霉味	烧焦的干酪
苏氨酸	2－羟基丙醛	枫糖、巧克力	烧焦臭味

除了已经提到的羰基氨基反应以外,有两种与特殊醛类的反应在食品加工中也起着一定的作用:一种是在棉籽酚加工过程中与棉籽酚的反应;另一种是肉类烟熏时与甲醛的反应。这两种反应都会使 Lys 的利用率降低。

七、加工和贮藏中蛋白质的变化对食品感官质量的影响

加工和贮藏过程中,蛋白质本身的变化会直接影响到食品的感官质量。食品蛋白质在美拉德反应中会降解产生一些风味化合物;乳制品的灭菌处理对其中的蛋白质也造成了破坏,从而影响乳制品的风味;由于微生物的污染繁殖,水产品中的蛋白质极容易发生分解反应,产生影响产品风味的化合物。

1. 美拉德反应中风味化合物的形成

美拉德反应的必要条件是有极少量氨基化合物存在,通常是氨基酸、肽、蛋白质、还原糖和少量水作为反应物。美拉德反应生成可溶和不溶的高聚物及其他化合物,有的则是风味化合物、香气和深色的高聚物等,这些色素和风味化合物有的是需要的,有的是不需要的。它们在贮藏过程中只能缓慢产生,但在高温(如油炸、烘烤或焙烤)时则很快形成。在美拉德反应的最后阶段,由于发生了复杂的醇醛缩合和聚合反应,食品或溶液开始变为红棕色或深褐色,并有明显的焦糖香味和不溶解的胶体状类黑精物质出现,以及少量二氧化碳产生,这时即使再添加亚硫酸盐也不能褪色。

2. 乳制品风味的形成

未消毒的牛乳因含有丙酮、乙醛、丁酸和甲基硫化物等而呈现出生乳的气味,但经过杀菌处理后,牛乳将产生加工后的气味——乳香味,并且香气与杀菌方式相关。一般来讲,牛乳和乳制品中的二甲基硫化物是重要的香气成分,二甲基硫化物是由 S－甲基甲硫氨酸磺酸盐分解而产生的(图 3－25),而风味化合物中其他含—SH 基的化合物来自于乳清蛋白

中的半胱氨酸残基,所以蛋白质的分解产物对乳制品的风味形成有着重要的意义。

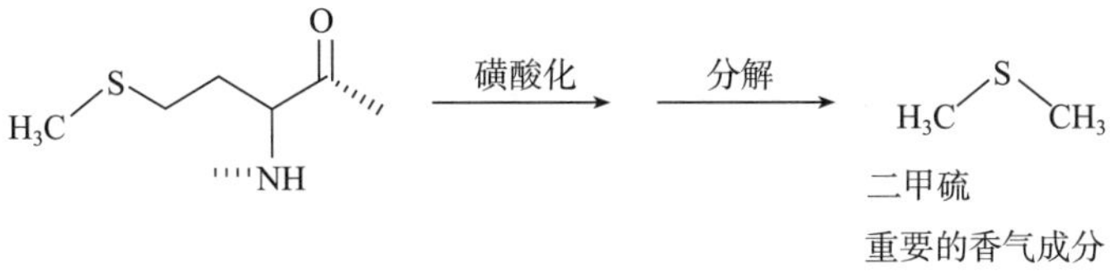

图 3 - 25　牛乳加热时二甲基硫的生成

对于乳制品中的干酪,蛋白质更是产生风味物质的典型例子。干酪的风味主要是在成熟过程中形成,涉及氨基酸的脱羧反应、脱氨反应、转氨基反应、脱硫反应、Strecker 降解反应等,最后形成胺类、醛类、醇类、含硫化合物等。

3. 水产品的变质

在水产品的腐败变质中,蛋白质分解及产生的化合物对风味、安全性问题产生显著的影响。当引起水产品污染的微生物繁殖到一定程度时,就可以分泌出蛋白酶,蛋白酶将蛋白质分解成游离的氨基酸后,再将氨基酸分子的氨基、羧基脱去,生成低分子的风味化合物。例如由谷氨酸产生 γ - 氨基丁酸,由赖氨酸产生尸胺(图 3 - 26),由鸟氨酸产生腐胺,由组氨酸产生组胺,由色氨酸产生吲哚等,导致水产品的感官质量异常。此外,尸胺、组胺的毒性较大,人在食用组胺含量高的鱼类时可以产生过敏性食物中毒(摄入量大于 1.5 mg/kg),鱼肌肉组织中组胺含量超过 2000 mg/kg 也可产生毒性作用。

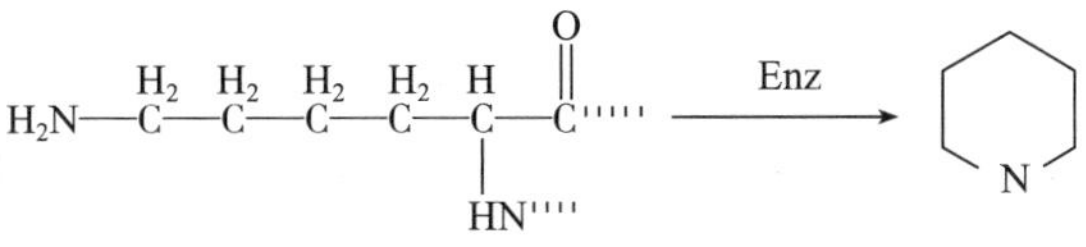

图 3 - 26　淡水鱼中尸胺的生成

八、蛋白质的化学改性

由于蛋白质分子的侧链上含有一些活性基团,在酸性 pH 或碱性 pH 条件下,加热都可引起氨基酸残基侧链的改变。例如麦谷蛋白在酸性条件下加热,使30%的天冬酰胺和谷氨酰胺残基脱氨,从而提高了蛋白质的溶解度和表面性质,特别是乳化性质。蛋白质的化学改性可以改变蛋白质的功能性质,改性主要是通过水解反应、烷基化反应、酰化和磷酸化等方法来完成的。

1. 水解反应

水解反应实际上相当于一种基团转换,典型例子是将侧链上的酰氨基转化为羧酸基,例如将谷氨酰胺或天冬酰胺水解转化为相应的谷氨酸或天冬氨酸。

2. 烷基化反应

用卤代乙酸盐或卤代烷基酰胺试剂对氨基、酚羟基、咪唑基、吲哚基、硫醇基和硫醚基的烷基化。通过反应在侧链上引入烷基或取代的烷基(如羧甲基),引入烷基的方法有直接引入或间接引入,氨基酸侧链参与反应的基团包括羟基、氨基、巯基等。

3. 酰化

在侧链上引入羧基,常用的有机酸是低分子有机酸或者是二羧酸,有时也可以使用长链脂肪酸,氨基酸侧链参与反应的基团包括氨基、羟基。

4. 磷酸化

在侧链上引入磷酸基,通常利用的化学试剂是三氯氧磷或者是多聚磷酸盐,氨基酸侧链参与反应的基团包括羟基、氨基。

在蛋白质分子中引入一些基团后,对蛋白质功能性质的影响主要取决于所引入基团的性质。引入羧甲基、二羧酸基、磷酸基等离子基团以后,由于增加了蛋白质分子内的静电斥力,将导致蛋白质分子的伸展,所以将会改变它的溶解度。引入羧基、磷酸基后会增加蛋白质对钙离子的敏感性。对蛋白质侧链的酰胺基进行水解,可以增加其溶解性能,改善其发泡能力和乳化能力。如果引入的基团是非极性基团,则蛋白质的疏水性增强,其表面性质发生改变。

九、蛋白质的酶法改性

在生物体中存在一系列酶和蛋白质,许多酶对蛋白质的修饰已有研究。在食品加工过程中,通过酶的作用可改善食品蛋白质的功能性。蛋白质酶法改性的常用方法有蛋白质的限制性酶水解、转蛋白反应和蛋白质的酶促交联。

1. 蛋白质的限制性酶水解

利用蛋白酶对蛋白质进行水解处理时,深度水解产生的是小分子肽类以及游离氨基酸,导致蛋白质功能性质的大部分损失,只保留其高度溶解性和溶解度对 pH 的不敏感两个特点,这对于只需要蛋白质溶解性的食品是一个比较理想的处理方法。但对于其他食品来说,则需要蛋白质的限制性酶水解(limited enzymatic hydrolysis)。

利用特异性蛋白酶对蛋白质的限制性水解,可以改善蛋白质的乳化、发泡性质,但同时也会破坏蛋白质的胶凝性质,并且由于分子内部疏水区的破坏、疏水基团的暴露,其溶解性有时降低。例如通过限制性酶水解将大豆蛋白水解至水解度为 4% 左右时,水解物的发泡、乳化性能得到明显的改善,但是还存在稳定性的问题,因为此时形成的蛋白质吸附膜不足以维持泡沫或乳化液的稳定性;又如在生产干酪时,凝乳酶对酪蛋白的水解导致酪蛋白的聚集,从而可以分出乳凝块。而对于一些疏水氨基酸含量较高的蛋白质在水解时将会产生具有苦味的肽分子(苦味肽),所以会影响感官质量。苦味肽的苦味强度取决于蛋白质中氨基酸的组成和所使用的蛋白酶,一般来说,平均疏水性大于 5.85 kJ/mol 的蛋白质容易产生苦味,而非特异性蛋白酶较特异性蛋白酶更容易水解出苦味肽。

2. 转蛋白反应

转蛋白反应不是单一的反应,实际上它包括一系列反应。在转蛋白反应中,首先是蛋白质的酶水解,接着是在蛋白酶催化作用下的蛋白质再合成反应。第一步反应在一般条件下进行,蛋白质分子水解为小肽分子;第二步反应是在高底物浓度条件下进行,蛋白酶催化先前产生的小肽链重新结合形成新的多肽链,此时甚至可以通过加入氨基酸的方式对原蛋白质中的某种氨基酸进行强化,改变蛋白质的营养特性。由于最后形成的多肽分子与原来的蛋白质分子的氨基酸序列或组成不同,所以蛋白质的功能性质改变。转蛋白反应也可以通过在高蛋白质浓度下进行蛋白酶催化处理,直接进行两步反应。

蛋白质经过转蛋白反应对氨基酸进行强化以后,其氨基酸的组成改变如表3-20所示。

表3-20　转蛋白反应对蛋白质中甲硫氨酸含量的影响

蛋白质	α_{s1}-酪蛋白	β-酪蛋白	大豆7S-蛋白	大豆11S-蛋白
对照	2.7	2.9	1.1	1.0
酶处理	5.4	4.4	2.6	3.5

3. 蛋白质的酶促交联

转谷氨酰胺酶(transglutaminase)通过催化转酰基反应,在赖氨酸残基和谷氨酰胺残基间形成新的共价键,由此改变了蛋白质分子的大小,从而改变蛋白质的流变学性质。

目前,研究人员已经对许多蛋白质进行过相关的交联研究,包括酪蛋白、乳清蛋白、大豆蛋白、谷蛋白和肌动蛋白等。通过对蛋白质的交联处理,一般可以达到保护赖氨酸,使其避免发生各种不利的反应,避免形成热致凝胶,提高所形成的蛋白膜的抗水、抗热、抗氧化等多种能力。如在食品加工中,利用蛋白质的酶促交联改善乳制品(酸奶)、谷物制品(面包)的品质。

在温和的反应条件下,经过转谷氨酰胺酶的催化交联反应,蛋白质分子发生分子间的交联和聚合的结果,可以通过蛋白质分子的色谱或电泳分析图谱中看出。经过蛋白质的酶催化交联反应以后,蛋白质有不同的聚集体生成,使得该交联反应可能成为未来蛋白质功能性质酶法改性的重要手段之一。

蛋白质的转谷氨酰胺酶催化交联反应对蛋白质功能性质的影响尚未彻底进行研究,但是已经有一些结论。例如对β-酪蛋白的研究表明,交联反应导致β-酪蛋白的乳化活性指数(EAI)降低,但对酪蛋白—脂肪乳化体系的稳定性却随着交联程度的增加而增加,这可能与交联作用导致的空间位阻有关;对谷蛋白的交联研究却发现,适当地添加转谷氨酰胺酶可以提高面包的品质,过多的添加反而会导致面包品质的降低;对酸奶产品的研究发现,通过交联反应,提高了酸奶的破裂强度。

近年来,酪氨酸残基在过氧化酶作用下的交联反应也被有目的地应用于改善蛋白质的功能性质,但有关其交联反应机理,却有不同的看法。例如在利用来自蘑菇中的酪氨酸酶对溶菌酶、酪蛋白和核糖核酸酶进行交联的研究中,发现只存在少量的低分子酚类化合物时才有蛋白质交联反应的发生,因此研究者认为蛋白质的交联反应实际上涉及酚类物质的氧化、蛋白质残基的加成反应,参与加成反应的氨基酸残基包括含有—SH、—NH₂等基团的氨基酸残基。当然,蛋白质本身存在的酪氨酸,由于可以作为一个酚类物质发生氧化生成醌类化合物,所以也可以直接使蛋白质发生交联反应。

第六节　各类食品中的蛋白质

食品蛋白质可以分为动物源、植物源两大类。其中,主要的动物源蛋白有乳蛋白、肉类蛋白和卵蛋白;主要的植物源蛋白包括大豆蛋白和谷物蛋白。这些蛋白质都是传统蛋白,有着悠久的食用历史,在人类的日常消费中也占据着重要的地位,同时也是食品加工中重要的食品成分或配料,如表3-21所示。除此之外,随着新食品资源的开发和利用,还存在一些可食用的食品蛋白新资源,如单细胞蛋白、昆虫蛋白和叶蛋白。

表3-21　主要的食品蛋白质及其应用

来源	蛋白质	应用
谷物	面筋蛋白、玉米蛋白	早餐食品、焙烤食品、搅打发泡剂
鸡蛋	全蛋、卵白、卵黄脂蛋白	用途广泛,有乳化、发泡、黏合、胶凝
鱼类	肌肉、胶原(明胶)	胶凝、肉糜产品
动物	肌肉、胶原(明胶)、猪/牛血	胶凝、乳化、保水
乳类	全脂乳、脱脂乳、干酪素、乳清蛋白粉	用途广泛,包括乳化、黏合、增稠
油子	大豆、花生、芝麻等蛋白粉、浓缩蛋白、分离蛋白	焙烤食品、豆乳、人造肉及替代物

一、动物来源食品中蛋白质

动物来源的蛋白质有很多。常见的有乳蛋白、肉类蛋白和卵蛋白。

1. 乳蛋白

通常所说的乳蛋白指的是牛乳蛋白(milk proteins),它主要由酪蛋白(casein)和乳清蛋白(whey protein)这两大类组成。其中,酪蛋白约占总蛋白的80%,包括α_{s1}、酪蛋白、β-酪蛋白和κ-酪蛋白;乳清蛋白约占总蛋白的20%,包括β-乳球蛋白和α-乳白蛋白;此外牛乳中还含有一些其他的生物活性蛋白、肽类等,如免疫蛋白、乳铁蛋白、溶菌酶和其他的酶类等。

牛乳中的主要蛋白质是以多聚体形式存在,其中酪蛋白以高度水合的酪蛋白磷酸钙形式存在(酪蛋白胶束)。酪蛋白胶束的直径在30~300 nm,以纳米形式存在,在1 mL液体乳中胶束的数量在10^{14}左右,只有小部分的胶束直径在600 nm左右。

在生产冰淇淋和发泡奶油点心过程中,乳蛋白起着发泡剂和泡沫稳定剂的作用。乳蛋白冰淇淋还有保香作用。在焙烤食品中加入脱脂奶粉,可以改善面团的吸水性,增大体积,阻止水分的蒸发,控制气体的逸散速度,加强结构性。乳清中的蛋白质,具有较强的耐搅打性,可用作西式点心的顶端配料,稳定泡沫,脱脂奶粉可以作为乳化剂添加到肉糜中去,增强其保湿性。

酪蛋白的分离可以简单地采用酸沉淀分离法,也可以利用凝乳酶的作用,最终产品的性能随处理方法的差异而有所不同。酪蛋白是食品加工中的重要配料。目前,已经有4种不同的酪蛋白产品可以在食品中应用,其中以酪蛋白的钠盐(干酪素钠,cseinate)的应用最广泛。酪蛋白钠盐在pH>6时稳定性较好,在水中有很好的溶解性和热稳定性,是一种较好的乳化剂、保水剂、增稠剂、搅打发泡剂和胶凝剂。

来自乳清的乳清蛋白浓缩物(whey protein concentrate,WPC)或乳清蛋白分离物(whey protein isolate,WPI)也是很好的功能性食品配料,特别是在模拟人类母乳构成的婴幼儿食品中有广泛的应用。乳清蛋白和酪蛋白不同的性质还在于乳清蛋白在酸性条件下的优良溶解性,可应用在一些酸性食品中。商品化乳蛋白产品的化学组成如表3-22所示。

表3-22 商品化乳蛋白产品的化学组成

乳蛋白产品	生产方法	化学组成/%,干重			
		蛋白质	灰分	乳糖	脂肪
干酪素	酸沉淀	95	2.2	0.2	1.5
	凝乳酶	89	7.5	—	1.5
	共沉淀	89~94	4.5	1.5	1.5
乳清蛋白浓缩物	超滤	59.5	4.2	28.2	5.1
	超滤+反渗透	80.1	2.6	5.9	7.1
乳清蛋白分离物	Spherosil工艺	96.4	1.8	0.1	0.9
(超滤/反渗透/离子交换)	Vistec工艺	92.1	3.6	0.4	1.3

除酪蛋白、乳清蛋白外,从乳清中将β-乳球蛋白和α-乳白蛋白等单一的组分分离出来,也可以用作很好的食品加工原料,还有一些其他的蛋白质或肽有重要的应用价值。牛乳蛋白中主要成分的性质、功能和应用如表3-23所示。

表3-23 牛乳蛋白中主要成分的性质、功能和应用

蛋白质	重要的功能
酪蛋白(α、β、κ)	金属离子(Cu、Fe、Ca)的载体,一些生物活性肽的前体
α-乳白蛋白	Ca载体,免疫调控,抗癌作用
β-乳球蛋白	视黄醇载体,脂肪酸结合,可能的抗氧化剂
免疫球蛋白(A、M、G)	免疫保护
糖肽	抗病毒、抗细菌
乳铁蛋白	毒素结合、抗菌、抗病毒、免疫调控、抗氧化、抗癌、铁结合
乳过氧化物酶	抗菌
溶菌酶	抗菌,与乳铁蛋白和免疫球蛋白存在协同作用

2. 肉类蛋白

肉类是人类最重要的食物,也是重要的蛋白质来源之一。动物肌肉组织中的蛋白质大致可分为肌原纤维蛋白(myofibrillar protein)、肌浆蛋白(sarcoplasmic protein)和肌基质蛋白(stroma protein)3种,它们所占动物肌肉组织总蛋白质的百分比分别约为55%、30%和

15%。其中,肌浆蛋白可以用水或者是低浓度的盐水将其从肌肉组织中提取出来,肌原纤维蛋白则需要用高浓度的盐溶液才能够将其从肌肉组织中分离提取出来,肌基质蛋白则是不溶解的蛋白质。

肌肉蛋白的保水性是影响鲜肉滋味、嫩度和颜色的重要功能性质,也是影响肉类加工质量的决定因素。肌肉中的水溶性肌浆蛋白和盐溶性肌纤蛋白的乳化性,对大批量肉类的加工质量影响极大。肌肉蛋白的溶解性、溶胀性、黏着性和胶凝性,在食品加工中也很重要。如胶凝性可以提高产品强度、韧性和组织性。蛋白的吸水、保水和保油性能,使食品在加工时减少油水的流失量,阻止食品收缩;蛋白的黏着性有促进肉糜结合,免用黏着剂的作用。

肌原纤维蛋白主要有肌球蛋白和肌动蛋白等。肌球蛋白的等电点为5.4左右,在温度达到50~55℃时发生凝固,它具有ATP酶的活性。肌动蛋白的等电点为4.7,与肌球蛋白可以结合为肌动球蛋白。肌原纤维蛋白中的肌球蛋白、肌动蛋白间的作用决定了肌肉的收缩。

肌浆蛋白主要有肌红蛋白、清蛋白(肌溶蛋白)等。肌红蛋白为产生肉类色泽的主要色素,它的等电点为6.8,性质不稳定,在外来因素的影响下所含的二价铁容易转化为三价铁,导致肉色的异常。存在于肌原纤维间的清蛋白性质也不稳定,在温度达到50℃附近就可以变性。

肌基质蛋白主要有胶原蛋白和弹性蛋白。胶原蛋白含有较多的甘氨酸、脯氨酸和羟脯氨酸,不仅具有分子内的交联键,而且还具有分子间的交联键,并且交联的程度随动物年龄的增加而增大。胶原蛋白的交联程度增大的结果导致胶原蛋白性质的稳定,从而影响到肉质的嫩度。胶原蛋白经过加热后逐步转化为明胶,而明胶的重要特性就是可以溶于水中,并可以形成热可逆的凝胶,在食品加工中有应用价值。弹性蛋白不含羟脯氨酸和色氨酸,含脯氨酸、甘氨酸、缬氨酸较多,可以抗拒胃蛋白酶、胰蛋白酶的水解,但是它可以被胰腺中的弹性蛋白酶水解。

对肉制品来讲,形成乳化分散系时,盐溶蛋白、肌纤维蛋白与碎片、结缔组织及碎片等对乳化体系的形成或稳定起作用。一般来讲,增加肌肉的斩拌时间,可以增加脂肪球上所吸附的蛋白层的厚度,所以有利于改进乳化稳定性。对于不同的肌肉蛋白质来讲,肌球蛋白的乳化性质最好。

肉的嫩度(tenderness)是肉品的重要感官质量之一,是反映肉的质地的一项重要指标,一般意义上的嫩度是我们的感觉器官对肌肉蛋白性质的总体概括,它与肌肉蛋白质的结构、变性、聚集、分解等有关。从总体来看,我们对肉品质中嫩度的感觉有4个方面:一是肉对舌或颊的柔软性;二是肉对牙齿切入时的抵抗力;三是咬断肌纤维的难易程度;四是肉的嚼碎程度。

对肉进行嫩化处理,一般是利用植物蛋白酶如木瓜蛋白酶、菠萝蛋白酶和无花果蛋白酶。肉酶嫩化的作用机制是:利用酶对蛋白质的催化水解作用来裂解肌肉蛋白,酶可以通过注射的方式在屠宰前进入动物体,也可以在屠宰后处理肉时加入到肌肉组织中,如表 3 – 24所示。菠萝蛋白酶对胶原蛋白有较强的亲和作用,对弹性蛋白和肌原蛋白的亲和作用差一些。木瓜蛋白酶对肌原纤维蛋白有高度的亲和作用,对胶原蛋白只是稍有作用。无花果蛋白酶对肌原纤维蛋白和结缔组织蛋白均有好的作用。3 种酶的适宜作用温度为:木瓜蛋白酶 60 ~ 80℃,菠萝蛋白酶 30 ~ 60℃,无花果蛋白酶 30 ~ 50℃。

表 3 – 24　肉质嫩化时蛋白质的使用量

处理方法	酶的种类及使用量
宰前注射	蛋白酶,0.5 mg/lb 体重
宰前注射	胶原酶、弹性蛋白酶,1 g/500 lb 体重
宰前注射	0.1 ~ 0.35 酪氨酸单位的木瓜蛋白酶/lb 体重
宰后注射	胰脏粉,0.06 ~ 0.75 oz/100 lb
宰后注射	木瓜蛋白酶溶液(0.004%),加入量3%

注:1lb(磅) = 0.4536 kg;oz(盎司) = 28.3495 g。

3. 卵蛋白

人类食用历史最悠久的卵类是鸡蛋。一个完整鸡蛋的可食部分由蛋白(albumen)和蛋黄(yolk)两个部分组成。在卵蛋白中,各种蛋白质基本上是球蛋白。卵蛋白中蛋白质为主要的成分,碳水化合物含量较低,脂肪的含量可被忽略不计;卵白中的碳水化合物以结合态(与蛋白质结合成为糖蛋白)或游离态存在,并且绝大部分的游离碳水化合物为葡萄糖。相比之下,卵黄的主要成分为蛋白质和脂肪,碳水化合物的含量仍是很低,大多数的脂类与蛋白质结合,以脂蛋白的形式存在,并对卵蛋白的功能性质有着决定性的作用。

卵蛋白是食品加工中重要的胶凝剂,容易形成热不可逆凝胶。在诸多的卵蛋白凝胶中,以卵清蛋白的胶凝性质研究得最多。卵清蛋白所形成的凝胶,其凝胶强度和浊度是介质 pH 和离子强度的函数,这些因素影响作用的原因在于:热变性后的卵清蛋白的构象与天然卵清蛋白的构象差不多,在接近等电点的 pH 或高的离子强度条件下,变性的蛋白质分子通过分子间的疏水相互作用随机聚集;而在远离等电点的 pH 和低离子强度时,蛋白质分子间的静电斥力妨碍了随机聚集的发生,从而导致有序的线性聚集体形成。

卵蛋白的主要功能是促进食品的凝结、胶凝、发泡和成形,是食品中重要的发泡剂。卵白中多种蛋白质的共同作用使得其发泡能力优于酪蛋白。比较卵白中各种蛋白质的发泡能力,它们的顺序为:卵黏蛋白 > 卵球蛋白 > 卵转铁蛋白 > 卵清蛋白 > 卵类黏蛋白 > 溶菌酶,由于溶菌酶和卵类黏蛋白的结构相对稳定(分子内具有二硫键),不易发生变形而难以在界面吸附,所以能够降低其发泡性能。球蛋白的发泡性能虽然较差,但是如果通过不产生沉淀的变性处理(如酸、碱或热处理),就可以提高其发泡能力。

卵黄的主要功能是乳化及乳化稳定性,它是食品加工中重要的乳化剂。卵黄的乳化性质很大程度上取决于脂蛋白。比较卵黄蛋白、卵黄磷蛋白和脂蛋白的乳化性质,得到卵黄磷蛋白的乳化性质是最好的;卵黄中的低密度脂蛋白的乳化性质,也比相同蛋白质浓度的牛血清蛋白的乳化性好,在卵黄低密度脂蛋白中加入磷脂后不影响其乳化能力。

二、植物来源食品中蛋白质

植物来源食品中蛋白质主要包括大豆蛋白和谷物蛋白。

1. 大豆蛋白

大豆蛋白(soybean proteins)主要存在于蛋白体和糊粉粒中,由于它能溶于 $pH \neq pI$ 的水及盐溶液,所以主要是球蛋白,也有少量的其他蛋白质。从必需氨基酸组成来看,大豆蛋白营养价值与动物蛋白是很相近的,其中含有足够的赖氨酸,但是缺乏含硫氨基酸,因此,大豆蛋白具备优质蛋白质的条件,最具有开发潜力。

大豆蛋白质具有广泛的功能性质,如溶解性、吸水和保水性、黏着性、胶凝性、弹性、乳化性和发泡性等。每一种性质都给食品加工带来特定的效果。如将大豆蛋白加入到咖啡乳内,是利用其乳化性;涂在冰淇淋表面,是利用其发泡性;用于肉类加工,是利用它的保水性、乳化性和胶凝性。加在富含脂肪的香肠、大红肠和午餐肉中,是利用它的乳化性,提高肉糜间的黏性等等。因其价廉,故应用得非常广泛。

水提取的大豆蛋白在适当的条件下经过超离心处理后,根据蛋白质的沉降系数的不同可分为 4 个部分,即 2S、7S、11S 和 15S 大豆蛋白。2S 部分主要含有蛋白酶抑制物、细胞色素 C、尿囊素酶和两种球蛋白,整体约为蛋白质的 20%;7S 部分中含有 β - 淀粉酶、血细胞凝集素、脂氧合酶和 7S 球蛋白,占大豆水提取蛋白的 37%;11S 部分主要是 11S 球蛋白,占大豆水提取蛋白的 1/3 以上;15S 部分尚不太清楚,为大豆球蛋白的聚合物,含量约为水提取蛋白的 10%。由于 7S 和 11S 蛋白占总蛋白的 70% 左右,所以是大豆中最重要的蛋白质。

大豆脱脂后所得到的剩余物豆粕,主要成分为大豆蛋白质和碳水化合物;在以压榨法生成油脂的工艺中,由于蛋白质所经受的温度较高,蛋白质的变性程度大,功能性质差,通常用于动物饲料的加工;而在以有机溶剂浸提法生产得到的豆粕,则不存在这些不足。豆粕通过进一步加工,一般可以得到以下 3 种不同的大豆蛋白,可以作为蛋白质原料用于食品中。大豆蛋白产品的必需氨基酸组成如表 3 - 25 所示。

表 3 - 25　大豆蛋白产品的必需氨基酸组成(100 g 蛋白产品)

蛋白质	Ile	Leu	Lys	Met + Cys	Phe + Tyr	Thr	Trp	Val
脱脂豆粉	4.6	7.8	6.4	2.6	8.8	3.9	1.4	4.6
大豆浓缩蛋白	4.8	7.9	6.4	2.8	8.9	4.5	1.6	5.0
大豆分离蛋白	4.9	8.2	6.4	2.6	9.2	3.8	1.4	5.0

(1)脱脂豆粉

脱脂豆粉(defatted soybean flour)中蛋白质含量约为 50%。大豆在经过调质、脱皮、压片处理后,利用有机溶剂如 6# 溶剂(主要成分为正己烷)浸提出油脂后,所余下的豆粕主要由大豆蛋白质和碳水化合物(可溶于水或不溶于水的)组成,残余的有机溶剂可通过闪蒸法脱除,大豆中的抗营养因子被灭活,蛋白质的功能性质得到很好的保留。

(2)大豆浓缩蛋白(大豆蛋白浓缩物)

脱脂豆粉用 pH=4.5 的水浸提,或用含有一定浓度乙醇的水浸提,或进行湿热处理后用水浸提处理,可除去其中所含的可溶性低聚糖(即胀气因子),最后产品蛋白质含量提高至70%左右,蛋白酶抑制物含量也降低。脱脂豆粉中的一些蛋白质也由于浸提而损失在乳清液中,最后总收率约为原料的2/3。

(3)大豆分离蛋白(大豆蛋白分离物)

用稀碱溶液浸提处理脱脂豆粉,分离出残渣后,蛋白质提取液加酸至等电点后,大豆蛋白沉淀出来,沉淀经过碱中和、喷雾干燥后就得到大豆分离蛋白,蛋白质含量超过90%,基本不含纤维素、抗营养因子等物质,可将其看成是真正的大豆蛋白质制品,它的溶解度高,具有很好的乳化、分散、胶凝以及增稠作用,在食品中的应用范围很广。大豆蛋白产品在食品中的功能性质如表3-26所示。

表3-26　大豆蛋白产品在食品中的功能性质

功能性质	作用方式	应用食品体系	大豆蛋白产品
溶解性	蛋白质的溶剂化作用,pH 确定	饮料	F, C, I, H
水吸附及结合能力	水的氢键键合,水的容纳	肉制品、面包、蛋糕	F, C
黏度	增稠、水结合	汤、肉汤	F, C, I
胶凝	形成蛋白质的三维网状结构	肉制品、干酪	C, I
黏合、结合	蛋白质作为黏合物质	肉制品、焙烤食品、面制品	F, C, I
弹性	二硫键在可变形的凝胶	肉类、焙烤食品	I
乳化	蛋白质的乳化形成及稳定作用	香肠、蛋糕、腊汤、汤	F, C, I
脂肪吸附	对游离脂肪的吸附	肉制品	F, C, I
风味结合	风味物质的吸附、容纳及释放	人造肉制品、焙烤食品	C, I, H
泡沫	形成薄膜容纳气体	裱花、甜点	I, W, H
色泽控制	漂白作用(lipoxygenase)	面包	F

注:C 为大豆蛋白浓缩物;F 为脱脂豆粉;H 为水解大豆蛋白;I 为分离大豆蛋白;W 为大豆乳清蛋白。

2.谷物蛋白

谷物也是人类食用历史悠久的主要食物,它主要包括稻谷、小麦、玉米、大麦和燕麦等作物。从其化学组成特征来看,谷物中蛋白质含量比动物源食品、油籽作物等低,氨基酸组成不平衡,一部分氮元素以非蛋白氮形式存在。谷物蛋白质根据其溶解性分为 4 大类:清蛋白(albumin,水溶)、球蛋白(globulin,盐溶)、醇溶蛋白(prolamin,70% 乙醇溶解)、谷蛋白(glutelin,酸或碱溶)。几种谷物食品中蛋白质的分级组成如表3-27所示。

表3-27　几种谷物食品中蛋白质的分级组成

谷物	清蛋白/%	球蛋白/%	醇溶蛋白/%	谷蛋白/%
小麦	5	10	69	16
大米	5	10	5	80
玉米	4	2	55	39
高粱	8	8	52	32

这几种蛋白质在谷物中的含量随品种、地域、生长条件的不同而变化。三种谷物中醇溶蛋白的组成情况和谷物蛋白的一些化学特征分别见表3-28和3-29所示。

表3-28　三种谷物中醇溶蛋白的组成情况

小麦		大麦		玉米	
成分	相对分子质量/kD	成分	相对分子质量/kD	成分	相对分子质量/kD
α - 麦醇溶蛋白	32	B - 大麦醇溶蛋白	35 ~ 46	20K	20 ~ 21
β - 麦醇溶蛋白	40	C - 大麦醇溶蛋白	45 ~ 72	22K	22 ~ 23
ω - 麦醇溶蛋白	40 ~ 72	D - 大麦醇溶蛋白	100	9K	9 ~ 10
高分子亚基	95 ~ 136			14K	13 ~ 14

由于谷物蛋白中醇溶蛋白与谷蛋白的总量超过85%,所以谷物蛋白质的营养价值依赖于这两种蛋白质。醇溶蛋白中赖氨酸的含量很低,所以整体来讲谷物蛋白的限制性氨基酸一般是赖氨酸。

表3-29　谷物蛋白的一些化学特征

蛋白质	氨基酸组成化学特征
醇溶蛋白	富含硫部分(α - 、β - 、γ - 麦醇溶蛋白),谷氨酰胺含量32% ~ 42%,脯氨酸含量15% ~ 24%,苯丙氨酸含量7% ~ 9%,半胱氨酸含量2% 硫缺乏部分(ω - 麦醇溶蛋白),谷氨酰胺含量42% ~ 53%,脯氨酸含量20% ~ 31%,半胱氨酸含量0
麦谷蛋白	低相对分子质量,谷氨酰胺含量33% ~ 39%,甘氨酸含量13% ~ 18%
高分子亚基	相对分子质量较麦谷蛋白高,半胱氨酸含量0.5% ~ 1%

醇溶蛋白、谷蛋白由于其溶解性差而不溶于水,加工中一般将其统称为面筋蛋白。醇溶蛋白由单一肽链组成,相对分子质量为$3 \times 10^4 \sim 6 \times 10^4$,分子内存在二硫键,可将其分为$\alpha$ - 、β - 、γ - 、ω - 四种醇溶蛋白。谷蛋白则由低分子肽链、高分子肽链亚基组成,亚基相对分子质量为$3.1 \times 10^4 \sim 4.8 \times 10^4$和$9.7 \times 10^4 \sim 1.36 \times 10^5$,有肽链间(或者分子间)二硫键,分子中一般含3~5个高分子亚基、约15个低分子亚基。

对食品加工来讲,面粉中的谷物蛋白对焙烤产品品质的影响很大,因为加工时原料的质量、面团的流变学特性均决定最终产品的品质,而这些又与面粉中蛋白质的含量、蛋白质组成有关。例如所谓的强力粉就是含有较高的蛋白质的面粉,在制作面包时具有很好的气体滞留能力,同时还使得产品具有良好的外观和质地。一般不同蛋白质含量的面粉的用途如表3-30所示。

表3-30 不同蛋白质含量的面粉的用途

蛋白质含量	用途	蛋白质含量	用途	蛋白质含量	用途
7.8%~9.2%	蛋糕和小甜饼	9.6%~11.2%	脆饼干	11.4%~14.0%	白面包
7.7%~10.6%	馅饼和炸面圈	9.4%~12.3%	所有目的	13.3%~15.1%	健康面包
9.3%~10.2%	普通面条	12.2%~14.6%	鸡蛋面条	14.1%~16.3%	全麦面包

对面筋蛋白,从化学结构的角度看二硫键的作用非常重要,它决定了醇溶蛋白和谷蛋白的溶解行为,因而决定面团的性质。早期的研究曾显示,在面团中加入还原剂使其发生二硫键交换反应,结果导致蛋白质溶解度增加和面团强度减弱,所以氧化剂(例如过氧化苯甲酰)的使用可以改善面粉的品质,活性大豆粉的作用也是如此。另外,面筋蛋白与其他成分的作用有时也是非常重要的,例如面筋蛋白与淀粉的作用对于产品的老化问题具有意义,蛋白与淀粉形成的网状结构可以抗拒淀粉老化。

面筋蛋白含量与面团性质的关系研究显示,谷蛋白含量与面团体积间的关系,比面粉蛋白含量与面团体积间的关系更好。通过研究谷蛋白大聚集体的含量发现,谷蛋白大聚集体是决定焙烤产品面团品质的重要参数。

三、可食用的蛋白质新资源

1. 单细胞蛋白

单细胞蛋白(single cell protein,SCP)是指以工业方式培养的微生物(如酵母菌、乳酸菌和霉菌等),这些菌体含丰富的蛋白质,可用作人类食物或动物饲料。单细胞蛋白是一种浓缩的蛋白类产品,含粗蛋白50%~85%,其中氨基酸组分齐全,可利用率高,还含维生素、无机盐、脂肪和糖类等,其营养价值优于鱼粉和大豆粉。一些单细胞生物的化学组成如表3-31所示。

表3-31 一些单细胞生物的化学组成

成分	藻类	酵母	细菌	霉菌
氮	7.5~10	7.5~8.5	11.5~12.5	5~8
脂类	7~20	2~6	1.5~30	2~8
灰分	8~10	5.0~9.5	3~7	9~14
核酸	3~8	6~12	8~16	变化较大

单细胞蛋白中重要的是酵母蛋白、细菌蛋白和藻类蛋白,它们的化学组成中一般以蛋白质、脂肪为主。

① 酵母蛋白。真菌中的酵母在食品加工中应用较早,包括酿造、焙烤等食品。酵母中

蛋白质的含量超过了干重的一半,但相对缺乏含硫氨基酸。另外,由于酵母中含有较高量的核酸,若摄入过量的酵母蛋白则会造成血液的尿酸水平升高,引起机体的代谢紊乱。

② 细菌蛋白。细菌蛋白的生产一般是以碳氢化合物(如天然气或沥青)或甲醇作为底物,它们的蛋白含量占干重的3/4以上,必需氨基酸组成中同样缺乏含硫氨基酸,另外它们所含的脂肪酸也多为饱和脂肪酸。

这两种微生物蛋白一般不能直接食用,需要除去其中的细胞壁、核酸和灰分等杂质,其原理在工艺上与大豆蛋白的加工处理类似。细菌蛋白提取处理后得到细菌分离蛋白,它的化学组成与大豆分离蛋白相近,并且在补充含硫氨基酸以后,它的营养价值与大豆分离蛋白也相近。

③ 藻类蛋白。以小球藻和螺旋藻最引人注目,它们是在海水中快速生长的两种微藻,二者的蛋白含量分别为50%、60%(干重),必需氨基酸中除含硫氨基酸较少外,其他的必需氨基酸却很丰富。

此外,单细胞蛋白还具有以下开发上的优势。

① 单细胞蛋白的生产有着广阔的原料资源。利用纤维资源如秸秆、木屑和蔗渣等均可用作发酵底物,在制备发酵产物的同时还可收集微生物生产单细胞蛋白。

② 单细胞蛋白生产投资少,生产速率高。微生物几十分钟便可增殖一代,质量倍增之快是动植物不能比拟的。有人估计,一头500 kg的牛每天产蛋白约0.4 kg,而500 kg的酵母每天至少生产蛋白质5000 kg。

③ 工业生产单细胞不需占用大量的耕地,不受生产地区、季节和气候条件的限制。由此可见,单细胞蛋白资源开发具有广阔的前景。但应该注意的是大部分单细胞蛋白含有较高的核酸含量,限制它们直接用于人类消费。对此,可采用热或碱处理细胞,有利于提高蛋白质的消化率、氨基酸有效性和除去核酸。经过这种处理的酵母和细菌,进行动物饲养试验检验其营养价值,即使长期试验也未发现毒性。

2. 昆虫蛋白

昆虫是地球上最大的生物类群,具有食物转化率高、繁殖速度快和蛋白质含量高的特点,被认为是目前最大且最具开发潜力的动物蛋白源。许多昆虫干体的蛋白质含量高达50%以上,如蝇蛆为61%、蚕蛹为71%、蝴蝶为75%、蟋蟀为75%、蝉为72%、蚂蚁为67%,有的甚至高达80%以上,如黄蜂为81%等。这些昆虫的蛋白质含量远大于鸡、鱼、猪肉和鸡蛋中的蛋白质含量,与牛肝中的蛋白质含量相差无几。更重要的是,昆虫蛋白质中氨基酸组分分布的比例与联合国粮食与农业组织(FAO)制定的蛋白质中必需氨基酸的比例模式非常接近。因此,昆虫是一类高品质的动物蛋白质资源。人类开发昆虫蛋白质资源有较早的历史,据资料推断,从史前开始,墨西哥的土著人就有吃虫的习惯。我国也早在公元前11世纪的周代,就有食虫的记载。最近几十年来,随着科技的进步,人类对食用昆虫的利用意义与过去相比有了更深刻和更广泛的认识,特别是昆虫作为一类巨大的蛋白质资源,已经取得了许多专家和学者的共识,并掀起了一股研究与开发昆虫蛋白质的热潮,形成了一门新兴的介于昆虫学和营养学之间的边缘交叉学科——食用昆虫学。目前,国内外已经大规模工厂化生产昆虫蛋白系列食品,如德国已建立了汉堡"康福林"昆虫联合加工企业等工厂,年产成品8000 t,其昆虫蛋白质提纯已投入工厂生产。在中国山东鱼台,建有"油炸金蝉罐头"生产线,产品出口日本,每吨利润达12万元。

3.叶蛋白

植物的叶片是进行光合作用及合成蛋白质的场所,许多禾谷类、豆类作物的叶片中含2%~4%的蛋白质。叶蛋白(leaf protein)是以新鲜的青绿植物茎叶为原料,经压榨取汁、汁液中蛋白质分离和浓缩干燥而制备的蛋白质浓缩物。叶蛋白制品含蛋白质55%~72%,叶蛋白含有18种氨基酸,其中包括8种人体所必需的氨基酸,且其组成比例平衡,与联合国粮食与农业组织推荐的成人氨基酸模式基本相符,特别是Lys含量较高,这对多以谷物类为主食的第三世界国家尤为重要。叶蛋白的Ca,P,Mg,Fe,Zn含量高,是各类种子的5~8倍,胡萝卜素和叶黄素含量比各类叶子分别高20~30倍和4~5倍,无动物蛋白所含的胆固醇,具有防病治病,防衰抗老,强身健体等多种生理功能。叶蛋白经过有机溶剂脱色处理等后,会改善叶蛋白的适口性,添加到谷类食物中则可提高谷类食物中赖氨酸的含量。被FAO认为是一种高质量的食品,是一种具有高开发价值的新型蛋白质资源。

叶蛋白制备主要包括汁液榨取、汁液中蛋白质分离和叶蛋白的浓缩干燥,其中叶蛋白的分离是整个制备工艺的核心。

课程思政案例

案例一:进入21世纪以来,一大批乳制品企业脱颖而出,割据市场,一派蓬勃发展的新兴局面。然而自从2008年三聚氰胺事件之后,形势急转直下。这种变化主要体现在两个方面:首先是国内乳制品行业集中度的趋势发生逆转。在2006年时我国乳制品行业CR4系数已经达到了45.5%,然而经过2008年三聚氰胺事件的冲击,国内将近30%的乳制品企业因产品质量问题直接消失,拉开了乳制品进口大潮的序幕。其次,奶粉进口量从2008年的50万吨爬升到2013年的150万吨,在质量安全问题频发的四年中奶粉进口额也水涨船高,翻了将近7倍。乳制品质量安全问题对于行业的负面冲击已经深刻影响到了行业结构、市场定价和企业战略。

——摘自 刘宇浩,孙永乐.乳制品质量事件对企业市场势力的实证研究[J].商业观察,2020(1):172.

课程思政育人目标:让学生明白食品安全对于食品行业和国家人民的重要性;激发学生的时代责任感,激发他们努力提高自身的职业素养。

案例二:新疆民族特色酸奶及酸奶疙瘩因其独特的风味及丰富的营养逐渐成为一种流行的优质食品。酸奶疙瘩是酸奶的结晶体,是哈萨克族、柯尔克孜族及蒙古族等少数民族牧民家制的自然发酵奶制品之一,它是采用牛(羊)奶自然发酵后去水自然干燥成的固体或半固体食品。千百年来新疆牧民沿袭古老而传统的方法制作的酸奶疙瘩具有风味独特的特点,酸奶疙瘩中蕴含有传代性好、抗逆性强、风味独特的乳酸菌菌群,进而可以分离筛选出发酵性能良好的乳酸菌,应用于发酵乳制品的生产中。

——摘自 任晓镁,妥彦峰,梁月慧,等.新疆民族特色酸奶及酸奶疙瘩中乳酸菌的分离鉴定及其生物膜形成能力检测[J].塔里木大学学报,2014,26(4):1-7.

课程思政育人目标:引导学生了解中国传统食品,从传统食品中找出中国智慧,并且将食品化学理论与食品生产实例相结合,使理论在实践中得到升华。

思考题

1.名词解释:氨基酸,必需氨基酸,单纯蛋白,结合蛋白,蛋白质的一级结构,肽键,氢键,蛋白质变性,蛋白质功能性质,蛋白质的交联。

2.比较各类氨基酸的化学结构的异同,总结氨基酸的化学性质。

3.用化学反应动力学原理解释 UHT 技术在液态食品中的应用。

4.在加热处理条件下,蛋白质或氨基酸可能发生的反应。

5.解释面粉形成面团时谷蛋白所发挥的作用。

6.阐述蛋白质的不同功能性质的特点及其在食品加工中的重要作用。

7.请阐述可食用的蛋白质新资源的发展前景。

习题

第四章　碳水化合物

学习目标与要求

1. 了解主要的单糖、多糖种类及其衍生物的结构；
2. 掌握单糖、低聚糖、淀粉和果胶等多糖的理化性质、功能性质及其在食品中的应用；
3. 通过学习培养学生辩证思维、理论联系实际及分析问题解决问题的能力。

PPT 课件

第一节　概述

一、食品中碳水化合物的定义

　　碳水化合物也称糖类,是多元羟基的醛、酮化合物以及它们的聚合物或衍生物。在化学组成上,他们大多数是由碳、氢和氧三种元素组成,氢和氧的比例为2:1,与水分子中氢和氧的比例相同,分子组成一般可用 $C_n(H_2O)_m$ 通式表示,故称为碳水化合物。但是并不是所有符合这种分子式的化合物都属于碳水化合物,例如甲醛(CH_2O)、乙酸($C_2H_4O_2$)等有机化合物的氢氧比也为2:1,但它们并不是碳水化合物。相反,也有很少数的碳水化合物及其衍生物不符合这种分子式,如鼠李糖($C_6H_{12}O_5$)和脱氧核糖($C_5H_{10}O_4$),氢氧比并不符合2:1 的通式,但它们是碳水化合物。因此,碳水化合物的名称并不确切,一般认为,将碳水化合物称为糖类更为科学合理,但由于碳水化合物表达了绝大多数这类化合物的化学组成特征,习用已久,因此目前仍在使用。

二、食品中碳水化合物的分类

　　根据碳水化合物的水解情况分为三类:

1. 单糖(monosaccharides)

　　单糖主要是不能再水解的多羟基醛或多羟基酮。根据单糖分子中碳原子数目的多少,可将单糖分为丙糖(triose,三碳糖)、丁糖(tetrose,四碳糖)、戊糖(pentose,五碳糖)、己糖(hexose,六碳糖)等;根据其单糖分子中所含羰基的特点又可分为醛糖(aldoses)和酮糖

(ketoses)。单糖中比较重要的有戊醛糖、己醛糖和己酮糖,如葡萄糖、果糖、半乳糖、木糖、阿拉伯糖等。

单糖的结构有链式和环状 2 种,当单糖分子从链式结构转变成环状结构时,分子中增加了一个手性碳原子,它在空间的排列方式有 2 种,因此形成了 2 种环状异构体,分别称为 α – 式和 β – 式,如葡萄糖形成环状结构时,有两种异构体,α – 葡萄糖和 β – 葡萄糖。

2. 低聚糖(oligosaccharides)

低聚糖又叫寡糖,通常含 2 ~ 10 个单糖结构的缩合物。按水解后所生成单糖分子的数目,低聚糖可分为二糖(disaccharides)、三糖(trisaccharides)、四糖(tetrasaccharides)、五糖(pentasaccharides)等,其中以二糖最为重要,如蔗糖(sucrose)、乳糖(lactose)、麦芽糖(maltose)等;根据其还原性质不同也可分为还原性低聚糖(reducing oligosaccharides)和非还原性低聚糖。低聚糖又分为均低聚糖和杂低聚糖,前者是由同一种单糖聚合而成的,如麦芽糖和聚合度小于 10 的糊精,后者由不同种的单糖聚合而成,如蔗糖、棉籽糖等。

3. 多糖(polysaccharides)

含 10 个以上单糖结构的缩合物。如淀粉(starch)、纤维素(cellulose)、糖原等。根据组成不同,多糖又可以分为均多糖和杂多糖两类。均多糖是指由相同的糖基组成的多糖,如纤维素、淀粉;杂多糖是指由两种或多种不同的单糖单位组成的多糖,如半纤维素、果胶质、黏多糖等。根据所含非糖基团的不同,多糖可以分为纯粹多糖和复合多糖,主要有糖蛋白、糖脂、脂多糖、氨基糖等。根据在生物体内的功能,多糖可分为结构性多糖、贮藏性多糖和抗原多糖。根据多糖的来源又可分为植物多糖、动物多糖和细菌多糖。多糖可以与肽链结合,形成糖蛋白或蛋白多糖,与脂类结合形成脂多糖,与硫酸结合成硫酸酯化多糖。单糖的衍生物如氨基糖和糖醛酸也可组成多糖,如虾、蟹等甲壳动物的甲壳质为氨基葡萄糖组成的多糖,海藻中的藻朊酸为 D – 甘露糖醛酸组成的多糖。

食品中常见的碳水化合物及其分类如表 4 – 1 所示。

表 4 – 1　碳水化合物及其分类

分类			举例
单糖	单纯糖	丙糖	甘油醛、二羟丙酮
		丁糖	赤藓糖、苏阿糖
		戊糖	D –/L – 核糖、核酮糖、木糖、木酮糖、阿拉伯糖
		己糖	葡萄糖、果糖、半乳糖、甘露糖
		庚糖	景天庚酮糖、葡萄庚酮糖、半乳庚四糖
	衍生糖	脱氧糖	脱氧核糖、岩藻糖、鼠李糖
		氨基糖	葡萄糖胺、半乳糖胺
		糖醇	甘露醇、木糖醇、肌糖醇
		糖醛酸	葡萄糖醛酸、半乳糖醛酸
		糖苷	葡萄糖苷、半乳糖苷、果糖苷

续表

分类			举例
低聚糖	二糖	非还原糖	蔗糖、海藻糖
		还原糖	麦芽糖、乳糖、纤维二糖、龙胆二糖、蜜二糖、异麦芽糖
	三糖	非还原糖	棉籽糖、龙胆三糖、洋槐三糖
		还原糖	麦芽三糖、甘露三糖、异麦芽三糖
	四糖	非还原糖	水苏糖
	五糖		毛蕊草糖
	六糖		乳六糖
多聚糖	均多糖	直链	直链淀粉、纤维素、甲壳素、木聚糖、半乳聚糖、甘露聚糖
		支链	糖原、糊精、右旋糖酐
	杂多糖		半纤维素、阿拉伯树胶、菊糖、果胶、黏多糖、透明质酸
其他	含糖醛酸		果胶酸、藻芫酸
	含糖和糖醛酸		果胶、树胶
	含氨基糖		甲壳素、硫酸软骨素、肝素
	含蛋白质		受体蛋白、肿瘤细胞表面抗原

三、碳水化合物的存在

碳水化合物广泛存在于动物、植物、微生物等自然界生物体内,其中以植物界最多,占其干重的50%～80%,是绿色植物由二氧化碳和水经光合作用形成的。糖在自然界中主要以游离和化合两种形式存在。生物细胞内和血液里含有葡萄糖或由葡萄糖等单糖组成的多糖。人和动物的器官组织中含糖量不超过体内干重的2%,微生物体内含糖量占菌体干重的10%～30%。它们以游离糖的形式,或与蛋白质、脂类及其他配糖体结合成复合糖的形式存在,通过生物氧化,释放出大量的能量,满足生命活动的需要。表4-2列出了碳水化合物在自然界的存在情况。

表4-2　碳水化合物的存在情况

碳水化合物		存在形式	分布情况
单糖	D-甘油糖		碳水化合物代谢的中间产物
	D-核糖	化合	细胞核的核酸中
	D-阿拉伯糖	化合	在糖苷中
	L-阿拉伯糖	化合	在树胶、半纤维素、果胶、糖苷和细菌多糖中
	D-木糖	化合	在半纤维素、糖苷、树胶中
	D-葡萄糖	游离、化合	在果汁、植物汁、蜂蜜、血液中以游离形式存在,在低聚糖、多糖、糖苷中以化合形式存在

续表

碳水化合物		存在形式	分布情况
单糖	D-半乳糖	化合	在乳糖、棉籽糖、半纤维素、树胶、糖苷中以化合形式存在
	L-半乳糖	化合	在琼脂、树胶中
	D-果糖	游离、化合	在果汁、蜂蜜、植物汁中以游离形式存在,在蔗糖、棉籽糖、菊糖中以化合形式存在
低聚糖	蔗糖	游离	在甘蔗、甜菜等植物质中
	海藻糖	游离	海藻、霉菌中
	乳糖	游离	乳汁中
	蜜二糖	化合	棉籽糖中
	纤维二糖	化合	纤维素中
	麦芽糖	化合	淀粉、糖原中
	异麦芽糖	化合	支链淀粉、糖原中
	龙胆二糖	化合	糖苷中
	龙胆糖	游离	龙胆核中
	棉籽糖	游离	棉籽、甜菜汁中
	潘糖	游离	支链淀粉、糖原中
	松三糖	游离	在落叶松、枞松等树木树干的汁和蜂蜜中
多糖	纤维素		各种植物体种
	淀粉		植物籽粒、根、块茎中
	半纤维素		各种植物体中
	甲壳素		甲壳动物壳中
	菊糖		菊芋中
	果胶		各种植物体中若干种林木中

四、碳水化合物的主要作用

碳水化合物广泛存在于自然界,是含量最丰富的一类可再生生物资源。碳水化合物与脂肪和蛋白质并列为三大营养物,不仅是人们生活中吃、穿、用的主要来源,而且能通过各种代谢途径转化为蛋白质和脂类物质等,因此,碳水化合物是生物体的重要碳源和能源。此外,其进一步深加工可制成各种功能性材料,在生物降解材料、纺织、造纸、食品化工、日用化工、医药、建筑、油田化学等工业领域发挥越来越重要的作用。

糖类是食物中重要的供能营养素,可被人体消化的淀粉、单糖、双糖等糖类是食物中的主要能量来源。不能被人体消化吸收的某些多糖,其潜在的营养保健功能也日益受到人们的重视。如低聚异麦芽糖、低聚木糖、低聚果糖等能促进人体内双歧杆菌增殖,有利肠道微生态平衡;又如膳食纤维(包括半纤维素、果胶、无定形结构的纤维素和一些亲水性的多糖胶)可促进肠的蠕动,改善便秘,预防肠癌、糖尿病、肥胖症等。单、双糖在食品加工中的作用是显而易见的,如作为甜味剂、形成食品的色泽等;多糖的增稠作用在日常烹饪中也有应用;糖类的衍生物在功能性食品中的应用也日益广泛。

总之,糖类不仅为人类提供生命活动的能量,在食品加工中对食品的口感、质地、风味及加工特性也有很多贡献。

第二节　食品中的单糖及低聚糖

一、食品中单糖及低聚糖的结构

(一)单糖的结构

1.单糖的链状结构

单糖是最简单的碳水化合物,按照羰基在分子中的位置可分为醛糖或酮糖。依分子中碳原子的数目,单糖可依次命名为丙糖、丁糖、戊糖及己糖等。碳水化合物含有手性碳原子,手性碳原子即不对称碳原子,它连接 4 个不同的原子或功能基团,在空间上存在两种不同构型,即 D - 型及 L - 型两种构型。天然存在的单糖大多为 D - 型,食物中只有两种天然存在的 L - 糖,即 L - 阿拉伯糖和 L - 半乳糖。单糖中最重要的是戊糖和己糖,下面是自然界存在的重要的单糖(图 4 - 1)。

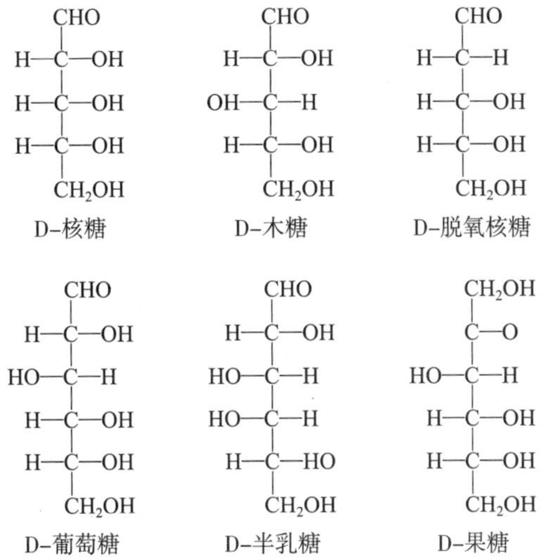

图 4 - 1　常见单糖的结构

单糖的直链状构型的写法,以费歇尔式(E. Fischer)最具代表性。常见的单糖可以看成是 D - 甘油醛的衍生物,从 C_3 ~ C_6 衍生出来的 D - 醛糖的构型用费歇尔式表示,即为图 4 - 2。

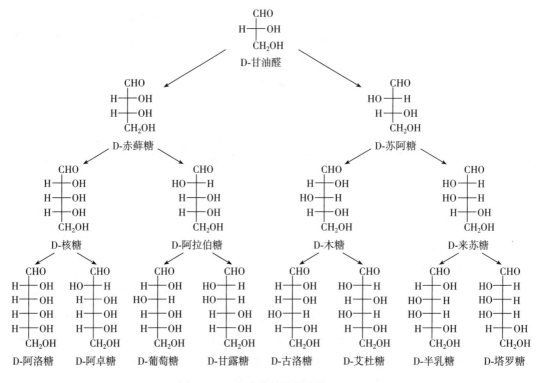

图 4 - 2   D - 醛糖的结构式(C_3 ~ C_6)

2. 单糖的环状结构

戊糖以上的单糖除了直链式外,还存在着环状结构,尤其在水溶液中多以环状结构——分子内半缩醛式或半缩酮式的构型存在,即单糖分子中的羰基与其本身的一个醇基反应,形成五元呋喃糖环(furanoses)和更为稳定的六元吡喃糖环(pyranoses)。由于环状结构中增加了一个手性碳原子,因此又多了两种构型,即 α - 型和 β - 型。图 4 - 3 为 D - 葡萄糖环状结构的形成,在 20℃ 和处于平衡状态时,两种构型的比例为 $\alpha : \beta = 37 : 63$。纯的 D - 葡萄糖属于 α - D - 吡喃葡萄糖,制成水溶液时,由于 α 与 β 转换,比旋光度由最初 + 112° 逐渐降到 + 52.7° 时恒定下来,这种现象称为变旋现象(mutarotation)。温度越高,变旋速度越快。

单糖环状结构的书写以哈武斯式(W. N. Haworth)最为常见(图 4 - 4)。天然存在的糖环实际上并非平面结构,吡喃葡萄糖有两种不同的构象——椅式或船式,但大多数己糖是以椅式存在(图 4 - 5)。

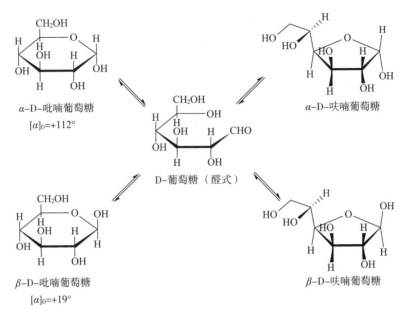

图 4 - 3 　 D - 葡萄糖的平衡状态（ Haworth 表示法）

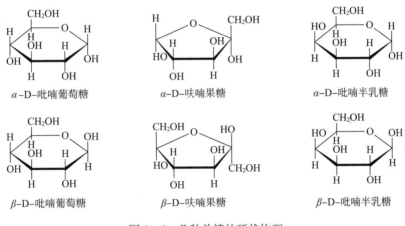

图 4 - 4 　 几种单糖的环状构型

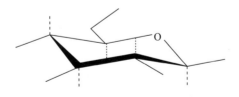

图 4 - 5 　 椅式吡喃环

(二)低聚糖的结构及命名

低聚糖是由 2 ~ 20 个糖单位通过糖苷键连接起来,形成直链的或具有分支结构的一类糖的总称。低聚糖可溶于水,普遍存在于自然界。自然界中的低聚糖的聚合度一般不超过 6 个糖单位,其中主要是双糖和三糖,食品中天然低聚糖以双糖最多,其中蔗糖、乳糖、麦芽糖最常见。食品中天然含有的其他低聚糖很少,主要分布在豆科植物种子和一些植物的块茎中,其中棉籽糖、水苏糖和松三糖等较常见,尤其在大豆中低聚糖含量较高。

低聚糖的糖基组成可以是同种的(均低聚糖),也可以是不同种的(杂低聚糖)。低聚糖的糖基单位几乎全部都是己糖,除果糖为呋喃环结构外,葡萄糖、甘露糖和半乳糖等均是吡喃环结构。

此外,还有相对分子质量更大的低聚糖,特别应该提到的是饴糖和玉米糖浆中的麦芽低聚糖(聚合度 DP 或单糖残基数为 4 ~ 10),以及环状糊精(cyclodextrin)。环状糊精是食品工业中广泛应用的另一类低聚糖,是由 6 ~ 8 单位 α – D – 吡喃葡萄糖基通过 α – 1,4 糖苷键首尾相连形成的环状低聚物,主要有 α、β 和 γ 环状糊精 3 种。

低聚糖的名称通常采用系统命名,即用规定的符号 D 或 L 和 α 或 β 分别表示单糖残基的构型和糖苷键的构型,用阿拉伯数字和箭头(→)表示糖苷键连接的碳原子位置和连接方向,用"O"表示取代位置在羟基氧上。如:麦芽糖的系统名称为 4 – O – α – D – 吡喃葡萄糖基 – (1→4) – D – 吡喃葡萄糖;乳糖的系统名称为 β – D – 吡喃半乳糖基 – (1→4) – D – 吡喃葡萄糖,蔗糖系统名称为 α – D – 吡喃葡萄糖基 – (1→2) – β – D – 呋喃果糖苷(图 4 – 6)。除系统命名外,因习惯名称使用简单方便,沿用已久,故目前仍然经常使用,如蔗糖、乳糖、海藻糖、棉籽糖等。

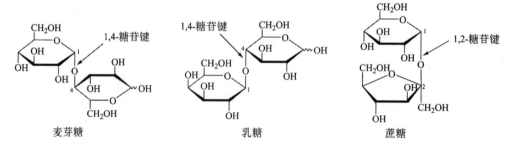

图 4 – 6　几种低聚糖的结构式

二、食品中单糖及低聚糖的物理性质

(一)甜度

甜味是糖的重要性质,甜味的强弱用甜度来表示,但甜度目前还不能用物理或化学方法定量测定,只能采用感官比较法,即通常以蔗糖(非还原糖)为基准物,一般以 10% 或 15% 的蔗糖水溶液在 20℃ 时的甜度为 100,其他糖的甜度则与之相比较而得,如葡萄糖的甜度为 70,果糖的甜度为 150。麦芽糖为 44,麦芽二糖为 32,麦芽四糖为 20,麦芽五糖为 17,麦芽六糖为 10,随着聚合度的增加甜度下降。由于这种甜度是相对的,所以又称为比甜度或相对甜度。常见单糖及低聚糖相对甜度见表 4 – 3。

表 4 - 3　糖的相对甜度

糖	相对甜度	糖	相对甜度
蔗糖	100	果糖	114 ~ 175
乳糖	16 ~ 27	半乳糖	30 ~ 60
麦芽糖	32 ~ 60	鼠李糖	30
棉籽糖	23	木糖	40 ~ 70
转化糖	80 ~ 130	葡萄糖	74

　　糖甜度的高低与糖的分子结构、相对分子质量、分子存在状态及外界因素有关,即相对分子质量越大,溶解度越小,则甜度越小。此外,糖的 α 型和 β 型也影响糖的甜度,如对于 D - 葡萄糖,如把 α 型的甜度定为 100,则 β 型的甜度为 66.6 左右;结晶葡萄糖是 α 型,溶于水以后一部分转为 β 型,所以刚溶解的葡萄糖溶液最甜。果糖与之相反,若 β 型的甜度为 100,则 α 型果糖的甜度是 33;结晶的果糖是 β 型,溶解后,一部分变为 α 型,达到平衡时其甜度下降。

　　优质的糖应具备甜味纯正,甜度高低适当,甜感反应快,消失得也迅速的特点。常用的几种单糖基本上符合这些要求,但仍有差别。例如,与蔗糖相比,果糖的甜味感觉反应快,达到最高甜味的速度快,持续时间短;而葡萄糖的甜味感觉反应慢,达到最高甜度的速度也慢,甜度较低,并具有凉爽的感觉。

　　不同种类的糖混合时,对其甜度有协同增效作用。例如,蔗糖与果葡糖浆结合使用时,可使其甜度增加 20% ~ 30% ;5% 葡萄糖溶液的甜度仅为同浓度蔗糖甜度的 1/2,但若配成 5% 葡萄糖与 10% 蔗糖的混合溶液,甜度相当于 15% 蔗糖溶液的甜度。

　　低聚糖除蔗糖、麦芽糖等双糖外,其他低聚糖可作为一类低热值低甜度的甜味剂,在食品中被广泛利用,尤其是作为功能性食品甜味剂,备受青睐。

(二)旋光性

　　旋光性是一种物质使直线偏振光的振动平面发生旋转的特性。旋光方向以符号表示:右旋为 D - 或(+),左旋为 L - 或(-)。

　　除丙酮糖外,其余单糖分子结构中均含有手性碳原子,故都具有旋光性,旋光性是鉴定糖的一个重要指标。

　　糖的比旋光度是指 1 mL 含有 1 g 糖的溶液在其透光层为 0.1 m 时使偏振光旋转的角度,通常用 $[\alpha]_\lambda^t$ 表示,t 为测定时的温度,λ 为测定时光的波长。一般采用钠光,用符号 D 表示。表 4 - 4 为几种单糖的比旋光度数值。

表 4 - 4　几种单糖在 20℃(钠光)时的比旋光度数值

单糖名称	比旋光度/(°)	单糖名称	比旋光度/(°)
D - 葡萄糖	+ 52.2	D - 半乳糖	+ 80.2
D - 果糖	- 92.4	D - 阿拉伯糖	- 105.0
D - 木糖	+ 18.8	D - 甘露糖	+ 14.2

糖刚溶解于水时,其比旋光度是处于变化中的,经过一定时间后,就稳定在一恒定的旋光度上,这种现象称为变旋现象(mutarotation)。例如 D - 葡萄糖,在 20℃ 和处于平衡状态时,两种构型的比例为 $\alpha:\beta=37:63$。纯的 D - 葡萄糖属于 α - D - 吡喃葡萄糖,制成水溶液时,由于 α 与 β 转换,比旋光度由最初 +112° 逐渐降到 +52.7° 时恒定下来,且温度越高,变旋速度越快。因此对有变旋光性的糖,在测定其旋光度时,必须使糖液静置一段时间再测定。

(三)溶解性

在同一温度下,各种单糖的溶解度不同,其中果糖的溶解度最大,其次是葡萄糖;各种单糖的溶解速度也不相同,其中葡萄糖溶于水的速度比蔗糖慢很多,不同葡萄糖异构体之间也存在差别,如设蔗糖的溶解速度为 1.0,则无水 β - 葡萄糖、无水 α - 葡萄糖、含水 α - 葡萄糖的溶解速度分别为 1.40、0.55 和 0.35。温度对溶解过程和溶解速度具有决定性影响,一般随温度升高,溶解度增大。不同温度下果糖、蔗糖和葡萄糖的溶解度如表 4 - 5 所示。

表4 - 5　几种糖的溶解度

糖	20℃		30℃		40℃		50℃	
	溶解度/ (g/100 g 水)	浓度/ %	溶解度/ (g/100 g 水)	浓度/ %	溶解度/ (g/100 g 水)	浓度/ %	溶解度/ (g/100 g 水)	浓度/ %
果糖	374.78	78.94	441.70	81.54	538.63	84.34	665.58	86.94
蔗糖	199.4	66.60	214.3	68.18	233.4	70.01	257.6	72.04
葡萄糖	87.67	46.71	120.46	54.64	162.38	61.89	243.76	70.91

糖溶解度的大小还与其水溶液的渗透压密切相关,在一定温度下,随着浓度增加,其渗透压也增大。对果酱、蜜饯类食品,是利用高浓度糖的保存性质(渗透压),这需要糖具有高溶解度。因为糖浓度只有在 70% 以上才能抑制酵母、霉菌的生长。在 20℃ 时,单独的蔗糖、葡萄糖、果糖最高浓度分别为 66%、50% 与 79%,故此时只有果糖具有较好的食品保存性,而单独使用蔗糖或葡萄糖均达不到防腐保质的要求。果葡糖浆的浓度因其果糖含量不同而异,当果糖含量为 42%、55% 和 90% 时,其浓度分别为 71%、77% 和 80%,因此,果糖含量较高的果葡糖浆,其保存性能较好。

(四)吸湿性及保湿性

吸湿性和保湿性都表明糖结合水的能力。吸湿性是指糖在较高的环境湿度下吸收水分的性质;保湿性是指糖在较低的环境湿度下保持水分的性质。这两种性质对于保持糕点类食品的柔软性和食品的贮藏、加工都有重要的实际意义。不同的糖吸湿性不一样,在所有的糖中,果糖的吸湿能力最强,转化糖中由于含有果糖,所以吸湿能力也较强。常见糖的吸湿性由强到弱为:

果糖≥转化糖 > 麦芽糖 > 葡萄糖 > 蔗糖 > 无水乳糖

　　一些糖醇是糖的还原产物,比糖类具有更好的保湿性。面包、糕点需要保持柔软的口感,软糖果需要保持一定的水分,避免在干燥天气中干缩,所以在制作时,用转化糖和果葡糖浆为宜;糕饼表面的糖霜起限制水进入食品的作用,在包装后,糖霜也不应当结块,因此应选用吸湿性较小的蔗糖,吸湿性最小的乳糖也适宜用于食品挂糖衣。食品加工中利用糖的吸湿性或保湿性,实际上就是为了达到限制水进入食品或是将水保持在食品中的目的。

　　含有一定数量转化糖的糖制品,比如蜜饯,如果没有合适的包装,便会吸收空气中的水分,增加自由水含量,使水分活度增大,降低耐藏性。用果糖或果葡糖浆生产面包、糕点,软糖、调味品等食品,效果很好,但也正因其吸湿性、保湿性强,不能用于生产硬糖、酥糖及酥性饼干。葡萄糖经氢化生成的山梨醇具有良好的保湿性,作为保水剂广泛应用于食品、烟草、纺织等工业,效果优于甘油。

(五)结晶性

　　单糖和双糖可能会形成过饱和溶液。但各种糖液在一定的浓度和温度条件下都能析出晶体,这就是糖的结晶性。糖结晶形成的难易与溶液的黏度和糖的溶解度有关。蔗糖易结晶且晶粒较大;葡萄糖也易结晶,但晶粒较小;果糖和转化糖较难结晶;淀粉糖浆是葡萄糖、低聚糖和糊精的混合物,不能结晶,并能防止蔗糖的结晶。

　　在糖果生产中,就需利用糖结晶性质上的差别。例如当饱和蔗糖溶液由于水分蒸发后,形成了过饱和的溶液,此时在温度骤变或有晶种存在情况下,蔗糖分子会整齐地排列在一起重新结晶,利用这个特性可以制造冰糖等。又如生产硬糖时,不能单独使用蔗糖,否则,当熬煮到含水量小于3%时,冷却下来后就会出现蔗糖结晶,硬糖碎裂而得不到透明坚韧的硬糖产品;如果在生产硬糖时添加适量的淀粉糖浆(DE值42),就不会形成结晶体而可以制成各种形状的硬糖。这是因为淀粉糖浆不含果糖,吸湿性较小,糖果保存性好。同时因淀粉糖浆中的糊精能增加糖果的黏性、韧性和强度,使糖果不易碎裂。此外,在糖果制作过程中加入其他物质,如牛奶、明胶等,也会阻止蔗糖结晶的产生。而对于蜜饯制品,需要高糖浓度,若使用蔗糖则易产生返砂现象,不仅影响外观且防腐效果降低,因此可利用果糖或果葡糖浆的不易结晶性,适当替代蔗糖,可大幅改善产品的品质。

　　蔗糖的结晶性质还用于面包、糕点及其他一些食品表面糖霜的形成。另外,一些食品外表面糖衣的形成,也是利用了蔗糖的结晶性。利用蔗糖与风味物质共结晶的方法是一种有用的微胶囊技术。将风味物掺到熔化的蔗糖溶液中,蔗糖在冷却结晶时包裹住风味物,当此种结晶蔗糖加入到食品中时,风味物也随之进入,有利于提高风味物的贮藏稳定性。这种技术也可用于提高固体饮料和添加剂的稳定性和速溶性。

　　糖类的结晶性有其可利用的一面,但对另外某些食品可能会带来不良的后果。糖溶液中晶体的析出,直接降低了糖液的浓度,减小了糖液的渗透压,不能有效地抑制微生物的生长,不利于食品的保藏,还可能造成糖果、糕点等食品口感的变化(如返砂现象)。

(六)黏度

一般来说,糖的黏度是随着温度的升高而下降,但葡萄糖的黏度则随温度的升高而增大;单糖的黏度比蔗糖低,低聚糖的黏度多数比蔗糖高;淀粉糖浆的黏度随转化程度增大而降低。

糖浆的黏度特性对食品加工具有现实的生产意义。如在一定黏度范围,可使由糖浆熬煮而成的糖膏具有可塑性,以适合糖果工艺中的拉条和成型的需要;在搅拌蛋糕蛋白时,加入熬好的糖浆,就是利用其黏度来包裹稳定蛋白中的气泡。

(七)渗透压

单糖的水溶液与其他溶液一样,具有冰点降低,渗透压增大的特点。糖溶液的渗透压与其浓度和分子质量有关,即渗透压与糖的摩尔浓度成正比;在同一浓度下,单糖的渗透压为双糖的 2 倍。例如,果糖或果葡糖浆就具有高渗透压特性,故其防腐效果较好。低聚糖由于其分子质量较大,且水溶性较小,所以其渗透压也较小。因此,糖藏是保存食品的重要方法之一,如果酱、蜜饯等,这是由于糖液的渗透压使微生物菌体失水,其生长受到抑制。不同微生物受糖液抑制生长的性质存在差别,如对于蔗糖来说:50% 可以抑制酵母的生长,65% 可以抑制细菌的生长,80% 可以抑制霉菌的生长。而对于链球菌,35% ~45% 的葡萄糖可抑制其生长,而用蔗糖溶液则需要 50% ~60% 的浓度。

(八)发酵性

糖类发酵对食品具有重要的意义,酵母菌能使葡萄糖、果糖、麦芽糖、蔗糖、甘露糖等发酵生成酒精,同时产生 CO_2,这是酿酒生产及面包疏松的基础。但各种糖的发酵速度不一样,大多数酵母发酵糖的顺序为:葡萄糖 > 果糖 > 蔗糖 > 麦芽糖。乳酸菌除可发酵上述糖类外,还可发酵乳糖产生乳酸。但大多数低聚糖却不能被酵母菌和乳酸菌等直接发酵,必须先水解产生单糖后,才能被发酵。

另外,由于蔗糖、葡萄糖、果糖等具有发酵性,故在某些食品的生产中,可用其他甜味剂代替糖类,以避免微生物生长繁殖而引起食品变质或汤汁浑浊现象的发生。

三、单糖及低聚糖的化学性质

(一)美拉德反应

美拉德反应(Maillard reaction)又称羰氨反应,即指羰基与氨基经缩合、聚合反应生成类黑色素的反应。由于此反应最初是由法国生物化学家美拉德(Louis Camille Maillard)于1912 年发现,故以他的姓氏命名。美拉德反应的最终产物是结构复杂的有色物质,使反应体系的颜色加深,所以该反应又称为"褐变反应"。这种褐变反应不是由酶引起的,故属于非酶褐变反应。

几乎所有食品中均含有羰基(来源于糖或油脂氧化酸败产生的醛和酮)和氨基(来源于蛋白质),因此都可能发生羰氨反应,故在食品加工中由羰氨反应引起食品颜色加深的现象比较普遍。如焙烤面包产生的金黄色,烤肉产生的棕红色,熏干产生的棕褐色,酿造食品如啤酒的黄褐色,酱油、醋的棕黑色等均与其有关。

1.美拉德反应的机理

美拉德反应过程可分为初期、中期、末期三个阶段。每一个阶段包括若干个反应。

(1)初期阶段

包括羰氨缩合和分子重排两种作用。

① 羰氨缩合。羰氨反应的第一步是氨基化合物中的游离氨基与羰基化合物的游离羰基之间的缩合反应(图 4 - 7),最初产物是一个不稳定的亚胺衍生物,称为薛夫碱(Schiff base),此产物随即环化为氮代葡萄糖基胺。

在反应体系中,如果有亚硫酸根的存在,亚硫酸根可与醛形成加成化合物,这个产物能和 R—NH$_2$ 缩合,但缩合产物不能再进一步生成薛夫碱和氮代葡萄糖基胺(图 4 - 8),因此,亚硫酸根可以抑制羰氨反应褐变。

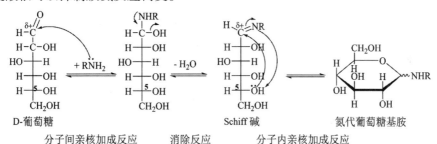

图 4 - 7　葡萄糖与胺类化合物的羰氨缩合反应

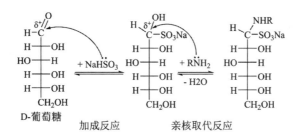

图 4 - 8　亚硫酸根离子与醛的加成反应式

羰氨缩合反应是可逆的,在稀酸条件下,该反应产物极易水解。羰氨缩合反应过程中由于游离氨基的逐渐减少,使反应体系的 pH 下降,所以在碱性条件下有利于羰氨反应。

② 分子重排。氮代葡萄糖基胺在酸的催化下经过阿姆德瑞(amadori)分子重排作用,生成 1 - 氨基 - 2 - 酮糖即单果糖胺(图 4 - 9);此外,酮糖也可以与氨基化合物生成酮糖基胺,而酮糖基胺可经过海因斯(heyenes)分子重排作用异构成 2 - 氨基 - 2 - 脱氧葡萄糖(图 4 - 10)。

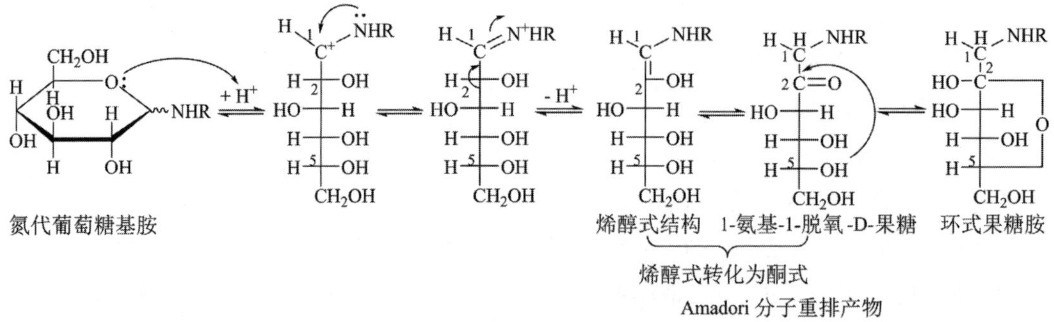

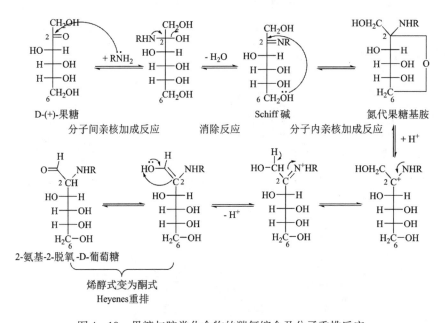

图 4 - 9　氮代葡萄糖基胺在酸性环境中的重排

图 4 - 10　果糖与胺类化合物的羰氨缩合及分子重排反应

（2）中期阶段

重排产物果糖基胺可通过多条途径进一步降解,生成各种羰基化合物,如羟甲基糠醛（hydroxymethylfural,HMF）、还原酮等,这些化合物还可进一步发生反应。

① 果糖基胺脱水生成羟甲基糠醛。果糖基胺在 pH ≤ 5 时,首先脱去胺残基（ R—NH₂）,再进一步脱水生成 5 - 羟甲基糠醛（图 4 - 11）。HMF 的积累与褐变速度有密切的相关性,HMF 积累后不久就可发生褐变。因此,可用分光光度计测定 HMF 积累情况来监测食品中褐变反应发生的情况。

② 果糖基胺脱去胺残基重排生成还原酮（reductones）。除图 4 - 11 反应历程中发生果糖基胺的 1,2 - 烯醇化作用生成 1,2 - 烯醇式果糖基胺外,还可发生 2,3 - 烯醇化,最后生成还原酮类化合物（图 4 - 12）。还原酮类化合物的化学性质比较活泼,可进一步脱水后再与胺类缩合,也可裂解成较小的分子如二乙酰、乙酸、丙酮醛等。

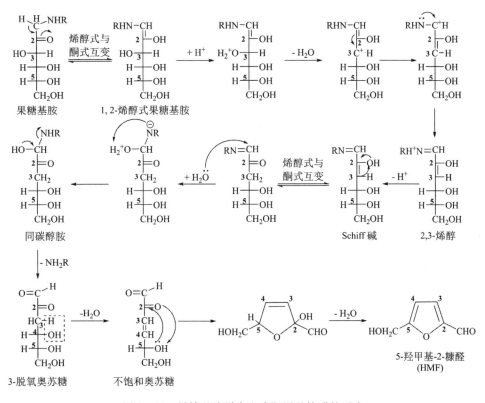

图 4 – 11 果糖基胺脱水生成羟甲基糠醛的反应

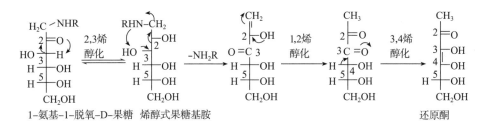

图 4 – 12 果糖基胺重排反应式

③ 氨基酸与二羰基化合物的作用。在二羰基化合物存在下,氨基酸可发生脱羧、脱氨作用,生成醛和二氧化碳,其氨基则转移到二羰基化合物上并进一步发生反应生成各种化合物(风味成分,如醛、吡嗪等),这一反应称为斯特勒克(strecker)降解反应(图 4 – 13)。通过同位素示踪法已证明,在羰氨反应中产生的二氧化碳中 90% ~ 100% 来自氨基酸残基而不是来自糖残基部分。所以,斯特勒克降解反应在褐变反应体系中即使不是唯一的,也是主要产生二氧化碳的途径。

④ 果糖基胺的其他反应产物的生成。在美拉德反应中间阶段,果糖基胺除生成还原酮等化合物外,还可以通过其他途径生成各种杂环化合物,如吡啶、苯并吡啶、苯并吡嗪、呋喃化合物、吡喃化合物等(图 4 – 14),所以此阶段的反应是一个复杂的反应。

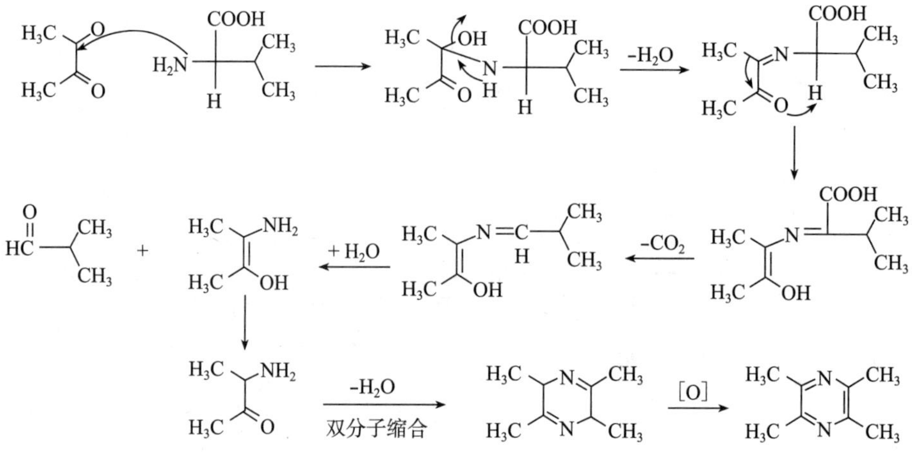

图 4 – 13　斯特勒克(strecker)降解反应

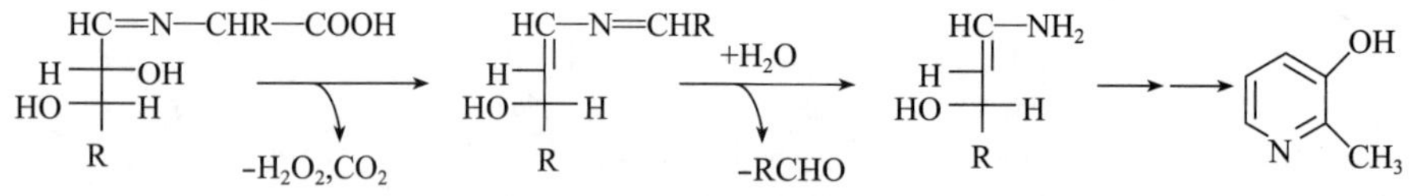

图 4 – 14　美拉德反应过程中吡啶化合物的生成

　　此外,阿姆德瑞(amadori)产物还可以被氧化裂解,生成有氨基取代的羧酸化合物(图 4 – 15)。因此,ε – 羧甲基赖氨酸可以作为该反应体系中美拉德反应进程的一个指标。

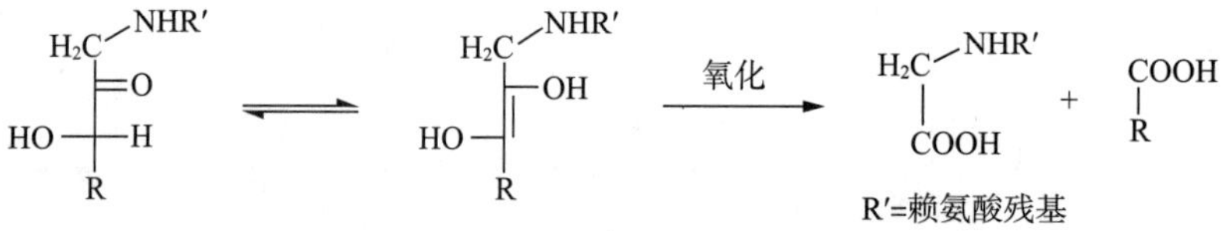

图 4 – 15　阿姆德瑞(amadori)产物的氧化裂解

（3）末期阶段

　　羰氨反应的末期阶段,多羰基不饱和化合物(如还原酮等)一方面进行裂解反应,产生挥发性化合物;另一方面又进行缩合、聚合反应,产生褐黑色的类黑精物质(melanoidin),从而完成整个美拉德反应。

　　① 醇醛缩合。醇醛缩合是两分子醛的自相缩合,并进一步脱水生成不饱和醛的过程(图 4 – 16)。

　　② 生成类黑精物质的聚合反应。该反应是经过中期反应后,产物中有糠醛及其衍生物、二羰基化合物、还原酮类、由斯特勒克降解和糖的裂解所产生的醛等,这些产物进一步缩合、聚合形成复杂的高分子色素。

　　总之,食品体系中发生羰氨反应的生成产物众多,对食品的风味、色泽等方面有重要的影响。

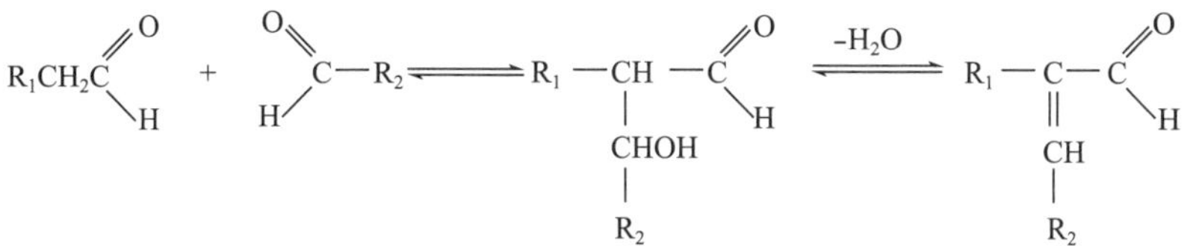

图 4 – 16　醇醛缩合反应

2. 影响美拉德反应的因素

美拉德反应的机制十分复杂,不仅与参与的单糖及氨基酸的种类有关,同时还受到温度、氧气、水分及金属离子等因素的影响。控制这些因素,就可以产生或抑制非酶褐变,这对食品加工具有实际意义。

(1)底物的影响

对于不同的还原糖,美拉德反应的速度不同,在五碳糖中:核糖 > 阿拉伯糖 > 木糖;在六碳糖中:半乳糖 > 甘露糖 > 葡萄糖;并且五碳糖的褐变速度大约是六碳糖的 10 倍,醛糖 > 酮糖,单糖 > 二糖。另外一些不饱和羰基化合物(如 2 – 己烯醛)、α – 二羰基化合物(如乙二醛)等的反应活性比还原糖更高。

一般地,氨基酸、肽类、蛋白质、胺类均与褐变有关,简单胺类比氨基酸的褐变速度快。而就氨基酸来说,碱性氨基酸的褐变速度快;对于不同的氨基酸,具有 ε – NH_2 氨基酸的美拉德反应速度,远大于 α – NH_2 氨基酸。因此,可以发现,在美拉德反应中赖氨酸损失较大。对于 α – NH_2 氨基酸,碳链长度越短的 α – NH_2 氨基酸,反应性越强。

(2)pH 的影响

美拉德反应在酸、碱环境中均可发生,但在 pH = 3 以上,其反应速度随 pH 的升高而加快。一般在蛋粉干燥前,加酸降低 pH,在蛋粉复溶时,再加碳酸钠恢复 pH,这样可以有效地抑制蛋粉的褐变。在很低的 pH 下,氨基完全质子化,羰氨反应停止。所以降低 pH 是控制褐变的较好方法。同时,也可加入亚硫酸盐来防止食品褐变,因亚硫酸盐与羰基反应,能抑制葡萄糖生成 5 – 羟基糠醛,从而可抑制褐变发生。

(3)反应物浓度

美拉德反应速度与反应物浓度成正比,水也是反应物之一,因此在完全干燥条件下,反应难以进行。水分在 10% ~ 15% 时,褐变易进行,水分含量在 3% 以下时,褐变反应会受到抑制。水分过多,则会过度稀释其他反应物而减速。此外,褐变与脂肪也有关,当水分含量超过 5% 时,脂肪氧化加快,褐变也加快。

(4)温度

美拉德反应受温度的影响很大,温度相差 10℃,褐变速度相差 3 ~ 5 倍,一般在 30℃ 以上褐变较快,而 20℃ 以下则进行较慢,所以置于 10℃ 以下冷藏,则可较好地防止褐变。

(5)金属离子

铁和铜催化还原酮类的氧化,促进美拉德反应。Fe^{3+} 比 Fe^{2+} 更为有效,在食品加工处理反应避免这些金属离子的混入。而钙可同氨基酸结合生成不溶性化合物,可抑制美拉德反应,Mn^{2+}、Sn^{2+} 等离子也可抑制美拉德反应。而 Na^+ 对褐变没有什么影响。

（6）亚硫酸盐

亚硫酸根能与羰基发生加成反应。在美拉德反应之前,加入亚硫酸盐可预防美拉德反应,抑制褐变发生。

（7）氧气

氧气的存在影响美拉德反应,真空或充入惰性气体,则降低了脂肪等的氧化和羰基化合物的生成,也减少了它们与氨基酸的反应。此外,氧气被排除虽然不影响美拉德反应早期的羰氨反应,但是可影响反应后期色素物质的形成。

对于很多食品,为了增加色泽和香味,在加工处理时利用适当的褐变反应是十分必要的,例如,茶叶的制作,可可豆、咖啡豆的烘焙,酱油的加热杀菌等。然而对于某些食品,由于褐变反应可引起其色泽变劣,则要严格控制,如乳制品、植物蛋白饮料的高温灭菌。

（二）焦糖化反应

糖类尤其是单糖在没有含氨基化合物存在的情况下,加热到熔点以上的高温(一般是140~170℃以上),因糖发生脱水与降解,也会产生褐变反应,这种反应称为焦糖化反应(caramelization)。

各种单糖因熔点不同,其反应速度也各不一样,葡萄糖的熔点为146℃,果糖的熔点为95℃,麦芽糖的熔点为103℃。由此可见,果糖引起焦糖化反应最快。

糖液的 pH 不同,其反应速度也不相同,pH 越大,焦糖化反应越快,在 pH 为8 时要比pH 为5.9 时快10 倍。

焦糖化反应主要有以下两类产物:一类是糖的脱水产物——焦糖(或称酱色,caramel);另一类是糖的裂解产物——挥发性醛、酮类等。对于某些食品如焙烤、油炸食品,焦糖化作用适当,可使产品获得悦人的色泽与风味。另外,利用此反应,还可以生产作为食品着色剂的焦糖色素。

1. 焦糖的形成

糖类在无水条件下加热,或者在高浓度时用稀酸处理,可发生焦糖化反应。由葡萄糖生成右旋光性的葡萄糖酐(1,2 - 脱水 - α - D - 葡萄糖)和左旋光性的葡萄糖酐(1,6 - 脱水 - β - D - 葡萄糖),前者的比旋光度为 +69°,后者为 -67°,酵母菌只能发酵前者,两者很容易区别。在同样条件下果糖可形成果糖酐(2,3 - 脱水 - β - D - 呋喃果糖)(图4 - 17)。

由蔗糖形成焦糖色的过程可分为3个阶段。开始阶段,蔗糖熔融,继续加热,当温度达到约200℃时,经约35 min 的起泡(foaming),蔗糖失去一分子水,生成异蔗糖酐(图4 - 18),无甜味而具有温和的苦味,这是蔗糖焦糖化的初始反应。

无水加热
α-D-葡萄糖
1,2—脱水-α-D-葡萄糖
无水加热
β-D-葡萄糖
1,6—脱水-β-D-葡萄糖
无水加热
β-D-呋喃果糖
2,3—脱水-β-D-葡萄糖

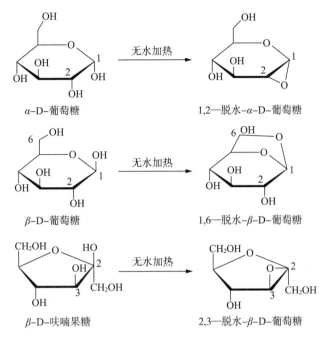

图 4－17　葡萄糖和果糖的焦糖化反应

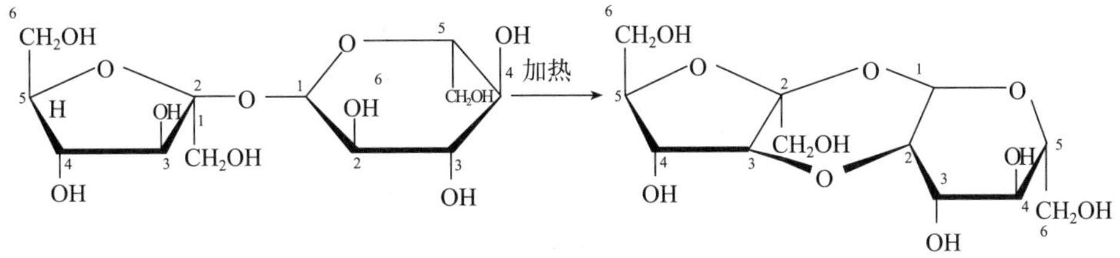

加热

图 4－18　异蔗糖酐的生成

生成异蔗糖酐后，起泡暂时停止。稍后又发生二次起泡现象，这就是形成焦糖的第二阶段，持续时间比第一阶段长，约为 55 min，在此期间失水量达 9%，形成的产物为焦糖苷，平均分子式为 $C_{24}H_{36}O_{18}$。

$$2C_{12}H_{22}O_{11} \xrightarrow{-4H_2O} C_{24}H_{36}O_{18}$$

焦糖苷的熔点为 138℃，可溶于水及乙醇，味苦。中间阶段起泡 55 min 后进入第三阶段，进一步脱水形成焦糖稀：

$$3C_{12}H_{22}O_{11} \xrightarrow{-8H_2O} C_{36}H_{50}O_{25}$$

焦糖稀的熔点为 154℃，可溶于水。若再继续加热，则生成高分子量的深色难溶的物质，称为焦糖素（caramelin），分子式为 $C_{125}H_{188}O_{80}$。这些复杂色素的结构目前尚不清楚，但具有下列的官能团：羰基、羧基、羟基和酚基等。

生产焦糖色素的原料一般为蔗糖、葡萄糖、麦芽糖或糖蜜，高温和弱碱性条件可提高焦糖化反应速度，催化剂可以加速此反应，并可生产具有不同类型的焦糖色素。现在，市场上

有三种商品化焦糖色素。第一种是由亚硫酸氢铵催化蔗糖生产的耐酸焦糖色素,可应用于可乐饮料、其他酸性饮料、烘焙食品、糖浆、糖果以及调味料中,这种色素的溶液呈酸性(pH为 2~4.5),含有带负电荷的胶体粒子,酸性盐催化蔗糖糖苷键的裂解,铵离子参与 amadori重排。第二种是将糖与铵盐加热,产生红棕色并含有带正电荷的胶体粒子的焦糖色素,其水溶液的 pH 为 4.2~4.8,用于烘焙食品、糖浆以及布丁等。第三种是由蔗糖直接热解产生红棕色并含有略带负电荷的胶体粒子的焦糖色素,其水溶液的 pH 为 3~4,应用于啤酒和其他含醇饮料。焦糖色素的等电点在食品的制造中有重要意义。例如,在一种 pH 为 4~5 的饮料中若使用了等电点的 pH 为 4.6 的焦糖色素,就会发生凝絮、浑浊乃至出现沉淀。

磷酸盐、无机酸、碱、柠檬酸、延胡索酸、酒石酸、苹果酸等对焦糖的形成有催化作用。

2. 糠醛和其他醛的形成

糖在强热下的另一类变化是裂解脱水,形成一些醛类物质。如单糖在酸性条件下加热,主要进行脱水形成糠醛或糠醛衍生物。它们经聚合或与胺类反应,可生成深褐色的色素。单糖在碱性条件下加热,首先发生互变异构作用,生成烯醇糖,然后断裂生成甲醛、五碳糖、乙醇醛、四碳糖、甘油醛、丙酮醛等。这些醛类经过复杂缩合、聚合反应或发生羰氨反应均可生成黑褐色的物质。

(三) 与碱的作用

单糖在碱性溶液中不稳定,易发生异构化和分解等反应。碱性溶液中单糖的稳定性与温度有很大关系,在温度较低时稳定,而温度增高,单糖会很快发生异构化和分解反应,并且这些反应发生的程度和形成的产物受许多因素的影响,如单糖的种类和结构、碱的种类和浓度、作用的温度和时间等。

1. 异构化(isomerization)

稀碱溶液处理单糖,首先生成烯醇式中间体,C_2 失去手性。当葡萄糖烯醇式中间体 C_1 羟基上的氢转回 C_2 时,如果由左面加到 C_2 上,则 C_2 上的羟基便在右面,即仍然得到 D - 葡萄糖;但当 C_1 羟基上氢原子由右面加到 C_2 上,则 C_2 上羟基便转至左面,产物便是 D - 甘露糖;且 C_2 羟基上的氢原子也同样可以转移到 C_1 上,这样得到的产物便是 D - 果糖。因此,D - 葡萄糖在稀碱作用下,可通过烯醇式中间体转化得到 D - 葡萄糖,D - 甘露糖和 D - 果糖三种物质的平衡混合物。同理,用稀碱处理 D - 果糖或 D - 甘露糖,也可得到相同的平衡混合物(图 4 - 19)。

单糖的烯醇化不仅仅发生在 1、2 位生成 1,2 - 烯二醇,随着碱浓度的增高,还可以发生在 2、3 位和 3、4 位上,从而形成其他的己醛糖和己酮糖。但在弱碱作用下,烯醇化作用一般停止于 2、3 位的阶段。

在未使用酶法以前,就是利用此反应处理葡萄糖溶液或淀粉糖浆来生产果葡糖浆,此时果糖的转化率只有 21%~27%,糖分损失 10%~15%,同时还产生有色物质,精制很困难。在 1957 年开始使用异构酶后,已有 3 代果葡糖浆产品在食品工业应用。第一代果葡糖浆产品中 D – 葡萄糖为 52%, D – 果糖为 42%, 高碳糖为 6%, 固形物约 71%; 第二代果葡糖浆产品中 D – 葡萄糖为 40%, D – 果糖为 55%, 高碳糖为 5%, 固形物约 77%; 第三代果葡糖浆产品中 D – 葡萄糖为 7%, D – 果糖为 90%, 高碳糖为 3%, 固形物约 80%。

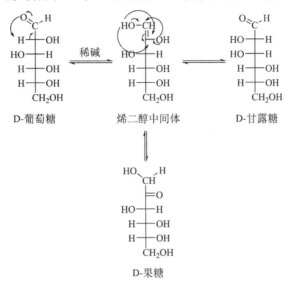

图 4 – 19 葡萄糖的异构化反应

2. 糖精酸的生成

单糖与碱作用时,随碱浓度的增加、加热温度的提高或加热作用时间的延长,单糖还会发生分子内氧化还原反应与重排作用,生成羧酸类化合物。此羧酸类化合物的组成与原来单糖的组成没有差异,只是分子结构(或原子连接顺序)改变,此羧酸类化合物称为糖精酸类化合物,有多种异构体,因碱浓度不同而不同,且不同的单糖生成不同结构的糖精酸(图 4 – 20)。

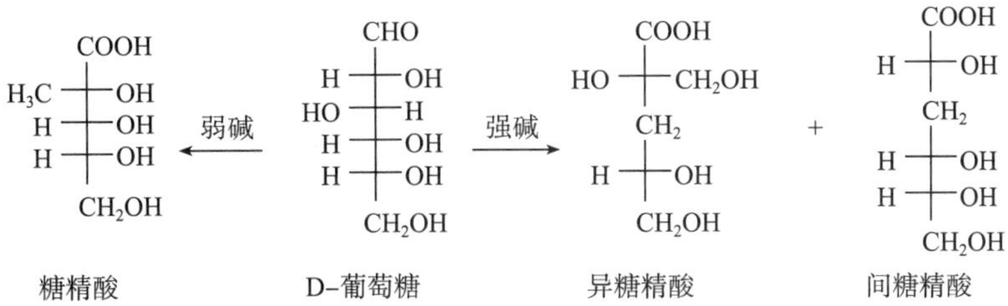

图 4 – 20 糖精酸的生成反应

3. 分解反应

在浓碱的作用下,单糖分解产生较小分子的糖、酸、醇和醛等化合物。此分解反应,因有无氧气或其他氧化剂的存在而其分解产物各不相同。在有氧化剂存在时,己糖受碱作用,先发生连续烯醇化,然后在氧化剂存在的条件下从双键处裂开,生成含 1、2、3、4 和 5 个碳原子的分解产物(图 4 – 21)。若没有氧化剂存在时,则碳链断裂的位置为距离双键的第二单键上,具体的反应式如图 4 – 22 所示。

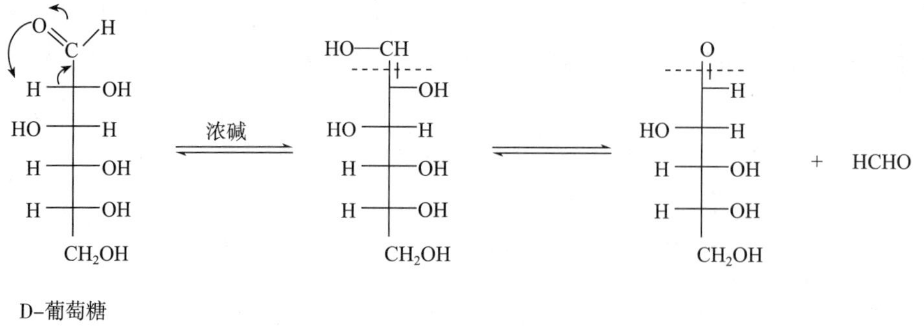

图 4 – 21　氧化条件下单糖的分解反应

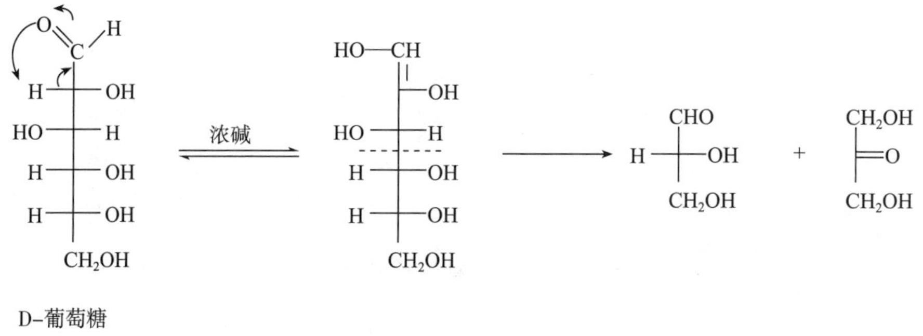

图 4 – 22　非氧化条件下单糖的分解反应

(四) 与酸的作用

酸对于糖的作用,受酸的种类、浓度、温度和 pH 的影响。在室温下稀酸对单糖的稳定性无影响,但在较高的温度下,则发生复合反应(分子间脱水)生成低聚糖,发生脱水反应(分子内脱水)生成非糖物质。糖在不同条件下可发生如下反应。

1. 缩聚反应

缩聚反应实质上是分子间的缩合脱水。受酸和热的作用,一个单糖分子的半缩醛羟基与另一个单糖分子的羟基通过 1,3 – 或 1,6 – 糖苷键缩合,失水生成双糖。若缩聚反应程度高,还能生成三糖和其他低聚糖,这种反应称为缩聚反应。

如:$2C_6H_{12}O_6 \longrightarrow C_{12}H_{22}O_{12} + H_2O$

不同酸对此反应的催化程度依次为盐酸 > 硫酸 > 草酸。D – 葡萄糖、D – 甘露糖主要通过 1,6 – 糖苷键复合成双糖,L – 阿拉伯糖则主要通过 1,3 – 糖苷键复合,且只能得到 β – 二糖。值得注意的是,复合反应并不是水解反应的副反应,如麦芽糖由 2 分子葡萄糖通过 α – 1,4 – 糖苷键结合而成,水解后生成两分子的葡萄糖;但两分子葡萄糖发生复合时并不是通过 α – 1,4 – 糖苷键缩合,而是通过 α – 1,6 – 糖苷键缩合成异麦芽糖或通过 β – 1,4 – 糖苷键形成龙胆二糖。

缩聚反应是淀粉水解不利的副反应,在工业上用酸水解淀粉产生葡萄糖时,产物往往含有 5% 左右的异麦芽糖和龙胆二糖,影响葡萄糖的产率,还会影响葡萄糖的结晶性和风味。这些缩聚糖类最终存留于葡萄糖废蜜中,不能被酵母发酵,约占废蜜中糖分的三分之一。葡萄糖废蜜是制备异麦芽糖和龙胆二糖的好原料,龙胆二糖具有苦味,苦杏仁中含有此糖。葡萄糖结晶后,这些缩聚糖存留于母液中,为收回这些缩聚的葡萄糖,工业上再添加酸于母液中,加热水解,使缩聚糖转变成葡萄糖,如此提高葡萄糖的产率。另外为防止或尽量降低复合葡萄糖含量,可采取如下措施:严格控制加酸量和淀粉溶液的浓度,0.15% 盐酸、35% 淀粉溶液是比较合适的,另外控制液化温度和液化时间。

2. 脱水反应

糖受酸和热的作用,易发生分子内脱水反应,生成环状结构体或双键化合物。与较浓的酸共热,脱水反应更容易进行,并产生非糖物质。如戊糖在加热和酸性条件生成糠醛,己糖在加热和酸性条件生成 5 - 羟甲基糠醛,5 - 羟甲基糠醛进一步分解甲酸,乙酰丙酸和聚合成有色物质。这种反应在糖果加工中易出现,硬糖的黄色与糠醛及其衍生物有关。另外在此反应过程中还可产生麦芽酚和异麦芽酚,它们具有特殊的气味(焦糖香型),可增强其他风味,如增强甜味等。麦芽酚可以使蔗糖的阈值浓度降低一半,而异麦芽酚作为甜味的增强剂时,它所产生的效果相当于麦芽酚的 6 倍。

糖分子发生分子内脱水产生的糠醛及 5 - 羟甲基糠醛与各种酚易发生显色反应,如与 α - 萘酚显紫色,此反应常用于糖的定性和定量分析。

(五)糖的氧化与还原反应

简单的单糖和大多数低聚糖分子中具有羰基和羟基,因此具有醇羟基的成酯、成醚、成缩醛等反应和羰基的一些加成反应以及一些特殊反应。这里主要介绍几种与食品有关而且比较重要的反应。

1. 还原反应(reduction)

单糖分子中的醛或酮能被还原生成多元醇,常用的还原剂有钠汞齐(NaHg)和四氢硼钠(NaBH$_4$)。如,D - 葡萄糖还原生成山梨醇,木糖还原生成木糖醇,D - 果糖还原生成甘露醇和山梨醇的混合物。

山梨醇、甘露醇等多元醇存在于植物中,如山梨醇存在于梨、苹果和李等多种水果中。山梨醇无毒,有轻微的甜味和吸湿性,甜度为蔗糖的 50%,可用作食品、化妆品和药物的保湿剂。木糖醇的甜度为蔗糖的 70%,可以替代蔗糖作为糖尿病患者的甜味剂。

2. 氧化反应

(1)土伦试剂、费林试剂氧化

单糖含有游离羰基或酮基,而酮基在稀碱溶液中能转化为醛基,因此单糖具有醛的通性,既可被氧化成酸又可被还原为醇。所以醛糖与酮糖都能被像土伦试剂或费林试剂这样的弱氧化剂氧化,前者产生银镜,后者生成氧化亚铜的砖红色沉淀,糖分子的醛基被氧化为羧基。

$$C_6H_{12}O_6 + Ag(NH_3)_2^+ + OH^- \longrightarrow C_6H_{12}O_7 + Ag\downarrow$$

葡萄糖或果糖　　　　　　　　葡萄糖酸

$$C_6H_{12}O_6 + Cu(OH)_2 \longrightarrow C_6H_{12}O_7 + Cu_2O\downarrow$$

红色沉淀

凡是能被上述弱氧化剂氧化的糖,都称为还原糖,所以果糖也是还原糖。这主要是果糖在稀碱溶液中可发生酮式—烯醇式互变,羰基不断地变成醛基,并与氧化剂发生反应之故。

（2）溴水氧化

溴水能氧化醛糖,生成糖酸,糖酸加热很容易失水而得到$\gamma -$和$\delta -$酯。例如D－葡萄糖被溴水氧化生成D－葡萄糖酸和D－葡萄糖酸$-\delta -$内酯（GDL）（图4－23）,后者是一种温和的酸味剂,适用于肉制品与乳制品。而葡萄糖酸还可与钙离子生成葡萄糖酸钙,它是口服钙的配料。但酮糖不能被溴水氧化,因为酸性条件下,不会引起糖分子的异构化作用,所以可用此反应来区别醛糖和酮糖。

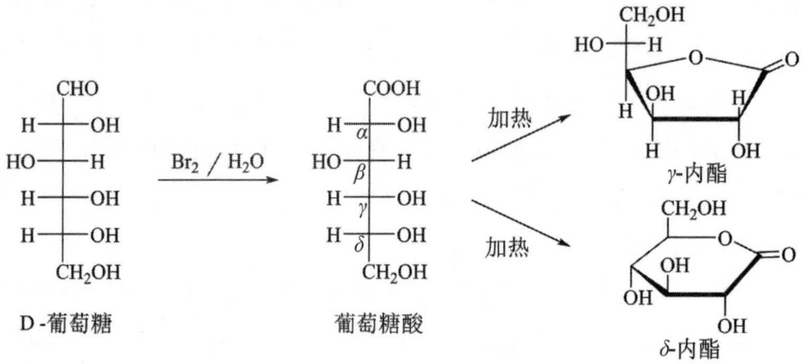

图4－23　溴水氧化D－葡萄糖反应

（3）硝酸氧化

稀硝酸的氧化作用比溴水强,它能将醛糖的醛基和伯醇基都氧化,生成具有相同碳数的二元酸。例如图4－24中D－葡萄糖被硝酸氧化成D－葡萄糖二酸,然后互变成它的内酯。

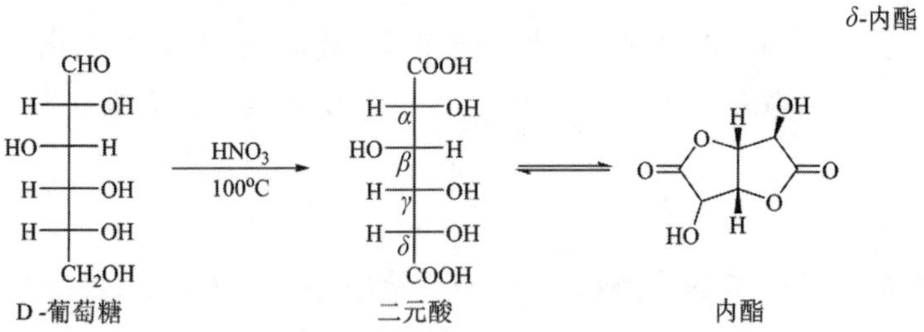

图4－24　硝酸氧化D－葡萄糖反应

而半乳糖氧化后生成半乳糖二酸。半乳糖二酸不溶于酸性溶液,而其他己醛糖氧化后生成的二元酸都能溶于酸性溶液,利用这个反应可以鉴定半乳糖和其他己醛糖。

（4）高碘酸氧化

糖类像其他有两个或更多的在相邻的碳原子上有羟基或羰基的化合物一样,也能被高碘酸所氧化,碳碳键发生断裂(图4－25)。该反应是定量的,每断裂1个碳碳键就消耗1摩尔高碘酸。因此,该反应现在是研究糖类结构的重要手段之一。

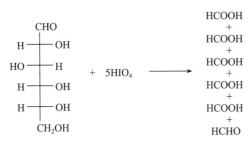

图4－25　高碘酸氧化单糖反应

（5）其他

除了上面介绍的一些氧化反应外,如酮糖在强氧化剂作用下,在酮基处裂解,生成草酸和酒石酸。单糖与强氧化剂反应还可生成二氧化碳和水。葡萄糖在氧化酶的作用下,可以保持醛基不被氧化,仅第六个碳原子上的伯醇基被氧化生成羧基而形成葡萄糖醛酸。

（六）成苷作用

糖在酸性条件下与醇发生反应,失去水后形成的产物称为糖苷(O－糖苷,见图4－26),糖苷一般含有呋喃或吡喃糖环。与糖结合形成糖苷的母体醇基 R 称为糖苷配基,糖苷的形成往往提高了不溶性糖苷配基的水溶性。

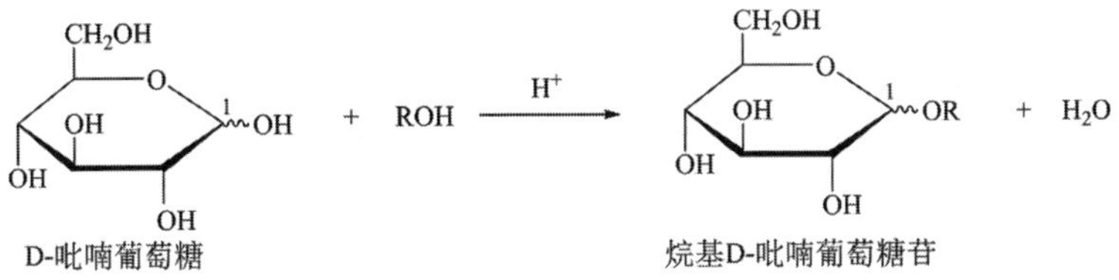

图4－26　O－糖苷的形成

如果糖与硫醇 RSH 作用,则生成硫糖苷(S－糖苷),与胺 RNH_2 作用生成氨基糖苷(N－糖苷,见图4－27)。

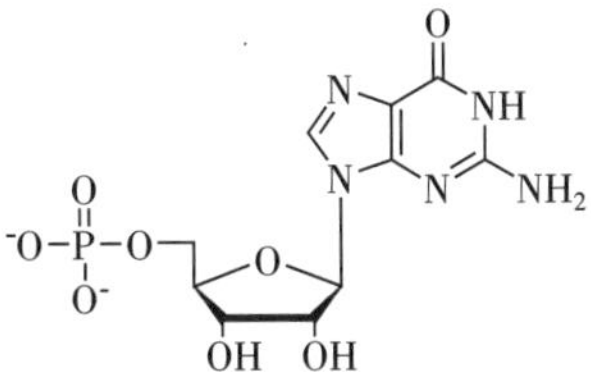

图4－27　一种 N－糖苷的结构

糖苷的重要性在于他们的生理功能。天然存在的糖苷如类黄酮苷,可使食品具有苦味和其他的风味及颜色。当糖配基大于甲基时,糖苷一般呈现涩味和苦味。天然存在的其他糖苷如洋地黄苷是一种强心剂,皂角苷(甾类糖苷)是起泡剂和稳定剂,甜菊苷是一种甜味剂。

四、食品中的重要的单糖及低聚糖

(一)核糖

核糖和脱氧核糖是五个碳原子的单糖,它们是戊醛糖(见图4-28)。核糖和脱氧核糖是组成核酸的主要成分,核酸在生命过程中起着重要的作用。

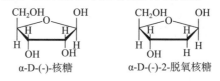

α-D-(-)-核糖   α-D-(-)-2-脱氧核糖

图4-28 核糖结构

(二)木糖

木糖(结构如图4-29所示)是无色至白色结晶或白色结晶性粉末,略有特殊气味和爽口甜味。易溶于水和热乙醇,不溶于乙醇和乙醚。相对密度1.525,熔点144℃,呈右旋光性和变旋光性,比旋光度$[\alpha]_D^{20}$为+18.6°~+92°。甜度约为蔗糖的40%。

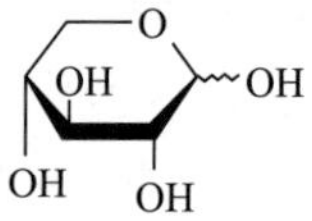

图4-29 D-木糖结构式

木糖是多缩戊糖的一个组分,在自然界迄今还未发现游离状态的木糖。天然D-木糖以多糖的形态存在于植物中,在农产品的废弃部分如玉米芯、棉籽壳、甘蔗渣、稻壳以及其他禾秆、种子皮壳等中含量较多。木糖也存在于动物肝素、软骨素和糖蛋白中,它是某些糖蛋白中糖链与丝氨酸(或苏氨酸)的连接单位。

木糖不能被人体消化吸收,是无热量甜味剂,适用于肥胖者及糖尿病患者,也用于脂肪氧化防止剂、制酱色的原料及香料原料。美国和西欧一些国家限于糖尿病患者作甜味剂使用。另外木糖能促进双歧杆菌增殖,调节人体微生物环境,提高机体免疫能力。木糖加氢制成木糖醇,作为甜味剂在食品、饮料中应用,在制药、化工业也广泛应用。

(三)葡萄糖

葡萄糖在自然界分布极广,以在葡萄中含量较多而得名。由于葡萄糖呈右旋性又叫作右旋糖。游离状态的葡萄糖不仅存在于植物特别是果实中,在蜂蜜和动物体中也有存在,在正常人体每100 mL血液中含有葡萄糖80~120 mg,糖尿病病人的尿中常有大量葡萄糖存在。葡萄糖是许多糖类化合物如蔗糖、麦芽糖、淀粉、糖原和纤维素的组成成分。

葡萄糖的性质:葡萄糖为白色晶体,易溶于水,难溶于酒精,不溶于醚、氯仿等有机溶剂中,有甜味,对石蕊呈中性反应。

(四)果糖

果糖是己糖的一种,其分子式与葡萄糖相同,但结构式不同,因此果糖是葡萄糖的同分异构体。

果糖有两种环状结构(图4-30):一种成六元环,比较稳定,叫作吡喃果糖,以游离状态存在于水果果实和蜂蜜中。另一种成五元环,叫作呋喃果糖,较不稳定,是构成蔗糖成分之一。

从果糖的结构式可以看到它不含醛基,而且有酮的羰基,因此果糖是一种多羟基酮,为己酮糖的一种。

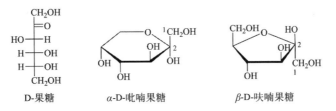

图4-30 D-果糖结构式

果糖虽不含醛基,但有还原性,是由于果糖的羰基受邻近的羟基影响,也能被弱氧化剂如碱性硫酸铜试剂氧化,C-2和C-3之间的键断裂生成两个羟基酸。

果糖呈左旋型,又叫作左旋糖。将蔗糖水解即可得到果糖和葡萄糖。果糖比葡萄糖甜,蜂蜜的甜度主要是因果糖的存在。

(五)蔗糖

蔗糖(sucrose,saccharose,cane sugar)是$\alpha-D-$葡萄糖的C_1与$\beta-D-$果糖的C_2通过糖苷键结合的非还原糖(图4-31)。在自然界中,蔗糖广泛地分布于植物的果实、根、茎、叶、花及种子内,尤以甘蔗、甜菜中含量最高。蔗糖是人类需求最大,也是食品工业中最重要的能量型甜味剂。

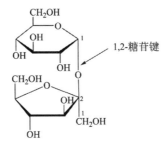

图4-31 蔗糖结构式

纯净蔗糖为无色透明的单斜晶体结晶,相对密度1.588,熔点160℃,加热到熔点,便形成玻璃样固体,加热到200℃以上形成棕褐色的焦糖。蔗糖易溶于水,溶解度随温度上升而增加;当KCl,K_3PO_4,NaCl等存在时,其溶解度也增加,而当$CaCl_2$存在时,反而减少。蔗糖在乙醇、氯仿、醚等有机溶剂中难溶解。

蔗糖是右旋糖,其水溶液的比旋光度为$[\alpha]_D^{20} = +66.5°$,当其水解后,得到等量的葡萄糖和果糖混合物,此时的比旋光度为$[\alpha]_D^{20} = -19.9°$,即水解混合物的旋光方向发生改变,因此将蔗糖的水解产物称为转化糖。

蔗糖不具还原性,无变旋现象,也无成脎反应,但可与碱土金属的氢氧化物结合,生成蔗糖盐。工业上利用此特性可从废糖蜜中回收蔗糖。

在烘制面包的面团中,蔗糖是不可缺少的添加剂,它不仅有利于面团的发酵,而且在面包的烘烤过程中,蔗糖产生的焦糖化反应能增进面包的颜色。蔗糖被摄入人体内后,在小肠内因蔗糖酶的作用,水解生成葡萄糖和果糖而被人体吸收。蔗糖由于具有极大的吸湿性和溶解性,因此能形成高浓度浓缩的高渗透压溶液,对微生物有抑制效应。

(六)麦芽糖

麦芽糖(maltose)是由2分子葡萄糖通过$\alpha-1,4-$糖苷键结合而成的二糖(图4-32),有$\alpha-$麦芽糖和$\beta-$麦芽糖两种异构体。麦芽糖为透明针状晶体,易溶于水,微溶于酒精,不溶于醚。其熔点为102~103℃,相对密度1.540,甜度为蔗糖的1/3,味爽,口感柔和。$\alpha-$麦芽糖的$[\alpha]_D^{20}$为$+168°$,$\beta-$麦芽糖$[\alpha]_D^{20}$为$+112°$,变旋达平衡时的$[\alpha]_D^{20}$为$+136°$。

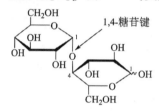

图4-32　麦芽糖结构

麦芽糖存在于麦芽、花粉、花蜜、树蜜及大豆植株的叶柄、茎和根部,在淀粉酶(即麦芽糖酶)或唾液酶作用下,淀粉水解可得麦芽糖。面团发酵和甘薯蒸烤时就有麦芽糖生成,啤酒生产时所用的麦芽汁中所含糖的主要成分就是麦芽糖。

由于麦芽糖具有还原性,能与过量苯肼形成糖脎,工业上将淀粉用淀粉酶糖化后加酒精使糊精沉淀除去,再经结晶即可制得纯冷麦芽糖。

(七)乳糖

乳糖(lactose)是哺乳动物乳汁中的主要糖成分,牛乳含乳糖4.6%~5.0%,人乳含5%~7%。乳糖是由一分子$\beta-D-$半乳糖与另一分子$D-$葡萄糖通过$\beta-1,4-$糖苷键结合生成(乳糖结构如图4-33所示)。乳糖在常温下为白色固体,溶解度小,甜度仅为蔗糖的1/6,具有还原性,能形成脎,有旋光性,其比旋光度$[\alpha]_D^{20} = +55.4°$,常用于食品工业和医药工业。

乳糖有助于机体内钙的代谢和吸收,但对体内缺乳糖酶的人群,它可导致乳糖不耐症,此时只有它在水解成单糖之后才能作为能量利用。

乳糖的存在能促进婴儿肠道双歧杆菌的生长。乳酸菌使乳糖发酵变成乳酸。在乳酸酶的作用下,乳酸可水解成 D - 葡萄糖和 D - 半乳糖而被人体吸收。

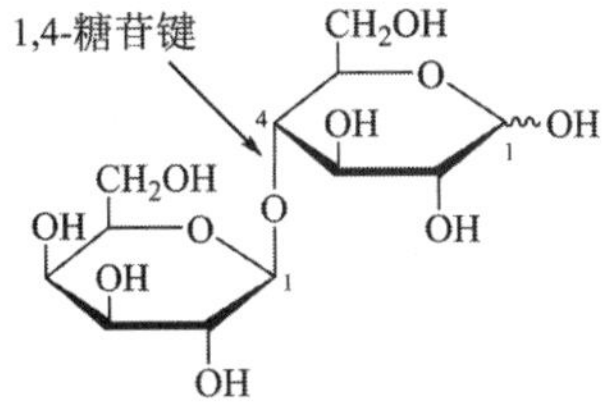

图 4 - 33　乳糖的结构

(八)果葡糖浆

果葡糖浆(fructose,corn syrups)又称高果糖浆或异构糖浆,是以酶法水解淀粉所得的葡萄糖液经葡萄糖异构酶的异构化作用,将其中一部分葡萄糖异构成果糖而形成的由果糖和葡萄糖组成的一种混合糖浆。

果葡糖浆根据其所含果糖的多少,分为果糖含量为 42%、55%、90% 三种产品,其甜度分别为蔗糖的 1.0、1.4、1.7 倍。

果葡糖浆作为一种新型食用糖,其最大的优点就是含有相当数量的果糖,而果糖具有多方面的独特性质,如甜度的协同增效,冷甜爽口性,高溶解度与高渗透压,吸湿性,保湿性与抗结晶性,优越的发酵性与加工贮藏稳定性,显著的褐变反应等,而且这些性质随果糖含量的增加而更加突出。因此,目前作为蔗糖的替代品在食品领域中的应用日趋广泛。

(九)环状糊精

环状糊精(cyclodextrin)是由 α - D - 葡萄糖以 α - 1,4 - 糖苷键结合而成的闭环结构的低聚糖,聚合度分别为 6,7,8 个葡萄糖单位,依次称为 α -,β -,γ - 环状糊精,结构如图 4 - 34 所示。环糊精结构具有高度对称性,呈上下口径不一的圆筒形立体结构,中间的空腔被称为环糊精的空穴。空腔深度和内径均为 0.7 ~ 0.8 nm。分子中亲水基葡萄糖残基上的伯醇羟基均排列在环的外侧,而疏水基 C—H 键则排列在圆筒内壁,使中间的空穴呈疏水性。

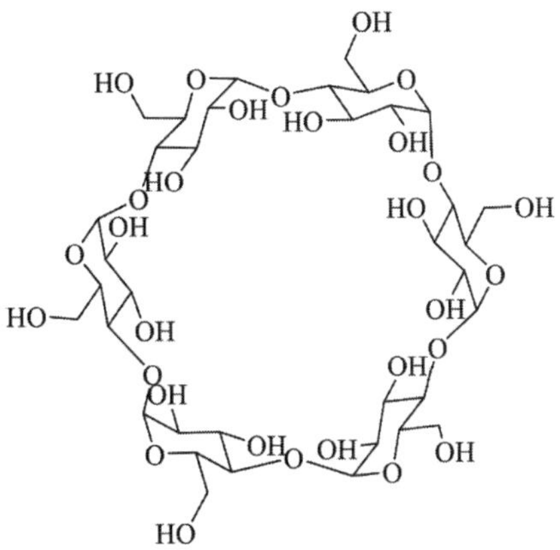

α - 环状糊精　　　　　　　　　　β - 环状糊精

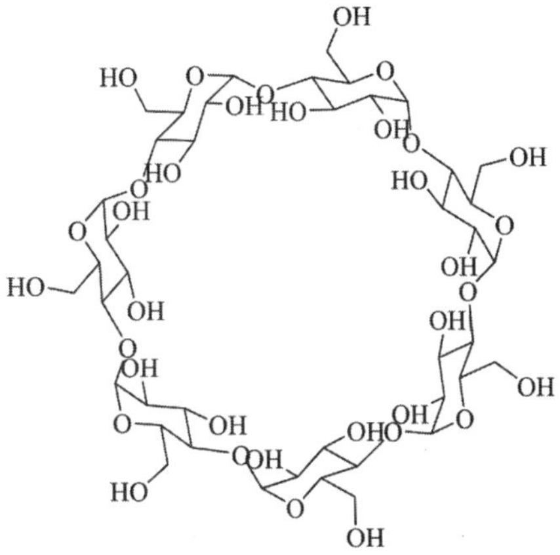

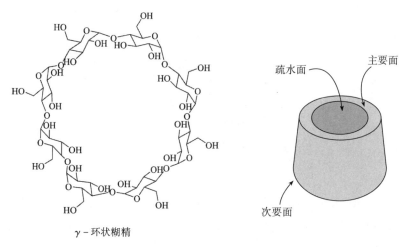

γ - 环状糊精

图 4 - 34　环状糊精的结构图

鉴于环糊精分子结构特性,其内部空间易于包合脂溶性物质如香精油,风味物质等,可作为微胶囊化的壁材充当易挥发嗅感成分的保护剂、不良气味的修饰包埋剂、食品化妆品的保湿剂、乳化剂、起泡促进剂、营养成分和色素的稳定剂等。其中,以 β - 环状糊精的应用效果最佳。此外,还可以利用它对被分析物质的包埋作用来提高其分析的灵敏度。

工业上多用软化芽孢杆菌(*Bacitlus macemw*)产生的葡萄糖苷基转移酶(EC 2.4.1.19)作用于淀粉而制得。

第三节　多糖

一、多糖的分子结构

多糖是指单糖聚合度大于 10 的糖类。自然界存在的多糖,其聚合度一般在 100 以上,大部分多糖的聚合度在 200 ~ 3000。而纤维素的聚合度可达 7000 ~ 15000。多糖具有两种结构:一种是直链,一种是支链,都是由单糖分子通过 1,4 和 1,6 - 糖苷键结合而形成的高分子化合物。多糖大分子结构与蛋白质一样,也可以分为一级、二级、三级和四级结构层次。多糖的一级结构是指多糖线性链中糖苷键连接单糖残基的顺序。多糖的二级结构是指多糖骨架链间以氢键结合所形成的各种聚合体,主要关系到多糖分子主链的构象,不涉及侧链的空间排布。在多糖一级结构和二级结构的基础上形成的有规则而粗大的空间构象,就是多糖的三级结构,但应注意到,在多糖一级和二级结构中,不规则的以及较大的分支结构,都会阻碍三级结构的形成,而外在的干扰,如溶液温度和离子强度改变也影响三级结构的形成。多糖的四级结构是指多糖链间以非共价键结合而形成的聚集体。这种聚集作用能在相同的多糖链之间进行,如纤维素链间的氢键相互作用;也可以在不同的多糖链间进行,如黄杆菌聚糖的多糖链与半乳甘露聚糖骨架中未取代区域之间的相互作用。

二、多糖的性质

(一)溶解性

多糖具有大量羟基,每个羟基均可和一个或几个水分子形成氢键,环氧原子以及连接糖环的糖苷氧原子也可与水形成氢键,多糖中每个糖环都具有结合水分子的能力,因而多糖具有较强亲水性,易于水合和溶解。在食品体系中,多糖具有控制水分移动的能力,同时水分也是影响多糖的物理与功能性质的重要因素。因此,食品的许多功能性质和质构都跟多糖和水分有关。

多糖是相对分子质量较大的大分子,它不会显著降低水的冰点,是一种冷冻稳定剂。如淀粉溶液冷冻时,形成两相体系,一相是结晶水(即冰),另一相是由70%淀粉分子与30%非冷冻水组成的玻璃态物质。非冷冻水是高度浓缩的多糖溶液的组成部分,由于黏度很高,因而水分子的运动受到限制;当大多数多糖处于冷冻浓缩状态时,水分子的运动受到了极大的限制,水分子不能吸附到晶核或晶核长大的活性位置,因而抑制了冰晶的长大,能有效地保护食品结构与质构不受破坏,从而提高产品的质量与贮藏稳定性。

在冻藏温度(-18℃)下,无论是高相对分子质量或低相对分子质量碳水化合物都能有效地保护食品产品的结构与质构不受破坏,提高产品的质构与贮藏稳定性,其主要原因是控制了冰晶周围的冷冻浓缩无定形介质的数量与结构状态。

大部分多糖不能结晶,因而易于水合和溶解。在食品工业和其他工业中使用的水溶性多糖与改性多糖被称为胶或亲水胶体。

(二)黏度与稳定性

多糖(亲水胶体或胶)主要具有增稠和胶凝的功能,此外还能控制流体食品与饮料的流动性质与质构,以及改变半固体食品的变形性等。在食品加工中,一般添加0.25% ~ 0.5%浓度的胶,即能产生极大的黏度甚至形成凝胶。

高聚物溶液的黏度同分子的大小、形态及其在溶剂中的构象有关。一般多糖分子在溶液中呈无序的无规线团状态(图4-35),但是大多数多糖的实际状态与严格的无规线团存在偏差,通常形成紧密的线团,而线团的结构同单糖的组成与连接有关,有些是紧密的,有些是松散的。

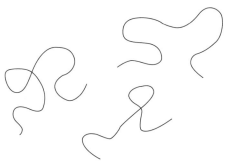

图4-35　无规则团状多糖分子

溶液中线性高聚物分子旋转时占有很大空间,分子间彼此碰撞频率高,产生摩擦,因而具有很高黏度。线性高聚物溶液黏度很高,甚至当浓度很低时,其溶液的黏度仍很高。而高度支链的多糖分子比具有相同相对分子质量的直链多糖分子占有的体积小得多(图4-36),因而相互碰撞频率也低,溶液的黏度也比较低。

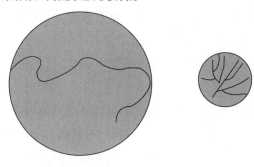

直链多糖　　　　　　　　高度支链多糖

图4-36　具有相同相对分子质量的直链多糖和高度支链多糖占有的相对体积

对于带一种电荷的直链多糖,由于同种电荷产生静电斥力,引起链伸展,使链长增加,高聚物占有体积增大,因而溶液的黏度大大提高。而一般情况下,不带电的直链均匀多糖分子倾向于缔合和形成部分结晶,这是因为不带电的多糖分子链段相互碰撞易形成分子间键,因而产生缔合或形成部分结晶。例如,直链淀粉在加热条件下溶于水,当溶液冷却时,分子立即聚集,产生沉淀,此过程称为老化。

亲水胶体溶液的流动性质同水合分子的大小、形状、柔顺性、所带电荷的多少有关。多糖溶液一般具有两类流动性质,一类是假塑性,另一类是触变性。

假塑性流体是剪切变稀,随剪切速率增高,黏度快速下降。流动越快,则意味着黏度越小,流动速率随着外力增加而增加。黏度变化与时间无关,线性高聚物分子溶液一般是假塑性的。一般来说,相对分子质量越高的胶,假塑性越大。假塑性大的称为"短流",其口感是不黏的,假塑性小的称为"长流",其口感是黏稠的。

另一类流动是触变,也是剪切变稀,随着流动速率增加,黏度降低不是瞬时发生的,在恒定的剪切速率下,黏度降低与时间有关。剪切停止后,需要一定的时间才能恢复到原有黏度,触变性溶液在静止时显示弱凝胶结构。

大多数亲水胶体溶液随温度升高黏度下降,因而利用此性质,可在高温下溶解较高浓度的亲水胶体,溶液冷下来后就起到增稠的作用。但是黄原胶溶液除外,黄原胶溶液在0~100℃内,黏度基本保持不变。

(三)凝胶

在许多食品产品中,一些高聚物分子(例如多糖或蛋白质)能形成海绵状的三维网状凝胶结构(图4-37)。连续的三维网状凝胶结构是由高聚物分子通过氢键、疏水相互作用、范德瓦耳斯力、离子桥联、缠结或共价键形成联结区,网孔中充满了液相,液相是由低相对分子质量溶质和部分高聚物组成的水溶液。

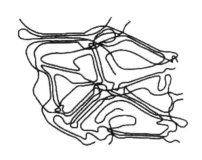

图 4 - 37　三维网状凝胶结构示意图

凝胶既有固体性质,也有液体性质,海绵状三维网状凝胶结构是具有黏弹性的半固体。1% 高聚物和 99% 水分的多糖溶液,就能形成很强的凝胶,例如,甜食凝胶、果冻、仿水果块等。

不同的胶具有不同的用途,选择标准取决于所期望的黏度、凝胶强度、流变性质、体系的 pH、加工温度、与其他配料的相互作用及质构等。此外,也要考虑所期望的功能特性。亲水胶体具有多功能用途,可以作为增稠剂、结晶抑制剂、澄清剂、成膜剂、脂肪代用品、絮凝剂、泡沫稳定剂、缓释剂、悬浮稳定剂、吸水膨胀剂、乳状液稳定剂以及胶囊剂等,这些性质常作为用途的选择依据。每种食品都有一种或几种独特的性质。

(四)多糖的水解

在食品加工和贮藏过程中,多糖比蛋白质更容易水解。因此,往往添加相对高浓度的食用胶,以免由于多糖的水解导致体系黏度的降低。

在酸或酶的催化下,低聚糖或多糖的水解,伴随黏度的下降。水解程度取决于酸的强度或酶的活力、时间、温度以及多糖的结构。

淀粉、果胶、半纤维素和纤维素的水解在食品工业中具有重要意义。主要水解方式有酶解、酸解和碱水解。

(1)酶促淀粉的水解

为了生产糖浆和改善食品感官性质等目的,食品工业中利用来自大麦芽或微生物的淀粉酶将淀粉水解。

水解淀粉的酶通称淀粉酶,有 α - 淀粉酶及 β - 淀粉酶。α - 淀粉酶是一种内切酶,它能随机水解糖链的 α - 1,4 - 糖苷键。因此,使直链淀粉的黏度很快降低,碘液染色迅速消失,而且由于生成还原基团而增加了还原力。α - 淀粉酶以类似的方式攻击支链淀粉,因不能水解其中的 α - 1,6 - 糖苷键,最后使淀粉生成麦芽糖、葡萄糖与糊精。

β - 淀粉酶是一种外切酶,即它只能水解淀粉非还原性末端,以麦芽糖为单位进行水解。生成的麦芽糖能增加淀粉溶液的甜度,故 β - 淀粉酶又称糖化酶。直链淀粉中偶尔出现的 1,3 - 糖苷键和支链淀粉中的 α - 1,6 - 糖苷键不能被淀粉酶水解,反应就停止下来,剩下来的化合物称为极限糊精。若有脱支酶去水解这些键时,β - 淀粉酶可继续作用。β - 淀粉酶只存在植物组织之中,如大麦芽、小麦、白薯和大豆中含量丰富。在水果成熟、马铃薯加工、玉米糖浆、玉米糖、啤酒和面包制作过程中淀粉酶起着重要作用。

此外还有支链淀粉酶(pullulanases)和异淀粉酶(isoamylase),它们能水解支链淀粉和糖原中的$1,6-\alpha-D-$葡萄糖苷键,生成直链的片段,若与$\beta-$淀粉酶混合使用可生成含麦芽糖丰富的淀粉糖浆。

(2)酶促纤维素的水解

纤维素酶包括内切、外切和$\beta-$葡萄糖苷酶。内切酶即$\beta-1,4-$葡聚糖水解酶(EC 3.2.1.4),简称C酶,可任意作用于纤维素的糖苷键而将纤维素断裂。外切酶有两种形式:$\beta-1,4-$葡聚糖纤维二糖水解酶和$\beta-1,4-$葡聚糖葡萄糖水解酶。前者从纤维素非还原性末端逐一切下纤维二糖,后者也从该末端逐一切下葡萄糖。$\beta-$葡萄糖苷酶可进一步地把产生的纤维二糖水解为两分子葡萄糖。

许多不同来源的纤维素酶都耐热,适宜温度范围在$30\sim60℃$,适宜pH一般在$4.5\sim6.5$。

食品工业利用纤维素酶水解纤维素,可将其转化为膳食纤维和葡萄糖浆,也可在果汁生产中提高榨汁率和澄清度。

(3)酶促果胶的水解

果胶酶指分解果胶的一个多酶复合物,通常包括原果胶酶、解聚酶和果胶酯酶(PE)。通过它们的联合作用使果胶质得以完全分解。天然的果胶质在原果胶酶作用下,转化成水可溶性的果胶;果胶被果胶甲酯水解酶催化去掉甲酯基团,生成果胶酸;果胶酸经果胶酸水解酶类和果胶酸裂合酶类降解生成半乳糖醛酸。果胶酶的作用pH为$2.5\sim6.0$,最适作用pH=3.5。作用温度为$15\sim55℃$左右。最适作用温度为$50℃$。

果胶酶是果汁生产中最重要的酶制剂之一,已被广泛应用于果汁的提取和澄清、改善果汁的通量以及植物组织的浸渍和提取。

(4)酸和碱催化下多糖的水解

糖苷键在酸性介质中易于裂解,在碱性介质中一般是相当稳定的。一般认为糖苷的酸水解是遵循如图4-38所示的机制,其中失去ROH与产生共振稳定的正碳离子是反应速度决定步骤,酸在这里只起到了催化作用。

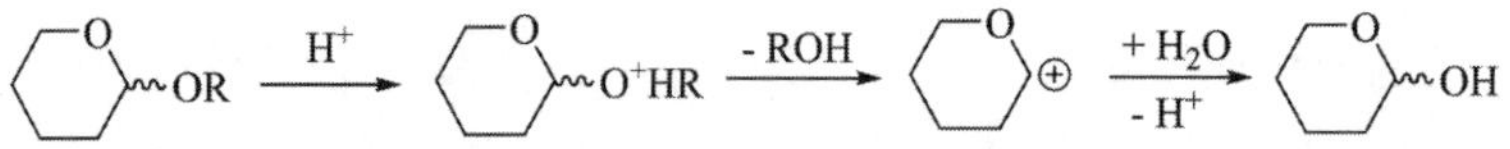

图4-38 烷基吡喃糖苷的酸催化水解机制

影响酸催化的糖苷水解因素如下:

① $\alpha-D-$糖苷键比$\beta-D-$糖苷键对水解更敏感。

② 不同位点的糖苷键的水解难易顺序为$(1\rightarrow6)>(1\rightarrow4)>(1\rightarrow3)>(1\rightarrow2)$。

③ 吡喃环式糖比呋喃环式糖更难水解。

④ 多糖的结晶区比无定形区更难水解。

上述糖苷键的水解规律对于中性糖都比较符合,但对于酸性糖和碱性糖,则可能出现例外。如果胶在碱性、甚至中性条件下加热即可发生水解,这种碱催化下的水解称为转消性水解,生成一个含有还原基团的产物和一个含有双键的产物,其机理和产物见图4-39。

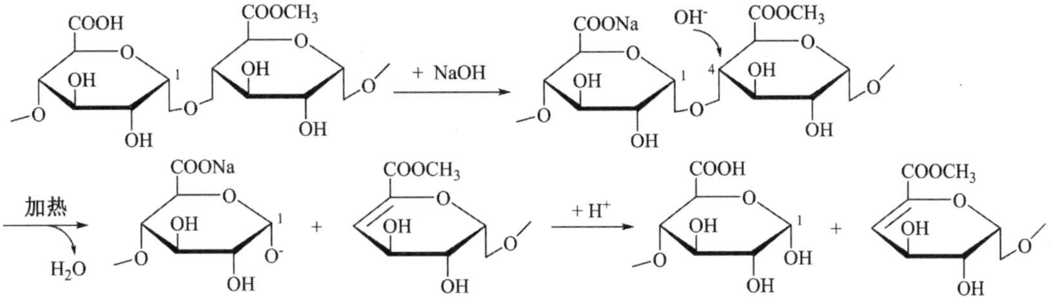

图4-39　多糖的转消性水解

果品加工中的碱液去皮及湿果胶商品在pH 3.5左右贮存均是由于果胶在碱性条件下易于水解,而在弱酸性条件下最稳定的缘故。

(五)多糖与风味结合

食品的风味和香气是食品产品的主要质量指标之一,大分子糖类化合物,是一类很好的风味固定剂,应用最普遍的是阿拉伯胶。阿拉伯胶能在风味物质颗粒的周围形成一层膜,从而可以防止水分的吸收、蒸发和化学氧化造成的损失。采用糖类化合物将风味物质进行微胶囊化起到了保藏和持留风味的作用,防止风味成分的挥发,减少风味的损失。阿拉伯胶和明胶的混合物用于微胶囊的壁材,是食品风味成分固定方法的一大进展。

另外,由无定型的麦芽糊精聚集而成的颗粒,具有多孔结构和吸附风味物质的能力,将风味物质作为一种客体分子包埋于环状糊精的内部空穴中从而减少风味物质的氧化与挥发性的方法也是一种新兴的微胶囊化技术。

淀粉一直以来是一种常用的风味载体,直链淀粉的螺旋状结构有利于其对风味分子的捕获。一些淀粉颗粒的表面孔直径一般为$1\sim3~\mu m$,应用淀粉酶对淀粉颗粒进行处理可以使其多孔性结构更好。干燥的淀粉的表面积一般少于$3~m^2/g$。淀粉颗粒与少量的蛋白质或多糖接合剂一起经喷雾干燥可以聚集为多孔的球形结构,这些聚集物之间的空穴的相互连接可以形成具有足够包埋风味物质的多孔性球体,从而作为控制释放剂。

第四节　食品中的主要多糖

一、淀粉

(一)淀粉的结构

淀粉是由D-葡萄糖通过$\alpha-1,4$和$\alpha-1,6$-糖苷键结合而成的高聚物,可用通式$(C_6H_{10}O_5)_n$表示,分为直链淀粉(amylose)和支链淀粉(amylopectin),这两种淀粉的结构和理化性质都有差别。在天然淀粉颗粒中,这两种淀粉同时存在,两者在淀粉中的比例随植物的品种而异,一般直链淀粉占10%～30%,支链淀粉占70%～90%。但有的淀粉(如糯玉米)99%为支链淀粉,而有的豆类淀粉则全是直链淀粉。其相对含量因淀粉的来源不同而不相同(表4-6)。

表4-6 不同品种淀粉中直链淀粉含量

淀粉种类	直链淀粉含量/%	淀粉种类	直链淀粉含量/%
大米	17	小麦	24
糯米	0	燕麦	24
玉米(普通种)	26	绿豆	30
甜玉米	70	豌豆(光滑)	30
糯玉米(蜡质种)	0	豌豆(皱皮)	75
高粱	27	马铃薯	22
糯高粱	0	木薯	17

直链淀粉是 D - 葡萄糖通过 α - 1,4 - 糖苷键连接而形成的线状大分子,聚合度为100~6000,一般为250~300。从立体构象来看,直链淀粉并不是完全伸直的线性分子,而是由分子内羟基间的氢键作用使整个分子卷曲成螺旋结构。螺旋结构内部只含氢原子,是亲油的,羟基位于螺旋外侧(图4-40)。在晶体状态下,通过 X 射线图谱分析认为,直链淀粉为双螺旋结构时,每一圈中每股链包含 3 个糖基;为单螺旋结构时,每一圈包含 6 个糖基。在溶液中,直链淀粉呈现螺旋结构、部分断开的螺旋结构和不规则的卷曲结构(图4-41)。

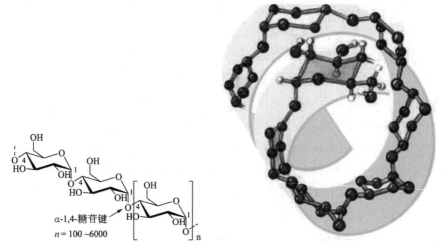

图 4 - 40 直链淀粉的局部结构

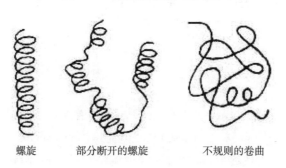

螺旋　　　　　部分断开的螺旋　　　　　不规则的卷曲

图 4 - 41 溶液中直链淀粉的 3 种结构

支链淀粉是 D - 葡萄糖通过 $\alpha - 1,4$ 和 $\alpha - 1,6$ - 糖苷键连接而形成的大分子(图4 - 42)，结构中具有分支，即每个支链淀粉分子由一条主链和若干条连接在主链上的侧链组成。支链淀粉分子中的 $\alpha - D$ - 葡萄糖也同样通过 $\alpha - 1,4$ - 糖苷键连接成长链外，通过 $\alpha - 1,6$ - 糖苷键相互连接形成侧链，每隔6~7个葡萄糖单位又能再度形成另一支链结构，使支链淀粉形成复杂的树状分支结构的大分子。一般将主链称为 C 链，侧链又分成 A 链和 B 链。A 链是外链，经 $\alpha - 1,6$ - 糖苷键与 B 链连接，B 链又经 $\alpha - 1,6$ - 糖苷键与 C 链连接，A 链和 B 链的数目大致相等，A 链、B 链和 C 链本身是由 $\alpha - 1,4$ - 糖苷键连接而形成的。每一个分支平均含有20~30个葡萄糖残基，分支与分支之间相距11~12个葡萄糖残基，各分支也卷曲成螺旋结构。支链淀粉分子的聚合度一般在6000以上，比直链淀粉分子的聚合度大得多，是最大的天然化合物之一。

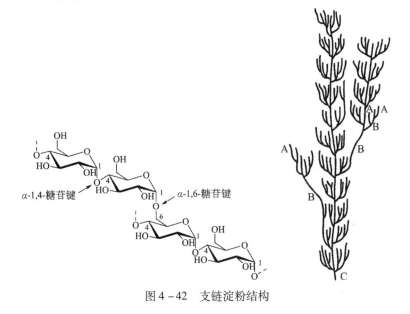

图4 - 42　支链淀粉结构

大多数淀粉中含有75%的支链淀粉，含有100%支链淀粉称为蜡质淀粉。马铃薯支链淀粉比较独特，它含有磷酸酯基，每215~560个 $\alpha - D$ - 吡喃葡萄糖基有一个磷酸酯基，88%磷酸酯基在 B 链上，因而马铃薯支链淀粉略带负电，在温水中快速吸水膨胀，使马铃薯淀粉具有黏度高、透明度好以及老化速率慢的特性。

在所有多糖中，淀粉是唯一的以颗粒形式存在的多糖类物质。它是大多数植物的主要储备物，在种子、根和茎中最丰富。一般淀粉中直链淀粉占15%~30%，玉米的变异品种含有高达85%的直链淀粉。直链淀粉溶于热水，由100~2000葡萄糖分子以 $\alpha - 1,4$ - 键连接不等长度直链所组成。这些淀粉难以糊化，有些需要超过100℃才能糊化。反之，有些淀粉，如糯米淀粉几乎不含直链淀粉。支链淀粉在热水中膨胀成胶体。它是以 $\alpha - 1,4$ - 键结合形成主链，有长度不等(10~20葡萄糖残基)的支链以 $\alpha - 1,6$ - 键连接在主链上。利用两种淀粉性质不同，可以使直链淀粉和支链淀粉相互分离，如用70~80℃的水可将直链淀粉从混合物中溶解出来。

淀粉粒结构很紧密,在冷水中不溶,在热水中可溶胀。淀粉颗粒是由直链淀粉或支链淀粉分子径向排列而成,具有结晶区与非结晶区交替层的结构。支链淀粉成簇的分支(B链和C链)是以螺旋结构形式存在,这些螺旋结构堆积在一起形成许多小的结晶区(微晶束)(图4-43)。结晶区是靠分支侧链上葡萄糖残基以氢键缔合平行排列而形成,主要有三种结晶形态,即A、B、C型(但当淀粉与有机化合物形成复合物后,将以V型结构存在)。这也说明并不是整个支链淀粉分子参与结晶区的形成,而是链的某个部分参与结晶区的构成,另一部分链则不参与,而成为淀粉颗粒的非结晶区,也就是无定形区。同时,直链淀粉也主要是形成非结晶区。结晶区构成了淀粉颗粒的紧密层,无定形区构成了淀粉颗粒的稀疏层,紧密层与稀疏层交替排列而形成淀粉颗粒。晶体结构在淀粉颗粒中只占小部分,大部分则是非结晶体。

图4-43　微晶束结构

在偏光显微镜下观察淀粉颗粒,可看到黑色的偏光十字(polarizingcross)或称马耳他十字(maltese cross),将淀粉颗粒分成四个白色的区域,偏光十字的交叉点位于淀粉颗粒的粒心(脐点),这种现象称作双折射性(bireferingence),说明淀粉颗粒具有晶体结构,也说明淀粉颗粒中淀粉分子是径向排列和有序排列的(图4-44)。

图4-44　淀粉粒的偏光显微形态

同时,淀粉颗粒在显微镜下观察时,可以发现围绕脐点的类似于树木年轮的环层细纹(称为轮纹,图4-45),呈螺壳形,纹间密度的大小不同。马铃薯淀粉颗粒的环纹最为明显,木薯淀粉颗粒的环纹也很清楚,但粮食淀粉颗粒几乎没有环纹。

淀粉颗粒的形状一般分为圆形、多角形和卵形(椭圆形)三种(图4-46),随来源不同而呈现差异。例如,马铃薯淀粉和甘薯淀粉的大粒为卵形,小粒为圆形;大米淀粉和玉米淀粉颗粒大多为多角形;蚕豆淀粉为卵形而更接近肾形;绿豆淀粉和豌豆淀粉颗粒则主要是圆形和卵形。

图 4 - 45　马铃薯淀粉颗粒的环纹结构

1—简单淀粉粒　2—半复合淀粉粒　3,4—复合淀粉粒　5—淀粉粒心

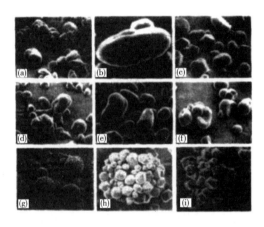

图 4 - 46　部分淀粉颗粒扫描电子显微镜图

(a)(b)小麦　(c)玉米　(d)高直链玉米　(e)马铃薯

(f)木薯　(g)大米　(h)荞麦　(i)苋菜籽

不同淀粉颗粒的大小差别很大,同种淀粉的颗粒,大小也有很大差别(表 4 - 7)。淀粉颗粒的形状和大小受种子生长条件、成熟度、胚乳结构以及直链淀粉和支链淀粉的相对比例等因素影响,对淀粉的性质也有很大影响。

表 4 - 7　几种淀粉颗粒的大小

淀粉种类	颗粒大小	平均粒度
马铃薯	5 ~ 100	65
甘薯	5 ~ 40	17
大米	3 ~ 8	5
玉米	5 ~ 30	25
小麦	2 ~ 10,25 ~ 35	20
绿豆	8 ~ 21	16
蚕豆	20 ~ 48	32

（二）淀粉的物理性质

1. 淀粉的溶解性

淀粉为白色粉末,因分子中存在大量羟基具有较强的吸水性和持水能力,使淀粉的含水量较高,约为12%,含水量高低与淀粉的来源有关。由于淀粉分子间形成的氢键众多,导致淀粉分子间作用力较强,在一般条件下无法破坏这些作用力,使淀粉颗粒不溶于冷水。但加热到一定的温度,天然淀粉将发生溶胀,直链淀粉分子从淀粉粒向水中扩散,形成胶体溶液,而支链淀粉仍保留在淀粉粒中。当温度足够高并不断搅拌,支链淀粉也会吸水膨胀形成稳定的黏稠胶体溶液。

淀粉的溶解度通常是指一定温度下在水中加热处理 30 min 后,淀粉溶解在水中的质量分数。不同的淀粉溶解度不同,马铃薯淀粉由于含有较多的磷酸基、颗粒较大,内部结构较松弛,溶解度相对较高;玉米淀粉由于颗粒小、结构致密,还含有较多的脂类化合物,抑制了淀粉的膨胀和溶解,溶解度相对较低。由于温度能破坏氢键,温度升高,淀粉的溶胀性增加,溶解度也会增加。

提高淀粉的溶解性可采用三种不同的途径:第一种方法是引入一些亲水基团,增加淀粉分子与水分子间的相互作用,如化学改性淀粉;第二种方法是改变淀粉分子的结构,破坏淀粉粒,使原有的结晶区不再存在,如预糊化淀粉;第三种方法就是将淀粉水解,使分子变小、破坏淀粉的结构,如糊精。

当胶体溶液冷却后,直链淀粉重结晶而沉淀,不能再分散于热水中,而支链淀粉重结晶的程度则非常小。

淀粉水溶液成右旋光性,$[\alpha]_D^{20} = +201.5° \sim +205°$,平均相对密度为 1.5 ~ 1.6。

2. 淀粉复合物

淀粉与碘呈色反应。淀粉与碘可以形成有颜色的复合物(非常灵敏),直链淀粉与碘形成的复合物呈棕蓝色,支链淀粉与碘的复合物则呈蓝紫色,糊精与碘呈现的颜色随糊精分子质量递减,由蓝色、紫红色、橙色以致无色。这种颜色反应与直链淀粉的分子大小有关,聚合度4~6的短直链淀粉与碘不显色,聚合度8~20的短直链淀粉与碘显红色,聚合度大于40的直链淀粉分子与碘呈深蓝色。支链淀粉分子的聚合度虽大,但其分支侧链部分的聚合度只有20~30个葡萄糖残基,所以与碘呈现紫红色。

这种颜色反应并不是化学反应,在水溶液中,直链淀粉分子以螺旋结构方式存在,每个螺旋吸附一个碘分子,借助于范德瓦耳斯力连接在一起,形成一种复合物,从而改变碘原有的颜色。碘分子犹如一个轴贯穿于直链淀粉分子螺旋(图4-47),一旦螺旋伸展开来,结合着的碘分子就会游离出来。因此,热淀粉溶液因螺旋结构伸展,遇碘不显深蓝色,冷却后,因又恢复螺旋结构而呈深蓝色。纯净的直链淀粉能定量结合碘,每克直链淀粉可结合200 mg的碘,这一性质通常被用于直链淀粉含量的测定。

直链淀粉除了可以与碘结合形成复合物外,还能与脂肪酸、醇类、表面活性剂等形成结构类似于淀粉—碘的复合物。

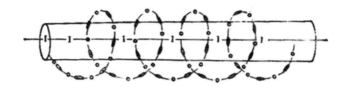

图 4 - 47　碘—淀粉复合物

天然淀粉总是伴随有各种其他组分。磷酸在淀粉中以不同的键型存在。马铃薯淀粉中的磷酸,主要以酯键与支链淀粉结合,也能以磷脂的形式存在而被吸收在淀粉上,使淀粉表现出不同的物理和化学性质。磷酸未酯化的羟基可以被阳离子(Ca^{2+}、Mg^{2+}、K^+、Na^+)中和,阳离子的相对含量直接影响淀粉的某些性质,如风味、膨胀性、溶解性、胶体的黏度、导电性、pH 和碱溶液的反应性等。天然马铃薯淀粉在生产过程中,可用阳离子交换法以钾离子代替钙离子,得到黏性更高的钾淀粉。

玉米淀粉中的脂肪酸与多聚淀粉结合生成相应的酯。淀粉酯在食品工业中可用作增稠剂、稳定剂、黏结剂、食用淀粉膜等。

(三)淀粉的水解

1. 水解产物

淀粉在无机酸或酶的催化下将发生水解反应,分别称为酸水解和酶水解。淀粉的水解产物因催化条件、淀粉的种类不同而有差别,但最终水解产物为葡萄糖。根据不同的水解程度可以得到不同的产品,如玉米糖浆、麦芽糖浆、葡萄糖、糊精等。工业上常用葡萄糖值(DE 值,dextrose equivalent)表示淀粉水解的程度,它的定义是还原糖(按葡萄糖计)在溶粉糖浆中所占的百分数(按干物质计)。

根据淀粉水解的程度不同,淀粉水解产品有以下几种:

(1)糊精

在淀粉水解过程中产生的多苷链断片,统称为糊精。糊精能溶于水,不溶于酒精。糊精化程度低的淀粉,仍能与碘形成蓝色复合物,但较普通淀粉易溶于水,一般称为可溶性淀粉。普通淀粉在稀酸(7%)中于常温下浸泡 5~7 d,即得化学实验室常用的可溶性淀粉指示剂。

(2)淀粉糖浆

淀粉糖浆是淀粉不完全水解的产物,为无色、透明、黏稠的液体,储存性好,无结晶析出。糖浆的糖分组成为葡萄糖、低聚糖、糊精等。各种糖分组成的比例因水解的程度和生产工艺不同而不同。淀粉水解可以得到多种淀粉糖浆,分为高、中、低转化糖浆三类。工业上用葡萄糖值(DE 值)表示淀粉水解的程度。工业上生产最多的是中等转化糖浆,其 DE 值为 38~42。

(3)麦芽糖浆

麦芽糖浆也称为饴糖,其主要成分是麦芽糖,呈浅黄色,甜味温和,还具有特殊的风味。工业上是利用麦芽糖酶水解淀粉来制得的。

（4）葡萄糖

葡萄糖是淀粉水解的最终产物，经过结晶后，可得到结晶葡萄糖。结晶葡萄糖有含水 α - 葡萄糖、无水 α - 葡萄糖和无水 β - 葡萄糖三种。

商业上常采用玉米淀粉为原料，用 α - 淀粉酶和葡萄糖糖化酶水解淀粉得到近乎纯的 D - 葡萄糖，然后用葡萄糖异构酶将 D - 葡萄糖转变成 D - 果糖，形成 58% D - 葡萄糖和 42% D - 果糖组成的混合物，叫果葡糖浆（或玉米糖浆）。工业上还可生产出果糖含量达 55%，甚至 90% 的高果玉米糖浆。这是利用 Ca^{2+} 型阳离子交换树脂结合 D - 果糖，再回收果糖而制得的。

2. 水解方法

（1）酸水解

淀粉分子糖苷键的酸水解或多或少是随机的。不同来源的淀粉，其酸水解难易不同，一般马铃薯淀粉较玉米、小麦、高粱等谷类淀粉易水解，大米淀粉较难水解。支链淀粉较直链淀粉容易水解。糖苷键酸水解的难易顺序为 α - 1,6 > α - 1,4 > α - 1,3 > α - 1,2，α - 1,4 糖苷键的水解速度较 β - 1,4 糖苷键快。结晶区比非结晶区更难水解。另外，淀粉的酸水解反应还与温度、底物浓度和无机酸种类有关，一般来讲盐酸和硫酸的催化水解，效率较高。

工业上，将盐酸喷射到混合均匀的淀粉中，或用氯化氢气体处理搅拌的含水淀粉；然后混合物加热得到所期望的解聚度，接着将酸中和，回收产品、洗涤以及干燥。产品仍然是颗粒状，但非常容易破碎（烧煮），此淀粉称为酸改性或变稀淀粉（acid - modified 或 thin - boiling starches），此过程称为变稀（thinning）。酸改性淀粉形成的凝胶透明度得到改善，凝胶强度有所增加，而溶液的黏度有所下降。

（2）酶水解

淀粉的酶水解在食品工业上称为糖化，所使用的淀粉酶也被称为糖化酶。淀粉的酶水解一般要经过糊化、液化和糖化三道工序。淀粉酶水解所使用的淀粉酶主要有 α - 淀粉酶（液化酶）、β - 淀粉酶（转化酶、糖化酶）和葡萄糖淀粉酶等。

α - 淀粉酶是一种内切酶，它能将直链淀粉和支链淀粉两种分子从内部裂开任意位置的 α - 1,4 - 糖苷键，产物还原端葡萄糖残基为 α - 构型，故称 α - 淀粉酶。α - 淀粉酶不能催化水解 α - 1,6 - 糖苷键，但能越过 α - 1,6 - 糖苷键继续催化水解 α - 1,4 - 糖苷键。此外，α - 淀粉酶也不能催化水解麦芽糖分子中的 α - 1,4 - 糖苷键，所以其水解产物主要是 α - 葡萄糖、α - 麦芽糖和很小的糊精分子。

β - 淀粉酶是一种外切酶，从淀粉分子的非还原末端开始依次水解 α - 1,4 - 糖苷键，一次切下一个麦芽糖单位，并将水解得到的还原端异头碳由 α - 构型转变成 β - 晶型，得到 β - 麦芽糖。不能催化 α - 1,6 - 糖苷键水解，也不能越过 α - 1,6 - 糖苷键继续水解 α - 1,4 - 糖苷键。因此，β - 淀粉酶催化淀粉水解得到 β - 麦芽糖和 β - 限制糊精。

葡萄糖淀粉酶是一种外切酶，从淀粉分子的非还原末端依次水解 α - 1,4 - 糖苷键，切下一个葡萄糖单元，且将水解得到的葡萄糖还原端的异头碳由 α - 构型转变成 β - 构型，得

到 β - 葡萄糖。此外,葡萄糖淀粉酶还能水解 $\alpha-1,6$ 和 $\alpha-1,3$ - 糖苷键,最后产物全部是葡萄糖。

淀粉脱支酶专门催化支链淀粉的 $\alpha-1,6$ - 糖苷键,产生低相对分子质量的直链分子,包括普鲁兰酶、淀粉普鲁兰酶和异淀粉酶。

(四)淀粉的糊化

1. 糊化的定义

生淀粉分子靠大量的分子间氢键排列得很紧密,形成束状的胶束,彼此之间的间隙很小,即使水这样的小分子也难以渗透进去。具有胶束结构的生淀粉称为 β - 淀粉,β - 淀粉在水中经加热后,随着加热温度的升高,破坏了淀粉结晶区胶束中弱的氢键,一部分胶束被溶解而形成空隙,于是水分子浸入内部,与一部分淀粉分子进行氢键结合,胶束逐渐被溶解,空隙逐渐扩大,淀粉粒因吸水,体积膨胀数十倍,生淀粉的结晶区胶束即行消失,这种现象称为膨润现象。继续加热,结晶区胶束则全部崩溃,淀粉分子形成单分子,并为水所包围(氢键结合),而成为溶液状态,由于淀粉分子是链状或分枝状,彼此牵扯,结果形成具有黏性的糊状溶液。这种现象称为糊化(starch gelatinization)(图 4 - 48),处于这种状态的淀粉称为 α - 淀粉。

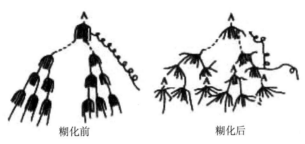

糊化前　　　　　糊化后

图 4 - 48　淀粉糊化前后的分子形态示意图

糊化后的凝胶体系被称为"淀粉糊",淀粉糊中除含有被分散的直链淀粉、支链淀粉以外,还包括淀粉粒剩余物,主要是没有被分散的相对分子质量较大的支链淀粉。天然淀粉中以马铃薯淀粉的淀粉糊透明性最好,木薯、蜡质玉米淀粉等的透明性次之,谷物淀粉糊的透明性最差。

2. 糊化的基本过程

糊化程度通常用偏振光显微镜测定淀粉粒悬浮液中完全糊化的淀粉粒数量来表示,监测淀粉糊化程度与温度的关系可用布拉班德黏度仪记录黏度随温度的变化曲线表示。从图 4 - 49 可知,随温度升高,淀粉粒体积逐渐增大,悬浮液的黏度逐步增加,在95℃恒定一段时间后,淀粉粒发生崩解而体积减小,分散体系的黏度也明显下降。

糊化作用可分为 3 个阶段:

① 可逆吸水阶段。水分进入淀粉粒的非晶质部分,淀粉通过氢键与水分子发生作用,颗粒的体积略有膨胀,外观上没有明显的变化,淀粉粒内部晶体结构没有改变,此时冷却干

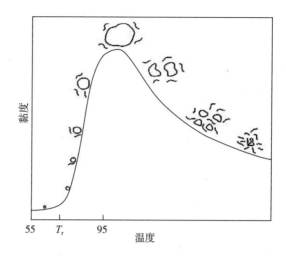

图4-49　淀粉颗粒悬浮液加热并恒定在95℃的黏度变化曲线

燥,可以复原,双折射现象不变。

② 不可逆吸水阶段。随温度升高,水分进入淀粉微晶束间隙,不可逆大量吸水,颗粒的体积膨胀,淀粉分子之间的氢键被破坏和分子结构发生伸展,结晶"溶解",双折射现象开始消失。

③ 淀粉粒解体阶段。淀粉分子全部进入溶液,体系的黏度达到最大,双折射现象完全消失。

3. 淀粉的糊化温度

淀粉糊化一般有一个温度范围,双折射现象开始消失的温度称为开始糊化温度,双折射现象完全消失的温度称为完全糊化温度。通常用糊化开始的温度和糊化完成的温度表示淀粉的糊化温度。表4-8列出了几种淀粉的糊化温度。

表4-8　几种淀粉的糊化温度

淀粉	糊化起始温度/℃	彻底糊化温度/℃	淀粉	糊化起始温度/℃	彻底糊化温度/℃
小麦	65	68	马铃薯	59	67
大麦	58	63	甘薯	70	76
玉米	64	72	粳米	59	61
荞麦	69	71	糯米	58	63

4. 影响淀粉糊化的因素

淀粉糊化、淀粉溶液黏度和淀粉凝胶的性质等,不仅取决于淀粉的种类、加热的温度,还取决于共存的其他组分的种类和数量,如糖、蛋白质、脂肪、有机酸、水及盐等物质。

（1）淀粉晶体结构

淀粉分子间的结合程度、分子排列紧密程度、淀粉分子形成微晶区的大小等,影响淀粉分子的糊化难易程度。淀粉分子间的结合程度大、分子排列紧密,破坏这些作用和拆开微

晶区所需要的能量就多,淀粉粒就不容易糊化;

(2)直链淀粉/支链淀粉的比例

直链淀粉在冷水中不易溶解、分散,直链淀粉分子间存在的作用相对较大,直链淀粉含量越高,淀粉难以糊化,糊化温度越高;相反,一些淀粉仅含有支链淀粉,一般产生清糊,淀粉糊也相当稳定,不容易发生老化现象。

(3)水分活度(水分含量)

在水分活度较低时,糊化就不能发生或者糊化程度非常有限。事实上,能与水强烈结合的成分由于竞相与水结合,甚至可以推迟淀粉的糊化。干淀粉(水含量低于3%)加热至180℃也不会导致淀粉糊化,而对水分含量为60%的悬浮液,70℃的加热温度通常能够产生完全的糊化。

(4)pH

在碱性条件下(pH > 7),由于淀粉的羟基可部分解离质子而变为阴离子,所以彼此排斥并更易水合,因此,淀粉在碱性条件下易于糊化。当 pH 在 5 以下时,由于淀粉水解产生低聚合度的糊精,糊化温度降低,淀粉糊的黏度峰值显著降低。因此,在淀粉增稠的酸性食品中,为避免酸水解淀粉导致淀粉糊变稀,一般使用交联淀粉作为增稠剂。

(5)其他物质

① 糖。高浓度的糖会降低淀粉糊化的速度、程度、黏度的峰值和形成凝胶的强度。二糖在升高糊化温度和降低黏度峰值等方面比单糖更有效,通常蔗糖 > 葡萄糖 > 果糖。糖是通过增塑作用和干扰结合区的形成而降低凝胶强度的。

② 脂类。脂类如三酰基甘油及脂类衍生物,由于脂肪酸的部分碳链进入直链淀粉螺旋圈,与直链淀粉形成复合物,能有效阻止水分子进入淀粉颗粒,延缓淀粉颗粒的溶胀。

③ 盐。大多淀粉是中性分子,盐对其糊化或凝胶的形成影响很小,但对于含有磷酸盐基团的马铃薯支链淀粉或改性离子化淀粉受盐的影响较大。离子对淀粉糊化的促进作用大小顺序为:$Li^+ > Na^+ > K^+ > Rb^+$;OH^- > 水杨酸根离子 > $SCN^- > I^- > Br^- > Cl^- > SO_4^{2-}$(大于 I^- 者常温下可使淀粉糊化)。

④ 破坏氢键的化合物。能够破坏氢键的物质,如脲、胍盐、二甲亚砜等,在常温下能使淀粉糊化,其中二甲基亚砜在淀粉未溶胀前就将会其溶解,可作为淀粉的溶剂。

⑤ 蛋白质。在许多食品中,淀粉和蛋白质之间的相互作用对食品的质构产生重要影响。如小麦淀粉和面筋蛋白质在和面时,就发生了一定的作用,在有水存在的情况下加热,淀粉糊化而蛋白质变性,使焙烤食品具有一定的结构。

在食品加工中,淀粉的糊化程度影响到一些淀粉类食品的消化率和贮藏性,如曲奇与桃酥饼干,由于脂肪含量高、水分含量少,使90%的淀粉颗粒未糊化而不易消化。有些产品如白面包,则由于水分含量高,96%以上的淀粉颗粒均已糊化,因而容易消化。

(五)淀粉的老化

1.淀粉老化的概念

经过糊化的 α - 淀粉在室温或低于室温下放置后,会变得不透明甚至凝结而沉淀,这种现象称为老化(retrogradation)。这是由于糊化后的淀粉分子在低温下又自动排列成序,相邻分子间的氢键又逐步恢复而形成致密、高度晶化的淀粉分子微晶束的缘故(图4-50)。所以,从某种意义上看,老化过程可看成是糊化的逆过程,但是老化不能使淀粉彻底复原到生淀粉(β-淀粉)的结构状态,它比生淀粉的晶化程度低。

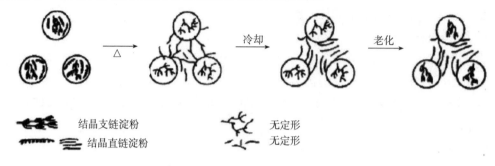

结晶支链淀粉
结晶直链淀粉
无定形
无定形

图4-50　淀粉颗粒在加热和冷却时的变化

老化后的淀粉与水失去亲和力,不易与淀粉酶作用,因此不易被人体消化吸收,严重地影响了食品的质地,如面包的陈化(staling)失去新鲜感,米汤的黏度下降或产生沉淀,就是淀粉老化的结果。因此,淀粉老化作用的控制在食品工业中有重要意义。

但是,淀粉的老化过程是一个非常复杂的过程,淀粉完全糊化水合后,当体系的温度降低至一定水平时,由于淀粉分子的运动能较低,体系处于热力学非平衡状态,淀粉分子通过分子间形成氢键进行排列,使体系的能量下降,最终形成结晶。所以淀粉的老化是淀粉分子链间有序排列的结果,这个过程包括了直链淀粉分子螺旋结构的形成以及堆积、支链淀粉分子外支链间双螺旋的形成和双螺旋的有序堆积。

2. 淀粉老化的影响因素

淀粉的老化受淀粉的种类、组成、含水量、温度、共存物质等因素的影响。一般有利于糊化的因素不利于老化。

(1)淀粉的种类

不同来源的淀粉,直链淀粉和支链淀粉的比例不同,老化难易程度也不相同。由于直链淀粉是线性分子,易于取向,因此直链淀粉较支链淀粉易于老化。淀粉中直链淀粉含量越多,越容易老化,如玉米淀粉、小麦淀粉易老化。支链淀粉几乎不发生老化,其原因是它的分支结构妨碍了微晶束氢键的形成,糯米、黏玉米含支链淀粉多,不易老化。聚合度中等的淀粉易老化;淀粉改性后,不均匀性提高,老化变难。常见淀粉的老化从易到难的顺序为:玉米>小麦>甘薯>马铃薯>木薯>黏玉米。

(2)温度

高温下淀粉发生糊化,随着温度的降低,老化速度加快。淀粉老化最适宜的温度为2~4℃;温度高于60℃或低于-20℃都不易发生老化。

(3)含水量

食品含水量低于10%时,水分基本都处于结合水状态,自由水含量较低,分子难以移动,淀粉基本不发生老化;淀粉含水量为 30% ~ 60%,尤其在 40% 左右,最易老化;含水量超过 60% 时,由于淀粉基质浓度太小,淀粉分子凝聚的机会减少,老化变慢。

（4）pH

pH 在 5 ~ 7 时老化速度较快,而在酸性(pH < 4)或碱性条件下,淀粉不易老化。

（5）共存物的影响

脂类和乳化剂能与淀粉形成不溶性复合物,阻止淀粉的重结晶,防止老化;多糖(果胶除外)、蛋白质等亲水性大分子可与淀粉竞争水分子及干扰淀粉分子平行靠拢,从而起到抗老化的作用。

（6）冷冻速度

糊化后的淀粉缓慢冷却时,淀粉分子有足够的时间取向排列,会加重老化。而速冻使淀粉分子间的水分迅速结晶,阻碍淀粉分子靠近,淀粉分子间的氢键不易结合,老化程度降低。

3. 淀粉老化的预防

（1）脱水

在食品加工中防止淀粉老化的一种有效方法就是将淀粉(或含淀粉的食品)糊化后,在 80℃ 以上的高温迅速除去水分(水分含量最好达 10% 以下),或用冷冻干燥的方法迅速脱水,这样,淀粉分子已不可能移动和相互靠近,成为固定的 α - 淀粉。α - 淀粉加水后,因无胶束结构,水易于浸入而将淀粉分子包蔽,无须加热淀粉就会糊化,这就是制备富含淀粉的方便食品的原理,如方便米饭、方便面条、饼干、膨化食品等。

（2）脂类

脂类,尤其是极性脂类(如磷脂、硬脂酰乳酸钠、单甘酯等)对抗老化有较大的贡献,它们进入淀粉的螺旋结构,形成的包合物可阻止直链淀粉分子间的平行定向、相互靠近及结合,对淀粉的抗老化很有效。如添加极性脂类(如硬脂酰乳酸钠)于面包中,阻止了淀粉老化,使面包质地柔软,有效地增加了面包的货架寿命。

（3）极性物质

极性物质(如单糖、二糖、蛋白质、半纤维素、植物胶等)能与淀粉竞争性地结合并保留水,干扰淀粉分子之间的结合,延缓淀粉的老化。

（六）淀粉的改性

天然淀粉已广泛应用于各个工业领域,不同领域对淀粉性质的要求不尽相同。随着工业生产技术的发展,对淀粉性质的要求越来越苛刻,原淀粉的性质已不适应于很多应用领域。因此,有必要根据淀粉的结构和理化性质进行变性处理。

天然淀粉通过改性可以增强其功能性质,例如改善烧煮性质,提高溶解度,提高或降低淀粉糊黏度,提高冷冻—解冻稳定性,提高透明度,抑制或有利于凝胶的形成,增加凝胶强度,减少凝胶脱水收缩,提高凝胶稳定性,增强与其他物质相互作用,提高成膜能力与膜的阻湿性以及耐酸、耐热,耐剪切等。

淀粉改性的方法有物理法、酶法和化学法,其中化学法应用最广泛。

1. 物理变性

通过膨化、加热滚筒处理和焙烧等方法分解天然淀粉所得的淀粉,具有颗粒结构分散、低温下有较强的吸水性和溶解性等特点。如由糊化得到的 α - 淀粉就是一种可溶性淀粉,可用于改良糕点配合原料的质量,稳定冷冻食品的内部组织结构,也可用于制作软布丁、酱、糖果等。

2. 化学变性

(1)氧化反应

工业上应用 NaClO 处理淀粉,即得到氧化淀粉。由于直链淀粉被氧化后,链成为扭曲状,因而不易引起老化。氧化淀粉的淀粉糊黏度较低,但稳定性高,较透明,成膜性能好,在食品加工中可形成稳定溶液,适用作分散剂或乳化剂。高碘酸或其钠盐也能氧化相邻的羟基成醛基,在研究糖类的结构中非常有用。

(2)交联反应

淀粉分子中有多个羟基,用具有多官能团的化学试剂(如甲醛、环氧氯丙烷、三氯氧磷、三聚磷酸盐等)与淀粉反应,即可发生淀粉分子内或分子间交联,产生的淀粉称为交联淀粉。交联淀粉增加了淀粉的平均分子质量,提高了糊化温度,增强了抗剪切能力及对低 pH 的稳定性,淀粉糊黏度高、稳定性好。食品加工中交联淀粉用作汤类、肉汁、酱汁、调味料、婴儿食品和玉米酱以及油炸食品的面团混合料的制作等的增稠剂和塑性剂。

交联淀粉仅需少量的交联,即每 1000 个 α - D - 吡喃葡萄糖基只交联一个或不到一个,就能产生非常显著的作用,如显著降低淀粉颗粒吸水膨胀的程度与速率,增加淀粉糊的稳定性,改变淀粉糊的黏度与质构等。由于交联淀粉降低了淀粉颗粒吸水膨胀和糊化的速率,因而在罐头食品杀菌时,能较长时间保持初始的低黏度,这有利于快速热传递与升温,在淀粉颗粒吸水膨胀前达到均匀的杀菌。

(3)取代反应

淀粉分子含有大量羟基,可被酯基、醚基等基团取代,一般用取代度(DS)表示淀粉中羟基的取代程度。因为淀粉的每个葡萄糖单元上含有三个游离羟基,所以 DS 的最大值为3。然而,在淀粉改性过程中,仅有极少量羟基被取代,DS 很低,一般为 0.002 ~ 0.2,即平均每 5 ~ 500 个 D - 吡喃葡萄糖基有一个取代基。虽然只有很少量羟基被取代,但是淀粉性质却发生了很大的变化,极大扩展了它们的用途。

一般可采用乙酸酐、三聚磷酸钠、磷酸二氢钠或环氧丙烷对淀粉进行酯化或醚化,在淀粉结构中引入乙酰基、磷酸酯基或羟丙基等功能基团,阻止了淀粉分子的链间缔合,导致淀粉糊形成凝胶的能力降低,稳定性提高,不易老化。这种改性方法称为稳定化,所得产品称为稳定化淀粉。

采用乙酸酐或乙酰氯在碱性条件下对淀粉进行乙酰化,得到乙酸酯化淀粉(图 4 - 51),最大的 DS 允许值为 0.09。它能降低糊化温度,提高淀粉糊的透明度,提高抗老化以及冷冻—解冻的稳定性。

　　淀粉与三聚磷酸钠或磷酸二氢钠一起干燥,可以制得磷酸一酯淀粉,继续与淀粉作用,还可以得到交联的磷酸二酯淀粉(图 4-52),DS 最大允许值为 0.002。反应过程中可以通过改变试剂浓度、反应时间、温度及 pH 控制淀粉的取代度。磷酸酯化淀粉降低了糊化温度,制成的淀粉糊透明度好、稳定性高,具有好的乳化性和冻融稳定性。

图 4-51　淀粉的乙酰化反应

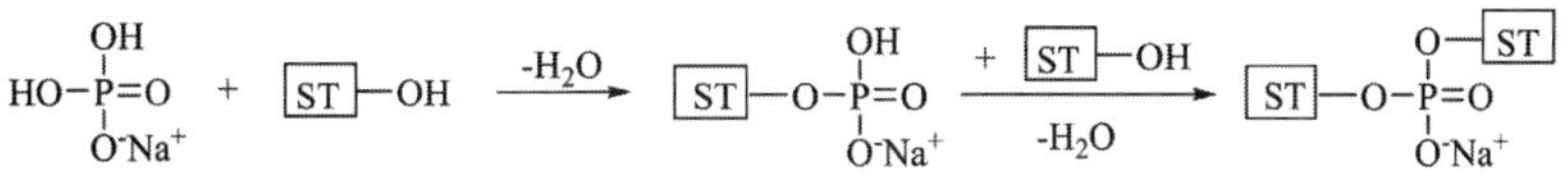

图 4-52　淀粉的磷酸化反应

　　将疏水烃连接到高聚物分子上制得烯基琥珀酸酯淀粉(图 4-53),即使取代度很低,1-辛烯基琥珀酸酯淀粉分子因其具有疏水烯基也会集中在水包油(O/W)乳状液的界面上,因此可作为乳状液稳定剂,稳定风味饮料乳状液。

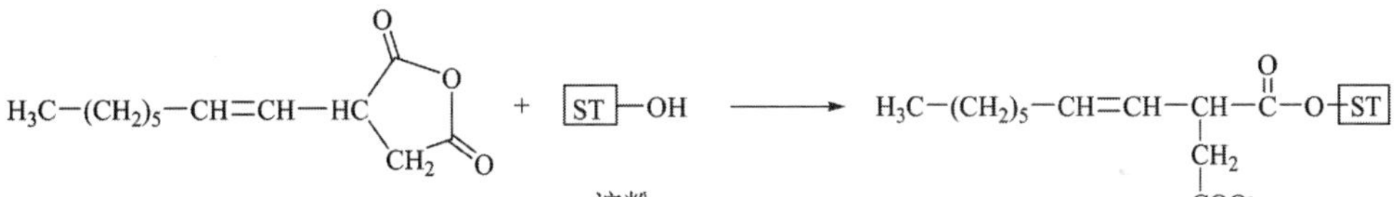

图 4-53　2-(1-辛烯基)琥珀酸酯化淀粉的制备

　　羟丙基化是制备醚化淀粉最常用的方法。碱性条件下,淀粉与环氧乙烷或环氧丙烷反应,生成部分取代的羟乙基或羟丙基醚化淀粉(图 4-54),醚化程度较低(DS 为 0.02~0.2)。羟丙基化可降低淀粉糊化温度,羟丙基淀粉糊透明,不会老化,冻融稳定性好,并广泛应用作增稠剂和延展剂。

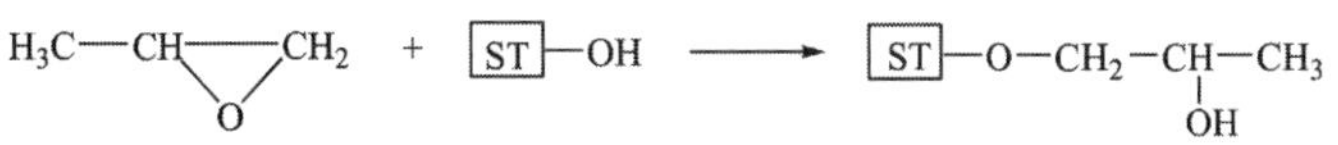

图 4-54　羟丙基醚化淀粉的制备

3. 酶变性

　　淀粉酶变性的第一阶段都是水解。由于酸催化的淀粉水解反应难以控制,可采用酶法水解,得到麦芽糊精和玉米糖浆等产品,具体方法参照淀粉水解中的酶法水解。

　　目前通常使用的变性淀粉是羟丙基淀粉、磷酸单酯淀粉、乙酸酯淀粉和交联淀粉。

变性淀粉具有各种各样的特殊功能,如胶黏力、淀粉糊的透明度、色泽、稳定乳状液能力、成膜能力、风味释放、水合速度、持水力、耐酸、耐碱、耐热、耐冷、耐剪切、烧煮所需的温度及黏度。它们赋予食品的性质包括:口感、减少油滴移动、质构、光泽、稳定性、胶黏性等。

(七)预糊化淀粉

如将糊化后但尚未老化前的淀粉糊进行干燥,得到冷水可溶的产品,称为预糊化或速溶淀粉,且这种淀粉已经糊化,因此也可称为预煮淀粉。用滚筒加热或挤压膨化都可以生产预糊化淀粉。

天然淀粉和改性淀粉都可以制成预糊化淀粉。如果采用化学改性淀粉为原料,那么由改性得到的性质会转移到预糊化产品中,于是淀粉糊的性质如冻融循环的稳定性也是预糊化淀粉的性质。预糊化、轻度交联的淀粉可用于即食汤、挤压方便食品及早餐谷物等。

预糊化淀粉在使用时不需要进行烧煮,类似于一种水溶性胶。细颗粒的预糊化淀粉加水后,经分散和溶解,形成具有高黏度的溶液。粗颗粒产品较易分散并形成低黏度的分散体系,并具有某些产品所期望的颗粒状或柔软性。许多预糊化淀粉能与糖及其他食品配料干混,如可制成即食布丁粉。

二、果胶

(一)果胶的结构及形态

1. 果胶的结构

果胶物质是植物细胞壁的成分之一,存在于细胞壁和细胞内层,起着将细胞黏结在一起的作用。果胶物质广泛存在于植物中,尤其是水果、蔬菜中含量较多,使水果、蔬菜具有较硬的质地。

果胶分子的主链是由 $150 \sim 500$ 个 $\alpha - D -$ 吡喃半乳糖醛酸基通过 $\alpha - 1,4 -$ 糖苷键连接而成的聚合物,其中半乳糖醛酸残基中部分羧基与甲醇形成酯,剩余的羧基部分与钠、钾或铵离子形成盐(图 4 - 55)。在主链中相隔一定距离含有 $\alpha - L -$ 鼠李吡喃糖基侧链,因此果胶的分子结构由均匀区与毛发区组成(图 4 - 56)。均匀区是由 $\alpha - D -$ 半乳糖醛酸基组成,毛发区是由高度支链化的 $\alpha - L -$ 鼠李吡喃糖醛酸组成。

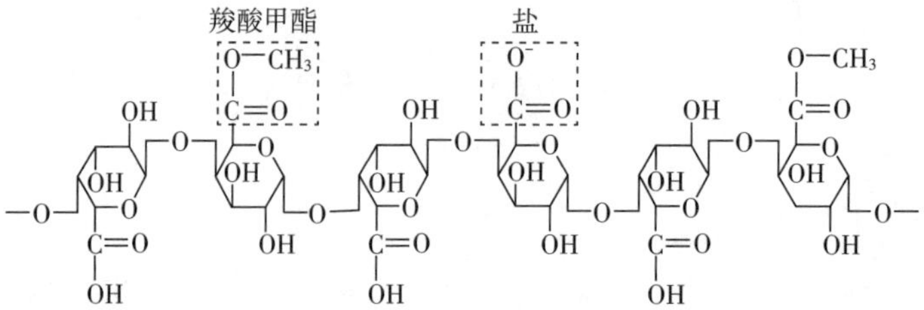

图 4 - 55　果胶结构

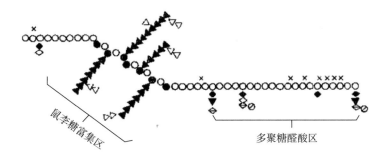

鼠李糖富集区　　　多聚糖醛酸区

图4-56　果胶分子结构示意图

2. 果胶的形态

天然果胶物质的甲酯化程度变化较大,酯化的半乳糖醛酸基与总半乳糖醛酸基的比值称为酯化度(the degree of esterifacation,DE),也有用甲氧基含量来表示酯化度的。通常将酯化度大于50%的果胶称为高甲氧基果胶(high - methoxyl pectin,HM),酯化度低于50%的是低甲氧基果胶(low - methoxyl pectin,LM)。天然原料提取的果胶最高酯化度为75%,果胶产品的酯化度一般为20%~70%。

根据果蔬的成熟过程,果胶物质一般有3种形态。

① 原果胶:与纤维素和半纤维素结合在一起的甲酯化半乳糖醛酸链,只存在于细胞壁中,不溶于水,水解后生成果胶。在未成熟果蔬组织中与纤维素和半纤维素黏结在一起形成较牢固的细胞壁,使整个组织比较坚固。

② 果胶:果胶是羧基不同程度甲酯化和阳离子中和的聚半乳糖醛酸链,存在于植物细胞汁液中,成熟果蔬的细胞液内含量较多。

③ 果胶酸:果胶酸是完全未甲酯化的聚半乳糖醛酸链,在细胞汁液中与 Ca^{2+}、Mg^{2+}、K^+、Na^+ 等矿物质形成不溶于水或稍溶于水的果胶酸盐。当果蔬变成软状态时,果胶酸的含量较多。

(二)果胶物质凝胶的形成

1. 果胶物质形成凝胶的机理

果胶能形成具有弹性的凝胶,不同酯化度类型的果胶形成凝胶的机制是有差异的。

(1)高甲氧基果胶(HM 果胶)

当果胶 DE >50% 时,必须在低 pH 和高浓度的糖溶液中才能形成凝胶,因此又称糖—酸—果胶凝胶。当果胶溶液 pH 足够低(pH 2.0~3.5)时,高度水合的带电羧酸盐转变成不带电的羧酸分子,分子间的斥力减小,水合作用降低,分子间缔合形成三维网络结构的凝胶,水和溶质固定在网络结构的网孔中。糖的浓度越高,与果胶分子竞争结合水的能力越强,致使分子链的溶剂化程度大幅降低,越有利于分子间相互作用形成三维网络接合区,一般糖的浓度至少在55%,最好在65%。此外,凝胶形成的 pH 也与酯化度有关,快速胶凝的果胶(高酯化度果胶)在 pH 3.3 时可以胶凝,而慢速胶凝的果胶(低酯化度)在 pH 2.8 可以胶凝。凝胶形成的条件还受可溶性固形物(糖)的含量与 pH 的影响,固形物含量越高及

pH越低,则可在较高温度下胶凝。因此,制造果酱与糖果时必须选择Brix(固形物含量)、pH以及合适类型的果胶以达到所希望的胶凝温度。

(2)低甲氧基果胶(LM果胶)

LM果胶(DE<50%)必须在二价阳离子(Ca^{2+})的存在下形成凝胶。胶凝的机理是二价阳离子作为"盐桥",加强了不同果胶分子链均匀区(均一的半乳糖醛酸)之间的交联作用,从而形成分子间接合区。胶凝能力随DE的减少而增加。正如其他高聚物一样,相对分子质量越小,形成的凝胶越弱。胶凝过程也和外部因素如温度、pH、离子强度以及Ca^{2+}的浓度有关。凝胶的形成对pH非常敏感,pH为3.5,LM果胶胶凝所需的Ca^{2+}量超过中性条件。在一价盐NaCl存在的条件下,果胶胶凝所需Ca^{2+}量可以少一些。在相同的高聚物与Ca^{2+}浓度下,弹性模量随离子强度增加而增加,这是因为一价离子大大地屏蔽了高聚物的电荷,因此需要更多的Ca^{2+}建立接合区。LM果胶在糖存在的情况下胶凝,由于pH与糖双重因素可以促进分子链间相互作用,因此可以在Ca^{2+}浓度较低的情况下进行胶凝。

2. 果胶形成凝胶的条件

果胶的酯化度直接影响果胶的胶凝条件,同时果胶的胶凝速度也随酯化度增加而增大。不同酯化度果胶的胶凝条件及胶凝速度如表4-9所示。

表4-9 果胶酯化度与胶凝条件

果胶类型	酯化度/%	胶凝条件	胶凝速度
高甲氧基	100	Brix>55	超快速
高甲氧基	74~77	Brix>55,pH<3.5	超快速
高甲氧基	71~74	Brix>55,pH<3.5	快速
高甲氧基	66~69	Brix>55,pH<3.5	中速
高甲氧基	58~65	Brix>55,pH<3.5	慢速
低甲氧基	40	Ca^{2+}	慢速
低甲氧基	30	Ca^{2+}	快速

当甲酯化度为100%时,称为全甲酯化聚半乳糖醛酸,只要存在脱水剂就能形成凝胶。

当甲酯化度大于70%时,称为速凝果胶,加糖、加酸(pH3.0~3.4)后,可在较高温度下形成凝胶(稍冷即凝),主要用于"蜜饯型"果酱,防止果肉块的浮起或下沉。

当甲酯化度为50%~70%时,称为慢凝果胶,加糖、加酸(pH2.8~3.2)后,可在较低温度下形成凝胶(凝胶较慢),所需酸量也因果胶分子中游离羧基增多而增大。慢凝果胶用于果冻、果酱、点心等生产中,在汁液类食品中可用作增稠剂、乳化剂。

因此,HM果胶形成凝胶的条件是可溶性固形物含量(一般是糖)超过55%,pH为2.0~3.5。当果胶水溶液含糖量60%~65%,pH 2.0~3.5,果胶含量为0.3%~0.7%(依果胶性能而异)时,在室温甚至在接近沸腾的温度下,果胶均能形成凝胶。

当甲酯化度小于50%时,即使加糖、加酸的比例恰当,也难形成凝胶,但其羧基能与多价离子(常用 Ca^{2+})作用而形成凝胶。一般,当 DE < 50%,可溶性固形物为 10% ~ 20%,pH 为 2.5 ~ 6.5,加入一定 Ca^{2+} 即可形成凝胶。然而,Ca^{2+} 的存在对果胶凝胶的质地有硬化作用,因此,果蔬加工中首先用钙盐前处理。这类果胶的凝胶能力受酯化度的影响大于相对分子质量的影响。

3. 影响果胶凝胶强度的因素

(1)果胶相对分子质量与凝胶强度

形成的凝胶具有一定的凝胶强度,有许多因素影响凝胶形成条件与凝胶强度,最主要的因素是果胶分子的链长与连接区的化学性质。在相同条件下,相对分子质量越大,形成的凝胶越强,如果果胶分子链降解,则形成的凝胶强度就比较弱。凝胶破裂强度与平均相对分子质量具有非常好的相关性,凝胶破裂强度还与每个分子参与连接的点的数目有关,这是因为在果胶溶液转变成凝胶时,每 6 ~ 8 个半乳糖醛酸基形成一个结晶中心。

(2)果胶酯化度与凝胶强度

果胶的凝胶强度随着其酯化度增加而增大,因为凝胶网络结构形成时的结晶中心位于酯基团之间。

(3)pH

一定的 pH 有助于果胶—糖凝胶体系的形成,不同类型的果胶胶凝时 pH 不同,如低甲氧基果胶对 pH 变化的敏感性差,能在 pH 为 2.5 ~ 6.5 范围内形成凝胶,而正常的果胶则仅在 pH 为 2.7 ~ 3.5 范围内形成凝胶。不适当的 pH,不但无助于果胶形成凝胶,反而会导致果胶水解,尤其是高甲氧基果胶和在碱性条件下。

(4)糖浓度

低甲氧基果胶在形成凝胶时,可以不需要糖的加入但加入 10% ~ 20% 的蔗糖,凝胶的质地更好。

(5)温度

当脱水剂(糖)的含量和 pH 适当时,在 0 ~ 50℃ 范围内,温度对果胶凝胶影响不大。但温度过高或加热时间过长,果胶将发生降解,蔗糖也发生转化,从而影响果胶的强度。

(三)果胶的用途

商业上生产果胶是以橘子皮和压榨后的苹果渣为原料,在 pH 为 1.5 ~ 3、温度为60 ~ 100℃时提取,然后通过离子(Al^{3+})沉淀进行纯化,使果胶形成不溶于水的果胶盐沉淀,过滤,用酸性乙醇洗涤,除去添加的离子。

果胶的主要用途是作为果酱与果冻的胶凝剂。果胶的类型很多,不同酯化度的果胶能满足不同的要求。LM 果胶与慢胶凝的 HM 果胶用于制造凝胶软糖。果胶的另一个用途是如 LM 果胶特别适合在生产酸奶时用作水果基质。果胶还可作为增稠剂与稳定剂。HM 果胶可应用于乳制品,在 pH 为 3.5 ~ 4.2 范围内能阻止加热时酪蛋白的聚集,适用于经巴氏杀菌或高温杀菌的酸奶、酸豆奶以及牛奶与果汁的混合物。HM 与 LM 果胶也能应用于蛋黄酱、番茄酱、混浊型果汁、饮料及冰淇淋等。

果胶的添加量一般 <1%，但凝胶软糖除外，它的添加量为 2% ~5%。

三、纤维素及纤维素衍生物

(一)纤维素

纤维素(cellulose)是植物组织中的一种结构性多糖，是植物细胞壁的主要成分，常常与半纤维素、果胶和木质素结合在一起，其结合方式和程度很大程度上影响植物性食品的质地。

纤维素是由 β - D - 吡喃葡萄糖基单位通过 β - 1,4 - 糖苷键连接而成的均一直链高分子高聚物(图 4 - 57)。其聚合度的大小取决于纤维素的来源，一般可以达到 1000 ~14000。一般认为纤维素分子由 8000 个左右的葡萄糖单位构成的。

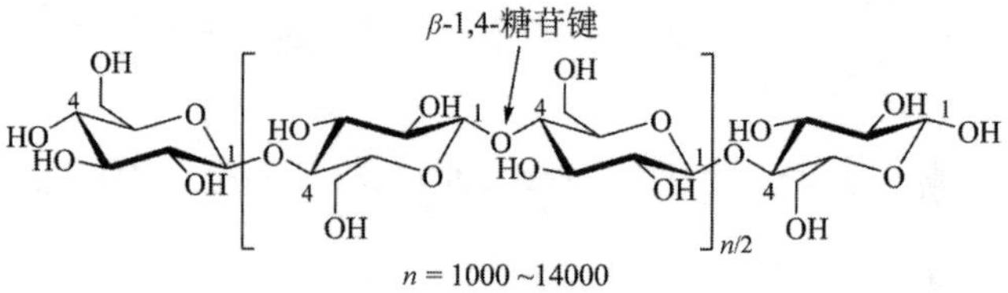

图 4 - 57　纤维素的结构

由于纤维素分子是线性分子，因而易于缔合，形成多晶的纤维束。结晶区是由大量氢键连接而成，结晶区之间由无定形区隔开。纤维素不溶于水，如果部分羟基被取代形成衍生物，则纤维素就转换成水溶性胶。纤维素胶凝性同聚合度大小(DP > 100000)和取代程度(DS)有关。当所有羟基被取代，则达到最大理论取代度 3。一般情况下，取代并不是均匀分布的。随 DP 增加，溶液黏度增加，取代程度既可增加也可减少，这取决于取代基的性质。

天然纤维素由于链内和链间高度的氢键结合，形成高度结晶化的微纤丝。尽管还存在着微纤丝间的无定形区，但天然纤维素的结构高度稳定，在食品加工中纤维素的结构变化很少。若纤维素和木质素比例高，组织在加工中不易软化；若半纤维素和果胶含量高，在加工或贮藏中，随着它们的变化，食品的质地会发生变化。

用 X - 射线衍射法研究纤维素的微观结构，发现纤维素是由 60 多条纤维素分子平行排列，并相互以氢键连接起来的束状物质。虽然氢键的键能较一般化学键的键能小得多，但由于纤维素微晶之间氢键很多，所以微晶束结合得很牢固，导致纤维素的化学性质非常稳定，如纤维素不溶于水，对稀酸和稀碱特别稳定，不与费林试剂反应，在一般食品加工条件下不能破坏。但是在高温、高压和酸性(60% ~70% 硫酸或 41% 盐酸)条件下，能分解为 β - 葡萄糖。这个反应被用于从木材直接生产葡萄糖，用针叶树糖化产生的是己糖，落叶树糖化产生的是戊糖。菌类、软体动物含有纤维素分解酶，可将其分解成低聚糖和葡萄糖并利用它们，哺乳动物则没有纤维素分解酶，对纤维素的利用率一般很低。

人体没有分解纤维素的消化酶,当它们通过人的消化系统时不提供营养与热量,但却具有重要的生理功能。

纤维素可用于食品包装、发酵(酒精)、饲料生产(酵母蛋白和脂肪)、吸附剂和澄清剂等。它的长链中常含有许多游离的醇羟基,具有羟基的各种特征反应,如成酯和成醚反应等。

在天然纤维素中约有60%为结晶部分,它们被无定形区所分隔,无定形区在纤维素的水分脱除时,转化为结晶区。无定形区中存在对酸、碱敏感的化学键,当纤维素进行酸碱处理时,酸进入了低密度的无定形区,破坏了相应的化学键并产生小片段(大小一般在几十个μm),就得到了微晶纤维素,这是一种相对分子质量为 $3 \times 10^4 \sim 5 \times 10^4$,在水中溶解的低分子纤维素产物,但已经不具备纤维结构。微晶纤维素是极易流动的干燥白末,带有许多空隙,在较低的压力下就可成型,成型物快速吸水崩解,因此该产品被广泛用作片剂的赋形剂。此外,它具有吸附性,易于保持水、油、香料等成分,因此也可用于油脂、香料等的粉末化及抑制由于固体吸潮造成的结块现象。

(二)半纤维素

半纤维素(hemicellulose)是组成植物细胞壁的主要成分之一,常与纤维素共存,是一种混合多糖,或称杂多糖(hetempolysacchride),水解后将生成阿拉伯糖、木糖、葡萄糖、甘露糖和半乳糖等,有时还有糖醛酸。半纤维素的组成成分因植物种类而异,一般来说以木聚糖(xylan)及木聚糖的葡萄糖醛酸居多。例如,玉米穗中的半纤维素水解后将生成95%的木糖和5%的葡萄糖醛酸。

食品中最主要的半纤维素是由 $(1 \rightarrow 4) - \beta - D -$ 吡喃木糖基单位组成的木聚糖骨架,也是膳食纤维的一个来源。粗制的半纤维素可分为一个中性组分(半纤维素 A)和一个酸性组分(半纤维素 B),半纤维素 B 在硬质木材中特别多。两种半纤维素都有 $\beta - D - (1 \rightarrow 4)$ 键结合成的木聚糖链。在半纤维素 A 中,主链上有许多由阿拉伯糖组成的短支链,还存在 D - 葡萄糖、D - 半乳糖和 D - 甘露糖,从小麦、大麦和燕麦粉得到的阿拉伯木聚糖就是其典型例子。半纤维素 B 不含阿拉伯糖,它主要含有 4 - 甲氧基 - D - 葡萄糖醛酸,因此它具有酸性。

粮粒皮壳、玉米穗、禾谷秸秆等富含半纤维素,它们的水解产物中的木糖可以用来制造糠醛,还可以制成结晶木糖或木糖浆。木糖的甜味接近于蔗糖,故可应用于糖果和其他食品工业。

半纤维素在焙烤食品中的作用很大,它能提高面粉结合水能力,改进面包面团混合物的质量,降低混合物能量,有助于蛋白质的进入和增加面包的体积,并能延缓面包的老化。

半纤维素是膳食纤维的一个重要来源,对肠蠕动、粪便量和粪便通过的时间产生有益生理效应,对促使胆汁酸的消除和降低血液中的胆固醇方面也会产生有益的影响。事实表明它可以减轻心血管疾病、结肠紊乱,特别是防止结肠癌。食用高纤维膳食的糖尿病人可以减少对胰岛素的需求量,但是,多糖胶和纤维素在小肠内会减少某些维生素和必需微量元素的吸收。

(三)甲基纤维素

在强碱性(氢氧化钠)条件下,经一氯甲烷处理纤维素引入甲基,即得到甲基纤维素(methylcellulose,MC),这种改性属于醚化(图4-58)。商品级 MC 取代度一般为1.1~2.2,取代度为1.69~1.92 的 MC 在水中有最高的溶解度,而黏度主要取决于其分子的链长。由于纤维素分子中存在醚基,因而使分子具有一些表面活性,能在界面上吸附,有助于稳定乳状液与泡沫。

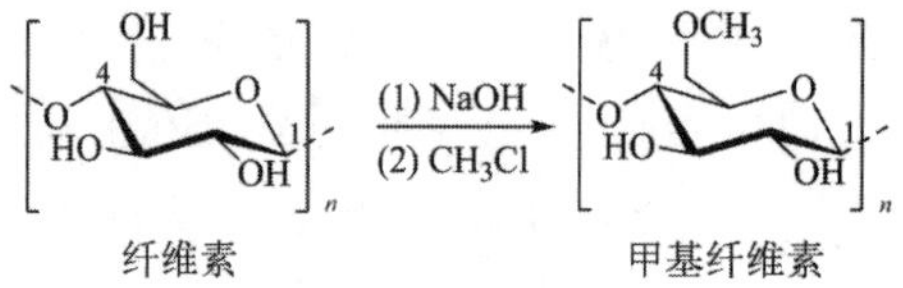

图4-58 纤维素醚化生产甲基纤维素

甲基纤维素除具有一般亲水性多糖胶的性质外,比较突出和特异之处有以下3点。

① 甲基纤维素的溶液在被加热时,最初黏度下降,与一般多糖胶相同,然后黏度很快上升并形成凝胶,凝胶冷却时又转变为溶液,即是热凝胶。这是由于加热破坏了各个甲基纤维素分子外面的水合层而造成聚合物之间疏水键增加的缘故。电解质(如氯化钠)和非电解度(如蔗糖或山梨醇)均可降低形成凝胶的温度,这是因为它们争夺水分子的缘故。

② MC 本身是一种优良的乳化剂,而大多数多糖胶仅仅是乳化助剂或稳定剂。

③ MC 在一般食用多糖中有最优良的成膜性。

因此,甲基纤维素可增强食品对水的吸收和保持,使油炸食品减少油脂的吸收;在某些食品中可起脱水收缩抑制剂和填充剂的作用;在不含面筋的加工食品中作为质地和结构物质;在冷冻食品中用于抑制脱水收缩,特别是沙司、肉、水果、蔬菜以及在色拉调味汁中可作为增稠剂和稳定剂;还可用于各种食品的可食涂布料和代脂肪;不能被人体消化吸收,是无热量多糖。

(四)羧甲基纤维素

羧甲基纤维素(carboxyl methyl cellulose,CMC)是采用18%氢氧化钠处理纯木浆得到的碱性纤维素,碱性纤维素与氯乙酸钠盐反应,生成了纤维素的羧甲基醚钠盐(CMC-Na),一般产品的取代度 DS 为0.3~0.9,聚合度为500~2000。作为食品配料用和市场上销售量最大的 CMC 的 DS 为0.7。

由于 CMC 是由带负电荷的、长的刚性分子链组成,在溶液中因静电斥力作用而具有高黏性和稳定性,并与取代度和聚合度有关。取代度为0.7~1.0 的羧甲基纤维素易溶于水,形成非牛顿流体,其黏度随温度升高而降低,溶液在 pH 5~10时稳定,在 pH 7~9 时有最高的稳定性,并且当 pH 为7时,黏度最大,而 pH 在3 以下时,则易生成游离酸沉淀;当有二价金属离子存在的情况下,其溶解度降低,并形成不透明的液体分散系;三价阳离子存在下能产生凝胶或沉淀,其耐盐性较差。例如,Ca^{2+} 浓度高时,可使 CMC 从溶液中沉淀出来,镁离子和亚铁离子对 CMC 的分散也有相似的影响;重金属如银、钡、铬、铅的离子可使 CMC 从溶液中沉淀出来;多价阳离子 Al^{3+}、Cr^{3+} 或 Fe^{3+} 可以使 CMC 从溶液中沉淀出来。

羧甲基纤维素有助于增溶一般食品的蛋白质,例如明胶、酪蛋白和大豆蛋白质,通过形成 CMC—蛋白质复合物而增溶。CMC - Na 能稳定蛋白质分散体系,特别是在接近蛋白质等电点的 pH 下,如鸡蛋清可用 CMC - Na 一起干燥或冷冻而得到稳定,CMC - Na 也能提高乳制品稳定性以防止酪蛋白沉淀。在果酱、番茄酱中添加 CMC - Na,不仅增加黏度,而且可增加固形物的含量,还可使其组织柔软细腻。在面包和蛋糕中添加 CMC - Na,可增加其保水作用,防止淀粉的老化。在方便面中加入 CMC - Na,较易控制水分,减少面饼的吸油量,并且还可增加面条的光泽,一般用量为 0.36% 。在酱油中添加 CMC - Na 以调节酱油的黏度,使酱油具有滑润口感。

课程思政案例

案例一:在"糖的甜度"内容中,糖的甜度是以蔗糖为基准物的,其他糖的甜度与之相比较而得。案例引入蔗糖的主要载体之一红糖,季羡林先生认为红糖在我国具体起源时间始于三国魏晋南北朝到唐代之间的某一个时代,《千金要方》《食疗本草》中均有记载。海南遵谭镇、义乌、贵州有各自的红糖制作工艺,被评为"非物质文化遗产",可培养学生的爱国情怀和民族自豪感。此外,通过市场调研发现,我国赤砂糖冒充红糖的乱象严重,当前市场 89.9% 的红糖实则为赤砂糖。从这个案例出发,引导学生查阅红糖与赤砂糖的生产工艺、营养特性及保健功能等方面知识,并进行对比分析,结合国外研究现状对我国传统红糖的未来研究方向做出展望,拓展学生的知识。

——摘自 翟硕莉. 食品化学课程中融入"课程思政"元素初探[J]. 绿色科技,2020(5):235 - 236.

课程思政育人目标:培养学生对比分析和归纳总结的能力,并培养学生对中国优秀传统文化的自豪感。

案例二:课程要求学生回答什么是美拉德反应;为什么食物中会发生美拉德反应;美拉德反应与生活的相关性等。通过学生回答和教师补充,学习食品中美拉德反应的定义、原理及意义。进而以食物中美拉德反应发生对食品的影响为出发点,引入视频和照片,让学生对美拉德反应的利与弊,以及不同种类,不同美拉德反应产物的获取及对食品的影响有一个直观的认识。从美拉德反应的发现历史出发,引导学生养成善于观察,热爱生活的习惯。与同学们喜爱的烤肉、炸鸡、面包等食品的独特香气相联系,使学生可以充分了解反应的过程和产物,不仅可以使学生能够牢固掌握知识,又能使学生了解到食品化学的意义,将知识与生活相结合,使学生具备明确的学习目标,对专业和未来职业更加认同。此外,在讲授的过程中,除了说明不同条件对美拉德反应的影响不同,还需要让同学们了解到食品有的是需要褐变的,如面包的制作;有的是不希望褐变的存在,如蛋白质粉的制作。因此,制作过程中就需要控制条件获得希望的产品。

——摘自 隋晓，赵爱云，郭群群，齐宏涛.《食品化学》课程思政教学的探讨上［J］.中文信息，2021（1）：200.

课程思政育人目标：引导学生在学习生活过程中辩证地看待问题，利用有利方面从事食品的生产、贮藏，同时避免不利的因素。

思考题

1. 什么是糖类？糖类是怎么分类的？
2. 食品中单糖有哪些化学性质？
3. 简述美拉德反应和焦糖化反应。
4. 说明淀粉糊化和回生的现象以及与淀粉质食品品质的关系。
5. 改性淀粉的性质及在食品工业中的用途。
6. 果胶凝胶的形成条件有哪些？果胶凝胶的强度和什么因素有关？
7. 纤维素及纤维素衍生物在食品工业有哪些用途？

习题

美拉德反应

第五章　脂类

学习目标与要求

1. 了解脂类及脂肪酸的组成和命名,磷脂、甾醇等脂类的性质。

2. 熟悉油脂的结晶特性、熔融特性、乳化等物理性质,油脂分提、氢化、酯交换等改性方法的机理、特点及对油脂产生的影响。

3. 掌握脂肪氧化的机理及影响因素,抗氧化剂的抗氧化原理,油脂在加工贮藏中的其他化学变化,及油脂的酸值、过氧化值、碘值等质量评价方法。

4. 通过学习,提高学生解决巧克力起霜、煎炸油颜色加深、部分氢化油含有反式酸等实际问题的能力。

PPT 课件

第一节　概述

一、脂类的定义及作用

脂类又称脂质,是一大类由生物体产生的、能溶于乙醚、氯仿、丙酮等有机溶剂而不溶于水的有机化合物的统称,是脂肪组织的主要成分,其元素组成主要是碳、氢、氧,有的还有氮、硫、磷等。通常脂类是由脂肪酸和醇作用生成的酯及其衍生物,其中约95%是脂肪酸与甘油作用生成的脂肪酸甘油三酯(也称甘三酯或三酰基甘油),俗称脂肪,另外还有少量的蜡、磷脂、糖脂、类固醇等。

脂类是生物体内细胞、生物膜等结构的重要组成部分,也是最合适的能量贮存形式。膳食脂肪是食品中重要的组成成分和营养成分,其主要功能之一就是提供热量,每克脂肪提供 39.58 kJ 热能,脂肪所含的热量是同质量的蛋白质和碳水化合物的两倍。此外,脂肪能提供亚油酸、亚麻酸等人体必需脂肪酸,并能运输脂溶性维生素,缺乏这些物质,人体会产生多种疾病甚至危及生命。脂肪是重要的热媒介质,赋予油炸食品香酥的风味和口感,增加消费者食欲。此外,专用油脂具有很多重要功能,如塑性脂肪具备一定的造型功能,能给人造奶油、蛋糕或其他食品造型;起酥油可以使糕点产生酥性;可可脂能给巧克力带来润滑的口感等。

二、脂类的分类

脂类按其结构和组成可分为简单脂类、复合脂类和衍生脂类(图5-1)。

① 简单脂类是由脂肪酸与醇生成的酯,根据醇的性质又可分为两类,一类是由脂肪酸与甘油构成的酯,称为甘油酸酯或酰基甘油,是一种非极性脂,约占天然脂类总量的99%,根据与甘油结合的脂肪酸的个数不同,又分为甘油一酯、甘油二酯和甘油三酯;另一类是由高级脂肪酸与高级脂肪醇构成的酯,称为蜡。

② 复合脂类是简单脂类的衍生物,结构中除了脂肪酸和醇以外,还含有磷酸、含氮化合物、糖基及其衍生物、鞘氨醇等极性基团,又称类脂,是一种极性脂。

③ 衍生脂类是符合脂类的溶解特性,但又不是简单或复合脂类的有机化合物,如类固醇、类胡萝卜素、脂溶性维生素等。

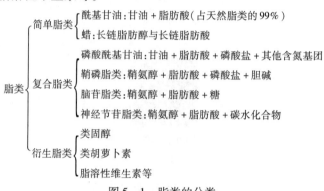

图5-1 脂类的分类

根据天然脂类的存在状态,一般习惯把室温下呈液态的称为油,呈固态的称为脂。油和脂在化学结构上没有本质区别,只是物理状态的差异,液态油通过冷冻可变为固态脂,固态脂加热又可变成液态油,其变化是可逆的,因而天然脂类通常被称为油脂。

根据天然脂类的来源,可将脂类分为植物油脂、动物油脂和微生物油脂三种。植物油脂主要存在于植物种子、果仁和果皮中;动物油脂主要存在于动物皮下组织、腹腔、肝脏及肌肉间的结缔组织中;而许多微生物油脂主要存在于微生物细胞中。

第二节 油脂的结构、命名及组成

一、脂肪酸的结构和命名

(一)脂肪酸的结构

脂肪酸是天然油脂加水分解生成的脂肪族羧酸化合物的总称,属于脂肪族的一元羧酸。

1.天然脂肪酸的分类

按天然脂肪酸的结构类型,脂肪酸分为:饱和脂肪酸和不饱和脂肪酸,如脂肪酸碳链上的氢原子被其他原子或原子团取代,则称为取代酸,如蓖麻酸(图 5 - 2)。

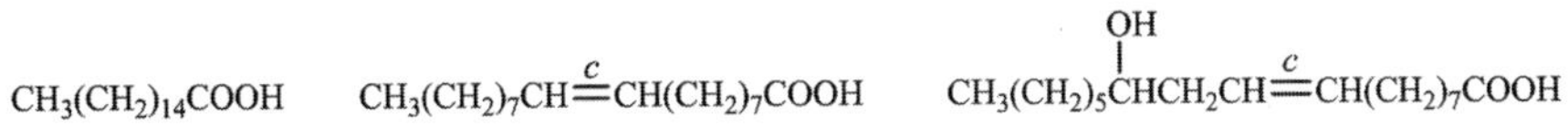

$$CH_3(CH_2)_{14}COOH$$
棕榈酸

$$CH_3(CH_2)_7\overset{c}{CH}=CH(CH_2)_7COOH$$
油酸

$$CH_3(CH_2)_5\overset{OH}{CH}CH_2CH\overset{c}{=}CH(CH_2)_7COOH$$
蓖麻酸

图 5 - 2　天然脂肪酸的结构

2.天然脂肪酸的结构特点

① 绝大多数为天然脂肪酸具有偶数碳原子,而且是直链的,极少数为奇数碳原子和具有支链的脂肪酸。

② 不饱和脂肪酸多为顺式结构,图 5 - 3 是 9 - 十八碳一烯酸结构。

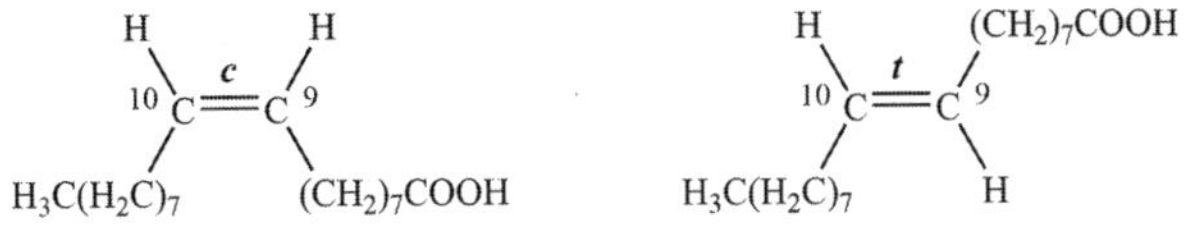

顺 - 9 - 十八碳一烯酸　　　反 - 9 - 十八碳一烯酸

图 5 - 3　十八碳一烯酸的顺、反结构

③ 多烯不饱和脂肪酸,大部分是非共轭、五碳双烯结构(图 5 - 4)。

$$—CH=CHCH_2CH=CH—\qquad —CH=CHCH=CH—$$
非共轭酸(1,4 - 不饱和系统)　　共轭酸(1,3 - 不饱和系统)

图 5 - 4　非共轭酸和共轭酸的结构

(二)脂肪酸的命名

1.饱和脂肪酸

① 系统命名法:选含羧基最长的碳链为主链,从羧基开始编号,如 $CH_3(CH_2)_{16}COOH$ 称为十八碳酸。

② 脂肪酸可以用简单的数字表示,如十四烷酸记为 $C_{14:0}$ 或 14:0。

③ 脂肪酸可用俗名来命名,如月桂酸、棕榈酸、硬脂酸等。

④ 脂肪酸可用英文缩写表示,如月桂酸 La、棕榈酸 P、硬脂酸 St。

2.不饱和脂肪酸

① 系统命名法:选择含有羧基和双键的最长碳链为主链,根据主链上的碳原子数目称为某烯酸,从羧基端开始编号,标出不饱和键的位置、几何构型和双键的数目。双键位置用阿拉伯数字表示,双键个数用汉字数字表示,如图 5 - 5 油酸的系统命名为顺 - 9 - 十八碳一烯酸。

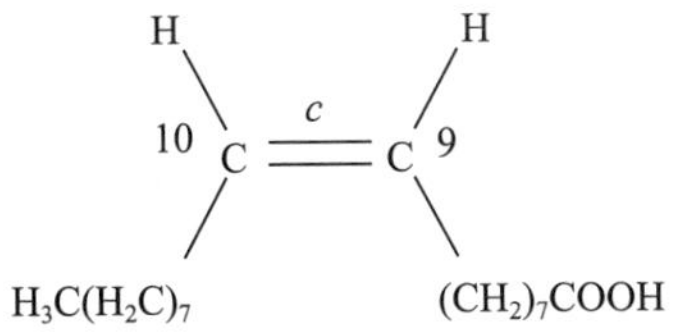

图 5 - 5　顺 - 9 - 十八碳一烯酸

189

② 脂肪酸可以用简单的数字表示,如顺 – 9 – 十八碳一烯酸可记作 $9c$ – $18:1$,其中,9 表示从羧基端开始用数字标出的双键位置,c 表示顺式双键(cis),反式双键用 t(trans)表示,18 表示主链上共有十八个碳原子,1 表示有一个双键。

③ n 或 ω 法,从甲基端开始编号至第一个双键,标记为 n – 或 ω,如亚油酸可表示为 $18:2(n-6)$ 或 $18:2\omega6$;油酸则表示为 $18:1(n-9)$ 或 $18:1\omega9$,其中,18 表示主链上共有十八个碳原子,1 表示双键数目,$n-9$ 或 $\omega9$ 表示从甲基端开始第 9 个碳原子为双键碳原子。

然而,n 或 ω 法仅限于双键为顺式的直链不饱和脂肪酸,如有多个双键则每个双键之间应间隔一个亚甲基,即应为五碳双烯结构($-CH=CHCH_2CH=CH-$),因此,第一个双键定位后,其余双键的位置也随之确定,无需标出所有双键的位置,也无需标出双键的几何构型。如图 5 – 6 亚油酸可记为 $18:2(n-6)$ 或 $18:2\omega6$。

$$CH_3(CH_2)_4CH \overset{c}{=\!=\!=} CHCH_2CH \overset{c}{=\!=\!=} CH(CH_2)_7COOH$$

顺 – 9,顺 – 12 – 十八碳二烯酸或 $9c,12c$ – $18:2$

图 5 – 6 亚油酸的结构

根据 n 或 ω 命名法,油酸为 ω – 9 系列脂肪酸,亚油酸为 ω – 6 系列脂肪酸,亚麻酸为 ω – 3 系列脂肪酸。

④ 脂肪酸可用俗名来命名,如油酸、亚油酸等。

⑤ 可用英文缩写表示,如油酸 O、亚油酸 L。

(三)常见的天然脂肪酸

天然油脂中常见脂肪酸的命名见表 5 – 1。

表 5 – 1 天然油脂中常见脂肪酸的命名

系统命名	俗名	速记表示	英文缩写
十二烷酸 Dodecanoic	月桂酸 Lauric acid	$C_{12:0}$ 或 $12:0$	La
十四烷酸 Tetradecanoic	豆蔻酸 Myristic acid	$C_{14:0}$ 或 $14:0$	M
十六烷酸 Hexadecanoic	棕榈酸 Palmitic acid	$C_{16:0}$ 或 $16:0$	P
顺 – 9 – 十六碳一烯酸 cis – 9 – Hexadecenoic	棕榈油酸 Palmtoleic acid	$9c$ – $16:1$	Po
十八烷酸 Octadecanoic	硬脂酸 Stearic acid	$C_{18:0}$ 或 $18:0$	St
顺 – 9 – 十八碳一烯酸 cis – 9 – Octadecenoic	油酸 Oleic acid	$9c$ – $18:1$	O
12 – 羟基,顺 – 9 – 十八碳一烯酸	蓖麻酸 Ricinoleic acid	$12-OH, 9c-18:1$	Ro
顺 – 9,顺 – 12 – 十八碳二烯酸 cis – 9,cis – 12 – Octadecadienoic	亚油酸 Linoleic acid	$9c,12c$ – $18:2$	L

续表

系统命名	俗名	速记表示	英文缩写
顺 -9 ,顺 -12 ,顺 -15 -十八碳三烯酸 $cis-9$, $cis-12$, $cis-15$ - Octadecatrienoic	α -亚麻酸 α - Linolenic acid	$9c,12c,15c-18:3$ $18:3(n-3)$	α - Ln
顺 -6 ,顺 -9 ,顺 -12 -十八碳三烯酸 $cis-6$, $cis-9$, $cis-12$ - Octadecatrienoic	γ -亚麻酸 γ - Linolenic acid	$6c,9c,12c-18:3$ $18:3(n-6)$	γ - Ln
二十烷酸 Eicosonoic	花生酸 Arachidic acid	$C_{20:0}$ 或 $20:0$	Ad
顺 -5 ,顺 -8 ,顺 -11 ,顺 -14 -二十碳四烯酸	花生四烯酸 Arachidonic acid	$20:4(n-6)$	AA 或 ARA
顺 -5 ,顺 -8 ,顺 -11 ,顺 -14 ,顺 -17 -二十碳五烯酸	Eicosapentanoic acid	$20:5(n-3)$	EPA
顺 -13 -二十二碳烯酸 $cis-13$ - Docosenoic	芥酸 Erucic acid	$13c-22:1$	E
顺 -4 ,顺 -7 ,顺 -10 ,顺 -13 ,顺 -16 ,顺 -19 -二十二碳六烯酸	Docosahexanoic acid	$22:6(n-3)$	DHA

二、脂肪的结构和命名

(一)脂肪的结构

油脂是脂肪酸甘油三酯的混合物,是一分子甘油与三分子脂肪酸结合而成的酯,即三酰基甘油,俗称甘油三酯或甘三酯(图5-7)。

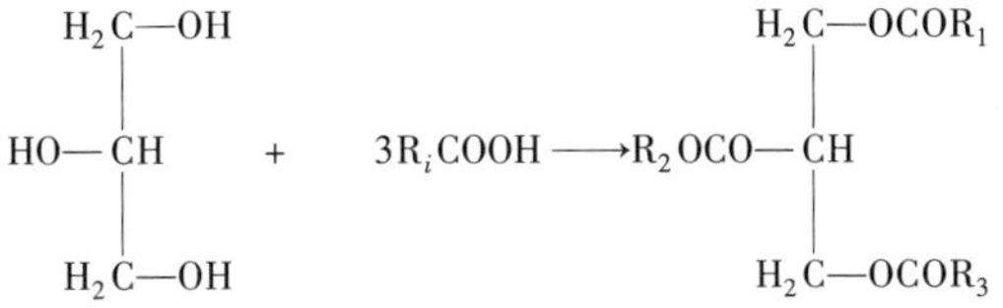

$$i=1,2,3$$

R_1,R_2,R_3 分别为不同碳链的烷烃

图5-7　甘油与脂肪酸的反应

如果构成甘油三酯的三个脂肪酸相同,则生成物为同酸甘三酯(图5-8A);如不相同,生成的则是异酸甘三酯(图5-8B)。如图5-4中,甘三酯是由硬脂酸、油酸、软脂酸构成,因此,为异酸甘三酯。

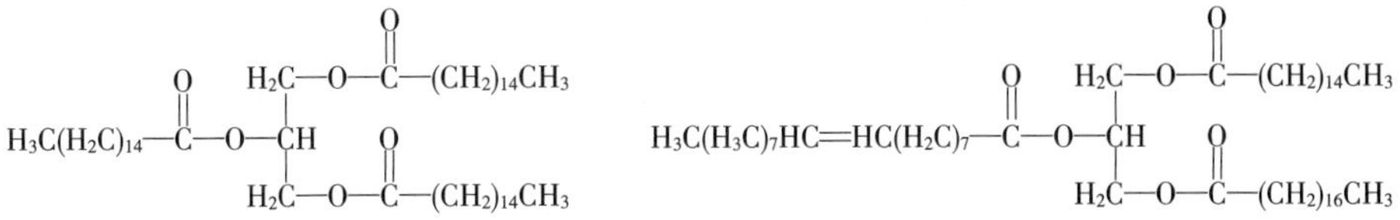

A 同酸甘油三酯　　　　　　　　　　　　　　B 异酸甘油三酯

图5-8　同酸和异酸甘油三酯的结构

(二)甘油三酯的命名

甘油三酯结构中如果甘油两个端位碳原子上连接的脂肪酸不同,那么甘油基团的中心碳原子就具有手性,因此,甘油三酯中甘油部分的三个碳原子可以用立体标号来区分。采用赫尔斯曼(Hirschmann)提出的立体有择位次编排命名法(Stereospecific Numbering,简写 sn)对甘油三酯进行命名。通常使用甘油 Fisher 投影式中的 L-构型,即中间的羟基位于中心碳原子的左边,另外两个羟基位于中心碳原子的右边,将三个碳原子从上到下依次编号为 $sn-1$,$sn-2$ 和 $sn-3$(图5-9),因此,对甘油三酯命名时只需标明这三个位置上的羟基分别与哪种脂肪酸成酯即可。如当硬脂酸在 $sn-1$ 位酯化,油酸在 $sn-2$ 位酯化,豆蔻酸在 $sn-3$ 位酯化时,形成的甘油三酯如图5-10,可命名为:

① Sn 系统命名:1-硬脂酰-2-油酰-3-豆蔻酰-sn-甘油,或 sn-甘油-1-硬脂酰酯-2-油酰酯-3-豆蔻酰酯。

② 脂肪酸可以用简单的数字表示,$sn-18:0-18:1-14:0$。

③ 英文缩写表示,$sn-$StOM。

④ 有时也采用传统的 α、β 命名法来表示甘油酯的立体结构。α 是指 $sn-1$ 位和 $sn-3$ 位,β 指 $sn-2$ 位。

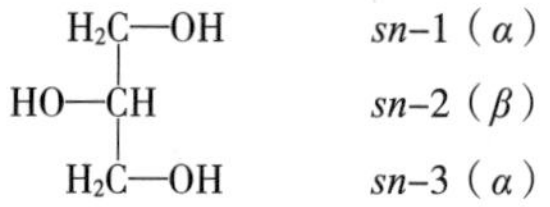

图5-9 甘油的 Fisher 投影式构型

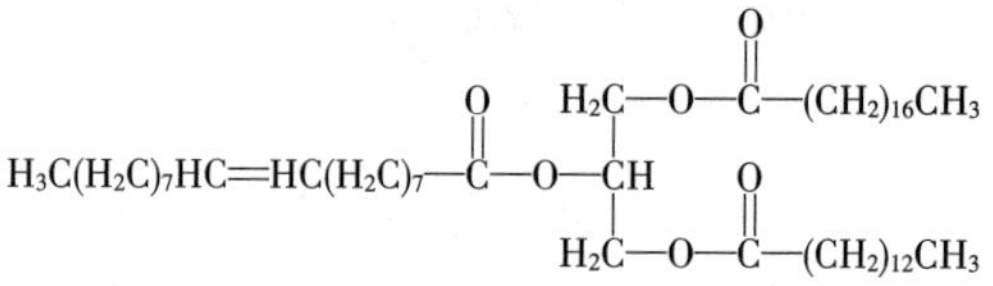

图5-10 甘油三酯的结构式

sn 命名法虽然准确但十分烦琐,为方便起见,甘油三酯也以简单的形式表示,如 SSS、SSU、SUU 及 UUU 分别表示三饱和脂肪酸甘油酯、一不饱和二饱和脂肪酸甘油酯、一饱和二不饱和脂肪酸甘油酯及三不饱和脂肪酸甘油酯。

三、脂肪酸在甘油三酯中的分布

油脂的性质与构成甘油三酯的脂肪酸的种类、数量及脂肪酸在甘油三个羟基上的位置密切相关,即脂肪酸组成不同,所构成甘三酯的性质不同。然而,即使脂肪酸组成相近,甘三酯的性质也不一定相同。如羊脂与可可脂所含脂肪酸的种类和数量都非常相近(表5-2),然而,这两种油脂的甘三酯组成相差较大,羊脂中含有大量的三饱和酸甘三酯(SSS,26%),羊脂熔点高达40～55℃,物性差,不易消化、吸收,食用价值较低;而可可脂中的三饱和酸甘三酯仅为羊脂的十分之一(约2.5%),其甘三酯的主要成分为一不饱和二饱和脂肪酸甘三酯(77%),组成简单,致使可可脂熔点低(32～36℃),接近人体体温,塑性范围窄,具有独特、优良的熔化特性,易被人体消化吸收,是制造巧克力的极好原料,广泛用于糖果生产。因此,油脂的性质主要是由构成油脂的脂肪酸在甘三酯中的分布位置决定的。

表5-2　羊脂和可可脂的脂肪酸及甘三酯组成

项目	类型	羊脂	可可脂
脂肪酸组成(摩尔%)	14:0	2~4	—
	16:0	25~27	23~24
	18:0	25~31	34~35
	18:1	36~43	39~40
	18:2	3~4	2
甘三酯组成(摩尔%)	SSS	26	2.5
	SSU	35	77
	SUU	35	16
	UUU	4	4

脂肪酸在天然油脂中甘三酯上的分布具有一定的规律性。随着现代分析技术的进步,科学界积累了大量的分析数据,发现不同脂肪酸在甘油 $sn-1$、$sn-2$、$sn-3$ 位三个羟基上的分布不是随机的,也不是均匀的,而是有一定选择性的(表5-3)。

表5-3　动植物油脂甘三酯立体专一分布的几种特点

油脂	sn	脂肪酸
植物油脂	1,3	饱和酸及长碳链一烯酸
	2	不饱和酸(富集18:2)
动物油脂	1	饱和酸
	2	短碳链饱酸和及不饱和酸
	3	长碳链脂肪酸(饱和及不饱和酸)
猪油	2	16:0
鸟禽油	1,3	脂肪酸分布对称
海产哺乳动物油	3	20:5、22:5 和 22:6
人及反刍动物乳脂	3	4:0、6:0、8:0、10:0
动植物油脂	3	特殊脂肪酸

脂肪酸在甘三酯中的分布概括如下:

① 所有的油脂:不常见脂肪酸大多连接在甘油的 $sn-3$ 位羟基上;

② 所有植物油脂:不饱和脂肪酸优先连接在 $sn-2$ 位上,饱和脂肪酸与长碳链($>C_{18}$)不饱和脂肪酸,集中在 $sn-1$ 与 $sn-3$ 位上;

③ 许多动物油脂:饱和脂肪酸集中在 $sn-1$ 位,短链脂肪酸与不饱和脂肪酸在 $sn-2$ 位上,长链脂肪酸($>C_{18}$)在 $sn-3$ 上。其中,猪油、鱼油中软脂酸集中在 $sn-2$;鸟类脂肪的 $sn-1$ 与 $sn-3$ 位置上,可能是同一脂肪酸;反刍动物乳脂的 $sn-3$ 位,集中了短链脂肪酸;哺乳动物的 C_{20} 及 C_{22} 多烯酸,也集中在 $sn-3$ 位上。

第三节 油脂的物理性质

油脂是脂肪酸甘三酯的混合物,因此油脂的物理性质取决于组成油脂的甘三酯的结构,即不同种类的油脂,脂肪酸碳链长度、双键多少及其在甘三酯中的分布不同,使油脂表现出不同的物理性质。

一、溶解度

油脂是一类能溶于乙醚、氯仿、丙酮等有机溶剂的甘油三酯的混合物,不同甘三酯由于其脂肪酸组成不同,溶解度存在一定差异。长碳链脂肪酸组成的甘三酯在非极性溶剂中的溶解度较大,而短碳链或含羟基脂肪酸组成的甘三酯在非极性溶剂中的溶解度减小。

油脂在其熔点以上的温度,可与大多数有机溶剂混溶。油脂在溶剂中溶解可分为两种情况:

① 油脂与溶剂完全混溶,当降温至一定温度时,油脂以晶体形式析出,这一类溶剂称为脂肪溶剂;

② 某些极性较强的有机溶剂在高温时可以和油脂完全混溶;当降低至一定温度时,溶液变浑浊分为两相,一相以溶剂为主,含少量油脂,另一相以油脂为主,含少量溶剂,这类溶剂称为部分混溶溶剂。

根据油脂在溶剂中的溶解度可对油脂进行有效分离纯化。

二、气味和色泽

纯净的脂肪是无色无味的,天然油脂略带黄绿色,是由于含有一些脂溶性色素(如类胡萝卜素、叶绿素等)所致,油脂精炼脱色后,色泽变浅。

多数油脂无挥发性,少数油脂含有短链脂肪酸,会产生臭味。油脂的气味大多是由非脂成分引起的,如芝麻油的香味是由乙酰吡嗪引起的;椰子油的香味是由壬基甲酮引起的;而菜籽油受热时,黑芥子苷受热分解产生刺激性气味(图 5 - 11)。

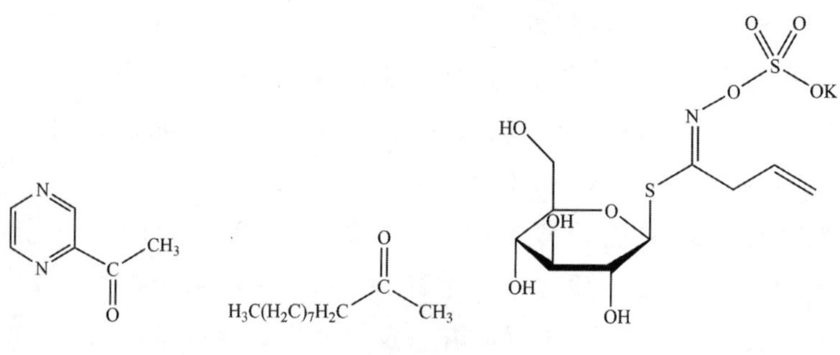

乙酰吡嗪（芝麻油香味）　甲基壬基甲酮（椰子油香味）　黑芥子苷（菜油）

图 5 - 11 油脂中的风味物质

三、熔点和沸点

油脂是各种甘三酯的混合物,没有固定的熔点和沸点,仅有一段熔点或沸点范围。

油脂的熔点一般最高在 40~55℃,三酰基甘油中脂肪酸的碳链越长、饱和度越高,熔点越高。双键的构型也影响熔点,反式比顺式脂肪酸构成的油脂熔点高,共轭双键脂肪酸构成的油脂熔点高于非共轭双键脂肪酸构成的油脂。

常用食用油脂的熔点与消化率的关系见表 5-4。由表 5-4 数据可知,植物油在室温下呈液态,而可可脂及陆生动物油脂室温下常呈固态,是植物油不饱和脂肪酸含量较高而动物油饱和脂肪酸含量较高的缘故。此外,一般油脂的熔点低于人体体温 37℃ 时,消化率较高;而熔点高于 37℃ 越多,越不易消化。

表 5-4 常用油脂的熔点与消化率的关系

油脂	熔点/℃	消化率/%
大豆油	-8 ~ -18	97.5
花生油	0 ~ 3	98.3
葵花籽油	-16 ~ -19	96.5
棉籽油	3 ~ 4	98
奶油	28 ~ 36	98
猪脂	36 ~ 50	94
牛脂	42 ~ 50	89
羊脂	44 ~ 55	81

油脂的沸点与其脂肪酸组成有关,一般在 180~200℃,沸点随脂肪酸碳链增长而升高,碳链长度相同、饱和度不同的脂肪酸,沸点相差不大。

四、烟点、闪点和着火点

油脂的烟点、闪点、着火点是油脂接触空气加热时的热稳定性指标。

烟点是指在不通风情况下,观察到油样发烟时的温度,一般在 240℃ 左右。闪点是油样挥发的物质能被点燃,但不能维持燃烧时的温度,一般在 340℃ 左右。着火点是指油样挥发的物质能被点燃,并能维持燃烧超过 5 s 时的温度,一般在 370℃ 左右。

各种精炼后油脂的烟点、闪点和着火点差异不大,但未精炼的油脂,特别是游离脂肪酸、甘一酯、磷脂和其他受热易挥发的类脂物含量较高的油脂,其烟点、闪点和着火点大幅降低。

五、结晶特性

1. 同质多晶现象

经 X 射线衍射测定表明:固体脂的微观结构是高度有序的晶体结构,其结构可用一个基本的结构单元(晶胞)在三维空间作周期性排列而得到。晶胞一般是由两个短间隔(a、b)和一个长间隔(d)组成的长方体或斜方体(图5-12),在斜方体晶胞中,每一条棱上有一对脂肪酸分子,柱的中心也有一对脂肪酸分子。中心的一对脂肪酸与一条棱上的一对脂肪酸(共4个)分子组成一个晶胞单位。其他三条棱上的三对分子则与相邻中心的三对分子组成晶胞。图5-12所示晶胞结构中,极性端基互相缔合形成由a和b轴组成的面,d为2个脂肪酸分子非极性链伸展轴,a为倾斜角,它们是区别不同晶体的主要结构参数,通常a角越小,晶体所含的能量越低,越稳定。

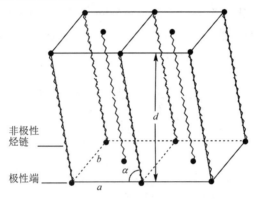

图5-12　晶胞结构示意图

构成甘三酯的脂肪酸及其在甘油上排列的多样性以及结晶条件的差异,使得固体脂的结晶方式有多种。这种化学组成相同的物质在不同的结晶条件下形成多种晶体形态的现象,称为同质多晶现象,具有同质多晶现象的物质称为同质多晶物。

不同的晶型具有不同的稳定性,在多数情况下,多种晶型可以同时存在,而且各种晶型之间可以相互转化。一般是亚稳态的同质多晶体在未熔化时会自发地转变成稳定态,这种转变具有单向性。天然脂肪多为单向转变。

2. 脂肪酸的同质多晶

长碳链化合物的同质多晶与烃链的不同堆积排列方式或不同的倾斜角有关,可以用晶胞内沿链轴方向重复的最小单元——亚晶胞来表示堆积方式。脂肪酸烃链中最小重复单元是亚乙基(—CH_2—CH_2—),甲基和羧基并不是亚晶胞的组成部分,如图5-13所示。

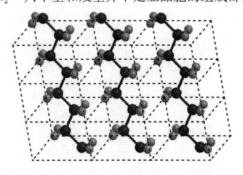

图5-13　脂肪酸烃链的亚晶胞晶格

已发现烃类亚晶胞有 7 种堆积类型,其中,最常见的类型有三种,见图 5 - 14。

① 三斜堆积(T∥):也称 β 型,其中,两个亚甲基单位连在一起组成乙烯的重复单位,每个亚晶胞中有一个乙烯,所有的曲折平面都是平行的。β 型最稳定,在正烷烃、脂肪酸及甘油三酯中均存在 β 型。

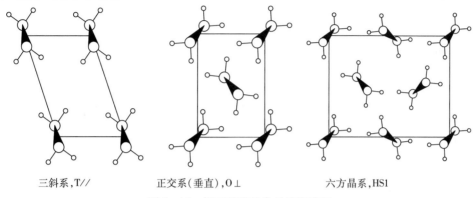

三斜系,T∥　　　　　正交系(垂直),O⊥　　　　　六方晶系,HS1

图 5 - 14　烃亚晶胞的常见堆积类型

② 正交(O⊥)堆积:也称 β′ 型,每个亚晶胞中有两个乙烯单位,交替平面与它们相邻平面互相垂直。β′ 型具有中等程度稳定性。石蜡、脂肪酸及脂肪酸酯都呈现正交堆积。

③ 六方形堆积(H):一般称为 α 型,当烃类快速冷却到刚刚低于熔点以下时,往往会形成六方形堆积。分子链随机定向,并围绕着它们的长垂直轴而旋转,最不稳定。在烃类、醇类和乙酯类中观察到六方形堆积。

3. 三酰基甘油的同质多晶

由于甘油三酯碳链较长,表现出烃类的许多特点。当油脂固化时,甘油三酯分子主要形成三斜、正交及六方堆积三种同质多晶型,即 β、β′、α 晶型。其中,三斜晶型中烃链平面是互相平行的,取向完全一致,最稳定;正交晶型烃链平面是互相垂直的,取向部分一致;六方晶型烃链无序排列,游离能最高,最不稳定(图 5 - 15)。

因此,α、β′、β 三种晶型脂肪酸侧链的排列从无序到有序转变,三种晶型的熔点、密度、稳定性逐渐增大,表 5 - 5 是甘油三酯晶型的主要特征。

三斜β　　　　　　正交β′　　　　　　六方α

图 5 - 15　三酰基甘油的主要晶型

表5-5　同酸(R₁ = R₂ = R₃)三酰基甘油同质多晶体的特征

特征	α	β'	β
堆积方式	正六方	正交	三斜
短间隔/nm	0.415	0.38、0.42	0.37、0.39、0.46
特征红外吸收	720 cm^{-1}单条带	727 cm^{-1}和719cm^{-1}双条带	717 cm^{-1}单条带
熔点	低	中	高
密度	小	中	大
有序程度	低	中	高

甘油三酯的同质多晶现象比较复杂,很大程度受到酰基甘油中脂肪酸组成及其位置分布的影响。

根据 X - 射线衍射测定结果,甘三酯晶体中晶胞的长间隔大于脂肪酸碳链的长度,由于 $sn-1,3$ 位的两个脂肪酸分子与 $sn-2$ 位的脂肪酸指向相反,认为甘三酯 $sn-1,3$ 位的两个脂肪酸与 $sn-2$ 位的脂肪酸在晶格中是交叉排列的。在甘三酯稳定的 β 晶型中,脂肪酸多以"2 倍链长(DCL)"方式排列,记作 $\beta-2$。但若其中一个酰基与其它两个显著不同或含有非对称分布的不饱和酰基等,脂肪酸则以"3 倍链长(TCL)"方式排布,记作 $\beta-3$(图 5-16)。

一般情况下,同酸甘三酯的晶格中,易形成 $\beta-2$ 型排列,如三月桂酸甘三酯的分子排列就呈这种结构(图 5-17)。此外,碳原子数相近的、在甘三酯上对称分布的混酸甘三酯也可形成稳定的 β 晶型,并按照 DCL 排布。而非对称分布的混酸甘三酯很难获得稳定的 β 晶型,而是形成 β' 型,按 DCL 或 TCL 排布(图 5-16)。

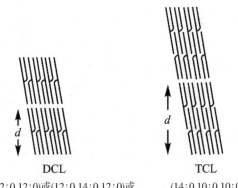

DCL
(12:0,12:0,12:0)或(12:0,14:0,12:0)或
(10:0,16:0,10:0)与(16:0,10:0,16:0)1:1混合

TCL
(14:0,10:0,10:0)

图 5-16　甘三酯晶型的排列方式

脂肪的同质多晶性质,很大程度上受到酰基甘油中脂肪酸组成及其位置分布的影响。一般三酰基甘油品种比较接近的脂类倾向于快速转变成稳定的 β 型;而三酰基甘油品种不均匀的脂类倾向于较慢地转变成稳定构型。

如大豆油、花生油、玉米油、橄榄油、椰子油及红花油还有可可脂和猪油倾向于形成 β 型;而棉籽油、棕榈油、菜籽油、牛乳脂肪、牛脂及改性猪油倾向于形成 β' 型晶体,该晶体可

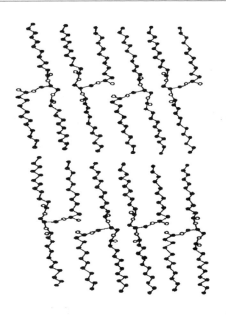

图 5 – 17　三月桂酸酰基甘油的分子排列

以持续很长时间。

在实际应用中,若期望得到某种晶型的产品,可通过"调温"即控制结晶温度、时间和速度来达到目的。

人造奶油是一种直接食用的油脂,除了对其 SFI 值有严格要求外,还必须具有良好的涂抹性和很好的口感,这就要求人造奶油的结晶晶粒细腻且为 β' 型,有助于大量的气体以小的空气泡形式搅入,形成具有良好塑性和奶油化性质的产品。因此,生产中油脂应先急冷,形成许许多多细小的 α 晶型,然后再保持略高温度继续冷冻,使之转化为 β' 型,并避免颗粒粗大的 β 晶型产生。

生产巧克力的原料可可脂中,含有三种主要甘油酯 sn – POSt（40%）, sn – StOSt（30%）, sn – POP（15%）,能形成六种同质多晶型（I～VI）。其中, I 型最不稳定,熔点最低; V 型最稳定,是所期望的结构,使巧克力涂层具有光泽的外观; VI 型比 V 型的熔点高,贮藏过程中会从 V 型转变为 VI 型,导致巧克力的表面形成一层非常薄的"白霜"。低浓度表面活性剂能改变脂肪熔化温度范围以及同质多晶型物的数量与类型,表面活性剂将稳定介稳态的同质多晶型,推斥向最稳定型转变。山梨醇硬脂酸一酯和三酯可以抑制巧克力起霜,山梨醇硬脂酸三酯可加速介稳态同质多晶型转变成 V 型。

六、熔融特性

(一)熔化

油脂是脂肪酸甘油三酯的混合物,各种甘油三酯的熔点不同,同时,油脂是同质多晶物,不同晶型之间转变需要一个温度阶段,因此,油脂熔化没有确定的熔点,而是一个温度范围,即熔程。油脂的熔化过程实际上是一系列稳定性不同的晶体相继熔化的总和。

固体熔化时需要吸收一定的热量,发生焓变,同酸甘三酯稳定的 β 型和不稳定的 α 型加热熔化时的热焓曲线如图 5 – 18 所示。曲线 ABC 代表了 β 型晶体的热焓随温度的变化曲线,随温度的升高,热焓缓慢增加,接近熔点时,热焓急剧升高(熔化热),但温度保持不变,直到固体全部转变成液体为止。曲线 DEBC 为 α 型晶体的热焓随温度的变化曲线,由于 α 型晶体比 β 型晶体稳定性差,因此同温度下 α 型晶体的热焓比 β 型晶体的热焓高。与 β 型晶体相似,开始时 α 型晶体的热焓随温度的升高缓慢增加,接近熔点时(E 点),α 晶型向 β 晶型转变,热焓有所降低(吸收转变热),并与 ABC 曲线相交,按照 β 晶型的热焓曲线变化,直至完全熔化。

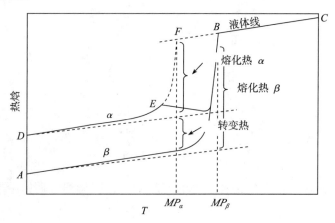

图 5 – 18   同酸甘三酯 α 型和 β 型同质多晶体热焓变化曲线

脂肪熔化时,除热焓变化外,体积也会膨胀,但当固体脂从不太稳定的同质多晶体转变为更加稳定的同质多晶体时,体积会收缩。因此,可以用膨胀计测定液体油与固体脂的比容(即比体积)随温度的变化,得到如图 5 – 19 的膨胀熔化曲线。由图 5 – 19 可见,随着温度的升高,固体脂的比体积缓慢增加,至 X 点时,固体脂开始熔化,体积膨胀,在熔化的过程

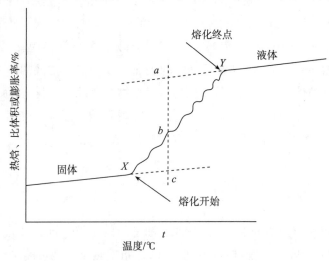

图 5 – 19   固体脂肪的热焓、比体积或膨胀熔化曲线

中还伴随有晶型变化,使脂肪膨胀曲线呈现波浪状上升,到达 Y 点时,固体脂肪完全熔化为液体油,比体积升高又恢复缓慢。固体脂膨胀曲线与热熔—温度变化曲线相似,而且膨胀计测量方法简单,比量热法更实用,于是一般采用膨胀计测定脂肪的熔化特性。

在脂肪熔化过程中(XY 区段),固体脂和液体油同时存在,如温度 t 时,a、b、c 分别代表温度线与液相延长线、两相共存线及固相延长线的交点,固液混合物中固体脂所占的比例为 $100 \times ab/ac$,液体油所占的比例为 $100 \times bc/ac$。通常将一定温度下的固液比 ab/bc 称为固体脂肪指数(solid fat index, SFI)。如果脂肪熔化温度范围很窄,熔化曲线的斜率是陡的;相反,如果熔化开始与终点的温度相差很大,则该脂肪的塑性范围很广。

(二)油脂的塑性

室温下呈固态的脂肪如猪油、牛脂、奶油、椰子油等,实际上是固体脂和液体油的混合物,只有在极低温度下才能转化为 100% 的固体。在塑性脂肪内部,许多细小的固脂晶体周围被液体油包围着,固体微粒间的空隙很小,液体油无法从固体脂肪中分离出来,使固液两相交织在一起。这种油脂具有可塑造性,能保持一定的外形,常称为塑性脂肪。

塑性脂肪在一定的外力范围内,具有抗变形的能力,但变形一旦发生,不能恢复原状,这一特性称为脂肪的可塑性。

1. 脂肪的塑性取决于以下条件

① 脂肪中的固液比(SFI) 固液比适当时,塑性最好;固体脂过多,则过硬,塑性不好;液体油过多,则过软,易变形,塑性也不好。一般固体脂肪含量在 10% ~30%,可得到所希望的可塑性。图 5 - 20 列出了几种天然油脂的 SFI 值,从图中可以看出不同的油脂 SFI 值不同,可可脂、椰子油和棕榈仁油室温下 SFI 值太小,可塑性不好;牛油、猪油的室温下 SFI 值适中,具有较好的塑性;而乳脂和棕榈油室温时液体油含量太高,过软,塑性也不好。

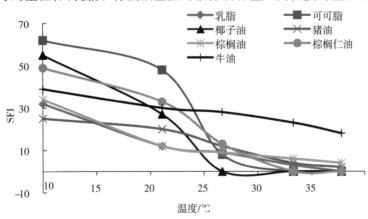

图 5 - 20　几种天然油脂的 SFI 值

② 脂肪的晶型。当脂肪为 β' 晶型时,可塑性最强。因为,β' 型在结晶时将大量小气泡引入产品,赋予产品较好的塑性和奶油凝聚性质,而 β 型结晶所包含的气泡少且大,塑性较差。

③ 熔化温度范围。从熔化开始到熔化结束之间温差越大,则脂肪的塑性越好。图5-20显示可可脂、椰子油和棕榈仁油的熔化范围较窄,硬度大,可塑性不好;牛油、猪油的熔化范围最广,具有较好的塑性。

2. 塑性脂肪的用途

塑性脂肪具有良好的涂抹性(涂抹黄油)和可塑性(用于蛋糕的裱花),在焙烤食品中,具有起酥作用。在面团调制过程中加入塑性脂肪,可形成较大面积的薄膜和细条,增强面团的延展性,油膜的隔离作用使面筋粒彼此不能黏结成大块面筋,降低了面团的弹性和韧性,同时降低了面团的吸水率,使制品起酥;塑性脂肪的另一个作用是在调制时能包含和保持一定数量的气泡,使面团体积增大。在饼干、糕点、面包生产中,专用的油脂称为起酥油,是结构稳定的塑性固形脂,具有在40℃时不变软,在低温下较硬,不易氧化的特性。

七、油脂的液晶态

油脂中除固态、液态外,还有一种物理特性介于固态和液态之间的相态,被称为液晶态或介晶态。

油脂的液晶态结构中存在非极性的烃链,烃链之间仅存在较弱的范德瓦耳斯力。加热时,未到熔点,烃区便熔化;而油脂中的极性基团(如酯基、羧基),靠范德瓦耳斯力、诱导力、取向力、氢键等作用,加热未到熔点时,极性区不熔化,形成液晶相。乳化剂是典型的两亲性物质,易形成液晶相。

在脂类—水体系中,液晶结构主要有三种(图5-21),即层状结构、六方结构及立方结构。层状结构类似生物双层膜,排列有序的两层脂中间夹一层水。当层状液晶加热时,可转变成立方型或六方Ⅱ型液晶。在六方Ⅰ型结构中,非极性集团在六方柱内部,极性基团在六方柱外部,水处在六方柱之间;六方Ⅱ型结构中,水被包裹在六方柱内部,油的极性端包围着水,非极性的烃区朝六方柱外部。立方型结构中也是如此。在生物体内,液晶态影响细胞膜的可渗透性。

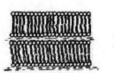 

层状结构　　　六方Ⅰ型结构　　　六方Ⅱ型结构　　　立方型结构

图5-21　脂类的液晶结构

八、油脂的乳化及乳化剂

(一)乳状液的稳定性

油、水是互不相溶的两相,但在一定条件下,两者可形成介稳态的乳浊液。其中,一相以直径0.1~50 μm的小液滴分散到另一相中,前者称为内相或分散相,后者称为外相或连续相。乳浊液分为水包油型(O/W),水为连续相,如牛奶是典型的 O/W 型;油包水型(W/O),油为连续相,奶油是典型的 W/O 型,如图 5 - 22 所示。

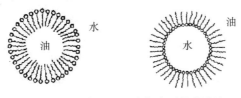

图 5 - 22　水包油和油包水型的乳浊液

乳浊液这种热力学上的不稳定体系,在一定条件下会失去稳定性,出现分层、絮凝,甚至聚结现象,主要是因为:

① 重力作用导致分层或沉降:由于重力作用,密度不相同的相产生分层或沉降,油珠半径越大,两相密度差越小,且沉降速度越快。

② 分散相液滴表面静电荷不足导致絮凝:乳状液保持稳定主要取决于乳状液小液滴的表面电荷互相推斥作用,分散的颗粒受到两种作用力,即范德瓦耳斯力吸引力和颗粒表面双电层所产生的静电斥力,如果分散相的表面静电荷不足,则液滴与液滴之间的排斥作用力不足,导致液滴与液滴相互接近,但液滴的界面膜尚未破裂。

③ 两相间界面膜破裂导致聚结:这是乳状液失去稳定性的最重要的途径,两相间界面膜破裂,液滴与液滴相互结合,小液滴变成大液滴,界面面积减小,严重时会完全分相。

(二)乳化剂

1.乳化剂的乳化作用

乳化剂是食品体系中用于稳定乳状液的物质,结构上具有两亲性,即分子中既有亲油基团,又有亲水基团。在乳状液中,乳化剂分子位于两相界面,亲油基团处于疏水环境,亲水基团伸向亲水环境,从而降低了两相的界面张力,提高了乳状液的稳定性。乳化剂主要通过以下五个方面发挥乳化作用。

① 增大分散相之间的静电斥力。有些离子型表面活性剂可在含有的水相中建立起双电层,导致小液滴之间的斥力增大,使小液滴保持稳定不絮凝,这类乳化剂适用于 O/W 型体系。

② 增大连续相的黏度或生成有弹性的厚膜。任何一种能使乳状液连续相黏度增大的因素都可以明显地推迟絮凝和聚结作用的发生。明胶和树胶能增加水相的黏度,抑制分散相絮凝和聚结,对于 O/W 型乳状液保持稳定性是极为有利的。

③ 减小两相间的界面张力。大多数乳化剂是具有两亲性的化合物,浓集在油—水界面,明显地降低界面张力和减少形成乳状液所需要的能量,因此添加表面活性剂可提高乳状液的稳定性。

④ 微小固体粉末的稳定作用。与分散的油滴大小相比,是非常小的固体颗粒,其界面吸附可以在液滴的周围形成物理垒,阻止液滴絮凝和聚结,使乳状液保持稳定。具有这种作用的物质有粉末状硅胶、各种黏土、碱金属盐和植物细胞碎片。

⑤ 形成液晶相。液晶对乳状液稳定性具有重要作用,在乳状液(O/W 或 W/O)中,乳

化剂、油和水之间的微弱相互作用,均可导致油滴周围形成液晶多分子层,这种界面能垒使得范德瓦耳斯力减弱,抑制液滴的絮凝和聚结,当液晶黏度比水相黏度大得多时,这种结构对于乳状液稳定性起着更加明显的作用。

2. 乳化剂的选择

对于 O/W 型和 W/O 型体系所需的乳化剂是不同的,可根据亲水—亲脂平衡(hydrophilic – lipophilic balance, HLB)性质选择。HLB 值表示乳化剂的亲水亲脂能力,可用实验或计算得到。表 5 – 6 列出了一些常用乳化剂的 HLB 值及日允许摄入量(allowance daily intake, ADI)。

表 5 – 6　某些乳化剂的 HLB 值和 ADI

乳化剂	HLB 值	ADI/(mg/kg 体重)
一硬脂酸甘油酯	3.8	不限制
一硬脂酸一缩二甘油酯	5.5	0 ~ 25
一硬脂酸三水缩四甘油酯	9.1	0 ~ 25
琥珀酸一甘油酯	5.3	
二乙酰酒石酸一甘油酯	9.2	0 ~ 50
硬脂酰乳酸钠	21.0	0 ~ 20
三硬脂酸山梨糖醇酐酯(司盘 15)	2.1	0 ~ 25
一硬脂酸山梨糖醇酐酯(司盘 60)	4.7	0 ~ 25
一油酸山梨糖醇酐酯(司盘 80)	4.3	0 ~ 25
聚氧乙烯山梨糖醇酐一硬脂酸酯(吐温 60)	14.9	0 ~ 25
丙二醇一硬脂酸酯	3.4	0 ~ 25
聚氧乙烯山梨糖醇酐一油酸酯(吐温 80)	15.0	0 ~ 25

乳化剂在水中的溶解度取决于其 HLB 值的大小。一般情况下,疏水链越长,HLB 值越低,乳化剂在油中的溶解性越好;亲水基团的极性越大,HLB 值越高,乳化剂的亲水性越好。制备对于 O/W 型和 W/O 型体系所需的乳化剂是不同的,可根据 HLB 值选择。通常,HLB 值范围在 3 ~ 6 之间的乳化剂形成 W/O 型乳状液,数值在 8 ~ 18 之间则有利于形成 O/W 型乳状液,见表 5 – 7。

表 5 – 7　HLB 值与适用性

HLB 值	适用性
1.5 ~ 3	消泡剂
3.5 ~ 6	W/O 型乳化剂
7 ~ 9	湿润剂
8 ~ 18	O/W 型乳化剂
13 ~ 15	洗涤剂
15 ~ 18	溶化剂

HLB 值具有代数加和性,即混合乳化剂的 HLB 值可通过计算得到,通常混合乳化剂比具有相同 HLB 值的单一乳化剂的乳化效果好。

3.食品中常见的乳化剂

(1)甘油酯及其衍生物

甘油酯是一类广泛用于食品工业的非离子型乳化剂。具有乳化能力的主要是甘油一酯(HLB 值 2~3)(图 5-23),二酯乳化能力差,甘油三酯完全没有乳化能力;目前用的有单双混合酯和甘油一酯,为了改善甘油一酯的性能,还可将其制成衍生物,增加亲水性。甘油一酯通常用于加工人造黄油、快餐食品、低热量涂布料、松软的冷冻甜食和食用面糊等产品。

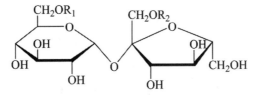

R 为棕榈酸、硬脂酸、油酸等高级脂肪酸

图 5-23　甘油一酯的结构

(2)蔗糖脂肪酸酯

蔗糖脂肪酸酯(图 5-24)HLB 值为 1~16,单酯和双酯产品用得最多,亲水性强,适用于 O/W 型体系,如可用作速溶可可、巧克力的分散剂,防止面包老化等。

CH_2OR_1　　CH_2OR_2

R_1为硬脂酸、油酸、棕榈酸
R_2为硬脂酸、油酸、棕榈酸或氢原子

图 5-24　蔗糖脂肪酸酯的结构

(3)山梨醇酐脂肪酸酯及其衍生物

山梨醇酐脂肪酸酯是一类被称为司盘的产品,HLB 值 4~8;山梨醇酐脂肪酸酯与环氧乙烷加成得到亲水性好的吐温, HLB 值 16~18,但有不愉快的气味,用量过多时,口感苦。

(4)丙二醇脂肪酸酯

丙二醇单酯主要用在蛋糕等西点中,作为发泡剂的主要成分与其他乳化剂配用。

(5)大豆磷脂

大豆磷脂是一种天然的食品乳化剂,是磷脂的混合物(图 5-25),包含有磷脂酰胆碱(卵磷脂,PC)和磷脂酰乙醇胺(脑磷脂,PE),以及部分磷脂酰肌醇及磷脂酰丝氨酸。其中,卵磷脂主要形成 O/W 型乳状液,可用作蛋黄酱、色拉调味汁和蛋糕乳状液的稳定剂。

其中　卵磷脂　$L = CH_2CH_2N^+(CH_3)_3$
　　　　脑磷脂　$L = CH_2CH_2NH_3^+$
　　　　丝氨酸　$L = CH_2^+ - CHNH_3^+$
　　　　　　　　　　　　　COO^-
　　　　肌醇　　$L = HO\ HQ\ OH$
　　　　　　　　　　　　OH

图 5 - 25　磷脂的结构

（6）其他乳化剂

硬脂酰乳酸钠（或钙），亲水性强，适用于 O/W 型，可与淀粉分子络合，防止面包老化；木糖醇酐单硬脂酸酯，常用于糖果、人造奶油、糕点等食品中。

第四节　油脂在贮藏加工过程中的化学变化

一、油脂的氧化

油脂的氧化同营养、风味、安全、储存及经济有着密切的关系，油脂氧化是油脂及含油食品变质的主要原因之一。油脂在贮藏期间，因空气中的氧气、光照、微生物和酶的作用，而导致油脂变哈喇，即产生令人不愉快的气味和苦涩味，同时产生一些有毒的化合物，这些统称为油脂的酸败。食品在贮藏和加工中产生的酸败是我们不希望的，但有时油脂的适度氧化，对于油炸食品香气的形成却又是必需的，因此，油脂氧化对食品工业是至关重要的。

（一）空气氧

1. 空气氧的存在状态——三线态氧（$^3O_2$）和单线态氧（$^1O_2$）

在影响油脂氧化的诸多因素中，氧是必要条件，其存在状态对油脂氧化影响极大。

氧元素原子序数为 8，外层有 8 个电子，其电子结构为 $1s^2 2s^2 2p^4$。一个氧分子有两个氧原子、16 个电子和 10 个分子轨道（5 个成键轨道和 5 个反键轨道）。根据泡利不相容原理和洪特规则，16 个电子分别填充在相应的分子轨道上，其中有两个未成对电子，分别填充在 π_{2py}^* 和 π_{2pz}^* 分子轨道中，构成了两个自旋平行，不成对的单电子，因此氧具有顺磁性。

根据光谱线命名规定：没有未成对电子的分子称为单线态（Singlet，S）；有一个未成对电子的分子称为双线态（Doublet，D）；有两个未成对电子的分子称为三线态（Triplet，T），所以，基态的空气氧分子为三线态（T），激发态氧分子为单线态（S），游离基氧为双线态（D）。而一般有机分子的基态为单线态，激发态为三线态，与氧分子不同。基态氧和激发态氧分子的分子轨道能级图见图 5 - 26。

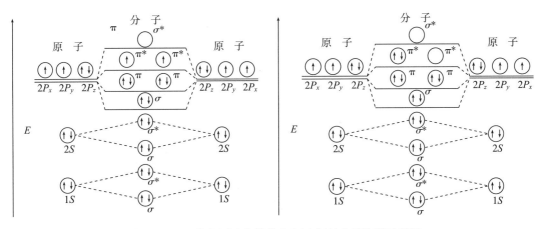

图 5-26　三线态（左）和单线态（右）氧的分子轨道示意图

2. 不同线态氧分子与脂类分子可能发生的反应

把自旋守恒定律应用于油脂氧化反应，其反应过程如下：

① 单线态氧 + 单线态脂→单线态产物（S）。高能量的激发态氧与稳定的基态脂类分子作用，生成低能量的基态产物。反应容易进行，这与油脂光敏氧化机理相符合。

② 三线态氧 + 单线态脂→三线态产物（T）。稳定的基态氧与稳定的基态脂类分子作用，生成高能量的、不稳定的激发态产物。反应无法直接进行，需在外界条件下将基态氧激发成单线态，变成①的过程，或者将单线态脂引发成游离基，变成④的过程，即可发生反应。

③ 单线态氧 + 双线态脂→双线态产物（D）。高能量的激发态氧与带有游离基的脂类分子作用，生成带有游离基的产物，反应能够进行。

④ 三线态氧 + 双线态脂→双线态产物（D）。稳定的基态氧与带有游离基的脂类分子作用，生成带有游离基的产物。反应能够进行，这与油脂自动氧化和酶促氧化机理相符合。

（二）油脂氧化机理

油脂空气氧化包括自动氧化、光敏氧化和酶促氧化三种，不同氧化的作用机制是由氧的存在状态决定的。

1. 自动氧化（Autoxidation）

（1）自动氧化的机理

自动氧化是一个自催化过程，是一个游离基链反应，是活化的不饱和脂肪与基态氧发生的自由基链反应。反应过程分 3 个阶段，即链引发、链传播和链终止，基本模型如图 5-27 所示。

链引发（initiation）：　　　　产生游离基 R· 或 RO_2·

$$RH + X· \longrightarrow R· + XH \tag{5-1}$$

链传播（propagation）：　　　$R· + O_2 \xrightarrow{K_o} RO_2·$ 　　　　　　　　　　(5-2)

$$RO_2· + RH \xrightarrow{K_p} ROOH + R· \tag{5-3}$$

链终止(termination): $$RO_2 \cdot + RO_2 \cdot \xrightarrow{K_t} ROOR + O_2 \qquad (5-4)$$

$$RO_2 \cdot + R \cdot \xrightarrow{K_t'} ROOR \qquad (5-5)$$

$$R \cdot + R \cdot \xrightarrow{K_t''} R\text{—}R \qquad (5-6)$$

(RH表示参加反应的不饱和底物;H表示双键旁亚甲基上最活泼的氢原子)

图5-27　油脂自动氧化链反应

在链引发阶段,不饱和脂肪酸及其甘油酯(RH)在自由基引发剂的存在下脱氢,产生烷基自由基(R·);随后,在链传播阶段,R·与空气中的氧结合,形成过氧化自由基ROO·,ROO·又夺取另一分子RH的亚甲基氢,生成氢过氧化物ROOH,同时产生新的R·,如此循环下去;在链终止阶段,自由基之间反应,形成非自由基化合物,结束链反应。

这一过程是公认的自动氧化反应机制,反应中产生的各种自由基以及其他产物均已被现代仪器手段所证实,但自动氧化的引发仍然不很清楚。通过能量和机理分析以及实验研究认为,主要的引发机理如图5-28。

$$RH + M^{+++} \longrightarrow R \cdot + H^+ + M^{++} \qquad (5-7)$$

$$ROOH + M^{++} \longrightarrow RO \cdot + OH^- + M^{+++} \qquad (5-8)$$

$$ROOH + M^{+++} \longrightarrow ROO \cdot + H^+ + M^{++} \qquad (5-9)$$

图5-28　自由基引发剂的产生机理

上述过程均有过渡金属参与。当ROOH不存在时主要以式(5-7)进行,而ROOH存在时式(5-8)反应最快,式(5-9)次之。科学家们认为对于油脂的氧化过程式(5-8)和式(5-9)起主要作用。反应中ROOH来源于光氧化产物,油脂在加工储存过程中无法避免光照,而油脂中一般均有微量叶绿素,光氧化速度很快,ROOH很容易产生。如此看来式(5-1)中的X可能是过渡金属离子,亦可能是ROOH分解产生的各种游离基。在特殊情况下如高能辐射或直接加入引发剂均可以产生游离基。

(2)单氢过氧化物的形成

室温条件下,含不饱和脂肪酸的油脂可发生自动氧化反应,饱和脂肪酸构成的油脂不易发生氧化。然而,构成油脂的不饱和脂肪酸种类繁多,使得油脂氧化过程非常复杂。因此,以单一的油酸酯、亚油酸酯和亚麻酸酯的模拟体系阐明自动氧化反应生成氢过氧化物的机制,比较浅显易懂。

① 油酸酯。1942年E. H. Farmer首次分离出油酸酯氢过氧化物,奠定了现代油脂氧化反应的基础。采用各种色谱手段可以从油酸酯的氧化产物中分出四种位置异构体,即8-OOH Δ^9(26%~27%)、9-OOHΔ^{10}(22%~24%)、10-OOHΔ^8(22%~23%)、11-OOHΔ^9(26%~28%)。反应过程如图5-29。

油酸酯在过渡金属离子的作用下,双键两边C_8、C_{11}位上的—CH_2—被活化脱去一个H质子,产生不对称电子,不对称电子与双键的π键进行杂化,形成了不定域的共平面丙烯基,不定域的共平面丙烯基经1,3-双键电子迁移,产生共振体的丙烯基,共振体与共平面

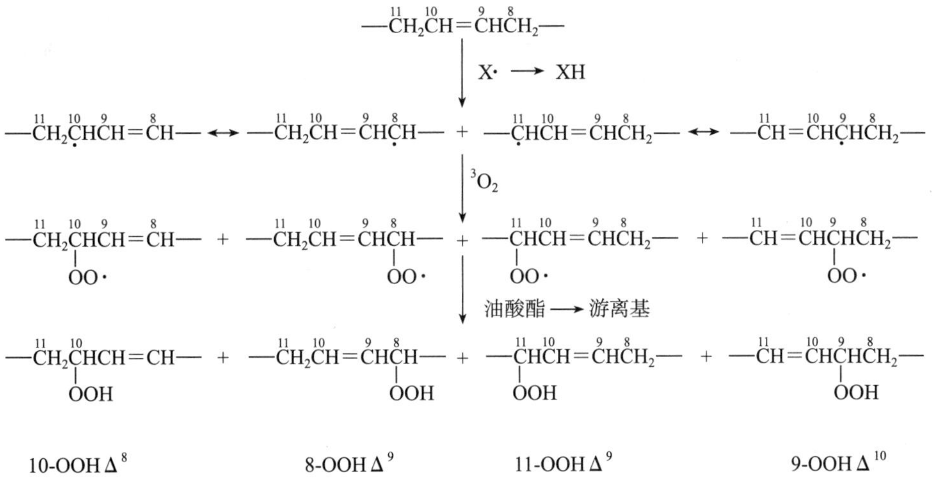

$$
\begin{array}{c}
\overset{11}{—CH_2}\overset{10}{CH}=\overset{9}{CH}\overset{8}{CH_2}—\\
\downarrow X\cdot \longrightarrow XH
\end{array}
$$

$$
\overset{11}{—CH_2}\overset{10}{\underset{\cdot}{C}H}\overset{9}{CH}=\overset{8}{CH} \longleftrightarrow \overset{11}{—CH_2}\overset{10}{CH}=\overset{9}{CH}\overset{8}{\underset{\cdot}{C}H} + \overset{11}{—\underset{\cdot}{C}H}\overset{10}{CH}=\overset{9}{CH}\overset{8}{CH_2}— \longleftrightarrow \overset{11}{—CH}=\overset{10}{CH}\overset{9}{\underset{\cdot}{C}H}\overset{8}{CH_2}—
$$

$$
\downarrow {}^{3}O_2
$$

$$
\overset{11}{—CH_2}\overset{10}{\underset{OO\cdot}{C}H}\overset{9}{CH}=\overset{8}{CH}— + \overset{11}{—CH_2}\overset{10}{CH}=\overset{9}{CH}\overset{8}{\underset{OO\cdot}{C}H}— + \overset{11}{—\underset{OO\cdot}{C}H}\overset{10}{CH}=\overset{9}{CH}\overset{8}{CH_2}— + \overset{11}{—CH}=\overset{10}{CH}\overset{9}{\underset{OO\cdot}{C}H}\overset{8}{CH_2}—
$$

$$
\downarrow \text{油酸酯} \longrightarrow \text{游离基}
$$

$$
\overset{11}{—CH_2}\overset{10}{\underset{OOH}{C}H}\overset{9}{CH}=\overset{8}{CH}— + \overset{11}{—CH_2}\overset{10}{CH}=\overset{9}{CH}\overset{8}{\underset{OOH}{C}H}— + \overset{11}{—\underset{OOH}{C}H}\overset{10}{CH}=\overset{9}{CH}\overset{8}{CH_2}— + \overset{11}{—CH}=\overset{10}{CH}\overset{9}{\underset{OOH}{C}H}\overset{8}{CH_2}—
$$

$$
10\text{-}OOH\Delta^8 \qquad\qquad 8\text{-}OOH\Delta^9 \qquad\qquad 11\text{-}OOH\Delta^9 \qquad\qquad 9\text{-}OOH\Delta^{10}
$$

图 5 – 29　油酸酯的自动氧化产生氢过氧化物

的丙烯基被基态氧氧化,生成过氧化游离基ROO·,过氧化游离基与另一分子油酸酯反应,则生成各种位置不同的氢过氧化物和游离基。

经气—质联用分析,四种氢过氧化物油酸酯的含量相差不大,只是 C_8、C_{11} 位上的—CH_2—直接脱氢生成的氢过氧化物异构体比经1,3 - 电子迁移产生的共振体 C_9、C_{10} 的氢过氧化物异构体稍多一些。

② 亚油酸酯。亚油酸酯的自动氧化比油酸酯快10～40倍,因为亚油酸酯双键中间 C_{11} 位上含一个—CH_2—,—CH_2—非常活泼,很容易和过渡态金属离子作用脱氢,生成 C_{11} 位上的游离基,C_{11} 位上的游离基经1,3 - 电子迁移产生2个不定域的1,4 - 戊二烯游离基,1,4 - 戊二烯游离基则被基态氧分子氧化,生成2个过氧化游离基,过氧化游离基再与另一分子亚油酸酯反应,则生成2个含量相当的氢过氧化亚油酸酯和亚油酸酯游离基。反应如图5 - 30所示。

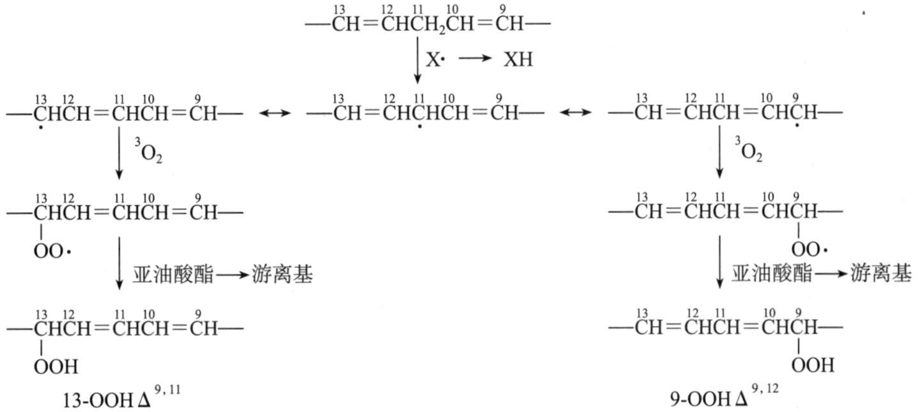

$$
\overset{13}{—CH}=\overset{12}{CH}\overset{11}{CH_2}\overset{10}{CH}=\overset{9}{CH}—
$$

$$
\downarrow X\cdot \longrightarrow XH
$$

$$
\overset{13}{—\underset{\cdot}{C}H}\overset{12}{CH}=\overset{11}{CH}\overset{10}{CH}=\overset{9}{CH}— \longleftrightarrow \overset{13}{—CH}=\overset{12}{CH}\overset{11}{\underset{\cdot}{C}H}\overset{10}{CH}=\overset{9}{CH}— \longleftrightarrow \overset{13}{—CH}=\overset{12}{CH}\overset{11}{CH}=\overset{10}{CH}\overset{9}{\underset{\cdot}{C}H}—
$$

$$
\downarrow {}^{3}O_2 \qquad\qquad\qquad\qquad\qquad\qquad\qquad\qquad \downarrow {}^{3}O_2
$$

$$
\overset{13}{—\underset{OO\cdot}{C}H}\overset{12}{CH}=\overset{11}{CH}\overset{10}{CH}=\overset{9}{CH}— \qquad\qquad\qquad \overset{13}{—CH}=\overset{12}{CH}\overset{11}{CH}=\overset{10}{CH}\overset{9}{\underset{OO\cdot}{C}H}—
$$

$$
\downarrow \text{亚油酸酯} \longrightarrow \text{游离基} \qquad\qquad\qquad \downarrow \text{亚油酸酯} \longrightarrow \text{游离基}
$$

$$
\overset{13}{—\underset{OOH}{C}H}\overset{12}{CH}=\overset{11}{CH}\overset{10}{CH}=\overset{9}{CH}— \qquad\qquad\qquad \overset{13}{—CH}=\overset{12}{CH}\overset{11}{CH}=\overset{10}{CH}\overset{9}{\underset{OOH}{C}H}—
$$

$$
13\text{-}OOH\Delta^{9,11} \qquad\qquad\qquad\qquad\qquad 9\text{-}OOH\Delta^{9,12}
$$

图 5 – 30　亚油酸酯的自动氧化产生氢过氧化物

③ 亚麻酸酯。亚麻酸酯比亚油酸酯的自动氧化速度快 2~4 倍,原因是亚麻酸酯在 C_{11}、C_{14} 有两个活泼的亚甲基。其氧化生成四种氢过氧化合物。反应如图 5-31 所示。

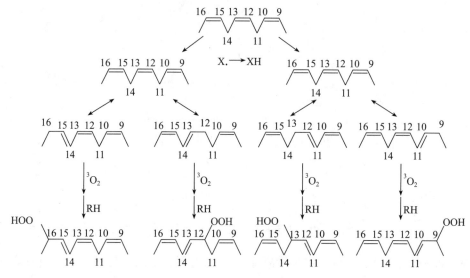

图 5-31 亚麻酸酯的自动氧化产生氢过氧化物

亚麻酸酯的氧化和亚油酸酯类似,首先与过渡金属离子作用,在 C_{11}、C_{14} 位上的亚甲基脱氢,生成 C_{11}、C_{14} 位上的游离基。C_{11}、C_{14} 位上的游离基经 1,3-迁移,形成 4 个不定域的 1,4-戊二烯游离基。4 个不定域的 1,4-戊二烯游离基与氧分子作用,则生成 4 种过氧化游离基,再与另一分子亚麻酸酯反应,生成 4 种位置不同的氢过氧化物异构体。9-OOH 和 16-OOH 含量相当,占总量的 80% 左右;12-OOH 和 13-OOH 含量相当,占总量的 20% 左右。

生成的这种具有共轭双键的三烯结构的氢过氧化物极不稳定,很容易继续氧化生成二级氧化产物或氧化聚合及干燥成膜。

在一般温度下,油酸酯、亚油酸酯和亚麻酸酯的自动氧化速度之比为 1:12:25,也就是说纯油酸酯最不易氧化,亚油酸酯次之,亚麻酸酯易氧化。

2. 光敏氧化

(1)光敏氧化的机理

油脂中的天然色素如叶绿素或肌红蛋白在光照下能使三线态氧转变成单线态氧。单线态氧的分子轨道中存在一个空的 π^* 轨道,能接受电子,具有亲电性,与电子密集中心的反应活性很高,导致单线态氧能直接与不饱和脂肪酸中电子云密度较高的双键作用,通过六元环过渡态,然后双键位移形成反式构型的氢过氧化物,使油脂氧化,称为光敏氧化。机理如图 5-32。

以亚油酸酯为例,单线态氧可直接进攻双键上的第 9、10、12 或 13 位的碳原子,经过六元环过渡态得到烯丙位上的一个质子,双键发生邻位转移,形成反式的烯丙型氢过氧化物。氢过氧化物的数目是双键数目的 2 倍(图 5-33)。

图 5 - 32　油脂的光敏氧化机理

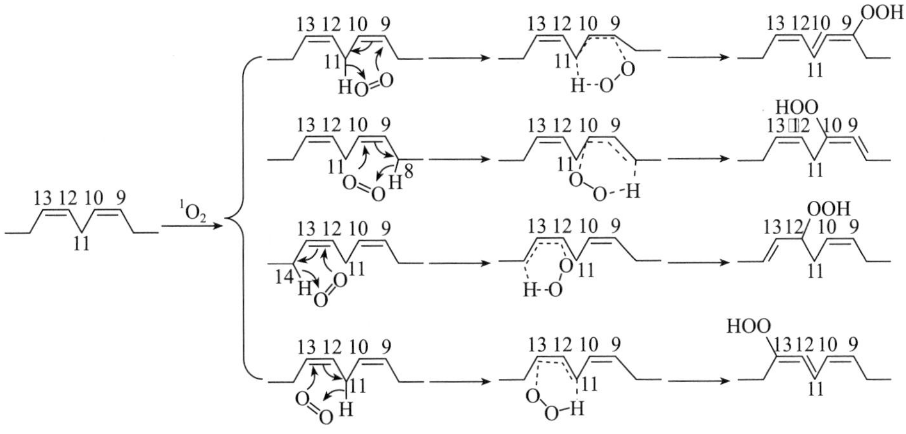

图 5 - 33　单线态氧与亚油酸酯的第 9、10 位双键上的碳原子反应过程

与自动氧化一样,空间障碍是单线态氧氧化中反式双键形成的原因。但是,与自动氧化不同的是,油脂的单线态氧氧化生成的产物包含有非共轭二烯键的氢过氧化物(指所有的双键均为非共轭状态)。

光氧化速度很快,一旦发生,其反应速度千倍于自动氧化,因此光氧化对油脂劣变同样会产生很大的影响。但是对于双键数目不同的底物,光氧化速度区别不大;另外,油脂中的光敏色素大部分已经在加工过程中被去除,并且油脂的储存与加工多在避光条件下进行,所以,油脂的光氧化一般不容易发生。

当然,光氧化所产生的氢过氧化物(ROOH)在过渡金属离子的存在下分解出游离基(R·及 ROO·)目前认为是引发自动氧化的关键。

(2)单线态氧的形成

光敏氧化是在光敏剂和三线态氧存在的条件下发生的。光敏剂可以是染料(曙光红、赤藓红钠盐、亚甲蓝、红铁丹)、色素(叶绿素、核黄素、卟啉)和稠环芳香化合物(蒽、红荧烯)。吸收可见光或近紫外光后,光敏剂变为激发单线态光敏剂($^1Sen^*$),激发单线态光敏剂非常不稳定,很快通过内部重排转变为激发三线态光敏剂($^3Sen^*$)。$^3Sen^*$能与三线态氧分子作用,将三线态氧变为单线态氧,$^3Sen^*$又恢复到基态(Sen)。具体形成过程见图 5 - 34。

$$\text{光敏剂 + 光照} \longrightarrow {}^1\text{光敏剂}^* \longrightarrow {}^3\text{光敏剂}^*$$
$$ {}^3\text{光敏剂}^* + {}^3O_2 \longrightarrow {}^1\text{光敏剂} + {}^1O_2^*$$

其中:光敏剂——单线态光敏剂分子(油脂中存在的光敏物质有叶绿素、脱镁叶绿素和赤藓红等色素);

^{1}光敏剂*——激发单线态光敏剂分子;

^{3}光敏剂*——激发三线态光敏剂分子;

$^3O_2$——三线态氧分子;

$^1O_2{}^*$——激发单线态氧分子。

图 5 - 34　光敏剂和氧分子在光照下的变化

3. 酶促氧化

有酶参与的氧化反应称为酶促氧化。氧化油脂的酶有两种:一种是脂肪氧化酶,简称脂氧酶;另一种是加速分解已氧化成氢过氧化物的脂肪氢过氧化酶。

脂氧酶主要存在于植物体内,有无色酶、黄色酶和紫色酶三种类型,均含有一个铁原子。由于脂氧酶具有特异性——只能对含有顺顺五碳双烯结构的多不饱和脂肪酸进行氧化,对一烯酸(如油酸)和共轭酸不起氧化作用,所以脂氧酶具有选择性。

脂氧酶的氧化能力很强,无论是有氧或缺氧情况均能发生氧化作用。在有氧存在的情况下,其氧化历程为游离基型的氧化,与自动氧化的反应机制相似。在酶的作用下,催化双键旁活泼亚甲基的 α - 氢原子形成自由基,再与基态氧作用,形成过氧化自由基,继续与酶作用,形成氧负离子,结合另一分子脂类分子,形成氢过氧化物(图 5 - 35)。亚油酸酯的酶促氧化见图 5 - 36,生成 13 - $OOH\Delta^{9,11}$ 与 9 - $OOH\Delta^{10,12}$ 两种产物(图 5 - 36)。在缺氧条件下的酶促氧化反应十分复杂。由于脂氧酶只存于某些植物体内,且脂氧酶的氧化仅发生在亚油酸、亚麻酸等个别脂肪酸,所以脂氧酶的氧化具体情况在此不再详细探讨。

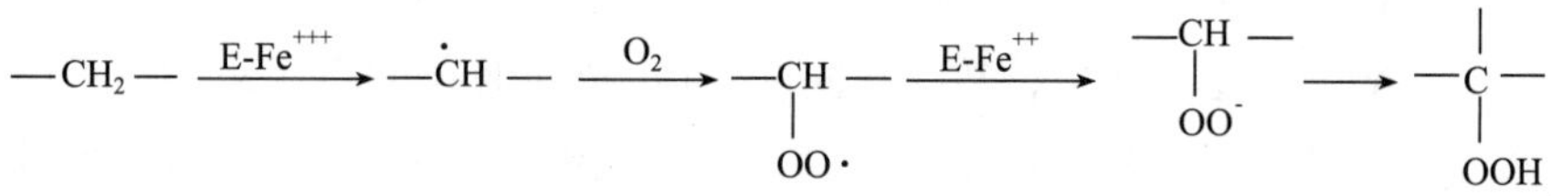

E:表示脂氧酶;—CH₂—:表示与双键相邻的活泼亚甲基

图 5 - 35　脂氧酶的有氧氧化机理

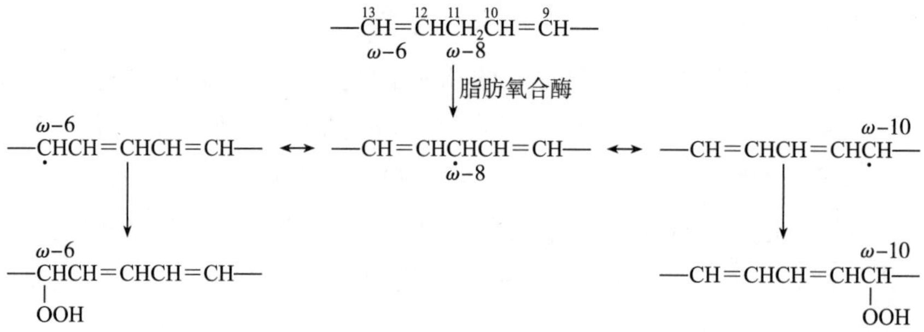

图 5 - 36　亚油酸酯的酶促氧化

此外,某些微生物产生的酶,如脱氢酶、脱羧酶、水合酶等,会使饱和脂肪酸的 α - 和 β - 碳位之间发生氧化反应,最终产生酮酸和甲基酮,具有令人不愉快的气味,称为酮型酸败,也称 β - 氧化(图5-37)。

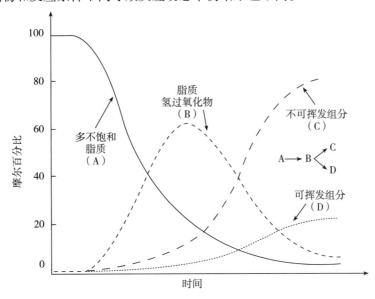

图5-37　酮型酸败

(三)油脂空气氧化的一般过程

尽管油脂自动氧化、光敏氧化和酶促氧化三种氧化类型的机理不同,但油脂氧化的一般过程很相似,都是首先生成初级氧化产物——氢过氧化物,同时伴随着氢过氧化物的分解和聚合,当氢过氧化物的含量增加到一定数值,分解和聚合的速度会增加(图5-38)。而且,反应底物和反应条件不同导致反应动态平衡结果也不同。

图5-38　油脂氧化的一般过程

(四)油脂氧化产物

1.氢过氧化物的分解

氢过氧化物是脂肪氧化的初级产物,本身无味,但很不稳定,会发生裂解产生多种降解产物。

（1）产生烷氧基自由基

氢过氧化物分解的第一步是其氧—氧键均裂,产生烷氧基自由基和羟基自由基(图 5 - 39)。

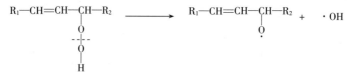

图 5 - 39 氢过氧化物的分解

（2）烷氧基自由基的进一步裂解

烷氧基自由基的活性强于烷基自由基和过氧化自由基,一旦生成烷氧基自由基,其将会进一步反应,进入氢过氧化物分解的第二步。如:

① 烷氧基自由夺取其邻近共价键中的电子,导致脂肪链碳—碳键的断裂,生成醛、醇、烃等化合物(图 5 - 40)。

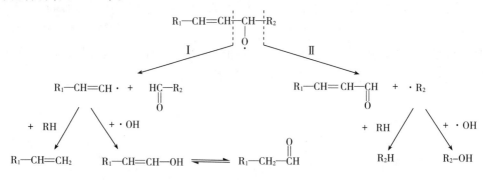

图 5 - 40 烷氧基自由基的分解

② 烷氧基自由基与体系中的其他自由基或烷烃作用,生成酮、醇等化合物(图 5 - 41)。

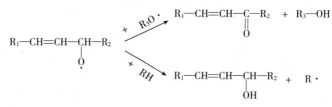

图 5 - 41 烷氧基自由基与其他自由基或烷烃的作用

（3）α,β - 不饱和醛、酮的氧化分解

氢过氧化物的分解不会停留在第二步,生成的醛会继续被氧化成羧酸。此外,如果分解得到 α,β - 不饱和醛、酮,可继续发生氧化再分解反应,生成更小的分子,其中较为典型的产物是丙二醛(图 5 - 42)。

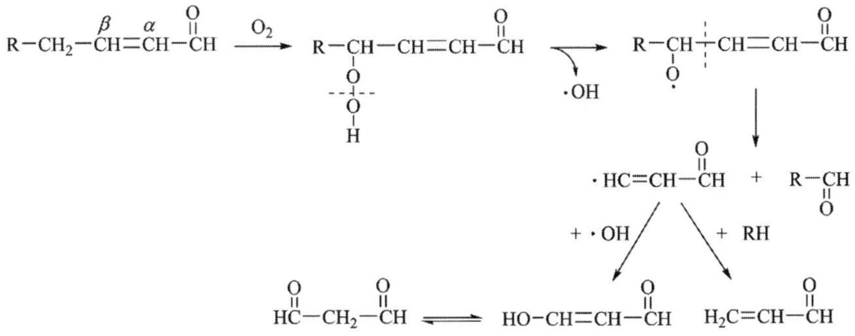

图5-42　α,β-不饱和醛的氧化与分解

氢过氧化物分解形成的醛、酮、醇、酸等小分子化合物,大部分具有不愉快的刺激性气味,形成令人难以接受的臭味,这是油脂氧化产生"酸败臭"的原因。

2. 氧化产物的聚合

小分子化合物还可能发生缩合或聚合反应,生成二聚体或多聚体,使油脂黏度增加,如亚油酸的氧化产物己醛可聚合生成具有强烈臭味的环状三戊基三噁烷(图5-43)。

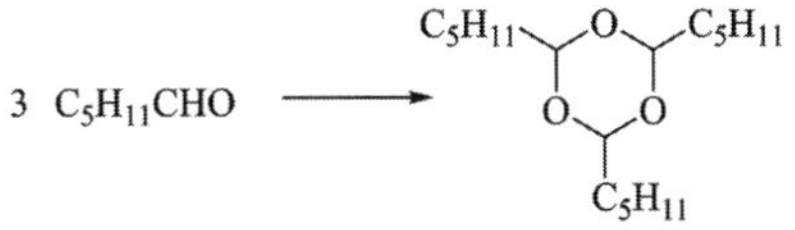

图5-43　己醛的聚合反应

(五)影响油脂氧化速率的因素

食用油脂含有各种化学性质与物理性质不同的脂肪酸,而且不同的脂肪酸对氧化的敏感性不同。此外,还含有大量非脂成分,可与氧化脂类及其氧化产物共氧化,或产生相互作用,另外受外界贮藏、加工、运输等条件的影响,使脂类氧化是一个动态的多向系列氧化,因而,正确描述氧化反应动力学几乎是不可能的,下面简单地讨论影响脂类氧化的一些因素。

1. 脂肪酸及甘油酯的组成

油脂氧化速度与脂肪酸的不饱和度、双键位置、顺反构型有关。室温下,饱和脂肪酸的链引发较难发生,当不饱和脂肪酸已开始酸败时,饱和脂肪酸仍可保持原状。而在不饱和脂肪酸中,双键增多,氧化速度加快,花生四烯酸、亚麻酸、亚油酸、油酸的相对氧化速率大约是40:20:10:1(表5-8);顺式双键比反式双键容易氧化;共轭双键比非共轭双键容易氧化。

游离脂肪酸的空间位阻小于甘三酯,因此氧化速率比其酯要稍快一些,天然油脂中脂肪酸的有规律的随机分布降低了其氧化速率。食用油脂中少量游离脂肪酸对油脂的储存稳定性并不产生影响。然而,在一些商业油脂及其制品中,相当多的游离脂肪酸对加工设备和贮罐等会产生腐蚀作用,导致金属离子增加,从而加速油脂氧化。当油脂中游离脂肪酸的含量大于0.5%时,自动氧化速率会明显加快。

表 5 – 8　脂肪在 25℃是的相对氧化速率

脂肪酸	双键数	相对氧化速率（25℃）
18 : 0	0	1
18 : 1 n – 9	1	100
18 : 2 n – 6	2	1200
18 : 3 n – 3	3	2500

2. 氧

单线态氧的氧化速度约为三线态氧的 1500 倍；当氧浓度较低时，氧化速率与氧浓度成正比；当大量氧存在时，氧化速率与氧浓度无关。故可采用真空或充氮包装及使用低透气性材料包装，可防止油脂氧化。

3. 温度

温度与油脂的氧化有密切的关系。温度升高，油脂的氧化速度加快。例如，对于纯油酸甲酯而言，在高于 60℃的条件下储存，每升高 11℃，其氧化速度增加一倍；纯大豆油脂肪酸甲酯在 15 ~ 75℃之间，每升高 12℃，其氧化速度也提高一倍。因此，低温储存油脂是降低油脂氧化速度的一种方法。

饱和脂肪酸在室温下稳定，但在高温下也会发生氧化。如猪油的货架期比植物油短，主要因为猪油一般经高温熬炼，同时含有光敏剂血红蛋白和金属离子，高温过程中引发了游离基的缘故。

4. 水分

在对油脂及含油食品的研究过程中发现：氧化速率在很大程度上取决于水分活度，在含水量很低的干燥食品中（$A_w < 0.1$），氧化过程进行得相当快；随着含水量的增加（A_w 达到 0.3），氧化反应的速度随着水分增加而降低，因为在非常干燥的样品中加入水，水与氢过氧化合物通过氢键结合，降低了氢过氧化合物分解；此外，水能与金属离子发生水合作用，降低了催化效率；A_w 在 0.33 ~ 0.73 时，随水分活度的增大，催化剂的流动性提高，水中溶解的氧增多；此外还使脂肪分子溶胀，暴露更多催化位点，因而，氧化速度加快；$A_w > 0.73$ 时，水量增多降低了反应物和催化剂的浓度，氧化速度降低。

5. 光和射线

可见光、不可见光及 γ – 射线能有效加速油脂氧化，因为，射线不仅能使氢过氧化物分解，还能引发游离基。光的波长越短，油脂吸收光的程度越强，其促油脂氧化的速度越快。因此，避光储存会延缓油脂的氧化过程。

6. 助氧剂

一些具有适合氧化还原电位的二价或多价金属，如铅、铜、铁、铝等是有效的助氧剂，使氧化速度加快。其催化机理可能如下：

① 促进氢过氧化物分解：$ROOH + M^{++} \rightarrow RO \cdot + OH^- + M^{+++}$

$$ROOH + M^{+++} \longrightarrow ROO \cdot + H^+ + M^{++}$$

② 直接与未氧化物质作用:$RH + M^{+++} \longrightarrow R\cdot + H^+ + M^{++}$

③ 使氧分子活化,产生单线态氧和过氧化氢游离基:

$$M^{++} + {}^3O_2 \longrightarrow M^{+++} + O_2^-$$

$$O_2^- + e \longrightarrow {}^1O_2$$

$$O_2^- + H^+ \longrightarrow HOO\cdot$$

如果在油脂或油脂食品中含有金属助氧剂,即使其浓度低于 0.1 mg/kg,它们也能够缩短油脂自动氧化的诱导期。食用油脂中一般都含有微量的重金属,它们源于油料所生长的土壤、动物体或加工、运输及储存设备中。

7. 酶

有些油脂如豆油中存在着脂肪氧化酶,它们起着加速油脂氧化的作用。钝化或去除这些酶会有效地延长油脂保存期。

8. 抗氧化剂

无论天然的或合成的抗氧化剂均可以有效地延缓游离基氧化反应历程。

9. 其他

其他因素,如色素、灰尘及光敏剂等同样对油脂氧化有一定的影响。

由此可见,为了防止油脂的氧化酸败,可采取的措施有:避免光照,避免高温,去除叶绿素等光敏性物质,尽量减少或避免与金属离子的接触程度,降低自由水分含量,去除磷脂等亲水杂质,防止微生物的侵入,加入抗氧化剂和增效剂等,均可提高油脂稳定度。

(六)过氧化脂质的危害

油脂自动氧化是自由基链反应,而自由基的高反应活性,可导致机体损伤、细胞破坏、人体衰老等,油脂氧化过程中产生的过氧化脂质,能导致食品的外观、质地和营养劣变,甚至产生致突变的物质。

① 过氧化脂质几乎能和食品中的任何成分反应,使食品品质降低。例如,氢过氧化物的氧—氧键断裂产生的烷氧基可与蛋白质反应,会导致食品质地改变,蛋白质溶解度降低(蛋白质交联如图 5-44);由不饱和脂肪酸自动氧化的过氧化物降解生成的醛可与蛋白质发生美拉德反应,导致食品颜色变化,营养价值降低。

$$RO\cdot + Pr \longrightarrow Pr\cdot + ROH$$

$$2Pr\cdot \longrightarrow Pr-Pr$$

图 5-44　自由基引发的蛋白质的交联反应

② 氢过氧化物几乎可与人体内所有分子或细胞反应,破坏 DNA 和细胞结构。酶分子中的氨基与过氧化物降解产物醛交联,使酶失活。蛋白质交联后失去生理功能,而且蛋白质交联后不能被水解酶消化,在体内沉积,产生老年斑(脂褐素)。

③ 脂质在常温及高温下氧化均会产生有害物质。经动物试验表明,喂食常温下高度氧化的脂肪,将引起大鼠食欲下降、生长抑制、肝肾肿大,过氧化物聚集在脂肪组织内(表

5－9）。而喂食因加热而高度氧化的脂肪,在动物中会产生各种有害效应。据报道,氧化聚合物产生的极性二聚物是有毒的,无氧热聚合生成的环状酯也是有毒的。在炸薯条和鱼片中用长时间高温油炸过的油,或反复使用的油炸油,含有一定的致癌物质。

表 5－9　聚合豆油及其乙酯、氧化豆油及其乙酯对老鼠的影响

样　品	死亡率	增重/g	消化率/%	肝重/体重/%
新鲜豆油	0/4	54.3 ± 0.7	95.3	2.87 ± 0.18
热聚合豆油	0/4	20.5 ± 1.0	84.7	4.22 ± 0.22
热聚合豆油乙酯	0/4	24.8 ± 1.3	85.1	3.82 ± 0.20
氧化豆油	1/4	14.2 ± 1.74	82.8	5.14 ± 0.40
氧化豆油乙酯	1/4	− 4.0 ± 2.70	83.5	4.80 ± 0.31

注　40～49 天的 Wister 种老鼠　(食品工业 Vol 6. No. 2 蔡维钟 pp13～19)。

(七)抗氧化剂

1.抗氧化剂及其分类

油脂或含油食品受本身组分及外来条件的影响,贮存一段时间后会发生氧化,影响到油脂的货架寿命、风味、功能及营养。因此,在油脂或含油食品中添加一定的抗氧化剂,是保持食品质量,延长货架寿命的一种重要手段。

使用小剂量(一般小于0.02%)就能延缓油脂氧化过程的物质称为抗氧化剂。抗氧化剂的种类繁多,按抗氧化作用机理可分为游离基清除剂、单线态氧淬灭剂、氢过氧化物分解剂、金属螯合剂、酶抑制剂、氧清除剂、酶抗氧化剂和紫外线吸收剂等。

2.抗氧化剂的抗氧化机理

(1)游离基清除剂

① 氢供体游离基清除剂。油脂自动氧化是自由基链式反应,反应过程中有游离基产生,游离基在链增长阶段不断与脂类分子中的活泼氢作用,产生氢过氧化物,使脂类氧化。如果体系存在其他氢供体与游离基作用,就可以保护脂类分子不被氧化。酚类化合物就是这样一类能够提供氢与游离基作用的物质(图 5－45)。

$$\text{ROO·} + \text{RH} \xrightarrow{K_1} \text{R·} + \text{ROOH}(K_1 = 1 \sim 2.0 \times 10^2 \text{ m}^{-1}\text{s}^{-1}) \tag{5－10}$$

$$\text{R·} + \text{AH} \xrightarrow{K_2} \text{A·} + \text{RH}(K_2 = 1 \times 10^6 \text{ m}^{-1}\text{s}^{-1}) \tag{5－11}$$

式中 RH 为脂肪酸酯,AH 为抗氧化剂,A 为抗氧化剂游离基。

图 5－45　自由基与氢供体作用

式(5－11)的反应速度常数 K_2(1.0 × 10^6 m^{-1}s^{-1})远大于式(5－10)的反应速度常数 K_1(1 ～ 2.0 × 10^2 m^{-1}s^{-1}),反应速度相差 10^4 倍。因此,体系中一旦存在酚类抗氧化剂,便迅速与自由基结合,能有效地抑制油脂自动氧化。

酚类抗氧化剂是优良的氢供体,可清除原有的自由基,得到具有 $p - \pi$ 共轭作用的、稳定的酚类自由基(图 5－46)。

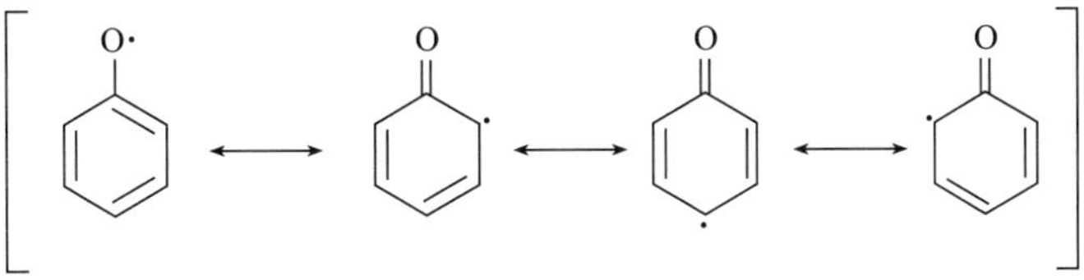

图 5-46　酚类自由基的共振结构

② 电子供体游离基清除剂。除氢供体游离基清除剂外,还有能给过氧化游离基提供电子使其成为过氧化阴离子、自身形成稳定的阳离子的游离基清除剂(图 5-47)。此类抗氧化剂抗氧化效果较弱。

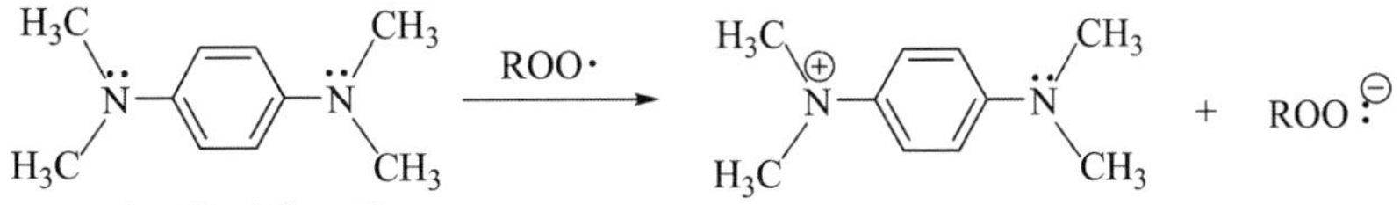

四甲基对苯二胺

图 5-47　电子供体清除游离基反应

(2)单线态氧的淬灭剂。能够使单线态氧($^1O_2$)淬灭生成三线态氧($^3O_2$)并使光敏剂回复到基态,从而对光敏氧化起抑制作用的物质称为单线态氧淬灭剂,淬灭剂对单线态氧的淬灭作用如图 5-48。

$$^1O_2 + RH \xrightarrow{K_3} ROOH(K_3 = 1 \times 10^5 \ m^{-1}s^{-1}) \tag{5-12}$$

$$^1类胡萝卜素 + {}^1O_2 \xrightarrow{K_4} {}^3类胡萝卜素 + {}^3O_2(K_4 = 1.3 \times 10^{10} \ m^{-1}s^{-1}) \tag{5-13}$$

$$^3类胡萝卜素 \longrightarrow {}^1 类胡萝卜素 \tag{5-14}$$

$$^1类胡萝卜素 + {}^3Sen* \longrightarrow {}^3 类胡萝卜素 + {}^1Sen \tag{5-15}$$

$$生育酚 + {}^1O_2 \xrightarrow{K_5} {}^3生育酚 + {}^3O_2(K_5 = 1 \times 10^{6\sim8} \ m^{-1}s^{-1}) \tag{5-16}$$

图 5-48　淬灭剂对单线态氧的淬灭作用

式(5-11)抗氧化剂与游离基的反应速度常数 $K_2(1.0 \times 10^6 \ m^{-1}s^{-1})$ 与式(5-12)光敏氧化反应速度常数 $K_3(1.0 \times 10^5 \ m^{-1}s^{-1})$ 相当。因此,一般的抗氧化剂只能抑制油脂的自动氧化,不能抑制光敏氧化。

类胡萝卜素能迅速与 $^1O_2$ 反应,生成 ^{3} 类胡萝卜素和 $^3O_2$,起到淬灭 $^1O_2$ 的作用,淬灭速度 $K_4(1.0 \times 10^{10} \ m^{-1}s^{-1})$ 远远大于光氧化速度 $K_3(1.0 \times 10^5 \ m^{-1}s^{-1})$,可以很好地抑制光敏氧化的发生,而 ^{3} 类胡萝卜素自身能释放能量恢复到 ^{1} 类胡萝卜素。此外,类胡萝卜素还能与激发态的光敏剂作用,使其恢复到基态,因此类胡萝卜素是很好的单线态氧的淬灭剂。

生育酚也能淬灭 $^1O_2$ 生成 $^3O_2$,成为单线态氧的淬灭剂,但是淬灭效果不如类胡萝卜素(式 5-16)。

(3)氢过氧化物分解剂

氢过氧化物是油脂氧化的初级产物,有些化合物如硫代二丙酸二月桂酯或二硬脂醇酯，可与氢过氧化物作用，使其转变成醇类非活性物质（图 5 - 49），从而起到抑制油脂氧化的作用，这类物质被称为氢过氧化物分解剂。

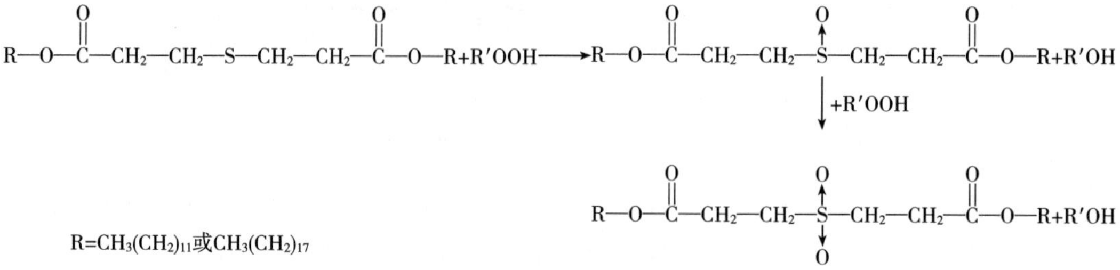

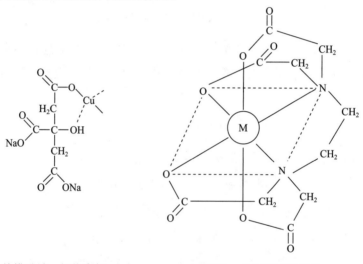

R=CH3(CH2)11或CH3(CH2)17
+R′OOH

图 5 - 49　硫代二丙酸酯与氢过氧化物的反应

（4）金属螯合剂

柠檬酸、酒石酸、抗坏血酸等能与作为油脂助氧化剂的过渡金属离子螯合而使之钝化（图 5 - 50），从而起到抑制油脂氧化的作用。

M
NaO
ONa
Cu

柠檬酸钠—铜络合物　　EDTA - 金属离子螯合物

图 5 - 50　螯合剂与金属离子络合物

（5）氧清除剂

氧气能与抗坏血酸迅速反应而被消耗（图 5 - 51），因此，抗坏血酸可作为有效的氧清除剂，除去食品中的氧而起到抗氧化的作用。

+ O2

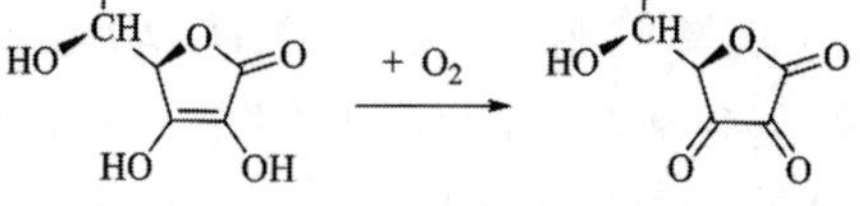

L-抗坏血酸　　L-脱氢抗坏血酸

图 5 - 51　抗坏血酸的氧化反应

（6）酶类抗氧化剂

超氧化物歧化酶（SOD），可将超氧化物自由基 $O_2^- \cdot$ 转变成稳定的三线态氧和过氧化氢（图5-52），在过氧化氢酶的作用下，转变成水和三线态氧，起到抗氧化的作用。谷胱甘肽过氧化物酶（GSH-Px）可以将脂质过氧化物 ROOH 还原为相应的醇，从而起到延缓脂质氧化的目的。

SOD、谷胱甘肽过氧化物酶、过氧化氢酶、葡萄糖氧化酶等均属于酶类抗氧化剂。

$$O_2^- \cdot + 2H^+ \xrightarrow{SOD} {}^3O_2 + H_2O_2$$

$$H_2O_2 \xrightarrow{CAT} H_2O + {}^3O_2$$

$$ROOH + 2GSH \xrightarrow{GSH-Px} ROH + GSSG + H_2O$$

图5-52 酶对过氧化物的作用

（7）油脂抗氧化剂的增效剂

增效剂是指自身没有抗氧化作用或抗氧化作用很弱，但和抗氧化剂一起使用，可以使抗氧化剂效能加强的物质。增效剂的增效机制主要有两种：

① 使抗氧化剂再生。增效剂分子与抗氧化剂游离基反应，使抗氧化剂游离基还原为分子，自身生成活性很低的增效剂游离基（I·），使抗氧化剂再生，从而延长其使用寿命，减慢了抗氧化剂的损耗（图5-53）。

$$A \cdot + HI \longrightarrow AH + I \cdot$$

HI 表示增效剂，I· 表示增效剂游离基，A· 抗氧化游离基

图5-53 增效剂的增效作用

例如，同属酚类的抗氧化剂 BHA 和 BHT，前者为主抗氧化剂，它将首先成为氢供体，而 BHT 由于空间阻碍，只能与 ROO· 缓慢地反应，因此，BHT 的作用是使 BHA 再生，BHT 对 BHA 有增效作用，如图5-54所示。

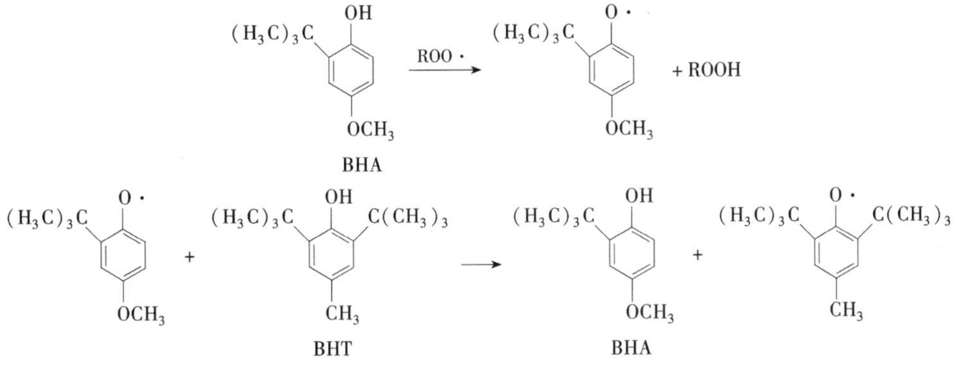

图5-54 BHT 对 BHA 的增效作用

② 金属螯合剂。增效剂（如抗坏血酸）和金属离子发生络合作用形成螯合物使其失活或活性降低，从而使抗氧化剂的性能大为提高。例如，酚类与抗坏血酸，其中，酚类是主抗氧化剂，抗坏血酸可螯合金属离子，此外，抗坏血酸还是氧清除剂，两者联合作用，抗氧化能

力大为提高。

3.食品中常用的抗氧化剂

抗氧化剂按来源可分为天然抗氧化剂和人工合成抗氧化剂两类。我国食品添加剂使用卫生标准允许使用的抗氧化剂主要有生育酚、茶多酚、没食子酸丙酯(PG)、抗坏血酸、丁基羟基茴香醚(BTA)和二丁基羟基甲基甲苯(BHT)等14种。

(1)天然抗氧化剂

许多天然动植物材料中,存在一些具有抗氧化作用的成分。由于人们对合成抗氧化剂安全性的疑虑和渴望回归大自然,天然抗氧化剂越来越受到青睐。在天然抗氧化剂中,酚类仍然是最重要的一类,如生育酚、茶多酚、芝麻酚等。

① 生育酚(VE)。生育酚是一种自然界分布最广的天然抗氧化剂,是植物油中主要的抗氧化剂,动物脂肪中只有少量存在。生育酚共有七种结构,它们是母育酚的甲基取代物(图5-55),其中 α、γ 和 δ 三种异构体在植物油含量最多,在植物油中生育酚的抗氧化活性排序为 $\delta > \gamma > \beta > \alpha$。生育酚具有耐热、耐光和安全性高等特点,可用在油炸油中。

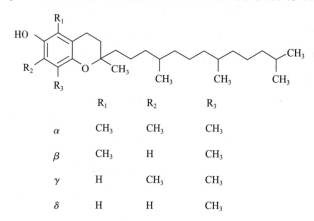

	R₁	R₂	R₃
α	CH_3	CH_3	CH_3
β	CH_3	H	CH_3
γ	H	CH_3	CH_3
δ	H	H	CH_3

图5-55 几种生育酚异构体的结构

② 茶多酚。茶多酚是茶叶中的一类多酚类化合物,包括表没食子儿茶素没食子酸酯(EGCG)、表没食子儿茶素(EGC)、表儿茶素没食子酸酯(ECG)和表儿茶素(EC)(图5-56),其中EGCG在含水和含油体系中都是最有效的。茶多酚可用在油炸油、奶酪、猪肉、土豆片等食品中。

③ L-抗坏血酸。L-抗坏血酸广泛存在于自然界,是水溶性抗氧化剂,可用在加工过的水果、蔬菜、肉、鱼、饮料等食品中。

L-抗坏血酸作为抗氧化剂,其作用是多方面的,如可清除氧(图5-57),用于果蔬中抑制酶促褐变;有螯合剂的作用,与酚类合用作增效剂;还原某些氧化产物,用在肉制品中起发色助剂的作用,将褐色的高铁肌红蛋白还原成红色的亚铁肌红蛋白;保护巯基不被氧化。

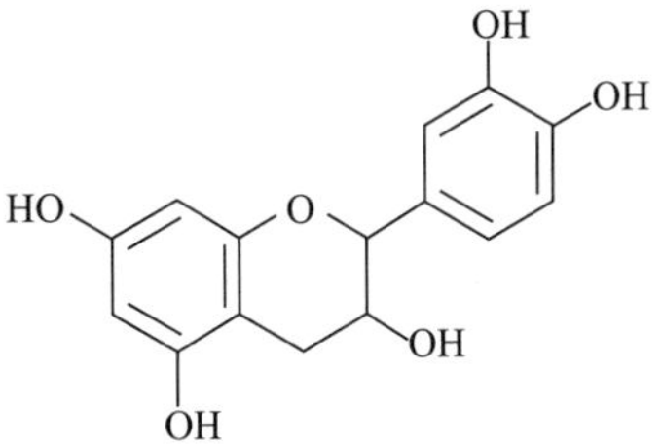

表儿茶素 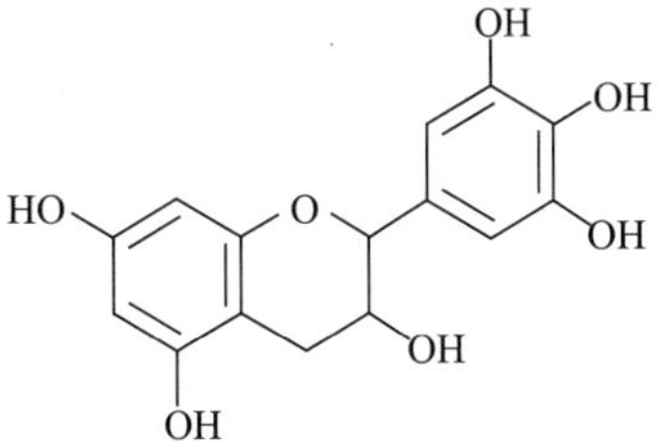　　　　　　　　　　　表没食子儿茶素

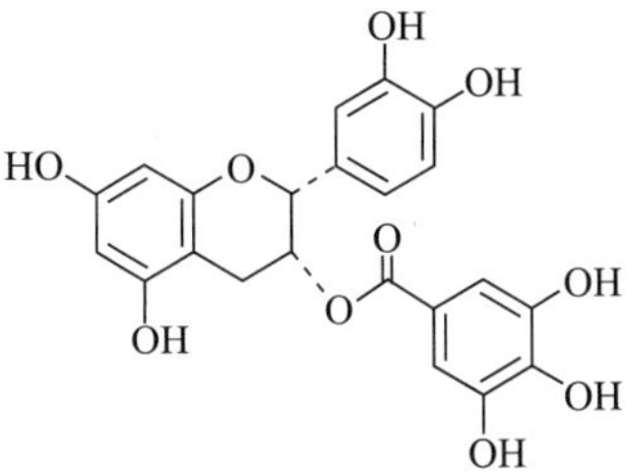

表儿茶素没食子酸酯 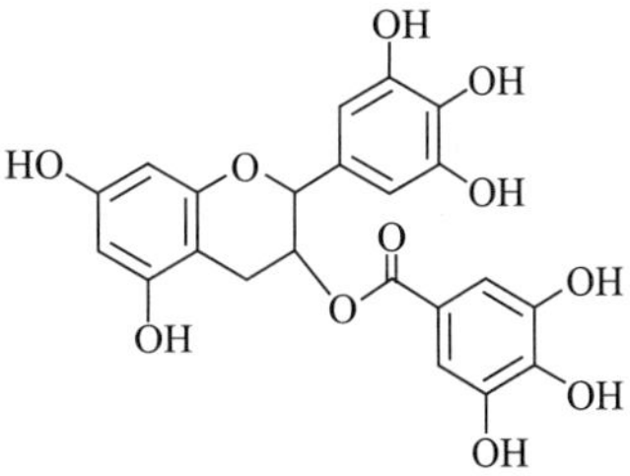　　　　　表没食子儿茶素没食子酸酯

图 5-56　几种茶多酚的结构

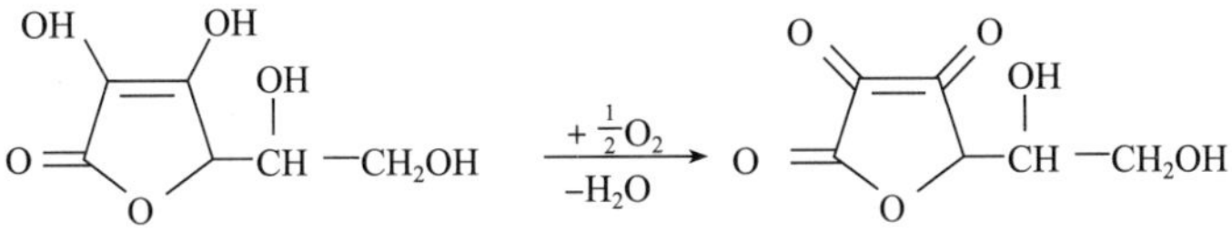

图 5-57　L-抗坏血酸的氧化

④ β-胡萝卜素。β-胡萝卜素是一种有效的单线态氧淬灭剂,在氧气压力较低以及单线态氧未形成的情况下,它与维生素 A 一样也有较好的抗氧化作用(图5-58)。

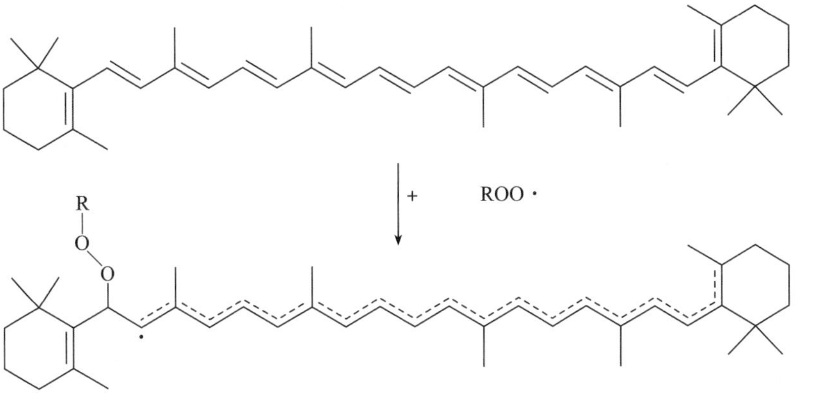

图 5-58　β-胡萝卜素与油脂自由基的反应式

(2)合成抗氧化剂

人工合成的抗氧化剂,由于其良好的抗氧化性能以及价格优势,目前仍被广泛使用,几种最常用的人工合成抗氧化剂也属于酚类,如棓酸酯、BHA、BHT、TBHQ 等,结构如图

5 – 59 所示。

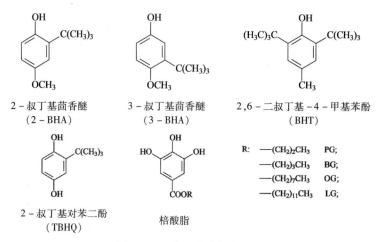

图 5 – 59　常见合成抗氧化剂

① 棓酸酯。棓酸酯是 3,4,5 – 三羟基苯甲酸酯,辛基和十二烷基棓酸酯油溶性较好,而丙基和丁基棓酸酯则显示出更好的水溶性。棓酸酯对热非常敏感,尤其在碱性条件下,经煮、烘、煎炸均有大量的损失。十二烷基酯最稳定,丙基酯最不稳定,但丙基棓酸酯能有效地抑制动物脂肪和植物油脂的氧化。当有水存在时,棓酸酯易与痕量铁反应生成蓝黑色,因此常与金属螯合剂柠檬酸一起使用。此外,棓酸酯对 BHA 具有一定的增效作用,常一起使用。

② BHA。商品 BHA 是 2 – BHA(85%)和 3 – BHA(15%)的混合物,易溶于动、植物油脂。由于叔丁基的位阻作用,使 BHA 抗氧化效果不好,且对动物油的抗氧化效果明显优于植物油,常与其他抗氧化剂(如棓酸酯和 BHT)一起使用,抗氧化作用加强。

③ BHT。BHT 为白色晶体,耐热性和稳定性较好。BHT 抗氧化活性不太高,对动物油的抗氧化作用高于植物油,常与 BHA 一同使用产生增效作用。

④ TBHQ。TBHQ 为白色晶体,是油溶性的抗氧化剂,耐高温。TBHQ 对油脂氧化过程中的链引发和终止阶段有十分显著的阻碍作用,抗氧化效果优于 BHA、BHT 及 PG,是目前使用最广泛的合成抗氧化剂。

4. 抗氧化剂使用的注意事项

① 抗氧化剂应尽早加入,因为油脂氧化反应是不可逆的,抗氧化剂只能起阻碍油脂氧化的作用,延缓食品酸败的时间,但不能改变已经变坏的结果。

② 抗氧化剂的使用要注意剂量问题:一是不能超出安全剂量,二是有些抗氧化剂如过量则会起到助氧化的作用。

③ 选择抗氧化剂应注意溶解性,只有在体系中有良好的溶解性,才能充分发挥抗氧化功效。

④ 通常使用两种或两种以上的抗氧化剂,利用其增效作用。

⑤ 作为抗氧化剂,必须有较好的抗氧化性能,而且用量较低就能达到抗氧化的目的。

二、油脂的水解

油脂在有水存在下,在加热、酸、碱及脂水解酶的作用下,发生水解反应,产生游离脂肪酸,称为油脂水解,水解过程如图 5 - 60:

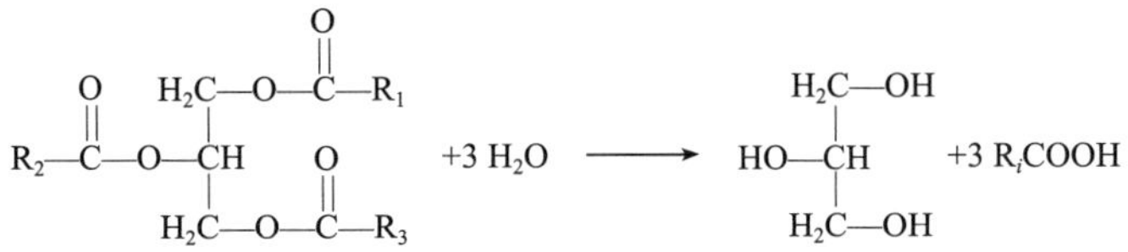

图 5 - 60　油脂的水解

油脂在碱性条件下水解称为皂化反应(图 5 - 61),水解生成的脂肪酸盐即为皂,工业上就利用此反应制肥皂。

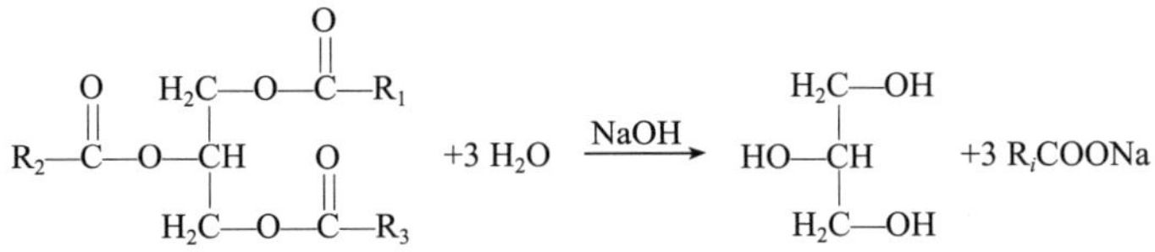

图 5 - 61　皂化反应

在有生命的动物组织的脂肪中,实际上不存在游离脂肪酸,然而,在动物宰杀后,通过体内脂水解酶的作用生成游离脂肪酸。因此,需要对宰后的得到的食用脂肪进行高温熬炼,使水解脂肪的酶失活。

植物油料种子在收获时,成熟的油料种子中也存在脂水解酶,在制油前已有相当数量的水解,产生了大量的游离脂肪酸,因此,植物油在提取后需要碱炼,中和游离脂肪酸。

食品在油炸过程中,食物中的水进入油中,油脂水解释放出游离脂肪酸,导致油的发烟点降低,并且随脂肪酸含量增高,烟点降低(表 5 - 10),油品质下降,风味变差。

然而,在有些食品加工中,如巧克力、干酪、酸奶的生产中,轻度的水解是有利的,产生特有的风味。

表 5 - 10　油脂中游离脂肪酸含量与发烟点的关系

游离脂肪酸/%	发烟点/℃
0.05	226.6
0.10	218.6
0.50	176.6
0.60	148.8 ~ 160.4

三、油脂在高温下的化学反应

油脂在高温下烹调时,会发生各种化学反应,如热分解、热聚合、热氧化聚合、缩合、水解、氧化等反应,导致油品质下降、黏度增大、碘值降低、酸价升高、发烟点降低、泡沫量增多等。

(一)热分解

食品加热时产生各种化学变化,其中有一些对风味、外观、营养价值以及毒性是重要的。在高温下,油脂的化学反应是极其复杂的,饱和油脂和不饱和油脂在高温下都会发生热分解反应。此外,根据反应中有无氧参与,又可分为非氧化热分解和氧化热分解。

1. 饱和油脂的非氧化热分解反应

饱和油脂在常温下较稳定,但在高温下加热(一般在 $200 \sim 700$ ℃),饱和油脂会发生显著的非氧化热分解反应。甘三酯通过六原子环闭合生成游离脂肪酸和丙烯二醇二酯,脂肪酸进一步加热脱羧,生成烃。或在加热条件下,从三酰基甘油分子减去酸酐,生成 1 - 或 2 - 氧代丙酯和酸酐,1 - 氧代丙酯分解产生丙烯醛和脂肪酸,酸酐中间产物脱酸生成酮(图 5 - 62)。

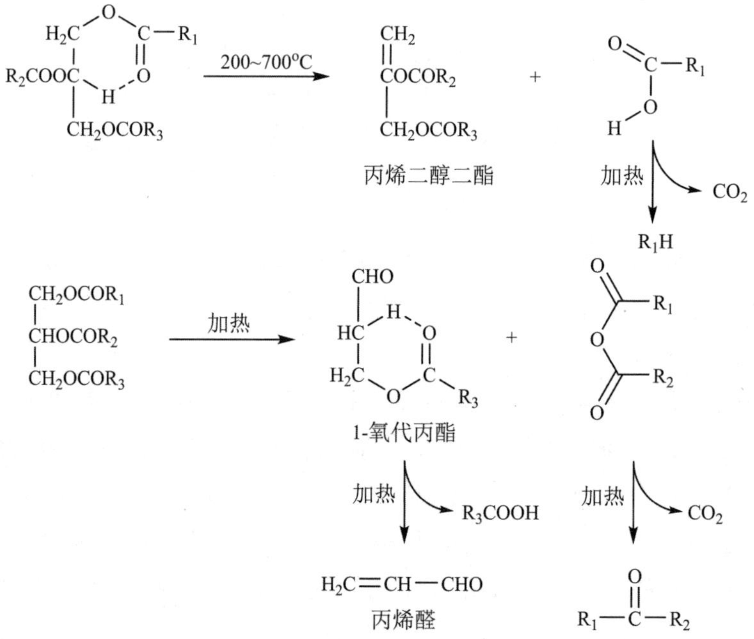

图 5 - 62 饱和脂肪的非氧化热分解

2. 饱和油脂的氧化热分解反应

饱和油脂比相应的不饱和脂肪稳定,然而,在空气中,加热到150℃以上,饱和脂肪也会发生氧化热分解反应,形成一种复杂的分解模式。首先,在羧基或酯基的 α 或 β 或 γ 碳上形成氢过氧化物,氢过氧化物再进一步分解,生成 n - 烷烃、2 - 烷酮、n - 烷醛、内酯等化合物,如图 5 - 63 所示。

3. 不饱和脂肪酸酯的非氧化热分解

不饱和脂肪酸在无氧条件下加热(280℃)主要生成无环和环状二聚物,此外,还生成一些其他的相对分子质量低的物质,如图 5 - 64 所示。

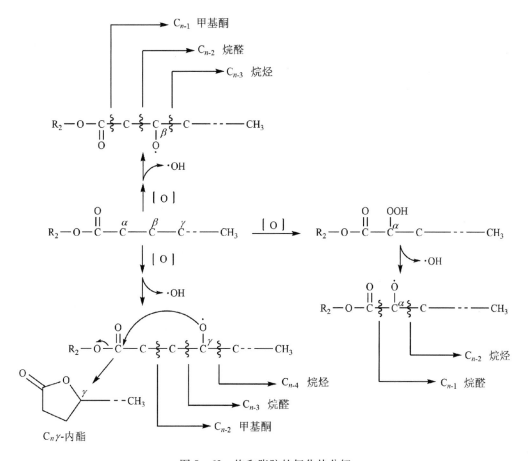

图 5－63　饱和脂肪的氧化热分解

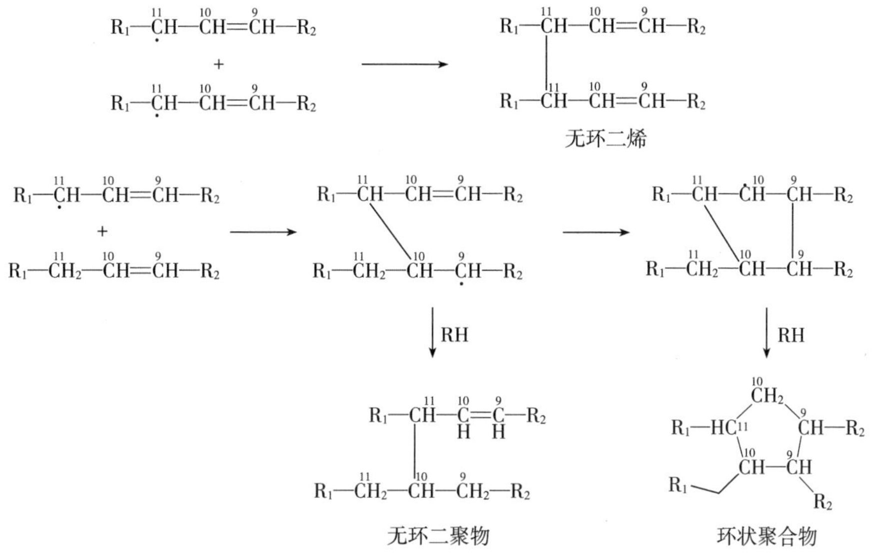

图 5－64　不饱和脂肪的非氧化热分解

4. 不饱和脂肪酸酯的氧化热分解反应

不饱和脂肪酸对氧化的敏感性远超过饱和脂肪酸。高温下,它们迅速发生自动氧化,生成氢过氧化物,进一步生成二级氧化产物及聚合物。如亚麻酸酯自动氧化产生下述结构二级氧化产物,如图 5 - 65 所示。

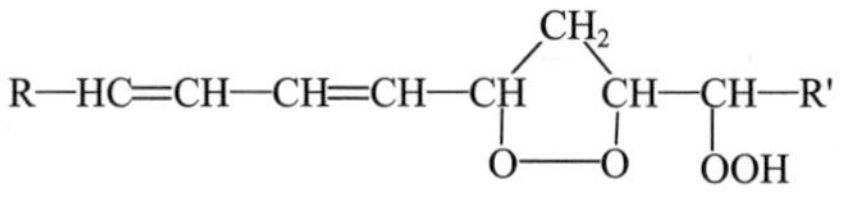

图 5 - 65 亚麻酸酯的二级氧化产物

(二) 热聚合

油脂在高温下,可发生热聚合和热氧化聚合两种反应,聚合反应导致油脂黏度增大,颜色加深,泡沫增多,品质下降。

热聚合是油脂在真空、充氮等隔氧条件下加热至高温,油脂中的多烯之间发生的 Diels - Alder 反应。首先是油脂在高温下多不饱和双键发生异构化生成共轭二烯,然后再与双键反应生成环状烯烃。热聚合反应可以发生在不同甘油酯分子之间,形成二聚体,也可发生在同一个酰基甘油分子的两个酰基之间,形成分子内的环状聚合物(图 5 - 66)。

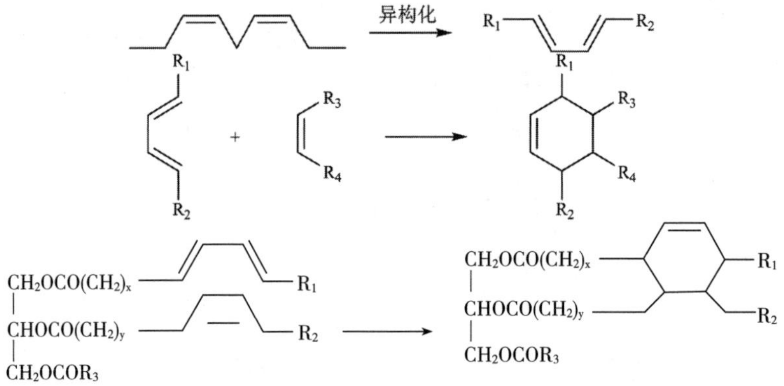

图 5 - 66 油脂在无氧下的热聚合反应

热氧化聚合反应是在 200 ~ 300℃下,甘油分子在双键 α - 碳上均裂产生游离基,游离基之间结合而聚合成二聚体(图 5 - 67),有些二聚体有毒性,与酶结合,引起生理异常。

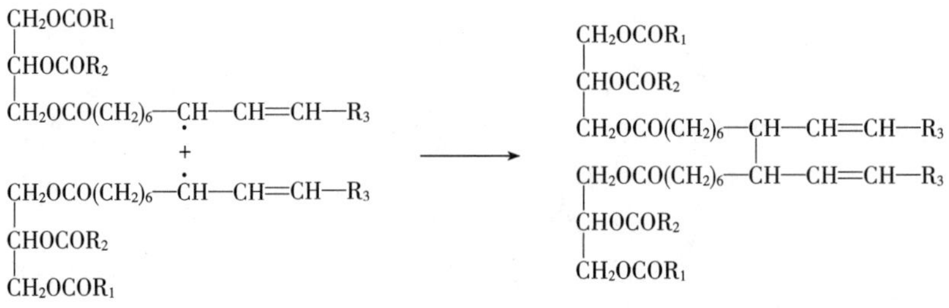

图 5 - 67 油脂的热氧化聚合

（三）缩合

高温特别是在油炸条件下,食品中的水进入油中,相当于水蒸气蒸馏,将油中的挥发性氧化物赶走,同时使油脂发生部分水解,水解产物再缩合成分子量较大的环状化合物,如图 5 - 68 所示。

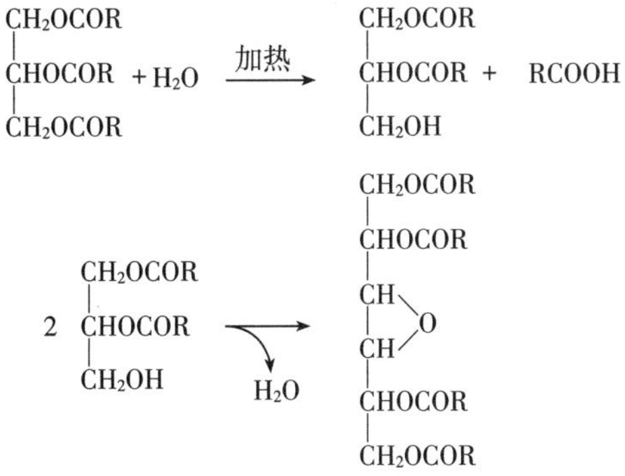

图 5 - 68　油脂的缩合反应生成环氧化合物

油脂在高温下发生的反应,不全是负面的,油炸食品中香气的形成与油脂在高温下的某些反应产物有关,通常油炸食品香气的主要成分是羰基化合物(烯醛类)。如将三亚油酸甘油酯加热到 185℃,每 30 min 通 2 min 水蒸气,加热 72 h,从其挥发性成分中发现有 5 种直链 2,4 - 二烯醛和内酯,呈现油炸食品特有的香气(图 5 - 69)。然而,油脂在高温下的过度反应,对于油的品质、营养价值均是十分不利的。在食品加工工艺中,一般宜将油脂的加热温度控制在 150℃ 以下。

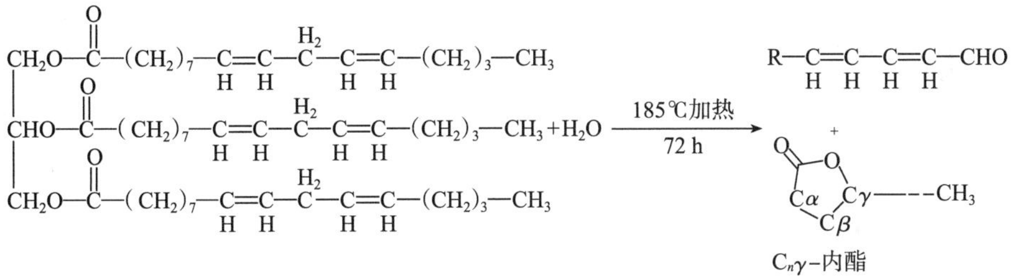

图 5 - 69　三亚油酸甘油酯的热分解反应

四、辐照油脂的辐解

辐照导致油脂的降解称为辐解。辐照作为一种灭菌手段,可延长食品的货架期,但辐照亦可诱导油脂的化学变化,辐照剂量越大,影响越严重。

在辐照油脂的过程中,油脂分子吸收辐射能,形成离子和激化分子,由于激化分子和离子的分解,或者它们与邻近的分子发生反应,引起化学降解,激化分子不仅可解离成自由基,还能继续解离成更小的分子或自由基,而离子之间主要是中和反应。以饱和脂肪酸酯为例,辐照后,首先在羰基附近的 5 个位置(a,b,c,d,e)优先发生裂解(图 5 - 70),而脂肪酸其余碳—碳键裂解是完全随机的。裂解形成烷基、酰基、酰氧基和酰氧亚甲基自由基,另外,还有能代表对应甘油残基的自由基。这些自由基进一步降解或聚合,则生成烃、醛、酸、酮、酯等非自由基化合物。

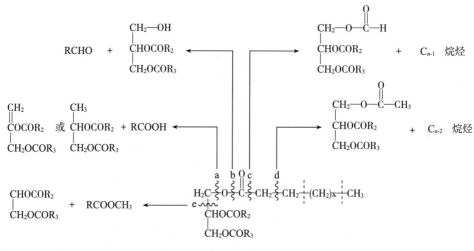

图 5 – 70　油脂的辐解反应

在有氧存在时,辐照还可加速油脂的自动氧化,同时抗氧化剂遭到破坏,因此,最好是在隔绝空气的环境中进行辐射和在辐射后向食品中添加抗氧化剂。

第五节　油脂的特征值及质量评价

油脂是食品的重要组成成分,加工贮藏过程中会发生一系列变化,使油脂的品质下降,进而影响到油脂及含油食品的可食用性。因此,评价油脂的质量是食品工业非常重要的内容。

一、油脂的特征值

油脂的特征值主要是用来衡量油脂样品中脂肪酸及其酯类的性质。主要包括酸值、皂化值、碘值等。

(一)酸值

酸值(acid value,AV)是指中和 1 g 油脂中游离脂肪酸所需的氢氧化钾的毫克数(mg KOH/g)。新鲜油脂酸值较低,而长期贮藏或贮藏条件不佳时,酸值会逐渐升高。酸值主要衡量油脂中游离脂肪酸的含量,反映了油脂品质的好坏,是检验油脂质量的重要指标之一。我国食品卫生标准规定,食用植物油的酸值不得超过 5 mg KOH/g。我国常见食用油脂的酸值标准见表 5 – 11。

表 5 – 11　我国食用油脂的酸值和过氧化值卫生标准

品名	酸值 /（mg KOH/g）	过氧化值/（meq/kg）
棉籽油	≤1.0	≤12
色拉油	≤0.3	≤10
花生油、葵花籽油、米糠油	≤4.0	≤20
菜籽油、大豆油、玉米胚芽油、茶油	≤4.0	≤12
食用煎炸油	≤5.0	
食用猪油	≤1.5	≤16
人造奶油	≤1.0	≤12

（二）碘值

碘值（iodine value，IV）是指 100 g 油脂中所能加成碘（I_2）的克数，与油脂不饱和程度成正比（图 5 –71），油脂中双键越多，碘值越高。根据碘值的大小可以把油脂分为：干性油（$180 \leqslant IV \leqslant 190$）、半干性油（$100 \leqslant IV \leqslant 120$）、不干性油（$IV \leqslant 100$）。表 5 – 12 列出了常用油脂的碘值。

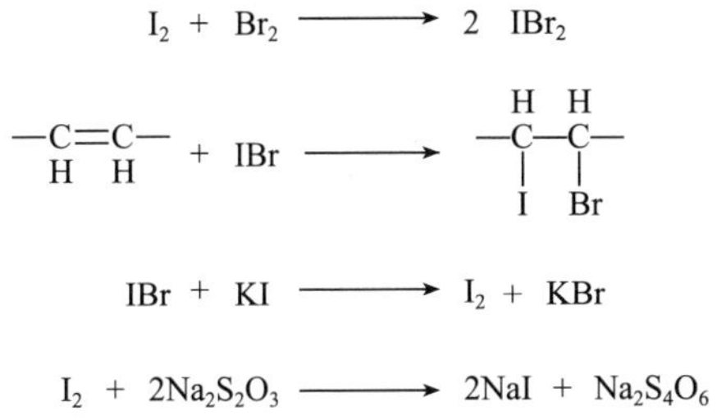

图 5 – 71　油脂的碘值测定原理

表 5 – 12　常见油脂的碘值和皂化值

品名	碘值 /（g /100 g）	皂化值/（mg KOH/g）
葵花籽油	110 ~ 143	188 ~ 194
菜籽油	94 ~ 120	168 ~ 182
大豆油	123 ~ 142	188 ~ 195
花生油	80 ~ 106	187 ~ 196
棉籽油	99 ~ 123	189 ~ 198
棕榈油	44 ~ 54	190 ~ 207
米糠油	92 ~ 115	175 ~ 195
橄榄油	74 ~ 95	190 ~ 195
猪油	54 ~ 70	193 ~ 203
牛油	43 ~ 48	190 ~ 200

（三）皂化值

皂化值（saponification value，SV）是指 1 g 油脂完全皂化时所需的氢氧化钾的毫克数。根据皂化值可以计算出脂肪酸或甘三酯的平均分子量（图 5 – 72），皂化值的大小与油脂的平均分子量成反比，皂化值越高，分子量越小。一般油脂皂化值在 200 mg KOH/g 左右，表 5 – 12 列出了常见食用油脂的皂化值。

$$\overline{M_T} = \frac{3 \times 56100}{SV} \quad (\overline{M_T}: 甘三酯平均分子量)$$

$$\overline{M_F} = \frac{56100}{SV} \quad (\overline{M_F}: 甘三酯中脂肪酸的平均分子量)$$

图 5 – 72   油脂的皂化值与平均分子量的关系

（四）石油醚不溶物

对于使用后的油炸油品质检查，可通过石油醚不溶物及发烟点来确定油脂是否变质。当石油醚不溶物 $\geq 0.7\%$，发烟点 $< 170℃$；或石油醚不溶物 $\geq 1.0\%$，则认为油炸油已经变质。

二、油脂的氧化程度的评价

油脂在加工和贮藏过程中，其品质会因各种化学反应逐渐降低，其中，脂肪的氧化反应是引起油脂酸败的重要因素，测定油脂氧化程度的方法有很多，它们大多建立在油脂氧化后所表现出来的化学、物理或者感官特性基础上的。但是，没有一种统一的标准方法用于测定所有食品体系中的油脂氧化变化。一般需要测定几种指标，方可正确评价油脂的氧化程度。

（一）过氧化值（POV）

过氧化值是指 1 kg 油脂所含氢过氧化物（ROOH）的毫摩尔数。

氢过氧化物是油脂氧化的主要初级产物，在油脂氧化初期，ROOH 的形成速度远远大于其分解速度，因此，可以通过测定 ROOH 的多少即过氧化值（POV）来评价油脂的氧化程度。其测定原理为：

$$2ROOH + 2H^+ + 2KI \longrightarrow I_2 + 2ROH + H_2O + K_2O$$

生成的碘再用 $Na_2S_2O_3$ 溶液滴定，即可确定氢过氧化物的含量。

$$I_2 + 2Na_2S_2O_3 \longrightarrow Na_2S_4O_6 + 2NaI$$

这种方法适用于所有的常见油脂，但是当油脂 POV 很小时，其测定的灵敏度很差，因此，也有人研究利用电化学技术来判定滴定终点。测定 POV 的方法虽然很简单，但是只适用于油脂氧化的初期。

（二）硫代巴比妥酸值（TBA）

TBA 值是指每千克样品相当于丙二醛的毫克数或者是每克样品相当于丙二醛的毫摩尔数。

不饱和脂肪酸的氧化产物醛类(如丙二醛 malondialdehyde，MDA)，可与 2 - 硫代巴比妥酸(thiobarbituric acid，TBA)生成有色化合物(图 5 - 73)，在可见光区 530 ~ 532 nm 处有最大吸收。可利用此方法测定氧化产物醛类的含量，以此来衡量油脂的氧化程度。

但是，并非所有的脂类氧化体系都有丙二醛产生，且有些非氧化产物也可与 TBA 显色，TBA 还可与食品中共存的蛋白质反应，故此法不便于评价不同体系的氧化情况，仅适合于单一物质在不同氧化阶段的氧化程度。

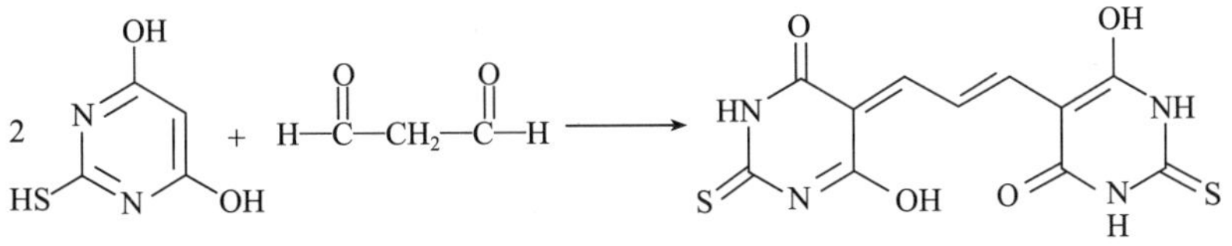

| TBA | MDA | TBA - MA 的化合物 |

图 5 - 73　2 - 硫代巴比妥酸(TBA)与丙二醛(MA)的反应

(三)活性氧法

活性氧法(AOM)是指在 97.8℃下连续通入速度为 2.33 mL/s 的空气于 20 mL 油样中，测定油样 POV 值达到 100 meq/kg (植物油脂)或 20 meq/kg (动物油脂)时所需要的时间。

该方法可用于比较不同抗氧化剂的抗氧化性能。

(四)史卡尔法(Schall 法)

Schall 法是定期测定处于 60℃ 的油脂的 POV 值的变化，确定油脂出现氧化性酸败的时间，或用感观评定确定油脂出现酸败的时间。

(五)仪器分析

使用现代分析技术，如紫外光谱、荧光光谱、液相色谱、气相色谱、薄层色谱等测定含油食品的氧化产物，评价油脂的氧化程度。

第六节　油脂加工及制品

一、油脂加工

(一)油脂提取

油脂的提取主要有溶剂浸出法、压榨法、熬炼法、酶法等，常用的是溶剂浸出法和压榨法。压榨法主要适用于高含油料(如花生、菜籽)，利用挤压法把油料中的油脂压出来。溶剂浸出法利用相似相溶的原理，用有机溶剂将油料中的脂溶性组分提取出来。浸出法分为直接浸出法和预榨浸出法两种，直接浸出法适用于含油率较低的油料(如大豆、米糠等)；预榨浸出法适用于含油率高的油料，先用压榨法将大部分油脂压出，再用溶剂将剩余的油脂提取出来，尽可能提高出油率。溶剂浸出法所得油脂残渣少、质量高，油脂不分解，粕残油低，是目前世界上普遍采用的一种先进的制油方法。酶法是一种新兴的取油方法，以机械和酶解为手段降解植物细胞壁,释放油脂,而且对蛋白破坏作用小,可以满足"安全、高效、绿色"的要求,不断成为今后油脂提取研究的方向。

(二)油脂的精炼

从油料作物和动物脂肪组织中,通过有机溶剂浸出、压榨、熬炼等方法得到的油脂称为原油,粗油中含有磷脂、色素、蛋白质、纤维素、游离脂肪酸及有异味的杂质,甚至含有有毒的成分(黄曲霉素、棉酚等)。无论是风味、外观,还是油的品质、稳定性,粗油都是不理想的,对粗油进行精炼,可以提高油的品质,改善风味,延长油的货架寿命。精炼工艺主要包括脱胶、脱酸、脱色和脱臭四个工段。

1. 脱胶

应用物理、物理化学或化学方法将粗油中的胶溶性杂质(主要指磷脂)脱除的工艺过程称为脱胶。食用油中若磷脂含量高,加热时易起泡、冒烟、有臭味,且磷脂在高温下因氧化而使油脂呈焦褐色,影响煎炸食品的风味。脱胶是利用磷脂及部分蛋白质在无水状态下可溶于油,但与水形成水合物后则不溶于油的原理。向粗油中加入热水或通水蒸气,加热脂肪并在50℃下搅拌,静置分层,分去水层即可脱除磷脂和部分蛋白质,粗油的脱胶过程如图5-74所示。

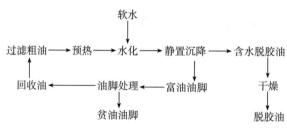

图5-74 粗油的脱胶过程

2. 脱酸

粗油中含有约0.5%以上的游离脂肪酸,米糠油中游离脂肪酸的含量更高达10%。游离脂肪酸的存在影响油脂的稳定性和风味,可采用加碱中和的方法除去游离脂肪酸,这一过程称为脱酸,或碱炼。加入的碱量可通过测定油脂的酸价来确定,该反应生成的脂肪酸盐(皂脚)进入水相,分离水相后,用热水洗涤中性油脂,静置离心,即可脱除游离脂肪酸。

3. 脱色

粗油中含有叶绿素、类胡萝卜素等色素,影响油脂的稳定性和外观,通过使用活性炭、白土等吸附剂脱除油脂中的色素的过程称为脱色。

4. 脱臭

油脂中存在一些异味物质,主要源于油脂氧化产物。采用减压蒸馏的方法,并添加柠檬酸螯合金属离子,抑制油脂氧化。此法不仅可以除去挥发性的异味物质,还可使非挥发性的异味物质热分解转化为挥发物,蒸馏除去。

油脂精炼后,油的品质及稳定性提高,但是也有一些负面的影响,如损失一些脂溶性维生素。

（三）油脂的改性

在食品生产过程中，要求油脂在某些方面具有特殊的性质，然而天然油脂可能满足不了需求，必须对天然油脂进行改性来得到。油脂改性可以使油脂获得不同的物理和化学性质，从而满足生产不同食品的特殊要求。目前，常用的油脂改性方法主要有分提、氢化和酯交换 3 种。

1. 油脂分提

油脂由各种熔点不同的甘三酯组成，导致油脂的熔点范围有所差异。

在一定的温度下，利用构成油脂的各种甘三酯的熔点差异及在不同溶剂中溶解度的不同，通过分步结晶，使不同的三酰基甘油分成固、液两相，进而达到分离甘三酯的目的，这种加工方法称为油脂分提。分提方法包括干法分提、溶剂分提和表面活性剂分提。

干法分提是指在无有机溶剂存在的情况下，将熔化的油脂缓慢冷却，直至较高熔点的三酰基甘油选择性析出，过滤分离结晶。在 5.5℃下使油脂中高熔点的三酰基甘油结晶析出，称为"冬化"，分离出的硬脂可用于生产人造黄油。在 10℃下使油脂中的蜡结晶析出，称为脱蜡。菜籽油、棉籽油、葵花籽油经冬化、脱蜡后，冷藏时不会出现浑浊现象。干法分提适用于产品不需溶解度相近的甘三酯有效分离的工序，并且待分离结晶大，借助压滤或离心易分离。

溶剂分提是指在油脂中加入有机溶剂，然后进行冷却结晶的分提。有机溶剂的作用是有利于形成容易过滤的稳定结晶，提高分离效果，增加分离产率，减少分离时间，提高分离产品的纯度，尤其适用于黏度大的含长碳链脂肪酸的油脂的分提。常用的有机溶剂有正己烷、丙酮、2 - 硝基丙烷等，然而由于结晶温度低及溶剂回收时能量消耗高，故投资很大，工业上不常用。

表面活性剂分提是在上述两种方法得到的油脂进行冷却结晶后，加入表面活性剂（如十二烷基磺酸钠）的水溶液，并搅拌，水溶液润湿固体结晶的表面，使结晶分散，悬浮于水相中，利用比重差，将油水混合物离心分离，分为油层和包含结晶的水层。加热水层，结晶熔化并与水分层，再离心分离，就得到液态的三酰基甘油。此法分提效率高，所得产品质量高，适合于大规模连续生产。

2. 油脂氢化

由于天然来源的固体脂很有限，可采用改性的方法将液体油转变为固体或半固体脂。酰基甘油上不饱和脂肪酸的双键在 Ni、Pt 等催化下，在高温下，与氢气发生加成反应，油脂的不饱和度降低，从而把室温下的液态油变成固态脂，这种过程称为油脂的氢化。

氢化后油脂的熔点提高，改变塑性，增强抗氧化能力，颜色变浅，稳定性提高，并能防止回味，具有很高的经济价值。

（1）油脂氢化的机理

氢化中最常用的催化剂是金属镍，虽然有些贵金属（如铂）的催化效率比镍高，但由于价格因素,并不适用。金属铜催化剂对于豆油中亚麻酸有很高的选择性,但铜易中毒,反应完毕后,不易除去。

氢化反应的机理如图5-75所示,液态油脂和气态氢均被固态催化剂吸附。首先是油脂中双键两端的任意一端与金属形成碳—金属复合物,复合物再与被催化剂吸附的氢原子相互作用,形成一个不稳定的半氢化中间体,由于此时只有一个双键碳原子被接到催化剂上,故可自由旋转。半氢化中间体如果再接受一个氢原子,就可生成饱和产品;如果半氢化中间体失去一个氢原子重新生成双键,重新生成的双键既可处在原位,生成双键恢复的产品,也可发生位移,分别生成顺式和反式两种异构体。

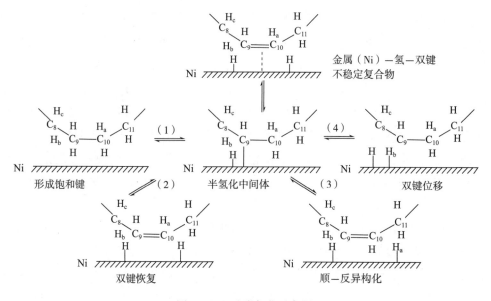

图5-75 油脂氢化示意图

(2)油脂氢化的选择性

氢化反应的产物十分复杂,反应物的双键越多,产物也越多,三烯可以转变为二烯,二烯转变为一烯,直至达到饱和。但是,不饱和度不同的脂肪酸酯与催化剂吸附的强弱、先后次序有很大的差别,氢化速度不同,即不饱和度不同的脂肪酸酯的氢化有选择性。

假设油脂的氢化不可逆,异构体间的反应速度无差别,并且不考虑催化剂中毒,其反应模式如下:

$$亚麻酸酯(Ln)\xrightarrow{K_1}亚油酸酯(Lo)\xrightarrow{K_2}油酸酯(O)\xrightarrow{K_3}硬脂酸酯(St)$$

亚油酸的选择性(S_I或S_{Lo})指亚油酸氢化为油酸的速度常数与油酸氢化为硬脂酸的速度常数之比,即K_2/K_3。

亚麻酸的选择性(S_{II}或S_{Ln})即K_1/K_2,三烯酸含有两个活性亚甲基,易氧化,产生异味。若三烯酸(亚麻酸)被还原成较稳定的亚油酸、油酸,油脂的氧化稳定性、风味稳定性增强。

如豆油氢化(图5-76),$K_2/K_3=0.159/0.013=12.2$,表明亚油酸酯的氢化速度为油酸酯的12.2倍;$K_1/K_2=0.367/0.159=2.3$,其意为亚麻酸酯的氢化速度为亚油酸酯的2.3倍。

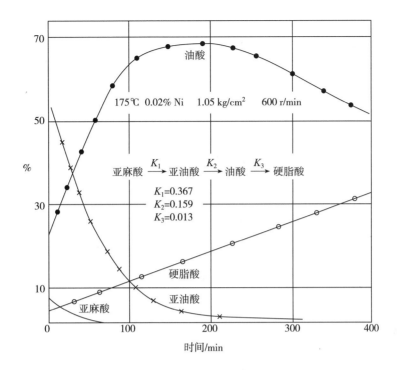

图 5-76　部分氢化豆油的脂肪酸与反应时间的关系

（3）氢化油中的反式脂肪酸

氢化能使油脂的不饱和度降低，氧化稳定性提高，熔点升高，塑性改变，具有很高的经济价值。然而，氢化尤其是部分氢化，会使油脂产生反式脂肪酸。近年来，研究发现反式脂肪酸在膳食中有一定危害，促进了科学家对氢化反应的进一步研究，以寻求选择性低、反式脂肪酸生成量低的氢化方法。

吸附在催化剂上的氢的浓度决定油脂氢化选择性和反式异构体的生成。如果催化剂被氢饱和，大多数活化部位都有氢原子，氢原子与任何靠近的双键反应的机会都很大，致使加成反应的可能性增加，选择性降低，反式脂肪酸生成较少。相反如果催化剂上的氢原子不足，可能只有一个氢原子与双键作用，导致半氢化中间体上的氢原子回到催化剂表面的概率增加，增加了反式异构体的生成。

不同催化剂具有不同的催化活性和选择性，氢化常用金属镍作为催化剂。铜催化剂对于豆油中亚麻酸有很高的选择性，但不易除去，使用率较低；以离子交换树脂为载体的钯催化剂，具有较高的亚油酸选择性及低的反式异构化；镍硼合金作催化剂，可大幅降低氢化过程中反式脂肪酸的产生；较贵重的金属铂在较低温度（60℃）下就能催化油脂的氢化反应，而且反式脂肪酸含量较低，但由于价格因素，不适于工业化。

采用电化学氢化法在 45℃ 下对 Canola 菜籽油进行氢化，反式脂肪酸的含量很低。超临界流体氢化反应器与传统的氢化反应设备相比，反应速度极快，并可制备出零反式脂肪酸的食用油脂。

3. 油脂酯交换

（1）酯交换定义

天然油脂中脂肪酸的分布模式,赋予了油脂特定的物理性质如结晶特性、熔点等,有时,这种性质限制了它们在工业上的应用,但可以采用改性的方法(如酯交换)来改变脂肪酸的分布模式,改变油脂的物理性质,以便适应特定的需要。

通过改变甘三酯中脂肪酸的分布使油脂的性质尤其油脂的结晶及熔化特征发生变化,这种方法就是酯—酯交换。酯—酯交换可以发生于甘三酯分子内或分子间(图5-77)。

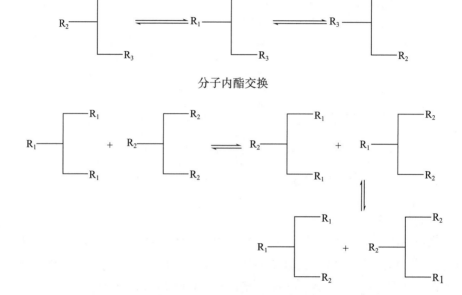

分子内酯交换

分子间酯交换

图5-77　油脂酯交换反应

酯交换按照催化剂不同分为化学酯交换和酶促酯交换。

（2）化学酯交换

① 化学酯交换的反应机理。

化学酯交换是在催化剂,如醇钠、碱金属及其合金等存在下发生的反应,然而,在酯—酯交换反应中真正起催化作用的应是二酰甘油阴离子。所以,所加催化剂又称"前体"或"活化剂"。

化学酯交换主要经历两个反应过程(图5-78)。首先,甲醇钠与三酰基甘油反应,生成二酰基甘油阴离子,称为活化或诱导期。接着进入交换期,分子间酯交换和分子内酯交换稍有不同。对于分子间酯交换,二酰基甘油阴离子与另一分子三酰基甘油发生酯交换,转移脂肪酸生成新的甘三酯分子和再生的二酰甘油阴离子,以便进一步进行酯交换反应。而分子内酯交换则是二酰基甘油阴离子与自身 $sn-2$ 位或 $sn-3$ 位上的脂肪酸发生亲核加成再消除反应,完成分子内的脂肪酸转换。这一过程经过一系列的链反应不断重复、持续,直到所有脂肪酸酰基改变其位置为止。

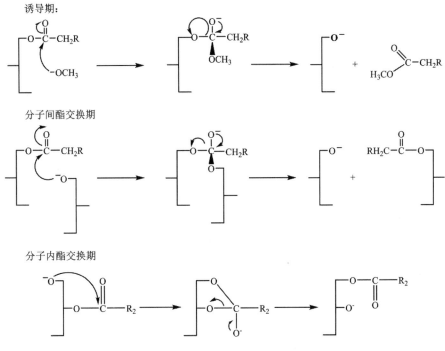

图 5-78　碱催化酯交换机理

② 随机酯交换。

化学酯交换按产物可分为随机酯—酯交换和定向酯—酯交换。

当酯化反应在高于油脂熔点的温度反应时,脂肪酸的重排是随机的,最终按概率规则达到一个平衡状态,产物很多,然而,总脂肪酸组成未发生变化。这种酯交换称为随机酯交换。酯—酯交换反应的随机性使甘三酯分子酰基改组、混合而构成各种可能的甘三酯类型。

$$SSS + UUU \longrightarrow sn-SSU + sn-SUS + sn-USS + sn-UUS + sn-USU + sn-SUU + sn-SSS + sn-UUU$$

油脂的随机酯交换可用来改变油脂的结晶性和稠度,如天然猪油结晶颗粒大,口感粗糙,不利于产品的稠度,但经随机酯交换后,改性猪油可结晶成细小颗粒,稠度改善,熔点和黏度降低,适于作为人造奶油和糖果用油。

③ 定向酯交换。

当酯交换反应在油脂熔点温度以下进行时,反应形成的三饱和脂肪酸酯将会结晶析出,若不断移去三饱和脂肪酸酯,则反应平衡状态发生变化,趋于再产生更多的三饱和脂肪酸酯,直至饱和脂肪酸全部转化为三饱和脂肪酸酯,这种酯交换方法称为定向酯—酯交换。

混合甘油酯经定向酯交换后,生成高熔点的三饱和脂肪酸甘油酯产物和低熔点的三不饱和脂肪酸甘油酯产物。

$$OStO \longrightarrow StStSt + OOO$$

$$33.3\% \quad 66.7\%$$

（3）酶促酯交换

酶作为生物催化剂,在油脂研究领域及工业中颇受重视。脂肪酶,又称甘油酯水解酶,不仅可以促进油脂的水解,而且在一定的系统中,控制一定的条件,同样可以加速油脂的合成,促进酯交换反应（醇解、酸解、酯—酯交换）。酶催化酯交换反应用来生产类可可脂、人乳脂替代品、结构脂、人造奶油基料油等。

酶促酯交换不仅克服了化学酯交换所要求的原料低水分、低杂质、低酸价、低过氧化值的苛刻条件的缺点,更重要的是作为一种生物催化剂,与化学催化剂相比,脂肪酶具有许多优点,如催化活性高、催化作用具有专一性、反应的副产物少、能在温和的条件下（常温、常压）起催化作用、耗能少。酶法酯交换还可以简化工艺、降低能源消耗、节省设备投资和减少环境污染。

以无选择性的脂水解酶进行的酯交换反应是随机反应,但是以选择性脂水解酶作催化剂,则反应是有方向性的。如以 $sn-1,3$ 位的脂肪酶催化的酯交换,只能在 $sn-1,3$ 位交换, $sn-2$ 位保持不变。

如棕榈油中存在大量的 $sn-POP$ 组分,加入硬脂酸或其三酰基甘油,利用 $sn-1,3$ 专一性脂肪酶催化酯交换反应,可制备可可脂的主要成分 $sn-POSt$ 和 $sn-StOSt$,这是人工合成可可脂的最新方法（图 $5-79$）。

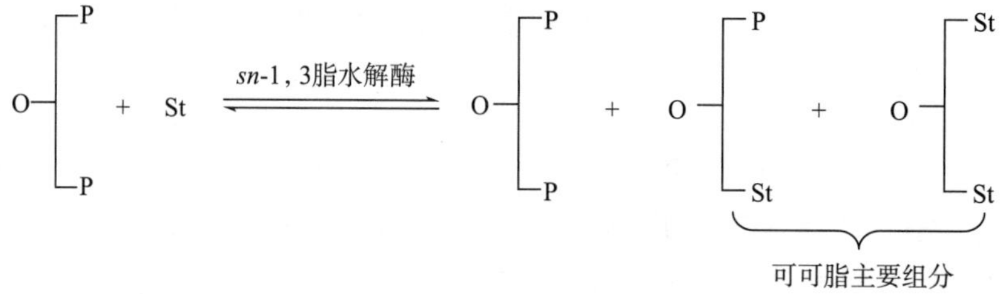

图 5 - 79　棕榈油的酶法酯交换

二、油脂制品

油脂加工产主要分为两大类,一类主要是作为烹调用油的油脂精炼产品,如色拉油;另一类是以精炼油为原料,通过改性手段生产出的专用油脂,如人造奶油、起酥油、煎炸油等,主要用于糕点、煎炸等食品工业。

（一）人造奶油

人造奶油是具有可塑性的乳化型半固体脂肪产品,是油脂和水乳化后进行急冷结晶的产物。人造奶油通常含有大于 80% 的油脂,这种油脂需由一定的固态脂和液态油调和而成。

人造奶油最初是在 19 世纪后期,为了弥补天然奶油的短缺,作为奶油的代用品发展起来的,却因为植物油脂不含胆固醇、必需脂肪酸含量高、价格低等优点被广泛使用。根据市场的需求,众多品种的人造奶油不断出现,主要分为家庭用人造奶油和工业用人造奶油。

1. 家庭型人造奶油

家庭型人造奶油主要在就餐时直接涂抹在面包上食用,多为小包装产品。随着我国生活水平的提高和节奏的加快,餐点方式尤其是早餐发生重大变化,越来越多的人选择乳制品、面包制品等便捷食品,推动了家用人造奶油的发展。家用人造奶油产品须具备以下特点:

① 保形性　室温下不融化,不变形。

② 延展性　在外力作用下,易变形、易涂抹。

③ 口熔性　置于口中能迅速熔化,具有良好的口感。

④ 风味　具有令人愉悦的风味。

⑤ 营养性　既能提供热量,又能提供人体需要的必需脂肪酸,保证营养。

2. 工业用人造奶油

工业用人造奶油可看作是含水的乳化型起酥油,除具备可塑性、乳化性等功能性外,还能与食盐、乳制品、增香剂等复合,改善食品的风味和色泽。工业用人造奶油分为通用型和专用型两类。

(1)通用型人造奶油

通用型人造奶油属万能型,熔点较低,可用于各类糕点食品的加工。

(2)专用型人造奶油

① 面包用人造奶油。主要用于加工面包、糕点,作为食品装饰,塑性范围较宽,吸水性和乳化性较好。

② 起层用人造奶油。比面包用人造奶油硬,可塑性范围广,有黏性,用于烘烤后出现薄层的食品。

③ 点心用奶油。奶油的硬度要求更大。

(二)起酥油

起酥油是专用于烘焙、煎炸等食品工业的一种油脂产品,能使食品酥脆,故而得名"起酥油"。

根据食品工业及日常生活需要,开发了种类繁多的起酥油。

按原料来源可分为植物型起酥油、动物型起酥油和动植物混合型起酥油。其中植物型起酥油主要由不同程度氢化植物油组成;动物型起酥油主要来源于动物油,如猪油;动植物混合起酥油主要由动物脂肪与植物油或轻度氢化植物油组成。

按性状可分为可塑性起酥油、液体起酥油和粉末起酥油。可塑性起酥油常温下为可塑性固体;液体起酥油常温下具有流动性,贮藏过程中不析出固体,且具备一定的起酥加工特性;粉末起酥油又称粉末油脂,是在方便食品发展过程中产生的,可添加到糕点、即食汤料、咖喱素等方便食品中使用。

起酥油用作食品加工原料油脂,必须具备可塑性、起酥性、乳化性、氧化稳定性等功能特性,对产品加工特性的要求因用途不同而有所差异。

（三）煎炸油

工业生产的煎炸食品,应具有良好的口感、外观、色泽和较长的保质期,并不是所有的油脂都适用于煎炸食品。由于食品煎炸时,油脂始终处于高温及氧气环境,因此煎炸用油必须具备如下特点:

① 稳定性高。煎炸温度一般在 150～200℃,要求油脂在高温下不易发生氧化、水解、热聚合。

② 烟点高。油脂烟点需高于油炸温度,烟点太低会导致油炸操作无法进行。

③ 具有良好的风味。

④ 熔点与人体温接近,便于消化。

⑤ 油炸时不起泡,否则易出现溢锅而影响油炸操作。

饱和脂肪酸含量多的油脂,稳定性高,煎炸时起酥性能好,但熔点高,消化率低,过量摄取对心血管疾病有一定影响,不宜作煎炸油。不饱和脂肪酸含量高的油脂,煎炸条件下不稳定,易发生氧化、聚合、分解、水解等一系列复杂反应,也不适宜作煎炸油。煎炸油要求饱和脂肪酸与不饱和脂肪酸含量比例恰当,既符合稳定性要求,又尽可能保留不饱和脂肪酸。棕榈油就是符合要求的一种天然的煎炸油。有时也选用几种油脂调和来制备煎炸油,使其脂肪酸组成合理,稳定性高,营养好,产品风味佳。此外,煎炸油中常加入少量抗氧化剂和消泡剂,在油脂与空气界面间形成一层膜,减少了油脂与空气的接触面积,提高煎炸稳定性,又能抑制泡沫的形成。

第七节　复合脂质及衍生脂质

一、磷脂

1. 磷脂的来源

磷脂是磷酸甘油酯的简称,普遍存在于动植物细胞的原生质和生物膜中,对生物膜的生物活性和机体的正常代谢有重要的调节功能。磷脂在动物的脑(30%)、心脏(10%)、肝脏、肾脏(9%)、血液以及细胞的膜中含量均较高,鸡蛋蛋黄中的磷脂含量最为丰富,占干物质的 8%～10%。

油料种子中的磷脂大部分存在于油料的胶体相中,大都与蛋白质、酶、苷、生物素或糖以结合状态存在,构成复杂的复合物,以游离状态存在的很少。如棉籽中结合态磷脂达 90%,向日葵中达 66%。植物油料种子中磷脂含量最高的是大豆。

2. 磷脂的组分

磷酸甘油酯是磷脂酸(Phosphatidic acid,简称 PA)的衍生物,常见的有卵磷脂(磷脂酰胆碱, phosphatidyl cholines, 简称 PC)、脑磷脂(磷脂酰乙醇胺, phosphatidyl ethanolamines, 简称 PE)、肌醇磷脂(磷脂酰肌醇, phosphatidyl inositols, 简称 PI)、丝氨酸

磷脂(磷脂酰丝氨酸 phosphatidyl serines,简称 PS)等(结构如图5-80)。

一般植物油料种子中的磷脂主要由磷脂酰胆碱(PC)、磷脂酰乙醇胺(PE)、磷脂酰肌醇(PI)和磷脂酸(PA)等组成,不同原料、品种中各种磷脂的含量不同。

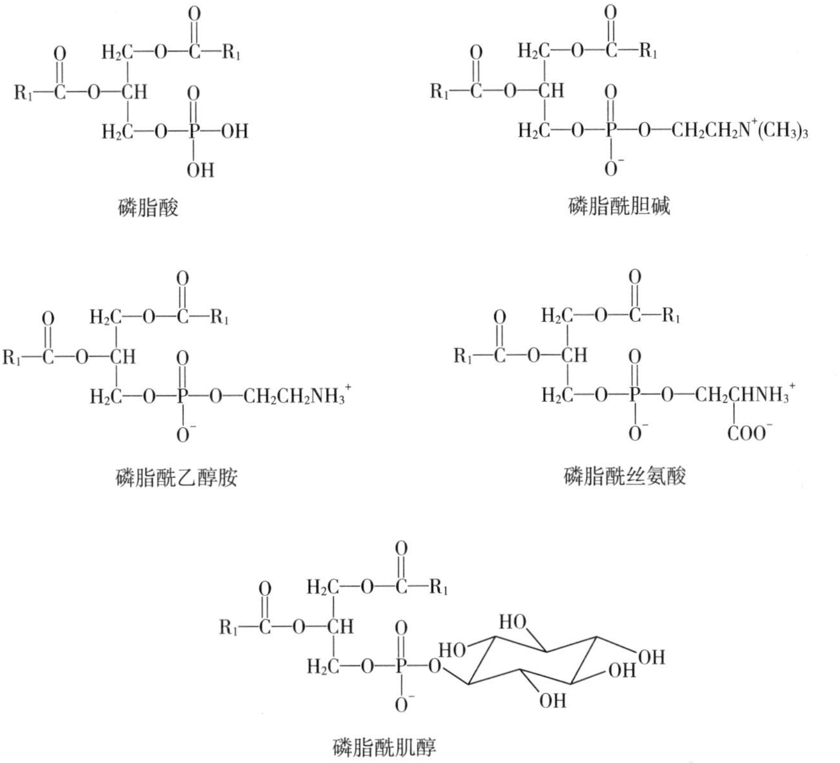

图5-80　不同磷脂的结构

(1)磷脂酰胆碱

磷脂酰胆碱广泛存在于动植物体内,在动物的脑、肾上腺及细胞中含量较多。卵黄磷脂中磷脂酰胆碱的含量最为丰富,达70%。

纯净 PC 是一种白色蜡状固体,极易吸湿,吸湿后又软又黏,遇空气氧化成棕色,并且有难闻气味,没有清晰的熔点,随温度升高(100℃左右)而软化,其软化点取决于脂肪酸组成。卵磷脂具有旋光性;可溶于脂肪溶剂如甲醇、乙醇、苯及其他芳香烃、醚、氯仿、四氯化碳、甘油等,不溶于丙酮及乙酸甲酯。

(2)磷脂酰乙醇胺

磷脂酰乙醇胺主要存在于动物的脑组织中,心脏、肝脏及其他组织中也含有,常与卵磷脂共同存在于动植物组织中。脑磷脂的分子结构与卵磷脂相似,只是以胆氨(氨基乙醇)代替了胆碱。

纯脑磷脂为白色固体,易吸湿,氧化后颜色加深。不溶于冷的石油醚、乙酸、苯及氯仿,不溶于丙酮;但能溶于有一定温度的石油醚、苯、乙醚及氯仿。由于脑磷脂不溶于乙醇,也称为醇不溶性物质。实际上,醇不溶的脑磷脂除含有 PE 组分外,还有 PS、PI 及其他物质。

（3）磷脂酰丝氨酸

丝氨酸磷脂（PS）是动物脑组织和红细胞中的重要类脂物之一，是磷脂酸与丝氨酸形成的磷脂，略带酸性，常以钾盐形式被分离出来。其在花生、大豆等植物种子中都有少量的存在。

（4）磷脂酸（PA）

磷脂酸在动、植物组织中含量极少，但在生物合成中极其重要，是生物合成磷酸甘油酯与脂肪酸甘三酯的中间体。未成熟的大豆较成熟大豆的含量高，并且大豆中 PA 含量随温度的升高、湿度的增加而增加，大部分 PA 作为不可水化磷脂存在于水化油中。

纯净的 PA 是棕色具有黏性的物质，无吸湿性，在光及空气中不稳定，微溶于水，易溶于有机溶剂如丙酮及乙醚中。PA 的钠盐溶于水，微溶于乙醇，不溶于乙醚。

（5）磷脂酰肌醇（PI）

磷脂酰肌醇是动物、植物及微生物脂质中的主要成分之一，是无旋光性肌醇衍生物，显酸性，易与 Ca^{2+}、Mg^{2+} 等复合。其来源于动物的磷脂酰肌醇，其 1 - 位脂肪酸大多是（饱和酸）硬脂酸，2 - 位主要是花生四烯酸。

二、甾醇

甾醇又名类固醇，是天然有机物中的一大类，动植物组织都有。动物普遍含胆甾醇，通常称为胆固醇；植物中很少含胆固醇，而含 β - 谷甾醇、豆甾醇、菜油甾醇等，通常称为植物甾醇。

1. 甾醇的结构

以环戊多氢菲为骨架的化合物，称为甾族化合物（图 5 - 81），环上带有羟基的即为甾醇，其特点是羟基在 3 位，C_{10}、C_{13} 位有甲基（角甲基），C_{17} 位上带有一个支链。不同甾醇结构类似，相互间区别在于支链的大小及双键的多少不同。自然界甾醇种类有近千种，存在于菌类中的麦角甾醇也是很重要的一种甾醇，动植物油脂则主要含有下列几种，结构如图 5 - 82 所示。

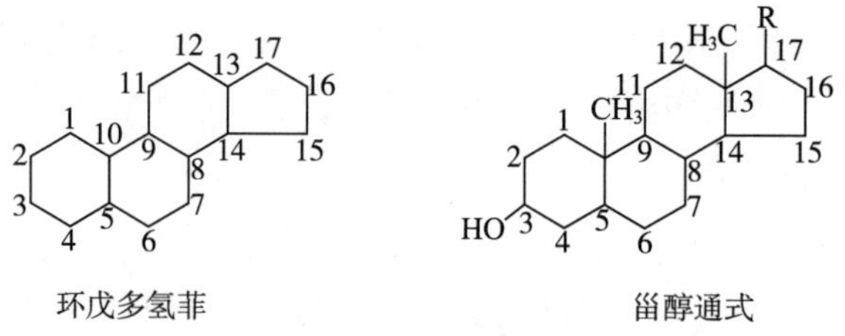

图 5 - 81　甾醇结构通式

2. 胆固醇

动物油脂的特征性甾醇是胆固醇，胆固醇是人们最熟悉而且数量最多的甾醇。胆固醇是维持生命和正常生理功能所必需的一种营养成分，是构成细胞膜的组分之一，也是体内

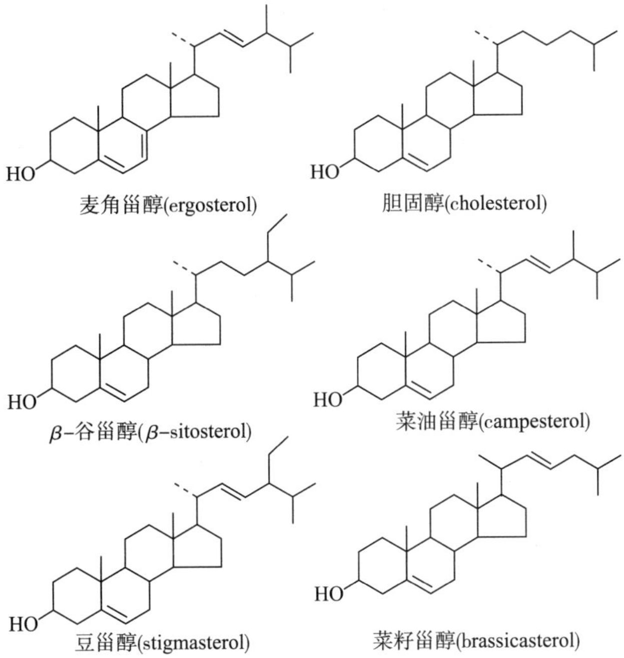

图 5－82　动植物油脂中主要甾醇的结构

合成性激素和肾上腺素的原料。广泛存在于动物组织中，在脑及神经组织中特别丰富，可在胆道内沉积为胆结石，在血管壁上沉积引起动脉硬化。因此，在膳食中有必要限制高胆固醇食物的摄入量。

3. 植物甾醇

植物油中含有多种植物甾醇，其中以 β－谷甾醇分布最广，其次是豆甾醇和菜油甾醇。甾醇是油脂中不皂化物的主要成分，一部分甾醇也以脂肪酸酯的形态存在蜡中，碱炼时，大部分甾醇可被皂粒吸附因而可从皂脚提取甾醇。

甾醇在非极性溶剂中溶解度大于在极性溶剂中溶解度，但在极性溶剂中溶解度随温度升高而增大，以此可用来提纯甾醇。

麦角甾醇或 7－脱氢甾醇在紫外光照射下可产生维生素 D_2 和维生素 D_3，反应过程如图 5－83 所示。

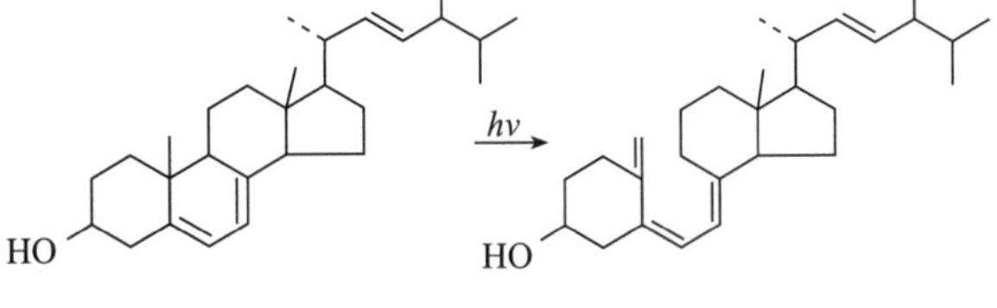

麦角甾醇　　维生素 D_2

图 5－83　麦角甾醇在紫外光下的反应

植物甾醇可用做调节水、蛋白质、糖和盐的甾醇激素，并作为治疗心血管疾病、抗哮喘及顽固性溃疡的药物应用。它最主要的用途则是合成许多医疗药品,如合成类固醇激素、性激素等。

第八节 脂肪代用品

脂肪是人体必需营养素,但摄入过多会导致肥胖和心血管疾病,因此开发低热量和无热量的脂肪替代物越来越受到食品企业的重视。

1. 脂肪替代品

脂肪替代品是大分子化合物,其物理及化学性质与油脂类似,可部分或完全替代食品中的脂肪,以脂质、合成脂肪酸酯为基质,在冷却及高温条件下稳定。

① 蔗糖脂肪酸聚酯:是蔗糖与 $6 \sim 8$ 个脂肪酸通过酯基团转移或酯交换形成的蔗糖酯的混合物(图 5 - 84),热量为 0 kJ/g。

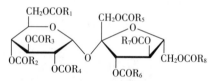

$R_1 \sim R_8$ 为8~22碳链长度的脂肪酸。

图 5 - 84 蔗糖脂肪酸酯结构

② 山梨醇聚酯是山梨醇与脂肪酸形成的三、四及五酯(图 5 - 85),可用于色拉调味料及焙烤食品,热量为 4.4 kJ/g。

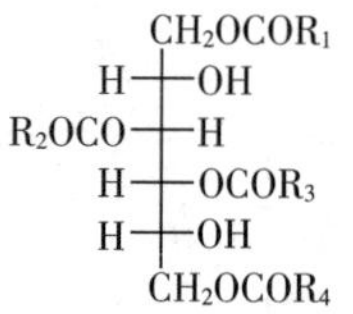

$R_1 \sim R_4$ 为长碳链烃基

图 5 - 85 蔗糖脂肪酸酯结构

③ 构造脂质:甘油 β - 位上接长链脂肪酸, α - 位上接短链或中链脂肪酸的三酰基甘油。如 Sn - 8:0 - 22:0 - 10:0(图 5 - 86),热量为 21 kJ/g。

这几种脂肪替代品热量均比脂肪的热量(39.58 kJ/g)低。

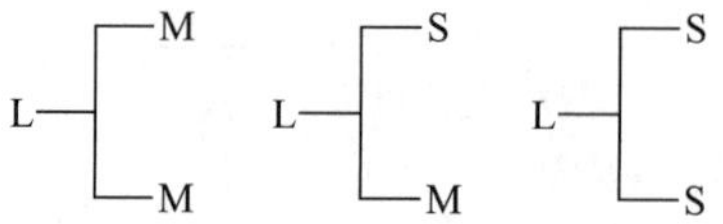

M、S、L 分别代表中(C8 ~ 10)、短(C<8)、长(C>10)链脂肪酸。

图 5 - 86 构造脂质结构

2. 脂肪模拟品

在感官和物理特性上模拟油脂，但不能完全替代油脂，常以蛋白质和碳水化合物为基质，高温时易引起变性和焦糖化，不宜在高温下使用。

（1）以蛋白质为基质的脂肪模拟品

以鸡蛋、牛乳、乳清、大豆、明胶及小麦谷蛋白等天然蛋白质为原料，通过微粒化、高剪切处理，可制得具有似脂肪口感和组织特性的脂肪模拟品，能改善持水性和乳化性，但在高温下不稳定，可替代某些水包油型乳化体系食品配方中的油脂，多用于乳制品、色拉调味料、冷冻甜食等食品中。

（2）以碳水化合物为基质的脂肪模拟品

植物胶、改性淀粉、某些纤维素、麦芽糊精、葡萄糖聚合物等可提供类似脂肪的口感、组织特性。植物胶如瓜尔胶、黄原胶、卡拉胶、阿拉伯胶等，多用于色拉调味料、甜食品、冰淇淋、乳制品、焙烤食品中；淀粉经酸或酶法水解、氧化、糊化、交联或取代后，可提供油脂的滑爽口感，用于色拉调味料中。

课程思政案例

案例一：抗美援朝时期，我国志愿军战士的主要食物来源是干粮，但是后方生产的干粮，过不了多久就变质产生哈喇味，难以下咽，直接影响部队的后勤供应与前线战士的战斗力。王应睐院士研究发现哈喇味是由干粮中脂肪氧化引起的，并提出利用含有天然抗氧化剂的黄豆粗豆油作为干粮油脂来源，同时严格控制干粮中催化脂肪氧化的铜、铁离子的含量，采用经防氧化处理的包装纸等措施，成功解决了干粮变哈的问题。

——摘自 耿挺. 王应睐 科学需要人的全部生命探索［N］. 上海科技报，2021－6－30（002）.

课程思政育人目标：培养学生从实际中发现问题、结合理论知识分析并解决问题的能力，传承和弘扬老一辈科学家精神，培养学生的爱国情怀。

案例二："地沟油"事件。"地沟油"，又称"潲水油"，泛指在生活中存在的各类劣质油，如回收的食用油、反复使用的炸油等，长期食用可能会引发癌症，对人体的危害极大。

自南方都市报1998年消费者日推出的调查报道"从潲水提炼花生油并销往餐厅、食肆的新闻事实"开始，民间盛行已久且极为隐蔽的在地沟里搜集潲水提炼食用油的制假、贩假现象被完全揭开。此后，全国各地媒体纷纷根据南方都市报的这篇报道对地沟里提炼食用油的新闻事实穷追猛打。中国警方也全力追踪并破获大量利用"地沟油"制售案，如2011年9月13日成功破获眉山市永健畜禽食品有限公司制售"地沟油"案，抓获涉案人员12人；2011年9月17日吉林省公安厅治安总队组织长春市公安机关对制售"地沟油"的超越饲料油脂厂进行查处；2011年9月19日江苏省淮安市公安局淮阴分局根据排查掌握的线索成功侦破淮安市裕丰饲料油脂有限公司制售"地沟油"案等。诸如此类的案例屡见不鲜,对人民的影响非常的大。

——摘自 宋为威,戴云龙,解永娟.“地沟油”问题浅析及其检测鉴定和回收利用[J]. 化工管理,2013 (20):219.

课程思政育人目标:阐述食品安全及废物合理利用的重要性,使学生认识到作为食品行业从业人员所承担的社会责任,认识到任何时候都不能以任何理由做出违背职业道德、有损人民健康的事情,培养学生的职业道德和使命感。

思考题

1. 天然脂类的主要成分有哪些?

2. 简述脂肪酸及其甘油酯是如何命名的?

3. 简述同质多晶的概念,说明甘油三酯主要有几种同质多晶体,它们有什么区别?

4. 巧克力为什么会起霜? 应如何避免?

5. 简述油脂的塑性及其影响因素。

6. 磷脂对蛋白质稳定的乳化体系可能有什么影响?

7. 试述油脂自动氧化的定义、机制、影响因素、危害及预防措施。

8. 简述油脂光敏氧化的机制和特点。

9. 阐明 β - 胡萝卜素在脂类氧化及防止中可能发挥的作用。

10. 油脂抗氧化剂的作用机制有哪些? 是否抗氧化剂用量越多越好? 使用抗氧化剂有哪些注意事项?

11. 用洗净的玻璃瓶装油脂是否需要将瓶晾干? 油脂贮存是应注意什么?

12. 什么是油脂的过氧化值? 是否过氧化值越高,油脂氧化程度越深?

13. 根据所学知识解释为什么猪油的稳定性比植物油差?

14. 如何对长期使用的油脂进行质量评价?

15. 油脂氢化和自动氧化都会引起碘值的下降,原因是否一致?

16. 磷脂具有很高的营养价值,植物油精炼中为什么还要除去?

17. 食品加工中哪些环节可能导致反式脂肪酸的生成?

18. 为什么要对油脂进行改性? 常用的改性方法有哪些?

19. 油脂氢化的机制是什么? 氢化后油脂会发生什么变化?

20. 请说明能否用棕榈油制备可可脂?

21. 人造奶油应满足什么特点?

22. 煎炸油应具备什么性质? 长时间油炸,油脂会发生哪些变化? 为了保证油炸食品的质量,应采取什么措施?

习题　　　　　脂质概述

第六章 维生素

学习目标与要求

1. 了解维生素的定义和分类,维生素的增补与强化。

2. 熟悉常见维生素的缺乏症和主要食物来源。

3. 掌握常见维生素的结构、理化性质以及稳定性,维生素在食品加工、贮藏中所发生的变化以及对食品品质的影响。

4. 通过学习让学生具备应用维生素的相关知识解决食品加工与贮藏过程中维生素损失问题的能力。

PPT 课件

第一节 概述

一、维生素的定义

维生素(vitamin)是人体为维持正常生理功能所必需的,但需要量极微的一类有机化合物的总称。"vitamin"一词最早由波兰化学家 Funk 提出,他将拉丁语 vita(生命)和 – amine(胺)缩写得"vitamine"(即与生命有关的胺类),后来发现并非所有维生素都是胺,故去掉词尾字母"e"改为"vitamin"。

目前已发现的维生素有 30 多种,其中对人体营养和健康至关重要的有十余种,它们化学结构复杂,无法采用化学系统命名,一般按照其发现的历史顺序采用大写拉丁字母并辅以阿拉伯数字下标来命名,如维生素 A、维生素 B_1、维生素 B_2、维生素 C 等;或是按照其特有的生理功能来命名,如抗干眼病维生素(维生素 A)、抗神经炎维生素(维生素 B_1)、抗坏血酸(维生素 C)等;或是按照其化学结构来命名,如视黄醇(维生素 A)、硫胺素(维生素 B_1)、核黄素(维生素 B_2)等。

大多数维生素在人体内不能合成,或即使能合成但合成的量也不能满足人体的需要,必须从食物中摄取。维生素不是人体内各种组织器官的组成成分,也不是能量物质,主要以辅酶形式参与细胞的物质代谢和能量代谢过程,一旦缺乏就会引起人体代谢紊乱,导致发生相应的维生素缺乏症,对人体健康造成损害,严重不足时可以致命。但是维生素摄入过多也会有害健康,引起中毒反应。有些维生素还可作为自由基的清除剂,如维生素 C、类胡萝卜素和维生素 E 等。有些维生素是遗传调节因子,如维生素 A、维生素 D 等。而有的维生素则具有某些特殊功能。表 6-1 列出了主要维生素的命名、生理功能、缺乏症及来源。

表 6-1　主要维生素的命名、生理功能、缺乏症及来源

命名		生理功能	缺乏症	主要来源
名称	俗名			
维生素 A	抗干眼病维生素、视黄醇	视觉;细胞生长和分化;维护上皮组织细胞的健康;免疫功能;抗氧化作用;抑制肿瘤生长	暗适应能力降低及夜盲症、皮肤干燥症、干眼病	各种动物肝脏、鱼肝油、鱼卵、全奶、奶油、禽蛋
维生素 B_1	抗脚气病因子、抗神经炎因子、硫胺素	与体内能量代谢密切相关;在神经生理上的作用;维持正常胃肠蠕动和消化液的分泌	脚气病	谷类、豆类、干果类、动物内脏(肝、心、肾)、瘦肉、禽蛋
维生素 B_2	核黄素	参与体内生物氧化与能量代谢;参与尼克酸和维生素 B_6 的代谢;保护皮肤	眼、口腔和皮肤的炎症	动物内脏(肝、心、肾)、乳汁、蛋类、绿色蔬菜、豆类
维生素 B_3 (维生素 PP)	抗癞皮病因子、尼克酸、烟酸	参与体内物质和能量代谢;与核酸的合成有关;降低血胆固醇水平;葡萄糖耐量因子的组成成分	癞皮病	动物肝脏、动物肾脏、瘦禽肉、鱼、全谷、坚果类
维生素 B_5	泛酸、遍多酸	构成辅酶 A 和酰基载体蛋白,并通过它们在代谢中发挥作用	罕见	肉类、动物内脏(肝、心、肾)、禽蛋、蘑菇、坚果、豆类、谷类
维生素 B_6	吡哆素	以 PLP 辅酶形式参与许多酶系反应	眼、鼻与口腔周围皮肤脂溢性皮炎、高半胱氨酸血症、黄尿酸血症	白色肉类(如鸡肉和鱼肉)、动物肝脏、豆类、坚果类、蛋黄、水果和蔬菜(如香蕉、卷心菜、菠菜)
维生素 B_7 (维生素 H)	生物素、辅酶 R	在体内是许多羧化酶的辅酶,在碳水化合物、脂类、蛋白质和核酸的代谢过程中发挥重要作用;参与胰淀粉酶和其他消化酶的合成	罕见	动物肝脏、动物肾脏、大豆粉、奶类、鸡蛋(蛋黄)
维生素 B_9 (维生素 M)	叶酸、蝶酰谷氨酸、叶精	作为一碳单位的载体参加代谢	巨幼红细胞贫血、对孕妇和胎儿的影响、高同型半胱氨酸血症、某些癌症(如结肠癌、前列腺癌、宫颈癌)	动物肝脏、动物肾脏、蛋、梨、蚕豆、芹菜、花椰菜、莴苣、柑橘、香蕉及其他坚果类
维生素 B_{12}	钴铵素	在体内以两种辅酶形式发挥生理作用,即甲基 B_{12}(甲基钴胺素)辅酶 B_{12}(5-脱氧腺苷钴胺素)参与体内生化反应	巨幼红细胞贫血、神经系统损害、高同型半胱氨酸血症	肉类、动物内脏、鱼、禽及蛋类

续表

命名		生理功能	缺乏症	主要来源
名称	俗名			
维生素 C	抗坏血酸	抗氧化作用;作为羟化过程底物和酶的辅助因子;改善铁、钙和叶酸的利用;促进类固醇的代谢;清除自由基;参与合成神经递质;促进抗体形成,增加人体抵抗力;缓解汞、铅、砷、苯以及某些药物和细菌毒素的毒性	坏血病	新鲜蔬菜和水果
维生素 D	抗佝偻病维生素、骨化醇	促进小肠对钙的吸收;促进肾小管对钙、磷的重吸收;对骨细胞呈现多种作用;通过维生素 D 内分泌系统调节血钙平衡;参与机体多种机能的调节	佝偻病、骨质软化症、骨质疏松症、手足痉挛症	海水鱼(如沙丁鱼)、肝脏、蛋黄、鱼肝油
维生素 E	抗不育维生素、生育酚	抗氧化作用;预防衰老;与动物的生殖功能和精子生成有关;调节血小板的黏附力和聚集作用	溶血性贫血、神经－肌肉退行性病变	植物油、麦胚、坚果、种子类、豆类及其他谷类胚芽
维生素 K	抗出血维生素	促进凝血;参与骨骼代谢	延迟血液凝固,引起新生儿出血	绿叶蔬菜(如菠菜、羽衣甘蓝、花椰菜、卷心菜)、奶类、肉类

二、维生素的分类

维生素是一类化学结构各不相同、性质特点差别很大、生理功能各异的小分子有机化合物,根据维生素在极性、非极性溶剂中的溶解性特征,可将其分为脂溶性维生素和水溶性维生素两大类。

脂溶性维生素(fat—soluble vitamins)是不溶于水而溶于脂肪及非极性有机溶剂(如苯、乙醚及氯仿等)的一类维生素,包括维生素 A、维生素 D、维生素 E、维生素 K 等。这类维生素一般只含有碳、氢、氧三种元素;在食物中多与脂质共存,其在机体内的吸收通常与肠道中的脂质密切相关,可随脂质吸收进入人体并在体内储存(主要在肝脏),排泄率不高;摄入量过多易引起中毒现象,若摄入量过少则缓慢出现缺乏症状。另外,脂溶性维生素大多稳定性较强。

水溶性维生素(water—soluble vitamins)是可溶于水而不溶于非极性有机溶剂的一类维生素,包括 B 族维生素和维生素 C。这类维生素除碳、氢、氧元素外,有的还含有氮、硫等元素。与脂溶性维生素不同,水溶性维生素在人体内储存较少,从肠道吸收后进入人体的多余的水溶性维生素大多从尿中排出。水溶性维生素几乎无毒性,摄入量偏高一般不会引起中毒现象,若摄入量过少则较快出现缺乏症状。水溶性维生素大多数稳定性较差,在食品加工过程中较容易损失。

第二节　脂溶性维生素

一、维生素 A

维生素 A 是一类由 β - 紫罗宁(ionine)环与不饱和一元醇所组成的具有活性的二十碳不饱和碳氢化合物,其羟基可被酯化或转化为醛或酸,也能以游离醇的状态存在。维生素 A 包括维生素 A_1(视黄醇,retinol)和维生素 A_2(脱氢视黄醇,dehydroretinol)两种。二者的区别在于维生素 A_2 的紫罗宁环内的 C_3 和 C_4 之间多了一个双键(图 6 - 1);维生素 A_1 分子式为 $C_{20}H_{30}O$,维生素 A_2 分子式为 $C_{20}H_{28}O$。

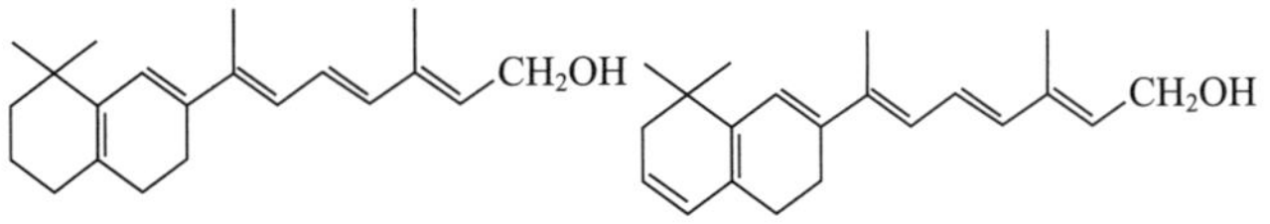

维生素 A_1　　　　　　　　　维生素 A_2

图 6 - 1　维生素 A 的化学结构

维生素 A 不溶于水,而溶于脂肪及有机溶剂。维生素 A_1 是淡黄色的片状结晶,熔点为 64℃。维生素 A_2 熔点为 17 ~ 19℃,通常为金黄色油状物。维生素 A_1 结构中存在共轭双键,属于异戊二烯类,有多种顺、反立体异构体。食物中的维生素 A_1 主要是全反式结构,生物价效最高,维生素 A_2 的生物效价只有维生素 A_1 的 40%。

维生素 A 主要存在于动物的肝脏中,视黄醇及其酯是主要存在形式。植物和真菌中没有维生素 A,但其中含有的类胡萝卜素进入人体后可代谢为维生素 A,并具有维生素 A 活性,通常称为维生素 A 原(天然食物中那些在人体内经过转化可以成为维生素的化合物称为维生素原)。维生素 A 原中以 β - 胡萝卜素转化效率最高,1 分子的 β - 胡萝卜素经水解可转化为 2 分子的维生素 A。

维生素 A 在无氧条件下对热相当稳定,一般的热加工方法不会使其破坏,即使加热到 120 ~ 130℃ 也不会分解。维生素 A 在碱性和冷冻环境中比较稳定,但对酸不稳定。热处理(如烹调、罐藏加工)、光照、酸化、次氯酸或稀碘溶液都能使全反式构象的类胡萝卜素转化为顺式异构体,导致维生素 A 活性的损失。由于分子中不饱和双键较多,维生素 A 及类胡萝卜素对氧、氧化剂和脂肪氧合酶敏感,高温、光照(特别是紫外线)和金属离子可加速其氧化分解。食品中的维生素 A 及类胡萝卜素的氧化降解类似于不饱和脂肪酸的氧化降解,由直接的过氧化作用或在脂肪氧化过程中产生的自由基间接作用引起。图 6 - 2 总结了 β - 胡萝卜素的降解反应。

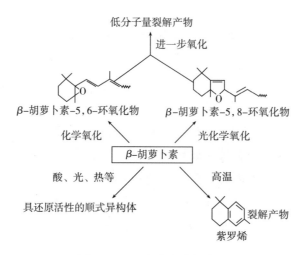

图 6-2　β-胡萝卜素的降解

二、维生素 D

维生素 D 是一类含有环戊烷多氢菲结构的固醇类物质。现已鉴定出的维生素 D 有 6 种,即维生素 D_2、维生素 D_3、维生素 D_4、维生素 D_5、维生素 D_6 和维生素 D_7,其中最为重要的是维生素 D_2(麦角钙化醇,gerocalciferol)和维生素 D_3(胆钙化醇,cholecalciferol),两者结构十分相似,维生素 D_2 比维生素 D_3 在支链上多一个双键和甲基(图 6-3)。维生素 D_2 分子式为 $C_{28}H_{44}O$,维生素 D_3 分子式为 $C_{27}H_{44}O$。

HO　　　　　　维生素D_2　　　　　　　　HO　　　　　　维生素D_3

图 6-3　维生素 D 的化学结构

维生素 D 为白色晶体,不溶于水,能溶于脂肪及有机溶剂,无臭,无味,对食品的色泽及风味影响不大。维生素 D 仅存在于动物体内,以酯的形式存在。植物体及酵母中不含维生素 D,但其中的麦角固醇经紫外线照射后转化为维生素 D_2。人和动物皮肤中的 7-脱氢胆固醇经紫外线照射后可转化为维生素 D_3。

维生素 D 十分稳定,一般的加工操作和贮藏条件不会引起损失。维生素 D 耐热性强,消毒、煮沸及高压灭菌对其活性无影响。冷冻储存对牛乳和黄油中维生素 D 的影响也不大。但是维生素 D 遇光照、氧和酸会迅速遭到破坏,需保存于不透光的密封容器中。维生素 D 光解机制可能是直接光化学反应或由光引发的脂肪自动氧化间接涉及反应。维生素 D 易发生氧化主要原因是分子中含有不饱和双键。油脂氧化酸败时也会使其中的维生素

D破坏。维生素D过量射线照射可形成少量具有毒性的化合物。

据报道,维生素D对肌肉中钙水平的刺激性效应可激活钙蛋白酶活性,使牛肉嫩化,改善牛肉的嫩度及肉质。

三、维生素E

维生素E是具有α-生育酚类似活性的母生育酚(tocols)和生育三烯酚(tocotrienols)的总称。母生育酚与生育三烯酚都是6-羟基苯并二氢吡喃的衍生物,生育三烯酚在侧链的3′、7′和11′处存在双键,其他部分与母生育酚的结构完全相同(图6-4)。现已确知的维生素E有8种,它们的差异在于环状结构上的甲基数目和位置不同,其中最为重要的是4种母生育酚的衍生物,即α-生育酚、β-生育酚、γ-生育酚、δ-生育酚(图6-5)。食品中天然存在的α-生育酚生物活性最大,一般所谓的维生素E即指α-生育酚。

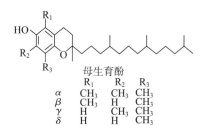

图6-4　母生育酚的化学结构(左)和生育三烯酚的化学结构(右)

图6-5　生育酚异构体的结构

维生素E为淡黄色至黄褐色黏稠液体,无臭,无味,不溶于水,溶于脂肪及有机溶剂。维生素E不易被酸、碱及热破坏,在无氧条件下即使加热至200℃也很稳定;对白光相当稳定,但对紫外线较敏感,色泽逐渐变深;对氧敏感,易被氧化成醌式结构而呈现暗红色,金属离子(Fe^{2+}、Cu^{2+}等)可促使氧化反应加速。

维生素E是一种优良的天然抗氧化剂,通过提供酚羟基氢质子和电子来捕捉自由基,未酯化的α-生育酚与过氧化自由基反应,生成氢过氧化物和相对稳定的α-生育酚自由基,生育酚自由基通过自身聚合生成二聚体或三聚体,使自由基链反应终止,阻止了不饱和脂肪酸自动氧化(图6-6)。在肉类腌制中,亚硝酸盐与含氨基物质合成亚硝胺是通过自由基机制进行的,维生素E可清除自由基,从而阻止亚硝胺的生成。动物饲料中维生素E的含量会影响屠宰后动物肉的抗氧化能力,从而影响其食用品质。研究表明,维生素E和维生素D_3共同作用可获得牛肉最佳的"色泽—嫩度"。

维生素E也是一种单线态氧抑制剂,通过淬灭单线态氧而间接地提高食品中其他化合物的氧化稳定性(图6-7),如防止维生素A和维生素C的氧化。在生育酚的几种异构体中，按单线态氧反应的活性大小依次为 α－生育酚、β－生育酚、γ－生育酚、δ－生育酚，而抗氧化能力大小的顺序正好相反。

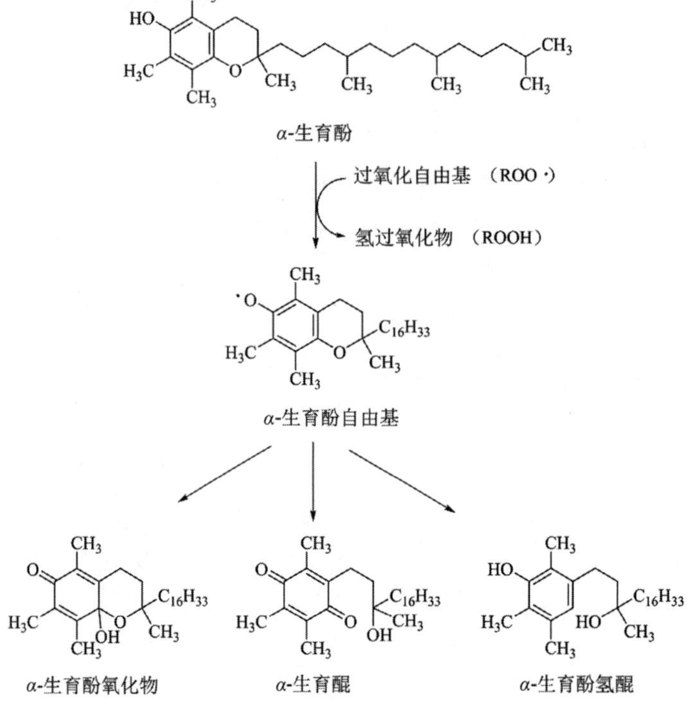

α－生育酚氧化物　　α－生育酚醌　　α－生育酚氢醌

图 6－6　α －生育酚的氧化降解途径

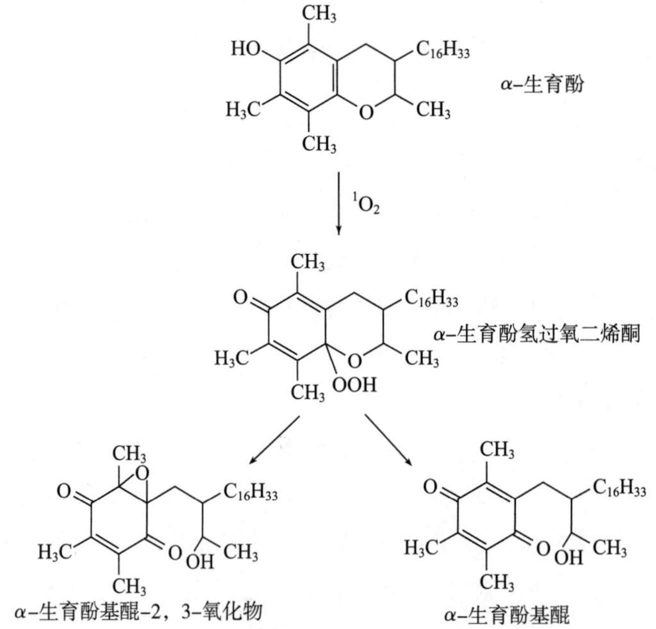

图 6－7　α －生育酚与单线态氧的反应历程

四、维生素 K

维生素 K 是一系列 2 - 甲基 - 1,4 萘醌衍生物的统称。天然的维生素 K 有维生素 K_1（叶绿醌,phylloquinone）和维生素 K_2（聚异戊烯基甲基萘醌,menaquinone），维生素 K_3（2 - 甲基萘醌,menadione）由人工合成。这些衍生物的区别在于 3 位上带或不带萜类支链（图 6 - 8）。维生素 K_1 分子式为 $C_{31}H_{46}O_2$,维生素 K_2 分子式为 $C_{41}H_{56}O_2$,维生素 K_3 分子式为 $C_{11}H_8O_2$。

维生素 K_1 主要存在于植物组织中,维生素 K_2 是许多细菌的代谢产物。维生素 K_1 和维生素 K_2 都不溶于水,溶于脂肪及有机溶剂,无臭或几乎无臭。维生素 K_1 是黄色黏稠油状液体,其醇溶液冷却时可呈结晶状析出,熔点为 - 20℃。维生素 K_2 为黄色结晶,熔点为 53.5 ~ 54.5℃。维生素 K_3 易溶于水,为黄色结晶,其活性比维生素 K_1 和维生素 K_2 高。

维生素 K 对热相当稳定,且又不溶于水,故在正常的食品加工和烹调过程中损失很少。某些还原剂可将维生素 K 的萘醌结构还原成氢醌结构,但仍具有生物活性。维生素 K 易受碱、氧化剂和光（特别是紫外线）的降解破坏。维生素 K 具有还原性,在食品体系中可淬灭自由基（与 β - 胡萝卜素、维生素 E 相同）,可以保护食品中其他成分（如脂类）不被氧化,并减少肉品腌制过程中亚硝胺的生成。

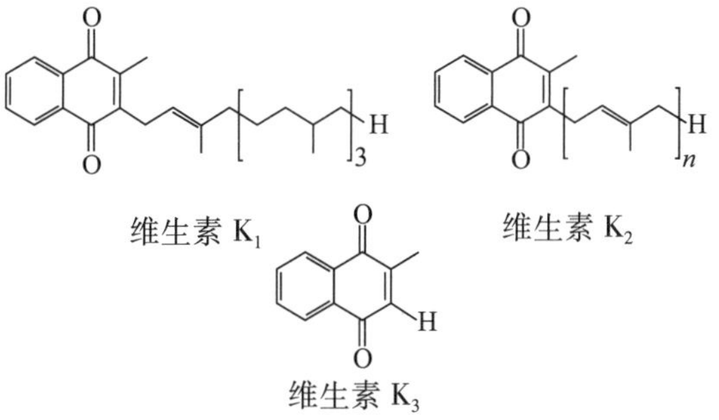

维生素 K_1　　维生素 K_2　　维生素 K_3

图 6 - 8　维生素 K 的化学结构式

第三节　水溶性维生素

一、维生素 C

维生素 C,又名抗坏血酸（ascorbic acid,AA）,是一个多羟基羧酸的内酯,具有烯二醇结构（图 6 - 9）。维生素 C 的 C_4 和 C_5 是手性碳原子,C_4 位上的羟基排列差异产生 D - 型和 L - 型两种立体异构体,C_5 位上的羟基排列差异产生抗坏血酸和异抗坏血酸两种立体异构体。抗坏血酸的双电子氧化和氢离子的解离反应使之转变为脱氢抗坏血酸（DHAA）。

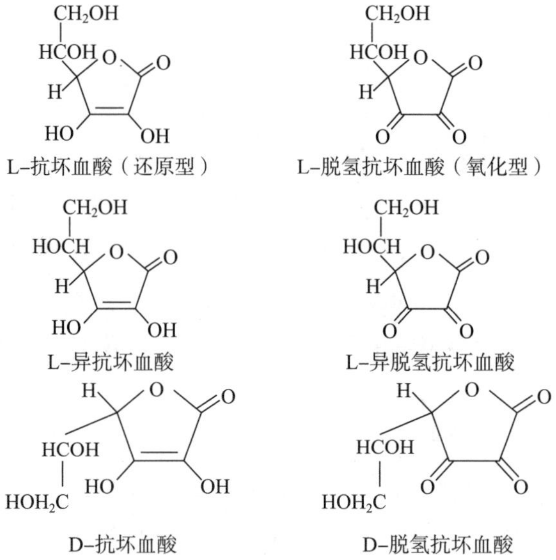

图 6 - 9　L-抗坏血酸和L-脱氢抗坏血酸及其异构体的化学结构

自然界存在的维生素 C 主要是 L - 异构体,D - 异构体的含量很少。其中以 L - 抗坏血酸生物活性最高。D - 异构体的生物活性只有 L - 异构体的 10%,但抗氧化性能相同。在食品工业中一般作为抗氧化剂添加到食品中。L - 异抗坏血酸具有与 L - 抗坏血酸相似的化学性质,但不具有维生素 C 的生物活性,在食品工业中也是广泛作为抗氧化剂使用,用来抑制水果和蔬菜的酶促褐变。L - 脱氢抗坏血酸在体内可以完全还原为 L - 抗坏血酸,因此具有与 L - 抗坏血酸相同的生物活性。

维生素 C 为白色或微黄色片状晶体或粉末,熔点为 $190 \sim 192℃$,极易溶于水,微溶于乙醇,不溶于有机溶剂,无臭,味酸。维生素 C 分子中 C_2 和 C_3 位上有 2 个烯醇式羟基,极易解离出氢离子,故维生素 C 具有酸性和较强的还原性。相对来说,C_3 位上的羟基易电离($pKa_1 = 4.04, 25℃$),C_2 位上的羟基较难电离($pKa_2 = 11.4, 25℃$)。

维生素 C 化学性质较活泼,是最不稳定的维生素。维生素 C 固体在干燥条件下比较稳定,但在受潮或加热时容易发生分解,在酸性溶液中(pH < 4)较稳定,在中性以上的溶液中(pH > 7.6)非常不稳定。因此,维生素 C 在加碱处理或加水蒸煮时损失较多,而在酸性溶液、冷藏及密闭条件下损失较少。

维生素 C 极易发生氧化降解(图 6 - 10),这也是其损失的最主要原因。在有氧存在下,维生素 C(AH_2)首先降解形成单价阴离子(AH^-),并很快通过单电子氧化途径转变为脱氢抗坏血酸(A),温和的还原反应可将脱氢抗坏血酸转化回抗坏血酸(维生素 C),但在碱性环境中,脱氢抗坏血酸的转化是不可逆的,其内酯环被水解打开形成2,3 - 二酮基古洛糖酸(DKG),2,3 - 二酮基古洛糖酸进一步降解引起维生素 C 活性的损失。维生素 C 降解最终阶段中的许多产物可以与氨基酸反应引起食品发生非酶褐变,且参与风味物质的形成。光、射线、Cu^{2+} 和 Fe^{2+} 等金属离子均会加速维生素 C 氧化降解。植物组织中存在的氧化酶(如抗坏血酸氧化酶、多酚氧化酶、过氧化物酶、细胞色素氧化酶)也可以破坏维生素C。某些金属离子螯合物对维生素C有稳定作用,二氧化硫或亚硫酸盐处理也可减少维生素C的损失。此外,糖和糖醇也能保护抗维生素C免受氧化降解,这可能是它们结合了金属离子从而降低了后者的催化活性。

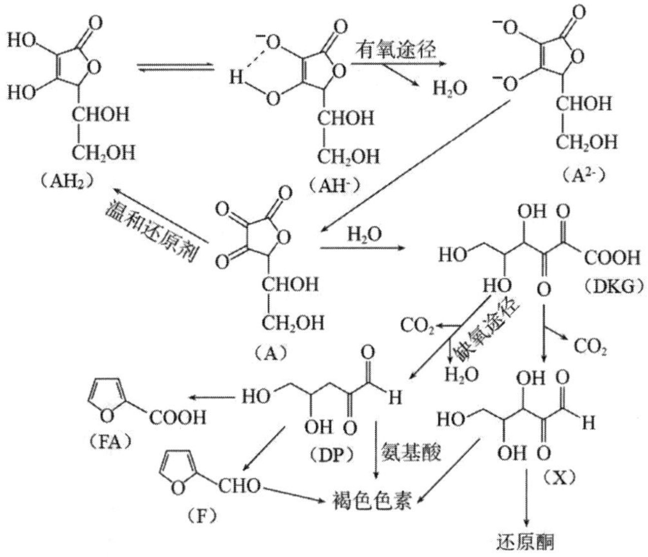

图6-10 维生素C的降解反应

维生素C具有的还原性和抗氧化性使其被广泛应用于食品加工中。维生素C可以保护食品中叶酸、类黄酮等其他易被氧化的成分不被氧化;可以使邻醌类化合物还原而有效抑制酶促褐变和脱色;在腌制肉品中促进发色并抑制亚硝胺的形成;在真空或充氮包装中作为除氧剂;在焙烤工业中作为面团改良剂,因为其氧化态可将面团中的巯基氧化成二硫基,从而使得面筋强化;作为维生素E或其他酚类抗氧化剂的增效剂;淬灭单线态氧和自由基,抑制脂类自动氧化;使其他抗氧化剂再生。

二、维生素B₁(硫胺素)

维生素B_1,又称硫胺素(thiamin),由一个含氨基的嘧啶环和一个含硫的噻唑环通过亚甲基桥连接而成(图6-11)。

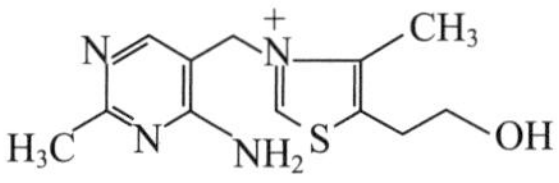

图6-11 维生素B_1的化学结构

维生素B_1为白色至黄白色细小结晶,熔点为249℃,具有潮解性,溶于水,微溶于乙醇,不溶于有机溶剂,气味似酵母,味苦。维生素B_1分子中有两个碱基氮原子,一个在氨基基团中,另一个在具有强碱性质的季铵基团中,因此维生素B_1能与酸反应形成相应的盐。同时由于季铵盐氮的存在,维生素B_1具有强碱性,在食品的整个正常pH范围内完全离子化,其电离程度取决于 pH。

维生素 B_1 是 B 族维生素中最不稳定的一种,温度和 pH 是影响其稳定性的重要因素。在低水分活度和室温条件下,维生素 B_1 稳定性相当高。随食品加工和贮藏温度的升高和水分活度的增加,维生素 B_1 的损失也逐渐增多。在酸性条件下维生素 B_1 是稳定的,pH3.5 以下加热至 120℃仍不分解,而在中性或碱性条件下煮沸或是室温贮藏维生素 B_1 也会被破坏。

维生素 B_1 的热降解通常由两环之间的亚甲基桥的断裂引起,其降解速率和机制受 pH 和反应介质的影响较大。当 pH 小于 6 时,维生素 B_1 的热降解速度缓慢,亚甲基桥断裂释放出较完整的嘧啶和噻唑组分;pH 在 6 ~ 7 时,维生素 B_1 的降解速度加快,同时噻唑环碎裂程度增加;在 pH 为 8 时,降解产物中几乎没有完整的噻唑环,而是许多种含硫化合物。维生素 B_1 热解过程中噻唑环开环分解形成硫、硫化氢、呋喃、噻吩和二氢噻吩等物质,使烹调食品产生"肉香味"。食品组分中的单宁能与维生素 B_1 形成加成物而使其失活;类黄酮使其分子发生变化;二氧化硫或亚硫酸盐使亚甲基碳上发生亲核反应而导致其降解;胆碱使其分子开裂而加速其降解;亚硫酸盐与嘧啶环上的氨基反应使得其发生损失。但蛋白质与维生素 B_1 的硫醇形式形成二硫化物可阻止其热降解。维生素 B_1 的降解过程见图 6 – 12。

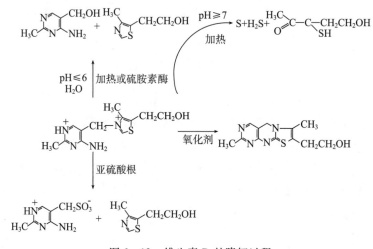

图 6 – 12 维生素 B_1 的降解过程

三、维生素 B_2(核黄素)

维生素 B_2,又称核黄素(riboflavin),是含有核糖醇侧链的异咯嗪衍生物,其母体结构为 7,8 – 二甲基 – 10 – (1′ – 核糖醇)异咯嗪(图 6 – 13)。

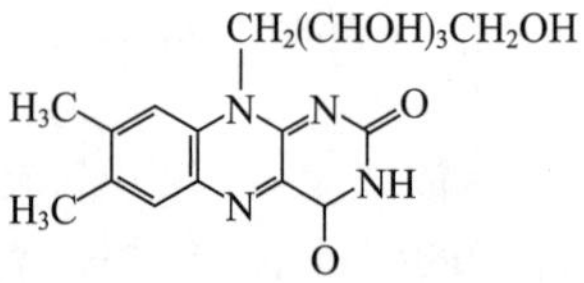

图 6 – 13 维生素 B_2 的化学结构

维生素 B_2 为黄至黄橙色针状结晶,熔点为282℃,微溶于水(27.5℃时100 mL水可溶12 mg),极易溶于碱液,水溶液呈现黄绿色荧光,不溶于有机溶剂,微臭,味微苦。

维生素 B_2 在酸性环境中最稳定,在中性环境中稳定性降低,在碱性环境中迅速分解。维生素 B_2 具有较强的热稳定性,不受空气中氧的影响,即使在120℃下加热6 h也仅有少量被破坏,而此时维生素 B_1 全部丧失。在食品热加工、脱水和烹调中维生素 B_2 损失较少,一般能保存90%以上。但是维生素 B_2 对光(特别是紫外线)非常敏感,光降解反应是引起其破坏的主要因素,如牛奶在日光下存放2 h后维生素 B_2 损失50%以上,放在透明玻璃器皿中也会产生"日光臭味",导致营养价值降低。维生素 B_2 的光降解反应分为两个阶段:第一阶段是在光辐照表面的迅速破坏阶段;第二阶段为一级反应,系慢速阶段。光强度是整个反应速度的决定因素。维生素 B_2 在酸性或中性条件下光解为光色素(lumichrome),在碱性条件下光解生成光黄素(lumiflavin)(图6－14)。光黄素是一种强氧化剂,其氧化性强于维生素 B_2 ,可以破坏许多其他的维生素,尤其是维生素C。

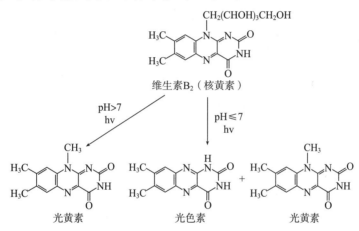

图6－14　维生素 B_2 的光降解反应

四、维生素 B_3 (尼克酸)

维生素 B_3 ,又称尼克酸(niacin)、维生素PP、烟酸,是吡啶－3－甲酸和具有类似生物活性的吡啶衍生物的总称,包括尼克酸(niacin)和尼克酰胺(nicotinamide)(图6－15)。

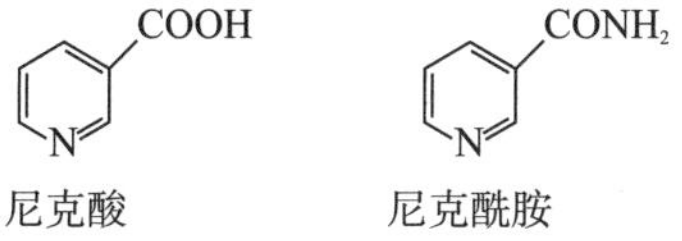

图6－15　尼克酸和尼克酰胺的化学结构

尼克酸和尼克酰胺都是白色针状结晶,前者熔点为235.5～236℃,后者熔点为129～131℃,溶于水和乙醇,而尼克酰胺更易溶解,不溶于有机溶剂,无臭或微臭,味微酸。尼克酸是最稳定的维生素,对热、酸、碱、光、氧等均不敏感,高压下120℃加热20 min也不会被破坏,一般食品加工、烹调热损失极小。在酸性或碱性条件下加热可使尼克酰胺转变为尼克酸,其生物活性不受影响。尼克酸的损失主要与食品加工原料的清洗、热烫和修整等有关。

五、维生素 B_6

维生素 B_6,又称吡哆素,是吡啶的衍生物,其基本结构是 2 - 甲基 - 3 - 羟基 - 5 - 羟甲基吡啶(图 6 - 16)。维生素 B_6 包括吡哆醇(pyridoxine, PN)、吡哆醛(pyridoxal, PL)和吡哆胺(pyrodoxamine, PM)三种形式,它们的差别在于 4 位上一碳取代基的不同,分别为醇、醛和胺。

维生素 B_6 的 3 种形式均为白色晶体,易溶于水和乙醇,微溶于有机溶剂,无臭。维生素 B_6 在食品加工中可发生热降解和光化学降解,也可能与蛋白质发生不可逆结合,从而降低其生物活性。维生素 B_6 的三种形式都具有热稳定性,其热降解与 pH 有关,在酸性溶液中所有维生素 B_6 都是稳定的,在碱性溶液中容易发生分解,其中吡哆胺损失最大。维生素 B_6 对光敏感,尤其是紫外线,光降解的最终产物是无生物活性的 4 - 吡哆酸。维生素 B_6 可与蛋白质中的含硫氨基酸(如半胱氨酸)发生加成反应生成无生物活性的含硫衍生物,或与其他氨基酸作用生成 Schiff 碱,在酸性条件下这些 Schiff 碱会进一步解离或是发生重排生成环状化合物。此外,维生素 B_6 也可与自由基反应而生成无活性产物,如维生素 C 降解产生的羟自由基可以直接进攻吡啶环的 C_6 位,生成无生物活性的 6 - 羟基衍生物。

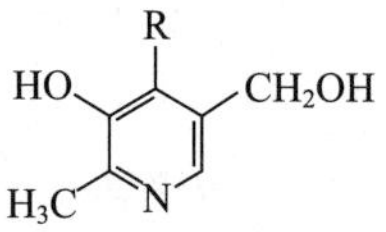

吡哆醇:R = CH_2OH

吡哆醛:R = CHO

吡哆胺:R = CH_2NH_2

图 6 - 16　维生素 B_6 的化学结构

六、叶酸(B_{11})

叶酸(folate),又称维生素 B_{11},是一系列与蝶酰谷氨酸(pteroylgglutamic)化学结构相似、生物活性相同的化合物的总称,其分子由蝶啶(pteridine nucleus)、对氨基苯甲酸(p - aminobenzoic acid)和谷氨酸(glutamic acid)三部分组成(图6 - 17)。天然存在的叶酸是含有 3 ~ 7 个谷氨酸残基的聚谷氨酰叶酸,其活性形式是蝶啶环中 5、6、7、8 位加上 4 个氢原子的四氢叶酸(THFA)。

叶酸为黄色或橙色薄片状或针状结晶,微溶于水,但其钠盐溶解度较大,不溶于有机溶剂,无臭,无味。叶酸在维生素中是较不稳定的一种,在水溶液中易被光解破坏,在酸性溶

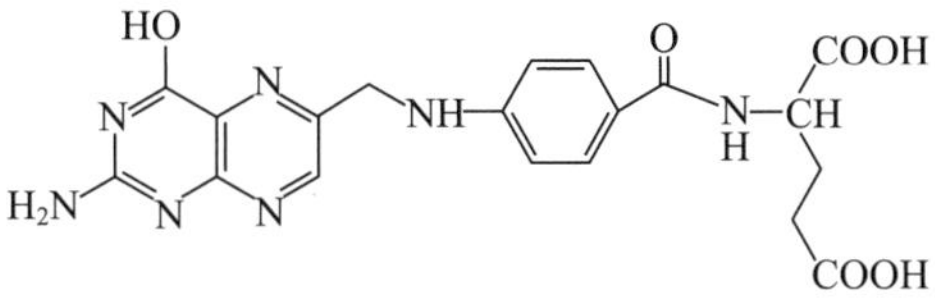

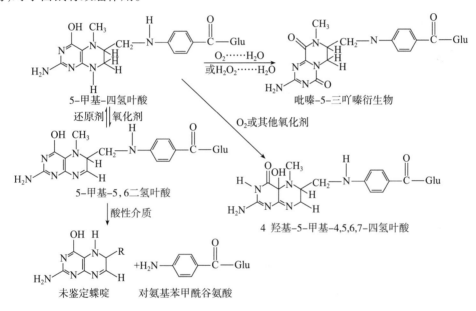

图 6 – 17　叶酸的化学结构

液中对热不稳定,超过 100℃ 即被破坏,但在中性和碱性溶液中即使加热到 100℃ 维持 1 h
也不被破坏。各种叶酸的衍生物以蝶酰谷氨酸最稳定,四氢叶酸最不稳定,易遭受氧化降
解而失去活性(图 6 – 18)。硫醇、维生素 C 等还原剂能清除氧自由基,防止四氢叶酸的氧
化作用,可以从多方面保护叶酸。环境中的亚硫酸盐与叶酸作用,导致叶酸侧链解离,生成
还原型蝶啶 – 6 – 羧醛和氨基苯甲酰谷氨酸。亚硝酸盐与叶酸作用,生成 N – 10 – 硝基衍
生物,对小白鼠有致癌作用。

图 6 – 18　5 – 甲基四氢叶酸的氧化降解

七、维生素 B$_{12}$(钴胺素)

维生素 B$_{12}$,又称钴胺素(cobalamin),是一类含金属钴的咕啉衍生物。维生素 B$_{12}$ 是化
学结构最为复杂的一种维生素(图 6 – 19),也是唯一一种含有金属元素的维生素。它包括
两个特征组分,一是类似核苷酸的部分,由 5,6 – 二甲苯并咪唑通过 α – 糖苷键与 D – 核糖
连接,核糖 3' 位置上有一个磷酸酯基团;二是中心环的部分,是一个类似铁卟啉的咕啉环
系统,由 1 个钴原子与咕啉环中 4 个内氮原子配位键合,钴原子的第 5 个配位共价键与二
甲苯嘧啶环上的氮原子结合,第 6 个配位位置可被氰基、甲基、水、羟基、亚硝基或其他配体
所占据;咕啉环上的含酰胺侧链通过酯键与类核苷酸部分相连。

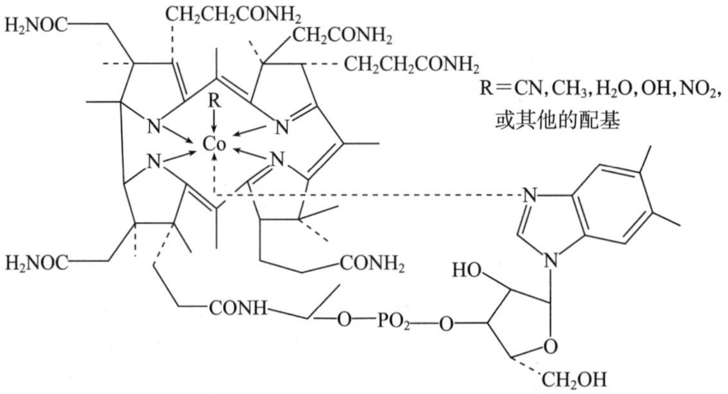

图 6 – 19　维生素 B_{12} 的化学结构

维生素 B_{12} 是一种红色针状结晶,熔点很高,在 320℃ 时不熔,无臭,无味,溶于水和乙醇,不溶于有机溶剂。维生素 B_{12} 的水溶液在室温并且不暴露在可见光或紫外光下是稳定的,最适宜 pH 范围是 4 ~ 6,在此范围内,即使高压加热,也仅有少量损失。在碱性溶液中加热,酰胺键发生水解生成无活性的羧酸衍生物,从而导致维生素 B_{12} 的定量破坏。pH 低于 4 时,维生素 B_{12} 核苷酸组分发生水解,强酸下发生降解。维生素 C 或亚硫酸盐会破坏维生素 B_{12}。维生素 B_1 与维生素 B_3 的联合作用可缓慢地破坏维生素 B_{12}。三价铁离子对维生素 B_{12} 有保护作用,而二价铁离子则加速维生素 B_{12} 的破坏。

八、泛酸(维生素 B_5)

泛酸(pantothenic acid),又称维生素 B_5、遍多酸,由 β – 丙氨酸与泛解酸(2,4 – 二羟基 – 3,3 – 二甲基丁酸)以酰胺键相连而成(图 6 – 20),是辅酶 A 的重要组成部分。

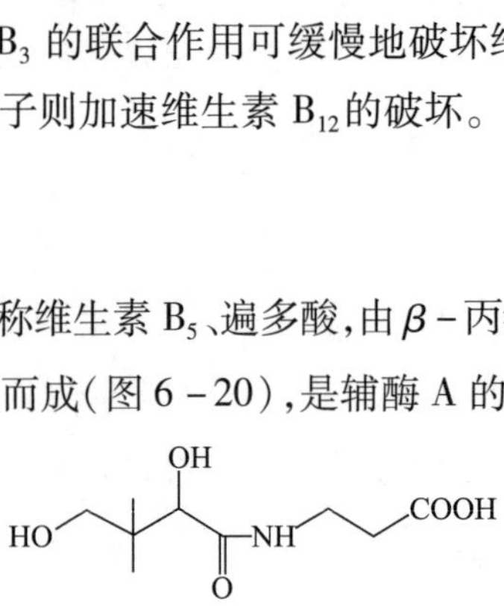

图 6 – 20　泛酸的化学结构

泛酸为黄色黏稠油状物,呈酸性,易溶于水和乙醇,不溶于有机溶剂,在空气中稳定,对氧化剂和还原剂极为稳定,但对酸、碱、热不稳定。泛酸在碱性溶液中水解为 β – 丙氨酸与泛解酸,在酸性溶液中水解为泛解酸的 γ – 内酯,在 pH 为 5 ~ 7 的水溶液中最为稳定。在食品加工和贮藏过程中,尤其在低水分活度条件下,泛酸具有相当好的稳定性。在烹调和热加工过程中,泛酸损失率随着处理温度的升高和溶水流失程度的增大而增大,通常在 30% ~ 80%。

九、生物素(维生素 H)

生物素(biotin),又称维生素 B_7 或维生素 H,与维生素 B_1 一样,是一种含硫维生素,由脲和噻吩组成五元骈环,并带有戊酸侧链(图 6 - 21)。生物素分子中有 3 个不对称碳原子,存在 8 种可能的立体异构体,但只有 D - 生物素才具有相应的生物活性。

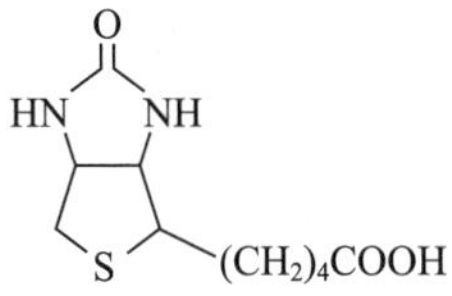

图 6 - 21　生物素的化学结构

生物素为无色的细长针状结晶,熔点为 232 ~ 233℃,能溶于热水和乙醇,但不溶于有机溶剂,无色,无味。生物素对光、氧和热非常稳定,在弱酸、弱碱环境(pH 为 5 ~ 8)中也相当稳定,但强酸、强碱会使得生物素环上的酰胺键水解而导致其降解失活。某些氧化剂(如过氧化氢、高锰酸钾)可使生物素分子中的硫氧化,生成无生物活性的生物素亚砜或砜。总体而言,生物素在食品加工和贮藏过程中保存率较高,特别是在低水分活度的食品(如谷物制品)中的损失很小,其损失的主要原因是溶水流失,也有部分是由于酸碱处理或氧化造成的破坏。

第四节　维生素在食品加工和贮藏过程中的变化

食品中的维生素含量较低,许多维生素稳定性差,食品经过加工和贮藏常常发生一定程度的损失。因此,食品加工和贮藏过程中需要考虑到各种因素对维生素的影响,尽可能最大限度地保存食品中的维生素,避免其损失或与食品中其他组分间发生反应。

一、食品原料自身的影响

(一)成熟度的影响

果蔬食品原料中维生素的含量随着成熟度的变化而变化,然而不同种类的水果和蔬菜变化情况差异较大,主要由其合成与降解速率决定。研究表明,番茄在未完全成熟时维生素 C 含量最高(表 6 - 2),而辣椒在完全成熟前后维生素 C 含量最高;类胡萝卜素的含量随品种差异急剧变化,而成熟度对其含量无显著影响。因此,选择适当的原料品种和成熟度是果蔬食品加工中十分重要的问题。

表 6 - 2　不同成熟期番茄中维生素 C 含量的变化

开花期后周数/周	平均重量/g	颜色	维生素 C 含量/(mg/100g)
2	33.4	绿	10.7
3	57.2	绿	7.6
4	102	黄—绿	10.9
5	146	红—绿	20.7
6	160	红	14.6
7	168	红	10.1

(二)采后及贮藏过程中的影响

动植物食品原料从采收或屠宰到加工的这段时间内,由于细胞内源性酶的释放,生物体内的维生素以分解代谢为主,其含量会发生明显的变化。相对来说,脂肪氧合酶的氧化作用可以降低多数维生素的浓度,而维生素 C 氧化酶则专一性的引起维生素 C 含量损失。由于酶活性与温度和时间密切相关,采后及贮藏过程中维生素含量的变化程度与期间温度高低和时间长短等因素有关。例如,苹果储存 2 ~ 3 个月,维生素含量可下降到采收时的 1/3 左右;绿色蔬菜在高温条件下储存 1 ~ 2 d,维生素 C 含量减少到原先的 30% ~ 40% ,而低温条件下储存时则损失较少。因此,食品加工时应尽可能选用新鲜原料或将原料及时冷藏处理以减少维生素的损失。

二、加工和贮藏过程中的影响

(一)研磨

研磨是谷物制粉所特有的一种加工方式,需要分离谷物糠麸(种皮)和胚芽后进行磨碎。由于谷物中大多数维生素都浓缩于糠麸和胚芽中,因而谷物研磨后其中的维生素含量水平与完整的谷粒相比有所降低。加之研磨产生的热作用,研磨程度对维生素损失有很大影响,谷物加工精度越高,维生素损失越严重(图 6 - 22)。

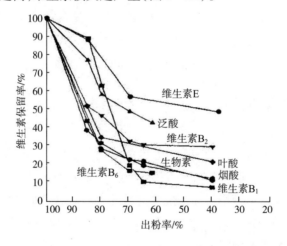

图 6 - 22 小麦出粉率与面粉中维生素保留率之间的关系

(二)切割、去皮

维生素在植物性食品原料的不同组织部位含量不同,一般叶片中维生素含量最高,果实和茎次之,根部含量最低。对于水果则表皮中维生素含量最高,从表层到核芯,维生素含量逐步降低。据研究,苹果皮中维生素 C 的含量比果肉高;柑橘皮中的维生素 C 比汁液高;胡萝卜表皮层的烟酸含量比其本身高;莴苣和菠菜外层叶中维生素 B 族和维生素 C 比内层叶中高。因此,水果和蔬菜经过去皮、修整或切割处理会导致浓集于表皮、茎或老叶中的维生素大量损失。此外,为增强果蔬原料去皮效果,工厂往往采用碱液处理方法,使得一些处于果蔬表层的不稳定维生素(如叶酸、维生素 C 及维生素 B_1)遭受额外损失。动植物食品原料经切割后再进行清洗,损伤的组织在遇到水或水溶液时会由于浸出造成大量水溶性维生素的流失,因此应尽量避免先切后洗的操作。

(三)漂洗、热烫

食品原料在漂洗过程中会损失部分水溶性维生素,这是化学性质较稳定的水溶性维生素(如泛酸、烟酸、叶酸、维生素 B_2 等)最主要的损失途径。如大米经漂洗后 B 族维生素的损失率为 60%,总维生素的损失率为 47%。

热烫是果蔬加工中不可缺少的一种处理方法,其主要目的是钝化影响产品品质的酶类、减少微生物污染、排除组织中的气体等。由于热降解破坏和溶入水中流失的双重原因,热烫处理往往造成水溶性维生素大量损失(图 6-23)。一般来说,热烫温度越高、时间越长,维生素损失越大;而高温短时热烫处理则可减少维生素损失。食品原料切分越细,单位质量表面积越大,维生素损失越多。果蔬成熟度越高,维生素 C 和维生素 B_1 损失越少。热烫通常采用热水热烫和蒸汽热烫两种方式,其中热水处理造成的维生素损失要比蒸汽处理大的多。

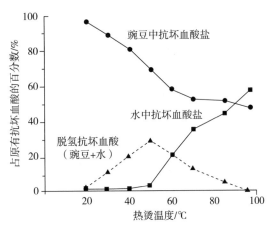

图 6-23　热烫温度对豌豆维生素 C 含量的影响(处理 10 min)

(四)冷冻保藏

冷冻被认为是保持食品的感官性状、营养及长期保藏的最好方法,一般包括预冻结处理、冻结、冷冻保藏、解冻 4 个阶段。预冻结处理期间维生素的损失很小,主要发生在果蔬热烫过程中的水溶性维生素的损失。冻结过程中对维生素的影响因食品原料和冷冻速率方式而异,低温下的快速冻结可很好地保持维生素水平。冷冻保藏期间由于化学降解作用维生素损失较大(表 6-3),损失量取决于原料、预冻结处理、包装类型、包装材料及贮藏条件等。解冻过程对维生素的损失影响也较小,一般是水溶性维生素随解冻渗出液流失,动物性食品损失的主要是 B 族维生素,其损失量与渗出的汁液量成正比。

表 6 – 3 蔬菜冻藏期间维生素 C 的损失

食品	鲜样中含量/(mg/100g)	−18℃储存 6 ~ 12 个月的损失率(平均与范围)/%
芦笋	33	12(12 ~ 13)
青豆	19	45(30 ~ 68)
青豌豆	27	43(32 ~ 67)
菜豆	29	51(39 ~ 64)
嫩茎花椰菜	113	49(35 ~ 68)
花椰菜	78	50(40 ~ 60)
菠菜	51	65(54 ~ 80)

(五)射线辐照

辐照主要用于肉类食品的灭菌防腐和果蔬的保鲜贮藏。辐照技术的最主要的优势就在于基本不改变食物的组成成分。研究发现,食物中的蛋白质、碳水化合物和脂肪等成分即使在辐射剂量上升到 10 kGy 时仍然表现出相当高的稳定性。但是,辐照对维生素有一定的破坏作用。维生素 C 是对辐照最敏感的维生素之一,其损失随辐照剂量的增大而增加(表 6 – 4),这主要是因为水辐照后产生自由基的破坏结果。此外,脂溶性维生素也特别容易被辐照处理破坏,其敏感程度大小依次为维生素 E、胡萝卜素、维生素 A、维生素 D、维生素 K。B 族维生素中维生素 B_1 最易受到辐照的破坏,其破坏程度与热加工相当,大约为 63%。而对于其他 B 族维生素来说,与传统的热灭菌方法相比,辐照可以减少其损失,特别是对维生素 B_2 和烟酸的破坏最小。

表 6 – 4 不同辐照剂量对维生素 C 的影响

辐照剂量/(kGy)	维生素浓度/(μg/mL)	保存率/%
0.1	100	98
0.25	100	85.6
0.5	100	68.7
1.5	100	19.8
2.0	100	3.5

三、食品添加剂的影响

食品加工过程中,为了改善食品感官品质、防腐及加工工艺的需要,通常会向食品中加入一些化学物质(即食品添加剂),其中有些物质对维生素有一定的破坏作用。例如,面粉中使用的过氧化苯甲酰、溴酸钾等漂白剂会氧化分解维生素 A、维生素 C 和维生素 E,降低它们在面制品中的含量或使其失去活性。用来抑制果蔬制品发生酶促或非酶褐变以及在葡萄酒中抑制杂菌的二氧化硫及亚硫酸盐等,作为还原剂虽对维生素 C 有保护作用,但因其亲核性会导致维生素 B_1 和维生素 B_6 的失活。常用在肉制品中作为发色剂和防腐剂的亚硝酸盐会因其氧化性质引起维生素 C、类胡萝卜素、维生素 B_1 和叶酸的损失。果蔬加工中添加的有机酸可减少维生素 C 和维生素 B_1 的损失,但会破坏泛酸、维生素 B_{12}、叶酸;碱性物质则会增加维生素 C、维生素 B_1 等的损失。

第五节　维生素的增补与强化

一、维生素增补与强化的目的

由于饮食习惯和地理环境的限制,使得某些地区居民的日常膳食中缺少某种或某些维生素,如寒带地区缺少蔬菜,居住人群很可能缺乏维生素 C;习惯于食用精白米面的人群比较容易缺乏维生素 B_1。食品在加工中,如稻谷碾成米、小麦磨成粉、牛乳加热灭菌等,都会造成维生素一定程度的损失。另外,食品在贮藏和运输过程中,也会损失一部分维生素。生活和工作在各种特殊环境中的人群,其生理状况与一般人有所区别,对维生素的需要量也不同。如钢铁厂高温作业的工人,可补充维生素 A、B 族维生素和维生素 C,改善营养状况,以缓解疲劳、增强工作能力。很多国家通过在食品中添加维生素的手段,改进食品的营养质量,促进人民身体健康。

食品营养强化剂是指为了增加食品的营养成分(价值)而加入食品中的天然或人工合成的营养素和其他营养成分。维生素类强化剂是在食品中应用最早最多的一类强化剂。维生素类强化剂主要有维生素 A、维生素 B_1、维生素 B_2、烟酸、叶酸、维生素 D、维生素 E、维生素 C 等。

在食品中添加维生素类强化剂可以:

① 弥补某些天然食物中维生素的缺陷。

② 预防地方性维生素缺乏症。

③ 补充食品在加工、贮藏等过程中维生素的损失。

④ 满足特殊人群的营养需要,适应不同人群生理及职业的需要。

⑤ 简化膳食处理,方便摄食。

二、维生素添加方式

常见的 3 种主要添加方式为:

① 维生素的复原(restoration):添加关键维生素,使其恢复到加工之前的水平。

② 维生素的增补(enrichment):选择性的添加适量维生素,以达到规定的营养标准量。

③ 维生素的强化(fortification):添加一种或多种维生素于食品中,使其成为一种优良的维生素来源,包括添加维生素使其超过加工前已有的水平,或者添加原来在食品中不存在的维生素。

三、维生素增补与强化的基本原则

在食品中添加维生素的好处显而易见,但必须防止滥加而危害消费者的行为。维生素的增补与强化必须建立在食品法规和其他相关法规条例的基础上。根据《GB 14880—2012 食品安全国家标准　食品营养强化剂使用标准》规定,维生素类强化剂在食品中的使用范围、使用量有严格的限制。

维生素增补与强化还需要遵循以下的基本原则:

1. 有明确的针对性

应根据膳食调查和营养不良体征做全面细致的调查研究,选择应强化的维生素种类、数量。

2. 符合营养学原理

人体所需各种营养素有一定比例关系,除了要考虑所强化的营养素其生物利用率外,还应注意保持各营养素之间的平衡和强化剂用量,以及强化剂不能与食品中原有成分起化学反应或干扰原有营养素的吸收利用。一般来说,天然强化剂和水溶性维生素相对较为安全。

3. 易被机体吸收利用

应尽量选用那些易于吸收利用的强化剂,如摄入维生素过量,会引起中毒。

4. 应符合国家的卫生标准,经济合理

提高强化剂在食品中的保存率,如多种维生素遇光、热、氧会被破坏,因此,要努力提高它们的稳定性,以减少在食品加工、贮藏等过程中的损失,可以通过改进食品加工工艺,改善包装贮藏条件等减少维生素的损失。强化剂本身应符合卫生要求,不带杂菌和有毒物质。此外,经济合理、工艺简便也是推广强化食品时应考虑的因素。

5. 保持原有的食品风味

不影响食品原有的色、香、味等感官性状,不致降低食品价值或使消费者厌恶,如维生素 B_2 会使颜色变黄,鱼肝油会改变食品气味等,这些影响因素在维生素增补过程中应充分考虑。

课程思政案例

案例一:上海解放初期,南下的解放军战士由于只吃大白菜、豆腐与大米,普遍发生舌头糜烂、下身奇痒与溃烂等症状。上海警备区特请临床营养学家侯祥川教授与王应睐教授前去会诊,很快就确诊为维生素 B_2 缺乏症。侯祥川对战士们进行治疗,王应睐则通过分析食品中维生素 B_2 含量提出有效措施,很快就解决了问题。

——摘自 ①李林. 上善若水 往亦来者——王应睐科学精神长存[J]. 民主与科学,2018 (5):73 - 75.;②翟硕莉. 食品化学课程中融入"课程思政"元素初探[J]. 绿色科技,

2020（5）：235 – 236.

课程思政育人目标: 培养学生的爱国情怀,同时培养学生理论研究要与实际相联系的意识。

案例二: 膳食摄入减少或机体需要增加又得不到及时补充时,可使体内维生素 C 储存减少,引起缺乏,若体内储存量低于 300 mg,将出现缺乏症状,主要引起坏血病。

维生素 C 毒性很低,但是一次口服 2 ~ 3 g 时可能会出现腹泻、腹胀;患有结石的病人,长期过量摄入可能增加尿中草酸盐的排泄,增加患尿路结石的危险。

——摘自 ①孙长颢. 营养与食品卫生学［M］. 第 8 版. 北京:人民卫生出版社,2017. ;②贾俊强. "食品生物化学"课程思政教育路径探讨［J］. 现代面粉工业,2020,34（3）：34 – 35.

课程思政育人目标: 任何事情都要把握一个"度",超越了"度",事物就会发生质的变化。唯物辩证法认为,量变和质变是事物的两种状态,事物的量变是质变的前提和必要准备,质变是量变的必然结果。引导学生全面看待事物,培养学生的唯物辩证思维能力。

思考题

1. 维生素类化合物有哪些共同特点?

2. 维生素如何分类? 它们有何区别?

3. 简述维生素 E 的稳定性及其在食品工业中的作用。

4. 分析维生素 C 的降解途径及其影响因素。

5. 试从化学结构上说明维生素 B_1 为什么不稳定。

6. 食品中维生素在食品加工和贮藏过程中损失的途径有哪些? 如何降低维生素的损失?

7. 维生素增补与强化的目的、基本原则是什么?

习题

第七章　矿物质

学习目标与要求

1. 了解食品中矿物质的种类、来源、存在形式、吸收利用的基本性质和它们在机体中的作用。

2. 掌握矿物质在食品加工、贮藏中所发生的变化以及对机体利用率产生的影响；掌握食品矿物质损失和营养强化的途径。

3. 通过本章学习使学生能够针对矿物质对食品品质进行调控。

PPT 课件

第一节　概述

矿物质(mineral)，又称无机盐，是构成人体组织和维持正常生理功能所必需的各种无机物的总称，为人体必需的七大营养素之一。尽管矿物质在人体内的总量不及体重的5%，也不能为机体提供能量，但是它和维生素一样是人体必需的元素，人体是无法自身产生和合成的，因此，矿物质的获得必须通过食物和水的摄取来完成。

矿物质是构成机体组织的十分重要的原料，如钙、镁、磷是构成骨骼、牙齿的主要原料；矿物质也是维持机体正常渗透压和酸碱平衡的必要条件；人体的血红蛋白、甲状腺素等特殊的物质需要铁、碘的参与才能合成；矿物质也是构成具有生理活性的酶的重要辅助因子。

各种矿物质在机体组织器官内的分布不均匀，矿物质元素之间存在着协同或拮抗效应。在人体新陈代谢的过程中，每天都有一定量的矿物质随各种途径，如尿、粪、汗、头发、指甲、皮肤及黏膜的脱落而排出体外。而部分矿物质在机体内的需要量极少，生理需要量与中毒剂量的范围较窄，过量摄入易引起中毒。根据矿物质在食物中的分布以及人体吸收的特点，钙、铁、锌等矿物质元素在我国膳食人群中属于比较容易缺乏的种类。当然，在特殊地理环境或其他特殊条件下，也可能有碘、硒及其他元素的缺乏问题。

食物中矿物质的种类和含量都非常丰富，它们是食品营养价值的重要评价指标之一。食品中矿物质含量的变化主要取决于环境因素，如植物赖以生长的土壤成分或动物饲料成分的特点。物理手段或是化学反应都会导致食品中矿物质的损失。如矿物质会随着食物非食用部分被剔除和水溶性物质浸出等过程而损失;一些食品中存在的草酸和植酸等多价阴离子,能与二价金属离子形成极难溶解的盐,而使得矿物质不能在肠中被吸收利用。因此,测定矿物质利用率也是十分必要的。

一、矿物质的分类

矿物质中有 21 种是人体营养所必需的。按照矿物质对人体健康的影响,可分为必需元素(essential element)、非必需元素(no essential element)和有毒元素(toxic element)三类。必需元素是指这类元素存在于机体的健康组织中,对机体自身的稳定具有重要作用。当缺乏或不足时,机体出现各种功能异常现象。例如,缺铁导致贫血;缺硒出现白肌病;缺碘易患甲状腺肿等。但必需元素摄入过多会对人体造成危害,引起中毒。非必需元素又称辅助营养元素。有毒元素通常指重金属元素如汞、铅、镉等。

根据矿物质在人体中的含量和人体对它们的需要量,可将其分为常量元素和微量元素两大类。其中,钾、钙、钠、镁、磷、硫、氯 7 种元素含量较多,其含量占人体 0.01% 以上或膳食摄入量大于 100 mg/d,被称为常量元素,又叫作宏量元素。其他元素如铁、铜、碘、锌、硒、锰、钼、钴、铬、锡、钒、硅、镍、氟共 14 种,存在数量极少,含量占人体 0.01% 以下或膳食摄入量小于 100 mg/d,被称为微量元素。

下面对主要矿物质元素进行简单介绍。

(一)常量元素(macro - elements)

1. 钠和钾

钠(Sodium,Na)和钾(Potassium,K)的作用与功能关系密切,二者均是人体的必需营养素。钠作为血浆和其他细胞外液的主要阳离子,在保持体液的酸碱平衡、渗透压和水的平衡方面起重要作用;并和细胞内的主要阳离子——钾共同维持细胞内外的渗透平衡,参与细胞的生物电活动,在机体内循环稳定的控制机制中起重要作用;在肾小管中参与氢离子交换和再吸收;参与细胞的新陈代谢。在食品工业中钠可激活某些酶如淀粉酶;诱发食品中典型咸味;降低食品的 A_w,抑制微生物生长,起到防腐的作用;作为膨松剂改善食品的质构。钾可作为食盐的替代品及膨松剂。

钠的主要来源是食盐和味精,钾的主要食物来源是水果、蔬菜和肉类。人们一般很少出现钠、钾缺乏症,但当钠摄入过多时会造成高血压。表 7 - 1 列出了动物性食品中的钠、钾含量。

表 7 - 1　动物性食品中钠和钾的含量(mg/100 g)

食物名称	钾	钠
猪肉(后腿)	330	11.0
猪肝	230	20.0
牛肉(后腿)	330	11.0

续表

食物名称	钾	钠
牛奶	157	49.0
鸡肉	340	12.0
鸡蛋	60	73.0
鸭蛋	60	82.0
带鱼	220	112.0
鲤鱼	359	44.0
黄鳝	325	47.0
对虾	150	20.0

2. 钙和磷

钙（Calcium，Ca）和磷（Phosphorus，P）也是人体必需的营养素之一。体内99%的钙和80%的磷以羟磷灰石的形式存在与骨骼和牙齿中。钙对血液凝固、神经肌肉的兴奋性、细胞的黏着、神经冲动的传递、细胞膜功能的维持、酶反应的激活以及激素的分泌都起着决定性的作用。磷作为核酸、磷脂、辅酶的组成部分，参与碳水化合物和脂肪的吸收与代谢。

由于钙能与带负电荷的大分子形成凝胶，如低甲氧基果胶、大豆蛋白、酪蛋白等，加入罐用配汤可提高罐装蔬菜的坚硬性，因此，在食品工业中广泛用作质构改良剂。磷在软饮料中用作酸化剂；三聚磷酸钠有助于改善肉的持水性；在剁碎肉和加工奶酪时使用磷可起到乳化助剂的作用；此外，磷还可充当膨松剂。

钙的主要来源有乳及其制品、绿色蔬菜、豆腐、鱼和骨等；磷主要来源于动物性食品。植物性食品中含有大量的磷，但大多数以植酸磷的形式存在（表7-2），难以被人体消化与吸收，可通过发酵或浸泡方式将其水解，释放出游离的磷酸盐，从而提高磷的生物利用率。人体缺钙时，幼年易患佝偻病，成年或老年易患骨质疏松症。一般很少出现磷缺乏症。

表7-2　食品中植酸磷的含量（g/kg 干物质）

食品	总磷	植酸磷	食品	总磷	植酸磷
大米	3.5	2.4	豌豆	3.8	1.7
小米	3.5	1.91	大豆	7.1	3.8
小麦	3.3	2.2	土豆	1.0	0
玉米	2.8	1.9	燕麦	3.6	2.1
高粱	2.7	1.9	大麦	3.7	2.2

3. 镁

镁（Magnesium，Mg）虽然是常量元素中体内总含量较少的一种元素，但具有非常重要的生理功能。镁是骨骼和牙齿的重要组成成分之一，它与钙、磷构成骨盐，与钙在功能上既协同又对抗。当钙不足时镁可部分替代;当镁摄入过多时,又阻止骨骼的正常钙化。镁是细胞内的主要阳离子之一,和 Ca、K、Na 一起与相应的阴离子协同,维持体内的酸碱平衡和神经肌肉的应激性。细胞内大多数镁集中于线粒体中作为辅基参与体内的各种磷酸化反应;通过对核糖体的聚合作用,参与蛋白质的合成,使 mRNA 与 70 S 核糖体连接;参与 DNA 的合成与分解,维持核酸结构的稳定。

食品工业中镁主要用作颜色改良剂。在蔬菜加工中常因叶绿素中的镁脱去生成脱镁叶绿素,使色泽变暗。膳食中的镁来源于全谷、坚果、豆类和绿色蔬菜中。一般很少出现镁缺乏症。

4. 硫

硫(Sulphur,S)对机体的生命活动起着非常重要的作用,在体内主要作为合成含硫氨基酸如胱氨酸、半胱氨酸和甲硫氨酸的原料。食品工业中常利用 SO_2 和亚硫酸盐作为褐变反应的抑制剂;在制酒工业中广泛用于防止和控制微生物生长。硫分布广,富含含硫氨基酸的动植物食品是硫的主要膳食来源。

(二) 微量元素

1. 锌

锌(Zinc,Zn)主要通过体内某些酶类直接发挥作用来调节生命活动,例如 Cu/Zn 超氧化物歧化酶、RNA 聚合酶(Ⅰ、Ⅱ、Ⅲ)等。作为负责调节基因表达的反式作用因子的刺激物,参与 DNA、RNA 和蛋白质的代谢。锌与胰岛素、前列腺素、促性腺素等激素的活性有关;锌具有提高机体免疫力的功能,与人的视力及暗适应能力关系密切。此外,锌可能是细胞凋亡的一种调节剂。

一般动物性食品中锌的含量较高,肉中锌的含量为 20 ~ 60 mg/kg,而且肉中的锌与肌球蛋白紧密连接在一起,可提高肉的持水性。除谷类的胚芽外,植物性食品中锌含量较低,如小麦含 20 ~ 30 mg/kg,且大多与植酸结合,不易被吸收与利用。水果和蔬菜中含锌量很低,大约 2 mg/kg。有机锌的生物利用率高于无机锌。

2. 铁

铁(Iron,Fe)是人体必需的微量元素,也是体内含量最多的微量元素。机体内的铁都以结合态存在(表 7 - 3),没有游离的铁离子存在。铁是血红素的组成成分之一;参与血红蛋白和肌红蛋白的构成;参与细胞色素氧化酶、过氧化物酶的合成;维持其他酶类如乙酰辅酶 A、黄嘌呤氧化酶等的活性以保持体内三羧酸循环顺利进行;在机体氧的运输、交换与组织呼吸中发挥重要作用;铁还影响体内蛋白质的合成,提高机体的免疫力。

表 7 - 3 人体内铁的分布

名称	总量/g	含铁量/mg	含铁百分率/%
血红蛋白	900	3100	73
肌红蛋白	40	140	3.3

名称	总量/g	含铁量/mg	含铁百分率/%
细胞色素	0.8	3.4	0.08
过氧化氢酶	5.0	4.5	0.11
铁传递蛋白	7.5	3.0	0.07
铁蛋白和血铁黄素	3.0	690	16.4
未鉴定成分		300	7.1

食品工业中铁主要有以下几方面的作用:通过 Fe^{2+} 与 Fe^{3+} 催化食品中的脂质过氧化;颜色改变剂,与多酚类形成绿色、蓝色或黑色复合物,在罐头食品中与 S^{2-} 形成黑色的 FeS,在肌肉中以其价态不同呈现不同的色泽如 Fe^{2+} 呈红色,而 Fe^{3+} 呈褐色;营养强化剂,在越来越多的食品中使用铁进行营养强化,不同化学形式的铁,其强化后的生物可利用性也不同。动物性食品如肝脏、肌肉、蛋黄中富含铁,植物性食品如豆类、菠菜、苋菜等中含铁量稍高,其他含铁较低,且大多数与植酸结合难以被吸收与利用。

3. 铜

人体中的铜(Copper,Cu)大多数以结合状态存在,如血浆中大约有90%的铜以铜蓝蛋白的形式存在。铜通过影响铁的吸收、释放、运送和利用来参与造血过程。铜能加速血红蛋白及卟啉的合成,促使幼稚红细胞成熟并释放。铜是体内许多酶的组成成分,如超氧化物歧化酶(superoxide dismutase,SOD);对结缔组织的形成和功能具有重要作用;与毛发的生长和色素的沉着有关;促进体内释放多种激素,如促甲状腺激素、促黄体激素、促肾上腺皮质激素和垂体释放生长激素等;影响肾上腺皮质类固醇和儿茶酚胺的合成,并与机体的免疫有关。

食品加工中铜可催化脂质过氧化、抗坏血酸氧化和非酶氧化褐变;作为多酚氧化酶的组成成分催化酶促褐变,影响食品的色泽;在蛋白质加工中,铜可改善蛋白质的功能特性,稳定蛋白质的起泡性。绿色蔬菜、鱼类和动物肝脏中含铜丰富,牛奶、肉中含量较低。食品中锌过量时会影响铜的利用。

4. 碘

碘(Iodine,I)在机体内主要通过构成甲状腺素而发挥各种生理作用。碘可以活化体内的酶,调节机体的能量代谢,促进生长发育,参与 RNA 的诱导作用及蛋白质的合成。面粉加工焙烤食品时,KIO_3 作为面团改良剂,能改善焙烤食品质量。机体缺碘会产生甲状腺肿,幼儿缺碘会导致呆小病。

海带及各类海产品是碘的丰富来源。乳及乳制品中含碘量在 $200\sim400$ μg/kg,植物中含碘量较低。食品加工中一些含碘食品如海带长时间的淋洗和浸泡会导致碘的大量流失。

5. 硒

硒(Selenium,Se)是 1837 年由瑞典科学家 Berzelius 发现的第一种非金属元素。长期以来,人们一直认为它是有毒物质,直到 1957 年研究发现硒是机体重要的必需微量元素。

硒参与谷胱苷肽过氧化物酶(Glutathione peroxidase,GSH－Px)的合成,发挥抗氧化作用,保护细胞膜结构的完整性和正常功能的发挥。硒的抗氧化功能是通过 GSH－Px 来实现的。GSH－Px 催化还原型谷胱苷肽转变成氧化型的谷胱苷肽,将脂肪酸氧化产生的氢过氧化物($ROOH,H_2O_2$)还原成羟基脂肪酸,并使 H_2O_2 分解。

硒能加强维生素 E 的抗氧化作用,但维生素 E 主要防止不饱和脂肪酸(Unsaturated fatty acid,UFA)氧化生成氢过氧化物(ROOH),而硒使氢过氧化物(ROOH)迅速分解成醇和水。硒还具有促进免疫球蛋白生成和保护吞噬细胞完整的作用。

硒的生物利用率与硒化合物的形态有关(表 7－4),最活泼的是亚硒酸盐,但它的化学性质最不稳定。许多硒化合物具有挥发性,容易在加工中损失。例如脱脂奶粉干燥时大约损失 5% 的硒。硒的食物来源主要是动物内脏,其次是海产品、淡水鱼、肉类,蔬菜和水果中含量最低。

硒缺乏与地理环境有关。我国黑龙江克山县一带是严重缺硒地区,土壤中的含硒量仅为 0.06 mg/kg,这些地区的人易患白肌病(white muscle disease,WMD)或拇外翻。

表 7－4　无机化合物中硒的生物利用率(%)

化合物	硒的价态	利用率
硒化钠	－2	44
硒	0	3
亚硒酸钠	4	100
硒酸钠	6	74

6. 铬

自 1957 年 Schwarz 和 Mertz 首次提出并证实啤酒酵母中含有葡萄糖耐量因子(glucose tolerance factor,GTF)的假设,并于 1959 年进一步证实了 GTF 中具有重要生物活性的结构部分是 Cr^{3+} 后,铬(Chromium,Cr)的生物学功能引起了人们的广泛关注。现已证明,铬是人和动物必需的微量元素,在体内具有重要的生理功能。铬通过协同和增强胰岛素的作用,影响糖类、脂类、蛋白质及核酸的代谢。目前尚未完全清楚 GTF 的化学结构,普遍认为它是一种铬的烟酸盐,含有 Cr^{3+}、烟酸和另外三种氨基酸(谷氨酸、胱氨酸和甘氨酸)。

Cr^{3+} 在葡萄糖磷酸变位酶中起着关键性的作用。铬作用于细胞上的胰岛素敏感部位,增加细胞表面胰岛素受体的数量或激活胰岛素与膜受体之间二硫键的活性,加强胰岛素与其受体位点的结合,刺激外周组织对葡萄糖的利用,维持体内血糖的正常水平。铬可增强脂蛋白脂酶和卵磷脂胆固醇酰基转移酶的活性,促进高密度脂蛋白(high density lipoprotein, HDL)的生成。铬可促进氨基酸进入细胞,影响核蛋白、RNA 和核酸的合成,保护 RNA 免受热变性,维持核酸结构的完整性。铬与 DNA 作用的色谱学研究表明,Cr^{3+} 催化核苷三磷酸分子脱去焦磷酸,并且通过 DNA—DNA 交联而促进 DNA 的聚合。

铬的最丰富来源是啤酒酵母,动物肝脏、胡萝卜、红辣椒等中含铬较多。有机铬易被吸收,Fe、Zn、V 及植酸盐等妨碍铬的吸收,而 Mn、Mg 及草酸盐可促进铬的吸收。膳食中缺铬时导致一系列的代谢紊乱,例如,缺铬时血清胆固醇及血糖均升高,易产生动脉粥样硬化,这主要与内皮细胞通透性增高有关。

7. 钴

钴(Cobalt,Co)是早期发现的人和动物体内必需的微量元素之一。1879 年 Azary 指出钴对机体造血有利;1933 年 Filmer 首次报道了缺钴动物可产生严重贫血;1935 年钴被正式认定为人和动物营养中必需的微量元素。

钴可增强机体的造血功能,可能的途径有:直接刺激作用,钴促进铁的吸收,使铁易进入骨髓被利用;间接刺激作用,钴能抑制细胞内许多重要的呼吸酶的活性,引起细胞缺氧,从而促使红细胞生成素的合成量增加,产生代偿性造血机能亢进。钴通过维生素 B_{12} 参与体内甲基的转移和糖代谢;钴还可以提高锌的生物利用率。

豆类中钴含量稍高,大约在 1.0 mg/kg,玉米和其他谷物中含量很低,大约在 0.1 mg/kg。

8. 其他微量元素

(1)锰

1931 年人们发现缺锰(Manganese,Mn)会引起啮齿动物生长不良和生殖功能障碍,从而确定了它是一种必需的元素。现已证明,锰是体内精氨酸酶、丙酮酸羧化酶和 MnSOD 等的组成成分以及转葡萄糖苷酶、磷酸烯醇式丙酮酸羧基激酶和谷氨酰胺合成酶等的激活剂。锰参与体内蛋白质代谢,清除体内过多的 O_2^{2-},与黏多糖中硫酸软骨素的合成有关;参与凝血酶原的合成等作用。茶叶和咖啡中含量最高,范围是 300~600 $\mu g/mL$;谷物、坚果、干果等含锰丰富,大约为 20 $\mu g/g$;肉、鱼中含量较低约为 0.2 $\mu g/g$,蔬菜中含量为 0.5~2 $\mu g/kg$。

(2)氟

氟(Fluorine,F)是人体必需的微量元素,对牙齿和骨骼的形成和结构有重要作用,是唯一能降低儿童和成人龋齿患病率或减轻龋齿病情的营养素。适量的氟可促进铁的吸收,有利于体内钙、磷的利用,增强钙、磷在骨中的沉积,促进骨骼的形成,增强骨骼的硬度。此外,适量的氟能被牙釉质中的羟磷灰石吸附,形成坚硬质密的氟磷灰石表面保护层,具防龋齿作用。海鱼中氟的含量高达 5~10 mg/kg,干旱地区茶叶中含氟量为 100 mg/kg。过量的氟会损害牙齿和骨骼,典型症状为"牙氟中毒"。

(3)钼

钼(Molybdenum,Mo)发现于 1778 年。1953 年因发现黄嘌呤氧化酶是含钼的金属酶而首次确定了它是一种必需的微量元素。钼在体内作为黄嘌呤氧化酶、醛氧化酶和亚硫酸氧化酶的组成成分,其中黄嘌呤氧化酶、醛氧化酶参与细胞内电子传递,加速细胞色素 C 的还原;黄嘌呤氧化酶在核酸代谢中具有关键作用,主要催化体内的嘌呤化合物的氧化代谢,催化肝内的铁蛋白释放铁,加速铁进入血浆的过程,使 Fe^{2+} 很快氧化成 Fe^{3+},并迅速与 $\beta 1$ 球蛋白结合形成运铁蛋白运送至肝脏、骨髓以及供其他细胞利用;钼还具有一定的防龋齿作用。一般谷物种子、豆类、乳及其制品、动物肝脏、肾脏富含钼,水果中含量很低。

(4)砷

一直以来,人们认为砷(Arsenic,As)是有毒物质的同义词,但砷制剂作为治疗厌食、营养障碍、梅毒、神经痛、风湿病、哮喘、糖尿病、皮肤病等疾病的药物被人们广泛接受。亚砷酸盐可诱导细胞内产生某些蛋白质如热休克蛋白应与应激反应蛋白。谷类、豆类、蔬菜一般含砷在 0.1 mg/kg 以下,但海产品含砷量较高。

(5)硼

1923 年 Warrington 提出硼(Boron,B)是植物的必需元素。现已证明硼也是包括人在内的高等动物必需的营养素。硼的生物学功能目前尚未完全清楚,但硼可能是代谢调节剂,通过与多种在有利部位有羟基的底物或反应物形成复合物起作用,从而改变某些酶的活性。硼以硼砂或硼酸的形式在食品中常用作防腐剂。植物性食品中以非柑橘类水果、叶菜、果仁、豆类含硼丰富,肉、鱼、奶类含硼较少。

(6)镍

镍(Nickel,Ni)是 1751 年发现的。研究发现镍能促进红细胞的再生,调节体内激素的释放,增强体内某些酶的活性,影响体内矿物质的代谢,具有 DNA 和 RNA 结构的功能。富含镍的食物主要有果仁、干豆和谷类。

(7)硅

硅(Silicon,Si)主要通过影响软骨成分及最终的软骨钙化来影响骨的形成。缺乏时主要表现骨代谢异常。硅的最丰富来源是含高纤维的未精制的谷类及其制品、根茎类蔬菜。

(8)矾

矾(Vanadium,V)在元素周期表中位于第 23 位,是一种白色的过渡性金属,性质极活泼。矾对造血有影响,参与蛋氨酸和体内甲基化的代谢过程,抑制胆固醇的合成,促进骨骼和牙齿的钙化。

(9)铝

铝(Aluminum,Al)在地壳中含量很丰富,仅次于氧和硅。在体内铝对于各种元素的平衡和相互间的作用意义重大。铝可阻碍磷的吸收。

(10)锗

研究表明,锗(Germanium,Ge)的最突出生理功能是有机锗的抗肿瘤活性。锗的丰富来源有麦麸、蔬菜及豆科种子等。

(11)锡

在体内,锡(Stannum,Sn)主要影响血红素氧化酶的活性,与胸腺免疫及体内稳态平衡功能有关。其主要来源是罐头食品。

(12)锶

食品中的锶(Strontium,Sr)进入人体后,作为骨骼和牙齿的正常组成成分参与骨骼的形成;锶与神经和肌肉的兴奋性有关。

（13）钛

钛（Tetanium，Ti）在自然界分布很广，在地壳中含量仅次于铝和铁。钛主要影响糖类、脂类和蛋白质的代谢，抑制体内酪氨酸酶的活性。主要来源于绿色蔬菜的叶片。

（14）镉

微量元素镉（Cadmiun，Cd）是1817年冶金学家F. Stromyer在提炼氧化锌中发现的一种重金属元素。WHO确定为优先研究的食品污染物，联合国环境规划署提出12种具有全球性意义的危险化学物质，镉被列为首位。镉与铜、铁、锌具有拮抗作用，镉降低小肠对铁的吸收，抑制前运铁蛋白转化为铁蛋白，镉严重中毒时表现的普遍明显症状是贫血。虽然镉具有毒性作用，但在生理剂量内发挥一定的生物学功能。例如，镉是体内某些酶的激活剂和抑制剂；可降低和消除黄曲霉素的毒害作用等。

（15）汞

汞（Hydroargyrum，Hg）是一种白色液状金属，在室温下能蒸发。常见的有机汞主要用于农业杀菌剂。鱼是最能富集汞的生物，环境中某些微生物能将无机汞化合物转化成甲基汞化合物，甲基汞的毒性比无机汞大，当水源被汞污染后，水中微生物能将汞甲基化再转给鱼类，并通过食物链造成对人的危害。日本发生的两起严重的水俣病就是由环境汞污染所引起的。硒酸盐和亚硒酸盐能缓解汞的毒性。被汞污染的粮食，无论用碾磨和不同烹调方法都不能将所含的汞除净；鱼体内的甲基汞，用冻干、油炸、干燥等方法均不能除净。所以长期食用被汞污染的食物容易发生中毒。

（16）铅

铅（Lead，Pb）是一种有毒的金属元素，它常常通过污染的食物和饮水进入体内。在大剂量下引起慢性中毒，导致神经系统、造血系统和血管的病变，而且还抑制血红蛋白的合成代谢以及造成一定程度的溶血。

二、矿物质的作用及存在状态

1. 矿物质的作用

（1）机体的重要组成成分

机体中的矿物质主要存在骨骼中，维持骨骼的刚性，99%的钙和大量的磷、镁就存在于骨髓和牙齿中。此外，硫、磷还是蛋白质的组成元素。钾、钠普遍存在于细胞中。

（2）维持细胞的渗透压及机体的酸碱平衡

矿物质与蛋白质一起维持细胞内外渗透压的平衡，对体液的潴留与移动起着非常重要的作用。此外，机体中存在着碳酸盐、磷酸盐等组成的缓冲体系与蛋白质一起构成机体的酸碱缓冲体系，它们共同维持着机体的酸碱平衡。

（3）保持神经、肌肉的兴奋度

钾、钠、钙、镁在机体中以一定比例存在时，对维持神经、肌肉组织的兴奋度、细胞膜的通透性具有十分重要的作用。

（4）对机体具有特殊的生理作用

矿物质在机体中除了以上的生理作用,还有其他一些特殊的作用。例如,铁对血红蛋白、细胞色素酶的重要性,碘对甲状腺素的合成作用。

（5）对食品感官质量的作用

矿物质不仅对生命具有重要的意义,对于食品感官质量、保存性能也具有十分重要的作用。例如磷酸盐类对维持肉制品的保水性的作用,钙离子对一些凝胶形成和食品的硬化的作用,铜离子对食品成分的催化氧化作用等。

2. 矿物质的存在状态

食品中有些常量元素一般以可溶性状态存在,而且大多数为游离态,如钠离子、钾离子、氯离子、硫酸根离子等。而一些多价离子常处于一种游离的、溶解而非离子化的胶态形式的平稳状态之中,如在牛乳中就存在这种平稳;除此之外,金属元素还常常以螯合状态存在,如维生素 B_{12} 中的钴元素。

第二节 矿物质的物理和化学性质

一、溶解性

所有的生物体系都含有水,大多数矿物质元素的传递和代谢都是以水作为媒介,在水溶液中进行的。因此,矿物质的生物利用率和活性在很大程度上与它们在水中的溶解性有关。在生物机体中,矿物质往往是与一些有机物质,如蛋白质、氨基酸、肽、糖类化合物、核酸和有机酸等结合形成配合物或螯合物,这样有利于矿物质的吸收和利用。而钙、镁、钡是同族元素,仅以 +2 价氧化态存在。虽然这一族的卤化物都是可溶的,但是其重要的盐,包括氢氧化物、碳酸盐、磷酸盐、草酸盐、硫酸盐和植酸盐都是极难溶解的。

二、酸碱性

任何矿物质都可以以其离子的形式存在。但从营养学的角度看,氟化物、碘化物和磷酸盐的阴离子是十分重要的。水中的氟化物成分比食物中更常见,其摄入量的多少主要因地理位置的不同而各异。碘以碘化物(I^-)或碘酸盐(IO_3^-)的形式存在。磷酸盐以多种不同的形式存在,如磷酸盐(PO_4^{3-})、磷酸氢盐(HPO_4^{2-})、磷酸二氢盐($H_2PO_4^-$)或磷酸(H_3PO_4)。各种微量元素参与的复杂生物过程,可以利用 Lewis 的酸碱理论解释,由于不同价态的同一元素,可以通过形成多种复合物来参与不同的生化过程,因而具有不同的营养价值。

三、氧化还原性

碘化物和碘酸盐与食品中其他重要的无机阴离子(如磷酸盐、硫酸盐和碘酸盐)相比,是较强的氧化剂。阳离子比阴离子种类多，结构也更复杂，它们的一般化学性质可以通过其所在的元素周期表中的位置来考虑。有些金属离子从营养学的观点来说是重要的，而有些则是非常有害的毒性污染物，甚至产生致癌作用。碳酸盐和磷酸盐则比较难溶解。其他一些金属元素具有多种氧化态，如锡（+2价和+4价）、汞（+1价和+2价）、铁（+2价和+3价）、铬（+3价和+6价），锰（+2，+3，+4，+6和+7价），因为这些金属元素中有许多能形成两性离子，既可作为氧化剂，又可作为还原剂。如钼和铁最重要的性质是能催化抗坏血酸和不饱和脂质的氧化。微量元素的这些价态变化和相互转换的平衡反应，都将影响组织和器官中的环境特性，例如 pH、配位体组成、电效应等，从而影响其生理功能。

四、微量元素的浓度

微量元素的浓度和存在状态将会影响各种生化反应。许多原因不明的疾病（如癌症和地方病）都与微量元素的摄入有关。但实际上对必需微量元素的确认绝非易事，因为矿物元素的价态和浓度不同，导致排列的有序性和状态不同，因而对生物体的生命活动产生的作用也不同。

五、螯合效应

许多金属离子可作为有机分子的配位体或螯合剂，如血红素中的铁，细胞红色素中的铜，叶绿素中的镁以及维生素 B_{12} 中的钴。具有生物活性结构的铬称为葡萄糖耐量因子（GTF），它是三价络合物。在葡萄糖耐量生物检测中，具有生物活性结构的铬比无机 Cr^{3+} 的效能高出 50 倍。葡萄糖耐量因子中含有约 65% 的铬，此外还含有烟酸、半胱氨酸、甘氨酸和谷氨酸等，而 Cr^{6+} 却没有生物活性。

金属离子的螯合效应与螯合物的稳定性受其本身的结构和环境因素的影响。一般五元环和六元环螯合物比其他更大或更小的环境稳定。金属离子的 Lewis 碱性也会影响其稳定性，一般碱性越强螯合物就越稳定。此外，带电荷的配位体有利于形成稳定的螯合物。不同的电子供给体所形成的配位键强度不同，对氧来说，$H_2O > ROH > R_2H$；氮应为 $H_3N > RNH_2 > H_2S$。另外，分子中的共轭结构和立体位阻有利于螯合物的稳定。

第三节 矿物质的利用率和安全性

1. 矿物质的利用率

不同来源的食品中矿物质的含量水平变化较大。植物性食品可食部分的矿物质水平与土壤组成、植物特性、生长环境、地域等条件有关；动物性食品中，由于机体本身存在平衡机制，能够自动调节组织中的必需营养元素的水平，因此，其中矿物质含量水平的变化相对较小。

单一测定特定食品中一种矿物质元素的总量而得到的食品中的矿物质含量，仅能提供有限的营养价值,它不是营养评价的可靠指标。因此,测定为人体所利用的食品中这种矿物质元素的含量具有更大的实用意义。这就是我们所说的"生物利用率(bioavailability)",它指的是一个被消化的食品中某种营养素在代谢过程中被利用的比例。

食品中铁和铁盐的利用率不仅取决于它们的存在形式,而且还取决于影响它们吸收和利用的各种条件。测定矿物质生物利用率的方法有化学平衡法、生物测定法、体外检验和同位素示踪法。这些方法已广泛用于测定饲料中矿物质的消化率。

放射性同位素示踪法是一种理想的检测人体对矿物质利用情况的方法。这种方法是在生长的植物介质中加入放射性铁,或在动物屠宰以前注射放射性示踪物质;放射性示踪物质通过生物合成制成标记食品,标记食品被食用后,再测定放射性物质的吸收,这称为内标法。也可用外标法研究食品中铁和锌的吸收,即将放射性元素加入到食品中。

矿物质的生物利用率主要由它在消化系统中的吸收率决定,同时也与营养素的化学形态有关。影响矿物质的利用率的因素主要有:

① 矿物质在水中的溶解性和存在状态。矿物质的水溶性越好,越有利于机体对它的吸收利用。另外,矿物质的存在形式也同样影响它在机体中的利用率。

② 矿物质之间的相互作用。机体对矿物质的吸收有时会发生拮抗作用,这可能与它们的竞争载体有关,如过多铁的吸收将会影响锌、镁等矿物质元素的吸收。

③ 螯合效应。金属离子可以与不同的配位体作用,形成相应的配合物或螯合物。食品体系中的螯合物,不仅可以提高或降低矿物质的生物利用率,而且还可以发挥其他的作用,如防止铁、铜离子的助氧化作用。矿物质形成螯合物的能力与其自身的特性有关。一般过渡元素极易形成螯合物。矿物质形成配位化合物或螯合物后,产生的影响作用有以下几种情况:一是矿物质与可溶性配位体作用后一般能够提高它们的生物利用率,如EDTA可以提高铁的利用率;二是矿物质螯合后形成一些很难消化吸收的高分子化合物,从而降低其生物利用率,如矿物质与纤维素的结合;三是矿物质与不溶性的配位体结合后,严重影响其生物利用率,如植酸盐抑制铁、钙、锌的吸收,还有草酸盐影响钙的吸收。

④ 其他营养素摄入量的影响。蛋白质、脂肪、维生素等的摄入量会影响机体对矿物质的吸收利用,如维生素C的摄入水平与铁的吸收有关,维生素D的摄入水平对钙的吸收的影响更加明显,蛋白质的摄入不足会造成钙的吸收下降,而脂肪过度吸收会影响钙质的吸收。食物中含有过多的植酸盐、草酸盐、磷酸盐等也会降低人体对矿物质的利用率。

⑤ 人体的生理状态。人体对矿物质的吸收具有自我调节的能力,以达到维持机体环境各种元素的相对稳定。如在食品中缺乏某种矿物质时,这种矿物质在机体中的吸收率会显著提高;相反,当食品中该种矿物质的供应充足时,机体对其的吸收率会明显降低。另外,机体本身的状态,如年龄、健康状态、个体差异等都会影响机体对矿物质的利用率的变化。例如,儿童随着年龄的增大,铁的生物利用率会明显减小;在缺铁者或缺铁性贫血病人群中,机体对铁的生物利用率高于普通人群;妇女对铁的生物利用率明显高于男性。

⑥ 食物的营养组成。食物的营养组成也会影响人体对矿物质的吸收,如机体对肉类

食品中矿物质的吸收率就较高,而机体对谷物中矿物质的吸收率与之相比就低一点。

因此,制订合理的、有效的食品强效计划,需要有关食物来源和膳食中矿物质的利用率的完整资料,这些资料在评价替代食品和类似食品的营养性质时也是重要的。

2. 矿物质的安全性

从营养的角度讲,有些矿物质不但没有营养价值,而且对人体健康还会产生危害,汞和镉就属于这样的矿物质。同时,所有的矿物质,即便是人体必需的微量元素,一旦超量摄入,也会对人体产生毒性。

第四节　矿物质在食品加工和贮藏过程中的变化

在食品原料中,矿物质的含量在很大程度上受到各种环境的影响,如受土壤中矿物质的含量、地区分布、季节、水源、施用肥料、杀虫剂、农药和杀菌剂以及膳食的性质等因素的影响。而食品中矿物质含量会随着食品加工和贮藏的过程而发生一定程度的损失和变化。

造成食品中矿物质损失的因素包括:有目的的加工处理方法,如谷物的碾磨,蔬菜的修整和去皮;不可避免的加工处理,如食品的漂烫、灭菌、烹饪和干燥;不完善的加工或贮藏条件。

在食品加工过程中,食品中存在的矿物质,无论是本身存在的还是由生产需要添加的,都或多或少会对食品中的营养成分和感官品质产生影响。肉、果蔬制品的变色大都是由于多酚类物质(花青素)与金属元素形成复合物而造成的。抗坏血酸的抗氧化损失是由含金属的酶类引起的,而含铁的脂肪氧化酶能使食品产生不良的风味。螯合剂的应用可以消除或减轻上述金属对食品的不良影响。

在加工过程中,食品矿物质的损失与维生素不同,因为它们在大多数情况下不是因为化学反应引起的,而是通过矿物质的流失或与其他物质形成一种不适于人体吸收利用的化学形态而损失的。食品在加工和烹饪过程中对矿物质的影响是食品中矿物质损失的常见原因,如罐藏、沥滤、汽蒸、水煮、碾磨等加工工序都可能对矿物质造成影响。

食品中矿物质损失的另一个途径是矿物质与食品中其他成分的相互作用,导致其生物利用率下降。一些多价阴离子,如广泛存在于植物性食品中的草酸、植酸等,能与二价的金属阳离子如铁、钙等形成盐,而这些盐是极不易溶解的,可经消化道但不被人体吸收。因此,它们对矿物质的生物效价有很大的影响。

总之,对矿物质的利用要根据实际的需要,矿物质在人体中的缺乏或过量都会对机体造成不同程度的危害,所以在食品中适度强化矿物质是非常必要的。

第五节　矿物质的营养强化

没有一种天然食物含有人体需要的各种营养素,其中也包括矿物质。此外,食品在加工和贮藏过程中往往造成矿物质的损失。人们由于饮食习惯和居住环境等不同,往往会出现矿物质的摄入不足或摄入过量,都会对机体造成不同程度的危害。因此,为了维护人体的健康,提高食品的营养价值,在食品中适度强化矿物质是非常必要的。

有针对性地进行矿物质的强化对提高食品的营养价值,保护人体的健康具有十分重要的作用。通过强化,可补充食品在加工与贮藏中矿物质的损失;满足不同人群生理和职业的要求;方便摄食以及预防和减少矿物质缺乏症。

食品的营养强化是向食品中添加营养素,以增强其营养价值的措施。根据营养强化的目的不同,食品中矿物质的强化主要有三种形式:

① 矿物质的恢复(restoration),添加矿物质使其在食品中的含量恢复到加工前的水平。

② 矿物质的强化(fortification),添加某种矿物质,使该食品成为该种矿物质的丰富来源。

③ 矿物质的增补(enrichment),选择性地添加某种矿物质,使其达到规定的营养标准要求。

一、食品矿物质强化的原则

食品进行矿物质强化必须遵循一定的原则,即从营养、卫生、经济效益和实际需要等方面全面考虑。

(一)结合实际,有明确的针对性

在对食品进行矿物质强化时必须结合当地的实际,要对当地的食物种类进行全面的分析,同时对人们的营养状况做全面细致的调查和研究,尤其要注意地区性矿物质缺乏症,然后科学地选择需要强化的食品、矿物质强化的种类和数量。

(二)选择生物利用性较高的矿物质

在进行矿物质营养强化时,最好选择生物利用性较高的矿物质。例如,钙强化剂有氯化钙、碳酸钙、磷酸钙、硫酸钙、柠檬酸钙、葡萄糖酸钙和乳酸钙等,其中人体对乳酸钙的生物利用率最好。强化时应尽量避免使用那些难溶解、难吸收的矿物质如植酸钙、草酸钙等。另外,还可使用某些含钙的天然物质如骨粉及蛋壳粉,骨粉含钙30%左右,其钙的生物可利用性为83%,蛋壳粉含钙38%,其生物可利用性为82%。

(三)应保持矿物质和其他营养素间的平衡

食品进行矿物质强化时,除考虑选择的矿物质应具有较高的可利用性外,还应保持矿物质与其他营养素间的平衡。若强化不当会造成食品各营养素间新的不平衡,影响矿物质以及其他营养素在体内的吸收与利用。

(四)符合安全卫生和质量标准

食品中使用的矿物质强化剂要符合有关的卫生和质量标准,同时还要注意使用剂量。一般来说,生理剂量是健康人所需的剂量或用于预防矿物质缺乏症的剂量;药理剂量是指用于治疗缺乏症的剂量,通常是生理剂量的10倍;而中毒剂量是可引起不良反应或中毒症状的剂量,通常是生理剂量的100倍。

（五）不影响食品原来的品质属性

食品大多具有美好的色、香、味等感官性状，在进行矿物质强化时不应损害食品原有的感官性状而致使消费者不能接受。根据不同矿物质强化剂的特点，选择被强化的食品与之配合，这样不但不会产生不良反应，还可提高食品的感官性状和商品价值。例如，铁盐色黑，当用于酱或酱油强化时，因这些食品本身具有一定的颜色和味道，在合适的强化剂量范围内，不会使人们产生不快的感觉。

（六）经济合理，有利于推广

矿物质强化的目的主要是提高食品的营养和保持人们的健康。一般情况下，食品的矿物质强化需要增加一定的成本，因此，在强化时应注意成本和经济效益，否则不利于推广，达不到应有的目的。

二、几种重要的矿物质强化剂

（一）铁强化剂

某些形式的铁能催化不饱和脂肪酸和维生素 A、维生素 C 以及维生素 E 氧化。加铁食品成分中的氧化反应和其他反应可能对食品的色泽、气味和/或风味产生不好的影响。在许多情况下，具有高生物利用率的铁的形式也是具有高催化活性的形式，而在化学上较不活泼的形式也是生物利用率低的形式。总之，水溶性铁成分越多，其生物利用率越高，对食品感官特性产生的不好影响也有越大的趋势。一些常用的铁强化剂及其特征如表 7-5 所示。

表 7-5   一些用于食品强化的铁强化剂的性质

化合物名称	分子式/相对分子质量	铁含量/ （g/kg 强化剂）	溶解性	相对生物利用率*
硫酸亚铁	$FeSO_4 \cdot 7H_2O$ $M_r = 278$	200	溶于水和稀盐酸	100
葡萄糖酸亚铁	$FeC_{12}H_{22}O_{14} \cdot H_2O$ $M_r = 482$	116	溶于水和稀盐酸	89
富马酸亚铁	$Fe\ C_4H_2O_4$ $M_r = 170$	330	溶于水和稀盐酸	27~200
焦磷酸铁	$Fe_4(P_2O_7)_3 \cdot xH_2O$ $M_r = 745$	240	不溶于水，溶于稀盐酸	21~74
焦磷酸铁微粒	$Fe_4(P_2O_7)_3 \cdot xH_2O$ $M_r = 745$	240	水分散	100
二甘氨酸铁	$FeC_4H_8O_4 \cdot H_2O$ $M_r = 240$	230	溶于水和稀盐酸	90~350
乙二胺四乙酸铁钠	$FeNaC_{10}H_{12}N_2O_8 \cdot 3H_2O$ $M_r = 421$	130	溶于水和稀盐酸	30~390
电解铁粉	Fe $M_r = 56$	970	不溶于水，溶于稀盐酸	75
氢还原铁粉	Fe $M_r = 56$	97	不溶于水，溶于稀盐酸	13~148
羰基铁粉	Fe $M_r = 56$	99	不溶于水，溶于稀盐酸	5~20

　　硫酸亚铁是可用于食品铁强化的最便宜、生物利用率最高和使用最普遍的铁源。硫酸亚铁在很多食品中的生物利用率较高,在铁的生物利用率的研究中经常被用作参考标准。硫酸亚铁是添加到焙烤制品的优选铁源,但由高浓度硫酸亚铁强化并长时间贮存的面粉加工而成的焙烤制品会有不良气味和风味。硫酸亚铁用于强化小麦面粉时应注意如下问题:硫酸亚铁的浓度应低于 40 mg/kg,且强化的小麦面粉在中等温度和湿度条件下贮存期不超过 3 个月;硫酸亚铁不能用于贮存期长的面粉(如家用面粉)或含有外加脂肪、油或其他易氧化配料的面粉的强化;由于预混料会产生酸败,因此,不能采用先制备含硫酸亚铁和小麦面粉的浓缩预混料然后加入面粉中的操作方式。

　　除硫酸亚铁外,其他铁源也广泛用于食品强化。最近铁粉也被作为面粉、早餐谷物食品和婴儿谷物食品的强化剂。铁粉强化的食品具有较长的货架期。

　　铁粉末是由以高度分散状态存在的铁元素组成的,并伴有少量其他微量矿物质和氧化铁的近乎纯的铁。铁粉不溶于水,因此,很可能在小肠被吸收前氧化成较高的氧化状态。当铁与胃酸接触时将在胃部发生氧化反应。

　　有 3 种不同类型的铁粉末可供选用。

　　① 还原铁:在 3 种类型中纯度最低,是通过用氢或一氧化碳气体将铁氧化物还原,然后将其研磨成粉末制成的。

　　② 电解铁:通过电解的方法将铁沉积在由挠性不锈钢片制成的阴极上。弯曲不锈钢片,将沉积在它上面的铁取下,然后将其研磨成粉末。电解铁的纯度高于还原铁,其含有的主要杂质是在研磨和贮存过程中表面形成的氧化铁。

　　③ 羰基铁:首先在有一氧化碳存在和高压条件下加热铁粉或还原铁形成五羰基铁$[Fe(CO)_5]$,然后将五羰基铁加热分解得到细度很高的高纯度铁粉末。

　　铁粉相当稳定,在食品中不会引起严重的氧化问题,但其生物利用率不确定,这可能与粉末的颗粒大小不一有关。铁粉末的色泽为暗灰色,因此,会使白色面粉稍稍变黑,但通常不被认为这是一个问题。

　　最近,人们重新关注使用螯合形式的铁作为强化剂。动物试验表明,NaFeEDTA 中的铁与硫酸铁中的铁吸收率相当或甚至更高。人体试验表明,NaFeEDTA 在含有相当数量的铁吸收抑制剂的膳食中的铁的生物利用率比在相同膳食中的 $FeSO_4$ 的生物利用率高。EDTA 结合正铁和亚铁离子的亲和力高于其他配基,例如柠檬酸和多酚类化合物。这种高亲和力产生了一种稳定的螯合,使铁在胃与肠中消化而不分散,从而防止铁与铁吸收抑制剂结合。在没有铁吸收抑制剂存在时,NaFeEDTA 的铁的生物利用率可能低于 $FeSO_4$ 中铁的生物利用率,这可用于解释 EDTA 铁钠(NaFeEDTA)中铁的相对生物利用率的变化大的原因。越南的研究显示,在 6 个月内食用强化 EDTA 铁钠的鱼肠的妇女,其铁缺乏症的患病率只有食用非强化鱼肠对照组的 50%。我国的研究也显示,食用强化 EDTA 铁钠的酱油可明显降低成年男性和女性及孩童缺铁性贫血的发病率。

　　氨基酸铁也是一种有前景的食品强化剂。甘氨酸亚铁是研究最多的氨基酸铁,它是亚铁与甘氨酸以1:2的摩尔比率螯合制成的。与硫酸亚铁相比,甘氨酸亚铁吸收抑制剂影响较小,甘氨酸亚铁在粗粮膳食中强化特别有效。

(二)锌强化

锌缺乏症比较普遍,很多营养学家提倡在食品中强化锌。硫酸锌、氯化锌、葡萄糖酸锌、氧化锌和硬脂酸锌是普遍认为安全的5种锌化合物,其中氧化锌是最常用的食品强化剂。氧化锌的溶解度低,在食品中稳定。研究发现,当硫酸锌添加到强化铁的小麦面粉时,会降低4~8岁儿童对铁的吸收,但是,相同数量的锌以氧化锌的方式添加时,对铁的吸收没有影响。

课程思政案例

案例一:我国古代在多种金属如铜、铁、金、锡、铅、锌等的冶炼方面位于世界前列。我国是世界上最早发明冶炼铸铁的国家,早在3000多年前的周代我国劳动人民,已经会冶炼铸铁了。到了公元前三四世纪,我国铁器的使用便普遍起来。我国使用铸铁的时间比欧洲要早一千六百年,我国古代劳动人民对世界冶金技术的发展有伟大贡献。

——摘自 秦菲,刘彦霞,魏涛. 无机与分析化学课程思政建设的探索[J]. 林区教学,2021(4):18-21.

课程思政育人目标:充分利用我国古代化学科学方面取得的卓越成就,激发学生的民族自豪感和民族自信心,同时引导学生树立文化自信。

案例二:《黄帝内经》中有记载"味过于咸,大骨气劳,短肌,心气抑",结合本章所学理论知识,说明钠虽然是人体必需矿物元素,但如饮食中"过咸"(即过量摄入钠)则会带来健康隐患,导致骨骼受损、乏力、皮肤干燥,心气抑郁。因此,学生应学会辩证看待问题。任何事物都有两面性,学生在学习过程中既应掌握食盐在食品营养中的生理功能、推荐摄入量和食物来源,也应了解过量食用矿物质对人体产生的不良影响,从而对博大精深的中华传统医学典籍和古人智慧产生强烈的热情和兴趣,增强学生的民族自豪感和文化自信。

——摘自 余森艳,李志红,杜丽娟."课程思政"理念下的《食品营养学》教学改革初探[J].2020,36(1):162-163.

课程思政育人目标:通过结合我国博大精深的中华传统医学典籍,激发学生的民族自豪感和自信心,增强学生辩证看待问题的意识。

思考题

1. 食品中矿物质的吸收利用率与哪些因素有关?
2. 阐述常见的矿物质的基本理化性质。

3. 阐述镁在食物中吸收率的影响因素。

4. 食品中矿物质的功效有哪些?

5. 矿物质在食品加工过程中有哪些变化?

6. 简述食品矿物质强化的发展过程和趋势。

习题

第八章　酶

学习目标与要求

1. 了解酶的化学本质、分类方法、酶活力、酶催化反应动力学、谷类食品中的主要酶类及特征、食品工业生产中常用酶类的特点及应用等内容。

2. 掌握酶促褐变的机理、影响因素及控制措施。

3. 使学生具备分析食品中的重要酶类的能力，在此基础上进一步分析食品加工、贮藏、运销过程中酶对食品品质的影响，并能指出食品生产加工过程中运用酶学知识提高食品品质的关键环节。

PPT 课件

第一节　概述

一、酶的化学本质

民以食为天，现代生活中琳琅满目的食品，其加工的最初原料主要来源于生物材料。生物，无论是动物、植物还是微生物，区别于非生物的核心特征是其具有生命活动，新陈代谢是生命活动最重要的特征。酶与生命代谢具有密切的关系，在活细胞内进行的错综复杂的化学变化（生命的基础）几乎都与酶的催化有关，可以说没有酶就不可能有生命。维持生命机体的最基本条件是要具有一种能量转移机制。机体内很多生物合成反应都需要能量参加，而要连续产生能量并且使能量进行利用，均需要通过一系列酶的活动来完成。

现代生物学的研究结果表明，酶（enzyme）是由活细胞产生的，具有高效、专一催化功能的生物大分子。按照分子中起催化作用的主要组分不同，酶可以分为蛋白类酶（proteozyme，P 酶）和核酸类酶（ribozyme，R 酶）两大类。酶鲜明地体现了生物体系的识别、催化、调节等奇妙功能。现已发现生物体内存在的酶有 8000 多种，而且每年都有新的酶被发现。迄今为止，数百种酶已纯化达到了均一纯度，有 200 多种酶得到了结晶。

二、酶催化作用的特点

酶是生物体活细胞产生的一类生物催化剂,具有一般催化剂所具有的共性,如需用量少,能显著提高化学反应的速率,在反应的前后自身没有质和量的改变;能加快反应速度,使之提前到达平衡,但不能改变反应的平衡点等。但酶作为细胞产生的生物催化剂,与一般非生物催化剂相比较又有其显著特点,即酶促反应具有温和性、专一性、高效性和可调性。

(一)酶的温和性

酶催化作用与非酶催化作用的一个显著差别在于酶催化作用的条件温和。酶催化作用一般都在常温、常压、pH 近中性的条件下进行。与之相反,一般非酶催化作用往往需要高温、高压和极端的 pH 条件。究其原因,一是由于酶催化作用所需的活性能较低,二是由于酶是具有生物催化功能的生物大分子,在极端的条件下会引起酶的变性而失去其催化功能。

酶的反应条件温和,能在接近中性 pH 和生物体温以及在常压下催化反应。酶促反应的这一特点使得酶制剂在工业上的应用展现了良好的前景,使一些产品的生产可免除高温高压耐腐蚀的设备,因而可提高产品的质量,降低原材料和能源的消耗,改善劳动条件和劳动强度,降低成本。

(二)酶的专一性

酶对底物及催化的反应有严格的选择性,一种酶仅能作用于一种物质或一类结构相似的物质,发生一定的化学反应,而对其他物质不具有活性,这种对底物的选择性称为酶的专一性。被作用的反应物,通常称为底物。一般催化剂没有这样严格的选择性。如氢离子可以催化淀粉、脂肪和蛋白质等多种物质的水解,而淀粉酶只能催化淀粉糖苷键的水解,蛋白酶只能催化蛋白质肽键的水解,脂肪酶只能催化脂肪中酯键的水解,对其他类物质则没有催化作用。酶作用的专一性,是酶最重要的特点之一,也是和一般催化剂最主要的区别。

酶的专一性主要取决于酶的活性中心的构象和性质,各种酶的专一性程度是不同的。有的酶可作用于结构相似的一类物质,有的酶则仅作用于一种物质。根据酶对底物要求的严格程度不同,其专一性可分为结构专一性和立体异构专一性。

1. 结构专一性

在结构专一性中,有的酶只作用于一定的键,对键两端的基团没有一定的要求,例如二肽酶只催化二肽肽键,而与肽键连接的氨基酸没有关系;酯酶既能催化甘油酯,也能催化丙酰胆碱、丁酰胆碱中的酯键,这种专一性称为"键专一性"。有的酶对底物要求较高,不但要求一定的化学键,而且对键的一端的基团也有一定的要求,如胰蛋白酶等某些蛋白质水解酶表现出的水解专一性,这种专一性称为"基团专一性"。

2. 立体异构专一性

立体异构专一性是从酶和底物的立体化学性质来划分的,包括旋光异构专一性和几何异构专一性等不同类型。前者指对于底物的旋光性质要求严格,如乳酸脱氢酶(EC 1.1.1.27)催化丙酮酸生成 L – 乳酸,而 D – 乳酸脱氢酶(EC 1.1.1.28)催化丙酮酸却只能生成 D – 乳酸;后者则对底物的顺反异构具有高度的选择性。

(三)酶的高效性

生物体内进行的各种化学反应几乎都是酶促反应,可以说,没有酶就不会有生命。酶的催化效率比无催化剂要高 $10^8 \sim 10^{20}$ 倍,比一般催化剂要高 $10^6 \sim 10^{13}$ 倍。在 0℃时,1 g 铁离子每秒钟只能催化 10^{-5} mol 过氧化氢分解,而在同样的条件下,1 mol 过氧化氢酶却能催化 10^5 mol 过氧化氢分解,两者相比,酶的催化效率比铁离子高 10^{10} 倍。又如存在于血液中催化 $H_2CO_3 = CO_2 + H_2O$ 的碳酸酐酶,每分钟每分子的碳酸酐酶可催化 9.6×10^8 个 H_2CO_3 进行分解,以保证细胞组织中的 CO_2 迅速通过肺泡及时排出,维持血液的正常 pH。再如刀豆脲酶催化尿素水解的反应。

$$H_2N\text{—}CO\text{—}NH_2 + H_2O \xrightarrow{\text{脲酶}} 2NH_3 + CO_2$$

在 20℃时,尿素非酶催化水解的速率常数为 3×10^{-10} s^{-1},而酶催化反应的速率常数是 3×10^4 s^{-1},因此,20℃下脲酶水解脲的速率比微酸水溶液中的反应速率增大 10^{14} 倍,再如将唾液淀粉酶稀释 100 万倍后,仍具有催化能力。由此可见,酶作为一种生物催化剂其催化效率极高。

(四)酶的可调性

酶作为细胞蛋白质的组成成分,随生长发育不断地进行自我更新和组分变化,其催化活性又极易受到环境条件的影响而发生变化,细胞内的物质代谢过程既相互联系,又错综复杂,但生物体却能有条不紊地协调进行,这是由于机体内存在着精细的调控系统。参与这种调控的因素很多,但从分子水平上讲,仍是以酶为中心的调节控制。酶作用的调节和控制也是区别于一般催化剂的重要特征。如果调节失控就会导致代谢紊乱。酶作用调节的方式主要是通过调节酶的含量和酶的活性来实现的。

1. 酶含量的调节

酶含量的调节主要有两种方式:一种是诱导或抑制酶的合成,另一种是调节酶的降解。

(1)酶生物合成的调节

对原核生物而言,其细胞结构比较简单,基因结构的特点是除了少数基因是独立存在以外,大多数基因都按照功能的相关性组成基因群连在一起,组成一个个转录单元,协调地控制其转录。结果表明,原核生物中酶生物合成的调节是在转录水平上的调节,即通过诱导或反馈阻遏酶的合成。

真核生物比原核生物结构复杂得多,其基因表达和调控也复杂得多。所以到目前为止,还没有系统的理论和模型阐述真核生物中酶生物合成的调节规律。但可以从细胞分化改变酶的生物合成、基因扩增加速酶的合成、增强子促进酶的合成和半抗原等诱导抗体酶的生物合成等方面解释真核生物细胞中酶合成的调节控制。

（2）酶分子的降解

对如何控制酶分子降解的机制目前还不甚清楚。但在生理条件下，细胞内酶含量受降解速率的调节是无疑的。许多能诱导某些限速酶合成的特异调节因素，常同时降低该酶的降解。

2. 酶活性的调节

酶活性调节的方式主要有酶的共价调节和别构调节等，这些调节作用主要通过酶促反应过程中的前馈和反馈作用以及激素的调节作用等得以实现。在体外还可通过酶的分子修饰来提高酶的活性。

（1）酶的可逆共价调节

可逆共价调节是指酶蛋白分子上的某些残基在另一种酶的催化下进行可逆的共价修饰，从而使酶在活性形式与非活性形式之间互相转变的过程。在一种酶分子上共价地引入一个基团从而改变它的活性。引入的基团又可以被第三种酶催化除去。

（2）酶的别构调节

别构调节是指某些化合物（称为配基或效应物）与酶的活性中心以外的位点结合后，引起酶蛋白构象的变化，从而改变酶活性的方式。能发生别构效应的酶称为别构酶。别构酶一般是由多个亚基组成的寡聚酶，其中一组亚基称为催化亚基，另一组亚基称为调节亚基。别构酶可具有不止一个配基的结合部位，在活性部位以外的配基结合部位，可以和底物结构完全不同的物质结合，结合后通过构象的变化影响底物和活性部位的相互作用，从而对酶的催化作用产生正或负的影响。

别构调节是建立在别构酶四级结构基础上的，通过酶分子本身构象的变化来改变酶的活性。别构酶分子中的别构中心，可能存在于同一个亚基的不同部位上，也可能存在于不同的亚基（多为调节亚基）上。别构酶的活性中心负责对底物的结合与催化，别构中心可结合效应物，负责调节酶促反应的速率。

协同效应是指蛋白质和一个配体（包括底物和效应物）结合以后，可以影响蛋白质和另一个配体之间的结合能力。当一分子配体与蛋白质结合后，影响另一个相同配体分子与蛋白质的结合称为同种协同效应。当一分子配体与蛋白质结合后，影响另一个不同的配体分子与蛋白质的结合称为异种协同效应。当一分子配体与酶蛋白的一个部位结合后，可使另一部位对配体的亲和力增高的效应称为正协同效应，反之为负协同效应。

多数别构酶既具有正协同效应又具有负协同效应。它们既受底物分子的调节，又受底物以外的其他小分子（如终产物）的调节。

（3）前馈和反馈作用调节酶活性

酶的活性常常受到其底物和产物的影响。把底物对酶作用的影响称之为前馈，而把代谢途径终产物对酶作用的影响称之为反馈。前馈和反馈都有正作用和负作用。在代谢途径中，底物通常对其后某一催化反应的调节起激活作用，即正前馈作用；反之为负前馈作用。而代谢反应产物使代谢过程加快的调节就称为正反馈；反之为负反馈。

(4)激素对酶活性的调节

激素的一个主要生理作用就是通过直接和间接作用影响酶的活性从而调节生物体物质代谢。如乳糖合成酶有两个亚基:催化亚基和修饰亚基。催化亚基本身不能合成乳糖,但可以催化半乳糖以共价键的方式连接到蛋白质上形成糖蛋白。修饰亚基和催化亚基结合后,改变了催化亚基的专一性,可以催化半乳糖和葡萄糖反应生成乳糖。修饰亚基的水平是由激素控制的,妊娠时修饰亚基在乳腺中生成,分娩时,由于激素水平急剧变化,修饰亚基大量合成,它和催化亚基结合,大量合成乳糖。

大多数激素发挥作用都是通过直接和间接激活细胞内的蛋白激酶或其他酶的活性来实现;含氮类激素和固醇类激素是通过激活基因,形成诱导酶来发挥调节作用的。故激素对酶活性的调节也是酶调控的一个重要机制。

(5)同工酶的调节作用

同工酶是指能催化相同的化学反应,但蛋白质分子结构不同的一组酶。由于蛋白质分子结构不同,各同工酶的理化性质、免疫学性质都存在很多差异。同工酶是寡聚酶,一般由两种或两种以上的亚基组成。同工酶不仅存在于同一机体的不同组织中,也存在于同一细胞的不同亚细胞中。近年来随着酶分离技术的进步,已陆续发现的同工酶达数百种,其中研究得最多的是乳酸脱氢酶(LDH)。哺乳动物中有5种乳酸脱氢酶同工酶。

乳酸脱氢酶是第一个被发现的同工酶。存在于哺乳类动物中的该酶有 H(心肌型)和 M(骨骼肌型)两种亚基,用电泳法分离 LDH 可得到 5 种同工酶区带,分别是 LDH_1(H_4)、LDH_2(H_3M)、LDH_3(H_2M_2)、LDH_4(HM_3)、LDH_5(M_4)。它们在机体各组织器官的分布和含量各不相同,如心肌富含 LDH_1(H_4),它对底物 NAD^+ 有一个较低的 K_m 值,而对丙酮酸的 K_m 较大;故其作用主要是催化乳酸脱氢,以便于心肌利用乳酸氧化供能。而骨骼肌中富含 LDH_5(M_4),它对 NAD^+ 的 K_m 值较大,而对丙酮酸的 K_m 值较小,故其作用主要是催化丙酮酸还原为乳酸。这就是为什么骨骼肌在剧烈运动后感到疼痛的原因。因此,同工酶在代谢调节中,各自发挥着不同的作用,指导着不同的代谢方向,以适应生理的需求。

(6)金属离子和其他小分子化合物的调节

有一些酶需要 K^+ 活化,NH_4^+ 往往可以代替 K^+,但不能活化这些酶,有时还有抑制作用,这一类酶有 L - 高丝氨酸脱氢酶、丙酮酸激酶、天冬氨酸激酶和酵母丙酮酸羧化酶。另一些酶需要 Na^+ 活化,K^+ 起抑制作用。

(7)酶分子修饰对酶活性的影响

在体外通过酶分子修饰,如酶中金属离子的置换修饰、大分子结合修饰、肽链的有限水解修饰、酶蛋白的侧链基团修饰、氨基酸的置换修饰以及一些物理的修饰方法,均可使酶蛋白的构象发生不同程度的改变,使酶的活性显著提高。例如,将锌型蛋白酶的 Zn^{2+} 置换成 Ca^{2+},其活力提高了 20% ~30%;将 1 分子胰凝乳蛋白酶与 11 分子右旋糖酐结合后,酶的活力达到原有的 5.1 倍等。因此,酶的分子修饰在酶的应用研究方面具有重要的意义。

（8）抑制剂的调节

酶的活性受到大分子抑制剂或小分子抑制剂抑制，从而影响活力。前者如胰脏的胰蛋白酶抑制剂（抑肽酶），后者如2,3 - 二磷酸甘油酸，是磷酸变位酶的抑制剂。

（9）酶之间的相互作用

在酶促反应中，有时还出现酶与酶之间作用的相互影响，当在某一特定反应体系中，一种酶的加入可使得另一酶促反应速度加快或减慢。这种作用的机制尚不完全清楚，但在实践中的确常常存在着这种相互作用，应加以注意。

三、酶的命名与分类

在酶学和酶工程领域，要求对每一种酶都有准确的名称和明确的分类。国际酶学委员会成立于1956年，受国际生物化学与分子生物学联合会以及国际理论化学和应用化学联合会领导。该委员会一成立，第一件事就是着手研究当时混乱的酶的名称问题。在当时，酶的命名没有一个普遍遵循的准则，而是由酶的发现者或其他研究者根据个人的意见给酶命名，这就不可避免地产生了混乱。为了避免这种混乱，国际酶学委员会于1961年提出了酶的系统命名法和系统分类法，获得了"国际生物化学与分子生物学联合会"的批准，此后经过了多次修订，不断得到补充和完善。

（一）国际系统分类法

1. 蛋白类酶的分类

国际系统分类法是国际生物化学联合会酶学委员会提出的，其分类原则是：将所有已知的酶按其催化的反应类型分为6大类，分别用1、2、3、4、5、6的编号来表示，依次为氧化还原酶类、转移酶类、水解酶类、裂合酶类、异构酶类和合成酶类。再根据底物分子中被作用的基团或键的特点，将每一大类分为若干个亚类，每一亚类又按顺序编为若干亚亚类。均用1、2、3、4、5、6编号，见表8 - 1。因此，每一种酶的编号由4个数字组成，数字间由"."隔开。例如，葡萄糖氧化酶的系统编号为EC 1. 1. 3. 4，其中，EC表示国际酶学委员会；第1位数字"1"表示该酶属于氧化还原酶（第1大类）；第2位数字"1"表示属于氧化还原酶的第1亚类，该亚类所催化的反应系在供体的CH—OH基团上进行；第3位数字"3"表示该酶属于第1亚类的第3小类，该小类的酶所催化的反应以氧为氢受体；第4位数字"4"表示该酶在小类中的特定序号。

表8 -1　酶的国际系统分类原则

第一位数字（大类）	反应的本质	第二位数字（亚类）	第三位数字（亚亚类）	占有比例/%
1.氧化还原酶类	电子、氢转移	供体中被氧化的基团	被还原的受体	27
2.转移酶类	基团转移	被转移的基团	被转移的基团的描述	24
3.水解酶类	水解	被水解的键：酯键、肽键等	底物类型：糖苷、肽等	26

第一位数字(大类)	反应的本质	第二位数字(亚类)	第三位数字(亚亚类)	占有比例/%
4. 裂合酶类	键裂开 *	被裂开的键:C—S、C—N 等	被消去的基团	12
5. 异构酶类	异构化	反应的类型	底物的类别,反应的类型和手性的位置	5
6. 连接酶类	键形成并使 ATP 裂解	被合成的键:C—C、C—O 等	底物类型	

* 键裂开,此处指的是非水解地转移底物上的一个基团而形成双键及其逆反应。

2. 核酸类酶的分类

自 1982 年以来,被发现的核酸类酶(ribozyme,R–酶)越来越多,对它的研究也越来越深入和广泛。但是由于历史不长,对于其分类和命名还没有统一的原则和规定。现已形成以下几种分类方式:

根据酶催化反应的类型,可以将 R–酶分为 3 类:剪切酶、剪接酶和多功能酶。

根据酶催化的底物是其本身 RNA 分子还是其他分子,可以将 R–酶分为分子内催化(或称为自我催化)和分子间催化两类。

根据 R–酶的结构特点不同,可分为锤头型 R–酶、发夹型 R–酶、含 I 型 IVS R–酶、含 Ⅱ 型 IVS R–酶等。

(二)国际系统命名法

根据国际系统命名法原则,每一种酶都有一个系统名称。系统名称应明确表明酶的底物及所催化的反应性质两个部分。如果有两个底物则都应写出,中间用冒号隔开。此外,底物的构型也应写出。如谷丙转氨酶,其系统名称为 L – 丙氨酸:α – 酮戊二酸氨基转移酶。如 ATP 酶,其系统名称为己糖磷酸基转移酶。如果底物之一是水,可省去水不写,后面为所催化的反应名称。如 D – 葡萄糖 –δ – 内酯水解酶,不必写成 D – 葡萄糖 –δ – 内酯:水解酶。

系统命名的原则是相当严格的,一种酶只可能有一个名称,不管其催化的反应是正反应还是逆反应。如催化 L – 丙氨酸和 α – 酮戊二酸生成 L – 谷氨酸及丙酮酸的反应的酶只是称为 L – 丙氨酸即 α – 酮戊二酸氨基转移酶,而不称 L – 谷氨酸即丙酮酸氨基转移酶。

当只有一个方向的反应能够被证实,或只有一个方向的反应有生化重要性时,就以此方向来命名。

(三)习惯名或常用名

采用国际系统命名法所得酶的名称往往很长,使用起来十分不便。时至今日,日常使用最多的还是酶的习惯名称。因此,每一种酶有一个系统名称外,还有一个常用的习惯名称。1961 年以前使用的酶的名称都是习惯沿用的,称为习惯名。其命名原则是:

① 根据酶作用的底物命名,如催化淀粉水解的酶称淀粉酶,催化蛋白质水解的酶称蛋白酶。有时还加上酶的来源,如胃蛋白酶、胰蛋白酶。

② 根据酶催化的反应类型来命名,如水解酶催化底物水解,转氨酶催化一种化合物的

氨基转移至另一化合物上。

③ 有的酶将上述两个原则结合起来命名,如琥珀酸脱氢酶是催化琥珀酸氧化脱氢的酶,丙酮酸脱羧酶是催化丙酮酸脱去羧基的酶等。

④ 在上述命名基础上有时还加上酶的来源或酶的其他特点,如碱性磷酸酯酶等。

四、酶的催化理论

酶作为生物催化剂,具有催化作用专一及催化效率高的特点,酶的作用机制包括酶作用的专一性机制和酶作用的高效性机制。酶作用的专一性机制有许多学说,获得较多支持的有锁钥学说、诱导契合学说及过渡态学说。这些学说的共同特点是酶的作用专一性必须通过它的活性中心和底物结合后才表现出来。酶的活性中心又称活性部位,是它结合底物和将底物转化为产物的区域,通常是整个酶分子相当小的一部分,它是由在线性多肽链中可能相隔很远的氨基酸残基形成的三维实体。活性部位通常在酶的表面空隙或裂缝处,形成促进底物结合的优越的非极性环境。在活性部位,底物被多重的、弱的作用力结合(静电相互作用、氢键、范德瓦耳斯力、疏水相互作用),在某些情况下被可逆的共价键结合。酶结合底物分子,形成酶—底物复合物。酶活性部位的活性残基与底物分子结合,首先将它转变为过渡态,然后生成产物,释放到溶液中。这时游离的酶与另一分子底物结合,开始它的又一次循环。

关于酶作用的高效性机制的理论有:邻近效应及定位效应、底物分子形变、酸碱催化、共价催化、金属离子催化和活性部位微环境理论。这些理论从不同角度阐述了酶催化作用的高效性。

如邻近效应及定位效应。底物分子进入酶的活性中心时,除浓度增高使反应速度增快外,还有特殊的邻近效应及定位效应。所谓邻近效应,就是底物的反应基团与酶的催化基团越靠近,其反应速度越快。在酶促反应中,除了底物向酶的活性中心"邻近",形成局部的高浓度区外,还需要使底物分子的反应基团和酶分子上的催化基团,严格地排列与"定向"。酶与底物的定向效应在酶催化作用中非常重要,普通有机化学反应中分子间常常是随机碰撞方式,难于产生高效率和专一性作用。而酶促反应中由于活性中心的特定空间构象和相关基团的诱导,使底物分子结合在酶的活性中心部位,使作用基团互相靠近和定向,大幅提高了酶的催化效率。

五、酶活力

(一)酶活力单位

酶活力单位是衡量酶活力大小的计量单位。在实际工作中,酶活力单位往往与所用的测定方法、反应条件等因素有关。因此,所谓的酶活力是指在特定的系统和条件下测到的反应速度。对于同一种酶由于测定方法的不同,酶的活力单位常常有不同的规定。例如,蛋白酶的活力单位,规定为:1 min 内,将酪蛋白水解,产生 1 μg 酪氨酸所需要的酶量,定为一个单位(1 U = 1 μg 酪氨酸/min);淀粉酶的活力单位,规定为:每小时催化 1 g 可溶性淀粉液所需要的酶量,定为一个单位(1 U = 1 g 淀粉/h);或者,每小时催化 1 mL 2%可溶性淀粉液所需要的酶量,定为一个单位(1 U = 1×2% 淀粉/1 h)。

但这些表示方法不够严格,每一种酶都有好几种不同的单位,也不便于对酶活力进行比较。为了统一酶活力单位的计算标准。1961 年,国际生物化学协会酶学委员会对酶活力单位做了下列规定:在特定的反应条件下,1 min 内转化 1 μmol 底物所需的酶量,定为一个国际单位(1 U = 1 μmol/min)。如果底物分子有一个以上可被作用的化学键,则一个酶活力单位便是 1 min 使 1 μmol 有关基团转化所需要的酶量。同时规定的特定条件为:反应必须在 25℃,在具有最适底物浓度、最适缓冲液离子强度和 pH 的系统内进行。这是一个统一的标准,但使用起来不如习惯用法方便。目前,在许多场合下,仍然采用上述习惯用法。

为了使酶活力单位与国际单位制中的反应速度(mol/s)相一致,1972 年,国际酶学委员会正式推荐用 Kat(Katal)作为酶活力单位。规定为:在最适条件下,每秒钟内,能使 1 mol 底物转化成产物所需的酶量,定为一个 Kat 单位(1 Kat = 1 mol/s)。以此类推有 μKat、nKat、pKat 等。Kat 与国际单位(U)的互算关系如下:

$$1 \text{ Kat} = 1 \text{ mol/s} = 60 \text{ mol/min} = 60 \times 10^6 \text{ μmol/min} = 6 \times 10^7 \text{ U} \tag{8-1}$$

虽然酶活力单位有上述国际统一定义,但实际上在文献及商品酶制剂中,酶活力单位的定义一直处于相当混乱的状态。即使同样的酶,用同样的测定方法和同样的单位定义,但由于条件稍有不同,也会使测到的酶活力难以相互比较。因此,在比较某种酶活力时,必须注意它们的单位定义和测定方法及条件。

(二)酶的比活力

酶的比活力又称比活性,是指每毫克酶蛋白所含的酶活力单位数。

$$比活力 = \frac{活力单位数}{每毫克酶蛋白} \tag{8-2}$$

有时也用每克酶制剂或每毫升酶制剂所含的活力单位数来表示。比活力是表示酶制剂纯度的一个重要指标,在酶学研究和提纯酶时常常用到。对同一种酶来说,酶的比活力越高,纯度越高。对于不纯的酶,特别是含有大量的盐或其他非蛋白物质的商品酶制剂,单位质量酶制剂中酶活力只能表示单位质量制剂的酶含量,不宜称为比活力,比活力必须测定酶制剂中的蛋白质含量才能确定。

在酶分离提纯过程中,每完成一个关键的实验步骤,都需要测定酶的总活力和比活力,以监视酶的去向。判断分离提纯方法的优劣和提纯效果,一要看纯化倍数高不高,二要看总活力的回收率大不大。利用比活力,可以计算分离提纯过程中每一步骤所得到的酶的纯化倍数:

$$纯化倍数 = 每次比活力/第一次比活力 \tag{8-3}$$

利用总活力可以计算分离提纯过程中每一步骤所得到的酶的回收率:

$$回收率 = (每次总活力/第一次总活力) \times 100\% \tag{8-4}$$

(三) 常用酶活力测定方法及原理

在酶学和酶工程的研究和生产中,经常需要进行酶的活力测定,以确定酶量的多少以及变化情况。根据酶催化反应的不同,酶活力测定方法很多,其原理都是用单位时间内、单位体积中底物的减少量或产物的增加量来表示酶催化反应速度。在外界条件相同的情况下,反应速度越大,意味着酶活力越高。

1. 酶活力测定步骤

酶活力测定包括两个阶段。首先在一定条件下,酶与底物反应一段时间,然后再测定反应液中底物或产物的变化量。一般包括以下几个步骤:

① 根据酶催化的专一性,选择适宜的底物,并配制成一定浓度的底物溶液。所使用的底物必须均匀一致,达到酶催化反应所要求的纯度。一般来说,任何一种酶促反应,如果底物或产物具有光吸收、旋光、电位差改变或荧光变化等性质,只要方法足够灵敏,就可以直接检测。另外,为了便于观察,还可偶联一些能直接或间接产生有色化合物的反应。在测定酶活力时,所使用的底物溶液一般要求新鲜配制,有些反应所需的底物溶液也可预先配制后置于冰箱中保存备用。

② 根据酶的动力学性质,确定酶催化反应的温度、pH、底物浓度、激活剂浓度等反应条件。温度可以选择室温(25℃)、体温(37℃)、酶催化反应最适温度或其他选用的温度。最适温度随反应的时间而定,若待测酶的活性低,含量少,必须延长保温时间使其有足够量的可被检测出的产物,则温度应适当低些;反之,则可适当增高其温度。pH 应是酶催化反应的最适 pH。最适 pH 可随底物的种类和所用缓冲液的种类不同而有所不同。底物浓度的选择上一般用高底物浓度测定法(即零级反应近似法)。这是一种理论上正确且简单易行的方法。通常采用的底物浓度相当于 $20 \sim 100$ 倍的 K_m 值。但过高也不可取。有时过高浓度的底物反而对酶有抑制作用,这是因为同一酶分子上同时结合几个底物分子后,使酶分子中的诸多必需基团不能针对一个底物分子进行催化攻击。反应条件一旦确定,在整个反应过程中应尽量保持恒定不变。故此,反应应该在恒温槽中进行。要保持 pH 的恒定必须采用一定浓度和一定 pH 的缓冲溶液。缓冲液的种类和浓度均可对酶活性有所影响,因为缓冲液中的正负离子可影响活性中心的解离状态,有的缓冲盐类对酶活性有一定的抑制作用,或能结合产物而加速反应的进行。有些酶催化反应,要求一定浓度的激活剂等条件,需在反应体系中加入激活剂增强酶的活性。如加入 Cl^- 能增强唾液淀粉酶的活性。

③ 在一定的条件下,将一定量的酶液和底物溶液混合均匀,同时记下反应开始的时间。

④ 当反应体系保温一定时间后,取出适量的反应液,运用各种生化检测技术,测定产物的生成量或底物的消耗量,以求得酶的反应速度。为了准确地反映酶催化反应的结果,应尽量采用快速、简便的方法,立即测出结果。若不能即时测出结果的,则要及时终止反应,然后再测定。终止酶催化反应的方法很多,一般常用的有:a. 反应时间一到,立即取出适量反应液,置于沸水浴中,加热使酶失活;b. 加入适宜的酶变性剂,如三氯醋酸等,使酶变性失活;c. 加入酸或碱溶液,使反应液的 pH 迅速远离催化反应的最适 pH,而使反应终止;

d.将取出的反应液立即置于低温冰箱、冰粒堆或冰盐溶液中,使反应液的温度迅速降低至10℃以下而终止反应。在实际使用时,要根据酶的特性、反应底物和产物的性质以及酶活力测定的方法等加以选择。若有连续监测装置追踪反应过程,则可以不必终止反应,即可求得酶的反应速度。

2. 酶活力测定的方法

酶活力测定,可用物理方法、化学方法及酶分析等方法,即可在适当的条件下把酶和底物混合,测定反应的初速度。根据测定原理,可以将酶活力的测定方法分为4种:终点法、动力学法、酶偶联分析法、电化学法。

(1)终点法

终点法也称消色点法。它是指在确定条件下,让酶作用一定量的底物,然后检测反应系统达到某一指标所需要的时间,并根据时间长短来分析酶活力的一种方法。或者将酶和底物混合后,让其反应一定时间,然后停止反应,通过定量测定底物的减少或产物生成的量,来计算酶活力。在简单的酶催化反应中,底物减少与产物增加的速度是相等的,但一般以测定产物为宜,因为测定反应速度时,实验设计规定的底物浓度往往是过量的,反应时底物减少的量只占其总量的一小部分,测定时不易准确;而产物则是从无到有,只要方法足够灵敏,就可以准确地测定酶活力。

该方法几乎适用于所有酶的活力测定,设备简单易行,但工作量较大,由于取样和终止作用的时间不易准确控制,因此,对于反应速度很快的酶,测定结果往往不够准确。但目前终点法的一个发展是采用检测器对反应进行连续跟踪,并在反应达到某一程度时,精确地自动记录所需要的时间,这就是酶分析自动化中所谓的固定浓度法。

终点法的另一发展是做成简便的"酶检测纸片"。以"血清胆碱酯酶检定纸片"为例,在这种纸片上浸有氯乙酰胆碱和溴麝香草酚,测定时只要将待检血清和纸片在37℃一起保温,如有活性的胆碱酯酶,氯乙酰胆碱就会被水解,生成醋酸,使pH指示剂由深蓝转变为黄绿。根据这种转变所需要的时间可对血清中胆碱酯酶的水平做出估计。

(2)动力学法

动力学法是酶活力测定最常用的方法。该方法不需要取样终止反应,将酶和底物混合后间隔一定时间,间断或连续测定酶催化反应过程中产物、底物或辅酶的变化量,如光密度的增加或减少,可以直接测定出酶催化反应的初速度。

这类方法的优点是方便、迅速、准确,一个样品可多次测定,有利于动力学研究。但很多酶催化反应尚不能用该法测定,且需要有较贵重的仪器。动力学方法中应用最广泛的是分光光度法和荧光法。分别介绍如下:

① 分光光度法:这是根据反应产物与底物在某一波长或某一波段上,有明显的特征吸收差别而建立起来的连续观测方法。

分光光度法应用的范围很广,几乎所有的氧化还原酶都可用此法测定。例如,脱氢酶的辅酶NAD(P)H在340 nm波长处有吸收高峰,而氧化型则没有;细胞色素氧化酶的底物为细胞色素 C,该物质还原型与氧化型在 550 nm 的消光系数分别为 $\varepsilon_{550(R)} = 2.81 \times 10^4$ cm^2/mol, $\varepsilon_{550(0)} = 0.80 \times 10^4$ cm^2/mol,这些光吸收差别都可用来进行测定。

可以利用分光光度法测定的还有那些催化双键饱和化或双键形成的酶催化反应和那些催化环状结构变化的酶催化反应。例如,延胡索酸酶催化的反应,延胡索酸在 300 nm 有强的光吸收,而苹果酸没有;尿酸氧化酶催化尿酸氧化为尿囊素,尿酸在 290 nm 有吸收,而尿囊素则没有。

在应用分光光度法测定酶催化反应速度时,如果只需要了解酶活性的相对大小,那么可直接以单位时间内相应波长的光吸收值的改变($\Delta A/\Delta t$)表示;但如果要表达成更确切的单位(如国际单位),则应先通过消光系数算出底物浓度或者产物浓度的变化量 ΔC($\Delta A/\varepsilon$),然后再以 $\Delta C/\Delta t$ 表示。光吸收测定法灵敏度高(可检测到 nmol/L 水平的变化),简便易行,而且一般可在较短时间内完成检测。测量时,一般记录光吸收增量比光吸收减量准确。

② 荧光测定法:其测定原理为,如果酶催化反应的底物与产物之一具有荧光,那么荧光变化的速度可代表酶催化反应速度。可用此法测定的酶催化反应有两类:一是脱氢酶催化的反应,它们的底物在酶催化反应过程中本身就有荧光变化,例如 NAD(P)H 的中性溶液能发射强的蓝白色荧光(460 nm),而 NAD(P)$^+$ 则没有。另一类是利用荧光原底物的酶催化反应,例如,用二丁酰荧光素测定脂肪酶,二丁酰荧光素不发荧光,但水解后释放荧光素,能产生强的荧光。

荧光测定法灵敏度很高,可以检出 10^{-12} mol/L 的样品分子,比分光光度法高出 6 个数量级,因而样品用量极微;选择性比分光光度法更强,可以在复杂的混合物中检测样品分子的含量;但荧光测定法易受其他物质干扰,必须严格控制实验条件,排除荧光干扰物质。有些物质如重铬酸钾常会抢夺能量,降低荧光强度,有些物质如蛋白质能吸收和发射荧光,这种干扰在紫外光区尤为显著,故测定的荧光最好是可见光。特别是以红荧光为好。

荧光法测得的酶活性大小通常只能以单位时间内荧光强度的变化($\Delta F/\Delta t$)表示,用荧光分光光度计选择适当的激发光波长和荧光波长,并记录不同反应时间(t)内荧光强度(F)的变化,用 F—t 作图,可以求出 $v =$ 在 $\Delta F/\Delta t$。荧光测定法的主要缺点是,荧光读数与浓度间没有直接的比例关系,而且常因测定条件如温度、散射、仪器等而不同,所以如果要将酶活性以确定的单位表示时,首先要制备校正曲线,然后再根据这曲线确切定量。

(3)酶偶联分析法

酶偶联分析法是指在被测酶的反应体系中加入过量的、高度专一的"偶联工具酶",使反应延续进行到某一可以直接、连续、简便、准确测定的阶段,同时用光学法或电学方法进行检测或跟踪。

$$S \xrightarrow{E_1} P_1 \xrightarrow{E_2} P_2$$

此反应要有以下条件:

① S(底物)→P$_1$(产物 1)反应很慢,P$_1$→P$_2$(产物 2)反应很快。

② 偶联工具酶 E_2 必须纯度很高,加入酶量应过量。

③ P_2 有光吸收变化或有荧光变化,可以用分光光度法或荧光法测定。

该方法操作简便,节省样品和时间,可连续测定酶催化反应过程中光吸收的变化;其缺点是:应用局限于有光吸收的反应,反应条件要求较高,必须有恒温的紫外—可见分光光度计。

(4)电化学法

电化学分析法也是一类连续分析法,灵敏度和准确度都很高,可与光学方法媲美,而且即使测定系统中有某些物质污染,也不会影响结果。该方法可以分为离子选择性电极法、微电子电位法、电流法、电量法、极谱法等数种。在此仅介绍离子选择性电极法。

使用离子选择性电极法要具备以下条件:

① 在酶促反应中,必须伴有离子浓度或气体的变化(如 O_2、CO_2、NH_3 等);

② 必须有离子选择性电极。

最普通的离子选择性电极是玻璃电极,用它测定酸度(pH)的变化,可用于有酸碱变化的反应的测定。此法操作简单,但有两个缺点:一是随着反应的进行,pH 不断改变,酶活力也将发生变化;二是测定系统的 pH 依赖于介质的缓冲能力,蛋白质是高缓冲性物质,粗的待测样品中往往包含大量惰性蛋白,因而难以保证恒定的缓冲强度,测定结果不易精确。连续滴定或恒酸滴定可以克服这些困难。所谓恒酸滴定就是在反应过程中,不断向反应系统加酸或碱使 pH 维持恒定,同时以加酸或加碱的速度代表反应速度。恒酸滴定仪就是适应这种需要而设计的一种精密测定仪,它可自动加酸、加碱控制 pH,并同时记录加入的酸碱量与时间的关系。

第二节　酶催化反应动力学

酶催化反应动力学和化学反应动力学一样,是研究酶催化反应速度规律以及各种因素对酶催化反应速度影响的科学。研究酶催化反应动力学规律对于生产实践、基础理论都有着十分重要的意义。如在研究酶的结构与功能的关系以及酶的作用机制时,需要提供动力学试验依据;为了充分发挥酶催化反应的高效率,寻找最有利的反应条件;为了了解酶在代谢中的作用和某些药物的作用机制等,都需要掌握酶促反应的规律。

酶催化的反应体系复杂,因为在酶催化反应系统中除了反应物外,还有酶这样一种决定性的因素,以及影响酶的其他各种因素。主要包括底物浓度、酶浓度、产物的浓度、pH、温度、抑制剂和激活剂等。因此酶促反应动力学是个很复杂的问题。

一、酶催化反应速率

酶催化反应速率通常称为酶速度。反应速率是以单位时间内反应物的减少量或产物的生成量来表示。随着反应的进行,反应物逐渐消耗,分子碰撞的机会也逐渐减小,因此反应速率也随着减慢(图 8 - 1)。

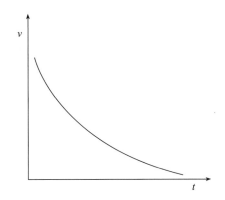

图 8 - 1　反应速率与时间的关系

故反应速率是指酶催化反应的初速率,通常是指在酶促反应过程中,底物浓度消耗不超过 5% 时的速率。因为,在过量的底物存在下,这时的反应速率与酶浓度成正比,而且可以避免一些其他因素,如产物的形成、反应体系中 pH 的变化、逆反应速率加快、酶活性稳定性下降等对反应速率的影响。

二、影响酶催化反应速率的因素

(一)底物浓度的影响

1. 单底物酶促反应动力学

(1)米氏方程

1902 年,Brown 在研究转化酶催化蔗糖酶解的反应时发现,随着底物浓度增加,反应速度的上升呈双曲线。1903 年,Henri 在用蔗糖酶水解蔗糖的实验中观察到,在蔗糖酶作用的最适条件下,向反应体系中加入一定量的蔗糖酶,在底物浓度[S]低时,反应速率与底物浓度的增加呈正比关系,表现为一级反应;但随着底物浓度的继续增加,反应速率的上升不再成正比,表现为混合级的反应;当底物浓度增加到某种程度时,反应速率达到最大,此时即便仍在增加底物浓度,反应速率不再增加,表现为零级反应(图 8 - 2)。这就是单底物酶促反应或多底物酶促反应中只有一个底物浓度变化的情形。

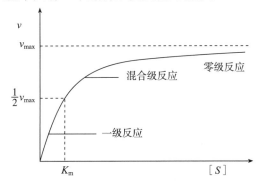

图 8 - 2　底物浓度对酶促反应速率的影响

Henri 提出酶催化底物转化成产物之前,底物(S)与酶首先形成一个中间复合物(ES),然后再转变成产物(P)并释放出酶。因此反应的速率不完全与底物浓度成正比,而是取决于中间复合物的浓度,即:

$$E + S \underset{k_2}{\overset{k_1}{\rightleftharpoons}} ES \underset{k_4}{\overset{k_3}{\rightleftharpoons}} E + P \tag{8-5}$$

式中:k_1、k_2、k_3 和 k_4 分别代表速率常数。

1913 年,Michaelis 和 Menten 在前人工作的基础上,根据酶催化反应的中间产物学说,提出了酶促反应的快速平衡法,这是基于以下三个假设条件:

① 在初速率范围内,产物生成量极少,可以忽略 E + P = ES 这一逆反应的存在。

② 相对于底物的浓度 [S],酶浓度 [E] 是很小的,ES 的形成不会明显地降低底物浓度,即可忽略生成中间产物而消耗的底物,底物浓度以起始浓度计算。

③ 中间复合物 ES 分解为 E + S 的速率远远大于 ES 分解为 E + P 的速率;在初速率范围内,E + S $\Longrightarrow$ ES 的正、逆向反应迅速达到平衡,ES 复合物分解生成产物的速率不足以破坏这一平衡。

利用快速平衡法,推导出一个数学方程式来表示底物浓度和反应速率之间的定量关系:

$$v = \frac{V_{\max}[S]}{K_s + [S]} \tag{8-6}$$

式中:v 为反应速率;$V_{\max}$ 为酶完全被底物饱和时的最大反应速率;[S] 为底物浓度;K_s 为 ES 的解离常数。

实际的酶促反应是这样进行的:ES 复合物形成后,ES 可分解为 E 和 S,也可解离为 E 和 P,同样 E 和 P 也可以重新形成 ES;当中间复合物的生成速率和分解速率相等,其浓度变化很小时,反应即处于"稳态平衡"状态。针对 Michaelis – Menton 方程的不足,1925 年 Briggs 和 Haldane 对米氏方程的推导假设做了以下修正。与 Michaelis 和 Menton 的快速平衡假设相比,稳态假说的最大的不同就是用稳态的概念代替了快速平衡态的概念。所谓稳态就是指这样一种状态:反应进行一段时间,系统的中间产物浓度由零逐渐增加到一定数值,在一定时间内,尽管底物浓度不断地变化,中间产物也在不断地生成和分解,但是当中间产物生成和分解的速度接近相等时,它的浓度改变很小,这种状态叫作稳态。对于稳定状态,要满足以下的假设:

① 在初速率阶段产物浓度极低,那么:E + P $\longrightarrow$ ES 的反应速率极小,可以忽略不计。

② 在反应体系中,酶和底物结合形成 ES 复合物,因底物浓度远远大于酶的浓度,所以 [S] – [ES] 约等于底物浓度 [S]。

③ 在稳态平衡条件下,ES 复合物分解为产物的速率不能忽略,即 ES 保持动态的平衡时,ES 生成的速率等于 ES 分解的速率:

$$k_1[E][S] = k_2[ES] + k_3[ES]$$

该方程可转变为:

$$\frac{k_2 + k_3}{k_1} = \frac{[E][S]}{[ES]}$$

令：

$$\frac{k_2 + k_3}{k_1} = K_m$$

则：

$$K_m = \frac{[E][S]}{[ES]}$$

在反应体系中,总酶浓度$[E]_t$ = 游离酶浓度$[E]$ + 结合酶浓度$[ES]$。则有：

$$[E] = [E]_t - [ES]$$

代入上述公式得：

$$K_m = \frac{([E]_t - [ES])[S]}{[ES]}$$

将上式整理得：

$$[ES] = \frac{[E]_t[S]}{K_m + [S]}$$

由于酶促反应的速率v与$[ES]$复合物的浓度成正比,即：

$$v = k_3[ES]$$

因此得：

$$v/K_3 = \frac{[E]_t[S]}{K_m + [S]}$$

整理得：

$$v = \frac{k_3[E]_t[S]}{K_m + [S]}$$

由于反应系统中$[S] \gg [E]_t$,当所有的酶都被底物所饱和形成 ES 复合物时,即$[E]_t = [ES]$,酶促反应达到最大速率V_{max},则：

$$V_{max} = k_3[ES] = k_3[E]_t$$

可得：

$$v = \frac{V_{max}[S]}{K_m + [S]} \tag{8-7}$$

这就是 Briggs – Haldane 根据稳态理论推导出的动力学方程,与 Michaelis – Menten 推导出的方程从形式上看是一样的,其中的常数定义发生了变化,比前者更合理,更具普遍性。但是为了纪念 Michaelis 和 Menten 所做的开创性工作,故把这个方程式仍称为米氏方程,或修正的米氏方程,K_m称为米氏常数。

米氏常数的物理意义：

当酶促反应处于$v = 1/2\ V_{max}$的特殊情况时,即：

$$\frac{1}{2}V_{\max} = \frac{V_{\max}[S]}{K_m + [S]} \tag{8-8}$$

$$K_m = [S]$$

由此可以看出 K_m 值的物理意义,即 K_m 值是当酶促反应速度达到最大反应速度一半时的底物浓度,它的单位是摩尔/升(mol/L),与底物浓度单位一致。

根据米氏方程式还可作如下讨论:

① 当 $[S] \ll K_m$ 时,表示 $[S]$ 对 K_m 影响很小,$[S]$ 可以忽略,米氏方程可转变为:

$$v = \frac{V_{\max}[S]}{K_m} \tag{8-9}$$

说明酶促反应的速率与底物浓度呈线性关系,表现为一级反应。这时由于底物浓度低,酶没有全部被底物所饱和,因此在底物浓度低的条件下是不能正确测得酶活力的。然而在酶法分析中经常被使用,通过使用足够量的酶测定底物,以便在较短的时间内使酶促反应达到完全,这样使测定形成的产物总量就和待测反应物的量相等或相关。

② 当 $[S] \gg K_m$ 时,即当底物浓度很大的时候,酶促反应初速度值达到最大值,并与底物浓度无关,K_m 可忽略,米氏方程转变为:

$$v = \frac{V_{\max}[S]}{[S]}$$

则得方程:
$$v = V_{\max} \tag{8-10}$$

说明反应速率已达最大值。此时,酶活性部位全部被底物占据,反应速率与底物浓度无关,表现为零级反应。酶活力只有在此条件下才能正确测得。

③ 当 $[S] = K_m$ 时,米氏方程可写为:

$$v = \frac{V_{\max}[S]}{[S] + [S]}$$

得方程:
$$v = \frac{1}{2}V_{\max} \tag{8-11}$$

也就是说,当底物浓度等于 K_m 值时,反应速率为最大反应速率的一半。这进一步说明了 K_m 值就是代表反应速率为最大反应速率一半时的底物浓度。

(2)米氏常数的意义

① K_m 是酶的一个极重要的动力学特征常数之一,给出一个酶能够应答底物浓度变化范围的有用指标,一般只与酶的性质有关,与酶的浓度无关;不同的酶 K_m 值一般不同。当反应体系中各种因素如 pH、离子强度、溶液性质等因素保持不变时,即对于特定的反应和特定的反应条件来说,K_m 是一个特征常数。大多数酶的 K_m 在 $10^{-1} \sim 10^{-6}$ mol/L。例如脲酶的 K_m 为 25 mmol/L。个别酶的 K_m 值在 $1 \times 10^{-8} \sim 1$ mmol/L 或者更高一些的区间。

② 判定酶的最适底物。同一种相对专一性的酶,一般有多个底物,则对于每一种底物来说各有一个特定的 K_m 值,K_m 最小的那个底物为该酶的最适底物或天然底物。

③ K_m 值可帮助判断某一代谢的方向及生理功能。催化可逆反应的酶,对正逆两个方

向反应的 K_m 常常是不同的。测定这些 K_m 的大小及细胞内正逆两向的底物浓度,可以大致推测该酶催化正逆两向反应的效率;这对了解酶在细胞内的主要催化方向及生理功能具有重要的意义。

④ 作为酶和底物亲和力的量度。K_m 可以近似地说明酶与底物结合的难易程度;K_m 大,表示酶与底物的亲和力小;K_m 小,表示酶与底物的亲和力大。K_m 是 ES 分解速度和形成速度的比值;而 $1/K_m$ 表示形成 ES 趋势的大小。

⑤ K_m 在特殊的情况下 $v = V_{max}$ 时,反应速率与底物浓度无关,只与 $[E]$ 成正比,表明酶的全部活性部位均被底物所占据。当 K_m 已知时,任何 $[S]$ 时酶活性中心被底物饱和的分数 f_{ES} 可求出,即:

$$f_{ES} = \frac{v}{V_{max}} = \frac{[S]}{K_m + [S]} \tag{8-12}$$

⑥ 测定不同抑制剂对某个酶的 K_m 及 V_{max} 的影响,可区别抑制剂是竞争性的还是非竞争性的。在没有抑制剂(或者只有非竞争性抑制剂)存在的情况下,ES 分解速度和形成速度的比值符合米氏方程,此时称为 K_m。而在另外一些情况下,它发生变化,不符合米氏方程,此时的比值称为表观米氏常数 K_m'。

2. 双底物酶促反应动力学

六大类酶中,真正单底物的酶促反应只有异构酶和裂解酶类,如果将水看作过量,水解酶也包括在内,它们可以用米氏方程处理动力学数据。大多数酶催化的反应是两个或多个底物间的反应,其动力学反应机理十分复杂,在此以双底物反应为例加以讨论。双底物酶促反应的动力学,研究较多的是 BiBi 类型。前一个 Bi 表示两个底物有序参加反应,后一个表示有两个产物的有序生成。双底物反应按反应的历程和方式不同分为顺序机制和乒乓机制。

(1)顺序机制

顺序机制的主要特征是酶结合底物和释放产物按一定的顺序进行。酶必须与两个底物结合形成三元复合物后才能释放产物。顺序反应又分为两类,一类是指酶与各底物的结合是严格按顺序进行的,这种反应机理称为有序顺序反应;另一类是指各底物与酶的结合顺序是可以随意变化的,这类反应称为随机顺序反应。

① 有序顺序机制:在这类机制中,底物与酶的结合以及产物的释放有严格的顺序,即底物 A 与酶结合后,生成 EA,引起酶构象的改变,使底物 B 与酶结合,生成 EAB 三元复合物,EAB 再进一步作用,生成产物;产物的释放同样有严格的顺序,即先释放产物 P,再释放产物 Q。

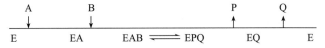

需要 NAD$^+$ 或者 NADP$^+$ 的脱氢酶催化反应就属于这种类型;一般 NAD$^+$ 或者 NADP$^+$ 往往为第一个被结合的底物,而 NADH 或者 NADPH 则常是最后被释放的产物。

② 随机顺序机制:随机顺序机制的主要特征是两个底物与酶的结合顺序是随机的,可以先结合 A 再结合 B,也可以先与 B 结合再与 A 结合;产物的释放也是随机的,可以先释放 P,再释放 Q,也可先释放 Q,再释放 P。

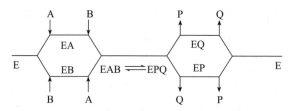

属于这类反应机制的是一些转移磷酸基团的激酶。例如己糖激酶、丙酮酸激酶和肌酸激酶等,酶可以先与底物结合,也可以是 ATP 先和酶结合;在形成产物以后,可以先释放出磷酸化底物,也可以先释放出 ADP。

在顺序反应机制中,虽然有两种顺序机制,但推导出的速率方程式是一样的,均为:

$$v = \frac{V_{max} \cdot [A][B]}{[A][B] + [B]K_m^A + [A]K_m^B + K_s^A K_m^B}$$

式中:$[A]$、$[B]$ 分别为底物 A 和 B 的浓度;K_s^A 为底物 A 与酶 E 结合的解离常数;K_m^A 是在 B 饱和浓度时底物 A 的 K_m 值;K_m^B 是在 A 饱和浓度时底物 B 的 K_m 值;V_{max} 是 $[A]$ 和 $[B]$ 都达到饱和时的最大反应速率。

(2)乒乓反应机制

在两底物乒乓反应机制中,底物与酶的结合和产物的释放是交替进行的,两种底物不能同时连接在酶的活性中心,因此不存在酶—底物 1—底物 2 的三聚物,即酶结合底物 A 释放产物 P 后,才能结合另一底物 B。反应过程中底物与产物是交替地与酶结合的,犹如打乒乓球,故称为乒乓机制。属于乒乓机制的酶大多是具有辅酶的,如抗坏血酸氧化酶和葡萄糖氧化酶等。

乒乓机制的底物动力学方程根据稳态法推导得:

$$v = \frac{V_{max} \cdot [A][B]}{K_m^A [B] + K_m^B [A] + [A][B]}$$

(二)酶浓度的影响

在一种酶作用的最适条件下,如果底物浓度足够大,足以使酶饱和的情况下,酶促反应的速率与酶浓度成正比,$v = k[E]$,k 为反应速率常数。这种性质是测定酶活力的依据。在测定酶活力时,要求 $[E]$ 远小于 $[S]$,从而保证酶促反应速率与酶浓度成正比。当酶的浓度增加到一定程度,以致底物浓度已不足以使酶饱和时,再继续增加酶的浓度反应速度也不再成正比例的增加。这里要注意的是:使用的酶应是纯酶制剂。

(三)水分活度的影响

在体外,酶通常在含水的体系中发挥作用。在生物体内,酶催化反应不仅发生在细胞质中,也发生在细胞膜、脂肪组织和电子输送体系中,电子转移体系存在于脂肪载体中。

可以采用3种方法研究水分活度对酶活力的影响。

① 仔细地干燥(不采用加热的方法)一种含酶活力的生物材料(或模型体系),然后将干燥的样品平衡至各个不同的水分活度并测定样品中酶的活力。例如,A_w 低于 0.35(<1% 水分含量)时,磷脂酶没有水解卵磷脂的活力;当 A_w 超过 0.35 时,酶活力非线性增加;在 A_w 为 0.9 时,仍没有达到最高活力。A_w 在高于 0.8(2% 水分含量)时,β - 淀粉酶才显示出水解淀粉的活力,A_w 在 0.95 时,酶活力提高了 15 倍。从这些例子可以得出结论:食品原料中的水分含量必须低于2%时,才能抑制酶的活力。

② 采用有机溶剂取代水分的方法来确定酶作用所需的水的浓度。例如,采用能与水相混溶的甘油取代水分,当水分含量减少至 75% 时,脂肪氧合酶和过氧化物酶的活力开始降低;当水分含量分别减少至 20% 和 10% 时,脂肪氧合酶和过氧化物酶的活力降至0;黏度和甘油的特殊效应可能会影响到这些结果。

③ 在研究脂酶催化甘油三丁酸酯在各种醇中的酯交换反应时,大部分的水可被有机溶剂取代。"干"的脂酶颗粒(0.48% 水分含量)悬浮在水分含量分别为 0.3%、0.6%、0.9% 和 1.1%(质量分数)的干 n - 丁醇中,最初的反应速度分别为 0.8 μmol、3.5 μmol、5 μmol 和 4 μmol 酯交换/(h·100 mg 脂)。因此,猪胰脂酶在 0.9% 水分含量时,具有最高的催化酯交换的初速度。

有机溶剂对酶催化反应的影响主要有两个方面:影响酶的稳定性和反应(如该反应是可逆的)进行的方向。这些影响作用在与水不能互溶和能互溶的有机溶剂中是不同的。在与水不能互溶的有机溶剂中,酶的专一性从催化水解反应移向催化合成反应。例如,当"干"(1% 水分含量)酶颗粒在与水不能互溶的有机溶剂中悬浮时,脂酶催化脂的交换速度提高 6 倍以上,而酯水解速度下降 16 倍。酶在水和与水能互溶的溶剂体系中的稳定性和催化活力是不同于在水和与水不能互溶的溶剂体系中的情况,如蛋白酶催化酪蛋白水解的反应,在 5% 乙醇—95% 缓冲液或 5% 丙腈—95% 缓冲液中进行时与在缓冲体系中进行时相比,K_m 提高,V_{max} 降低和酶稳定性下降。众所周知,在水解酶催化的反应中醇和胺与水存在着竞争作用。

(四)pH 的影响

对于某一特定的底物,酶在一定的 pH 下表现出最大的酶催化活力,高于或低于此 pH 时酶的催化活力均降低。酶表现其最大活力时的 pH 通常称为酶的最适 pH。在一系列不同 pH 的缓冲液中,测定酶促反应速度,可以得到酶促反应速度对 pH 的关系曲线,pH 关系曲线近似于钟罩形(图8-3)。

pH 发生微小偏离时,由于使酶活性部位的基团离子化发生变化而降低酶的活力。pH 发生较大偏离时,维护酶三维结构的许多非共价键受到干扰,导致酶蛋白自身的变性。偏离酶的最适 pH 越远,酶的活性越小,过酸或过碱则可使酶完全失去活性。各种酶在一定条件下都有一个最适 pH。但是各种酶的最适 pH 是多种多样的,因为它们要适应不同环境。

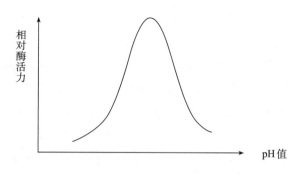

图 8 - 3　pH 对酶活力的影响

一般说来大多数酶的最适 pH 在 5 ~ 8,植物和微生物的最适 pH 大多在 4.5 ~ 6.5,动物体内的酶其最适 pH 在 6.5 ~ 8.0。人体内大多数酶的最适 pH 在 7.35 ~ 7.45。但也有不少例外,如消化酶胃蛋白酶要适应在胃的酸性 pH 下工作(pH 为 2.0 左右),胃蛋白酶最适 pH 是 1.5,胰蛋白酶的最适 pH 为 8.1,肝中精氨酸酶的最适 pH 是 9.8。pH 对不同酶的活性影响不同,有的酶只有钟罩形的一半,如胃蛋白酶和胆碱酯酶;也有的酶,如木瓜蛋白酶的活力在较大的 pH 范围内几乎没有变化(图 8 - 4)。

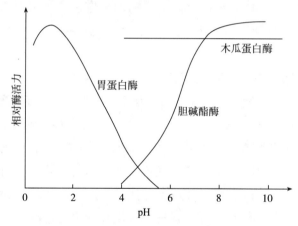

图 8 - 4　三种酶的 pH—酶活力曲线

同一种酶的最适 pH 可因底物的种类及浓度不同,或所用的缓冲液不同而稍有改变,所以最适 pH 也不是酶的特征性常数。必须指出的是,酶的最适 pH 目前只能用实验方法加以确定,它受底物种类与浓度、反应温度与时间、酶制剂的纯度、缓冲液的种类与浓度等因素影响。因此,酶的最适 pH 只有在一定条件下才有意义。因此,它不是一个常数,而只能作为一种实验参数。

pH 影响酶促反应速率的原因有以下几方面。

① 影响酶分子构象:过酸或过碱可以使酶的空间结构破坏,引起酶构象改变,特别是酶活性中心构象的改变,使酶活性丧失。这种失活包括可逆以及不可逆两种方式。

② 影响酶和底物的解离:pH 影响酶的催化活性的机理,主要是因为 pH 能影响酶分

子,特别是酶活性中心内某些氨基酸残基的电离状态。若底物也是电解质,pH 也可影响底物的电离状态。在最适 pH 时,恰能使酶分子和底物分子处于最合适电离状态,有利于二者结合和催化反应的进行。pH 的改变影响了酶蛋白中活性部位的解离状态。催化基团的解离状态受到影响,将使得底物不能被酶催化成产物;结合基团的解离状态受到影响,则底物将不能与酶蛋白结合,从而改变了酶促反应速度。

(五)温度的影响

温度对酶促反应速度影响较大。低温时酶的活性非常微弱,随着温度逐步升高,酶的活性也逐步增加,但超过一定温度范围后,酶的活性反而下降。如果以温度为横坐标,反应速率为纵坐标,可得到如图 8 - 5 所示的曲线。对每一种酶来说,在一定的条件下,都有一个显示其最大反应速率的温度,这一温度称为该酶催化反应的最适温度。

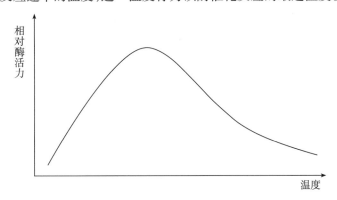

图 8 - 5　温度对酶活力的影响

最适温度并非酶的特征常数,因为一种酶具有的最高催化能力的温度不是一成不变的,它往往受到酶的纯度、底物、激活剂、抑制剂以及酶促反应时间等因素的影响。因此对同一种酶而言,必须说明是在什么条件下的最适温度。温度的影响与时间有紧密关系,这是由于温度促使酶蛋白变性是随时间累加的。不同来源的酶,最适温度不同。一般植物来源的酶,最适温度在 40 ~ 50℃;动物来源的酶最适温度较低,为 35 ~ 40℃;微生物酶的最适温度差别较大,细菌高温淀粉酶的最适温度达 80 ~ 90℃。但大多数酶当温度升到 60℃ 以上时,活性迅速下降,甚至丧失活性,此时即使再降温也不能恢复其活性。可见只是在某一温度范围内酶促反应速度最大。

温度对酶促反应有两方面影响。一方面,与一般化学反应相似,当温度升高时,反应速率加快。可以用温度系数 Q_{10} 表示,即每升高 10℃,其反应速率与原反应速率之比。对大多数酶来讲 Q_{10} 多为 1 ~ 2,即温度每升高 10℃,酶催化反应速率为原反应速率的 1 ~ 2 倍。另一方面,由于酶是蛋白质,温度过高会使酶蛋白逐渐变性而失活。升高温度对酶促反应的这两种相反的影响是同时存在的,在较低温度(0 ~ 40℃)时前一种影响大,所以酶促反应速度随温度上升而加快;随着温度不断上升,酶的变性逐渐成为主要矛盾,酶促反应速度随之下降。

掌握温度对酶促反应的影响规律,具有一定的实践意义。如临床上的低温麻醉就是利用低温降低酶活性的特性,以减慢细胞的代谢速率,有利于手术治疗。低温保藏菌种和作物种子,也同样是利用低温降低酶的活性,以减慢新陈代谢的特性。相反,高温杀菌则是利用高温使酶蛋白变性失活,导致细菌死亡的特性。

(六)抑制剂的影响

抑制剂是指能降低酶的活性,使酶促反应速率减慢的物质。抑制作用是指抑制剂与酶分子上的有关活性部位相结合,使这些基团的结构和性质发生改变,从而引起酶活力下降或丧失的一种效应。抑制作用与酶的变性作用是不同的,抑制作用并未导致酶的变性。酶蛋白水解或变性引起的酶活力下降不属于抑制作用的范畴。另外,抑制剂对酶的作用具有一定的选择性,而变性剂对酶的作用没有选择性。一种抑制剂只能引起某一种酶或某一类酶的活性丧失或降低,变性剂却均可使酶蛋白变性而使酶丧失活性。

根据抑制剂与酶作用方式的不同,将抑制作用分为可逆的抑制作用和不可逆的抑制作用两种。

1. 不可逆的抑制作用

抑制剂与酶分子上的某些基团形成稳定的共价键结合,导致酶的活性下降或丧失,且不能用透析等方法除去抑制剂而使酶的活性恢复,这种作用称为不可逆的抑制作用。这种抑制的动力学特征是抑制程度正比于共价键形成的速度,并随抑制剂浓度及抑制剂与酶接触时间而增大。在测酶活系统中加入不同浓度的抑制剂,每一抑制剂浓度都作一条初速率和酶浓度的关系曲线,可以得到一组不通过原点的平行线(图8-6),每条直线都依赖于抑制剂浓度的增加而向右平行移动。这是因为抑制剂使一定量的酶失活,只有加入的酶量大于不可逆抑制剂的量时才表现出酶活力,故不可逆抑制剂的作用相当于把原点向右移动了。

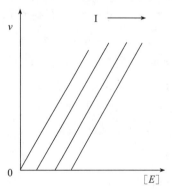

图8-6 不同浓度不可逆抑制剂存在时初速率和酶浓度关系曲线

2. 可逆的抑制作用

抑制剂与酶以非共价键方式结合而引起酶的活性降低或丧失,在用透析、超滤等物理方法除去抑制剂后,酶的活性又能恢复,即抑制剂与酶的结合是可逆的,此种抑制作用称为可逆的抑制作用。对于不同浓度的抑制剂,每一抑制剂浓度都作一条初速率和酶浓度的关系曲线,结果表明可逆抑制都可得到一组通过原点的直线(图8-7),随抑制剂浓度升高,斜率下降。

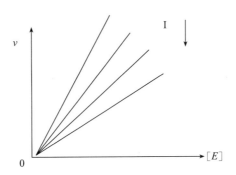

图 8-7 不同浓度可逆抑制剂存在时初速率和酶浓度关系曲线

根据抑制剂、底物与酶分子三者结合的关系,将可逆抑制作用分为下列 4 种。

(1)竞争性抑制作用

在这种类型中,抑制剂(I)通常与底物的结构有某种程度的类似,可与底物(S)竞争酶的结合部位结合,并与酶形成可逆的 EI 复合物,但酶不能同时与底物及抑制剂结合,既不能形成 EIS 三元复合物,EI 也不能分解成产物(P),使酶催化反应速率下降,反应式如下:

$$\begin{array}{c} \text{E+S} \xrightarrow{K_s} \text{ES} \longrightarrow \text{E+P} \\ + \\ \text{I} \\ K_i \Updownarrow \\ \text{EI} \longleftrightarrow\!\!\!\!\to \text{P} \end{array}$$

抑制剂与底物竞争酶的活性中心结合,从而阻止底物与酶的结合,使反应速度下降。当它与酶的活性中心结合后,底物就不能与酶结合;若底物先与酶结合,则抑制剂就不能与酶结合。所以竞争性抑制的抑制程度取决于底物和抑制剂的相对浓度,且这种抑制作用可通过提高底物浓度的方法来解除。

许多研究证实:

① 竞争性抑制作用的反应是可逆的。

② 竞争性抑制的强度与抑制剂和底物的浓度有关,当$[I] \geq [S]$($[I]$为抑制剂浓度,$[S]$为底物浓度)时,抑制作用强;当$[S] \geq [I]$时,S 可以把 I 从酶的活性中心置换出来,从而使酶抑制作用被解除,表现为抑制作用弱。竞争性抑制的例子很多,例如丙二酸与琥珀酸的结构相似,是琥珀酸脱氢酶的竞争性抑制剂。

可逆抑制作用中最重要和最常见的是竞争性抑制。许多药物就是利用竞争性抑制作用的原理来设计的,如磺胺类药物、某些抗癌药物(如阿糖胞苷)、氨蝶呤钠等。

对磺胺敏感的细菌生长繁殖时不能直接利用叶酸,而是在菌体内二氢叶酸合成酶的催化下,由对氨基苯甲酸、2-氨基-4-羟基-6-甲基蝶呤啶及谷氨酸合成二氢叶酸(FH$_2$),FH$_2$再进一步还原成四氢叶酸(FH$_4$)。FH$_4$是细菌合成核苷酸不可缺少的辅酶。

磺胺类药物作用的基本原理是:由于某些细菌的生长繁殖必须用对氨基苯甲酸合成叶

酸;磺胺类药物的基本结构是对氨基苯磺酰胺,与对氨基苯甲酸的结构相似,可与对氨基苯甲酸竞争与叶酸合成酶结合,导致叶酸合成受阻,进而影响核苷酸和核酸的合成。由于人体能直接利用食物中的叶酸,而细菌则不能,故磺胺类药物可抗菌消炎。磺胺增效剂(TMP)可增强磺胺的药效,是因为其结构与二氢叶酸类似,可抑制细菌二氢叶酸还原酶,但很少抑制人体二氢叶酸还原酶。它与磺胺配合使用,可使细菌的四氢叶酸合成受到双重阻碍,从而严重影响细菌的核酸及蛋白质合成。

(2)非竞争性抑制作用

非竞争性抑制作用的特点是 S 和 I 可同时独立地与 E 结合,形成酶—底物—抑制剂(ESI)三元复合物,两者没有竞争作用。但 ESI 不能转变为产物。

$$
\begin{array}{ccc}
\text{E+S} & \xrightleftharpoons{K_s} \text{ES} & \rightarrow \text{E+P} \\
+ & & + \\
\text{I} & & \text{I} \\
K_i \updownarrow & & \updownarrow K_i' \\
\text{EI+S} & \xrightleftharpoons{K_s'} \text{ESI} & \rightarrow\!\!\!\!\!\rightarrow \text{P}
\end{array}
$$

(3)反竞争性抑制作用

反竞争性抑制作用的特点是 I 必须在酶与底物结合后才能与之结合,即 I 不单独与酶结合,只与 ES 复合物结合形成 ESI,但 ESI 不能转变成产物。当反应体系中存在反竞争性抑制剂时,不仅不排斥酶和底物的结合,反而增加了二者的亲和力,这与竞争性抑制作用恰好相反,所以称为反竞争性抑制作用。产生这种现象的原因可能是 S 和 E 的结合改变了 E 的构象,有利于抑制剂同酶的结合。

$$
\begin{array}{ccc}
\text{E+S} & \rightleftharpoons \text{ES} & \rightarrow \text{E+P} \\
& + & \\
& \text{I} & \\
& \updownarrow & \\
& \text{ESI} & \rightarrow\!\!\!\!\!\rightarrow \text{P}
\end{array}
$$

增加底物浓度,不但不能减轻或消除抑制,反而会增加抑制程度。这恰好与竞争性抑制作用相反。

反竞争性抑制作用在双底物酶促反应中比较常见。在双底物有序反应中,第二底物的竞争性抑制剂就是第一底物的反竞争性抑制剂。在双底物乒乓机制中,任何一个底物的竞争性抑制剂都是另一底物的反竞争性抑制剂。有人证明,L - 苯丙氨酸,L - 同型精氨酸等多种氨基酸对碱性磷酸酶的作用是反竞争性抑制,肼类化合物抑制胃蛋白酶等也属于反竞争性抑制。

(4)线性混合型抑制作用

线性混合型抑制作用与非竞争性抑制作用基本相似。其特点是 S 和 I 可同时与 E 结合,两者没有竞争作用。S 和 E 结合后还可与 I 结合,同样 I 与 E 结合后还能与 S 结合,但由于 I 和 E 的结合改变了底物的解离常数 K_s,S 和 E 的结合改变了抑制剂从复合物上解离的解离常数。

$$E+S \underset{K_s}{\overset{}{\rightleftharpoons}} ES \rightarrow E+P$$

$$+ \qquad +$$
$$I \qquad I$$
$$K_i \parallel \qquad \parallel K'_i$$
$$EI+S \underset{K'_s}{\overset{}{\rightleftharpoons}} ESI \rightarrow \!\!\!\!\times P$$

(七)激活剂的影响

凡能提高酶活性,加速酶促反应进行的物质都称为该酶的激活剂。激活剂按其相对分子质量大小可分为以下 3 种。

1. 无机离子激活剂

① 阳离子:包括 H^+ 和各种金属离子,如 K^+、Na^+、Mg^{2+}、Mn^{3+}、Ca^{2+}、Zn^{2+}、Cu^{2+}(Cu^+)、Fe^{2+}(Fe^{3+})、Co^{2+} 等。如 Zn^{2+} 是羧肽酶的激活剂,而 Mg^{2+} 则是多种激酶以及合成酶的激活剂等。

② 阴离子:包括 Cl^-、Br^-、I^-、CN^-、NO^{2-} 等。例如,经透析过的唾液淀粉酶活力不高,若加入少量的 NaCl,则酶的活力大大增加,因此 NaCl(更准确地说是 Cl^-)就是唾液淀粉酶的激活剂。

一般认为金属离子的激活作用,主要是由于金属离子在酶和底物之间起了桥梁的作用,形成酶—金属离子—底物三元复合物,从而更有利于底物和酶的活性中心部位的结合。有的酶只需要一种金属离子作为激活剂,如乙醇脱氢酶;有的酶则需要一个以上的金属离子作为激活剂,如 α - 淀粉酶以 Na^+、K^+、Ca^{2+} 为激活剂。在作为激活剂的金属离子中,Mg^{2+} 最为突出,它几乎参与体内所有的代谢反应。无机离子对酶活性的影响与其浓度有关,一般低浓度提高酶活性,高浓度降低酶活性。有时在一起的两种离子对酶活性的作用恰好相反,出现拮抗作用。例如,Mg^{2+} 提高 ATP 酶活性,而 Ca^{2+} 则降低 ATP 酶活性。有时,金属离子之间可以相互替代,对酶活性的作用如 Mn^{2+} 可以替代 Mg^{2+} 激活酶。

2. 一些小分子的有机化合物

有一些以巯基为活性基团的酶,在分离提纯过程中,其分子中的巯基常被氧化而降低活力。因此需要加入抗坏血酸、半胱氨酸、谷胱甘肽或氰化物等还原剂,使被氧化的巯基还原以恢复活力。如 3 - 磷酸甘油醛脱氢酶就属于巯基酶,在其分离纯化过程中,往往要加上述还原剂,以保护其巯基不被氧化。另外,乙二胺四乙酸(EDTA)是金属离子的螯合剂,能解除重金属离子对酶的抑制作用,也可视为酶的激活剂。

3. 生物大分子激活剂

某种蛋白酶能使无活性的酶原变成有活性的酶。例如胰蛋白酶可以将无活性的胰凝乳蛋白酶原变成有活性的 α - 胰凝乳蛋白酶。如磷酸化酶 b 激酶可激活磷酸化酶 b,而磷酸化酶 b 激酶又受到 cAMP 依赖性蛋白激酶的激活。霍乱毒素由相对分子质量为 2.9×10^4 的 A 亚基和相对分子质量为 1.0×10^4 的 B 亚基组成,它可激活小肠黏膜上皮细胞上的腺苷酸环化酶。

激活剂对酶的作用具有一定的选择性:一种激活剂对某种酶可能是激活,但对另一种酶则可能是抑制。如脱羧酶、烯醇化酶、DNA 聚合酶等的激活剂,对肌球蛋白腺三磷酸酶的活性有抑制作用。激活剂的浓度不同其作用也不一样,有时对同一种酶是低浓度起激活作用,而高浓度则起抑制作用。

激活无活性的酶原转变为有活性的酶的物质也称为激活剂,又称为酶的激动剂。这类激活剂往往都是蛋白质性质的大分子物质,如前所述的胰蛋白酶原的激活。但酶的激活与酶原的激活有所不同,酶原激活是指无活性的酶原变成有活性的酶,且伴有抑制肽的水解;酶的激活是使已具活性的酶的活性增高,使活性由小变大,不伴有一级结构的改变。

第三节　酶促褐变

一、酶促褐变的定义

褐变作用可按其发生机制分为酶促褐变(生化褐变)及非酶褐变两大类。酶促褐变是在有氧的条件下,酚酶催化酚类物质形成醌及其聚合物的反应过程。

酶促褐变发生在水果、蔬菜等新鲜植物性食物中。水果和蔬菜在采摘后,组织中仍在进行活跃的代谢活动。在正常情况下,完整的果蔬组织中氧化还原反应是偶联进行的,但当发生机械性的损伤(如削皮、切开、压伤、虫咬、磨浆等)及处于异常的环境条件下(如受冻、受热等)时,便会影响氧化还原作用的平衡,发生氧化产物的积累,造成变色。这类变色作用非常迅速,并需要和氧接触和由酶所催化。

在大多数情况下,酶促褐变是一种不希望出现于食物中的变化,例如,香蕉、苹果、梨、茄子、马铃薯等都很容易在削皮切开后褐变,应尽可能避免。由于酚酶的作用,酶促褐变不仅有损于果蔬的感观品质,影响产品运销,还会导致风味和品质下降,特别是在热带鲜果中,其导致的直接经济损失达50%。但像茶叶、可可豆等食品,适当的褐变则是形成良好的风味与色泽所必需的。

二、食品中酶促褐变的机理

植物组织中含有酚类物质,在完整的细胞中作为呼吸传递物质,在酚—醌之间保持着动态平衡,当细胞组织破坏以后,氧就大量侵入,造成醌的形成和其还原反应之间的不平衡,于是发生了醌的积累,醌再进一步氧化聚合,就形成了褐色色素,称为黑色素或类黑精。

酚酶的系统名称是邻二酚:氧—氧化还原酶(EC 1.10.3.1)。它以 Cu 为辅基,须以氧为受氢体,为一种末端氧化酶。酚酶可以用一元酚或二元酚作为底物。有些人认为该酚酶是兼能作用于一元酚及二元酚的一种酶;但有的人则认为该酚酶是两种酚酶的复合体,一种是酚羟化酶,又称甲酚酶,另一种是多元酚氧化酶,又叫儿茶酚酶。酚酶的最适 pH 接近7,比较耐热,依来源不同,在 100℃ 下钝化此酶需 2 ~ 8 min。

现以马铃薯切开后的褐变为例来说明酚酶的作用(图 8 - 8)。酚酶作用的底物是马铃薯中最丰富的酚类化合物酪氨酸。

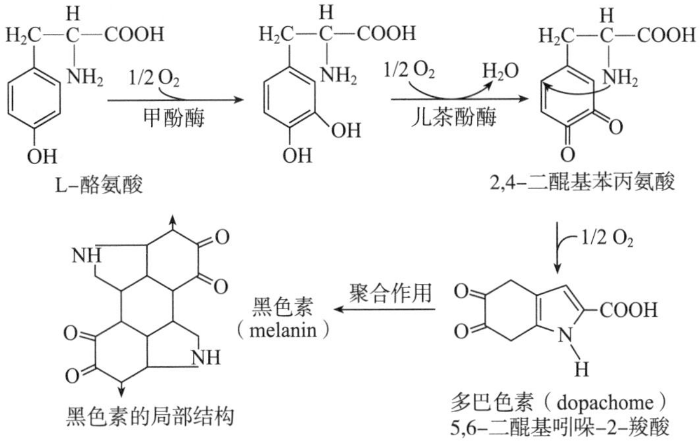

图 8 - 8　酶促褐变的机理

这也是动物皮肤、毛发中黑色素形成的机制。

在水果中,儿茶酚是分布非常广泛的酚类,在儿茶酚酶的作用下,较容易氧化成醌(图 8 - 9)。

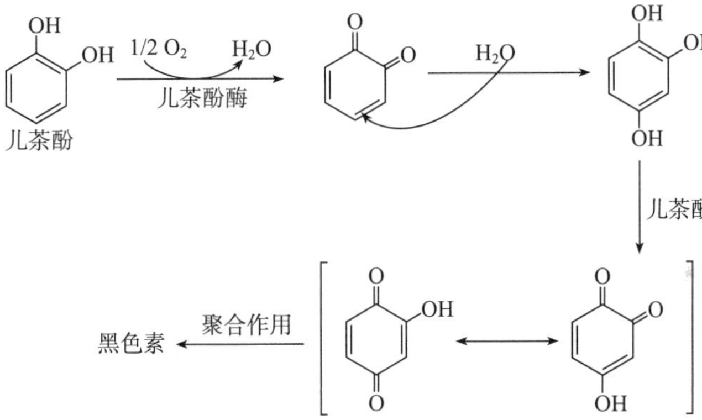

图 8 - 9　儿茶酚转变成醌的过程

醌的形成是需要氧气和酶催化的,但醌一旦形成以后,进一步形成羟醌的反应则是非酶促的自动反应;羟醌进行聚合,依聚合程度增大而由红色变褐色,最后成褐黑色的黑色素物质。

水果蔬菜中的酚酶底物以邻二酚类及一元酚类最丰富。一般说来,酚酶对邻羟基酚型结构的作用快于一元酚;对位二酚也可被利用,但间位二酚则不能作为底物,甚至还对酚酶有抑制作用。但邻二酚的取代衍生物也不能为酚酶所催化,例如愈疮木酚及阿魏酸。绿原酸是许多水果特别是桃、苹果等褐变的关键物质。马铃薯褐变的主要底物是酪氨酸。在香蕉中,主要的褐变底物也是一种含氮的酚类衍生物,即 3,4 - 二羟基苯乙胺。

氨基酸及类似的含氮化合物与邻二酚作用可产生颜色很深的复合物,其机理大概是酚先经酶促氧化成为相应的醌,然后醌和氨基发生非酶的缩合反应。白洋葱、大蒜、韭葱的加工中常有粉红色泽的物质形成,其原因就如上述。

可作为酚酶底物的还有其他一些结构比较复杂的酚类衍生物,例如,花青素、黄酮类、鞣质等,它们都具有邻二酚型或一元酚型的结构。

在红茶发酵时,新鲜茶叶中多酚氧化酶的活性增大,催化儿茶素形成茶黄素和茶红素等有色物质,它们是构成红茶色泽的主要成分。红茶加工是多酚氧化酶在食品加工中发生酶促褐变的有利应用。

三、食品中酶促褐变的控制

食品加工过程中发生的酶促褐变,少数是我们期望的,如红茶加工、可可加工、某些果干(葡萄干、梅干)的加工等。但是大多数酶促褐变会对食品特别是新鲜果蔬的色泽造成不良影响,必须加以控制。

酶促褐变的发生需要 3 个条件,即适当的酚类底物、酚氧化酶和氧,三者缺一不可。在控制酶促褐变的实践中,除去底物的途径可能性极小,曾经有人设想过使酚类底物改变结构,例如将邻二酚改变为其取代衍生物,但迄今未取得实用上的成功。因此,实践中控制酶促褐变的方法主要从控制酚酶和氧两方面入手,主要途径有:钝化酚酶的活性(热烫、抑制剂等);改变酚酶作用的条件(pH、水分活度等);隔绝氧气的接触;使用抗氧化剂(抗坏血酸、SO_2 等)。

常用的控制酶促褐变的方法主要有以下几种。

1. 热处理法

在适当的温度和时间条件下加热新鲜果蔬,使酚酶及其他相关的酶都失活,是最广泛使用的控制酶促褐变的方法。加热处理的关键是在最短时间内达到钝化酶的要求,否则,过度加热会影响食品原有质量;相反,如果热处理不彻底,热烫虽破坏了细胞结构,但未钝化酶,反而会加强酶和底物的接触而促进褐变。像白洋葱、韭葱如果热烫不足,变粉红色的程度比未热烫的还要厉害。

虽然不同来源的多酚氧化酶对热的敏感程度不同,但研究发现在 $70 \sim 95 ℃$ 加热 7 s 左右可使大部分多酚氧化酶失去活性。

水煮和蒸汽处理仍是目前使用最广泛的热烫方法。微波能的应用为热力钝化酶活性提供了新的有力手段,可使组织内外一致迅速受热,对质地和风味的保持极为有利,是热处理法抑制酶促褐变的较理想方法。

2. 调节 pH

利用酸的作用控制酶促褐变也是广泛使用的方法,常用的酸有柠檬酸、苹果酸、磷酸以及抗坏血酸等。一般来说,它们的作用是降低 pH 以控制酚酶的活力,因为酚酶的最适 pH 在 $6 \sim 7$,pH 低于 3.0 时酚酶已无活性。

柠檬酸是使用最广泛的食用酸,对酚酶有降低 pH 和螯合酚酶的 Cu 辅基的作用,但作为褐变抑制剂来说,单独使用柠檬酸的效果不大,常需与抗坏血酸或亚硫酸联用。对于碱法去皮的水果,这类酸还有中和残碱的作用。

苹果酸是苹果汁中的主要有机酸,在苹果汁中对酚酶的抑制作用要比柠檬酸强得多。

抗坏血酸是更加有效的酚酶抑制剂,即使浓度极大也无异味,对金属无腐蚀作用,而且作为一种维生素,其营养价值也是尽人皆知的。有人认为抗坏血酸能使酚酶本身失活。抗坏血酸在果汁中的抗褐变作用还可能是作为抗坏血酸氧化酶的底物,在酶的催化下把溶解在果汁中的氧消耗掉了。据报道,在每千克水果制品中,加入 660 mg 抗坏血酸,即可有效控制褐变并减少苹果罐头顶隙中的含氧量。

3. 二氧化硫及亚硫酸盐处理

二氧化硫及常用的亚硫酸盐如亚硫酸钠、亚硫酸氢钠、焦亚硫酸钠、连二亚硫酸钠即低亚硫酸钠等都是广泛使用于食品工业中的酚酶抑制剂,在蘑菇、马铃薯、桃、苹果等加工中已应用。

用直接燃烧硫黄的方法产生 SO_2 气体处理水果蔬菜,SO_2 渗入组织较快,但应用亚硫酸盐溶液的优点是使用方便。不管采取什么形式,只有游离的 SO_2 才能起作用。SO_2 及亚硫酸盐溶液在微偏酸性(pH 为 6 左右)的条件下对酚酶抑制的效果最好。

在实验条件下,10 mg/kg 的 SO_2 就几乎可完全抑制酚酶,但在实践中因有挥发损失和与其他物质(如醛类)反应等原因,实际使用量要大一些,常达 300 ~ 600 mg/kg。SO_2 对酶促褐变的控制机制现在尚无定论,有的学者认为是抑制了酶活性,有人则认为是由于 SO_2 把醌还原为了酚,还有人认为是 SO_2 和醌加合而防止了醌的聚合作用。很可能这 3 种机制都是存在的。

二氧化硫法的优点是使用方便、效力可靠、成本低、有利于维生素 C 的保存,残存的 SO_2 可用抽真空、炊煮或使用 H_2O_2 等方法除去。缺点是使食品失去原有色泽而被漂白(花青素被破坏),腐蚀铁罐的内壁,有不愉快的嗅感与味感,残留浓度超过 0.064% 即可感觉出来,并且破坏维生素 B_1,还存在安全问题。

4. 驱除或隔绝氧气

具体措施有:

① 将去皮切开的水果蔬菜浸没在清水、糖水或盐水中。

② 浸涂抗坏血酸液,使在表面上生成一层氧化态抗坏血酸隔离层。

③ 用真空渗入法把糖水或盐水渗入组织内部,驱出空气,果肉组织间隙中具有较多气体的苹果、梨等水果最适宜用此法。

一般在 1.028×10^5 Pa 真空度下保持 5 ~ 15 min,突然破除真空,即可将汤汁强行渗入组织内部,从而驱出细胞间隙中的气体。

氯化钠也有一定的防酶促褐变的效果,一般多与柠檬酸和抗坏血酸混合使用。单独使用时,浓度高达 20% 时才能抑制多酚氧化酶的活性。此外,采取真空或充氮包装等措施也可以有效防止或减缓多酚氧化酶引起的酶促褐变。

5. 加酚酶底物的类似物

用酚酶底物的类似物如肉桂酸、对位香豆酸及阿魏酸等酚酸,可以有效地控制苹果汁的酶促褐变。在这3种同系物中,以肉桂酸的效率最高,溶解性好,售价也便宜。当其浓度大于0.5 mmol/L时即可有效控制处于大气中的苹果汁的褐变达7 h之久。由于这3种酸都是水果蔬菜中天然存在的芳香族有机酸,在安全上无多大问题。

6. 底物改性

利用甲基转移酶,将邻二羟基化合物进行甲基化,生成甲基取代衍生物,可有效防止褐变。如以 S – 腺苷蛋氨酸为甲基供体,在甲基转移酶作用下,可将儿茶酚、咖啡酸、绿原酸分别甲基化为愈创木酚、阿魏酸和3 – 阿魏酰金鸡纳酸。

第四节　谷类食品中的主要酶类及特征

谷物是为获得可食部分而栽培(耕作)的草本植物种子,由皮层(果皮和种皮)、胚乳(外胚乳和内胚乳)和胚组成。传统谷物概念有狭义和广义之分。狭义的谷物是指禾谷类粮食,包括稻谷、小麦、玉米、大麦、高粱、燕麦、黑麦、粟等,通常习惯上还包括蓼科作物中的荞麦。广义的谷物(粮食)还包括豆类、块茎等作物的果实。联合国粮食及农业组织(FAO)关于谷物的概念指的是,收获的作物仅作为干籽粒,FAO 的定义涵盖17 个主要谷物,每个都有编码、植物学名称(或名称)和简短描述。

谷物是世界上最重要的农作物。尽管在世界范围内种植的谷物种类有多种,但是小麦、稻谷与玉米的产量占到谷物总产量的89%,属于大宗谷物。大麦、高粱、谷子、燕麦与黑麦占的比例则比较少,属于小宗谷物。近年来,世界大宗谷物产量、消费量均呈现增长态势。谷物是人类的主要能量、蛋白质、B 族维生素与矿物质来源,谷物为人类提供约2/3 的能量和蛋白质。谷物中的营养成分主要包括蛋白质、碳水化合物、脂质、矿物质、维生素和水等,这些营养成分为人体维持正常的生命与健康、保证正常生长发育和从事各种劳动提供了所需要的营养素和能量。不同谷物中各营养成分的含量存在较大差异。

一般来说,谷物中蛋白质含量在7% ~15%,主要由谷蛋白、清蛋白、醇溶蛋白和球蛋白组成,绝大部分存在于谷物胚乳中。谷物中的蛋白质所含的必需氨基酸组成不平衡,普遍赖氨酸含量较低,有些谷物苏氨酸、色氨酸、苯丙氨酸、蛋氨酸含量也不高。因此,可以采用赖氨酸强化和蛋白质互补的方法来提高谷物蛋白质的营养价值。谷物中的碳水化合物主要为淀粉,一般含量在65% 以上,主要存在于谷物胚乳的淀粉细胞中。谷物淀粉分为直链淀粉和支链淀粉,谷物中直链淀粉占20% ~25%。谷物中脂质含量普遍较低,为1% ~4%。谷物中的脂肪绝大部分分布在糊粉层和胚芽中,有很高的营养价值,如小麦胚芽油、玉米胚芽油和米糠油等,不仅含有丰富的人体必需的不饱和脂肪酸,而且含有丰富的维生素和其他生物活性物质。谷物中的维生素,以 B 族维生素含量最为丰富,如维生素 B_1、维生素 B_2、烟酸、泛酸和维生素 B_6等。黄色籽粒的谷物含有一定量的类胡萝卜素。谷物中的维生素绝大部分存在于糊粉层和胚芽中,加工以后大多数被转移到副产品中。因此,谷物过度加工会导致其中的维生素大量损失。谷物中含有 30 多种矿物质,但各元素的含量因品种、气候、土壤、肥水等因素影响而不同。谷物中磷、钾、镁等元素的含量比较丰富,完全能够满足人体需要,但钙、铁的含量不足。谷物中的矿物质主要分布在胚芽、糊粉层和谷皮中,谷物加工过程中,往往将胚芽、糊粉层和谷皮去除,这就会使谷物加工制品中的矿物质含量明显降低。谷物中含有较多的非淀粉多糖,包括纤维素、半纤维素、戊聚糖等,这些膳食纤维主要分布在谷壳、谷皮和糊粉层中。

谷物中含有多种酶,如淀粉酶、蛋白酶、脂肪酶、细胞壁降解酶、过氧化物酶、多酚氧化酶和植酸酶等。随着生物化学、分子生物学等生命科学的发展,关于谷物中各种酶的分子结构、作用机制的研究得到了高度重视和快速发展。谷物细胞与其他生物体一样,细胞内外的各种化学变化几乎都是在酶催化下进行的。在各种酶的作用下,谷物细胞能够在常温常压下以极快的速度和很高的专一性进行化学反应,以满足生命活动的需要。谷物在采收、贮存、加工等产后环节中,酶也具有非常重要的作用,与谷物的贮藏品质、加工品质等均有着极其密切的关系。

一、淀粉酶

淀粉酶(amylase)又称淀粉分解酶,广泛存在于动植物和微生物中。存在于谷物中的淀粉酶经谷物发芽后含量和活性会有大幅度的提高。淀粉酶属于水解酶类,是能催化淀粉水解转化成葡萄糖、麦芽糖及其他低聚糖的一类酶的总称,它能催化淀粉、糖原和糊精中的糖苷键水解。

淀粉酶一般作用于可溶性淀粉、直链淀粉、糖原等葡聚糖,水解其所含糖苷键,但淀粉酶很难对完整的淀粉粒发生酶解作用,而破碎淀粉粒及可溶解淀粉对淀粉酶的作用比较敏感。谷物中的淀粉酶按作用方式主要分为 4 类:α - 淀粉酶、β - 淀粉酶、葡萄糖淀粉酶和脱支酶。此外,在谷物加工过程中环麦芽糊精葡聚糖转移酶和葡萄糖异构酶也应用广泛。

1. α - 淀粉酶

α - 淀粉酶(α - amylase)又称液化酶。高等植物,如玉米、稻米、高粱、谷子等均含有α - 淀粉酶,发芽大麦中含有丰富的α - 淀粉酶。谷物α - 淀粉酶有多种同工酶,如从大麦芽α - 淀粉酶中分离出 5~6 种同工酶,并且α - 淀粉酶随着谷物发芽,酶含量与活力均有增加。α - 淀粉酶以随机的方式水解淀粉分子内部的α - 1, 4 - 糖苷键,它作用的模式、性质和降解物因酶的来源不同而略有不同。

在小麦籽粒形成过程中伴随着营养物质的积累,α - 淀粉酶也随之合成,并在小麦发芽时大量产生。α - 淀粉酶的活性与发芽时的温度、发芽时间存在着密切的关系。同时发芽小麦中由于α - 淀粉酶活性很高,淀粉会在α - 淀粉酶的作用下分解,进一步水解成低分子糖类,所以低分子糖类含量也相应较高。小麦发芽对α - 淀粉酶活性影响强烈,随着发芽程度加深,α - 淀粉酶活性迅速增强。α - 淀粉酶活性高的谷物籽粒,其内部的糖类物质分解很快,非常有利于籽粒胚的萌发生长。但过高的α - 淀粉酶活性对小麦的加工品质不利,如小麦粉中α - 淀粉酶活性对面条品质影响很大。

α – 淀粉酶又称液化型淀粉酶,是一种催化淀粉水解生成糊精的淀粉酶,系统名为 α – 1,4 – D – 葡聚糖葡萄糖水解酶(α – 1,4 – D – glucan glucano – hydrolase,EC 3.2.1.1)。大多数 α – 淀粉酶的相对分子质量在 50000 Da 左右。该酶作用于淀粉与糖原时,从底物分子内部随机地切开 α – 1,4 – 糖苷键,从而生成麦芽糖、少量葡萄糖与一系列分子质量不等的低聚糖和糊精。由于它不水解支链淀粉的 α – 1,6 – 糖苷键,也不水解紧靠分支点 α – 1,6 – 糖苷键附近的 α – 1,4 – 糖苷键,因此它的水解终产物中还含有大量带有 α – 1,6 – 糖苷键的葡萄糖残基。因为所产生的还原糖在光学结构上是 α – 型的,故将此酶叫作 α – 淀粉酶。

α – 淀粉酶是一种金属酶,每分子酶可结合 1~10 个 Ca^{2+},Ca^{2+} 对 α – 淀粉酶的亲和能力比其他离子强。Ca^{2+} 使酶分子保持适当的构象,从而维持其最大的活性和稳定性。通常情况下结合一个 Ca^{2+} 就足以使 α – 淀粉酶很稳定,用 EDTA 透析或者用电渗析可以将 Ca^{2+} 从淀粉酶中除去;加入 Ca^{2+} 可以激活钙游离酶。当锌存在时,形成的 α – 淀粉酶二聚体中含有一个锌原子,锌原子的作用是在酶的两个单体之间形成交联。很多金属离子,特别是重金属离子对 α – 淀粉酶有抑制作用。另外,巯基、N – 溴琥珀酰亚胺、p – 羟基汞苯甲酸、碘乙酸、牛血清白蛋白(BSA)、乙二胺四乙酸(EDTA)和乙二醇双(2 – 氨基乙基醚)四乙酸(EGTA)等对其也有抑制作用。

α – 淀粉酶和其他酶类一样,具有反应底物特异性,不同来源的淀粉酶反应底物也各不相同,通常 α – 淀粉酶显示出对淀粉及其衍生物有最高的特异性,这些淀粉及衍生物包括支链淀粉、直链淀粉、环糊精、糖原和麦芽三糖等。

不同来源的 α – 淀粉酶有各自的最适作用 pH 和最适作用温度,通常在最适作用 pH 和最适作用温度条件下酶相对比较稳定,在此条件下进行反应能最大限度地发挥酶活力,提高酶催化反应效率。因此,工业应用时应了解不同酶的最适 pH 和最适温度,确定反应的最佳条件,最大限度地提高酶的使用效率。通常情况下,α – 淀粉酶的最适作用 pH 在 2~12。真菌和细菌类 α – 淀粉酶的最适 pH 在酸性和中性范围内,如芽孢杆菌 α – 淀粉酶的最适 pH 为 3,碱性 α – 淀粉酶的最适 pH 为 9~12。另外,温度和钙离子对一些 α – 淀粉酶的最适 pH 有一定的影响,会改变其最适作用范围。

2. β – 淀粉酶

β – 淀粉酶(β – amylase)又称淀粉 – 1,4 – 麦芽糖苷酶。此酶存在于大多数谷物中,如大麦、小麦、大豆和稻米等。与 α – 淀粉酶不同,β – 淀粉酶存在于饱满的整粒谷物中,通常其含量并不随谷物发芽而急剧升高。近年来,发现不少微生物中也有 β – 淀粉酶的存在,其对淀粉的作用方式与谷物中的 β – 淀粉酶大体一致。谷物籽粒中淀粉的降解和转运主要由 β – 淀粉酶参与催化,β – 淀粉酶通过参与淀粉的降解和转运为萌发提供能量,如水稻种子萌发过程中的 β – 淀粉酶活性是种子发芽势和活力的可靠指标。此外,大麦 β – 淀粉酶与麦芽糖化力密切相关,因此也是衡量麦芽糖化力大小的主要育种指标。

绝大多数禾本科作物种子的 β – 淀粉酶属于单体蛋白。大麦、黑麦和水稻胚乳专一型 β – 淀粉酶的氨基酸序列有一定相似性,如氨基酸序列中都含有高度保守的谷氨酸(Glu)残基。研究大麦 β - 淀粉酶氨基酸全序列发现其羧基端有 4 个富含甘氨酸的重复区段,而黑麦是 3 个重复区段。另外,麦芽糖和 α/β - 环糊精分别是 β - 淀粉酶的非竞争性和竞争性抑制剂。

β - 淀粉酶是一种外切酶,系统名称为 α - 1,4 - D - 葡聚糖麦芽糖水解酶(α - 1 - 4 - D - glucan maltohydrolase,EC 3.2.1.2)。β - 淀粉酶的分子量在 53000 ~ 64000 Da。它作用于淀粉时,从淀粉链的非还原端开始,作用于 α - 1,4 - 糖苷键,顺次切下麦芽糖单位,由于该酶作用于底物时发生沃尔登转位反应(walden inversion),使生成的麦芽糖由 α - 型转为 β - 型,故称 β - 淀粉酶。β - 淀粉酶既不能裂解支链淀粉中的 α - 1,6 - 糖苷键,也不能绕过支链淀粉的分支点继续作用于 α - 1,4 - 糖苷键,因此遇到分支点就停止作用,并在分支点残留 1 ~ 3 个葡萄糖残基。因此,β - 淀粉酶对支链淀粉的作用是不完全的。

β - 淀粉酶的蛋白质结构包括一个典型的 $(\beta/\alpha)8$ - 桶状核心和 1 个羧基末端的长环结构(图 8 - 10)。活性中心的 Glu 186 和 Glu 380 位于 $(\beta/\alpha)8$ - 桶状核心的深部,此结构被认为是切割多聚糖非还原性末端的最佳结构。Glu 186 和 Glu 380 分别承担酸和碱性催化作用,其中 Glu 186 充当酸碱催化反应中的质子供体,Glu 380 则在活化水分子中起着重要作用。此外,Glu 186 和 Glu 380 对从淀粉中释放 β - 麦芽糖起着关键的催化作用,Glu 380 是接触反应部位的配对物。1996 年,Totsuka 和 Fukazawa 提出了 β - 淀粉酶催化降解底物的假说:位于桶状核心活性位点 Glu 186 和 Glu 380 附近的 Leu 383 在催化反应时插入环糊精形成包合体,以维持活性位点与底物结合的稳定性,从而有利于催化反应的进行。

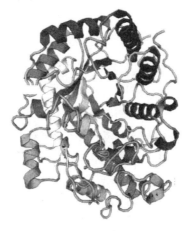

图 8 - 10 β - 淀粉酶分子空间结构

由于 β - 淀粉酶是植物淀粉降解酶中热敏感性最强的酶之一,其热稳定性在整个发酵过程中起决定作用。例如,大麦 β - 淀粉酶的热稳定性是影响啤酒酿造过程中可发酵性的重要因素。因此,热稳定性可以用作对谷物品质性状选择的育种指标。根据 β - 淀粉酶热稳定性的不同,β - 淀粉酶大致可分为 3 种热稳定型:高耐热型(A 型)、中耐热型(B 型)和低耐热型(C 型),而且它们具有明显的地理特征,其中 B 型被认为是大麦属中 β - 淀粉酶最基本的原型。

β – 淀粉酶作用于淀粉分子时,从非还原末端逐个水解生成麦芽糖,能增加淀粉溶液的甜味。β – 淀粉酶虽能够使淀粉还原力直线上升,但不能快速地使分子变小,所以淀粉糊黏度不易下降,糊精化很慢,与碘液的呈色反应不如使用 α – 淀粉酶的变化明显,只是由深蓝色变浅,不会变为紫、红和无色。β – 淀粉酶作用的最适 pH 为 $5.0 \sim 6.0$。不同来源的 β – 淀粉酶的稳定性不同,如大豆 β – 淀粉酶比小麦和大麦芽的 β – 淀粉酶稳定。β – 淀粉酶的相对分子质量一般高于 α – 淀粉酶。β – 淀粉酶的作用不需要无机化合物作辅助因素,酶蛋白中的巯基对 β – 淀粉酶的活性是必需的。如果在酶液中加入血清蛋白和还原型谷胱甘肽则可以防止酶失活。钙离子对 β – 淀粉酶有降低稳定性的作用,这与钙离子可提高 α – 淀粉酶稳定性的效果是相反的,可以利用这一差别使 β – 淀粉酶失活从而纯化 α – 淀粉酶。

β – 淀粉酶作用于直链淀粉时,理论上应 100% 水解为麦芽糖。当直链淀粉含有偶数葡萄糖基时,β – 淀粉酶作用的最终产物是麦芽糖;当直链淀粉含有奇数葡萄糖基时,β – 淀粉酶作用的最终产物除含有麦芽糖外,还有麦芽三糖和葡萄糖。β – 淀粉酶催化麦芽三糖水解生成麦芽糖和葡萄糖的速度远低于淀粉最初水解的速度,而且需要在高浓度酶的条件下才能进行。但实际上因直链淀粉的老化、混有微量分支点以及氧化改性等因素,在很多情况下,只有 70% $\sim$90% 降解成麦芽糖。支链淀粉经 β – 淀粉酶作用后,其中 50% $\sim$60% 转变成麦芽糖,其余部分称为 β – 限制糊精。当 β – 淀粉酶作用于高度分支的糖原时,仅有 40% $\sim$50% 转变成麦芽糖。

3. 葡萄糖淀粉酶

葡萄糖淀粉酶(glucoamylase)又称 γ – 淀粉酶或 α – 1, 4 – D – 葡萄糖苷酶(exo – α – 1,4 – D – glucosidase),俗称糖化酶,是一种催化淀粉水解生成葡萄糖的淀粉酶,系统名为 α – 1, 4 – 葡聚糖葡萄糖水解酶(α – 1,4 – glucan glucohydrolase,EC 3.2.1.3),是一种单链的酸性糖苷水解酶,具有外切酶活性。糖化酶的作用方式是从淀粉或类似物分子的非还原性末端开始逐个地水解 α – 1, 4 – 糖苷键,生成 β – 葡萄糖。直链淀粉中的 α – 1, 4 糖苷键的酶切速度是支链淀粉中的 α – 1, 6 糖苷键的酶切速度的 30 倍。该酶的底物专一性很低,还具有一定的水解 α – 1, 6 – 糖苷键和 α – 1, 3 – 糖苷键的能力。由于可以催化葡萄糖转化为麦芽糖,因此该酶在淀粉糖化过程中可导致葡萄糖产量的降低。该酶相对分子质量约为 69000 Da,可以从培养的细菌和真菌中获得。该酶分子中含有一定量的糖类,如爪哇根霉糖化酶中含有 27 个甘露糖和 4 个 N – 乙酰氨基葡萄糖。不同来源的葡萄糖淀粉酶在糖化的最适温度和最适 pH 方面有差别。

理论上,葡萄糖淀粉酶可将淀粉 100% 地水解成葡萄糖,但事实上不同来源的葡萄糖淀粉酶对淀粉的水解能力有所差别。该酶并不能使支链淀粉完全地降解,这可能与支链淀粉中的糖苷键排列方式有关,不过当有 α – 淀粉酶参加反应时,葡萄糖淀粉酶能够完全降解支链淀粉。葡萄糖淀粉酶的催化速率与底物分子大小有关,一般底物分子越大,水解速率越快,不过当相对分子质量超过麦芽五糖时,水解速率不会增加。

4. 脱支酶

脱支酶(debranching enzymes)是一类酶的统称,只对支链淀粉、糖原等分支点的 $\alpha-1,6-$ 糖苷键有专一性。根据它的作用方式可以分为直接脱支淀粉酶和间接脱支淀粉酶。直接脱支淀粉酶水解未改性的支链淀粉和糖原中的 $\alpha-1,6-$ 糖苷键,而间接脱支淀粉酶只能作用于已由其他酶改性的支链淀粉和糖原。

根据底物特异性差异,脱支酶可分为 3 类:

① 高等生物中发现的淀粉 $-1,6-$ 葡萄糖苷酶,也称糊精 $6-\alpha-D-$ 葡萄糖苷酶。

② 微生物茁酶多糖酶和植物 R 酶(也称茁酶多糖 $-6-$ 葡聚糖水解酶或支链淀粉酶)。

③ 异淀粉酶,也称葡萄糖基 $-6-$ 葡聚糖水解酶。另一种分类是根据来源不同,可分为酵母异淀粉酶、高等植物异淀粉酶(又称 R 酶)和细菌异淀粉酶。

在谷物,如大米、大麦、小麦和玉米中均发现有脱支酶的存在。由于该酶的作用是催化水解支链淀粉及其相关大分子化合物中的糖苷键,故被命名为脱支酶。脱支酶常被用于酿造加工和水解淀粉,它与 $\beta-$ 淀粉酶结合使用,可以生产麦芽糖含量高的淀粉糖浆。

加入金属络合物 EDTA 进行反应,酶活性几乎全部丧失。镁离子和钙离子对酶活性略有激活作用,汞离子、铜离子、铁离子和铝离子则对酶活性有着强烈抑制作用。此外,钙离子能够提高异淀粉酶的 pH 稳定性和热稳定性。

脱支酶能专一性地切开支链淀粉分支点的 $\alpha-1,6-$ 糖苷键,从而剪下整个侧支,形成长短不一的直链淀粉。支链淀粉溶液经异淀粉酶水解后,其碘色反应从红色变成蓝色。

支链淀粉酶(pullulanse)又称普鲁糖酶、茁酶多糖酶或极限糊精酶,是一种催化支链淀粉、普鲁糖(茁酶多糖)、极限糊精水解为线性 $\alpha-$ 葡聚糖的 $\alpha-1,6-$ 糖苷键酶,系统名称为支链淀粉 6 - 葡聚糖水解酶(EC 3.2.1.41)。在蚕豆、马铃薯和甜玉米中先后都发现了支链淀粉酶,它们能够水解支链淀粉和相应的 $\beta-$ 限制糊精中的 $\alpha-1,6-$ 糖苷键,也能裂开 $\alpha-$ 限制糊精中的 $\alpha-1,6-$ 糖苷键结合的 $\alpha-$ 麦芽糖和 $\alpha-$ 麦芽三糖残基,但是不能除去以 $\alpha-1,6-$ 糖苷键结合的葡萄糖单位。支链淀粉酶不能作用于糖原,但是它能降解支链淀粉。

异淀粉酶是水解支链淀粉、糖原、某些分支糊精和寡聚糖分子 $\alpha-1,6-$ 糖苷键的脱支酶(EC 3.2.1.68)。与茁酶多糖酶不同的是它对支链淀粉和糖原的活性很高,能完全脱支,但是不能从 $\beta-$ 限制糊精和 $\alpha-$ 限制糊精水解由 2 个或 3 个葡萄糖单位构成的侧链,对茁酶多糖的活性很低。异淀粉酶只能水解构成分支点的 $\alpha-1,6-$ 糖苷键,而不能水解直链分子中的 $\alpha-1,6-$ 糖苷键。异淀粉酶对 $\alpha-1,6-$ 糖苷键所处位置的严格要求,使它成为研究糖类结构很有价值的工具。

间接脱支酶包括两种酶:淀粉 $-1,6-$ 葡萄糖苷酶和寡 $-1,4-$ 葡聚糖转移酶,它们以间接的方式催化底物的脱支反应。淀粉 $-1,6-$ 葡萄糖苷酶是淀粉 $-1,6-$ 葡萄糖苷酶和 $4-\alpha-D-$ 葡聚糖转移酶复合物的组成部分,与糖原磷酸化酶联合作用能使糖原完全降解成 1 - 磷酸葡萄糖和葡萄糖。在哺乳动物体内,糖原磷酸化酶作用于糖原分子最末端的分支,可以形成包含 4 个葡萄糖单位的极限糊精。如果侧链只含有 1 个葡萄糖单位时,那么淀粉 $-1,6-$ 葡萄糖苷酶仅仅水解 $\alpha-1,6-$ 分支点。极限糊精必须经 $4-\alpha-D-$ 葡萄糖转移酶进行改性才能进一步降解。该酶能将麦芽三糖残基转移到另一链的 $1,4-\alpha-$ 位置上,这样就把单个 $1,6-\alpha-$ 连接的葡萄糖单位暴露出来。淀粉 $-1,6-$ 葡萄糖苷酶能水解的最小底物是分支五聚糖,其产物是葡萄糖和麦芽四糖。

二、蛋白酶

蛋白酶(protease)是一类裂解肽链中肽键的酶,广泛存在于动植物体内,它们在谷物种子萌发、细胞分化、形态发生、逆境胁迫、衰老、细胞程序性死亡等生命过程中都发挥着非常重要的功能。蛋白酶的作用主要包括:

① 消除错误折叠、修饰及定位的蛋白。

② 为合成新的蛋白质提供氨基酸。

③ 通过限制性切割促使酶原成熟。

④ 降低关键酶和调节蛋白含量以此控制新陈代谢平衡。

⑤ 切除已定位蛋白的定位信号。

近年来,蛋白酶的研究越来越受到人们的关注,谷物蛋白酶在贮藏蛋白的沉积和降解、对生物和非生物胁迫的响应、植物衰老等重要的植物代谢、信号转导和生长发育过程等方面的研究均取得了重要进展。

蛋白酶种类繁多,目前尚无统一的分类标准。最早根据蛋白酶的来源不同将其分为 3 类:

① 存在于食品原料中的内源蛋白酶。

② 由生长在食品原料中的微生物所分泌的蛋白酶。

③ 被加入食品原料中的蛋白酶制剂。

还可以根据蛋白酶所存在的生物体不同,将其分为植物源蛋白酶、动物源蛋白酶、微生物蛋白酶三大类。其中微生物蛋白酶根据其作用时的最适 pH 不同,又分为酸性(最适 pH 为 1. 0~3.0)、中性(最适 pH 为 6.0~8.0)、碱性蛋白酶(最适 pH 为 9.0~11.0)。

蛋白酶大量存在于动物性食物中,在谷物和蔬菜中含量相对较少。谷物中,如小麦、大麦等含有少量的蛋白酶类,如在小麦籽粒中蛋白酶主要位于胚及糊粉层内,酶活性很高,而胚乳中酶活性很低。谷物中的蛋白酶与木瓜蛋白酶类似,属于内肽酶,发芽时蛋白酶活力有所增加,随着发芽程度的加深,蛋白酶含量也会随之非线性增加。在萌发对谷物(小麦、玉米、小米、高粱等)种子蛋白质的影响的研究中发现,随着种子发芽时间的延长,蛋白质含量呈下降趋势,这主要是由于蛋白酶的激活,蛋白酶的含量与活力增加。在蛋白酶的作用下,贮藏蛋白被分解成供胚发育的氨基酸,从而使游离氨基酸增加,再将氨基酸运转到胚的生长部分,然后以各种不同的方式重新结合起来,形成各种性质的蛋白质。

在对谷物中的蛋白酶活性进行测定时,利用蛋白酶水解酪蛋白,生成含酚基的氨基酸能还原磷钼酸、磷钨酸,得到钼蓝和钨蓝的混合物,根据蓝色的深浅即可确定酶活力的大小。

蛋白酶具有将蛋白质水解成肽和氨基酸的功能,能提高和改善蛋白质的溶解性、乳化性、起泡性、黏度和风味等,因此常应用于改善面制品品质、防止谷物发酵饮品产生混浊等工艺中。蛋白酶对面粉的品质有很大的影响。蛋白酶可以改变面粉中的面筋性能和面团特性,使面团弹性降低、面团的延伸性增强。例如,在制作烘烤食品时,一般面粉中的蛋白酶的活性较低,不能对面筋蛋白质进行分解,而新磨制的面粉中半胱氨酸残基含有未被氧化的巯基是蛋白酶的强力活化剂,在面团发酵过程中,能激活蛋白酶活性从而水解蛋白质造成面团发黏,破坏面团的网络结构,降低面团的持气能力,导致面团发酵体积小、弹性差和易裂,面包体积小,板结僵硬。面粉在贮藏过程中因巯基氧化而失去对蛋白酶的激活作用,因此,面粉磨后熟化一段时间能避免出现以上情况。新磨制的面粉添加氧化剂使巯基氧化,也能防止蛋白酶的激活,保持面筋蛋白质的正常性能,避免出现上述情况。

适当添加蛋白酶,可使面团的弹性适中并缩短面团调制时间。当使用高面筋含量或筋力较强的面粉生产饼干、曲奇、比萨饼等要求弱面筋筋力的食品时,适量使用蛋白酶可有助于降低面团弹性,缩短面团稳定时间,使产品不变形、蓬松性好。在利用快速发酵法制作面包时,适量使用蛋白酶,可以缩短面团形成时间,并改变面团的流变学性质。亚硫酸盐等还原剂也能使面团变得柔软松弛,不过其作用原理不同,亚硫酸盐使蛋白质二硫键断裂,而蛋白酶使蛋白质肽键断裂。

在以谷物为原料的酒精发酵中,蛋白酶可分解谷物中的蛋白质,增加酵母营养,促进酵母生长和发酵,从而有助于缩短发酵时间,提高原料出酒率。向酒精发酵醪中添加酸性蛋白酶,发酵周期可缩短33%,原料出酒率提高1%～2%。酸性蛋白酶用于白酒生产,除出酒率得以提高,发酵时间缩短外,还有助于白酒香味物质的形成,并可降低白酒中杂醇含量。木瓜蛋白酶和酸性蛋白酶还可用于啤酒澄清,防止啤酒中的单宁与蛋白质复合物形成造成浑浊。酸性蛋白酶用于酿造醋的生产,可缩短酿醋周期,提高原料出醋率。

特征风味是谷物制品品质的一个影响因素。蛋白质的特征风味是由于蛋白质结合了少量的其他化合物,纯蛋白质的风味一般是比较平淡的。蛋白质经蛋白酶水解后释放出这些风味成分,其中包括一些不良风味成分,同时也可能导致蛋白质产生苦味。苦味的产生是由于在蛋白酶水解过程中,多肽的数量增加,暴露了原本埋藏在蛋白质结构内部的一些疏水性氨基酸。如果采取有控制的酶水解,使蛋白质的水解反应停止于某一阶段就可以减少疏水性氨基酸的暴露,从而减少蛋白质的苦味。在面筋筋力较强的情况下加入蛋白酶,可增加面团中多肽和氨基酸的含量。氨基酸是香味物质形成的中间产物,多肽是潜在的滋味增强剂,因此可提高最终产品的风味,改善产品的香气。此外,蛋白酶的水解产物——肽和氨基酸也可作为酵母的氮源促进发酵。

三、脂类转化酶

脂类转化酶广泛地存在于动植物和微生物中,谷物中的脂类转化酶大多分布在种子的皮层和胚芽中。脂类转化酶能与其他的酶协同发挥作用催化分解油脂类物质,提供植物种子生根发芽所必需的养料和能量。

1. 脂肪酶

脂肪酶(lipase,EC 3.1.1.3)是水解油脂酯键的一类酶的通称,又称三酰甘油酯酰水解酶或三酰甘油酶,相对分子量范围一般在 16000 ~ 200000 Da。脂肪酶是一类脂肪水解酶,能催化天然底物油脂(三酰甘油)水解,产生双甘酯、单甘酯、脂肪酸和甘油。脂肪酶是一种糖蛋白,糖基部分以甘露糖为主,占分子质量的 2% ~ 15%,酶分子由亲水部分和疏水部分组成,活性中心靠近疏水端。小麦、水稻、荞麦、大麦和玉米等谷物的脂肪酶是植物脂肪酶中研究较多的一类。

脂肪酶是催化油脂水解的酶类,这类酶的活性包括两个方面:其一,专一性水解甘油酯键,释放更少酯键的甘油酯和甘油以及脂肪酸;其二,在无水或少量水系中催化水解的逆反应,即酯化反应。脂肪酶具有对油—水界面的亲和力,酶大分子包含疏水头和亲水尾两部分,只有在最佳水含量时,脂肪酶才表现出最大活力。

从催化特性看,脂肪酶可催化酯类化合物分解、合成和酯交换。许多脂肪酶对脂肪酸残基及酯键的位置的转移有选择性。脂肪酶反应不需要辅酶,反应条件温和,副产物少,不过脂肪酶不能作用于分散在水中的底物分子,只能在异相系统(甘油酯和水所组成的非均相体系乳浊液)或有机相中应用,脂肪和水之间的界面是酶的作用部位。

大多数脂肪酶的最适 pH 为 8.0 ~ 9.0,也有少数脂肪酶的最适 pH 偏酸性。大多数脂肪酶的最适温度为 30 ~ 40℃,但某些食物中的脂肪酶甚至在冷冻至 -29℃ 时仍有活性。除了底物、pH 和温度外,盐对脂肪酶的作用也有影响。

常温下,谷物中的脂肪酶主要分布在两个部分:皮层和胚芽。皮层中含 75% ~ 80% 的酶活,胚芽中含 20% ~ 25% 的酶活。脂肪酶活性的相对分布比例与温度有关,当温度逐渐升高,外壳中的脂肪酶失活较快,而胚芽中的脂肪酶热稳定性较高;当温度升至 75℃ 时,二者的脂肪酶酶活基本接近。一般而言,谷物籽粒在未发芽或遭破坏时,其脂肪酶活力较低,且较为稳定;籽粒萌发的时候,其脂肪酶活力能提高数十倍。现已对包括小麦、燕麦和大麦在内的许多谷物中的脂肪酶活性进行了鉴别和研究,如大麦中含有脂肪酶,不过大麦中脂肪酶活性很低,一部分脂肪酶活性存在于芽根中,酶活性在发芽过程显著增加,干燥与除根后酶活性下降,且脂肪酶的活性与大麦品种有关。

2. 脂肪氧合酶

脂肪氧合酶(lipoxygenase,EC 1.13.11.12,LOX)俗称脂肪氧化酶、脂肪加氧酶或脂氧合酶,广泛存在于各种植物中,特别是豆科植物中,尤以大豆中活力最高。脂肪氧合酶分子量范围一般在 90000 ~ 100000 Da,是一种含非血红素铁蛋白的氧合酶,酶蛋白由单肽链组成,属氧化还原酶。

脂肪氧合酶通过专门催化具有 1, 4 - 戊二烯结构的不饱和脂肪酸的加氧反应,生成脂肪酸氢过氧化物。由脂肪氧合酶启动合成的一系列环状或脂肪族化合物,统称为氧脂,一般将此代谢过程称为 LOX 途径或十八碳酸途径。在谷物中,脂肪氧合酶底物主要是亚油酸、亚麻酸等,其加氧位置是 C_9 和 C_{13} 位,参与谷物植株的物质运输和细胞间的信息传递等。已从大麦、水稻、藻类、面包酵母、真菌以及氰细菌中发现脂肪氧合酶的存在。

大多数脂肪氧合酶的最适 pH 是 $7.0 \sim 8.0$。当 pH 低于 7 时,酶活力下降的部分原因是脂肪氧合酶的底物亚油酸溶解度下降的结果。脂肪氧合酶的最适温度为 $20 \sim 30 \, ℃$,耐热性较低,经过轻度的热处理就可达到钝化的要求。

谷物籽粒中含有 $2\% \sim 3\%$ 的脂质,在采收、贮藏和运输过程中,由于物理损害可引起脂酶与脂质之间的反应,导致游离脂肪酸含量的迅速上升。谷物中脂肪氧合酶能进一步催化不饱和脂肪酸过氧化生成氢过氧化物,再被氢过氧化物裂解酶和氢过氧化物异构酶降解或自动氧化为具有挥发性的己醛、戊醛和戊醇等羰基类低分子化合物,从而产生与谷物陈化变质有关的陈霉味。另外,由于脂肪氧合酶产生的氢过氧化物、活性氧和自由基等具有高度的氧化活性,还可直接参与稻谷中贮藏蛋白等大分子的分子内和分子间二硫键氧化交联,影响其结构和功能,同时也可与氨基酸和维生素相结合,降低稻谷的食用和营养价值。因此,在谷物加工中对脂肪氧合酶进行钝化或者添加脂肪氧合酶抑制剂可明显阻止脂质过氧化作用,减缓贮藏粮食氧化变质速度,保持清新气味,提高耐贮性。研究表明,降低脂肪氧合酶活性有利于延长小麦籽粒、通心粉和通心面等的保存期,提高产品附加值。低活性脂肪氧合酶或脂肪氧合酶缺失可有效减轻脂质的氧化反应,减轻谷物籽粒的氧化变质,从而延长其贮藏期。降低脂肪氧合酶活性是长期保存种子的重要方法,比冷冻贮藏更加可行。

四、细胞壁降解酶

谷物细胞壁与其他植物细胞壁类似,是植物细胞区别于动物细胞的主要特征性结构之一,是由聚合糖、糖基蛋白、木质素、脂类通过氢键、酯键、醚键等化学键形成的复杂的网络交联结构。谷物细胞壁是谷物活细胞的重要组成部分,与谷物植株的一切生命活动都有关联。谷物细胞壁由胞间层、初生壁和次生壁三部分组成。其中,胞间层主要由果胶质组成。初生壁是由原生质体分泌形成的最原始的细胞壁,主要由多糖、蛋白质和一些离子(钙离子)等组成,其多糖主要是纤维素、半纤维素和果胶质。这些多糖和蛋白质等交联在一起,构成了一种以纤维素为构架的不规则交错的网状结构。次生壁的结构与组成高度特异化,是由纤维素、半纤维素和木质素等构成的有规则的、疏水性的网络结构。

针对细胞壁中的每一种成分,以谷物植物为主要营养来源的动物、微生物都能代谢产生相应的降解酶,这些降解酶统称为细胞壁降解酶。部分细胞壁降解酶也存在于谷物自身细胞中。谷物细胞壁降解酶根据所作用底物的不同主要有纤维素降解酶、半纤维素降解酶和果胶降解酶三大类。

1. 纤维素降解酶

纤维素由葡萄糖以 $\beta - 1,4 -$ 糖苷键连接而成,是一类同质多糖,与其降解相关的酶可以分为3类:内切纤维素酶(EC 3.2.1.4)将纤维素水解成寡聚葡萄糖;外切纤维素酶(EC 3.2.1.91)将晶体纤维素水解成纤维二糖;β-葡萄糖苷酶(EC 3.2.1.21)将寡聚葡萄糖降解成葡萄糖。内切纤维素酶和β-葡萄糖苷酶还可以降解木糖葡聚糖骨架。生产中常用的纤维素酶商品标签所注活性通常为内切纤维素酶的活性,即用羧甲基纤维素(CMC,代表纤维素的非晶体部分)作底物。但是天然的纤维素不溶于水且部分以晶体形式存在;另外,晶体纤维素是反刍动物降解细胞壁成分的限制性因素之一,晶体纤维素在外切纤维素酶和内切纤维素酶的协同下才能有效酶解。

2. 半纤维素降解酶

半纤维素酶与纤维素酶相比更为复杂,涉及其主链骨架降解的就可以分为两类。在大多数谷物的细胞壁中,半纤维素是以木聚糖为骨架,杂多糖及酚酸等为支链的多聚体,降解其主链骨架相关的酶包括木聚糖酶(EC 3.2.1.8)和β-1,4-木糖苷酶(EC 3.2.1.37),前者先将木聚糖降解成寡聚糖小分子,然后在后者的作用下进一步降解成木糖。在裸子植物细胞壁中半纤维素主要由半乳甘露聚糖和半乳葡苷甘露聚糖为骨架,降解酶包括β-内切甘露聚糖酶(EC 3.2.1.78)和β-甘露糖苷酶(EC 3.2.1.25)。β-甘露聚糖酶因其内切活性又称为β-内切甘露聚糖酶,先将甘露聚糖降解成寡聚糖,然后β-甘露糖苷酶从还原端进一步将其降解成甘露糖。

降解侧链的酶种类更多,包括:从木糖葡聚糖分子中释放α-木糖的α-D-木糖苷酶,从木聚糖骨架上移除半乳糖残基的α-葡萄糖醛酸酶(EC 3.2.1.131);参与阿拉伯糖降解的α-L-阿拉伯呋喃糖苷酶(EC 3.2.1.55),阿拉伯木糖阿拉伯呋喃糖水解酶;涉及半乳糖降解的α-D-半乳糖苷酶(EC 3.2.1.22)、β-D-半乳糖苷酶(EC 3.2.1.23)、内切半乳糖酶(EC 3.2.1.89)和外切半乳糖酶;关于糖链上酯键切除的乙酰酯酶(EC 3.1.1.6)和阿魏酸酯酶(EC 3.1.1.73),前者作用于半纤维素中支链多聚糖以及木质素与半纤维素之间的阿魏酸酯键,后者消除木聚糖上的乙酰基,从而协助其他酶对半纤维素的降解。

实际生产中,一般用主链降解酶的活性表示其降解半纤维素的能力,但是越来越多的研究表明,某些支链降解酶(乙酰酯酶和阿魏酸酯酶)是植物细胞壁多糖降解的限制性酶。所以使用谷物表皮作主要饲料组成的产品中,酶制剂配伍应考虑到酯酶的添加,包含阿魏酸酯酶的酶制剂配伍可以大幅提高其降解饲料细胞壁的效率。

木聚糖是禾本科谷物植物半纤维素的主要成分。许多微生物可以产生内切β-1,4-木聚糖酶和β-木糖苷酶,能够水解以β-1,4-糖苷键连接的直链木糖聚合物。木聚糖酶具有多种同工酶,有内切型和外切型(内切型在食品中尤为重要)。木聚糖是主要的半纤维素成分,和纤维素一起构成植物细胞壁的主要部分。木聚糖酶在植物(特别是谷物)、细菌、真菌中均有发现,分子量通常在16000~40000 Da。木聚糖酶最适作用pH受来源影响,细菌木聚糖酶的最适pH为6.0~6.5,真菌木聚糖酶的最适pH为3.5~6.0,大部分木聚糖酶在pH3~10有高的pH稳定性。木聚糖酶最适温度在40~60℃。

半纤维素酶中的内切木聚糖酶通常应用于果蔬加工和谷物酿造工业,用以降低麦芽汁的黏度,使分离/过滤步骤容易进行,减少浑浊的形成,并提高产量。来源于木霉和青霉的木聚糖酶在湿磨中应用,用以从谷物(尤其是小麦)的麸质中分离出淀粉。

3. 果胶降解酶

果胶是谷物细胞壁中另一类杂聚多糖,由鼠李糖间隔的半乳糖醛酸组成主链骨架,半乳糖和阿拉伯糖等支链通过鼠李糖与主链连接。降解其主链的酶包括:多聚半乳糖醛酸酶(果胶酶)(EC 3.2.1.15 和 EC 3.2.1.82)、果胶酸酯裂解酶(EC 4.2.2.2)和胶质裂解酶(EC 4.2.2.10),降解支链相关的酶与半纤维素类似。多聚半乳糖醛酸酶又可分为内切半乳糖醛酸酶、外切半乳糖醛酸酶和鼠李糖半乳糖醛酸水解酶,它们分别作用于果胶骨架的不同位置。当前在应用上果胶降解相关的酶通常由多聚半乳糖醛酸酶活性代表。

4. β - 葡聚糖酶

β - 葡聚糖酶(β - glucanase,β - 1,3 - 1,4 - 葡聚糖酶,EC 3.2.1.73),能产生 β - 葡聚糖酶的植物主要为大麦、燕麦、小麦和水稻等谷类作物。β - 葡聚糖酶是一类酶系家族,根据作用方式不同,可分为内切型和外切型。前者存在于谷物种子、某些真菌和某些细菌中,能催化水解谷物细胞壁中的 β - 葡聚糖,包括内切型 β - 1,4 - 葡聚糖酶和内切型 β - 1,3 - 葡聚糖酶。后者存在于谷物种子中,包括外切型 β - 1,4 - 葡聚糖酶和外切型 β - 1,3 - 葡聚糖酶。

β - 葡聚糖酶具有较强的抗胃蛋白酶的能力,胰蛋白酶对该酶有一定的促进作用。大多数 β - 葡聚糖酶最适反应 pH 偏酸性,其最适反应 pH 为 7.5,在中性条件下(pH 4.5～9)能够维持较高的酶活。β - 葡聚糖酶最适反应温度较低,为 40～50℃,大多是中温酶。大部分 β - 葡聚糖酶受到 Mn^{2+}、Cu^{2+}、Fe^{2+} 和 Zn^{2+} 的抑制。由于饲料中存在大量金属离子,因此,在饲料中使用 β - 葡聚糖酶时,要考虑金属离子对酶活的影响。

β - 葡聚糖酶在植物中分布广泛,且以多种类型存在。β - 葡聚糖酶是重要的水解酶,在植物发育中起着重要作用,涉及谷类发芽、胚轴和胚芽鞘发育、韧皮部运输、细胞壁的生物合成、植物衰老、种子后成熟、植物防卫反应等。在籽粒发芽过程中,主要由糊粉层和盾片分泌 β - 葡聚糖酶来分解胚乳细胞壁中的 β - 葡聚糖,解除其对胚乳中其他营养物质分解的抗性,保证种子的正常发芽。目前 β - 葡聚糖酶被用于谷物类饲料加工工业与啤酒发酵工业中。

五、过氧化物酶

过氧化物酶(peroxidase,EC 1.11.1.7,POD),分子量为 30000～45000 Da,又称过氧化氢氧化还原酶,广泛存在于各种动物、植物和微生物体内,是一种活性较高的氧化酶,它与呼吸作用、光合作用及生长素的氧化等都有关系,所有谷物中均有此酶。过氧化物酶是一种由单一肽链与卟啉构成的血红素蛋白,脱辅基蛋白分子必须与血红素结合才能构成全酶。

过氧化物酶可以分成两类:含铁过氧化物酶和黄蛋白过氧化物酶。其中含铁过氧化物酶又可分为正铁血红素过氧化物酶和绿过氧化物酶。根据等电点大小可以分为酸性(或阴离子)、中性和碱性(或阳离子)3种过氧化物酶。

过氧化物酶在谷物细胞中以两种形式存在：

① 以可溶形式存在于细胞浆中。

② 与细胞壁或细胞器相结合存在于细胞中。用低离子强度($0.05 \sim 0.18 \ mol/L$)的缓冲液可以将可溶性过氧化物酶提取出来。以结合形式存在的过氧化物酶又可分为离子结合和共价结合两类。提取离子结合形式的过氧化物酶要采用高离子强度(含 $1 \ mol/L \ NaCl$ 或 $0.1 \sim 1.4 \ mol/L \ CaCl_2$)的缓冲液。提取共价形式结合的过氧化物酶则需用果胶酶或者纤维素酶制剂等进行组织匀浆消化后才能释放出酶。

过氧化物酶催化由过氧化氢参与的各种还原剂的氧化反应：

$$RH_2 + H_2O_2 \rightarrow 2H_2O + R$$

已知的催化反应底物超过200种,还包括多种过氧化物和辅助因子。过氧化物酶主要存在于细胞的过氧化物酶体中,过氧化物酶体内含有丰富的酶类,主要是氧化酶、过氧化氢酶和过氧化物酶。氧化酶可作用于不同的底物,其共同特征是氧化底物的同时将氧还原成过氧化氢。过氧化物酶体的标志酶是过氧化氢酶,约占过氧化物酶体酶总量的40%,它的作用主要是将过氧化氢水解。过氧化氢是氧化酶催化的氧化还原反应中产生的细胞毒性物质,氧化酶和过氧化氢酶都存在于过氧化物酶体中,从而对细胞起保护作用。

多数植物过氧化物酶与碳水化合物结合成为糖基化蛋白,糖蛋白有避免蛋白酶降解和稳定蛋白质构象的作用。同一种谷物中可溶态和结合态的过氧化物酶具有不同的底物特异性。

影响过氧化物酶最适pH的因素包括酶的来源、同工酶的组成、氢供体底物和缓冲液。谷物中的过氧化物酶一般都含有多种同工酶,不同的同工酶往往具有不同的最适pH,因此测定得到的过氧化物酶最适pH往往具有较宽的范围。酸性条件下,由于过氧化物酶的血红素和蛋白质部分分离,会导致酶活力下降。

不同来源的过氧化物酶在最适作用温度上有很大差别。一般来说,植物的过氧化物酶活性越高,它的耐热性也越高。过氧化物酶对热不敏感,可耐高温,酶溶液加热至沸腾,冷却后仍可恢复活性。不过pH影响酶蛋白从可逆变性状态向不可逆变性状态转变,因此,在低pH条件下过氧化物酶的热稳定性较低,在中性条件和碱性条件下酶处于天然状态。

过氧化物酶在谷物植物体内主要有两方面的作用：一方面是与植物的抗逆性有关,包括抗旱、抗寒、抗病等,是植物保护酶系的一种重要保护酶；另一方面是在植物的生长、发育过程中起关键作用。

在植物生长发育过程中过氧化物酶的活性不断发生变化。一般老化组织中活性较高,幼嫩组织中活性较弱,这是因为过氧化物酶能使组织中所含的某些碳水化合物转化成木质素,增加木质化程度。过氧化物酶与乙烯的生物合成、激素平衡、膜的完整性和成熟及衰老过程的呼吸控制等生理功能也有关。例如,过氧化物酶能氧化吲哚乙酸,参与植物的生长调节。

在谷物加工制品中,过氧化氢酶能够催化过氧化氢释放出氧,进而将面筋分子中的巯基氧化为二硫键,增强面团的面筋网络结构,增大面团的体积。一般过氧化氢酶和葡萄糖氧化酶配合使用效果更好。

过氧化氢酶是一种具有抗衰老、维护细胞膜稳定性和完整性功能的保护酶,是生物演化过程中建立起来的生物防御体系的关键酶之一,普遍存在于植物组织与细胞中,是最早发现的与种子活力有关的氧化酶之一。过氧化氢酶活性能够间接反映种子活力大小,因此过氧化氢酶活性是评判小麦籽粒新鲜程度的一个重要指标。有研究表明,小麦的过氧化氢酶易受环境影响,新收获小麦的过氧化氢酶活性普遍较高,随着贮藏时间的延长,其过氧化氢酶的活性渐减。

六、多酚氧化酶

多酚氧化酶(polyphenol oxidase,PPO)是自然界分布极广的一种氧化还原酶,在植物体中乃至动物体中广泛存在,由于检测方便,是最早研究的酶类之一。早在 1907 年,Bertrand 等就在小麦麸皮中发现了该酶的存在。随着研究的深入,小麦多酚氧化酶越来越受重视。

多酚氧化酶属核编码含铜金属酶,根据催化底物的不同可分为酪氨酸酶(EC 1.14.18.1)、儿茶酚酶或邻二酚酶(EC 1.10.3.2)、漆酶(EC 1.10.3.1)等。由于其能有效催化多酚类化合物氧化形成相应的醌类物质,因此被认为是导致酶促褐变反应的主要因素。不同物种PPO 同工酶的分子量和结构不同。成熟的 PPO 分子量一般在 40000 ~ 80000Da。同一物种的 PPO 间分子量差异也较大。

多酚氧化酶主要分布于谷物正常细胞的质体(叶绿体、有色体、白色体等)中,是一种较为严格的质体酶。幼嫩的谷物组织和器官中 PPO 含量比较高,成熟和衰老组织中含量和活性比较低。随着籽粒的成熟,其 PPO 含量和活性逐步下降,而谷物外表皮和胚芽的PPO 活性却显著增强。籽粒中的 PPO 主要存在于糊粉层中。出粉率高的小麦含有较高的PPO,当出粉率高于 70% 时,面粉中的 PPO 活性急剧升高;出粉率在 70% 以下,面粉中的PPO 活性仅为籽粒总量的 3% ~ 10%。只有成熟籽粒中的 PPO 同工酶及其活性才直接影响面粉、面食品的白度和色泽。

色泽是面制食品品质的一个重要指标,小麦籽粒中 PPO 影响面粉的白度、面食品的外观品质(如亮度、色泽),并使其在贮藏过程中变褐发暗。这种褐变主要是由多酚氧化酶在有氧环境下催化面粉中酚类物质生成褐色色素造成的。在面制食品加工中,褐变不仅影响食品的外观质量,还影响蛋白质的营养价值。通过向面团中添加抗氧化剂(如维生素 C、亚硫酸氢钠等),可有效防止褐变的发生。和面时最好避开 PPO 的最适 pH,以减少褐变的影响,但碱性也不宜太强,否则酚类会发生自动氧化,导致褐变。PPO 是热稳定性酶,其最适反应温度为 50 ~ 60℃,高温将导致酶活性丧失。将面粉在湿度 15%、温度 100℃条件下处理 8 min,面粉的 PPO 活性下降 50% ~ 75%,能有效防止面条加工中酶促褐变的发生。为了减少面制食品的酶促褐变,改变 PPO 基因的表达,也是小麦品质育种的目标之一。

七、植酸酶

植酸酶(phytase),系统名称为肌醇六磷酸酶,属于磷酸单脂水解酶,是一类特殊的酸性磷酸酶,能水解植酸,最终释放出无机磷。植酸酶广泛存在于动植物组织中,也存在于微生物(细菌、真菌和酵母)中。

植酸酶按照催化磷酸从肌醇的碳脱落位置分为 3 - 磷酸酶(EC 3.1.3.8)和 6 - 磷酸酶(EC 3.1.3.26),谷物中的植酸酶多属于 6 - 植酸酶类。在谷物类食物中,植酸酶可降低植酸、植酸盐的抗营养作用,因为水解植酸不仅可以释放磷,同时也可以释放被结合的钙、锌、铁、锰等微量元素。植酸酶在谷物中是广泛存在的,如小麦、水稻和玉米等。许多谷物籽实及其加工副产物中含有天然的植酸酶,但不同种类、品种的作物间差异很大。麦类籽实中,如小麦、大麦、小黑麦、黑麦等具有较高植酸酶活性,黑麦中植酸酶活性最高,小黑麦次之,小麦中也有较高活性的植酸酶,大麦、燕麦中的植酸酶活性很低。小麦糊粉层中植酸酶的活性最高,约占 40%,胚乳中次之,约占 34%,盾片中约占 15%。玉米、高粱中的植酸酶活性很低。

植物性植酸酶最佳 pH 为 4.0~6.0,pH 小于 3.5 或大于 7.5 时完全失活。一般植酸酶最适温度为 45~62℃,在 55℃ 环境下其活性最高,但不同来源的植酸酶其最适温度差别较大,有的植酸酶最适温度可高达 77℃。例如,麦类籽实中的植酸酶具有较高的热稳定性,在 70℃ 下加热 1 h,其植酸酶活性几乎没有损失。一般高温、pH 等因素对植酸酶的活性影响较大,钙对植酸酶的活性也有抑制作用。

植酸酶的主要作用是解除谷物中植酸的抗营养作用、提高谷物中磷的利用率、替代饲料中的磷酸氢钙等。

人类如果从谷物中吸收过多植酸,就会与钙、镁、锌、钾等矿物元素形成难溶性物质,降低钙、镁等元素的吸收利用。因此植酸是一种抗营养因子,大幅降低了营养物质的吸收利用。谷物中含有植酸酶,可分解植酸盐释放出游离钙和磷,例如,小麦粉、稻米中含镁较多,同时含有较高含量的植酸,会抑制对镁的吸收,解决的办法有两种:

① 让面粉发酵,在面团发酵过程中,面粉中的植酸酶使植酸发生酶解,不仅使游离钙增加,不影响钙的吸收,而且反应生成的肌醇还是人类重要的营养物质。

② 淘米后,先将大米加适量的水浸泡后再洗,可以使植酸酶活跃,从而提高镁的吸收效率。

在谷物制品中添加植酸酶可有效分解植酸,同时能改善面包质构,增加面包体积。全麦面包中含有大量对人体有益的膳食纤维,但全麦粉中也存在一些植酸(盐),所以在全麦面包中应用植酸酶是必要的,植酸酶不会影响面团的 pH,但能缩短面团醒发时间,改善面包质构,增加面包比容。

第五节　酶在食品加工和贮藏中的应用

酶在食品工业中主要应用于淀粉加工,乳品加工,水果加工,酒类酿造,肉、蛋、鱼类加工,面包与焙烤食品的制造,食品保藏以及甜味剂制作等工业。

一、酶在淀粉加工中的应用

用于淀粉加工的酶有 α - 淀粉酶、β - 淀粉酶、葡萄糖淀粉酶(糖化酶)、葡萄糖异构酶、脱支酶以及环糊精葡萄糖基转移酶等。淀粉加工的第一步是用 α - 淀粉酶将淀粉水解成糊精,即液化;第二步是通过上述各种酶的作用,制成各种淀粉糖浆,如高麦芽糖浆、饴糖、葡萄糖、果糖、果葡糖浆、偶联糖以及环糊精等。各种淀粉糖浆,由于 DE 值不同,糖成分不同,其性质各不相同,风味各异。

此外,酶在淀粉类食品生产中还有其他的应用,如 α - 淀粉酶用于酿造工业中淀粉的水解;在面包制造中为酵母提供发酵糖,改进面包的质构;用于啤酒生产中除去淀粉混浊,提高澄清度等。

二、酶在乳品加工中的应用

用于乳品工业的酶有凝乳酶、乳糖酶、过氧化氢酶、溶菌酶及脂肪酶等。凝乳酶用于制造干酪;乳糖酶用于分解牛奶中的乳糖;过氧化氢酶用于消毒牛奶;溶菌酶添加到奶粉中,可以防止婴儿肠道感染;脂肪酶可增加干酪和黄油的香味。

干酪生产的第一步是用乳酸菌将牛奶发酵成酸奶,第二步是用凝乳酶将可溶性 κ - 酪蛋白水解成不溶性 Para - κ - 酪蛋白和糖肽,在酸性条件下,Ca^{2+} 使酪蛋白凝固,再经过切块、加热、压榨、熟化,便制成干酪。另外,在干酪加工中添加适量脂肪酶可增强奶酪的香味。

过去凝乳酶取自小牛的皱胃,来源不足,价格昂贵;现在85%的动物凝乳酶已由微生物酶所代替。微生物凝乳酶实为酸性蛋白酶,只是凝乳作用强,而水解酪蛋白弱而已,但多少还会使酪蛋白水解,形成苦味肽。现在,已用基因工程将牛的凝乳酶原基因转移给大肠杆菌,并成功表达。所以,现用发酵法已能生产真正的凝乳酶。

牛奶中含有一定数量的乳糖,有些人由于体内缺乏乳糖酶,因而饮牛奶后常发生腹痛、腹泻等症状(乳糖不耐症);同时,由于乳糖难溶于水,常在炼乳、冰淇淋中呈砂样结晶而析出,影响品质,因此需要用乳糖酶除去牛奶中的乳糖,生产脱乳糖的牛奶。

干酪生产的副产物乳清中含有大量的乳糖,因为乳糖难消化,历来作为废水排放。现在,可用乳糖酶分解乳清中的乳糖,从而使乳清可以作为饲料和生产酵母的培养基。

三、酶在水果加工中的应用

用于水果加工的酶有果胶酶、柚苷酶、纤维素酶、半纤维素酶、橙皮苷酶、葡萄糖氧化酶和过氧化氢酶等。

果胶是水果中的一类物质,它在酸性和高浓度糖溶液中可以形成凝胶,这一特性是制造果冻、果酱等食品的物质基础。但是在果汁加工中,果胶可导致果汁难以过滤和澄清。果胶酶可以催化果胶分解,使其失去产生凝胶的能力。因此工业上可用黑曲霉、文氏曲霉或根霉所生产的果胶酶处理破碎的果实,可以加速果汁过滤,促进果汁澄清,提高果汁产率。

在制作橘子罐头时,用黑曲霉所生产的纤维素酶、半纤维素酶和果胶酶的混合酶处理橘瓣,可以从橘瓣上除去囊衣。

用柚苷酶处理橘汁,可以除去橘汁中具苦味的柚苷。在橘汁中加入黑曲霉橙皮苷酶,可以将不溶性的橙皮苷分解成水溶性橙皮素,防止白色沉淀的产生,从而使橘汁澄清,也脱去了苦味。用葡萄糖氧化酶和过氧化氢酶处理橘汁,可以除去橘汁中的氧,从而使橘汁在贮藏期间保持原有的色香味。

四、酶在酒类酿造中的应用

啤酒是以大麦芽为原料,但在大麦发芽过程中,由于呼吸作用将使大麦中的淀粉有很大的损失,因此,啤酒厂常用大麦、大米、玉米等作为辅助原料来代替一部分大麦芽,但这又将引起淀粉酶、蛋白酶和 β - 葡聚糖酶的不足,使淀粉糖化不充分及蛋白质和 β - 葡聚糖降解不足,从而影响啤酒的风味和产率。在工业生产中,添加微生物的淀粉酶、中性蛋白酶和 β - 葡聚糖酶等酶制剂,可以弥补原料中酶活力不足的缺陷,从而增加发酵度,缩短糖化时间。

在啤酒巴氏灭菌前,加入木瓜蛋白酶或菠萝蛋白酶或霉菌酸性蛋白酶处理啤酒,可以防止啤酒混浊,延长保存期。

糖化酶代替麸曲,用于制造白酒、黄酒、酒精,可以提高出酒率,节约粮食,简化设备。在果酒生产中通常使用复合酶制剂,包括果胶酶、蛋白酶、纤维素酶、半纤维素酶等,不仅可以提高果汁和果酒的得率,有利于过滤和澄清,而且可以提高产品的质量。

五、酶在肉、蛋、鱼类加工中的应用

老牛、老母猪的肌肉,由于其结缔组织中胶原蛋白的机械强度很大,烹煮时不易软化,因而难以嚼碎。用木瓜蛋白酶或菠萝蛋白酶、米曲霉蛋白酶等酶制剂处理,可以水解其胶原蛋白,从而使肌肉嫩化。工业上肉嫩化的方法有两种:一种是宰杀前,肌注酶溶液于动物体;另一种是将酶制剂涂抹于肌肉片的表面,或者用酶溶液浸渍肌肉。

利用蛋白酶水解废弃的动物血、杂鱼以及碎肉中的蛋白质,然后抽提其中的可溶性蛋白质,以供食用或饲料,这是开发蛋白质资源的有效措施。其中,以杂鱼的利用最为瞩目。

用葡萄糖氧化酶与过氧化氢酶共同处理以除去禽蛋中的葡萄糖,可以消除禽蛋产品干制时"褐变"的发生。

六、酶在焙烤食品中的应用

由于陈面粉的酶活力低和发酵力低,因而用陈面粉制造的面包体积小、色泽差。向陈面粉的面团中添加霉菌的 α - 淀粉酶和蛋白酶制剂,则可以提高面包的质量。添加 β - 淀粉酶,可以防止糕点老化;添加蔗糖酶,可以防止糕点中的蔗糖从糖浆中析晶;添加蛋白酶,可以使通心面条风味佳,延伸性好。

七、酶在食品添加剂制造方面的应用

酶在食品添加剂的生产中应用也很广泛,主要有乳化剂、增稠剂、酸味剂(乳酸、苹果酸等)、鲜味剂(味精、呈味核苷酸)、甜味剂(天门冬酰苯丙氨酸甲酯)、低聚糖(帕拉金糖、麦芽低聚糖)、食品强化剂(赖氨酸、天门冬氨酸、苯丙氨酸和丙氨酸)等。

青橘柑中含有 $10\% \sim 20\%$ 的橙皮苷,经过抽提分离后,用黑曲霉橙皮苷酶水解橙皮苷,除去分子中的鼠李糖,然后再在碱性溶液中水解、还原,便制得一种比蔗糖甜 $70 \sim 100$ 倍的橙皮素 - β - 葡萄糖苷二氢查耳酮。它是一种安全、低热的甜味剂,但是溶解度很低(仅 0.1%),没有实用价值。如果将此物与淀粉溶液混合,利用环糊精葡萄糖基转移酶催化偶联反应,使其葡萄糖分子的 C_4 接上 2 个葡萄糖分子,生产出的橙皮素二氢查耳酮 - 7 - 麦芽糖苷,其甜度不变,但溶解度提高了 10 倍。

八、酶在食品保鲜中的应用

酶法食品保鲜技术是利用酶的催化作用,防止或消除外界因素对食品的不良影响,从而保持食品原有的优良品质和特性的技术。用于食品保鲜的酶主要有葡萄糖氧化酶和溶菌酶等。

1. 葡萄糖氧化酶

葡萄糖氧化酶是一种理想的除氧保鲜剂,其保鲜原理是:催化葡萄糖与氧反应,生成葡萄糖酸和双氧水,有效地降低或消除了密封容器中的氧气,从而防止食品氧化,起到保鲜作用。

具体做法是:将葡萄糖氧化酶制成"吸氧保鲜袋",即将葡萄糖氧化酶和其作用底物葡萄糖混合在一起,包装于不透水但可透气的薄膜袋中,置于装有需保鲜食品的密闭容器中,当密闭容器中的氧气透过薄膜进入袋中时,就在葡萄糖氧化酶的催化作用下与葡萄糖发生反应,从而除去密闭容器中的氧,达到防止氧化的目的。葡萄糖氧化酶也可直接加入到罐装果汁、果酒中,防止罐装食品的氧化。

此外,将适量葡萄糖氧化酶加入到蛋白液或全蛋液中,在有氧条件下,可以将蛋类制品中的少量葡萄糖除去,从而有效地防止蛋制品的褐变,提高产品的质量。

2. 溶菌酶

溶菌酶是一种催化细菌细胞壁中肽多糖水解的酶。其保鲜原理是:该酶专一作用于肽多糖分子中的 N - 乙酰胞壁酸与 N - 乙酰氨基葡萄糖之间的 β - 1,4 - 糖苷键,破坏细菌的

细胞壁,使细胞溶解死亡,从而有效防止和消除细菌对食品的污染,达到防腐保鲜的目的。

溶菌酶可从鸡蛋清或微生物发酵制得。不同来源的溶菌酶特性不同,蛋清来源的溶菌酶对金黄色葡萄球菌以外的许多革兰氏阳性菌具有强烈的溶菌特性,对革兰氏阴性菌无作用或作用甚弱。

利用溶菌酶对食品进行保鲜,一般使用蛋清溶菌酶。溶菌酶现已广泛用于干酪、水产品、低度酿造酒、乳制品以及香肠、奶油、湿面条等食品的保鲜。

九、酶在食物解毒方面的应用

酶还可将食物中的有毒成分降解为无毒化合物,从而达到解毒的目的。如蚕豆中含有有毒成分,易导致溶血性贫血病,加入β-葡萄糖苷酶能将毒素降解,降解产生的酚类碱极不稳定,在加热时可迅速氧化分解。

通过酶的作用还能将食品中很多毒素和抗营养因子除去。

课程思政案例

1982年,切克(Cech)等人发现四膜虫细胞的26S rRNA前体具有自我剪接功能,表明该RNA具有催化活性,并将这种具有催化活性的RNA称为"Ribozyme"(核酸类酶)。1983年,阿尔特曼(Altman)等人发现核糖核酸酶P的RNA部分具有核糖核酸酶P的催化活性,而该酶的蛋白质部分(C5蛋白)却没有酶活性。RNA和DNA具有生物催化活性这一发现,改变了有关酶的概念,被认为是最近40年来生物科学领域最令人鼓舞的发现之一。为此,Cech和Altman共同获得1989年度的诺贝尔化学奖。

研究表明,核酸类酶具有完整的空间结构和活性中心,有其独特的催化机制,具有很高的专一性,其反应动力学亦符合米氏方程的规律,核酸类酶具有生物催化剂的所有特性。由此引出酶的新概念,即"酶是具有生物催化功能的生物大分子"。酶可以分为蛋白类酶和核酸类酶两大类别,蛋白类酶分子中起催化作用的主要组分是蛋白质,核酸类酶分子中起催化作用的主要组分是核糖核酸。

通过对核酸类酶发现历史的了解和学习,你觉得自己在食品学科和食品工业发展中负有怎样的历史责任? 通过对该内容的学习,有没有激发你对食品专业的学习热情?

课程思政育人目标:通过对核酸类酶发现历史的了解和学习,使学生意识到自己在食品学科和食品工业发展中的历史责任,树立责任感和使命感,坚定对专业的热爱,激发学生进行科学研究和探索的热情。

思考题

1.酶是如何进行命名和分类的? 遵守哪些原则?

2. 酶的催化作用有哪些特点?

3. 如何解释酶催化的高效性及高度专一性?

4. 如何定义酶的活力单位? 什么是酶的比活力?

5. 食品中酶促褐变的机理是什么? 食品加工中常用的控制酶促褐变的措施有哪些?

6. 谷物中有哪些酶类? 这些酶类有何特点,对谷物食品加工有何影响?

7. 试述酶在食品加工中的应用。

习题

第九章　色素

学习目标与要求

1. 了解食用色素的定义、分类及特点;合成色素的性质及适用范围。

2. 掌握食品中天然色素如卟啉类、类胡萝卜素类、多酚类、其他类色素的结构和性质; 掌握常见食品天然色素可能在食品贮藏加工中发生的重要变化及其护色方法。

3. 通过本章的学习,让学生具备提出问题、分析问题、解决问题的能力,并具有社会责任感和严谨务实的科学精神。

PPT 课件

第一节　概述

一、色素的定义

食品的色泽是构成食品感官质量的一个重要因素。美丽而符合人们心理要求的食品颜色能诱导人的食欲,相反,不正常、不自然、不均匀的食品颜色常认为是劣质、变质或工艺不良的食品,因此,保持或赋予食品以良好的色泽是食品科学技术中的重要问题。

物质的颜色是因为其能够选择性地吸收和反射不同波长的可见光,然后被反射的光作用在人的视觉器官上而产生的感觉。食品的色泽是由食品色素决定的。把食品中能够吸收和反射可见光波进而使食品呈现各种颜色的物质统称为食品色素,包括食品原料中固有的天然色素,食品加工中由原料成分转化产生的有色物质和外加的食品着色剂。食品着色剂则是经严格的安全性评估试验并经准许可以用于食品着色的天然色素或人工合成的色素。

二、色素的呈色机理

不同的物质吸收不同波长的光,如果某物质所吸收的光的波长在可见光区(400 ~ 800 nm)以外,这种物质则呈现无色;如果它的吸收光的波长在可见光区,那么该物质就会呈现一定的颜色,其颜色与反射出的未被吸收的光的波长有关。人眼所能看见的颜色是由物体反射的不同波长的可见光所组成的综合色。如物体只吸收不可见光,而反射全部可见光,则呈现无色;如吸收全部可见光,则呈现黑色;当物体选择性吸收部分可见光,则其呈现的颜色是由未被吸收的可见光所组成的综合色,即吸收光的互补色,不同波长光的颜色及其互补色如表9-1所示。

表9-1　不同波长光的颜色及其互补色

波长/nm	物质吸收的光相应的颜色	透过光(互补色)
400	紫色	黄绿色
425	蓝青色	黄色
450	青色	橙黄色
490	青绿色	红色
510	绿色	紫色
530	黄绿色	紫色
550	黄色	青蓝色
590	橙黄色	青色
640	红色	青绿色
730	紫色	绿色

食品色素一般为有机化合物,分子结构中具有发色团和助色团。发色团是指在紫外或可见光区(200~800 nm)具有吸收峰的基团,又称为生色团,常见发色团是具有多个双键的共轭体系,如 C═C、C═O、C═S、—N═N—、—N═O 等。

有些基团的吸收波段在紫外区(200~400 nm),本身并不产生颜色,但当它们与发色团相连时,可使整个分子对光的吸收向长波方向移动,产生颜色,这类基团被称为助色团,如—OH,—OR,—NH$_2$,—NHR,—NR$_2$,—SR,—Cl,—Br等。

色素正是由于具有较大共轭体系的发色团,及共轭体系上连接的助色团而显色的,不同色素的颜色差异和变化主要是由发色团和助色团的差异和变化引起的。助色团的孤对电子与发色团的 π 电子形成 p-π 共轭体系,使电子离域扩大,从而使其吸收光的波长向长波方向移动,电子离域程度越大,波长向长波方向移动越多。

三、色素的分类

食品色素按来源不同,可分为天然色素和人工合成色素两大类。天然色素根据其来源又可分为植物色素、动物色素和微生物色素。

天然色素根据其化学结构,可分为吡咯类(或卟啉类)、异戊二烯类、多酚类、酮类和醌类。常见的天然色素中,吡咯类色素有叶绿素和血红素;异戊二烯类色素有类胡萝卜素和辣椒红色素;多酚类有花青素和华黄素等;酮类有红曲色素和姜黄素等;醌类有虫胶色素和胭脂虫红素等。

人工合成色素根据其分子中是否含有—N═N—发色团结构,分为偶氮类色素和非偶氮类色素。如胭脂红色素和柠檬黄色素属于偶氮类色素,而赤鲜红和亮蓝则属于非偶氮类色素。

色素按溶解性的不同,可分为水溶性色素和脂溶性色素。色素的分类见图9-1。

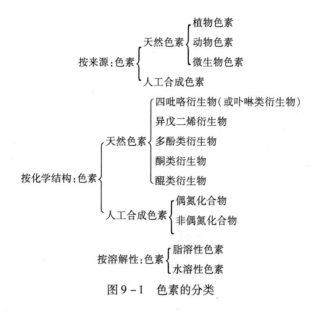

图9-1 色素的分类

第二节 食品中的天然色素

一、四吡咯色素

吡咯是含有1个氮原子的五元杂环化合物,它本身在自然界里不存在,但其衍生物却普遍存在,尤其是4个吡咯环相互之间通过次甲基桥(—CH=)交替连接起来的卟啉类化合物,其母体是卟吩。

卟吩重要的衍生物如叶绿素、血红素、细胞色素及维生素 B_{12} 等,它们都很重要。由4个吡咯联成的环称为卟吩(图9-2),当卟吩环带有取代基时,称为卟啉类化合物。

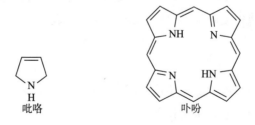

图9-2 吡咯及卟吩的结构

(一)叶绿素

1. 叶绿素的结构

叶绿素是绿色植物、藻类和光合细菌的主要色素,是深绿色光合色素的总称。叶绿素是中心络合有二价镁离子的四吡咯衍生物。由4个吡咯环经次甲基桥连接而成的完全共轭的闭合环——卟啉环,也称为叶绿素的"头部",带正电荷的镁离子位于卟啉环的中央,与其相连的氮原子带负电荷,因此,卟啉具有极性。卟啉环上还连有一个含羰基和羧基的副环,称为同素环,副环上的羧基以酯键与甲醇结合。此外,卟啉环侧链上的丙酸与叶绿醇形成酯,构成叶绿素的"尾部",尾部含有长的碳链,因此是亲脂的。

叶绿素一般存在于植物细胞的叶绿体中,与类胡萝卜素、类脂物质及蛋白质一起,分布在叶绿体内的碟形体的片层膜上。高等植物和藻类中存在 4 种结构类似的叶绿素,分别为叶绿素 a、叶绿素 b、叶绿素 c 和叶绿素 d。所有绿色植物中均含有叶绿素 a,高等植物和绿色藻类含叶绿素 a 和叶绿素 b,硅藻和褐藻含叶绿素 c,红藻含叶绿素 d。这些叶绿素的区别仅仅是卟吩结构共轭链上的个别取代基有所不同。叶绿素 a 和叶绿素 b 的结构如图 9 - 3 所示,两者的区别仅在于 3 位上的取代基不同,叶绿素 a 含有一个甲基,而叶绿素 b 则含有一个甲醛基。

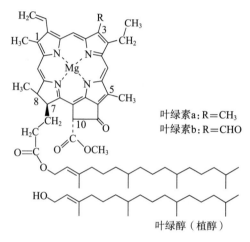

图 9 - 3 叶绿素 a 和叶绿素 b 的结构

2. 叶绿素的性质

叶绿素 a 是蓝黑色粉末,溶于乙醇溶液而呈蓝绿色,并有深红色荧光。叶绿素 b 为深绿色粉末,其乙醇溶液呈绿色或黄绿色,并有深红色荧光。两者均不溶于水,易溶于乙醚、丙酮、乙酸乙酯等有机溶剂。

叶绿素 a 与叶绿素 b 及衍生物的可见光谱在 600~700 nm(红区)及 400~500 nm(蓝区)有尖锐的吸收峰(图 9 - 4),因此,叶绿素衍生物可借助可见吸收光谱进行鉴定。

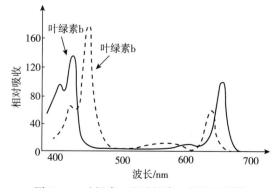

图 9 - 4 叶绿素 a 和叶绿素 b 的可见光谱

3. 叶绿素在食品加工和贮藏中的变化

在食品加工贮藏过程中,叶绿素发生化学变化后会产生几种重要的衍生物,主要为脱镁叶绿素、脱植叶绿素、焦脱镁叶绿素、脱镁脱植叶绿素和焦脱镁脱植叶绿素,这些衍生物的化学结构及色泽见图 9 - 5。

(1)酶促变化

引起食品中叶绿素破坏的酶促变化主要有两种:一种是直接作用,另一种是间接作用。叶绿素酶是直接作用于叶绿素酯键的酶,催化叶绿素和脱镁叶绿素的植醇酯键水解得到脱植叶绿素和脱镁脱植叶绿素(图 9 - 5)。叶绿素酶在 $60 \sim 82.2 \, ℃$ 催化活力最强,超过 $80 ℃$ 活性降低,达到 $100 ℃$ 时,活性完全丧失。

起间接作用的酶主要有脂酶、蛋白酶、果胶酯酶、脂肪氧合酶和过氧化物酶等;其中,脂酶和蛋白酶主要通过破坏叶绿素—脂蛋白复合体,使叶绿素失去脂蛋白的保护而更易遭受破坏;果胶酯酶的作用是将果胶水解为果胶酸,从而提高质子浓度,使叶绿素更易脱镁;脂氧合酶和过氧化物酶催化其底物氧化,产生的过氧化物会引起叶绿素的氧化分解。

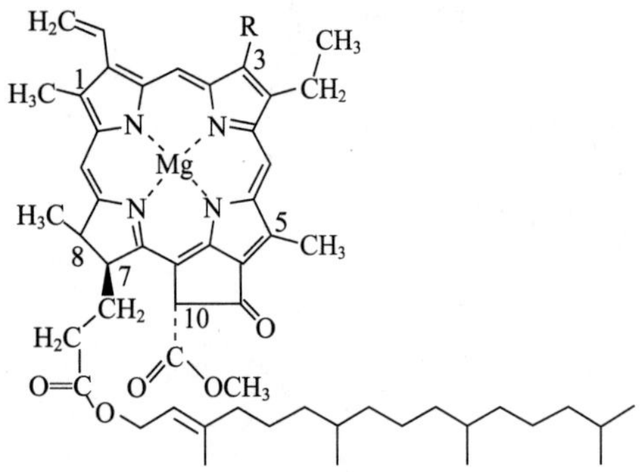

叶绿素(蓝绿色)

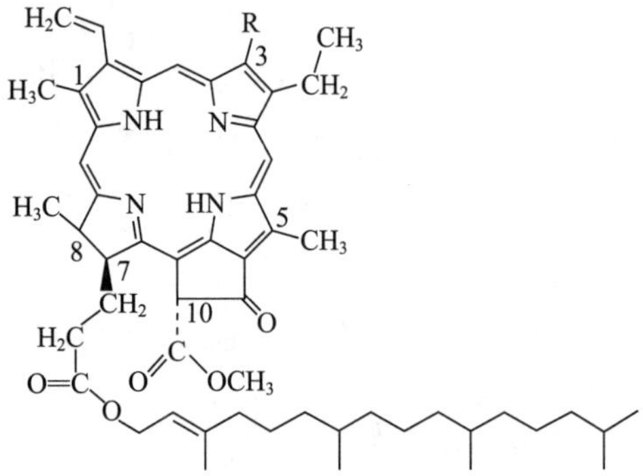

脱镁叶绿素(橄榄绿色)

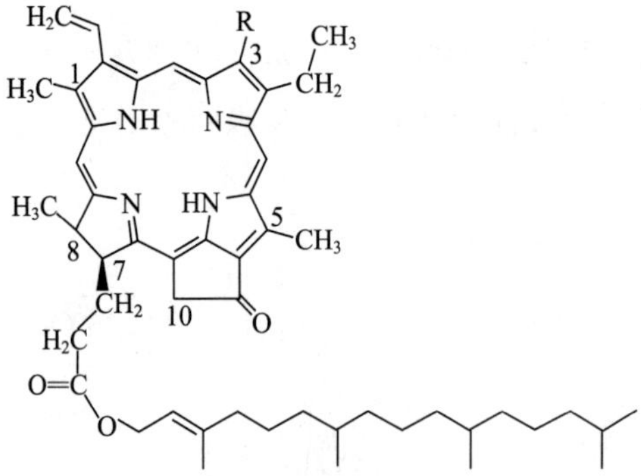

焦脱镁叶绿素(褐色)

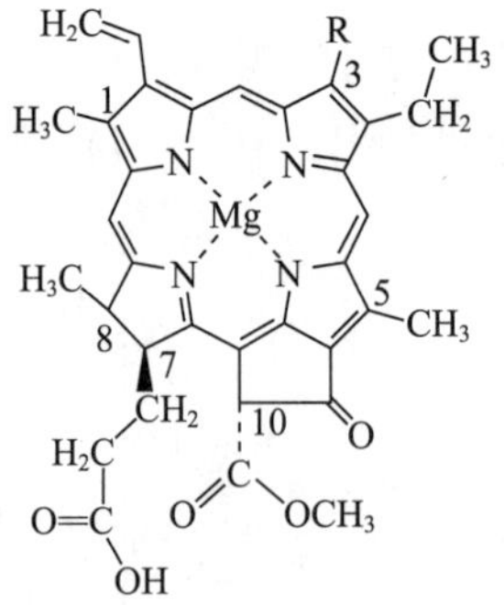

脱植叶绿素(绿色)

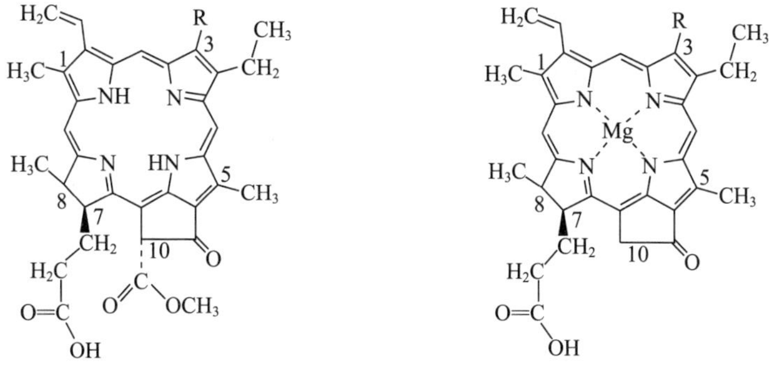

脱镁脱植叶绿素(橄榄绿色)　　　　　焦脱镁脱植叶绿素(褐色)

图9-5　叶绿素及其主要衍生物的结构与颜色

(2)热和酸引起的变化

在加热或热处理过程中,叶绿素—蛋白复合体中的蛋白质变性,导致叶绿素与蛋白质分离,生成游离的叶绿素,游离的叶绿素很不稳定,对光、热和酶都很敏感。同时,在受热过程中组织细胞被破坏,细胞成分有机酸不再区域化,因而加强了与叶绿素的接触;此外,加热过程中,植物中又有新的有机酸(如草酸、苹果酸、柠檬酸等)生成;脂肪水解,蛋白质分解产生硫化氢和二氧化碳导致体系的 pH 降低。

叶绿素受 pH 影响较大,在碱性条件下(pH 为9.0左右),叶绿素对热非常稳定;在 pH =3.0 的酸性条件下,叶绿素稳定性很差,在加热时可发生脱镁反应,进一步生成焦脱镁叶绿素使颜色向褐色转变。

加入 NaCl、$MgCl_2$ 或 $CaCl_2$ 能降低叶绿素脱镁反应的速度,是由于盐有静电屏蔽作用,阳离子中和了叶绿体膜上脂肪酸和蛋白质具有的负电荷,降低了氢离子透过膜的速度。阳离子表面活性剂也有类似的作用,它吸附到叶绿体或细胞膜上,限制了质子扩散进入叶绿体,减缓了脱镁作用。

脱植叶绿素由于空间位阻较小,且水溶性较大,使其更易与质子接触而发生脱镁反应。

腌制蔬菜时,由于发酵产生大量酸,使 pH 降低,导致发生脱镁作用,颜色发生由翠绿色向橄榄绿色到褐色的转变。

当食品加工中既有酶促作用,又有酸和热的作用时,叶绿素的变化顺序如图9-6所示。

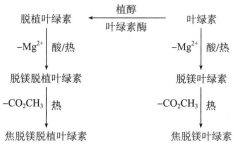

图9-6　叶绿素在酶、热和酸作用下的变化

（3）金属离子

Cu^{2+} 和 Zn^{2+} 很容易与叶绿素脱镁发生螯合反应，形成非常稳定的叶绿素衍生物（图 9 – 7）。衍生物的吸收波长与叶绿素相近，且绿色比叶绿素稳定。

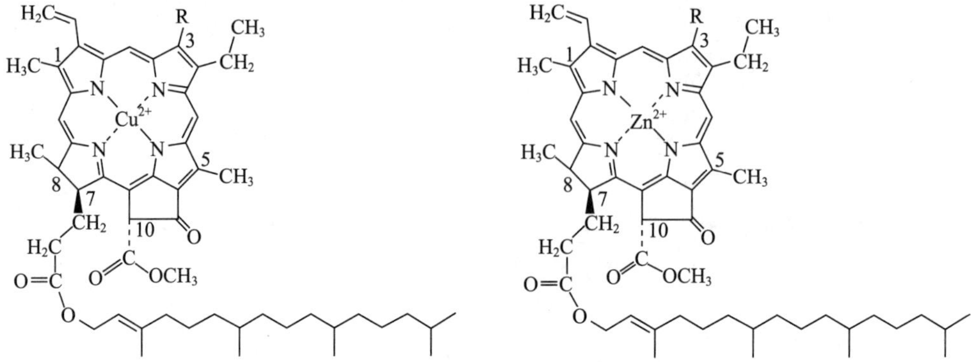

图 9 – 7　Cu^{2+}、Zn^{2+} 与叶绿素产生的衍生物

（4）光降解

在正常的生物组织中，叶绿素和蛋白质结合，以复合体的形式存在于叶绿体中，因此受到良好的保护，不会发生光降解。但当植物衰老、色素从植物中萃取出来或在贮藏加工中细胞受到破坏时，可使其保护作用丧失，就会发生光降解。叶绿素在光照时发生光敏氧化，卟吩环在次甲基处断裂，导致四吡咯大环打开，裂解成小分子化合物。在有氧时，叶绿素或卟啉遇光可产生单线态氧和羟基自由基，它们可与四吡咯进一步反应生成过氧化物及更多的自由基，最终导致卟啉的破坏而褪色。

4. 护绿技术

（1）中和酸护绿

果蔬加工过程中，适量加入碱性物质可提高叶绿素的保留率。适量加入氧化钙和磷酸二氢钠保持热烫液 pH 接近 7.0；或用碳酸镁与磷酸钠调节 pH，这些都有一定的护绿效果。

将氢氧化钙或氢氧化镁用于热烫液，即可提高 pH，又有一定的保脆作用，但组织内部的酸不能长期有效中和，两个月内绿色仍会失去，因此也限制了其应用。

采用含 5% 氢氧化镁的乙基纤维素在罐内壁涂膜的办法，可使氢氧化镁慢慢释放到食品中，保持 pH8.0 很长一段时间，可长时间保持绿色，但该方法会引起谷氨酰胺和天冬酰胺的部分水解而产生氨味，引起脂肪水解产生酸败气味。

（2）高温瞬时杀菌

在绿色果汁、果茶和罐藏食品加工中，酶与微生物的作用引起果汁和罐装蔬菜褐变。高温可使酶失活，但同时也导致了叶绿素脱镁反应，而低温酶的处理不彻底，所以采用高温瞬时（HTST）处理，在早期能更好地保留叶绿素。因其灭酶时间短，具有较好的维生素、风味和颜色保留率，但是食品在贮存过程中 pH 为下降趋势，产品绿色又将受到破坏，保藏时间不超过 2 个月。因此，将 HTST 技术与 pH 调节结合，能够有效减缓叶绿素的降解速度，但长期贮存时叶绿素的损失还是不可避免的。

(3)绿色再生

将锌离子或铜离子加入蔬菜的热烫液中,是一种有效的护绿方法。因为,在有足够的锌或铜离子时,脱镁的叶绿素衍生物可与锌或铜形成绿色络合物。铜代叶绿素的色泽最鲜亮,对光和热较稳定,是理想的食品着色剂。具体工艺:在碱性条件下用铜或锌离子盐溶液浸泡 6 h 以上,或在酸性条件下在复合盐溶液中热浸 10~20 min。

金属离子护绿的确有较好的效果,但 Cu^{2+}、Zn^{2+} 的使用不能超过安全用量,处理浓度不能过高,必须保证处理后果蔬所含金属量不超标。另外,Cu^{2+}、Zn^{2+} 极易污染产品,即使产品内残留物不超标,含有金属离子的废水也可能对环境有害。

(4)其他护绿方法

气调保鲜技术使绿色得以保护,属于生理护色。当水分活度较低时,H^+ 转移受到限制,难以置换叶绿素中的 Mg^{2+},同时微生物的生长和酶的活性也被抑制,因此,脱水蔬菜能长期保持绿色。此外,避光、除氧可防止叶绿素的光氧化褪色。因此,正确选择包装材料和护绿方法以及与适当使用抗氧化剂相结合,就能长期保持食品的绿色。

(二)血红素

1. 血红素的结构

血红素是一种卟啉类化合物,卟啉环中心的 Fe^{2+} 有 6 个配位部位,其中 4 个分别与 4 个吡咯环上的氮原子配位结合,第 5 个和第 6 个配位键可与各种配基的电负性原子如 O_2、CO 等小分子配位(图 9-8)。

血红素是动物肌肉和血液中的主要红色色素,在肌肉中主要以肌红蛋白的形式存在,而在血液中主要以血红蛋白的形式存在。

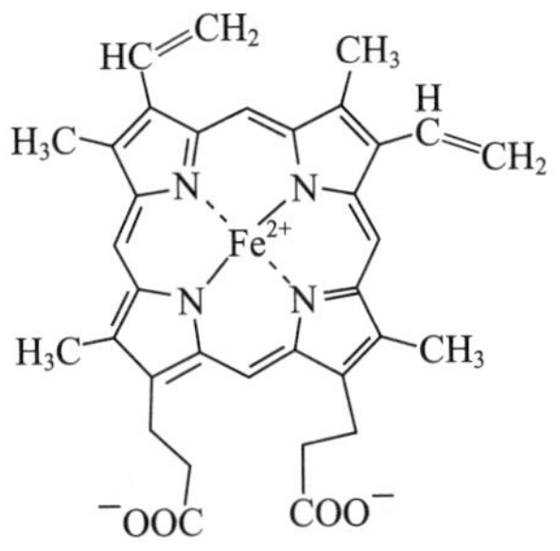

图 9-8 血红素的结构

肌红蛋白是由单条 153 个氨基酸残基的多肽链组成的一个球状蛋白质。血红素中的铁原子在卟啉环平面的上下方再与配体(如组氨酸残基、电负性原子)进行配位,达到配位数为 6 的化合物(图 9-9)。肌红蛋白在肌细胞中接受和储存血红蛋白运送的氧,并分配给组织,以供代谢。

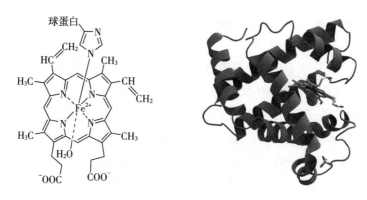

图 9 - 9　肌红蛋白的结构

血红蛋白是由 4 个肌红蛋白组成的四聚体,其中 2 条 α 肽链(141 个残基)及 2 条 β 肽链(146 个残基)组成的四聚体。血红蛋白作为红血细胞的一个组分在肺中与氧可逆的结合形成络合物(图 9 - 10)。该络合物经血液输送至动物全身各个组织,起到输送氧的作用。

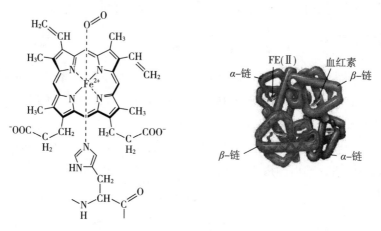

图 9 - 10　血红蛋白结构简图

2. 肉类食品在加工和贮藏中的变化

动物被宰杀放血后,由于对肌肉组织的供氧停止,肌肉色泽90%是肌红蛋白的色泽,因此,动物的肌肉呈紫红色。鲜肉置于空气中时,表面的肌红蛋白与氧气结合,形成氧合肌红蛋白,动物肌肉呈鲜红色。在有氧或氧化剂存在时,且氧气分压较低时,肌红蛋白和氧合肌红蛋白被氧化为棕褐色的高铁肌红蛋白。机体内的还原剂又可将高铁肌红蛋白还原为肌红蛋白,使肌肉呈现肌红蛋白和氧合肌红蛋白的红色,当还原性物质耗尽时,高铁肌红蛋白的褐色就会成为主要色泽(图 9 - 11)。

肌红蛋白、氧合肌红蛋白和氧化肌红蛋白之间的转化是动态的,其平衡受氧气分压的强烈影响。高氧分压,有利于氧合,形成鲜红色的氧合肌红蛋白;低氧分压时,有利于氧化,形成高铁肌红蛋白。完全排除氧气,能将血红色素的氧化降低到最低程度(图 9 - 12)。

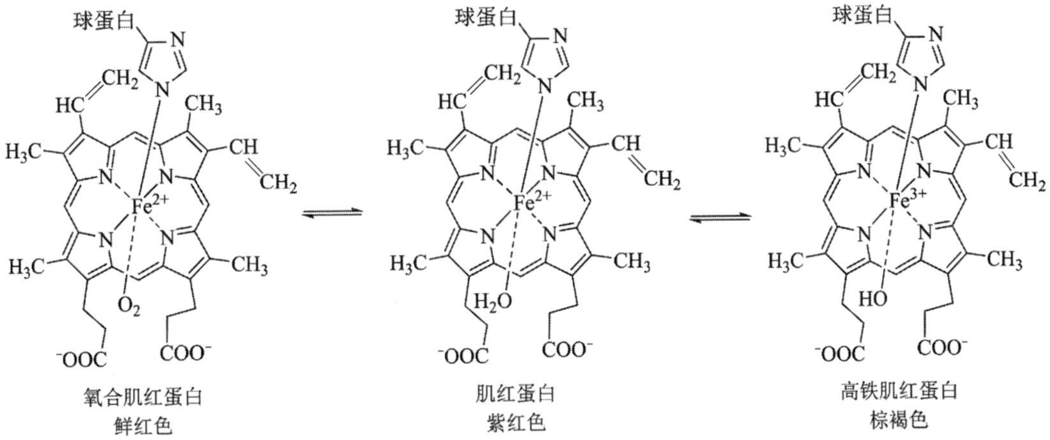

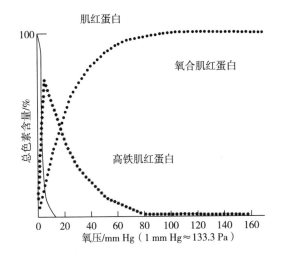

图 9 - 11　分割肉肌红蛋白的变化

图 9 - 12　氧气分压对肌红蛋白、氧合肌红蛋白和高铁肌红蛋白相互转化的影响

　　肉在储存时,其中的肌红蛋白在一定条件下会转变成绿色物质,这是由于污染细菌的生长繁殖产生了过氧化氢或硫化氢,二者与肌红蛋白的血红素中的高铁或亚铁反应,生成了胆绿蛋白和硫代肌红蛋白,致使肉的颜色变为绿色。

　　鲜肉在热加工时,肌红蛋白和高铁肌红蛋白的球蛋白会变性,此时的肌红蛋白和高铁肌红蛋白分别被称为肌色原和高铁肌色原,使肉的颜色发生变化。

　　火腿、香肠等腌肉制品,由于在加工中使用了硝酸盐或亚硝酸盐作为发色剂,使腌肉制品的颜色更加鲜艳诱人,并且对加热和氧化表现出更大的耐性。腌制颜色的变化是由于腌制过程中肌红蛋白发生一系列变化,生成亚硝基肌红蛋白、亚硝基高铁肌红蛋白和亚硝基肌色原的缘故,如图 9 - 13 所示。

$$NO_3^- \xrightarrow{\text{细菌还原作用}} NO_2^- + H_2O$$

$$NO_2^- + H^+ \xrightarrow{\text{pH 5.4～6.0最适}} HNO_2$$

$$3HNO_2 \xrightarrow{\text{歧化反应}} HNO_3 + 2NO + H_2O$$

$$2HNO_2 \xrightarrow{\text{肉内固有的还原剂}} 2NO + H_2O$$

肌红蛋白 $\xrightarrow{NO}$ 氧化肌红蛋白 $\xrightarrow{\text{加热}}$ 氧化氮肌色原

高铁肌红蛋白 $\xrightarrow{NO}$ 氧化氮高铁肌红蛋白

图 9-13 肌肉在腌制过程中的发色反应

硝酸盐、亚硝酸盐不仅可促进发色,同时还有防腐的作用,对肉制品的安全贮藏具有重要意义。如乳酸可促进亚硝酸的生成,抗坏血酸可促进亚硝酸转化为 NO。当发色剂过量时,不但产生绿色物质,还会产生致癌物。亚硝酸盐与高铁肌红蛋白直接作用,形成硝基肌红蛋白。在还原性条件下受热,转变为绿色的亚硝酰高铁血红素(图 9-14)。

高铁肌红蛋白 $\xrightarrow{NO_2^-}$ 亚硝酰高铁肌红蛋白 $\xrightarrow{\text{过量 }HNO_2}$ 硝基高铁肌红蛋白 $\xrightarrow{\text{还原剂}}$

硝基肌红蛋白 $\xrightarrow[\text{还原环境}]{H^+,\text{加热}}$ 亚硝酰高铁血红素

$$RNH_2 + NaNO_2 \xrightarrow{H^+} RNHNO + Na^+ + H_2O$$
亚硝胺

$$\text{（苯环）}N(CH_3)H + NaNO_2 \xrightarrow{H^+} \text{（苯环）}N(CH_3)-NO + Na^+ + H_2O$$ 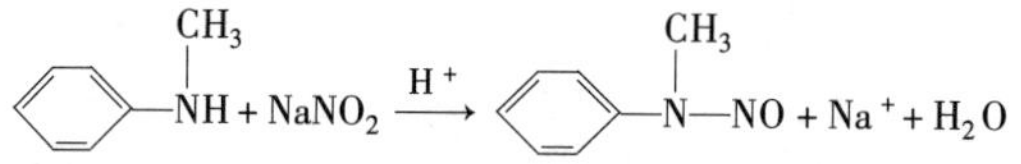
亚硝酰胺的一种

图 9-14 超标使用发色剂时绿色物质和致癌物质的生成反应

3. 肉及肉制品的护色

肉类色素的稳定性与光照、温度、相对湿度、水分活度、pH 以及微生物的繁殖等因素都有关。

采用真空包装或高氧分压方法,即使用低透气性材料包装膜,先除去包装袋中的空气,再充入富氧或缺氧空气,密封后可使肉中的肌红蛋白处于还原状态或氧合肌红蛋白状态,保持肉的鲜红色长期不变。

采用气调或气控法,即使用 100% CO_2 气体条件,肉色能得到较好保护,如若配合使用除氧剂,护色效果会更好。

腌肉制品的护色一般采用避光、除氧方法。在选择包装方法时,必须考虑避免微生物的生长和产品失水,因为选择合适的包装方法不但可以保证此类产品的安全和减少损失,而且也是重要的护色措施之一。

二、类胡萝卜素

类胡萝卜素又称多烯色素,是自然界最丰富的天然色素,广泛分布于红色、黄色和橙色的水果及绿色的蔬菜中,卵黄、虾壳等动物材料中也富含类胡萝卜素。

类胡萝卜素为具有多个共轭双键的分子，现已发现了500多种，根据其结构中是否含有由非C、H元素组成的官能团而将类胡萝卜素分为2大类：一类为纯碳氢化物，被称为胡萝卜素类；另一类的结构中含有含氧基团，称为叶黄素类（图9－15）。

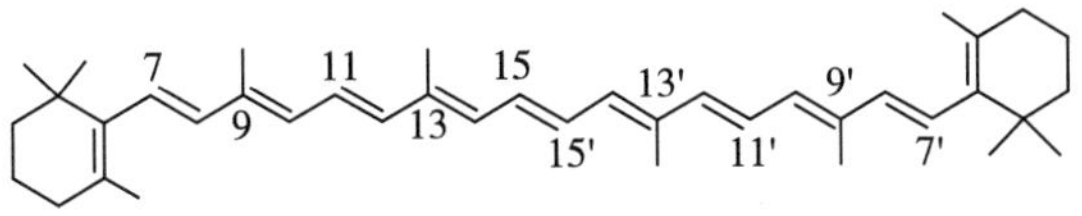

β-胡萝卜素

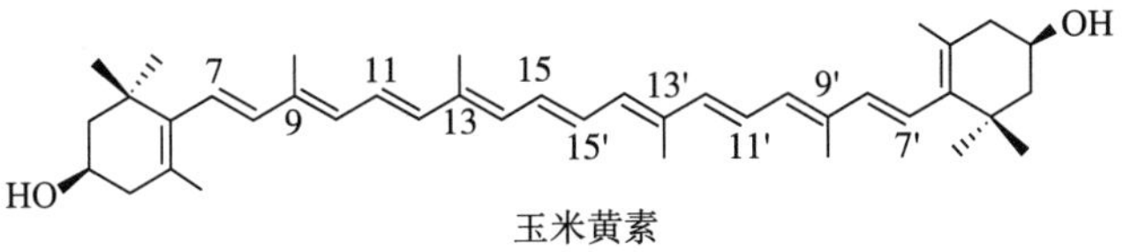

玉米黄素

图9－15　β－胡萝卜素和玉米黄素的结构

（一）胡萝卜素类

1. 结构和性质

胡萝卜素类有4种物质，即α－胡萝卜素、β－胡萝卜素、γ－胡萝卜素和番茄红素，都是含有40个碳的多烯四萜，由异戊二烯经头尾或尾尾相连构成，结构见图9－16。

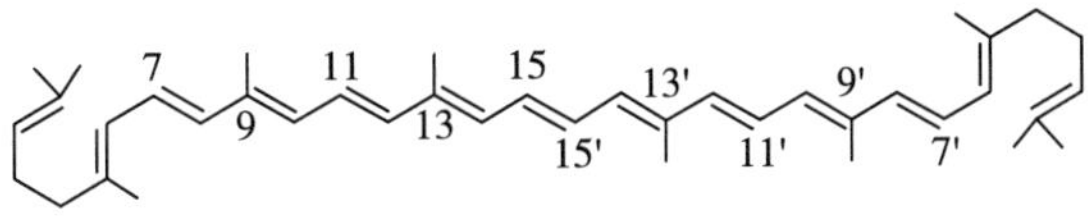

番茄红素

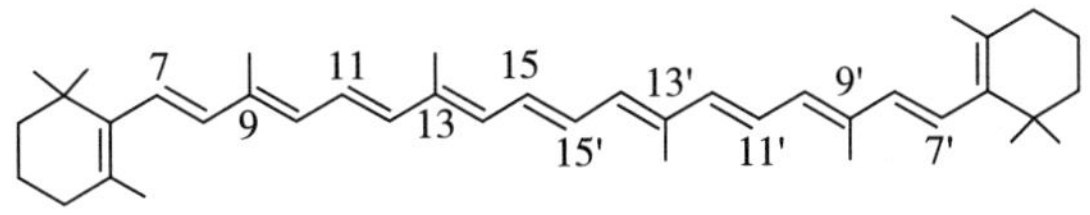

β-胡萝卜素

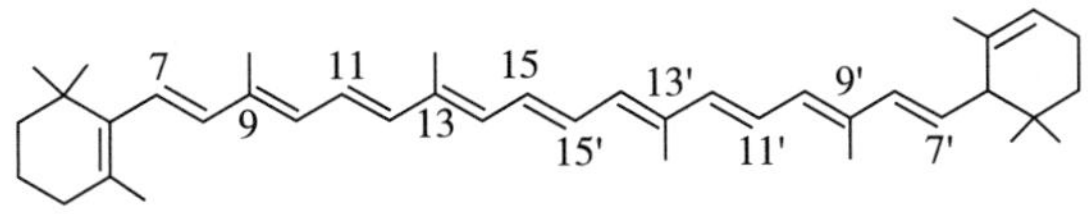

α-胡萝卜素

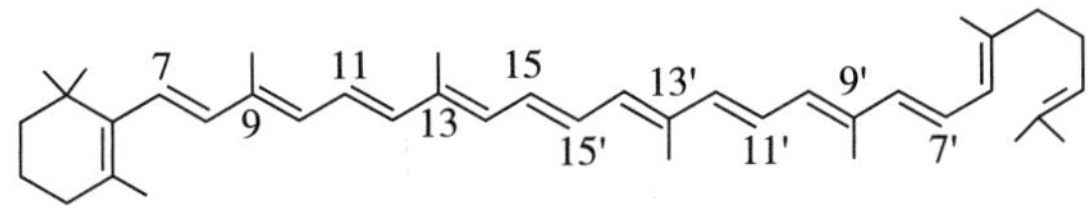

γ-胡萝卜素

图9－16　4种胡萝卜素类化合物的结构

4种类胡萝卜素类的化合物结构相近，化学性质也相近，但营养属性不同，如α－胡萝卜素、β－胡萝卜素、γ－胡萝卜素是维生素A原，而番茄红素不是。

所有类型的类胡萝卜素都是脂溶性化合物，易溶于石油醚、乙醚而难溶于乙醇和水。

胡萝卜素类化合物的显色范围为黄色至红色范围，其检测波长一般在430～480 nm。

由于胡萝卜素类化合物具有高度共轭的双键，因此极易被氧化而变色。正是由于胡萝卜素类化合物极易被氧化，因此它具有较好的抗氧化性能，清除单线态氧和自由基。在植物或动物组织内的类胡萝卜素与氧气隔离,受到保护,一旦组织破损或被萃取出来直接与氧接触,就会被氧化。亚硫酸盐或金属离子的存在将加速 β-胡萝卜素的氧化。脂肪氧合酶、多酚氧化酶、过氧化物酶可促进类胡萝卜素的氧化降解。

天然类胡萝卜素的共轭双键多为全反式结构,热、酸或光的作用很容易使其发生异构化,从而使生物活性大幅降低。

2. 在食品加工与贮藏中的变化

以胡萝卜素类作为主要色素的食品,多数条件下是稳定的,只发生轻微变化,如加热胡萝卜会使金黄色变为黄色,加热番茄使红色变为橘黄。

在有些加工条件下,由于胡萝卜素在植物受热时从有色体转出而溶于脂类中,从而在组织中改变存在形式和分布,而且在有氧、酸性和加热条件下,胡萝卜素可能降解,如图9-17所示。

作为维生素 A 原,胡萝卜素的变化,使维生素 A 原减少,活性降低。

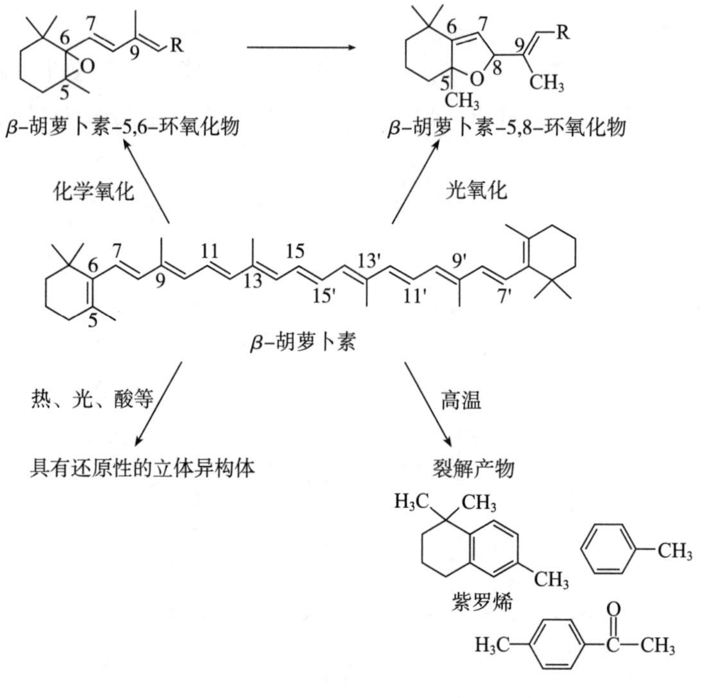

图9-17 β-胡萝卜素的降解反应

(二)叶黄素类

1. 结构和性质

叶黄色素类广泛存在于生物材料中,含胡萝卜素的组织往往富含叶黄素类。叶黄素是胡萝卜素类的含氧衍生物(图9-18),随着含氧量的增加,脂溶性降低,易溶于甲醇或乙醇,难溶于乙醚和石油醚,个别甚至亲水。

叶黄素的颜色常为黄色或橙黄色,也有少数红色(如辣椒红素)。叶黄素类如以脂肪酸酯的形式存在,则保持原色,如与蛋白质结合,颜色可能发生改变。

叶黄素在热、酸、光作用下易发生顺反异构化，但引起的颜色变化不明显。叶黄素类易受氧化和光氧化而降解，强热下分解为小分子，这些变化有时会明显改变食品的颜色。叶黄素类也有一部分为维生素 A 原，如隐黄素、柑橘黄素等。多数叶黄素类也具有抗氧化作用。

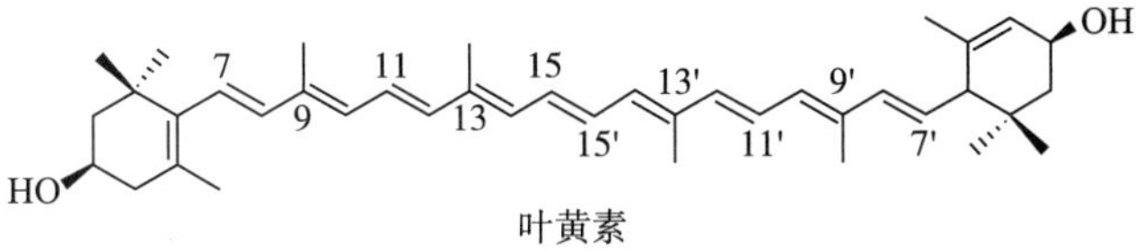

叶黄素

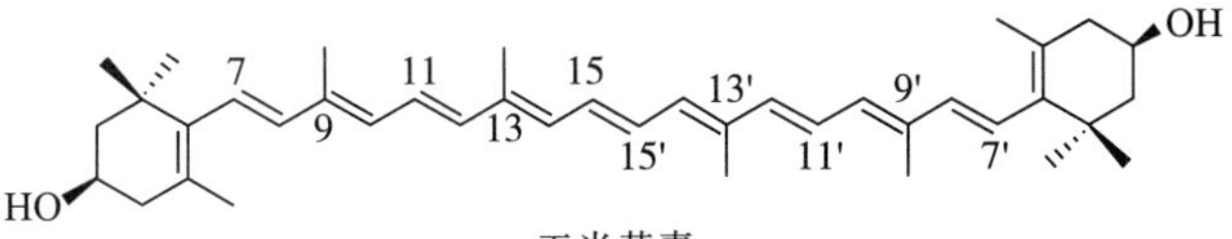

玉米黄素

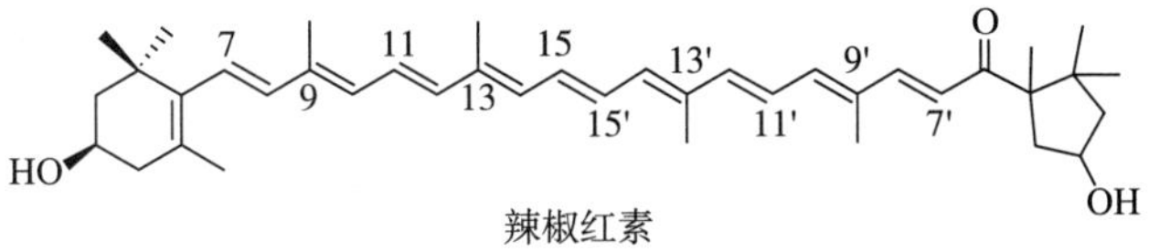

辣椒红素

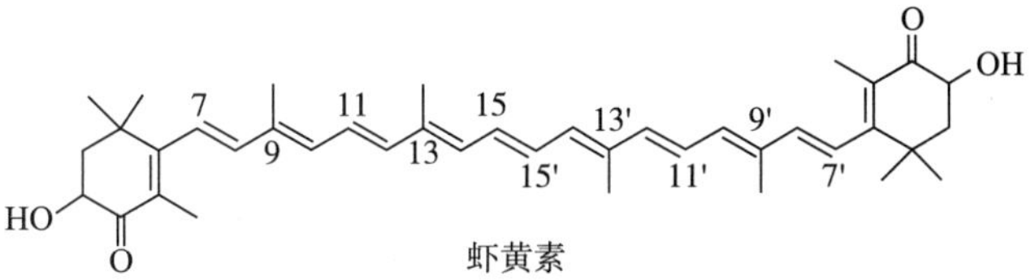

虾黄素

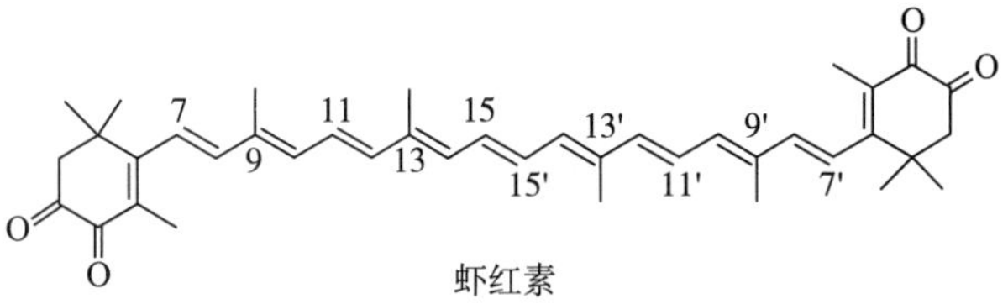

虾红素

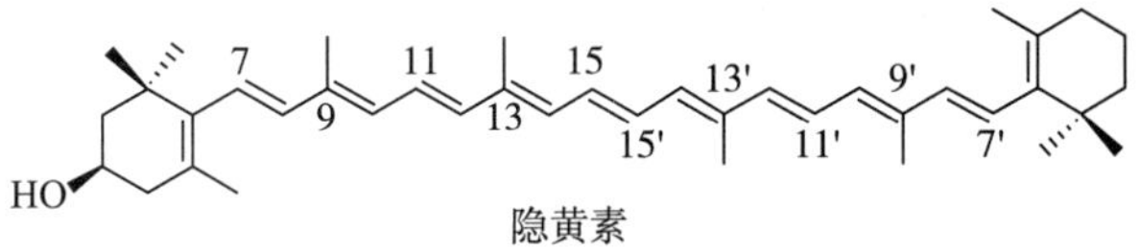

隐黄素

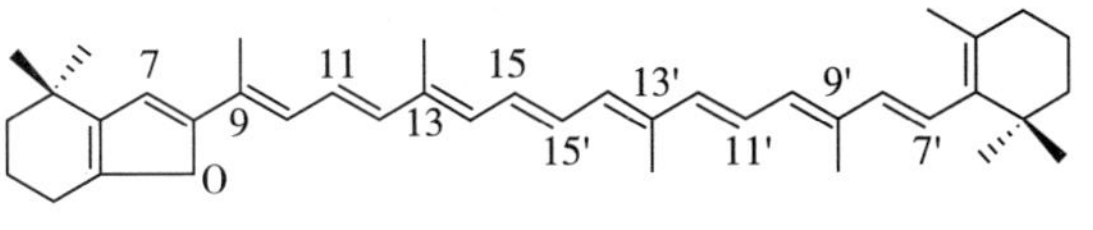

柑橘黄素

图 9 - 18　叶黄色素类化合物的结构

2. 在食品加工与贮藏中的变化

在食品加工和贮藏过程中，叶黄素类中的含氧基，如羟基、环氧基、醛基等可能成为引起变化的起始部位，含氧基也可能促进或抑制分子中众多烯结构发生变化，因此，变化种类繁多。但总体来讲，它们在加工和贮藏中，遇到光、氧化、中性或碱性条件加热，会发生异构化、氧化分解等反应，缓慢使食品褪色或褐变，这些变化对于维生素 A 原来说是破坏性的。

三、多酚类色素

多酚类色素是自然界中存在非常广泛的一类化合物，最基本的母核为 α - 苯基苯并吡喃，即花色基元。由于苯环上连有 2 个或 2 个以上的羟基，统称为多酚类色素。多酚类色素是植物中存在的主要的水溶性色素，包括花青素、类黄酮色素、儿茶素和单宁等。它们的结构都是由 2 个苯环(A 和 B)通过 1 个三碳链连接而成，具有 C_6—C_3—C_6 骨架结构，如图 9 - 19 所示。

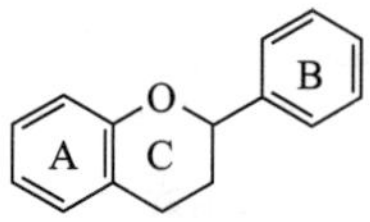

图 9 - 19　多酚类色素的基本结构

（一）花色苷

1. 结构和性质

1835 年，Marquart 首先从矢车菊花中提取出一种蓝色色素，称为花青素。花青素是多酚类化合物中一个最富色彩的子类，多以糖苷(称为花色苷)的形式存在于植物细胞液中，是植物最主要的水溶性色素之一，构成花、果实、茎和叶的美丽色彩，包括如蓝、紫、紫罗兰、深红、红及橙色等。

花色苷是花青素的糖苷，由一个花青素(即花色苷元)与糖以糖苷键相连。花青素具有类黄酮典型的 C_6—C_3—C_6 的碳骨架结构，是 2 - 苯基苯并吡喃阳离子结构的衍生物(图 9 - 20)，由于取代基的种类和数量的不同，形成了不同的花青素和花色苷。目前，已知的花青素有 20 种，食品中重要的仅有 6 种，即天竺葵色素、矢车菊色素、飞燕草色素、芍药色素、牵牛花色素和锦葵色素。

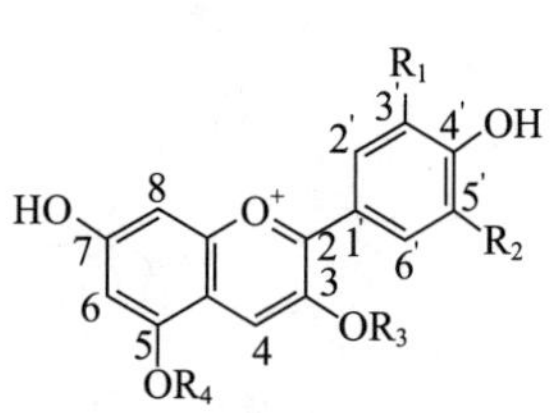

R_1，R_2 = —H，—OH 或—OCH$_3$

R_3 =—H 或—糖基，R_4 =—H 或—糖基

图 9 - 20　花青素的结构

花色苷在自然状态下以该盐的多羟基或多甲氧基衍生物的糖苷形式存在，大多在 C_3 和 C_5 上成苷，C_7 上也能成苷。目前，花色苷分子的糖基部分仅发现 5 种糖，分别为葡萄糖、鼠李糖、半乳糖、木糖和阿拉伯糖，和由这些单糖构成的双糖或三糖。

糖配基上的羟基可以与一个或几个分子有机酸形成酯，如阿魏酸、咖啡酸、丙二酸、对羟基苯甲酸、苹果酸、琥珀酸和乙酸等。

由于花青素是花色苷水解失去糖基后的配体(非糖部分),因此花青素的水溶性比相应花色苷的水溶性差。

各种花青素或花色苷的颜色出现差异主要是由盐上的取代基的种类和数量不同而引起的。花色苷分子上的取代基有羟基、甲氧基和糖基。作为助色团,取代基助色效应的强弱取决于它们的给电子能力,给电子能力越强,助色效应越强。甲氧基的给电子能力比羟基强,与糖基的给电子能力相当,但糖基由于分子较大,表现出一定的空间位阻效应。如图9-21所示,随着羟基数目的增加,光吸收波长向长波方向移动(即发生红移);随着甲氧基数目的减少,光吸收波长向短波长方向移动(即发生蓝移)。

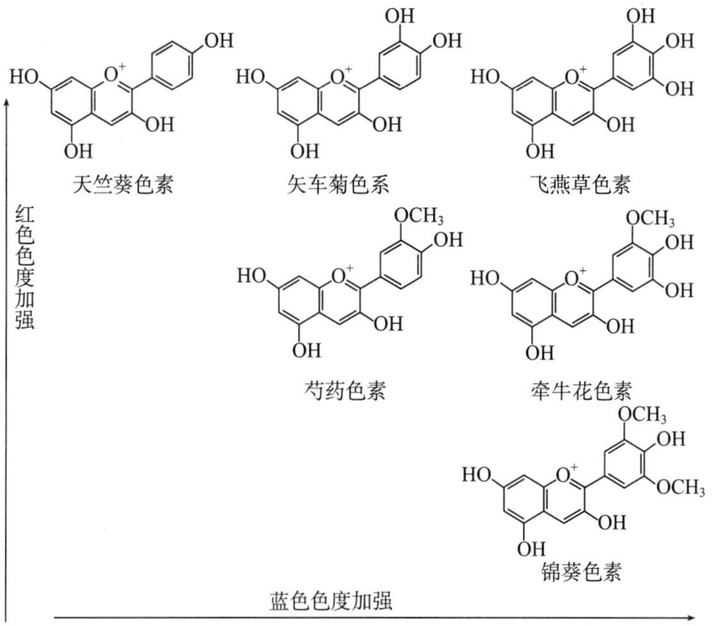

图9-21 食品中常见的6种花青素及它们蓝色和红色色度增加的次序

2. 在食品加工与贮藏中的变化

花色苷和花青素结构中的苯基苯并吡喃环上缺电子,因此两者的稳定性均不高,在食品加工和贮藏过程中经常因化学反应而变色,影响其稳定性的因素包括 pH、氧浓度、氧化剂、亲核试剂、酶、金属离子、温度和光照等。

不同花色苷和花青素的结构和稳定性的关系存在一定的规律性,羟基化程度越高越不稳定,甲氧基化越多越稳定,食品中天竺葵色素、矢车菊色素或飞燕草色素羟基较多,食品颜色不稳定,而富含牵牛花色素或锦葵色素配基居多的食品的颜色较稳定,这是由于它们结构中反应活性较高的羟基被甲氧基保护的缘故。此外,花色苷糖基化程度增加,花色苷的稳定性提高。

(1)pH 对花色素结构变化的影响

在水溶液中,花色苷在不同 pH 时可能存在 4 种结构,即蓝色醌型碱（A）、红色 2 - 苯基 - 苯并吡喃阳离子（AH⁺）、无色醇型假碱（B）和无色的查尔酮（C）,如图9-22所示。在酸性介质中(pH<2),红色的2-苯基-苯并吡喃阳离子(AH⁺)为主要存在形式,随着pH逐渐升高,2-苯基-苯并吡喃阳离子(AH⁺)的2位碳原子受到OH⁻的亲核进攻,阳离子的浓度逐渐降低,平衡向着生成无色醇型假碱(B)的方向移动,醇型假碱还可开环,生成无色的查尔酮。同时,随着pH升高,2-苯基-苯并吡喃阳离子(AH⁺)的酚羟基可作为酸而解离失去H⁺,部分红色2-苯基-苯并吡喃阳离子(AH⁺)转化为蓝色的醌型碱(A)。图9-23给出了室温下,花色苷在不同pH时4种构型的平衡分布曲线。

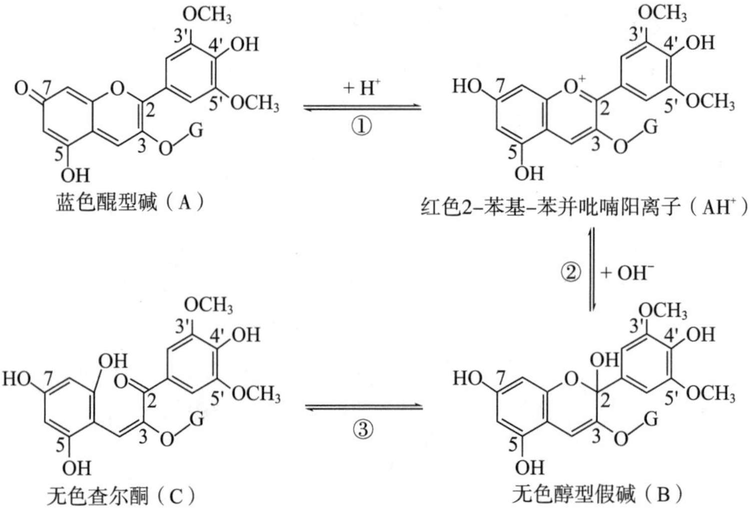

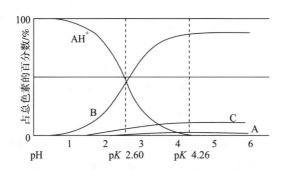

图9-22 花色苷在水溶液中的4种存在形式

图9-23 室温下花色苷4种构型在不同pH时的平衡分布曲线

(2)温度

食品中花色苷的稳定性受温度的强烈影响,这种影响程度还受到环境氧含量、花色苷种类以及pH等的影响。一般含羟基多的花青素和花色苷热稳定性不如含甲氧基或糖苷基多的花青素和花色苷。

花色苷在水溶液中的4种结构形式间的转化也受温度的影响。加热有利于生成查尔酮型结构,使颜色褪去。

花色素苷的热降解机制与花色素苷的种类和降解温度有关。温度越高,颜色变化越快,60℃以下,花色苷的分解速度较低,110℃是分解的最高温度。目前提出的3种降解机制如图9-24所示。途径(a)说明了这种产物的2-苯基苯并吡喃阳离子先转化为醌式结构,然后经过中间体分解而产生香豆素衍生物和苯酚化合物。途径(b)中2-苯基苯并吡喃阳离子先转化为醇型假碱,然后经过查尔酮结构分解为棕色降解产物。途径(c)前几步与途径(b)相似,但查尔酮的降解产物是因水的插入形成的。

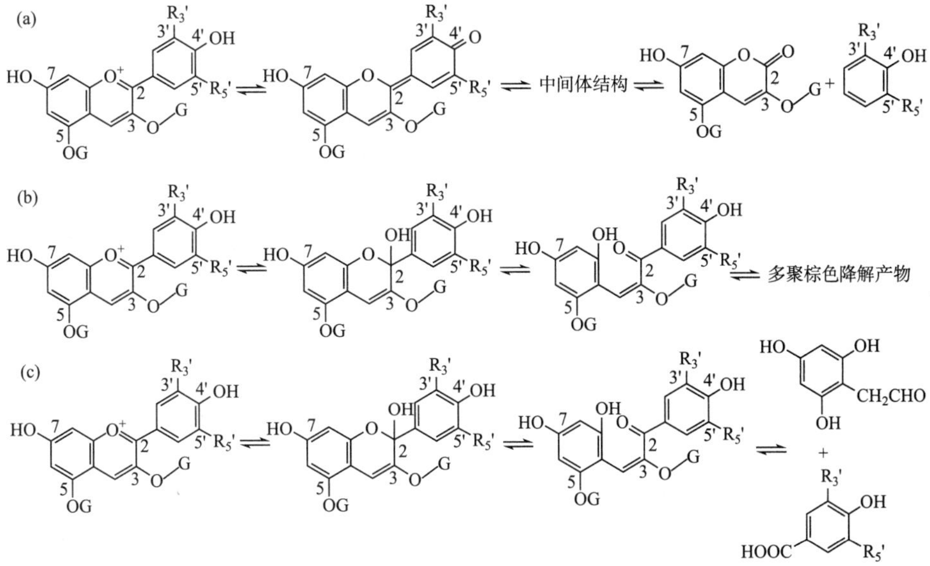

图9-24　3,5-二葡萄糖苷花色苷的降解机制

(3)氧气、水分活度与抗坏血酸的影响

花色苷的高度不饱和性使得它们对氧气比较敏感,易降解成无色或褐色的物质,可利用装满、充入惰性气体或真空包装的方法防止其氧化。

水分活度对花色苷稳定性的影响机理尚无多少研究,但已研究证实在水分活度为$0.63 \sim 0.79$范围内,花色苷的稳定性相对最高。

在含有抗坏血酸和花色苷的果汁中发现,这两种物质的含量会同步减少,这是由于抗坏血酸氧化时产生过氧化氢,过氧化氢可对2-苯基苯并吡喃阳离子的2位碳进行亲核进攻,使吡喃环被破坏,产生了无色的酯类和香豆素衍生物,这些分解产物进一步降解或聚合,最终导致果汁中产生棕褐色沉淀(图9-25)。因此,控制抗坏血酸氧化降解的条件,也是抑制花色苷降解的条件。

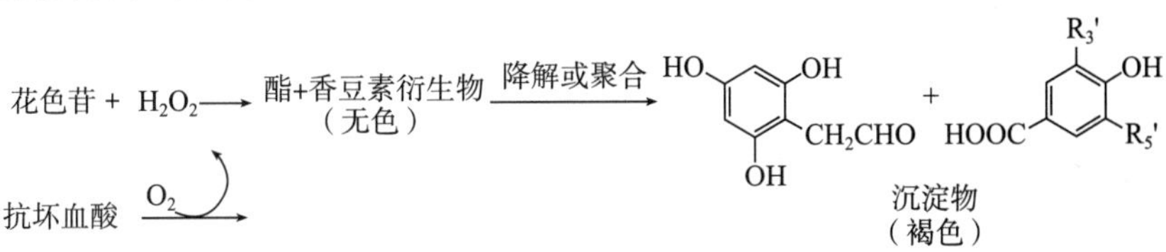

图9-25　抗坏血酸与花色苷的作用

在一些果汁中,由于缺乏抗坏血酸氧化时产生的过氧化氢,因此,花色苷是稳定的。

（4）光

光照对花色苷有两种作用，在生物体内，光照有利于花色苷的生物合成，而与生物体分离的花色苷受到光照后，会引起花色苷的降解。而且，酰化和甲基化的糖苷比非酰化的糖苷稳定。

其他辐射能也能引起花色苷的降解。如，用电离辐射保藏果蔬时，就存在花色苷的降解。

（5）二氧化硫的影响

二氧化硫是食品工业中常用的防腐剂和漂白剂，使用二氧化硫漂白时会造成水果或蔬菜的花色苷可逆或不可逆褪色或变色。

为防止细菌引起的腐败，用 $500 \sim 2000$ mg/kg 二氧化硫水溶液处理水果，水果储存时褪色，加工时用清水洗涤，颜色又能恢复，这是因为花色苷的 C_4 与 SO_2 形成无色络合物（图 9 - 26），洗涤时络合物又解离的缘故。

也有一些花色苷不被 SO_2 漂白，可能是因为 C_4 已被其他取代基占据，或已通过 C_4 键合成二聚体。

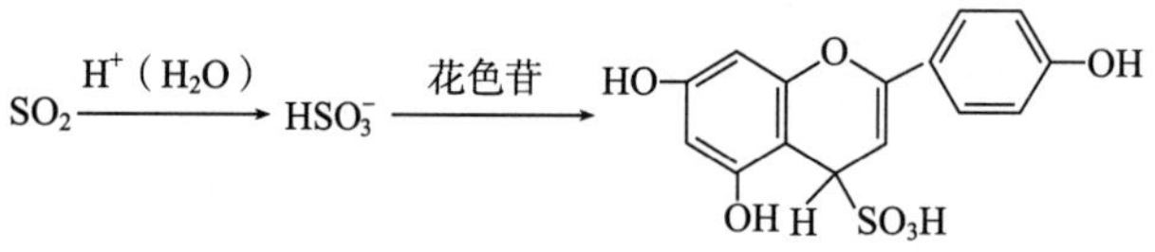

$$SO_2 \xrightarrow{H^+ (H_2O)} HSO_3^- \xrightarrow{\text{花色苷}}$$

花色苷亚硫酸盐复合物

图 9 - 26　花色苷亚硫酸盐复合物的形成

（6）糖及其降解产物

果汁中高浓度的糖有利于花色苷的稳定，因为高浓度糖可降低水分活度，因此降低了花色苷生成醇型假碱的速度，所以稳定了花色苷的颜色。

低浓度糖会加速花色苷的降解。低浓度的果糖、阿拉伯糖、乳糖和山梨糖对花色苷的降解作用比葡萄糖、蔗糖和麦芽糖要强得多。主要是这些糖先自身降解成糠醛或羟甲基糠醛，然后再与花色苷类缩合生成褐色物质。升温和有氧气存在都将使反应速度加快。

花色苷的降解速率取决于糖转化为糠醛的速率。

（7）金属离子

花色苷的相邻羟基可以螯合多价金属离子，形成稳定的螯合物（图 9 - 27）。一些研究表明金属络合物可以稳定含花色苷食品的颜色，如 Ca^{2+}、Fe^{2+}、Fe^{3+}、Al^{3+}、Sn^{2+} 对蔓越橘汁中的花色苷提供保护作用。

某些金属离子也会造成果汁变色。尤其是处理梨、桃、荔枝等水果时产生粉红色，螯合物的稳定性较高，一旦形成，很难恢复，因此可加入柠檬酸等螯合剂减少变色的发生。

（8）花色苷与其他色素发生缩合

花色苷可以与自身、蛋白质、单宁、其他黄酮或多糖类物质发生缩合反应，形成的产物一般颜色会加深（红移），并能增加最大吸收峰波长处的吸光强度。

也有少数颜色消失。如某些亲核物质如氨基酸可与 2 - 苯基 - 苯并吡喃阳离子缩合，生成无色的产物，如图 9 - 28 所示。

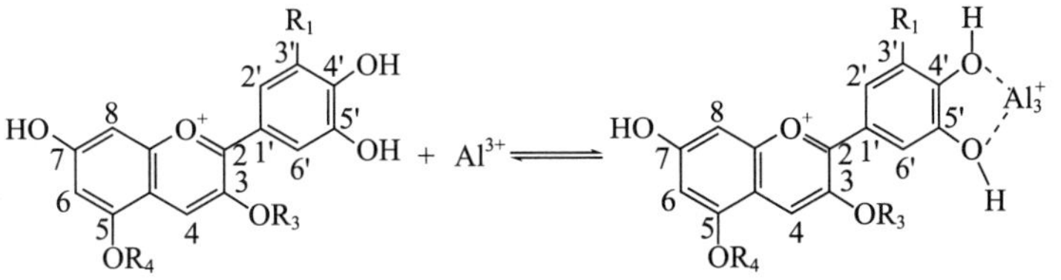

图 9 - 27　花色苷与 Al^{3+} 的相互作用

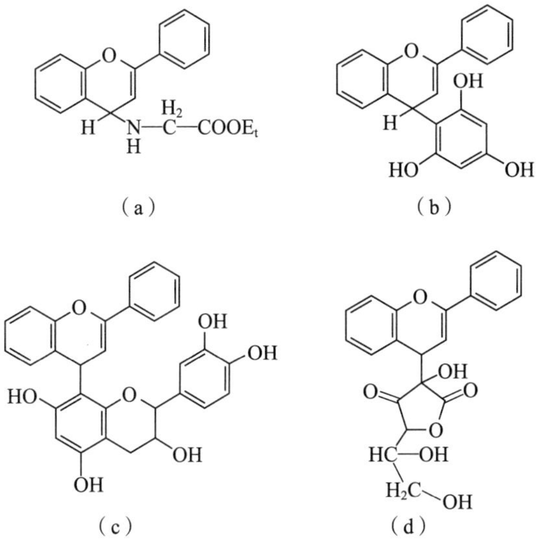

（a）　　　　　　　　　　（b）

（c）　　　　　　　　　　（d）

图 9 - 28　2 - 苯基苯并吡喃阳离子与甘氨酸乙酯（a）、
根皮酚（b）、儿茶素（c）和抗坏血酸（d）形成的无色络合物

（9）酶的影响

能够导致花色苷分解的酶有葡萄糖苷酶及多酚氧化酶，它们被统称为花色苷酶。葡萄糖苷酶水解糖苷键，生成糖和糖苷配基，使花色苷水解为花青素，且花青素稳定性低于花色苷，因此加速了花色苷的降解。

当有邻二酚和氧存在时，多酚氧合酶可氧化花色苷，生成邻二醌，继续与花色苷反应，生成氧化态花色苷和降解产物，如图 9 - 29 所示。

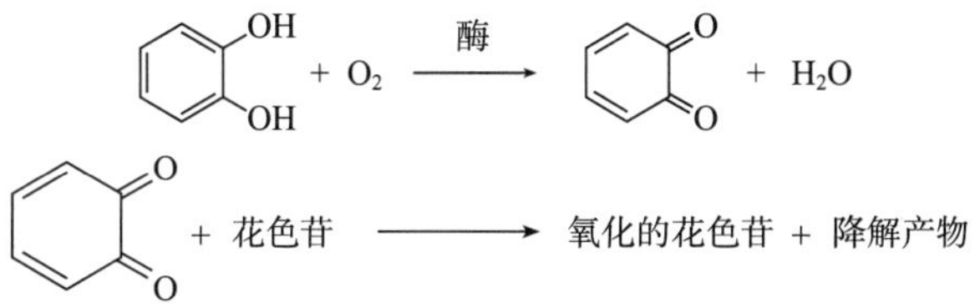

图 9 - 29　酶对花色苷的影响

（二）类黄酮色素

1. 结构和性质

类黄酮是一大类具有 2 – 苯基苯并吡喃酮结构的天然化合物,包括类黄酮苷和游离的类黄酮苷元,是广泛分布于植物组织细胞中的色素。在花、叶、果中,多以苷的形式存在,而在木质素组织中,多以游离苷元的形式存在。与花青素一样,类黄酮苷元的碳骨架结构也是 C_6—C_3—C_6 结构,区别在于类黄酮苷元的 C_4 骨架上是羰基。根据 C_3 环是否开环及取代基差异、分子中酚羟基的数目和位置以及取代基的模式等不同,类黄酮主要分为黄酮和黄酮醇类、二氢黄酮、黄烷醇类、异黄酮、双黄酮及其他黄酮类化合物。其中,最重要的类黄酮化合物是黄酮和黄酮醇的衍生物,如槲皮素、莰非醇。图 9 – 30 给出了主要类黄酮母核和一些食品中常见的类黄酮色素的结构。

黄酮　黄酮醇　黄烷酮　黄烷酮醇

异黄酮　查尔酮　双黄酮

莰非醇　槲皮素　杨梅素

芹菜素　圣草素　柚皮素

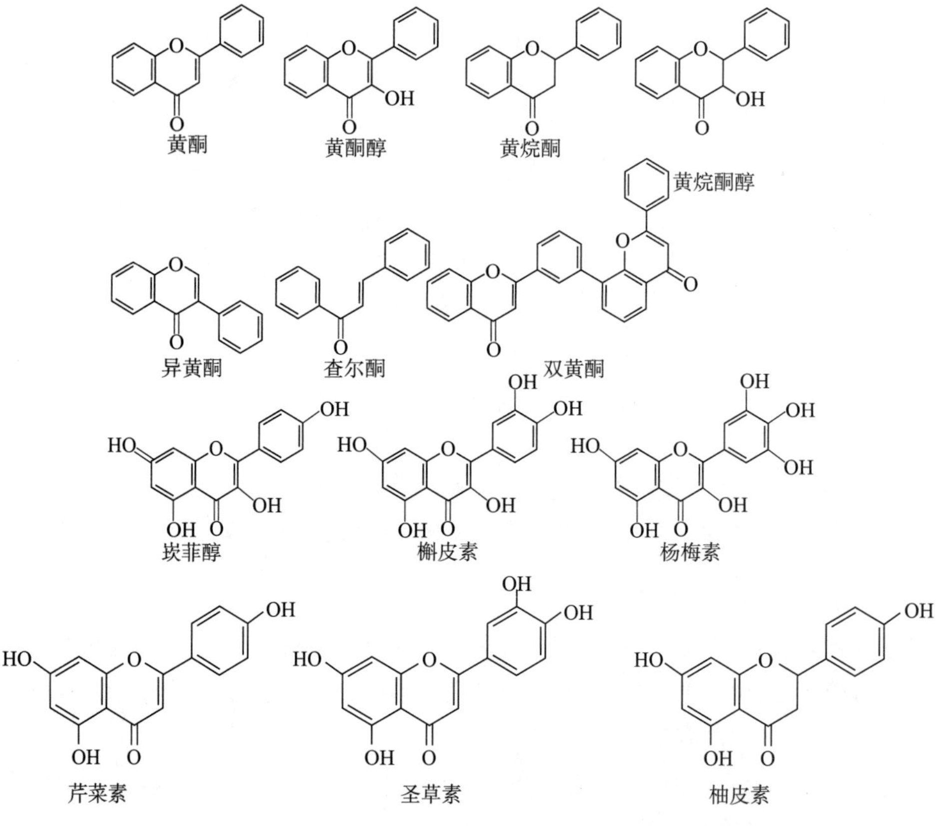

图 9 – 30　主要类黄酮母核和一些食品中常见的类黄酮色素的结构

天然的黄酮类化合物具有丰富的色泽,其中一部分类黄酮类化合物呈黄色,另外一些无色。黄酮类化合物的色泽主要与不饱和性及羟基助色团相关,若只是 3 位上有羟基,则此类黄酮类化合物仅呈灰黄色;如 3′ 或 4′ 位上有羟基或甲氧基,黄酮多呈现深黄色。

天然类黄酮多以糖苷的形式存在,未糖苷化的类黄酮不易溶于水,形成糖苷后水溶性加大。且糖苷键的位置一般在母核的 3、5、7 位成键。

2. 在食品加工与贮藏中的变化

有颜色的黄酮类化合物常可与金属离子发生配位而使颜色加深。黄酮类化合物与铁和铝的螯合物能增加黄色,芦丁与铝螯合产生诱人的黄色(390 nm)。

pH 变化会引起颜色的变化,如在碱性条件下,使无色的黄烷酮或黄烷酮醇转变为有色的查耳酮类(图 9 - 31)。

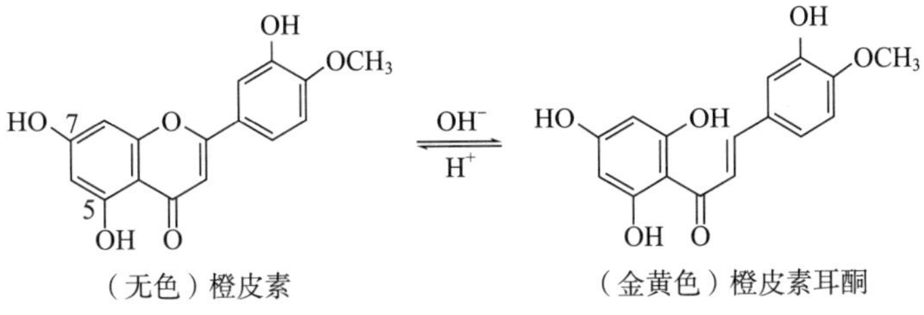

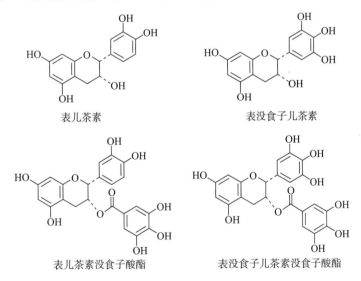

图 9 - 31　无色的黄烷酮与碱加热后转变为有色的查耳酮

黄酮也属于多酚类物质,酶促褐变的中间生成物——邻醌或其他氧化剂可氧化类黄酮而产生褐色物质。

(三) 儿茶素

儿茶素也叫茶多酚,是黄烷醇的总称,是一种多酚类化合物。常见的儿茶素有 4 种(图 9 - 32),分别为表儿茶素、表没食子儿茶素、表儿茶素没食子酸酯和表没食子儿茶素没食子酸酯,另外还有一些聚合态及蛋白质结合态的儿茶素。

表儿茶素　　　　　　　　　　表没食子儿茶素

表儿茶素没食子酸酯　　　　表没食子儿茶素没食子酸酯

图 9 - 32　常见 4 种儿茶素的结构

儿茶素在茶叶中含量很高,其含量为茶叶中多酚类总量的60% ~80%。

儿茶素为白色结晶,易溶于水、乙醇、甲醇、丙酮等有机溶剂,部分溶于乙酸乙酯及醋酸中,难溶于三氯甲烷和无水乙醚。

儿茶素与金属离子结合产生白色或有色沉淀,如与三氯化铁反应,生成氯黑色沉淀,遇醋酸铅生成灰黄色沉淀,可用于儿茶素的定性分析。

儿茶素分子中酚羟基在空气中容易氧化生成褐色物质,尤其是在碱性溶液中更易氧化;在高温、潮湿条件下容易自动氧化成各种有色物质,同时也可以被多酚氧化酶和过氧化酶氧化产生有色物质。绿茶茶汤放置时间长时,水色由绿变黄,以致变红,这是儿茶素自动氧化的结果。茶叶在贮藏过程中,滋味变淡,汤色变深变暗,与儿茶素自动氧化有密切的关系。

(四)单宁

单宁也称鞣质,在植物中广泛存在,五倍子和柿子中含量较高。是具有沉淀生物碱、明胶和其他蛋白质的能力,且相对分子质量在 500 ~ 3000 的水溶性多酚化合物。

单宁分为可水解型和缩合型(原花色素)两大类。水解型单宁分子的碳骨架内部有酯键间隔,分子可因酸、碱等作用而发生酯键的水解;缩合型单宁分子具有完整的碳骨架,水解作用不能破坏其分子的碳骨架,它们的结构如图 9 - 33 所示。

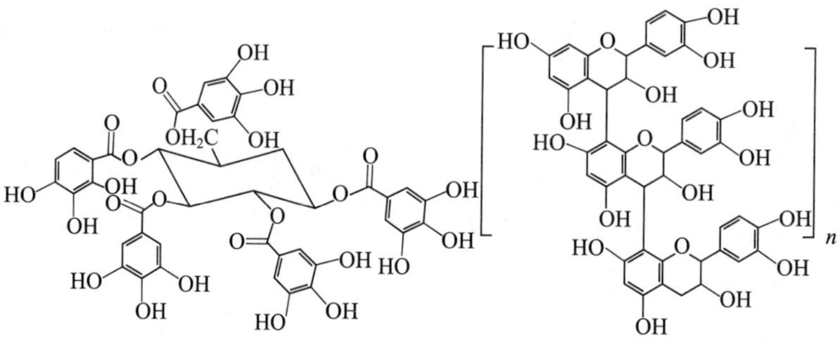

五没食子酰葡萄糖(水解型单宁)　　原花色素(缩合型单宁)

图 9 - 33　单宁的结构

原花色素在酸性加热条件下会转为花青素,如天竺葵色素、牵牛花色素或飞燕草色素而呈色。如苹果、梨中的二聚原花色素在酸性条件下加热就可转化为花青素和其他多酚,反应机理见图 9 - 34。

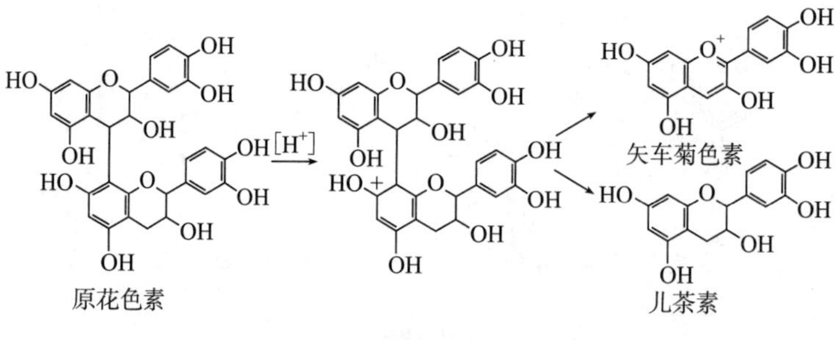

矢车菊色素　　儿茶素　　原花色素

图 9 - 34　原花色素酸水解的机理

原花色素在食品贮藏加工中,还会生成氧化产物。如当果汁暴露在空气中或在光照条件下,会转变为稳定的红棕色物质,就是原花色素的氧化产物。

单宁的颜色为黄白色或轻微褐色,具有十分强的涩味。单宁与蛋白质作用可产生不溶于水的沉淀,与多种生物碱或多价金属离子结合生成有色的不溶性沉淀,因而可作为一种有价值的澄清剂。单宁会在一定条件下(如加热、氧化或遇到醛类)缩合,从而消除涩味。作为多酚,单宁易被氧化。

第三节　食品着色剂

食品着色剂是指本来存在于食物或添加剂中的发色物质。食品着色剂分为天然着色剂和合成着色剂。

天然着色剂是指天然食物中的色素物质,由于其对光、热、酸、碱等敏感,所以在加工、储存过程中很容易褪色和变色,影响了其感官性能。因此在食品中有时添加合成着色剂。

一、天然着色剂

天然着色剂直接来自动植物,除藤黄外,其余对人体无毒害。但安全起见,国家对每一种天然食用色素也都规定了最大使用量。

目前允许使用的天然着色剂有姜黄色素、红花黄色素、辣椒红色素、虫胶色素、红曲色素、焦糖色、甜菜红、叶绿素铜钠盐和 β - 胡萝卜素。

(一)焦糖色素

焦糖色素又称焦糖或酱色,是以糖质(如蔗糖、乳糖、麦芽糖浆、淀粉糖浆等)为原料,在加热过程中脱水缩合而成的复杂的红褐色或黑褐色胶状物或块状物,有特殊的甜香气和愉快的焦苦味,具有着色力强、性质稳定、水溶性好、安全无毒等优点,是我国食品中应用较广泛的半天然食品着色剂。

根据加工过程中使用催化剂的不同,焦糖色素可分为普通焦糖、苛性亚硫酸盐焦糖、氨法焦糖和亚硫酸铵焦糖 4 种,氨法焦糖是目前我国生产量最大的一类焦糖色素。

我国允许使用的焦糖色素为普通焦糖、氨法焦糖和亚硫酸铵焦糖,其中普通焦糖和氨法焦糖主要用于果汁饮料、酱油、调味罐头、糖果生产,亚硫酸盐焦糖主要用于碳酸饮料、黄酒生产中。

(二)红曲色素

红曲色素,来源于红曲米,是一组由红曲霉属的丝状真菌发酵制得的微生物色素,属酮类色素,是我国传统使用的天然色素之一。

红曲色素共 6 种成分,分别为橙色红曲色素(红斑红曲素、红曲玉红素)、黄色红曲色素(红曲素、黄红曲素)、紫色红曲色素(红斑红曲胺、红曲玉红胺),结构如图 9 - 35 所示。这些色素成分的物理化学性质互不相同,具有实际应用价值的是醇溶性的橙色红曲色素中的红斑红曲素和红曲玉红素。

红曲色素是红色或暗红色粉末或液体或糊状物,熔点 60℃,可溶于乙醇水溶液、乙醇、乙醚和冰醋酸。其色调不随 pH 变化,热稳定性高,几乎不受金属离子(如 Ca^{2+}、Mg^{2+}、

Fe^{2+}、Cu^{2+}等)影响,也几乎不受氧化剂(如 H_2O_2)和还原剂(亚硫酸盐、维生素 C 等)的影响,主要用于制作红腐乳和红香肠。由于它对蛋白质着色好,耐热性也好,可用它制作熟肉制品。值得注意的是次氯酸盐对红曲色素有强的漂白能力。

橙色红曲色素

红斑红曲素　　　　红曲玉红素

黄色红曲色素

红曲素　　　　黄红曲素

紫色红曲色素

红斑红曲胺　　　　红曲玉红胺

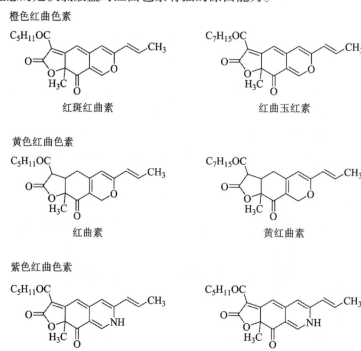

图 9-35　红曲色素的结构

(三)姜黄色素

姜黄色素是从生姜科姜黄属植物姜黄的地下根茎中提取的黄色色素,是一组酮类色素的混合物,主要成分为姜黄色素、脱甲基姜黄色素和双脱甲基姜黄色素 3 种,结构见图 9-36。

姜黄色素

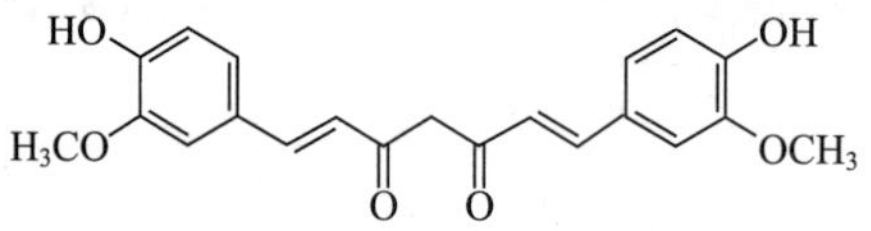

图 9-36　姜黄色素的结构

姜黄色素为橙黄色粉末,几乎不溶于水,溶于乙醇、丙二醇、冰醋酸和碱性溶液或醚中;具有特殊芳香,稍苦;中性和酸性溶液中呈黄色,碱性溶液中呈褐红色;对光、热、氧化作用及铁离子不稳定,但耐还原性好;对蛋白质着色力较好,常用于咖喱粉着色。

(四)甜菜红素

甜菜红素是从黎科红甜菜块茎中提取的一组水溶性色素,以甜菜红和甜菜黄及其糖苷形式存在于植物液泡中，甜菜红苷占甜菜色素的75% ~95%。甜菜色素是一种吡啶衍生物，其结构式如图9－37所示。

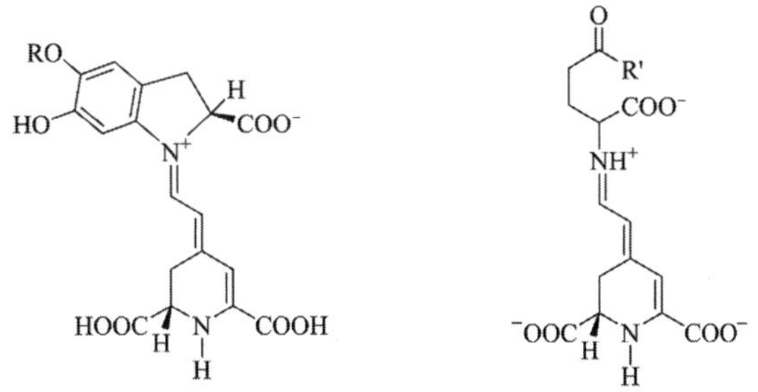

甜菜红素　R = H
甜菜红苷　R = β-葡萄糖
前甜菜红素　R = 6-硫酸葡萄糖

甜菜黄素 I　R' = NH_2
甜菜色苷 II　R' = OH

图9－37　甜菜红素和甜菜黄素的结构

甜菜红素可强烈吸收光，pH在4.0 ~7.0范围内，呈紫红色，最大吸收峰在537 ~538 nm；pH低于4.0时，变为紫色，最大吸收峰向短波方向移动（pH2.0时为535 nm）；pH高于7.0时，最大吸收峰向长波方向移动（pH9.0时为544 nm）；当pH为10以上时，甜菜红素水解为甜菜黄素，溶液立即变为黄色。这与内盐的存在状态有关（图9－38）。

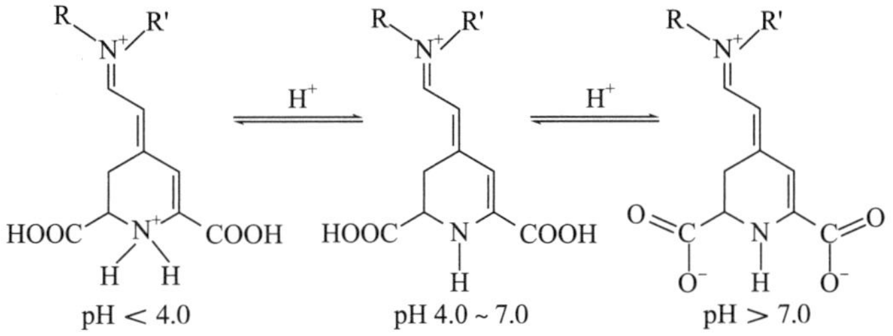

图9－38　甜菜红素在不同pH条件下的内盐形式

甜菜红素耐热性不高，在pH为4.0 ~5.0时相对稳定，在中等碱性条件下加热会转变为甜菜醛氨酸和环多巴－5－*O*－葡萄糖苷。且反应可逆，在pH降到4.0 ~5.0又可部分逆转（图9－39）。

甜菜红素也不耐氧化。光可加速甜菜红素的氧化反应，当有抗氧化剂如抗坏血酸或异抗坏血酸存在时，可提高甜菜苷的稳定性。

某些金属离子对甜菜红素的稳定性也有一定影响，如Fe^{2+}、Cu^{2+}、Mn^{2+}等。其机理是这些金属离子可催化氧化抗坏血酸的氧化，因而降低了抗坏血酸对甜菜色素的保护作用。加入金属螯合剂，可大大改善抗坏血酸作为甜菜红素保护剂的效果。

甜菜红素的食品着色性良好，在pH为3.0 ~7.0的食品中使用色泽较稳定，在低水分活度的食品中，色泽可持久保持。

我国规定甜菜红素可应用在果味饮料、果汁饮料、配制酒、罐头、冰淇淋、雪糕、果冻等食品中。

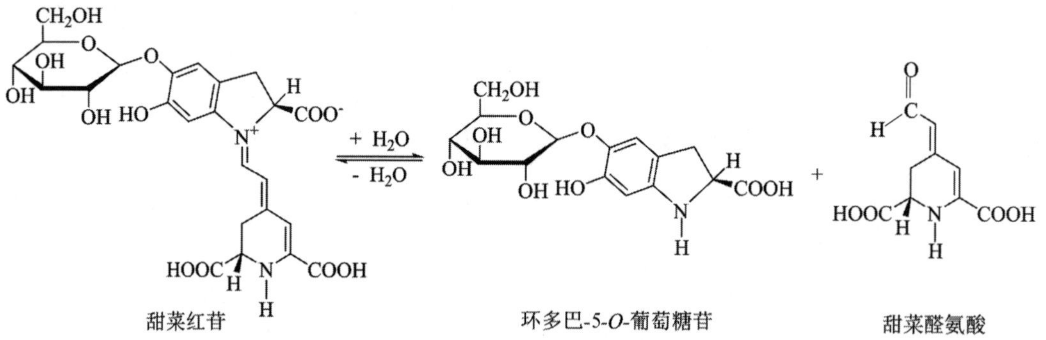

图 9 - 39　甜菜红苷的降解反应

二、人工合成着色剂

国家规定允许使用的人工合成着色剂主要有:苋菜红、胭脂红、赤藓红、柠檬黄、靛蓝等。

(一) 苋菜红

苋菜红又称鸡冠花红、杨梅红,属偶氮型水溶性红色色素,结构式如图 9 - 40 所示。

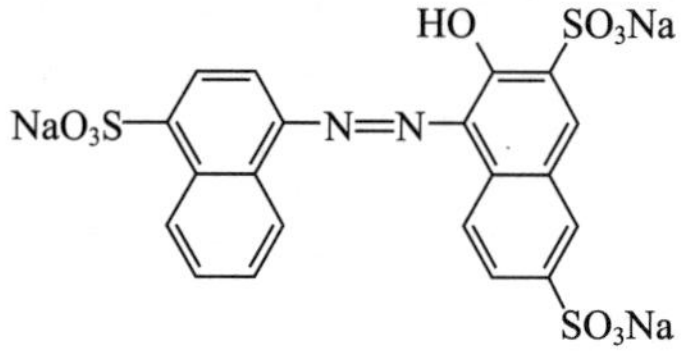

图 9 - 40　苋菜红的结构式

苋菜红为红棕色至暗红棕色粉末或颗粒,对光、热和盐类较稳定,且耐酸性很好,但在碱性条件下容易变为暗红色,遇铜、铁易褪色。对氧化还原作用较为敏感。

苋菜红在食品中的最大允许用量为 50 mg/kg,主要可用于糖果、汽水和果子露等的着色。

(二) 胭脂红

胭脂红即食用红色 1 号,又称丽春红,是苋菜红的异构体,为红色水溶性偶氮类着色剂,结构式如图 9 - 41 所示。

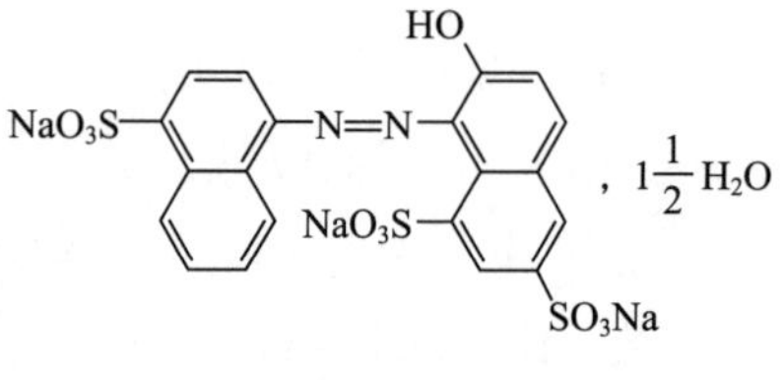

图 9 - 41　胭脂红的结构式

胭脂红为红色至深红色粉末,耐光性和耐酸性较好,但遇碱变成褐色。

胭脂红着色力强,安全性高,可用于多种非脂食品。我国食品添加剂使用卫生标准规定胭脂红最大允许用量为 50 mg/kg。

(三)赤藓红

赤藓红又称樱桃红,为水溶性非偶氮类着色剂,结构图如 9 - 42 所示。

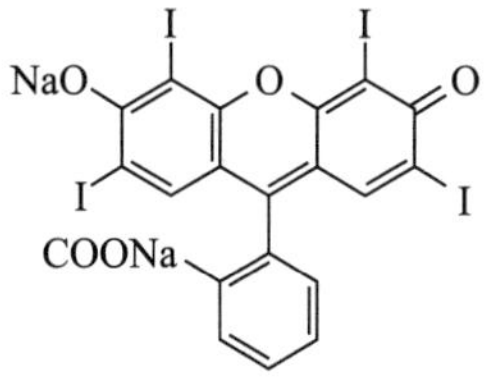

图 9 - 42　赤藓红的结构式

赤藓红为红褐色颗粒或粉末,耐热,还原性好,但耐酸性、耐光性很差。

赤藓红主要用于弱酸性、中性和碱性产品,很少用于饮料和糖果,最大允许用量为 50 mg/kg。

(四)新红

新红属水溶性偶氮类着色剂,化学式如图 9 - 43 所示。

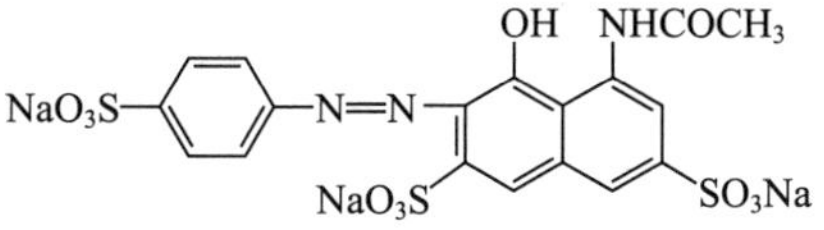

图 9 - 43　新红的结构式

新红为红色粉末,具有酸性染料特性,着色能力与苋菜红相似,安全性高,可用于饮料、配制酒、糖果等,最大允许用量为 50 mg/kg。

(五)柠檬黄

柠檬黄又称酒石黄,为水溶性偶氮类着色剂,化学结构如图 9 - 44 所示。

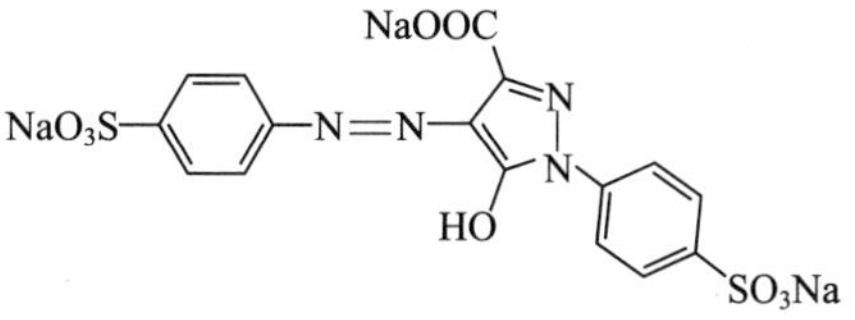

图 9 - 44　柠檬黄的结构式

柠檬黄为橙黄色粉末,对热、酸、光及盐均稳定,但耐氧性差,遇碱变红色,还原时褪色。柠檬黄着色力强,在食品中广泛使用,最大允许用量为 100 mg/kg。

(六)日落黄

日落黄又称橘黄、晚霞黄,属偶氮型水溶性色素,呈橘黄色,易溶于水、甘油,微溶于乙醇,不溶于油脂。结构式见图 9 - 45。

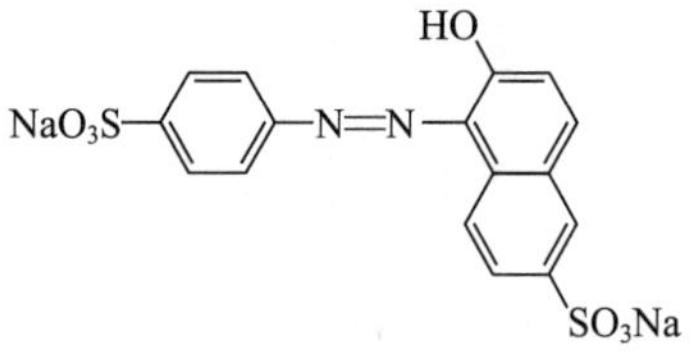

图 9 - 45　日落黄的结构式

日落黄为橙色颗粒或粉末,耐光、耐酸、耐热,在酒石酸和柠檬酸中稳定,遇碱变红褐色。着色力强,安全性高。可用于饮料、配制酒、糖果等,最大允许使用量为 100 mg/kg。

(七)靛蓝

靛蓝又称酸性靛蓝、食品蓝,靛蓝的水溶液为紫蓝色,属水溶性非偶氮类色素,是世界上使用最广泛的食用色素之一。结构式如图 9 - 46 所示。

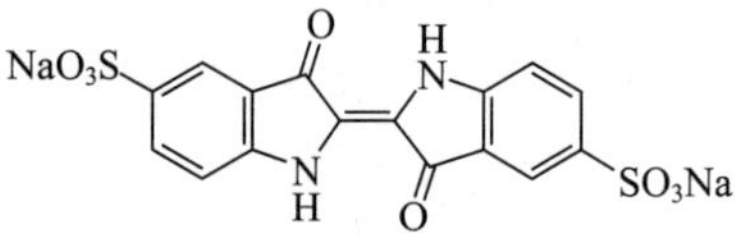

图 9 - 46　靛蓝的结构式

靛蓝为蓝色粉末,对热、光、酸、碱、氧化作用均较敏感;在酸性溶液中成蓝紫色,碱性时呈绿色或黄绿色。靛蓝耐盐性也较差,易被细菌分解,还原后褪色。但由于靛蓝安全性高,着色力强并有独特色调,在食品中广泛使用。我国规定在红绿丝中,最大使用量为 20 mg/kg;在果汁饮料类、碳酸饮料、配制酒、糖果、染色樱桃罐头等食品中,最大使用量为 100 mg/kg;在浸渍小菜中最大使用量为 10 mg/kg。

(八)亮蓝

亮蓝为水溶性非偶氮类着色剂,结构式如图 9 - 47 所示。

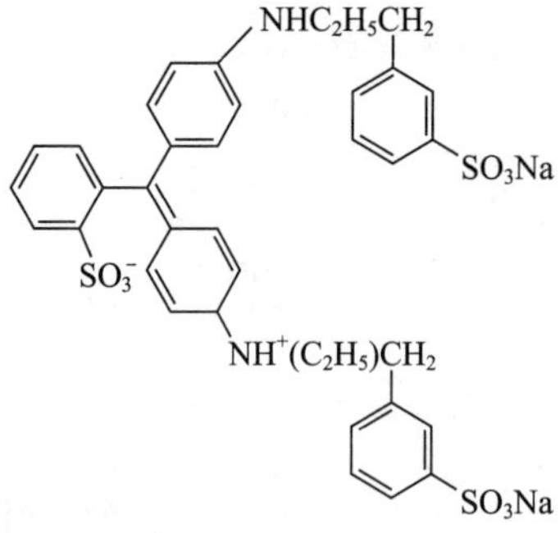

图 9 - 47　亮蓝的结构式

亮蓝为有金属光泽的深紫色至青铜色颗粒或粉末,水溶液呈蓝色,耐光、热、酸、盐、微生物、碱及耐氧化还原性,但遇金属盐会慢慢沉淀。亮蓝色度极强,安全性高,可用于高糖果汁、果汁饮料、碳酸饮料、配制酒、糖果、糕点、罐头等食品,最大使用量为 25 mg/kg。

课程思政案例

案例一:我国的"面点大王"王志强,他从 16 岁开始只做了一件事——面点,他把面点做得和水果形状口感都一样,颜色是从蔬菜中提取,发酵和上屉蒸的时候,要保持不变形、不脱色,做到这几点要求就用了 12 年的时间,终于做成了"面果儿"。

——摘自:翟硕莉. 食品化学课程中融入"课程思政"元素初探[J]. 绿色科技, 2020 (5): 235 – 236.

课程思政育人目标:做任何事情都要有恒心,有毅力;同时培养学生的创新精神,做事情要有自己的想法,勇于打破常规,具有匠人精神。

案例二:2005 年 2 月 18 日,英国食品标准署在其官方网站发布食品添加可致癌物质苏丹红色素警示,并公布了要求回收的 30 家企业生产的可能含有"苏丹红(一号)"的 359 个品牌食品的清单。一场声势浩大的"剿红"行动迅速席卷全球。

2 月 23 日,国家质量监督检验检疫总局发出紧急通知,要求各地质监部门加强对含有"苏丹红(一号)"食品的检验监管,严防含有"苏丹红(一号)"的食品进入国内市场。揭开了对"苏丹红(一号)"实行从生产、流通、餐饮各环节拉网式围剿行动的序幕。

3 月 5 日,广东、云南、上海、浙江、福建、四川等地工商、质检部门先后从食品抽检中检测到"苏丹红(一号)"。

——摘自:Tony. 2005 年食品安全大事件启示[J]. 福建质量信息, 2006(3): 4 –7.

课程思政育人目标:告诫学生食品安全永远是第一位的,不可被利益蒙蔽双眼,要加强自身修养,具有安全意识和社会责任意识。

思考题

1. 叶绿素主要可能发生哪些变化,如何在食品贮藏加工中控制这些变化?
2. 肌红蛋白主要可能发生哪些变化,如何在食品贮藏加工中控制这些变化?
3. 天然着色剂和合成着色剂的特点,主要有什么异同?

习题

第十章　食品风味

学习目标与要求

1. 了解食品风味的基本概念、食品中常见风味物质的类别。
2. 掌握食品风味和呈香、呈味物质的关系，调味、调香的基本原理和方法。
3. 通过学习让学生具备食品基本风味调控的能力。

PPT 课件

第一节　概述

当今世界,随着经济技术的发展,人们的生活水平日益提高,对作为人类赖以生存的基本物质——食品的要求也越来越高,它不仅要具备较好的营养功能,而且应该具有良好或独特的风味以及其他感官性能。随着食品风味研究的日益活跃,研究深度和广度的不断扩展,与之相关的新兴学科不断涌现。食品风味化学和食品风味生物技术就是典型的代表,食品风味化学研究的主要内容包括:

① 食品风味的化学组成、分子结构、含量、质量指标和控制技术。
② 风味物质的生成途径、呈味途径及其对人类嗅觉、味觉神经的作用机理。
③ 风味物质的分类及其相互作用、稳定性、赋味性、安全性。
④ 风味物质的提取、浓缩、合成、分离、生物转化、修饰、鉴别和检测技术等。

一、食品风味的概念

食品作为一种刺激物,它能刺激人的多种感觉器官而产生各种感官反应,包括味觉、嗅觉、触觉、运动感觉、视觉和听觉等。食品风味就是这些感官反应的综合,它包括色、香、味、形等,而主要是香味。人对食品风味的感受是一个复杂的综合的生理过程,具体有:人的鼻腔上皮的特化细胞感觉出食物气味的类型和浓烈程度;舌表面和口腔后面的味蕾感觉出食物的酸、甜、苦、咸味;人的非特异性反应和三叉神经反应感觉出食品的辣味、清凉和鲜味;人的视觉、听觉和触觉等感觉影响着食品的滋味和气味。

从广义上来讲,食品的风味是指食物在摄入前后刺激人体的所有感官而产生的各种感觉的综合,它主要包括味觉、嗅觉、触觉、听觉、视觉等感官反应而引起的化学、物理和心理感觉的综合效应。

狭义上来讲,风味包括了3个要素:第一要素是味道,即食物对舌及咽部的味蕾产生的刺激,味觉包括甜、咸、酸和苦;第二要素是嗅觉,是食物中各种微量挥发性成分对鼻腔的神经细胞产生的兴奋作用,若令人感到高兴和快乐,则称为芳香;第三要素是涩、辛辣、热和清凉等感觉。因此,风味与食物特征性质等客观因素有关,也与消费者个人的生理、心理、嗜好等主观因素有关,这些感觉之间的关系见图10-1。

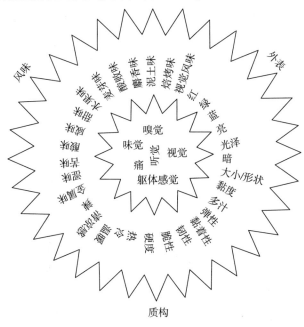

图10-1 食品感官特性示意图

二、食品风味的分类

由于食品风味是综合感官印象,是多种化学成分综合、协同作用的结果,因此其种类繁多、变化万千,目前尚无完整而科学的分类方法。简单而言,可把食品风味分成两类,期望的风味和不理想的风味,前者如橙汁、薯片和烤牛肉的风味,后者又称为异味,如油脂的酸败味、豆腥味等。1972年Ohloff也曾提出了一个分类方法,具体见表10-1。

表10-1 食品风味的分类

风味种类	细分类别	典型实例
水果风味	柑橘型(萜烯类) 浆果型(非萜烯类)	橙、柑、橘、柚、葡萄 苹果、香蕉、黑莓
蔬菜风味	—	莴苣、芹菜
辛香料风味	芳香型 催泪型 辣味型	肉桂、薄荷 洋葱、大蒜、香葱、韭菜 辣椒、胡椒、花椒、生姜

风味种类	细分类别	典型实例
饮料风味	非发酵风味 发酵后风味 复合风味	果汁、牛奶 葡萄酒、白酒、啤酒、茶 软饮料、兴奋性饮料
肉食风味	哺乳动物风味 海产动物风味	猪肉、牛肉 鱼、虾、蛤
脂肪风味	—	橄榄油、椰子油、猪油、黄油
烹调风味	肉汤风味 蔬菜风味 水果风味	牛肉汤、鸡肉汤 豆荚、土豆 柑橘果酱、柠檬果酱
烧烤风味	烟熏风味 油炸风味 焙烤风味	火腿 烤肉、炸鸡 咖啡、面包、饼干
恶臭风味	—	干酪

三、风味分析方法

风味分析主要针对食品或香料中非挥发性的呈味物质及挥发性的香气成分进行研究，目前常用的方法有气相色谱—质谱联用法（GC—MS）、气相色谱法（GC）、高效液相色谱法（HPLC）、气相色谱—嗅觉测定法（GC—O）等。

（一）味觉化合物分析方法

味觉化合物主要为一些非挥发性物质，采用一定的方法可对其进行确定。借助高效液相色谱对各种氨基酸进行分析很容易确定酸味。通过对单、双糖或高效甜味剂（如阿斯巴甜、安赛蜜等）或无机盐分析同样可以确定甜味和咸味。鲜味成分谷氨酸钠（MSG）通常用离子色谱或反向高效液相色谱来测定，5'-核苷酸也常用高效液相色谱分析。苦味物质所包括的化学结构的范围非常广，每种成分都需要专门的方法来分析，最为常用的仍是高效液相色谱。

电子舌是一种分析、识别样品"味道"的新型智能感官仪器，主要由传感器阵列和模式识别系统构成。与常用的分析仪器相比，电子舌的输出结果并不是某一种组分的精确含量，而是对样品溶液理化信息的整体响应，现已被广泛应用于食品品质检测与监控、环境监测等领域。例如，电子舌可通过含糖量的测定对酒进行分类，也可以监测酒类生产过程中的缺陷，电子舌还能够辨别出不同类型葡萄酒的差异。

（二）挥发性风味物质分析方法

1. 挥发性风味物质提取方法

挥发性风味物质的分析鉴定首先要将其从食品组分中提取出来。由于食品中风味物质种类繁多、挥发性各异、含量较低，并且有些化合物稳定性较差，因此提取方法的选择尤为重要。

目前常用的提取方法主要有静态顶空分析法（SHS）、动态顶空分析法（DHS）、蒸馏法、溶剂萃取法及吸附法等。SHS 法虽制备样品简便,不用其他试剂,造成假象分析的可能性小,但仅适用高挥发性或高含量组分的检测。DHS 方法具有取样量少、富集效率高、在线检测方便等优点,但对于低挥发性的组分提取效率较低。蒸馏法包括蒸汽蒸馏法和同时蒸馏萃取法(SDE)。蒸汽蒸馏法简单直接,但由于需长时间加热,其中一些热敏物质易发生氧化、聚合等反应导致变性。SDE 操作温度高,对高蒸汽压组分提取较完全,而低蒸汽压组分提取效率低,同时,会导致易分解成分的破坏和易挥发成分的散失。溶剂萃取法虽提取效率高,但溶剂消耗量大、耗时长。吸附法中较为常用的为固相微萃取(SPME),该方法具有无需使用溶剂、操作方便、检测速度快、能减少香味物质损失等优点,由此得到越来越广泛的应用,但此技术也存在不足,如不便于加入内标定量,并且分析结果受吸附头类型的影响较大。

芳香物质的提取方法依分析任务而定。在提取过程中,需保证原有风味化合物的变化降到最低程度。如高沸点化合物或某些以极低浓度存在的化合物需要采用蒸馏的方法来提高回收率。吸附法在分离过程中,先用多孔聚合物吸附风味化合物,然后进行热解吸或溶剂洗脱,该法可使敏感物质的分解程度降到最低。样品量少而无法直接进行一般分析的样品可采用 SPME,化学和生物反应过程中目标物的分析也可采用 SPME。此外,SPME 还适用于现场采样和野外采样分析。

2. 挥发性风味物质分析鉴定方法

目前较为先进的食品风味分析技术有气相色谱—质谱联用法(GC—MS)、气相色谱法(GC)、气相色谱—嗅觉测定法(GC—O)、电子鼻等。其中以 GC—MS 最为普遍。GC 具有灵敏度高、分离效果高和定量分析正确的特点。GC—MS 综合了气相色谱高分离能力和质谱高鉴别能力的优点,实现了风味物质的一次性定性、定量分析。而 GC—O 将气相色谱的分离能力与人的鼻子敏感的嗅觉联系在一起,在风味强度评价方面具有与仪器无法相比的优越性。

各种风味分析方法均有其他方法无法比拟的优越性。如要对芳香化合物进行定量分析,可以用气相色谱(GC);如果要确定食品的芳香化合物成分则可用气相色谱质谱联用分析(GC—MS);如要找出食品中的某种特征呈味化合物(令人愉快的或令人不舒服的),就需要用气相色谱—嗅觉测定法(GC—O)。

另外,电子鼻是一种较先进的风味分析方法。电子鼻也称人工嗅觉系统,是模仿生物鼻的一种电子系统,主要根据气味来识别物质的类别和成分。其工作原理是模拟人的嗅觉器官对气味进行感知、分析和判断。与其他分析鉴定方法不同的是,电子鼻不需要对挥发性化合物进行分离,可进行快速分析。目前,电子鼻在风味种类归类及肉品新鲜度检测方面均有较好的应用。

四、风味的感官评定

(一)风味阈值

阈值的检出是感官评定的必然结果,它为风味化合物呈现风味的能力提供了一个量度。阈值通常由代表不同人群的风味评价员确定。首先将待测风味化合物在一定的介质（水、牛奶、空气等）中配成一系列浓度的溶液，然后由感官评定师进行评定，每个感官评定师都做出能否感知此种风味化合的判断。将至少一半（有时更多）的人能感觉到的最低浓度定义为风味阈值。化合物产生味觉和嗅觉的能力差别很大，相比于高阈值高含量的化合物，低阈值低含量的化合物对食品风味有更显著的影响。

（二）感官评定方法

感官评定方法繁多，主要有两种类型，一种是分析型感官评价，另一种是偏爱型感官评价。分析型感官评价方法主要包括差别检验法、标度和类别检验、分析或描述性检验。偏爱型的感官评价由于对受试人群的规模有一定的要求，因而在应用方面相对较少。每种方法都有各自的优缺点，只有选用的评价方法与评价目的相适应，才能逐步提高实验的准确性和合理性。

在日常感官分析工作中，经常用到的方法有偏爱型检验法中的偏好性评价、可接受性评价，差别检验法中的成对比较检验法、二—三点检验法，标度和类别检验法中的排序法、评分法，以及分析或描述性检验。常用感官评价方法的应用对象如表 10 - 2 所示。

表 10 - 2　常用的感官评价方法的应用

感官评价方法	适用对象
成对比较检验法	有目标对象的新产品开发
二—三点检验法	日常过程检验中控制批次产品的感官质量差异
排序法、评分法	没有目标对象的新产品开发
评估法	新产品开发中特定指标的确定
分析或描述性检验	对日常过程检验的留样进行感官质量的趋势性差异分析和新产品开发
偏好性评价	市场调研测试，消费者在众多产品中选择自己最偏爱的一种
可接受性评价	新产品投放前的市场测试，反映消费者普遍接受的该感官品质的强度值

五、风味感知机理

（一）味觉

1. 味觉产生途径

味觉是口腔中专门负责味觉感受的细胞所产生的一种综合感觉，它由舌头产生。味感产生的基本途径是：首先呈味物质溶液刺激口腔内的味感受体，然后通过一个收集和传递信息的神经感觉系统传导到大脑的味觉中枢，最后经大脑的综合神经中枢系统的分析，从而产生味感。这一般在 $1.5 \sim 4$ ms 内完成，比人的视觉（$13 \sim 45$ ms）、听觉（$1.27 \sim 21.5$ ms）或触觉（$2.4 \sim 8.9$ ms）快得多。人对于甜、酸、苦、咸感觉的反应速度各不相同，咸味最快，苦味最慢。

2. 味蕾在味觉形成中的作用

口腔内的味感受体主要是味蕾，不同的味感物质在味蕾上有各自的结合部位，人的味蕾结构如图 10-2 所示。味蕾通常由 20 ~ 250 个味细胞组成,聚集在一起依附在乳突上。味蕾的味孔口与口腔相通。味细胞表面由蛋白质、脂质及少量的糖类、核酸和无机离子组成。不同的味感物质在味细胞的受体上会与不同的组分作用,例如甜味物质的受体是蛋白质,苦味和咸味物质的受体则是脂质,有人认为苦味物质的受体也可能与蛋白质相关。味细胞后面连着传递信息的神经纤维,后者再集成小束通向大脑。上述神经传导系统上有几个独特的神经节,它们在各自位置上支配着所属的味蕾,以便选择性地响应食物的不同化学成分。舌头的各部位对味觉的敏感性不同,一般舌尖处对甜味比较敏感,舌中对咸味比较敏感,舌靠腮的两侧对酸味敏感,而舌的根部则对苦味较为敏感(图 10-3)。

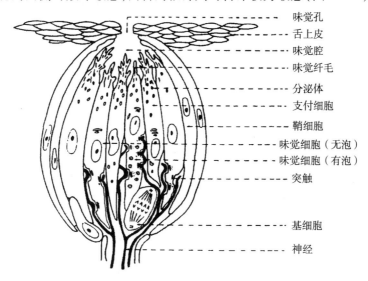

图 10-2　味蕾的解剖图

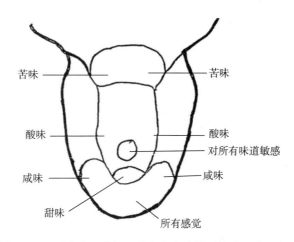

图 10-3　舌头表面感知 4 种基本味感的最敏感区域示意图

3. 三叉神经在味觉形成中的作用

三叉神经属于耳、鼻、口之外的体觉感知系统,主要分布在鼻腔和口腔的黏膜以及舌头的表面。它们对刺激非常敏感,从微弱的刺激到强烈的痛感均可感知,因此能导致三叉神经感知的物质对于很多食品的风味也有重要贡献。三叉神经主要感知辛辣、麻辣、苦涩和清凉等味感。

（二）嗅觉

1. 嗅觉生理基础

气味的感知主要通过鼻腔上部的嗅觉上皮细胞。挥发性香味物质可通过鼻腔呼吸直接到达味感受体，食物经口腔消化后，挥发性成分通过后鼻腔也可到达味感受体（图 10 - 4）。

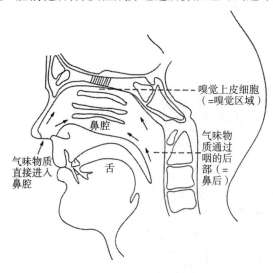

图 10 - 4　人类的嗅觉器官

人与人的嗅觉能力有很大差异，每一个人对各种气味的嗅觉敏感性也不同，有的甚至对某种气味毫无感觉，这就是特异嗅觉缺失，说明存在着基本嗅觉受体。嗅觉受体越多，对于气味的识别越灵敏、越准确。嗅觉是一种比味觉更复杂、更灵敏的感觉现象。比较有价值的嗅觉理论如下：

（1）立体化学理论

这是一种经典的理论。由于立体分子的大小、形状和电荷的差异，人的嗅觉受体的空间位置也是各种各样的，一旦某种气体分子能像钥匙开锁一样恰好嵌入受体的空间，人就能捕捉到这种气体的特征气味。每种气味都有若干种代表化合物（表 10 - 3）。

表 10 - 3　基本气味与代表性化合物

基本气味	化合物	基本气味	化合物
麝香	雄甾烷 - 3 - α - 醇,环十六烷酮,17 - 甲基	尖刺香	脂肪醇类,氰气,甲醛,甲酸,异硫氰酸甲酯
	雄甾烷 - 3 - α - 醇十五烷内酯	轻飘香	丙醇,二氯乙烯,四氯化碳,氯仿,乙炔
薄荷香	叔丁基甲醇,环己酮,薄荷醇,1,1,3 - 三甲	焦糖香	吡喃酮,呋喃酮,环酮
	基 - 环 - 5 - 己酮	柿椒香	2 - 异丁基 - 3 - 甲氧基吡嗪

基本气味	化合物	基本气味	化合物
樟脑香	龙脑,叔丁醇,d－樟脑,桉树脑,戊基甲基	鱼腥臭	三甲胺,二甲基乙胺,N－甲基吡咯烷
	乙醇	汗臭	异戊酸,异丁酸
花香	乙酸苄酯,香叶醇,α－紫罗酮,苯乙醇,松	精液臭	1－吡咯啉,1－亚呱啶
	油醇	腐烂臭	戊硫醇,1,5－戊二胺,吲哚,3－甲基吲哚

（2）膜刺激理论

膜刺激理论认为,气味分子被吸附在受体柱状神经薄膜的脂质膜界面上,神经周围有水存在,气味分子的亲水基朝向水并推动水形成空穴。若离子进入此空穴,神经产生信号。该理论给出了气体分子功能基团横切面与吸附自由能的热力学关系,从而确定了分子大小、形状、功能基团位置与吸附自由能之间的关系。

（3）振动理论

气味特性与气味分子的振动特性有关。在口腔温度范围内,气味分子振动能级是在红外或拉曼光谱区,振动频率在 $100 \sim 700 \text{ cm}^{-1}$。人的嗅觉受体感受到分子的振动能,产生信号。这一假说能较好地解释气体分子光谱数据与气味特征的相关性,并能预测一些化合物的气味特性,这是振动理论的成功之处。

（4）酶理论

气味感受器（OR）属于 G 蛋白耦合受体,它是体内一种常见的把细胞与环境建立起联系的感受器。G 蛋白是一种膜蛋白,具有 α、β 和 γ 三个单元,每个单元都参与信息加工传递过程,该过程是由气味分子与气味感受器相互作用所引起的多个酶催化过程。在嗅觉神经元的纤维内,一连串的酶把结合在 G 蛋白上的气味分子转换为钙离子或钠离子流,从而产生电流神经信号传送到大脑,形成嗅觉。

（5）其他理论

另外,有研究结果显示人类嗅觉受体基因家族包括 339 个完整的 OR 基因和 297 个假 OR 基因,由 172 个亚类组成,不均衡地分布于人类 21 对染色体上的 51 个不同区域,分别编码不同亚类的受体;单独的一个定位区域的染色体仅仅编码一个或者数个受体亚类,同一亚类的不同受体辨认结构上相关的气味分子,而不同结构类型的气味分子可以被不同亚类的气味受体辨认。以上研究提示,基因组的不同部分可以在某种程度上参与不同气味分子结构模序的辨认识别。

2. 嗅觉的主要特性

（1）敏锐性

人的嗅觉相当敏锐,一些风味化合物即使在很低的浓度下也会被察觉到,据说个别训练有素的专家能辨别 4000 种不同的气味。某些动物的嗅觉更为突出,有时连很多现代化的仪器都赶不上。例如犬类嗅觉的灵敏性已经众所周知,鳝鱼的嗅觉也几乎能与犬相匹敌,它们比普通人的嗅觉灵敏 100 万倍。

（2）适应性和习惯性

香水虽然芬芳,但久闻也不觉其香,粪便尽管恶臭,但是时间久了也能忍受,这说明嗅觉细胞易产生疲劳而对该气体处于不灵敏状态。当嗅觉中枢神经由于一些气味的长期刺激而陷入负反馈状态时,嗅觉便受到抑制而产生适应性。另外,当人的注意力分散时会感觉不到气味,时间长些便对该气味形成习惯。疲劳、适应和习惯这三种现象会共同发挥作用,很难区别。

（3）个体差别大

人嗅觉差别很大,即使嗅觉敏锐的人也会因气味而异。对气味不敏感的极端情况便形成嗅盲,这是由遗传产生的,女性的嗅觉一般比男性敏锐。

（4）阈值会随人身体状况变动

当人的身体疲劳或营养不良时,会引起嗅觉功能下降。人在生病时会感到食物平淡无味,女性在月经期、妊娠期或更年期可能会发生嗅觉减退或敏感现象等,这都说明人的生理状况对嗅觉也有明显影响。

六、食品气味对身体健康的影响

嗅觉神经通过前梨区皮质和扁桃体,在视床下与支配呼吸、循环、消化等功能的自主神经相连,因此气味对身体各部分都会带来一定的影响。

1. 食品气味对呼吸器官的影响

主要是改变呼吸类型。例如,闻到香气人会不自觉地深长吸气;闻到可疑气味时呼吸短而强,以便鉴别气味;闻到恶臭则会下意识地暂停呼吸,然后再一点点试探;闻到辛辣气味会咳嗽等。

2. 食品气味对消化器官的影响

美好的食品香气,会促进消化器官运动和胃液分泌,使人产生腹鸣和饥饿感。不良的腐败臭气会抑制胃肠活动,使人食欲丧失或恶心呕吐。

3. 食品气味对循环器官的影响

良好的气味会使人血管扩张、血压下降。心脏冠状动脉狭窄患者用戊基亚硫酸抢救,除了主要是药理作用外,其气味也有影响。

4. 食品气味对生殖器官的影响

气味与性的关系已经引起人们的注意,这在动物中更为明显,许多动物是通过信息素的气味来寻找配偶的。实验表明,有些气味能促进子宫运动,有的则抑制,甚至会引起流产。

5. 食品气味对精神活动的影响

人们闻到美好气味会身心愉快,神清气爽,有解除紧张、疲劳的感觉,而恶臭会使人心烦、焦躁、丧失活动欲望。当人们在集中注意力工作时,气味的影响并不严重,但精神松弛时便会增加。

七、食品中风味物质的特点

食品的种类繁多,风味各异。食品的风味是食品中的某些化合物的综合体现,这些能体现食品风味的化合物称为风味物质。对一种食品风味产生影响的物质往往很多,任何一种风味或香味也不可能由某一类化合物单独构成。如以肉香味为例:经过褐变、美拉德反应生成的肉香味,其挥发性香气成分中已有 1000 多种化合物被鉴定确认。按有机化合物的分类,它们分属于烃类、酮类、醛类、醇类、酯类、内酯类、醚类、吡嗪类、吡啶类、吡咯类、羧酸类、呋喃类、咪唑类、噁唑类、噁唑啉类、噻嗪类、噻唑类、噻唑啉类、噻吩类等,还有其他含硫化合物、含卤素化合物等。但其主要成分则是含硫化合物、杂环化合物和羰基化合物。

食品的很多风味在其食品原料中都有相对应的物质,这些物质称为风味前体物质,它们通过适当的转化、各种前体物质的相互作用呈现出相应的风味。例如,肉中的呈味物质有以下几类:

① 鲜味:5 - 肌苷酸、5 - 鸟苷酸、谷氨酸单钠盐、肽类。

② 甜味:葡萄糖、果糖、核糖、甘氨酸、丙氨酸、丝氨酸、苏氨酸、赖氨酸、脯氨酸、羟脯氨酸。

③ 咸味:无机盐类、谷氨酸单钠盐、天门冬氨酸钠。

④ 酸味:天门冬氨酸、天门冬酰胺、谷氨酸、组氨酸、乳酸、磷酸、苹果酸、吡咯烷酮酸。

⑤ 苦味:肌酸、肌酸酐、肌肽、鹅肌肽、苦味肽、次黄嘌呤、蛋氨酸、组氨酸、缬氨酸、亮氨酸、异亮氨酸、色氨酸、酪氨酸、苯丙氨酸。

值得注意的是,除了少数食品由于风味物均匀分布而表现出特征不突出的某种风味之外,大多数食品在风味形成时,都会由几种化合物起着主导作用。若能以一种或几种化合物来代表特定食品的某种风味,这几种化合物称为该食品的特征性风味化合物或关键性风味化合物。

食品中的风味物质一般具有下列特点。

① 种类繁多,相互影响。形成某食品特定风味的物质,尤其是产生嗅感的风味物质,其组成一般都非常复杂,类别众多,几乎涵盖了有机化合物的大多数类型。有学者估计,食品中的气味成分可多达 5000 ~ 10000 种。在风味物质的各组分之间,它们可能会相互作用产生拮抗作用或协同作用。

② 含量极微,效果显著。在一般的食品中,嗅感风味物质的含量都极微小,占食品的 $10^{-8}\%$ ~ $10^{-14}\%$。味感风味物质的含量因食品种类的不同而差异较大,通常比嗅感物质多一些,但在整个食品中所占的比例仍然很低。虽然它们在食品中所占的百分含量少,但产生的风味效果却十分显著。例如,马钱子碱在食品中含量达 $7 \times 10^{-7}\%$ 时,人便会感觉到苦味;当每吨水中含有 5×10^{-6} mg/kg 的乙酸异戊酯时,人们也会闻到香蕉气味。

③ 稳定性差,易被破坏。很多风味物质,尤其是嗅感物质容易挥发,在空气中很快会

自动氧化或分解,热稳定性也差。例如,茶叶的风味物质在分离后就极易自动氧化;油脂的嗅感成分在分离后马上就会转变成人工效应物,而油脂腐败时形成的鱼腥味组分也极难捕集;肉类的一种风味成分,即使保存在0℃的四氯化碳(CCl_4)中,也会很快分解成12种组分等。

④ 风味与风味物质的分子结构缺乏普遍规律。一般说来,食品的风味与其风味物质的分子结构都有高度的特异性,分子结构稍有改变,其风味即差别很大。另一方面,某些能形成相同或类似风味的化合物,其分子结构也缺乏明显的规律性。

此外,风味物质还具有易受浓度、介质等外界条件影响等特点。例如,2 - 戊基呋喃在浓度大时表现出甘草味,而稀释后则呈豆腥味。风味物质大多为非营养性物质,它们虽然不参加体内代谢,但能促进食欲。所以风味也是食品质量的重要标志之一。

第二节　食品的味觉和呈味物质

滋味是食品感官质量中最重要的属性之一,产生滋味以及与滋味相关的物质一般都溶于水,相对不挥发。它们在食品中的浓度比香味成分高得多。

世界各国由于文化、饮食习俗等的差异,对味觉的分类也不一致。日本分为酸、甜、苦、咸、辣五味;印度则分为甜、酸、苦、咸、辣、淡、涩和不正常8味;欧美各国分为甜、酸、苦、咸、辣、金属味、清凉味等;我国分为甜、酸、咸、苦、鲜、辣和涩。

含有L - 谷氨酸的食品,如肉汤(特别是鸡肉)和陈年奶酪(如意大利干酪),可以释放出很浓的鲜味。由于其呈味物质与其他味感物质相配合时能使食品的整个风味更为鲜美,所以欧美各国都将鲜味物质列为风味增效剂或强化剂,而不看作是一种独立的味感。但我国在食品调味的长期实践中,鲜味已形成了一种独特的风味,故在我国仍作为一种单独味感列出。辣味是刺激口腔黏膜、鼻腔黏膜、皮肤和三叉神经而引起的一种痛觉,而涩味则是口腔蛋白质受到刺激而凝固时所产生的一种收敛的感觉,与触觉神经末梢有关,这两种味感与四种刺激味蕾的基本味感有所不同,但就食品的调味而言,也可看作两种独立的味感。

一、甜味与甜味物质

甜味(sweet taste)是普遍受人们欢迎的一种基本味感,常用于改进食品的可口性和某些食用性。说到甜味,人们很自然地就联想到糖类,它是最有代表性的天然甜味物质。除了糖及其衍生物外,还有许多非糖的天然化合物、天然化合物的衍生物和合成化合物也都具有甜味,如多元醇(山梨糖醇、甘露醇、木糖醇)、合成甜味剂(糖精、环己基磺酸盐、阿斯巴甜、氨基酸及其他物质)。

(一)呈甜机理

1.普通甜味物质结构基础

甜味分子的一般结构特征可以用甜味物质的AH/B/X结构模型(图10 - 5与图10 - 6)

来描述。该模型中 A 和 B 是电负性原子(如氧、氮、氯),H 是氢原子,X 是分子的非极性部分。舌头上的甜味受体有一种与之互补匹配的结构分布,这样,在甜味分子的 AH/B 结构和受体之间可以形成氢键,而甜味分子的非极性部分 X 可以结合到受体的相应凹穴中。对于甜味化合物,A 和 B 之间的距离必须在 2.5~4 Å。

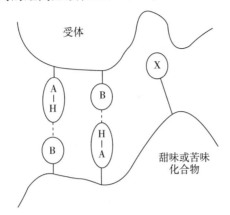

图 10-5 甜味和苦味化合物和味觉受体的 AH/B/X 结构图示
－－－:氢键

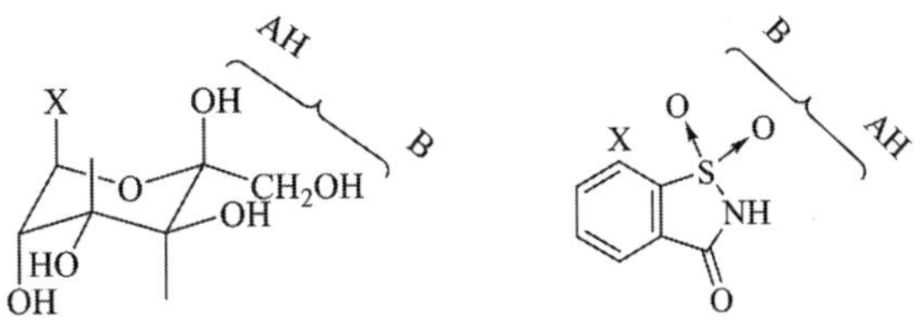

β-D-果糖　　　　　　糖精

图 10-6 果糖和糖精的 AH/B/X 结构

AH/B 理论也无法解释很多事实,它们包括:

① 为什么具有 AH/B 结构的多糖和多肽是无味物质?

② 为什么氨基酸的旋光异构体之间有不同味觉,D-缬氨酸是甜味而 L-缬氨酸是苦味?

③ 没有考虑甜味分子在空间的卷曲和折叠效应等。

2. 强甜味物质结构基础

为了将此理论的有效性延伸至强甜味物质,后期又在这个理论中增加了第三个结合点,即在甜味分子中存在着一个具有适当立体结构的亲油区(常以 γ 表示),它与味觉受体的类似亲油区域可以相互吸引。甜味分子的亲油结构通常为亚甲基(—CH₂—)、甲基(—CH₃)或苯基(—C₆H₅)。在强甜味分子的完整呈味结构中,所有的活性单元(AH、B 和 γ)都能与受体接触,形成一个三角形构象,见图 10-7。这种排列形式成为当前甜味的三点结构理论的基础。γ 部位可促进某些甜味分子与味觉受体的接触而起作用,并因此影响所感知的甜味的强度。但由于糖的亲水性很强,γ 部位仅对甜度高的糖起着有限的作用,对低甜度的糖则完全不起作用。

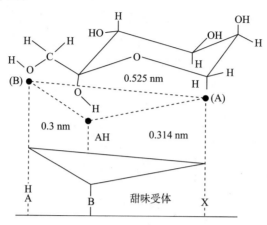

图 10 - 7 β - D - 吡喃果糖甜味单位中 AH/B 和 X 之间的关系

γ 部位或许还是甜味物质间甜味质量差别的一个重要原因,其重要性似乎与某些化合物的苦味或甜味的相互作用有关。甜/苦味糖的结构使它们能与甜、苦受体中的一种或两种类型受体相互作用,可以产生复合的感觉。由于人对于苦味比甜味更为敏感,因此苦味的化学结构性质会抑制甜味。糖中的苦味似乎受异头中心的结构、环上的氧、己糖的伯醇基团以及所有的取代基的性质等因素的综合影响。甜味分子在结构和立体化学上的改变常造成甜味的降低或丧失,甚至产生苦味。

(二)甜味强度及其影响因素

甜味的强度可用甜度来表示,但甜度目前还不能用物理或化学方法定量测定,只能凭人的味感来判断。通常是以在水中较稳定的非还原蔗糖为基准物下的甜度,这种相对甜度(甜度倍数)称为比甜度。品尝方法有极限浓度法与相对法。前者是将品尝出的各甜味剂的阈值浓度与蔗糖的阈值浓度比较而得出相对甜度;后者选择适当浓度,比较相同浓度条件下品尝得出的各甜味剂的甜度强弱,根据各评判员小组的甜度平均分值与蔗糖分值相比,求出相对甜度。表 10 - 4 列出一些常见物质的甜度。

表 10 - 4   一些甜味剂的相对甜度

甜味剂	相对甜度	甜味剂	相对甜度
蔗糖	1	甘露醇	0.7
乳糖	0.27	甘油	0.8
麦芽糖	0.5	甘草酸苷	50
葡萄糖	0.5 ~ 0.7	天冬氨酰苯丙氨酸甲酯	100 ~ 200
果糖	1.1 ~ 1.5	糖精	500 ~ 700
半乳糖	0.6	新橙皮苷二氢查耳酮	1000 ~ 1500

影响甜度的主要因素如下。

① 浓度。总的来说,甜度随着浓度的增大而提高,但各种甜味剂的甜度提高的程度不同。大多数糖及其甜度随浓度增高的程度都比蔗糖大,尤其以葡萄糖最为明显。如当蔗糖与葡萄糖的浓度均小于40%时,蔗糖的甜度大,但当两者的浓度均大于40%时,其甜度却几乎无差别。

② 聚合度。第一,糖的甜度随聚合度的增加而下降,如葡萄糖>麦芽糖>麦芽三糖。淀粉与纤维素都无甜味。第二是糖的异构体之间的甜度不同,如 $\alpha - D -$ 葡萄糖 $> \beta - D -$ 葡萄糖。第三是糖的环结构的影响,如结晶 $\beta - D -$ 吡喃果糖的甜度是蔗糖的 2 倍,但它溶于水转化为 $\beta - D -$ 呋喃果糖后,甜度降低。第四是糖苷键的结构的影响, $\alpha - 1, 4 -$ 麦芽糖有甜味,同样由二分子葡萄糖构成的 $\beta - 1, 6 -$ 龙胆二糖非但不甜还有苦味。

③ 温度。温度对甜度的影响因甜味剂的不同而有所不同。一般来说,在较低的温度范围内,温度对大多数糖的甜度影响大。如图 10-8 所示。在较低温度范围内,温度对蔗糖和葡萄糖的影响很小,但果糖的甜度受温度的影响却十分显著,这是因为在果糖溶液的平衡体系中,随着温度升高、甜度大的 $\beta - D -$ 吡喃果糖的百分含量下降,而不甜的 $\beta - D -$ 吡喃果糖的百分含量升高。

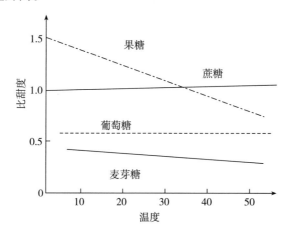

图 10-8　几种糖的甜度与温度关系

(三)常见的甜味物质

甜味物质的种类很多,按来源分成天然的和人工合成的。按种类可分成糖类甜味剂、非糖天然甜味剂、天然衍生物甜味剂、人工合成甜味剂。

1. 糖类甜味剂

糖类甜味剂包括糖、糖浆、糖醇。该类物质当其分子中碳数比羟基数小于 2 时为甜味, 2~7 时产生苦味或甜而苦,大于 7 时则味淡。大多数人都熟悉常见的糖类甜味剂,本章只介绍糖醇,糖醇是糖氢化后的产物,一般为白色结晶,和糖一样具有较大的溶解度,甜度比蔗糖低,但有的和蔗糖相当。如以蔗糖甜度为 1,则木糖醇为 1、麦芽糖醇 0.9、麦芽糖醇糖浆 0.7、山梨糖醇 0.6、甘露醇 0.4。糖醇类甜味剂由于无活性的羰基,化学稳定性较好, 150℃以下无褐变,融化时无热分解。

由于糖醇溶解时吸热,具有清凉感,粒度越细,溶解越快,感觉越凉越甜,山梨糖醇清凉感最好,木糖醇次之。

① 山梨糖醇。山梨糖醇是六元醇,可由葡萄糖经催化还原得到,天然存在于苹果、梨、葡萄等果实中,山梨糖醇保湿作用较强,能保持食品一定水分,防止干燥,可用作糕点、巧克力糖的保湿剂、防止鱼类冷冻时水分蒸发和蛋白质变性、在面食中防止淀粉老化、增加食品的风味,并具有协调食品甜、酸、苦味强度的作用等。

② 木糖和木糖醇。木糖是由木聚糖水解而得。木聚糖是构成半纤维素的主要成分,存在于稻草、甘蔗渣、玉米芯和种子壳(稻壳、棉籽壳)中,经水解,用石灰中和,滤出残渣,再经浓缩、结晶、分离、精制而得。纯晶为无色针状结晶粉末,易溶于水,不溶于酒精和乙醚。木糖有似果糖的甜味,甜度为蔗糖的65%。它不被微生物发酵,不易被人体吸收利用,专供糖尿病和高血压患者食用。

木糖经还原得木糖醇,木糖醇和蔗糖甜度相当,含热量也一样,具有清凉的甜味,人体对它的吸收不受胰岛素的影响,可以避免人体血糖升高。所以,木糖醇是适宜于糖尿病患者的甜味剂。因为木糖醇不能被微生物利用,还具有防龋齿的作用,在食品加工中,可替代蔗糖。

2. 非糖天然甜味剂

这是一类天然的、化学结构差别很大的,但都具甜味的物质。主要有甘草苷(相对甜度100～300,图10-9)、甜叶菊苷(相对甜度200～300)、苷茶素(相对甜度400,图10-9)。以上几种甜味剂中甜叶菊苷的甜味最接近蔗糖。

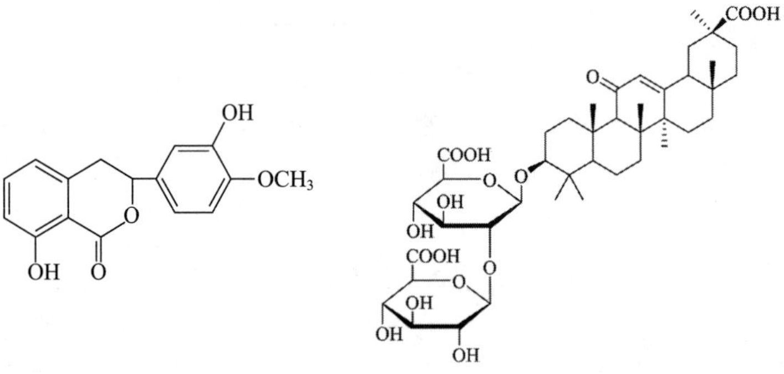

苷茶素　　　　　　　　　甘草酸

图10-9　苷茶素与甘草苷的结构

3. 天然衍生物甜味剂

该类甜味剂是指本来不甜的天然物质,通过改性加工而成的安全甜味剂。主要有:氨基酸衍生物(6-甲基-D-色氨酸,相对甜度1000),二肽衍生物(又名蛋白糖、阿斯巴甜,相对甜度20～50)、二氢查耳酮衍生物等。

二氢查耳酮衍生物(图10-10)是柚苷、橙皮苷等黄酮类物质在碱性条件下还原生成的开环化合物。这类化合物有很强的甜味,其甜味可参阅表10-5。

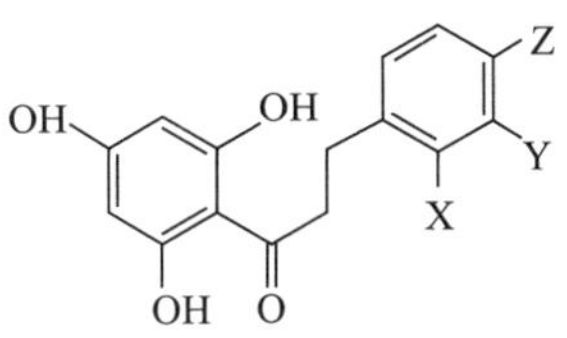

图 10 - 10　二氢查耳酮衍生物

表 10 - 5　具有甜味的二氢查耳酮衍生物的结构和甜度

二氢查耳酮衍生物	R	X	Y	Z	甜度
柚皮苷	新橙皮糖	H	H	OH	100
新橙皮苷	新橙皮糖	H	OH	OCH₃	1000
高新橙皮苷	新橙皮糖	H	OH	OC₂H₅	1000
4 - O - 正丙基新圣草柠檬苷	新橙皮糖	H	OH	OC₂H₅	2000
洋李苷	葡萄糖	H	OH	OH	40

4. 合成甜味剂

该类甜味剂在食品添加剂一章中有详细介绍,主要指糖精(邻苯甲酰磺酰亚氨钠盐,相对甜度 300 ~ 500)和甜蜜素(环己氨基磺酸钠,相对甜度 30 ~ 50)。

二、苦味与苦味物质

苦味(bitter taste)是食物中很普遍的味感,许多无机物和有机物都具苦味,单纯的苦味并不令人愉快,但当它与甜、酸或其他味感调配得当时,能形成一种特殊风味。例如若瓜、白果、茶、咖啡等,广泛受到人们的喜爱,同时苦味剂大多具有药理作用。一些消化活动障碍、味觉减弱或衰退的人,常需要强烈刺激感受器来恢复正常,由于苦味阈值最小,也最易达到这方面的目的。

(一)呈苦机理

就感觉受体而言,人的舌根部的味蕾对苦味最为敏感。因为苦味取决于刺激分子的立体结构,且苦味与甜味的感觉都由类似的分子所激发,所以某些分子既可产生甜味也可产生苦味。

甜味分子一定含有两个极性基团,还可能含有一个辅助性的非极性基团。苦味分子似乎仅需一个极性基团和一个疏水基团。然而,有学者认为大多数苦味物质具有与甜味分子相同的 AH/B 模型与疏水基团,只是 A 和 B 之间的距离为 1.0 ~ 1.5 Å,小于甜味化合物的相应间距(例如,苦味二萜烯香茶菜醛的 AH/B/X 结构如图 10 - 11 所示)。

根据上述设想,在特定的受体部位中 AH/B 单元的取向决定了分子的甜味与苦味。有些受体部位的取向只适合苦味分子,当分子能与这样的受体部位相匹配时,它产生苦味感,而那些能与甜味部位相匹配的分子产生甜味感。如果一个分子的几何形状使它能按上述两种方向取向,就能产生苦或甜感。这种模式对于氨基酸似乎特别适合,D 型氨基酸是甜的,L 型则是苦的。由于甜味受体的疏水部位(即 γ 区)的亲油性是无方向性的,因此它既可以参与产生甜味,也可参与产生苦味。总之,苦味模式的结构基础极为广泛,大部分有关苦味与分子结构的实验现象都可以用现有的理论来解释。

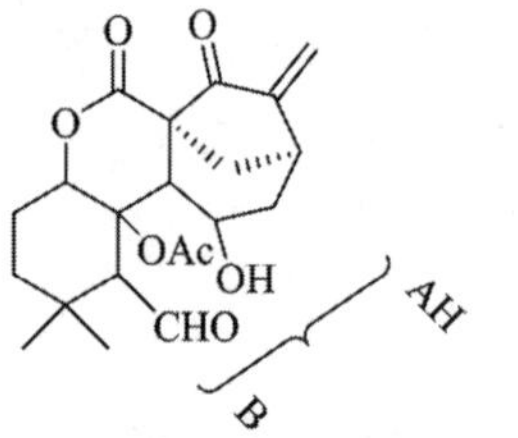

图 10-11　苦味二萜烯香茶菜醛的 AH/B/X 结构

(二)常见的苦味物质

食品中有不少苦味物质,如苦瓜、白果、莲子的苦味被人们视为美味,啤酒、咖啡、茶叶的苦味也广泛受到人们的欢迎。当消化道活动发生障碍时,味觉的感受能力会减退,需要对味觉受体进行强烈刺激,用苦味能起到提高和恢复味觉正常功能的作用,可见苦味物质对人的消化和味觉的正常活动是重要的。俗话讲"良药苦口",说明苦味物质对治疗疾病有着重要作用。应强调的是很多有苦味的物质毒性强,主要为低价态的氮硫化合物、胺类、核苷酸降解产物、毒肽(蛇毒、虫毒、蘑菇毒)等。

植物性食品中常见的苦味物质是生物碱类、糖苷类、萜类、苦味肽等;动物性食品常见的苦味物质是胆汁和蛋白质的水解产物等;其他苦味物有无机盐(钙、镁离子)、含氯有机物等。

苦味物质的结构特点是:生物碱碱性越强越苦;糖苷类碳与羟基物质的量的比值大于 2 为苦味[其中—$N(CH_3)_3$ 与—SO_3,可视为 2 个羟基];D - 型氨基酸大多为甜味,L - 型氨基酸有苦有甜,当 R 基大(碳数大于 3)并带有碱基时以苦味为主;多肽的疏水值大于 6.85 kJ/mol 时有苦味;盐的离子半径之和大于 0.658 nm 的具有苦味。

1. 生物碱类

生物碱有 59 类约 6000 种,几乎全部具有苦味。番木鳖碱是目前已知的最苦的物质。奎宁常被选为苦味的基准物,其阈值浓度为 16 mg/kg。许多情况下,生物碱的碱性越强则越苦。黄连是一种季铵盐,咖啡因是茶、咖啡和可可的重要苦味物质,对构成这些饮料的特殊口感有突出贡献。很多生物碱都具有一定的生理功能,可治疗疾病。

茶碱、咖啡碱、可可碱是生物碱类苦味物质,属于嘌呤类的衍生物,结构如图 10 - 12 所示。咖啡碱主要存在于咖啡和茶叶中,在茶叶中含量为 1% ~ 5%。纯品为白色具有丝绢光泽

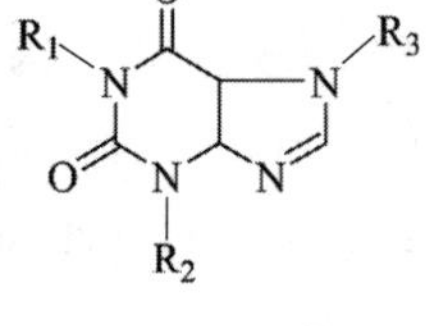

咖啡碱:$R_1 = R_2 = R_3 = CH_3$;可可碱:$R_1 = H, R_2 = R_3 = CH_3$;

茶碱:$R_1 = R_2 = CH_3, R_3 = H$

图 10 - 12　生物碱类苦味物质

的结晶,含一分子结晶水,易溶于热水,能溶于冷水、乙醇、乙醚、氯仿等。熔点235～238℃,120℃升华。咖啡碱较稳定,在茶叶加工中损失较少。茶碱主要存在于茶叶中,含量极微,在茶叶中的含量约0.002%,与可可碱是同分异构体,具有丝光的针状结晶,熔点273℃,易溶于热水,微溶于冷水。可可碱主要存在于可可和茶叶中。在茶叶中的含量约为0.05%,纯品为白色粉末结晶,熔点342～343℃,290℃升华,溶于热水,难溶于冷水、己醇和乙醚等。

2.萜类

植物中有丰富的萜类化合物,单萜有36种,倍半萜有48种,加上其他萜,总数不下万种。一般含有内酯、内缩醛、内氢键和糖苷羟基等能形成螯合物的结构具有苦味。常见的葎草酮和蛇麻酮都是啤酒花的苦味成分,在新鲜啤酒花中含量2%～8%,有很强的苦味和防腐能力,在啤酒的苦味物质中约占85%(图10-13)。当啤酒花煮沸超过2h或在稀碱溶液中煮沸3min。酸则水解为葎草酸和异己烯-3-酸,使苦味完全消失。

柑橘籽中的柠檬苦素也是葡萄柚的苦味成分(图10-14)。在完整的水果中并无柠檬苦素存在,主要形式是柠檬苦素的无风味衍生物,它是由酶水解D内酯环,经开环产生的。但果汁提取的酸性条件有利于D环闭合形成柠檬苦素,造成苦味滞后现象。采用节杆菌和放线菌属制造的固定化酶打开D环后再用柠檬酸脱氢酶处理,将这个化合物转化成无苦味的17-脱氢柠檬酸A环内酯,这样可以彻底解决橙汁的脱苦问题。

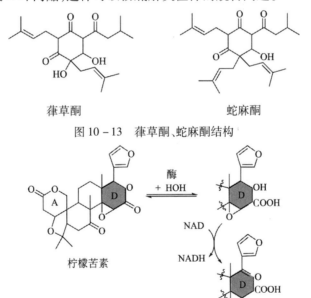

葎草酮　　　　　　　　　　蛇麻酮

图10-13　葎草酮、蛇麻酮结构

柠檬苦素

图10-14　柠檬苦素结构及由酶促反应产生的苦味衍生物

3.糖苷类

按配基可简单地将糖苷分为含氰苷(如苦杏仁苷、木薯毒苷等)、含芥子油苷(如黑芥子苷、白芥子苷等)、含脂肪醇苷(如松柏苦苷、山慈姑苷等)、含酚苷(如熊来苷、杨皮苷、水杨苷、白杨苷)。其中许多存在于中草药中,一般有苦味,可治病。存在于柑橘、柠檬、柚子中的苦味物质主要是新橙皮苷和柚皮苷,在未成熟的水果中含量很多,它的化学结构属于黄烷酮苷类(图10–15)。

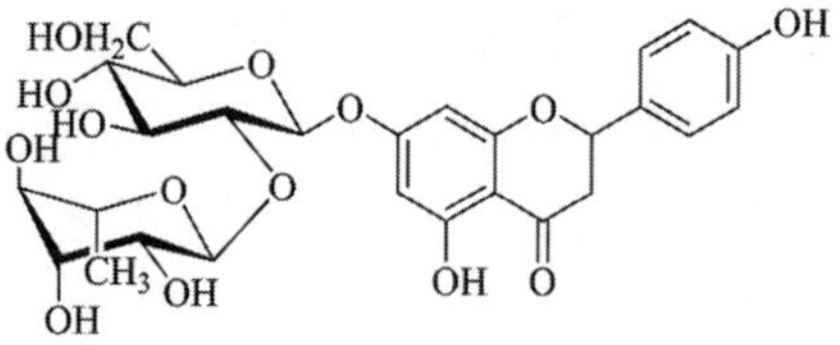

图 10 – 15　柚皮苷的结构

柚皮苷的苦味与它连接的双糖有关,该糖为芸香糖,由鼠李糖和葡萄糖通过1→2苷键结合而成,柚苷酶能切断柚皮苷中的鼠李糖和葡萄糖之间的1→2糖苷键,可脱除柚皮苷的苦味。在工业上制备柑橘果胶时可以提取柚皮苷酶,并采用酶的固定化技术分解柚皮苷,脱除葡萄柚果汁中的苦味。

4.氨基酸和肽类中的苦味物质

由于氨基酸有多种官能团,能与多种受体作用,因而味感丰富。一部分 L – 氨基酸有苦味,如亮氨酸、异亮氨酸、苯丙氨酸、酪氨酸、色氨酸、组氨酸、赖氨酸和精氨酸等。

水解蛋白质和发酵成熟的干酪常有明显的令人厌恶的苦味。这种苦味取决于肽的相对分子质量和所含有的疏水基团的本质。蛋白质水解所生成的肽的苦味可通过计算蛋白质的平均疏水性来预测;显然蛋白质的平均疏水性与构成蛋白质的氨基酸侧链的疏水性有关(参见第三章第二节和第三节)。如果已知肽的氨基酸组成,那么可以根据下式计算它的平均疏水性。

$$\Delta \bar{G}^\circ = \frac{\sum \Delta \bar{G}^\circ}{n}$$

式中:ΔG°为氨基酸的疏水性;n为构成蛋白质或肽的氨基酸残基数。

表 10 – 6 列出了氨基酸残基的 ΔG°。

表 10 – 6　氨基酸残基的 ΔG°(kJ/mol)

氨基酸	ΔG°	氨基酸	ΔG°	氨基酸	ΔG°
Gey	0	Arg	3.05	Leu	10.1
Ser	0.17	Ala	3.05	Pro	11.0
Thr	1.84	Cys	4.18	Phe	11.1
His	2.09	Mef	5.44	Tyr	12.0
Asp	2.26	Lys	6.28	Ile	19.4
Glu	2.30	Val	7.07	Trp	12.6

当 ΔG°高于5.86 kJ 时,肽具有苦味,低于5.44 kJ 时,肽没有苦味。肽的相对分子质量也影响它产生苦味的能力,只有相对分子质量低于6000 的肽才有可能产生苦味。

自 α_{s1} – 酪蛋白的144～145 残基与150～151 残基之间断裂所得的肽如图10–16所示。

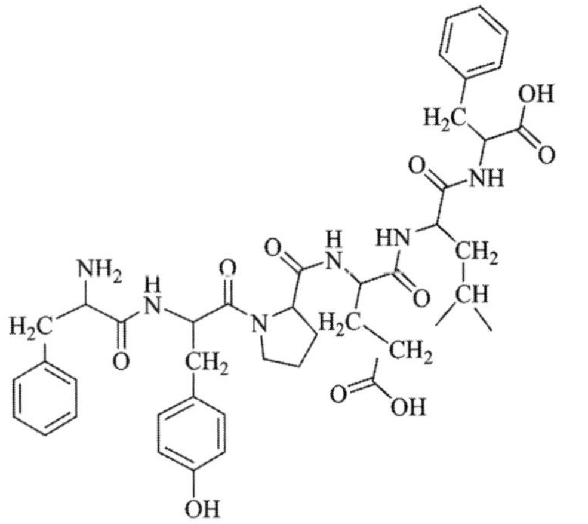

图 10 - 16　α_{s1} - 酪蛋白衍生的苦味肽片段

这一片段的肽的组成为苯丙氨酸—酪氨酸—脯氨酸—谷氨酸—亮氨酸—苯丙氨酸,显示了较强的非极性特征。根据计算,此肽 ΔG° 为 9.58 kJ/mol,其味非常苦,是造成成熟干酪苦味的重要原因。

5. 盐类

盐类的苦味主要决定于盐的阴、阳离子直径总和。离子直径低于 0.65 nm 的盐类具有纯正的咸味,随离子直径增加(CsCl 为 0.696 nm,CsI 为 0.774 nm),盐类苦味增加,$MgCl_2$ 为 0.85 nm,极苦。

三、酸味与酸味物质

酸味(sour taste)是动物进化最早的一种化学味感。许多动物对酸味剂刺激都很敏感,人类由于早已适应酸性食物,故适当的酸味能给人以爽快的感觉,并促进食欲。不同的酸具有不同的味感。酸的浓度与酸味之间并不是一种简单的相互关系。酸的味感是与酸性基团的特性、pH、滴定酸度、缓冲效应及其他化合物尤其是糖的存在与否有关。酸味强度常用主观等价值(P.S.E)来表示,是指感受到相同酸味时该酸味剂的浓度。一般来说,P.S.E 值越小,表示该酸味剂在相同条件下的酸性越强。

(一)呈酸机理

用酸味剂提取的味蕾匀浆只能得到磷脂。在各种味觉的构性关系中,目前普遍认为,质子 H^+ 是酸味剂 HA 的定味基,阴离子 A^- 是助味基。定味基 H^+ 在受体的磷脂头部相互发生交换反应,从而引起酸味感。在 pH 相同时有机酸的酸味之所以一般大于无机酸,是由于有机酸的助味基 A^- 在磷脂受体表面有较强的吸附性,能减少膜表面正电荷的密度,亦即减少了对 H^+ 的排斥力。二元酸的酸味随链长加大而增强,主要是由于其负离子 A^- 吸附于脂膜的能力增强,减少了膜表面的正电荷密度。若在 A^- 结构上增加羧基或羟基,将减弱 A^- 的疏水性,使酸味减弱;相反,若在 A^- 结构上加入疏水性基团,则有利于 A^- 在脂膜上的吸附,使膜增加对 H^+ 的引力。

上述酸味模式虽说明了不少酸味现象。但目前所得到的研究数据,尚不足以说明究竟是 H^+、A^- 还是 HA 对酸感最有影响。酸味剂分子的许多性质如相对分子质量、分子的空间结构和极性对酸味的影响亦未弄清,有关酸味的学说还有待于进一步发展。

(二)食品中重要的酸味物质

酸味物质是食品和饮料中的重要成分或调味料。酸味能促进消化,防止腐败,增加食欲、改良风味。俗话讲"柴米油盐酱醋茶"是生活的七件宝,可见食醋在调味品中占有重要地位。常用的酸味物质有:

① 食用醋酸。食醋是我国使用最广泛的调味品。一般食醋中含醋酸 3% ~5%,还含有多种有机酸、氨基酸、糖类和酯类等,因此,经发酵制作的优质食醋具有绵甜酸香的味感。在烹调中除作为调味料外,还有去腥臭的作用。

② 柠檬酸。又名枸橼酸,因在柠檬、枸橼和柑橘中含量较多而得名。化学名称为 3 - 羟基 -3 - 羧基 - 戊二酸。柠檬酸的纯品为白色透明结晶,熔点 153℃,可溶于水、酒精和醚类,性质稳定。柠檬酸的酸味纯正,滋味爽口。入口即可达到酸味高峰,余味较短。广泛用于清凉饮料、水果罐头、糖果、果酱、合成酒等。通常用量为 0.1% ~1.0%,它还可用于配制果汁;作油脂抗氧剂的增强剂,防止酶促褐变等。

③ 苹果酸。苹果酸在苹果及其他仁果类果实中含量较多,学名 α - 羟基丁二酸,天然苹果酸为 L - 型,可参与人体正常代谢。苹果酸为白色针状结晶,无臭,有略带辣味的酸味,在口中呈味时间长,有抑制不良异味的作用。与柠檬酸合用,有强化酸味的作用。多用于果汁、果冻、果酱、清凉饮料及糖果等,用量根据口味而定。

④ 酒石酸。酒石酸的化学名称为 2,3 - 二羟基丁二酸。酒石酸存在于多种水果中,以葡萄中含量最多。酒石酸会在酿造葡萄酒时形成沉淀物——酒石,成分是酒石酸氢钾,用硫酸溶液处理,再经精制而成。酒石酸为透明棱柱状结晶或粉末,易溶于水,它的酸味是柠檬酸的 1.3 倍,稍有涩感,葡萄酒的酸味与酒石酸的酸味有关。用途和柠檬酸相似,还适用于作发泡饮料和复合膨松剂的原料。

⑤ 乳酸。乳酸最早是在酸奶中发现的,故而得名,化学名称为 α - 羟基丙酸。乳酸有三种异构体:在酸奶中获得的是外消旋体,熔点 18℃;肌肉中的糖原在缺氧条件下代谢形成右旋乳酸,熔点 26℃;糖经乳酸杆菌发酵制得的为左旋乳酸,熔点 26℃。乳酸可用于乳酸饮料和配制酒。也用于果汁露等,多与柠檬酸混合使用。乳酸也可以抑制杂菌繁殖。

⑥ 抗坏血酸。抗坏血酸为白色结晶,易溶于水,有爽快的酸味,但易被氧化,在食品中可作为酸味剂和维生素 C 添加剂,还广泛用于肉类食品作抗氧化剂(现多用异抗坏血酸,它不具维生素 C 的功能,但抗氧化效果相同)、肉制品发色剂的助剂、防止酶促褐变、营养强化剂等。

⑦ 葡萄糖酸。葡萄糖酸为淡黄色浆状液体,易溶于水,微溶于酒精,产品为 50% 的水溶液。葡萄糖酸的酸味爽快,用于清凉饮料、配制食醋的调料,在营养方面可替代乳酸和柠檬酸,还可用于制作嫩豆腐的凝固剂。现在市售的内酯豆腐就是使用 δ - 葡萄糖酸内酯,在豆浆加热过程中,δ - 葡萄糖酸内酯缓慢水解变成葡萄糖酸,使大豆蛋白发生凝固作用而制

成内酯豆腐。

⑧磷酸。磷酸是唯一作为酸味剂的无机酸。磷酸的酸味强,但有较强的涩味,单独使用风味较差,常用于可乐饮料作酸味剂。

以上各种酸味剂中,目前世界上用量最大的酸味剂是柠檬酸,全世界的生产能力约为50万吨。富马酸和苹果酸的需求将会有很大发展。

四、咸味与咸味物质

(一)咸味模式

咸味在食品调味中颇为重要。咸味是中性盐所显示的味,只有氯化钠才产生纯粹的咸味,用其他物质来模拟这种咸味是不容易的。如溴化钾、碘化钾除具有咸味外,还带有苦味,属于非单纯的咸味。一般情况,盐的阳离子和阴离子的原子量越大,越有增加苦味的倾向。0.1 mol/L 浓度的各种盐离子的味感特点如表 10-7 所示。

表 10-7　盐的味感特点

味感	盐的种类
咸味	$NaCl, KCl, NH_4Cl, NaBr, NaI, NaNO_3, KNO_3$
咸苦味	KBr, NH_4I
苦味	$MgCl_2, MgSO_4, KI, CsBr$
不愉快味兼苦味	$CaCl_2, Ca(NO_3)_2$

咸味是由离解后的离子所决定的。咸味产生虽与阳离子和阴离子互相依存有关,但阳离子易被味感受器的蛋白质的羧基或磷酸吸附而呈咸味。因此,咸味与盐离解出的阳离子关系更为密切,而阴离子则影响咸味的强弱和副味。咸味强弱与味神经对各种阴离子感应的相对大小有关。

一般认为盐的离子性质是决定咸味的先决条件。在化学上,咸味似乎是由阳离子产生的,而阴离子修饰咸味。钠和锂只产生咸味,钾和其他阳离子既产生咸味也产生苦味。在食品中常见的阴离子中,氯离子对咸味的抑制最少,柠檬酸根阴离子比正磷酸根阴离子的抑制作用更强。有些阴离子不仅抑制阳离子的呈味,自己也产生味感。氯离子不产生味感,柠檬酸根阴离子产生的味感比正磷酸根阴离子的弱。阴离子对很多食品的风味有影响,例如,在经过加工的干酪中,包含在乳化盐中的柠檬酸盐和磷酸盐会抑制钠盐的咸味。同样,长碳链脂肪酸(Ⅸ)和洗涤剂或长碳链磺酸(Ⅹ)的钠盐产生的肥皂味(图 10-17)都是由阴离子激发的特殊味感,这些味感可以掩盖阳离子的味感。

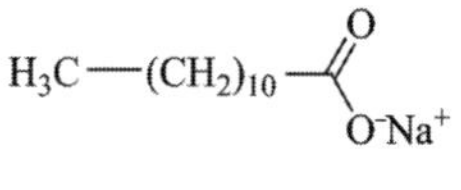

$$H_3C—(CH_2)_{10}—C{\overset{O}{\underset{O^-Na^+}{}}} \qquad H_3C—(CH_2)_{10}—S{\overset{O}{\underset{O}{}}}O^-Na^+$$

(Ⅸ)月桂酸钠盐 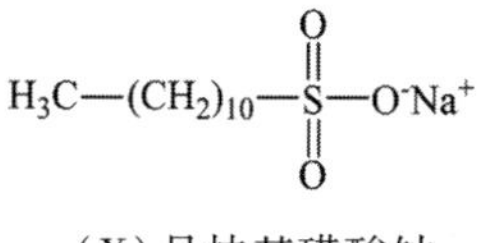　　　　　(Ⅹ)月桂基磺酸钠

图 10-17　肥皂味钠盐

最能为人们所接受的描述咸味感受机制的模型包括水合的阴—阳离子复合物与 AH/B 型受体(参见前面的讨论)的相互作用。这些复合物的具体结构变化很大,以至于水的 OH 基、盐中的阴离子或阳离子都可与受体作用。

(二)常见的咸味物质

在所有中性盐中,氯化钠的咸味最纯正,未精制的粗食盐中因含有 KCl、$MgCl_2$ 和 $MgSO_4$,而略带苦味。在中性盐中,正负离子半径小的盐以咸味为主;正负离子半径大的盐以苦味为主。苹果酸钠和葡萄糖酸钠也具有纯正的咸味,可用于无盐酱油和肾脏病人的特殊需要。据报道,氨基酸的内盐也都带有咸味。用 86% 的 $H_2NCOCH_2N^+H_3Cl^-$ 加入 14% 的 5'-核苷酸钠,其咸味与食盐无区别,有可能成为潜在的食品咸味剂。粗盐中一般都有微量杂质如 KCl、$MgCl_2$ 等存在,经过精制以后,虽除去杂质而苦味下降,但对食用或食品加工的应用来说,这些微量杂质存在较为有利。

五、鲜味与鲜味物质

近年来,鲜味的概念越来越被人们接受,也经常被列入味感的范畴。产生鲜味感觉的重要化合物是谷氨酸盐(主要是谷氨酸钠 MSG),嘌呤-5'-单磷酸盐的二钠盐,特别是肌苷-5'-单磷酸盐(IMP)、鸟苷-5'-单磷酸盐(GMP)和腺苷-5'-单磷酸盐(AMP)。

一些食品组分在食用时对滋味或气味只有很少或根本没有贡献,却能够增强、减少或修饰食品的滋味和气味,这些化学成分称为"风味增效剂"。传统上,真正的风味增效剂只有食盐、谷氨酸钠(MSG)和一些核苷酸。

(一)呈鲜机理

鲜味(delicious taste)是一种复杂的综合味感,当鲜味剂的用量高于其单独检测阈值时,会使食品鲜味增加;但用量少于阈值时,则仅是增强风味,故欧美常将鲜味剂称为风味添加剂。

鲜味的通用结构式:—O—$(C)_n$—O,$n = 3 \sim 9$。就是说,鲜味分子需要有一条相当于 3~9 个碳原子长的脂链,而且两端都带有负电荷,当 $n = 4 \sim 6$ 时鲜味最强。脂链不限于直链,也可为脂环的一部分。其中的 C 可被 O、N、S、P 等取代。保持分子两端的负电荷对鲜味至关重要,若将羧基经过酯化、酰胺化,或加热脱水形成内酯、内酰胺后,均将降低鲜味。但其中一端的负电荷也可用一个负偶极替代,例如口蘑氨酸和鹅膏蕈氨酸等,其鲜味比味精强 5~30 倍。这个通式能将具有鲜味的多肽和核苷酸都概括进去。目前出于经济效益、副作用和安全性等方面的原因,作为商品的鲜味剂主要是谷氨酸型和核苷酸型。谷氨酸型鲜味剂属脂肪族化合物(aliphatic compounds),在结构上有空间专一性要求,若超出其专一性范围,将会改变或失去鲜味感。它们的定味基是两端带负电的功能团,如—COOH、—SO_3PH、—SH、G = O 等;助味基是具有一定亲水性的基团,如 α-L-NH_2、—OH 等,凡与谷氨酸羧基端连接有亲水性氨基酸的二肽、三肽也有鲜味,若与疏水性氨基酸相接则将产生苦味,肌苷酸型鲜味剂属芳香杂环化合物,结构也有空间专一性要求,其定位基是亲水的核糖磷酸,助味基是芳香杂环上的疏水取代基。琥珀酸(succinic acid)及其钠盐均有鲜味,它在鸟、兽、禽、畜等动物中均有存在,而以贝类中含量最多。

(二)常见的鲜味剂

鲜味是食品的一种能引起强烈食欲,可口的滋味。呈味成分有核苷酸、氨基酸、肽、有机酸等类物质。

(1)鲜味氨基酸

在天然氨基酸中,L－谷氨酸和L－天冬氨酸的钠盐及其酰胺都具有鲜味。L－谷氨酸钠俗称味精,具有强烈的肉类鲜味。味精的鲜味是由 $\alpha-NH_3^+$ 和 $\gamma-COO^-$ 两个基团静电吸引产生的,因此在 pH = 3.2(等电点)时,鲜味最低;在 pH = 6 时,几乎全部解离,鲜味最高;在 pH 为 7 以上时,由于形成二钠盐,鲜味消失。

食盐是味精的助鲜剂。味精有缓和咸、酸、苦的作用,使食品具有自然的风味。L－天冬氨酸的钠盐和酰胺亦具有鲜味,是竹笋等植物性食物中的主要鲜味物质。L－谷氨酸的二肽也有类似味精的鲜味。

(2)鲜味核苷酸

在核苷酸(nucleotides)中能够呈鲜味的有 5'－肌苷酸、5'－鸟苷酸(5'－guanylic acid)和 5'－次黄苷酸(5'－inosinic acid)(图 10 － 18),前二者鲜味最强。此外,5'－脱氧肌苷酸及 5'－脱氧鸟苷酸也有鲜味。这些 5'－核苷酸单独在纯水中并无鲜味,但与味精共存时,则味精鲜味增强,并对酸、苦味有抑制作用,即有味感缓冲作用。5'－肌苷酸与L－谷氨酸－钠的混合比例一般为 1:(5~20)。

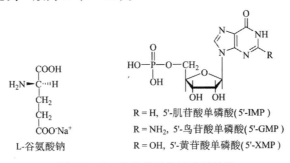

R = H, 5'-肌苷酸单磷酸(5'-IMP)
R = NH₂, 5'-鸟苷酸单磷酸(5'-GMP)
R = OH, 5'-黄苷酸单磷酸(5'-XMP)

L-谷氨酸钠

图 10 － 18　几种常见的风味增效剂

(3)琥珀酸及其钠盐

琥珀酸钠(succinic acid)也有鲜味,是各种贝类鲜味的主要成分。用微生物发酵的食品如酿造酱油、酱、黄酒等的鲜味都与琥珀酸存在有关。琥珀酸用于酒精清凉饮料、糖果等的调味,其钠盐可用于酿造品及肉类食品的加工。如与其他鲜味料合用,有助鲜的效果。

(三)kokumi 味物质

kokumi 表示那些不产生 4 种基本味道和鲜味,但可增强食品美味的物质所产生的味感。丰满、调和、持续、醇厚等均是"kokumi"味的体现。例如,大蒜和洋葱的特征挥发性风味的主要前体物质是硫代半胱氨酸亚砜类氨基酸(图 10 － 19),这些化合物都是水溶性的,有很强的 kokumi 特性,能显著的影响食品的风味。因此,尽管含有大蒜的食品(例如通心粉的酱料、煎肉等)可能不会呈现明显的大蒜风味,但是硫代半胱氨酸亚砜的存在使得这些食品风味的调和性、丰富性和整体可接受性显著提升。

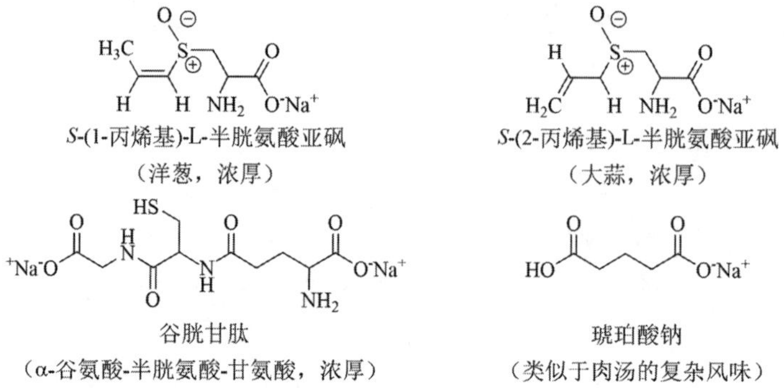

图 10 - 19　一些水溶性的风味增效剂的结构

　　能产生 kokumi 风味的可溶性物质并不多,谷胱甘肽及其他一些含有半胱氨酸的多肽(图 10 - 19)也具有 kokumi 活性。琥珀酸(及其可溶性盐类,图 10 - 19)除了呈现酸味外还呈现出一种类似于肉汤的风味特征。虽然目前琥珀酸的风味还没被列为经典的 kokumi 风味,但是商业上已用它来提供肉汤所特有的风味,特别是在肉类的调味料中,其用途尤为广泛。

(四)其他风味增效剂

　　许多天然的和合成的物质(图 10 - 20)也具有风味增效作用,它们在结构上有一些相似性。其中,香兰素是一种世界上广泛使用的食用香料,其与乙基香兰素所产生的香味很受欢迎。除了产生香味,香兰素类物质也具有风味增效作用,其对食品的圆润度、丰富度和柔滑度具有很好的增强效果。特别是在冰淇淋等含有糖和脂质的食品中,香兰素类物质发挥着不可忽视的风味增强作用。

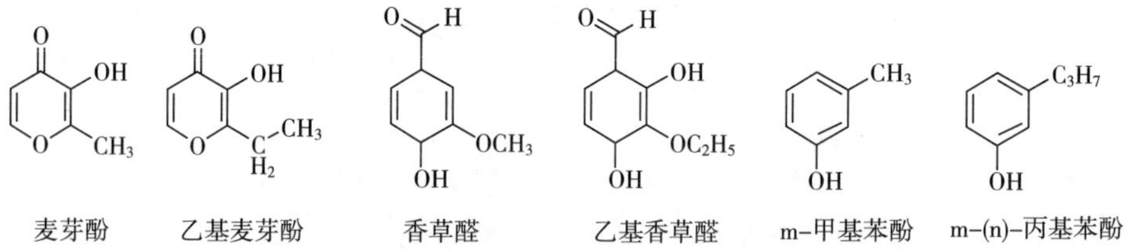

图 10 - 20　一些微溶于水的风味增效剂的结构

　　麦芽酚和乙基麦芽酚(图 10 - 20)是常用的增加食品甜香的增效剂,在水果制品和甜食中应用较多。高浓度的麦芽酚具有令人愉快的焦糖芳香,当浓度较低时(50 ppm)不能产生明显的焦糖芳香,但是它们能使甜食、果汁等制品具有圆润、柔和的味感。麦芽酚与乙基麦芽酚($-C_2H_5$ 代替环上的 $-CH_3$)都可与甜味受体的 AH/B 部分相匹配,麦芽酚可把蔗糖的检测阈值降低一半,而乙基麦芽酚的甜味增效作用比麦芽酚更强,但增效机制仍不清楚。

　　苯酚衍生物天然存在于牛奶和反刍动物肉中,其在很低的浓度(ng/g)下就能增强肉类黏附、丰满、多汁的味感。在所有苯酚类化合物中,含有 m - 烷基取代基的苯酚的风味增效作用最强,例如,m - 甲基苯酚和 m - (n) - 丙基苯酚(图 10 - 20)是牛肉制品中最重要的苯酚类化合物。

风味增强肽具有复杂的呈味功能,它同时参与并影响食品的香与味的形成,能提高食品的风味,改进食品的质构,使食品的总体味感协调、细腻、醇厚浓郁。牛肉风味肽是一种八肽,是最早被确认的具有风味增效作用的化合物,能增强鲜味,可作为一种天然风味增效剂。利用蛋白酶控制酶解及美拉德反应制备的美拉德肽具有营养丰富、价格合理、天然安全、风味独特等特点。例如,以玉米蛋白为原料制备的美拉德肽适用于开发色泽较浅、焦香味、醇厚味突出的风味增强肽;大豆蛋白风味肽鲜味高、苦味低,具有肉香及焦香气的含硫化合物含量高,可增强鲜味及肉香。此外,这两种肽都具有很强的抗氧化活性,有着其他风味增效剂无法比拟的优点。

六、辣味与辣味物质

辣味是由辛香料中的一些成分所引起的味感,是一种尖利的刺痛感和特殊的灼烧感的总和。它不但刺激舌和口腔的触觉神经,同时也会机械地刺激鼻腔,有时甚至对皮肤也产生灼烧感。适当的辣味有增进食欲、促进消化液分泌的功能,在食品调味中已被广泛应用。

(一)呈辣机理

分子的辣味随其非极性链的增长而加剧。以 C_9 左右达到最高峰,然后突然下降,称之为 C_9 最辣规律。辣椒素、胡椒碱、花椒碱、生姜素、丁香、大蒜素、芥子油等都是双亲分子,其极性头部是定味基,非极性尾部为助味基。大量研究资料表明,其辣味符合 C_9 最辣规律。

一般脂肪醇、醛、酮、酸的烃链长度增长也有类似的辣味变化。上述辣味分子尾链如无顺式双键或支链时,$n - C_{12}$ 以上将丧失辣味;若链长虽超过 $n - C_{12}$ 但在 ω - 位邻近有顺式双键,则还有辣味。顺式双键越多越辣,反式双键影响不大;双键在 C_9 位上影响最大,苯环的影响相当于一个 C_4 顺式双键。一些极性更小的分子如 $BrCH = CHCH_2Br$、$CH = CHCH_2X$ ($X - NCS$、$OCOR$、NO_2、ONO)、$(CH = CHCH_2)_2Sn$ ($n = 1, 2, 3$)、$Ph(CH_2)_nNCS$ 等也有辣味(图 10 - 21、图 10 - 22)。

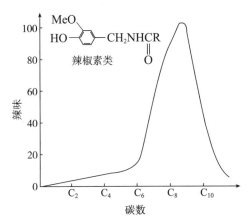

图 10 - 21　辣椒素与其尾链 C_n 的辣味关系

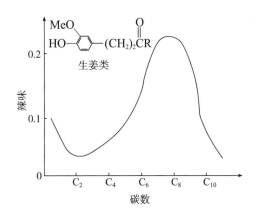

图 10 - 22　生姜素与其尾链 C_n 的辣味关系

辣味物质分子极性基的极性大小及其位置与味感关系也很大。极性头的极性大时是表面活性剂,极性小时是麻醉剂。极性处于中央的对称分子如图 10 – 23 所示,其辣味只相当于半个分子的作用,且因其水溶性降低而辣味大减。极性基处于两端的对称分子如图 10 – 24 所示,则味道变淡。增加或减少极性头部的亲水性,如将结构式图 10 – 25 改变为结构式图 10 – 26,则辣味均降低,甚至调换羟基位置也可能失去辣味,产生甜味或苦味。

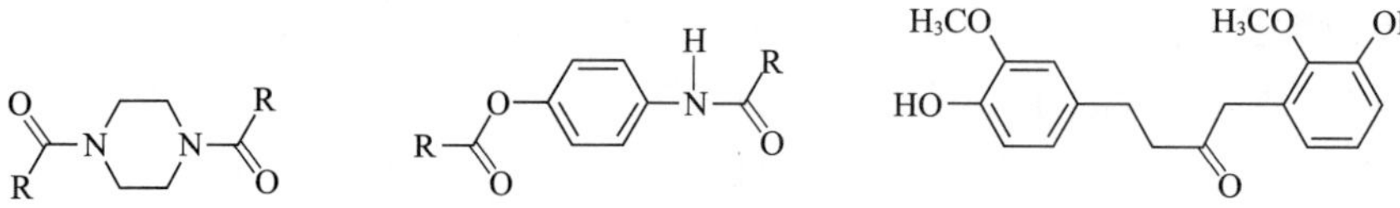

图 10 – 23　极性处于中央的对称分子

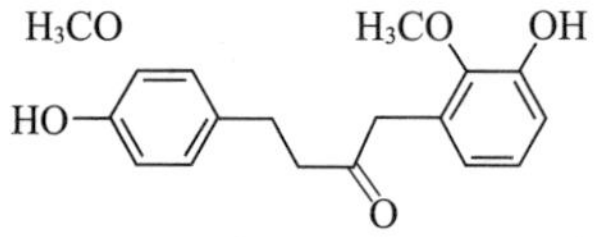

图 10 – 24　极性基处于两端的对称分子

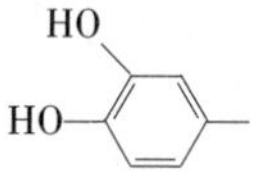

图 10 – 25　增加或减少极性头部的亲水性前的分子式

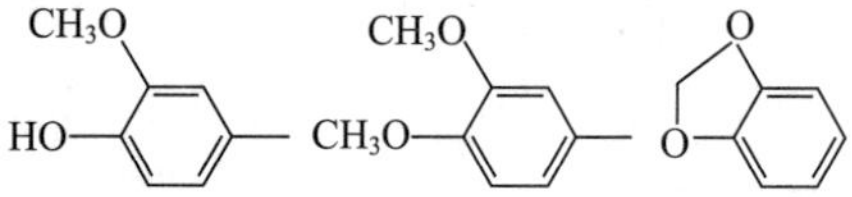

图 10 – 26　增加或减少极性头部的亲水性后的分子式

(二)常见的辣味物质

(1)热辣(火辣)味物质

热辣味物质是一种无芳香的辣味,在口中能引起灼热感觉,主要有以下几种。

① 辣椒(capsicum)。它的主要辣味成分为类辣椒素(capsaicine),是一类碳链长度不等($C_8 \sim C_{11}$)的不饱和单羧酸香草基酰胺,同时还含有少量含饱和直链羧酸的二氢辣椒素,后者已有人工合成。不同辣椒的辣椒素含量差别很大,甜椒通常含量极低,红辣椒含0.06%,牛角红椒含0.2%,印度萨姆椒为0.3%,乌干达辣椒可高达0.85%。

② 胡椒(pepper)。常见的有黑胡椒和白胡椒两种,都由果实加工而成。由尚未成熟的绿色果实可制得黑胡椒,用色泽由绿变黄而未变红时收获的成熟果实可制取白胡椒。它们的辣味成分除少量类辣椒素外,主要是胡椒碱(piperine),它是一种酰胺化合物,其不饱和烃基有顺反异构体,其中顺式双键越多时越辣;全反式结构也叫异胡椒碱。胡椒经光照或储存后辣味会降低,这是顺式胡椒碱异构化为反式结构所致。

③ 花椒(xantlhoxylum)。花椒主要辣味成分为花椒素(sanshool),也是酰胺类化合物。除此外还有少量异硫氰酸烷丙酯等,它与胡椒、辣椒一样,除辣味成分外还含有一些挥发性

香味成分。

(2)辛辣(芳香辣)味物质

辛辣味物质是一类除辣味外还伴随有较强烈的挥发性芳香味物质味感和嗅感双重作用的成分。

① 姜。新鲜姜的辛辣成分是一类邻甲氧基酚基烷基酮,其中最具代表性的为6 - 姜醇,分子中环侧链上羟基外侧的碳链长度各不相同($C_3 \sim C_9$)。鲜姜经干燥储存,姜醇会脱水生成姜烯酚类化合物,后者较姜醇更为辛辣。当姜受热时,环上侧链断裂生成姜酮,辛辣味较为缓和。

② 肉豆蔻(nutmeg)和丁香(clove)。肉豆蔻和丁香的辛辣成分主要是丁香酚和异丁香酚,这类化合物也含有邻甲氧基苯酚基因。

③ 芥子苷(mustard glycosidcs)。有黑芥子苷(sinigrin)及白芥子苷(sinalbin)两种,在水解时产生葡萄糖及芥子油。黑芥子苷存在于芥菜(brassica juncea)、黑芥(sinapic niqra)的种子及辣根(horse raddish)等蔬菜中。白芥子苷则存在于白芥子(sinapis alba)中。

在苷蓝、萝卜、花椰菜等十字花科蔬菜中还含有一种类似胡椒的辛辣成分 S - 甲基半胱氨酸亚砜(S - methyl - cysteine - oxide)。

(3)刺激辣味物质

刺激辣味物质是一类除能刺激舌和口腔黏膜外,还能刺激鼻腔和眼睛,具有味感、嗅感和催泪性的物质,主要有以下几种。

① 蒜、葱、韭菜。蒜的主要辣味成分为蒜素、二烯丙基二硫化物、丙基烯丙基二硫化物3 种,其中蒜素的生理活性最大。大葱、洋葱的主要辣味成分则是二丙基二硫化物、甲基丙基二硫化物等。韭菜中也含有少量上述二硫化合物。这些二硫化物在受热时都会分解生成相应的硫醇(mercaptan),所以蒜、葱等在煮熟后不仅辛辣味减弱,而且产生甜味。

② 芥末、萝卜。芥末、萝卜主要辣味成分为异硫氰酸酯类化合物。其中的异硫氰酸丙酯也叫芥子油(allyl mustard oil),刺激性辣味较为强烈。它们在受热时会水解为异硫氰酸,辣味减弱。

七、其他味感

1. 清凉味

薄荷醇和D - 樟脑(图 10 - 27)代表一类清凉风味物,它们既有清凉嗅感,又有清凉味感。其中薄荷醇是食品加工中常用的清凉风味剂,在糖果、清凉饮料中使用较广泛。这类风味产物产生清凉感的机制尚不清楚。

一些糖的结晶入口后也能产生清凉感,产生这种感觉是因为它们在唾液中溶解时将吸收大量溶解热。例如,蔗糖、葡萄糖、木糖醇和山梨醇结晶的溶解热分别为 18.1 J/g、94.4 J/g、153.0 J/g 和 110.0 J/g,后 3 种甜味剂明显具有这种清凉风味。

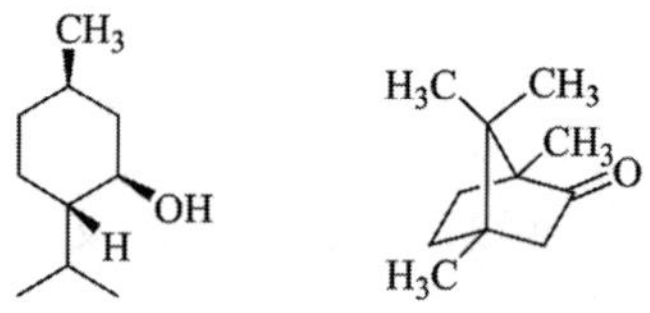

图 10-27　几种常见的清凉感物质

2. 涩味

当口腔黏膜蛋白质被凝固时,就会引起收敛,此时感到的滋味便是涩味。因此涩味不是由于作用味蕾所产生的,而是由于刺激触觉神经末梢所产生的。

引起食品涩味的主要化学成分是多酚类化合物,其次是铁金属、明矾、醛类、酚类等物质,有些水果和蔬菜中存在的草酸、香豆素和奎宁酸等也会引起涩味。

未成熟柿子的涩味是典型的涩味。涩柿的涩味成分,是以无色花青素为基本结构的配糖体,属于多酚类化合物,易溶于水。当涩柿及未成熟柿的细胞膜破裂时,多酚类化合物逐渐溶于水而呈涩味。在柿子成熟过程中,分子间呼吸或氧化,使多酚类化合物氧化、聚合而形成不溶于水的物质,涩味随即消失。

茶叶中亦含有较多的多酚类物质,由于加工方法不同,制成的各种茶所含的多酚类各不相同,因而它们涩味程度也不相同。一般绿茶中多酚类含量多,而红茶经过发酵后多酚类被氧化,其含量减少,涩味也就不及绿茶浓烈。

第三节　食品的调味基本原理与方法

一、调味的基本原理

各国人民在长期的实践中形成了相对独特的味觉爱好和调味方式。中国的饮食文化博大精深,在色、香、味中又以味为重。人们常说"酸、甜、苦、辣、咸"五味俱全,实际上绝大多数情况下人们尝到的都是一种复合味道。这就不得不让我们探寻味的组合规律,并把它运用到实际中去。

味的组合千变万化,但万变不离其宗,掌握调味的基本原理,并充分运用味的组合原则和规律,才能识得真滋味,调出人人喜爱的好味道。调味是将各种呈味物质在一定条件下进行组合,产生新味,其过程应遵循以下原理。

(一)味强化原理

一种味加入会使另一种味得到一定程度的增强。这两种味可以是相同的,也可以是不同的,而且同味强化的结果有时会远远大于两种味感的叠加。如0.1%胞苷酸(CMP)水溶液并无明显鲜味,但加入等量1%谷氨酸钠(MSG)水溶液后,则鲜味明显突出,而且大幅度地超过1%MSG水溶液原有的鲜度。若再加入少量的琥珀酸或柠檬酸,效果更明显。又如在100 mL水中加入15 g的糖,再加入17 mg的盐,会感到甜味比不加盐时要甜。

（二）味掩蔽原理

一种味的加入，而使另一种味的强度减弱，乃至消失。如鲜味、甜味可以掩盖苦，姜、葱味可以掩盖腥味等。味掩盖有时是无害的，如香辛香料的应用，但掩盖不是相抵，在口味上虽然有相抵作用，但被"抵"物质仍然存在。

（三）味派生原理

两种味的混合，会产生出第三种味。如豆腥味与焦苦味结合，能够产生肉鲜味。

（四）味干涉原理

一种味的加入，会使另一种味失真。如菠萝或草莓味能使红茶变得苦涩。

（五）味反应原理

食品的一些原理或化学状态还会使人们的味感发生变化。如食品黏稠度、醇厚度能增强味感，细腻的食品可以美化口感，pH 小于 3 的食品鲜度会下降。这种反应有的是感受现象，原味的成分并未改变，例如：黏度高的食品由于延长了食品在口腔内附着时间，以至舌上的味蕾对滋味的感觉持续时间也被延长，这样当前一口食品的呈味感受尚未消失时，后一口食品又触到味蕾，从而产生一个处于连续状态的美味感。醇厚是食品中的鲜味成分多，并含有肽类化合物及芳香类物质所形成的，从而可以留下良好的后味。

二、调味方法

由于食品的种类不同，往往需要各自进行独特的调味，同时用量和使用方法也各不相同，因此只有调理得当，调味的效果才能充分发挥。首先，应确定复合调味品的风味特点，即调味品的主体味道轮廓，再根据原有作料的香味强度，考虑加工过程中产生香味的因素，在成本范围内确定出相应的使用量。这类原料包括主料和增强香味的辅料，故掩盖异味也能达到增强主体香味的效果。其次，是确定香辛料组分的香味平衡。一般来说，主体香味越淡，需加的香辛料越少，并依据其香味强度、浓淡程度对主体香味进行修饰。比如，设计一种烧烤汁，它的风味特点是酱油和酱的香气与姜、蒜等辛辣味相配，既不能掩盖肉的美味，同时还要将这种美味进一步升华，增加味的厚度，消除肉腥，根据使用对象即肉的种类做出不同选择，比如，适度增加甜感或特殊风味等。另外，根据烤前用还是烤后用，在原料上做出调整，如果烤前用，则不必在味道的整体配合及其宽度上下功夫，只着重于加味及消除肉腥即可；如果是烤后用，则必须顾及味的整体效果，有了整体思路后，剩下的便是调味过程了。调味过程及味的整体效果与选用的原料有重要的关系，还与原料的搭配即配方和加工工艺有关。

因此，调味是一个非常复杂的过程，它是动态的，随着时间的延长，味还有变化。尽管如此，调味还是有规律可循的，只要了解了味的相加、相减、相乘、相除，并知道了它们在调料中的关系及原料的性能，运用调味公式就会调出成千上万的味汁，最终再通过实验确定配方。

（一）味的增效作用

味的增效作用也可称味的突出，即民间所说的提味，是将两种以上不同味道的呈味物质,按悬殊比例混合使用,从而突出量大的呈味物质味道的调味方法。也就是说,由于使用了某种辅料,尽管用量极少,但能让味道变强或提高味道的表现力。如少量的盐加入鸡汤内,只要比例适当,鸡汤立即特别鲜美。所以说要想调好味,就必须先将百味之主抓住,一切都迎刃而解了。

调味中咸味的恰当运用是一个关键。当食糖与食盐的比例大于10:1时可提高糖的甜味,反过来时会发现不光是咸味,似乎会出现第3种味了。这个实验告诉我们,此方式虽然是靠悬殊的比例将主味突出,但这个悬殊的比例是有限的,究竟什么比例最合适,这要在实践中体会。

调味公式为:主味(母味)+子味 A+子味 B+子味 C=主味(母味)的完美

(二)味的增幅效应

味的增幅效应也称两味的相乘,是将两种以上同一味道物质混合使用导致这种味道进一步增强的调味方式。如姜有一种土腥气,同时又有类似柑橘那样的芳香,再加上它清爽的刺激味,常被用于提高清凉饮料的清凉感;桂皮与砂糖一同使用,能提高砂糖的甜度;5′-肌苷酸与谷氨酸相互作用能起增幅效应产生鲜味。在烹调中,要提高菜的主味时,要用多种原料的味扩大积数,如想让咸味更加完美时,你可以在盐以外加入与盐相吻合的调味料,如味精、鸡精、高汤等,这时主味会扩大到成倍的盐鲜。所以适度的比例进行相乘方式的补味,可以提高调味效果。

调味公式中为:主味(母味)×子味 A×子味 B=主味积的扩大

(三)味的抑制效应

味的抑制效应又称味的掩盖,是将两种以上味道明显不同的主味物质混合使用,导致各种物质的味均减弱的调味方式,即某种原料的存在而明显地减弱了其显味强度。如在较咸的汤里放少许黑胡椒,就能使汤味道变得圆润,这属于胡椒的抑制效果;如辣椒很辣,在辣椒里加上适量的糖、盐、味精等调味品,不仅缓解了辣味,味道也更丰富了。

调味公式为:主味+子味 A+主子味 A=主味完善

(四)味的转化

味的转化又称味的转变,是将多种不同的呈味物质混合使用,使各种呈味物质的本味均发生转变的调味方式。如四川的怪味,就是将甜味、咸味、香味、酸味、辣味、鲜味等调味品,按相同比例融和,最后导致什么味也不像,称之为怪味。

调味公式为:子味 A+子味 B+子味 C+子味 D=无主味

总之,调味品的复合味较多,在复合味的应用中,要认真研究每一种调味品的特性,按照复合的要求,使之有机结合科学配伍,准确调味,防止滥用调味料,导致调料的互相抵消,互相掩盖,互相压抑,造成味觉上的混乱。所以,在复合调味品的应用中,必须认真掌握,组合得当,勤于实践,灵活使用,以达到更好的整体效果。

第四节　食品中的香气物质

食品的香气会增加人们的愉快感和引起人们的食欲,间接地增加人体对营养成分的消化和吸收,所以食品的香气极被人们所重视。

食品的香气是由多种呈香的挥发性物质所组成。食品中呈香物质种类繁多,但含量极微,其中大多数属于非营养性物质,而且耐热性很差,它们的香气与其分子结构有高度的特异性。

绝大多数食品均含有多种不同的呈香物质。任何一种食品的香气都并非由某一种呈香物质所单独产生的,而是多种呈香物质综合的反映。因此,食品的某种香气阈值会受到其他呈香物质的影响,当它们相互配合恰当时,便能发出诱人的香气,如果配合不当,会使食品的香气感到不协调,甚至会出现异常的气味。同样,食品中呈香物质的相对浓度,只能反映食品香气的强弱,但并不能完全地、真实地反映食品香气的优劣程度。因此,科学技术发展到今天,虽然有了能分析极微量成分和高度精密的检测仪器设备,但鉴定食品的香气仍离不开人们的嗅觉。

判断一种呈香物质在食品香气中起作用的数值称为香气值(发香值),香气值是呈香物质的浓度与它的阈值之比,即:

$$香气值 = \frac{呈香物质的浓度}{阈值}$$

一般当香气值低于 1 时,人们嗅感器官对这种呈香物质不会引起感觉。

一、植物性食品中的香气物质

(一)水果中的香气物质

水果中的香气物质比较单纯,具有浓郁的天然香气味,其香气中以有机酸酯类、醛类、萜类为主,其次是醇类、酮类和挥发性酸等。他们是植物体内经过生物合成而产生的,总含量在 400×10^{-6} 以下。水果香气物质随着果实的成熟而增加,一般成熟的葡萄中含有的香气物质有 88 种,苹果中近 100 种,人工催熟的果实不及在树上成熟的水果中香气物质含量高。

水果香气浓郁,基本是清香与芳香的综合。香蕉、苹果、梨、杏、芒果、菠萝和桃子在充分成熟时芳香气味浓而突出,草莓、葡萄、荔枝、樱桃在果实保持完整时气味并不浓,但打浆后气味也很浓,清香味突出。

水果香气物质类别较单纯,主要包括萜、醇、醛和酯类。

柑橘果实中萜、醇、醛和酯类较多,但萜类最突出,是特征风味的主要贡献者。例如,甜橙中的巴伦西亚橘烯、金合欢烯及桉叶-2-烯-4-醇,红橘中的麝香草酚(百里香酚)、长叶烯、薄荷二烯酮,柠檬中的 β-甜没药烯、石竹烯和 α-萜品烯等,这些物质的结构如图 10-28 所示。

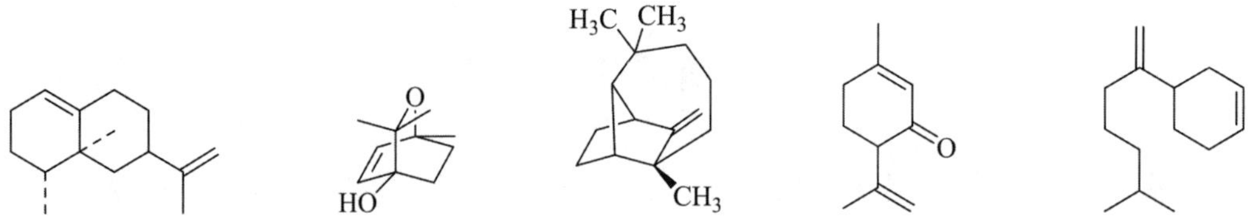

巴比西亚橘烯　桉叶-2-烯-4-醇　长叶烯　薄荷二烯酮　β-甜没药烯

图 10 – 28　柑橘中几种萜类风味物的结构

苹果中的主要香气成分包括醇、醛和酯类。异戊酸乙酯、乙醛和反 2 – 己烯醛为苹果的特征气味物。

香蕉中的主要气味物包括酯、醇、芳香族化合物及羰基化合物等。以乙酸异戊酯为代表的乙、丙、丁酸与 $C_4 \sim C_6$ 醇构成的酯是香蕉的特征风味物。芳香族化合物有丁香酚、丁香酚甲醚、榄香素和黄樟脑等。它们的结构如图 10 – 29 所示。

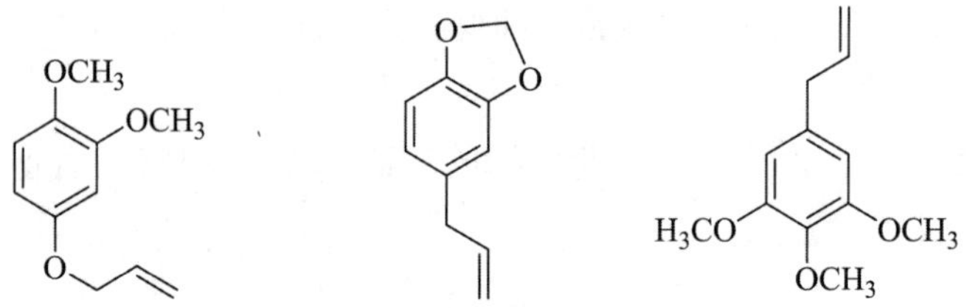

丁香酚甲醚
(似丁香气味)　黄樟脑
(香草气味)　榄香素

图 10 – 29　香蕉中的几种芳香族香气物的结构

菠萝中酯类气味物十分丰富，己酸甲酯和己酸乙酯是其特征风味物。

桃子中酯、醇、醛和萜烯为主要香气成分。桃的内酯含量较高。桃醛和苯甲醛为其特征风味物。

不同品种的葡萄香气差别较大，玫瑰葡萄因含有丰富的单萜醇而特别香。葡萄中特有的香气物是邻氨基苯甲酸甲酯。而醇、醛和酯类是各种葡萄中的共有香气物类别。

草莓因品质易变，虽然已先后检测出 300 多种挥发性物质，并且已知头香成分主要是醛、酯和醇类，但哪些为特征香气成分尚未搞清楚。

西瓜、甜瓜等葫芦科果实的气味由两大类气味物支配，一是顺式烯醇和烯醛，二是酯类。

各种水果的香气成分中大都含有 C_6 和 C_9 的醛类和醇类(见表 10 – 8)。

表 10 – 8　一些水果香气中的 C_6 和 C_9 醛类、醇类化合物

化合物	水果							
	苹果	葡萄	草莓	菠萝	香蕉	桃子	香瓜	西瓜
己醛	+	+	+	+	+	+		+
反 – 2 – 己烯醛	+	+	+		+	+		+

化合物	水果							
	苹果	葡萄	草莓	菠萝	香蕉	桃子	香瓜	西瓜
顺 - 3 - 己烯醛	+	+	+		+	+		
己醇	+	+	+		+	+	+	
反 - 2 - 己烯醇	+	+	+		+	+		
顺 - 3 - 己烯醇	+	+	+		+	+	+	
反 - 2 - 壬烯醛					+	+	+	+
顺 - 3 - 壬烯醛								
(顺,顺) - 3,6 - 壬二烯醛								
(反,顺) - 2,6 - 壬二烯醛					+		+	+
反 - 2 - 壬烯醇					+		+	+
顺 - 3 - 壬烯醇							+	+
(顺,顺) - 3,6 - 壬二烯醇							+	+
(反,顺) - 2,6 - 壬二烯醇							+	+

(二)蔬菜中的香气物质

除少数品种外,大多数蔬菜的总体香气较弱,但气味却多样。百合科蔬菜(葱、蒜、洋葱、韭菜、芦笋等)具有刺鼻的芳香;十字花科蔬菜(卷心菜、芥菜、萝卜、花椰等)具有辛辣气味;伞形花科蔬菜(胡萝卜、芹菜、香菜等)具有微刺鼻的特殊芳香与清香;葫芦科和茄科中的黄瓜、青椒和番茄等具有显著的清香气味,马铃薯也属于茄科蔬菜,具淡淡的清香气;食用菌则具有壤香香气等。

百合科蔬菜最重要的风味是含硫化合物。例如:二丙烯基二硫醚物(洋葱气味的化合物)、二烯丙基二硫醚(大蒜气味的化合物)、2 - 丙烯基亚砜(催泪而刺鼻的气味)和硫醇(韭菜中的特征气味物之一)。

十字花科蔬菜最重要的气味物也是含硫化合物。例如,卷心菜以硫醚、硫醇和异硫氰酸酯及不饱和醇与醛为主体风味物,萝卜、芥菜和花椰菜中的异硫氰酸酯是主要的特征风味物。

伞形花科的胡萝卜和芹菜的风味物中,萜烯类气味地位突出,他们和醇类及羰基化合物共同组成主要气味贡献物,形成有点刺鼻的清香。但芹菜的特征香气物是 3 - 丁烯苯肽、丙酮酸酰 - 3,顺 - 己烯酯和丁二酮。

黄瓜和番茄具有清鲜气味有关特征的气味物是 C_6 或 C_9 的不饱和醇和醛,例如青叶醇和黄瓜醛。青椒、莴苣(菊科)和马铃薯也具有清香气味,有关特征气味物包括吡嗪类。例如:青椒特征气味物主要是 2 - 甲氧基 - 3 - 异丁基吡嗪,马铃薯特征气味物之一是 3 - 乙基 - 2 - 甲氧基吡嗪,莴苣的主要香气成分包括 2 - 异丙基 - 3 - 甲氧基吡嗪和 2 - 仲丁基 - 3 - 甲氧基吡嗪。

青豌豆的主要香气成分是一些醇、醛和吡嗪类,罐装青刀豆的主要香气成分是 2 - 甲基四氢呋喃、邻甲基茴香醚和吡嗪类化合物。

鲜蘑菇中以 2 - 庚烯 - 4 - 醇和 1 - 庚烯 - 3 - 醇的气味贡献最大,而香菇中以香菇精为最主要的气味物,它是含硫杂环化合物。鲜香菇加工时,组织破损,γ-谷氨酰转肽酶被激活,使肽分解为半胱氨酸亚砜(香菇酸),香菇酸再受到 S-烷基-L-半胱氨酸亚砜断裂酶的作用,经一系列反应生成香菇精和其他多硫环烷化合物(图10-30)。

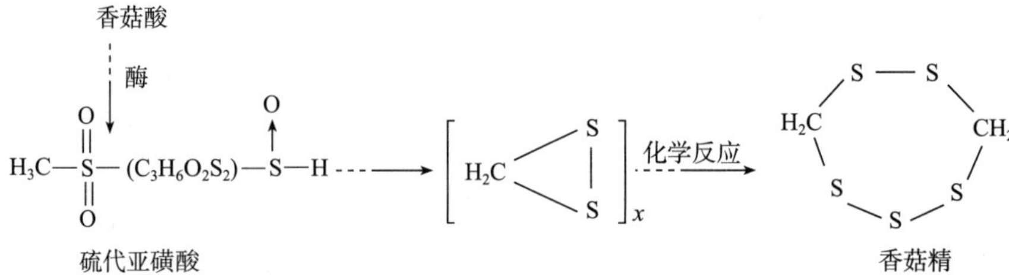

图10-30　香菇精的生成途径

甘蓝和芦笋解热后由蛋氨酸分解生成二甲硫醚;萝卜、油菜中主要是芥子苷分解的含硫化合物;黄瓜中主要香气物质为黄瓜醇和黄瓜醛。

(三)蔬菜和水果香气物的产生途径

蔬菜和水果中大部分风味物都是经生物合成而产生的。生物合成首先产生糖、糖苷、脂肪酸、有机酸、氨基酸和色素等风味物前体,之后,多数情况下是在生物体内(特别是在成熟期间)继续经生理生化作用而将前体物转变为风味物,少数情况下,只有在植物组织破碎时,经酶促变化才使前体物转化为风味物。

1.脂肪酸经 β-氧化途径产生风味物

从对梨风味的形成机制的研究中发现,脂肪酸的 β-氧化是生物合成风味物的主要途径之一。可用图10-31简单表示这条途径。图中"继续反应"是指可进一步经过 β-氧化途径产生分子量更小的挥发酯。由于机理与前面相同,就简单用"继续反应"表示。

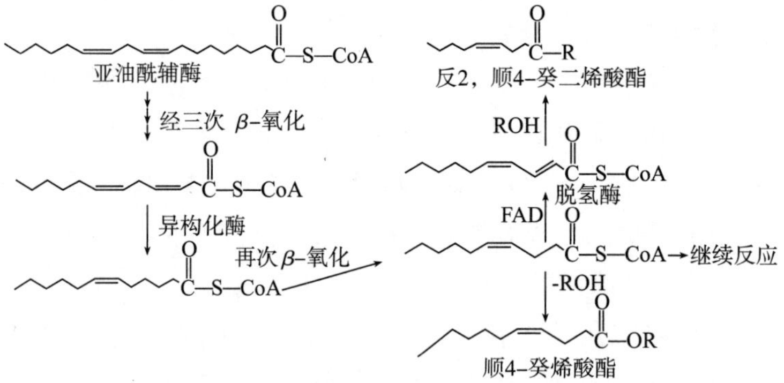

图10-31　通过脂肪酸 β-氧化途径生物合成香气物质

2.脂肪经酶促氧化产生风味物

在对番茄青鲜风味物形成机制的研究中发现,前体物亚麻酸和亚油酸可先经脂氧合酶催化氧化而生成脂肪酸的氢过氧化物,然后裂分为顺3-己烯醛和己醛。这些羰基化物还可经化学反应而转变为醇、酸和酯。该途径如图10-32所示。

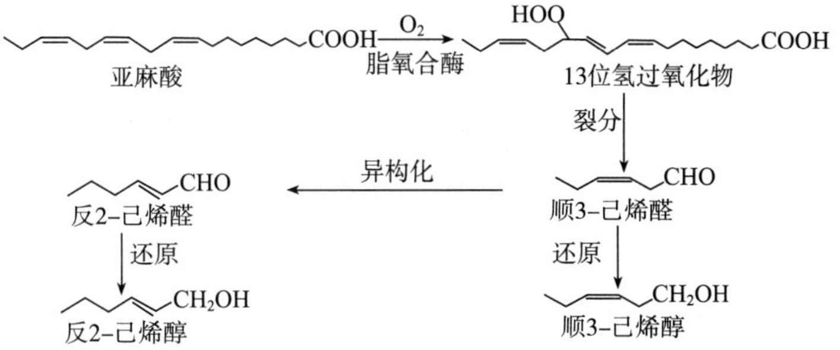

图 10 - 32　脂肪酸经酶促氧化而分解产生风味物

黄瓜中的黄瓜醇和黄瓜醛也是经此类途径产生。由亚麻酸开始,经脂氧合酶催化氧化为 9 位氢过氧化物,歧化裂分后产生的顺 3,顺 6 - 壬二烯醛经异构就产生了黄瓜醛,黄瓜醛还原后又产生黄瓜醇。

3. 氨基酸受转氨酶和脱羧酶作用转化为风味物

在对番茄和香蕉风味物的研究中发现:缬氨酸、亮氨酸和丙氨酸等氨基酸是一些含支链的脂肪族羰基化合物、醇、酸和酯类香气成分的前体。这些氨基酸先经转氨作用形成 α - 酮酸,α - 酮酸脱羧后产生比原氨基酸碳数少 1 的醛或酰基辅酶 A,最后经酶促反应或化学反应产生醇和酯,该途径可以图 10 - 33 表示。

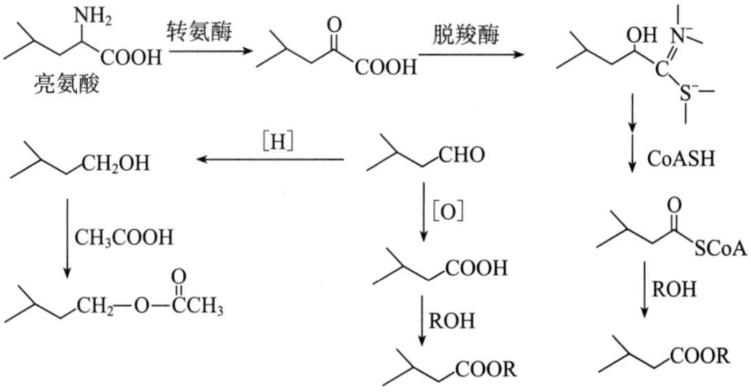

图 10 - 33　亮氨酸转化为含支链的脂肪族风味物的一条途径

4. 蔬菜中 2 - 甲氧基 - 3 - 烷基吡嗪的产生途径

青椒、莴苣、豌豆、马铃薯、甜菜等蔬菜中都具有贡献青鲜气味的 2 - 甲氧基 - 3 - 烷基吡嗪,这些吡嗪的前体物质是亮氨酸、异亮氨酸和缬氨酸,这类风味物的生物合成途径可能如图 10 - 34 所示。

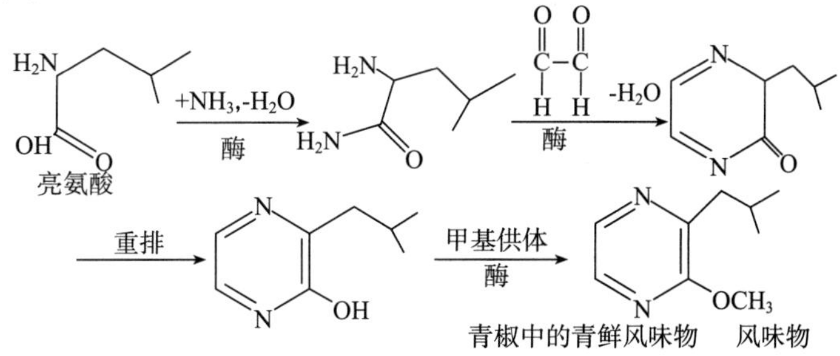

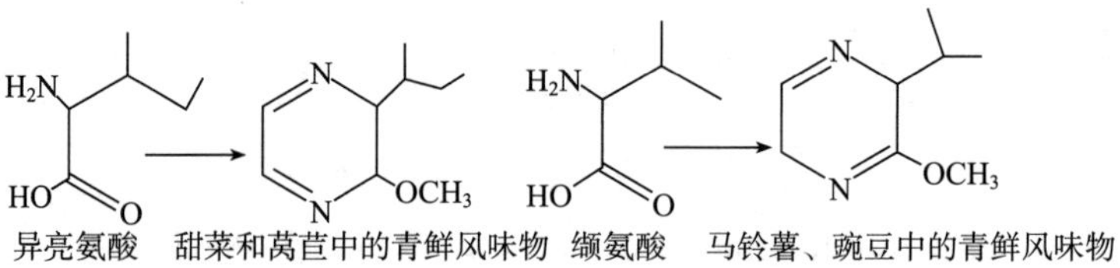

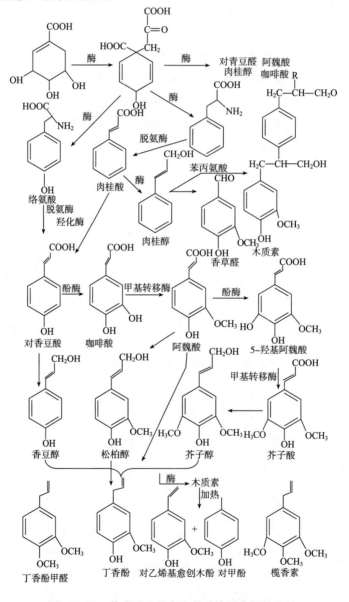

图 10 – 34　一些蔬菜中 2 – 甲氧基 – 3 – 烷基吡嗪的生成途径

5. 由莽草酸合成途径生成芳香族风味物质

莽草酸途径是生物合成芳香族氨基酸、芳香族有机酸、酚类物质及木质素等物质的重要生物合成途径之一。芳香族风味化合物即由这些产物经酶促及化学转化而生成。图 10 – 35是这条途径的简明表示。

图 10 – 35　莽草酸途径产生芳香族风味物的途径

6. 萜类风味物的生物合成途径

萜类化合物是食品香料精油、水果和蔬菜中一类重要的香气物质。它们的生物合成是从乙酰辅酶 A 开始,经过缩合和还原生成甲瓦龙酸,再经焦磷酸化、脱羧和异构化而生成异戊烯基焦磷酸,然后由它缩合而产生种种萜类风味物,图 10－36 是这一途径的简要表示。

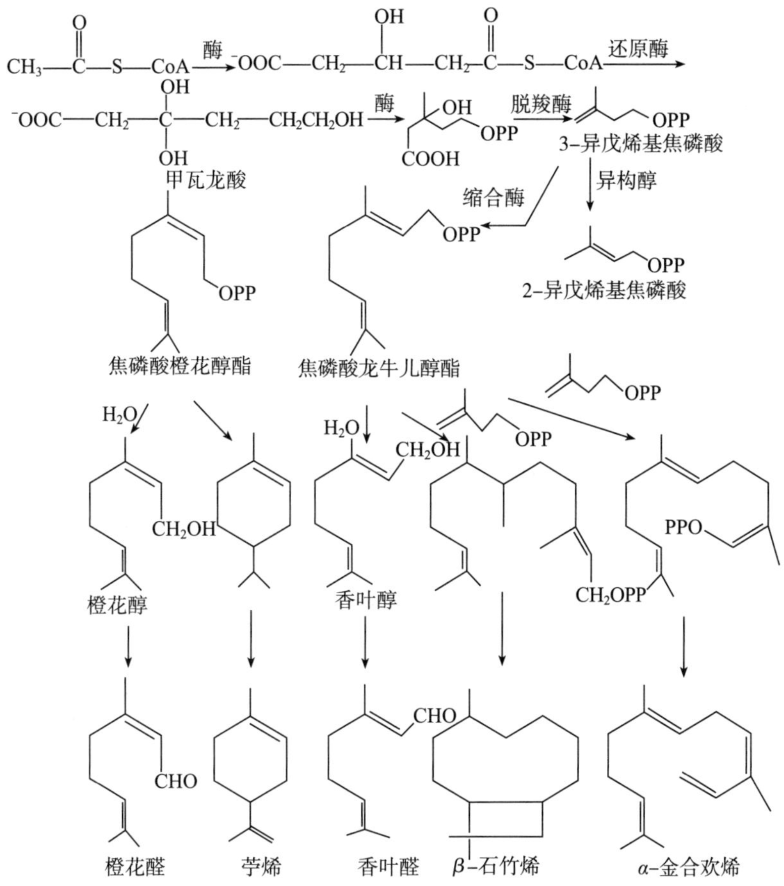

图 10－36　几种萜类风味物的生物合成途径

7. 葱属植物的含硫风味物的生成途径

葱属植物中的洋葱、大蒜和大葱的组织被破碎时,风味前体物受蒜氨酸酶的作用,立即转化生成主体风味物,这些风味物多为二硫醚、硫醚,还有一些含氧的硫化物。图 10－37是大蒜中主要的含硫风味物的形成途径,葱和洋葱的含硫风味物的形成途径与之类似。

葱属植物中的含硫风味物的化学稳定性不高,所以葱、蒜等在煮熟后其辛辣风味大为减少,这些风味物这时转化为有甜味的硫醇。

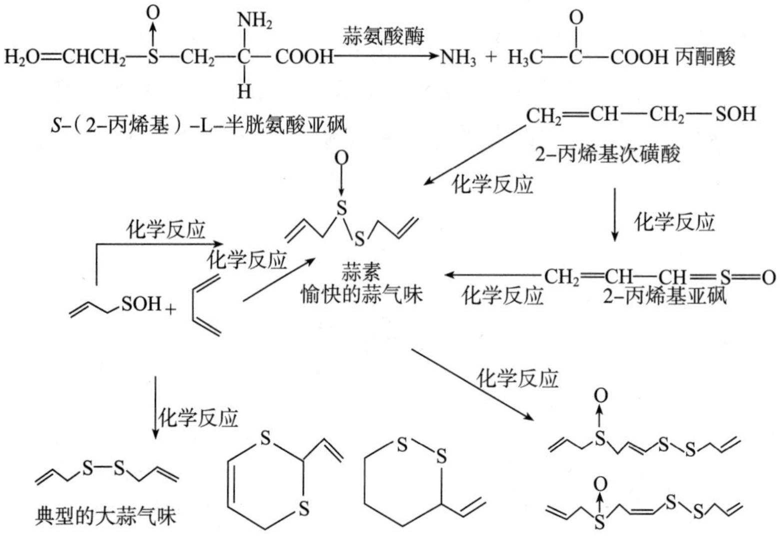

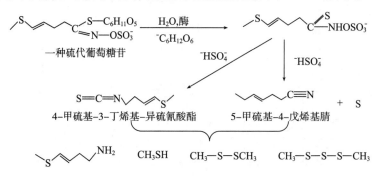

图 10-37　大蒜中含硫风味物的形成途径

8. 十字花科蔬菜中含硫风味物的产生途径

卷心菜、甘蓝、芥末、花椰菜、芜菁和小萝卜都以异硫氰酸酯等含硫化合物为主要风味物。这类风味物的前体(硫代葡萄糖苷)在组织受到破坏时受芥子酶作用及后续的化学变化就形成这类风味物,以小萝卜为例,有人认为这条途径如图 10-38 所示。

一种硫代葡萄糖苷

4-甲硫基-3-丁烯基-异硫氰酸酯　5-甲硫基-4-戊烯基腈

图 10-38　小萝卜中含硫风味物的生成途径

9. 其他途径

类胡萝卜素、糖苷、某些酚类物质、脂类、蛋白质和糖的热分解、氧化和水解都可能是产生植物性食品风味的途径。这些反应多发生在食品加工之中。例如,茶叶加工中,同时具备高温和氧化条件,茶叶的 β-胡萝卜素就会转化生成一些颇具特色的风味物,使茶叶展现出一定的甜、花、果和壤香。β-胡萝卜素的分解产物部分列于图 10-39 中。

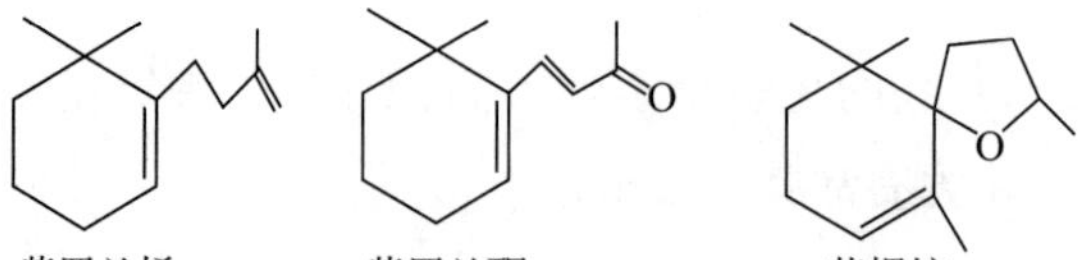

紫罗兰烯　　　紫罗兰酮　　　茶螺烷

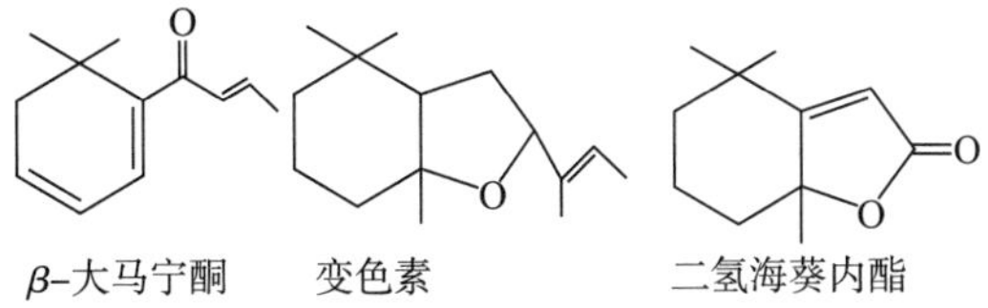

β-大马宁酮　　变色素　　二氢海葵内酯

图 10 - 39　β - 胡萝卜素热分解及氧化分解产生的一些风味物

（四）植物性食品成熟、贮藏和加工中香气成分的变化

大多数水果和蔬菜的风味物既然是由生物合成途径产生，那么成熟度对风味的影响总的来说就很好理解。一般来说，水果的风味在生理上充分成熟时最佳，蔬菜的风味与成熟度却关系甚远，不同蔬菜应该是在不同生长期采收的。为什么是这样，必须通过前面的学习才能较清楚地理解。

果蔬在采后贮藏和加工阶段，其风味物主要经历贮藏条件下的酶促变化、微生物活动造成的变化和加工条件下的酶促和化学变化。风味物在此期间总的变化趋势是：由少变多，再由多变少。开始由少变多，主要是各种前体物向风味物转变而引起，随后由多变少，主要是由于风味物挥发损失掉了，另外一些风味物也因转化为其他物质而失去。

果蔬在贮藏加工中的风味物种类变化有时也很明显。例如，随着鲜水果的贮藏期延长，青鲜风味逐渐减少而代之为成熟的水果芳香。这主要是由于水果在此间生物合成了更多挥发酯。又如：热加工使洋葱、大蒜的原有风味大部分失去。这主要是因为原有的含硫风味物被热分解。再如，果酒和腌制蔬菜虽然还都具有一些原料的风味，但主要风味特征是发酵风味。显然，这是由于发酵中有益微生物活动及陈酿中的化学变化产生了新的风味物所致。

（五）茶中的香气物质

茶主要可分为非发酵茶（绿茶）、发酵茶（红茶）和半发酵茶（乌龙茶）。茶的香型和特征香气与茶树品种、采摘季节、叶龄、加工方法、温度、炒制时间、发酵过程等多种因素有关。

茶香的研究历史已非常悠久，鉴定的香气成分已达 500 余种，限于篇幅，我们选择主要香气成分进行讨论。

1. 萜类化合物

萜类化合物是关键的茶香成分，包括萜烯醇、萜烯醛、萜烯酮及萜的氧化物，其中有β - 月桂烯、β - 罗勒烯、柠檬烯、芳樟醇、橙花醇、香叶醇、橙花叔醇、香芳醇、橙花醛、香叶醛、藏红花醛、α - 及 β - 紫罗兰酮及其氧化物。此类风味物是茶叶清香、花香的主要成分。加工时萜类发生异构、转换、环化、脱水和氧化等一系列反应（图 10 - 40）。

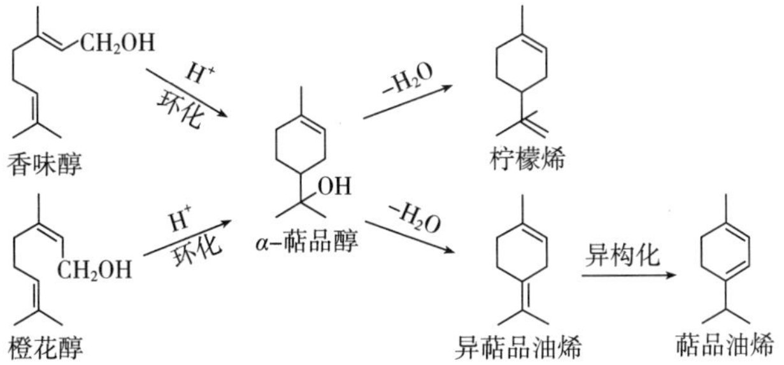

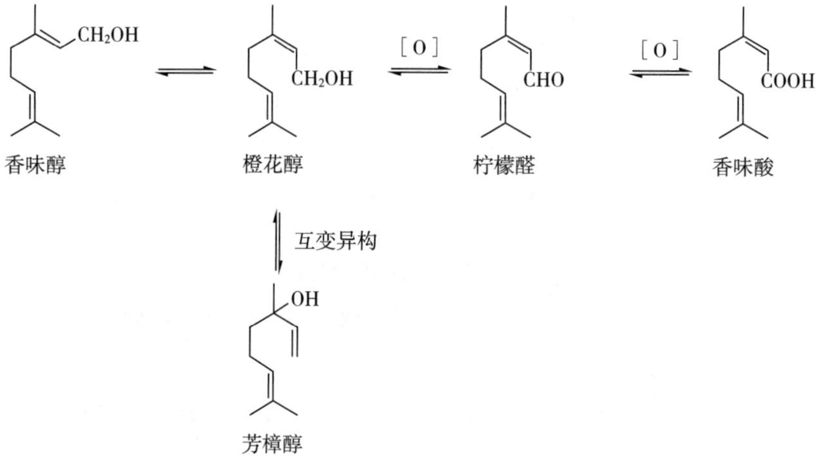

图 10 - 40　萜烯化合物的转化

茶叶加工中随着鲜叶中大部分能产生青杂气的低沸点物质挥发散失,高沸点物质异构化,生成的茶香成分不断积累,如具有百合花香的芳樟醇的大量增加改善了茶叶的香气。鲜叶中只有微量的芳樟醇与香叶醇,而制成绿茶后香叶醇与芳樟醇分别达到 3 ~ 7 mg/kg 和 30 mg/kg 以上。鲜叶中没有发现紫罗酮,但 1996 年就确认它存在于红茶中。β – 紫罗酮具有紫罗兰香,它来自 β – 胡萝卜素的降解(图 10 – 41),它进一步氧化的产物是二氢海葵内酯和茶螺烯酮,后二者只要微量存在于茶中即可形成红茶特有的香味。

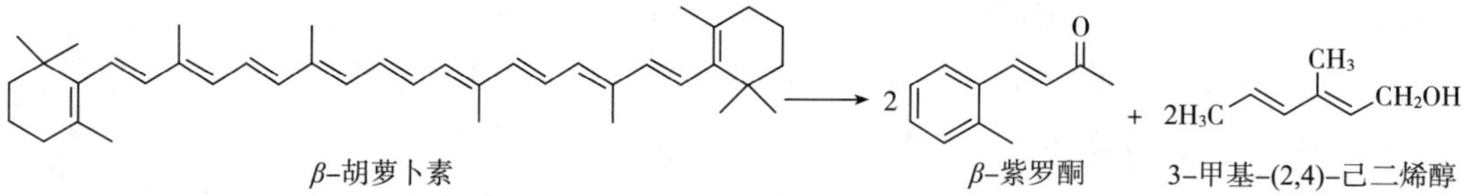

图 10 – 41　β – 紫罗酮生成途径

2. 脂肪族化合物

茶香中有不少脂肪族和芳香族化合物,如顺 – 2 – 己烯醇和反 – 3 – 己烯醇具有清香,红茶中发现的反 – 2 – 戊烯醇有柠檬似的清香。(Z) – 3 – 己烯醛和 2 – 辛烯醛的阈值低,具有强烈的青草香。苯甲醇、苯乙醇有木香。茉莉酮酸甲酯能给茶叶带来清淡持久的药花香,二氢茉莉酮酸酯可使茶增添花的香韵,小分子酯类则使茶增添水果香和花香。在茶中发现的 γ 和 δ 内酯也有 10 种以上,这些化合物使茶的香气更加丰润饱满、圆润。红茶萎凋、发酵及绿茶焙制引发了复杂的生化反应和化学反应,产生和积累了丰富的产物。在制茶的最后焙制阶段,它们有的挥发逸去,更多的是相互反应。最有代表性的是热降解和 Maillard 反应,产生了多种杂环化合物,如呋喃、吡啶、吡咯、吡嗪及含硫杂环化合物如噻吩等,增添了茶叶的高香,是茶叶加工的关键工序之一。

(六)咖啡中的香气物质

据报道确认的咖啡挥发性成分已有 600 余种,绝大多数是含氧、含氮或含硫的杂环化合物,如呋喃、噻吩、吡嗪、噻唑、吡咯和吡啶等,生咖啡豆无香味,几乎所有的香气都与咖啡的焙烤加工有关。

1. 杂环化合物

咖啡豆中碳水化合物主要有戊糖与己糖等单糖,除此之外还有一定比例的蔗糖。这些糖在高温下一部分分解,一部分会成环并脱水,生成带呋喃环的挥发性组分,总数近百种,居各类挥发性组分的首位。有代表性的化合物是 2 - 呋喃醛、2,5 - 二甲基 - 3 - (2H) - 呋喃酮、2 - (呋喃基) - 甲硫醇和(5 - 甲基 - 2 - 呋喃基) - 甲硫醇呋喃醛,它们具有明显的烤香。含硫的呋喃化合物 2 - (呋喃基) - 甲硫醇是咖啡香味的关键成分。

焙烤时咖啡豆里的蛋白质也降解成肽或氨基酸,其中的含硫氨基酸如半胱氨酸,一部分受热分解,也有一部分经过复杂的反应生成了噻吩类、噻唑类化合物。这两类化合物之和有 50 余种,具有代表性的化合物有噻吩、3 - 甲基噻吩、4 - 乙基 - 2 - 甲基噻吩、2,4,5 - 三甲基噻唑和 5 - 乙基 - 2,4 - 二甲基噻唑等。上述化合物分别具有坚果香、清香、花香、木香、蜜香,可使咖啡的香气更加丰满。

生咖啡豆有 3 种多胺,即腐胺、精胺和亚精胺。高温焙烤时有一部分腐胺转化为吡咯烷化合物,数目多达 60 余种,也是构成咖啡香气的重要成分。代表性的化合物有吡咯、2 - 乙酰基吡咯、吲哚、3 - 甲基吲哚和 2 - 吡咯醛等,其中 2 - 乙酰基吡咯有饼干香气,低浓度的烷基吡咯具有焦香。咖啡豆中的生物碱主要是葫芦巴碱,它本身带有一个吡啶环,加热时可生成吡啶、吡咯、哌啶基吡啶。除此之外还有甲基吡啶、3 - 乙基吡啶、3 - 甲氧甲酰基吡啶等。

2. 酚类化合物

咖啡的酚酸种类丰富,主要有绿原酸、咖啡酸、奎尼酸等。生成的多酚类对咖啡的风味有很重要的贡献。4 - 乙基酚具有木香、酚香和药草香。愈疮木酚有甜的焦香,4 - 甲基愈疮木酚具有辛香和香子兰香。

3. 其他化合物

炒咖啡挥发性物质中亦有萜烯化合物如芳樟醇、α - 萜品醇等。咖啡中还发现了麦芽酚,麦芽酚不仅本身有甜香,而且有甜味协同增效作用。咖啡中的一些小分子硫化物,如硫醇、硫醚等可以形成咖啡清新头香。

咖啡碱中,多酚及羟氨反应的非酶褐变产物形成了咖啡的苦涩感。在适量的有机酸(柠檬酸和苹果酸)的陪衬、烘托、调和后,使得咖啡具有独一无二的风味。

二、动物性食品的风味

(一)畜禽肉类的风味

1. 生肉的气味

生肉不产生香气,而且通常都带有畜禽原有的生臭气味和血样的腥膻气味。这些气味主要由 H_2S、CH_3SH、C_2H_5SH、CH_3CHO、CH_3COCH_3、CH_3OH、C_2H_5OH、$CH_3CH_2COCH_3$、NH_3

等组成。肉类只有在加热煮熟或烤熟后才具有本身特有的香气,特别是牛肉、鸡肉,其加热香气一般很好闻,肉香气通常指加热后产生的香气。

2. 各肉类香气的共同点

肉类风味长期以来一直是食品化学和风味化学重点研究的课题,已经鉴定了近千种肉类香气挥发性成分(表10-9)。除每种动物本身特殊的腺体或分泌物产生的特征气味外,几乎所有的熟肉香气成分的化学分类都非常相似。其相似性有两个共同特点:第一,有非常相似的风味前体,除了肉中蛋白质、脂肪、糖外,肉类在保存处理中会产生一些香味原始前体物质(表10-10);第二,在烹饪加热条件下产生香气的途径也很相似(图10-42),但由于各类化合物的组成和含量的差异也造成了各种肉的香气有所不同。

表10-9　熟肉风味中各类挥发性化合物统计

化合物	牛肉	猪肉	熏猪肉	羊肉	鸡肉
碳氢化合物	193	39	37	43	84
醇与酚	82	64	25	20	53
酮	65	38	41	39	83
羧酸	24	29	30	51	22
酯	59	21	33	11	16
内酯	38	8	12	14	24
呋喃和吡喃	47	16	28	5	16
吡咯和吡啶	39	12	16	19	24
吡嗪	51	22	44	16	22
其他含氮化合物	28	22	9	2	7
噁唑与噁唑啉	13	3	1	4	5
噻唑与噻唑啉	29	6	17	13	18
含硫化合物	72	20	17	7	17
硫酚	35	4	15	2	7
其他杂环硫化物	13	4	1	4	6
其他化合物	16	7	4	1	11
总计	804	315	330	251	415

表10-10　肉类香味成分水溶性原始前体物质

糖肽类	核苷酸糖	α-氨基酸类
核酸类	核苷酸糖-胺	氨基糖类
游离核苷酸类	核苷酸乙酰糖-胺	游离糖类
肽键核苷酸类	肽类	胺类
核苷	糖磷酸酯	有机酸类

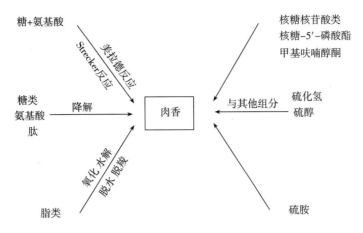

图 10 - 42　肉香前体与反应类型

3.动物宰杀前后体内成分的变化

动物死亡之后体内糖原在缺氧条件下受酶作用生成乳酸,使肌肉僵硬,经过一定时间(如鸡屠宰后 8 h 以上)组织渐渐软化,肉中蛋白质等大分子在酶的作用下生成氨基酸,糖原也成为单糖,三磷酸腺苷等物质在酶的作用下逐步降解为肌苷酸和鸟苷酸使肉味鲜美。

$$ATP \xrightarrow{ATP\ 酶} ADP \xrightarrow{肌激酶} AMP \xrightarrow{脱氨酶} IMP \xrightarrow{磷酸酶} 肌苷酸 \xrightarrow{核苷酶} 次黄嘌呤 + 核糖$$

核苷酸的结构复杂,本身具有环状结构和多种官能团,可被核苷酶分解为次黄嘌呤(略带苦味),在高温烹饪时也会分解成小分子物质影响肉的风味。因此要获得理想的肉类风味,应该将动物饲养、屠宰、熟化、贮藏和加工等所有环节都控制在最佳条件。

4.肉类挥发性香气成分

(1)羰基化合物

羰基化合物是肉中重要的风味成分,其中,醛类主要集中在 $C_5 \sim C_{10}$ 部分,如(反,顺)-2,4 - 癸二烯醛是鸡油的特征香气物质。鸡肉香气中还有酮、酸、酯和内酯,包括 1 - 辛烯 - 3 - 酮、3 - 辛烯 - 2 - 酮、3,5 - 辛二烯 - 2 - 酮和 3 - 壬烯 - 2 - 酮等。2 - 环戊烯酮与 2 - 环己烯酮两种环酮类也是肉类风味剂的重要成分,肉香中的硫酯阈值较低,对牛肉和猪肝的风味较为重要。γ - 内酯与 δ - 内酯为数不多,它们具有奶油、脂肪和果香的气味,可产生猪肉的甜香味。

(2)吡嗪类

熟牛肉中吡嗪化合物很多,是肉香中重要的一类化合物。有些烷基吡嗪有烤坚果的香气,乙酰基吡嗪有爆玉米花香气,而 6,7 - (2H) - 5 - (H) - 环戊基吡嗪使肉有熏烤的香味。

(3)吡咯、吡啶类

吡咯类化合物也相当多,2 - 乙酰基吡咯、1 - 和 2 - (2 - 甲基丙基)- 吡咯和 1 - 丁酰基吡咯是炸鸡风味的成分,也是烤牛肉香气的重要成分,并且带有焦香气味。2 - 乙酰基吡啶存在于所有肉类香气中,只是对肉类特征香气作用不大。2 - 戊基吡啶在烤羊肉香气中较多。

(4)呋喃类

呋喃化合物最早是从熟鸡肉香气中发现的,半数以上的带羰基、羟基、巯基、硫醚基等取代基的呋喃是在肉类香气中发现的,对肉类焦糖香、清香等有较大贡献。从熏火腿风味中可找到2-甲硫基糠醛,2-呋喃甲硫醇存在于煮牛肉和猪排中,2-甲基-3-甲硫基-呋喃是煮牛肉的特征香气,2,5-二甲基-4-羟基-3-(2H)-呋喃酮不仅存在于肉类风味中,而且存在于其他食品风味中,并带有菠萝香气。

(5)含硫化合物

含硫化合物是肉香的重要组成成分。例如噻唑和噻唑啉化合物是肉类风味中两种非常重要的化合物,2,4-二甲基-5-乙基噻唑有坚果香、烤香、肉香和类似猪肝的香气,而在烤牛肉、炸鸡肉和熏猪肉的香气中检出的2,4,5-三甲基-3-噻唑啉具有肉香和类似葱香气味。

(二)肉香气产生的途径

1. 概述

人们对肉香气既喜爱又保守,只在心理上已习惯的范围内接受其有限变化。事实上,肉香气物的前体也是相当固定的,它们是各种生肉中共同具有的氨基酸、糖类、脂类和硫胺素等,这些氨基酸主要来自肌肉蛋白的水解,因此种类很固定。糖类种类也很固定,一般为葡萄糖和核糖及糖原和糖蛋白分解的糖。不同种属的生肉中硫胺素的含量都较高,例如牛、猪、羊、鸡肉中硫胺素的含量分别约 0.07 mg/100g、0.53 mg/100g、0.07 mg/100g 和 0.03 mg/100g。所以,这三类风味物前体在各种动物肌肉中的含量和种类是很相似的,只有脂类成分的含量及种类具有明显的种属差异。

由前体到香气物的转化是复杂的,加热是最主要的变化条件,由此引起的变化包括:脂类的热氧化降解、美拉德反应、斯特雷克尔降解、硫胺素热解、糖的热解以及这些反应产物间的二次反应。

不同肉制品的加热方式不同,油炸工艺的特点是温度高、换热快和加热时间短;煮炖工艺的特点是水分充足、温度较低而恒定和加热时间长;烤制工艺的特点是水分少、温度很高和加热时间长;烹炒工艺的特点是上述 3 种工艺特点的复合。由于工艺不同,从前体物向香气物转化的条件以及产品的香气必然产生一定差别。

熏烟是一种肉品保质和提高风味的加工方法。熏烟过程中,木材分解产生的小分子酚类羰化物、脂肪酸、醇和硫化物等会吸附在肉中,它们或直接作为熏肉的风味物,或参与肉中的化学变化而产生风味物,从而形成熏肉的特有香气。

香肠类肉制品的制作中有一个长期的熟化过程,此间蛋白质和脂类发生水解和某种程度的氧化,有些香肠此间还有发酵过程,因此,积累了大量和更丰富的风味物前体。在加热变为成品的时候,产生了比一般肉制品更为丰富的风味物(特别是羰化物和游离脂肪酸),因此具有独特风味。

2. 非酶褐变途径生成肉风味物

虽然还不能说美拉德反应、糖的热解及斯特雷克尔降解是产生熟肉风味的最关键反应,但大量研究说明这些非酶褐变反应是产生肉风味的重要途径之一。其产生风味的过程可用图 10 - 43 更全面的表示。

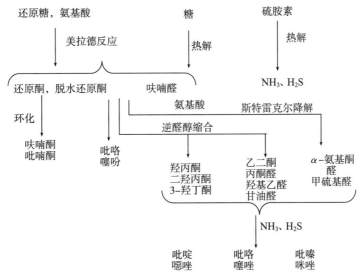

图 10 - 43 非酶褐变反应途径产生风味物

由于非酶褐变反应中每一个具体的反应的活化能各不相同,所以在不同条件下发生非酶褐变时,各类风味产物的生成比例就不同。在较低温度下噻吩的生成反应速度慢于吡嗪和吡咯的生成反应速度,但在较高温度下噻吩的生成反应速度却最快。

3. 脂肪热氧化途径产生风味物

脂肪的热氧化分解反应是肉香气产生的重要反应之一。这类反应以自由基反应的机理进行。从脂肪酸羧端变化产生风味物和从不饱和脂肪酸烯丙基位开始变化产生风味物的机理分别如图 10 - 44 和图 10 - 45 所示。

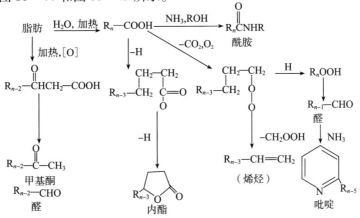

图 10 - 44 从脂肪酸的羧基端开始热氧化生成一些风味物的机理

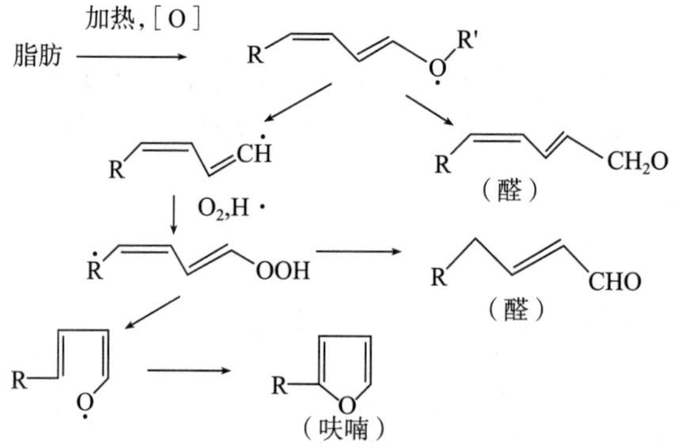

图 10 - 45　不饱和脂肪从脂肪酸链的烯丙基位置开始热氧化生成一些风味物的机理

4. 肉的热分解产物间二次反应产生风味物的途径

肉在受热中可产生 H_2S、NH_3、小分子羰化物、小分子呋喃类化合物等多种物质,除了直接作为风味贡献外,它们之间再次反应可生成更多具有肉风味特征的风味物。这些中间物质的生成反应和它们间的二次反应可分别以图 10 - 46 和图 10 - 47 表示。

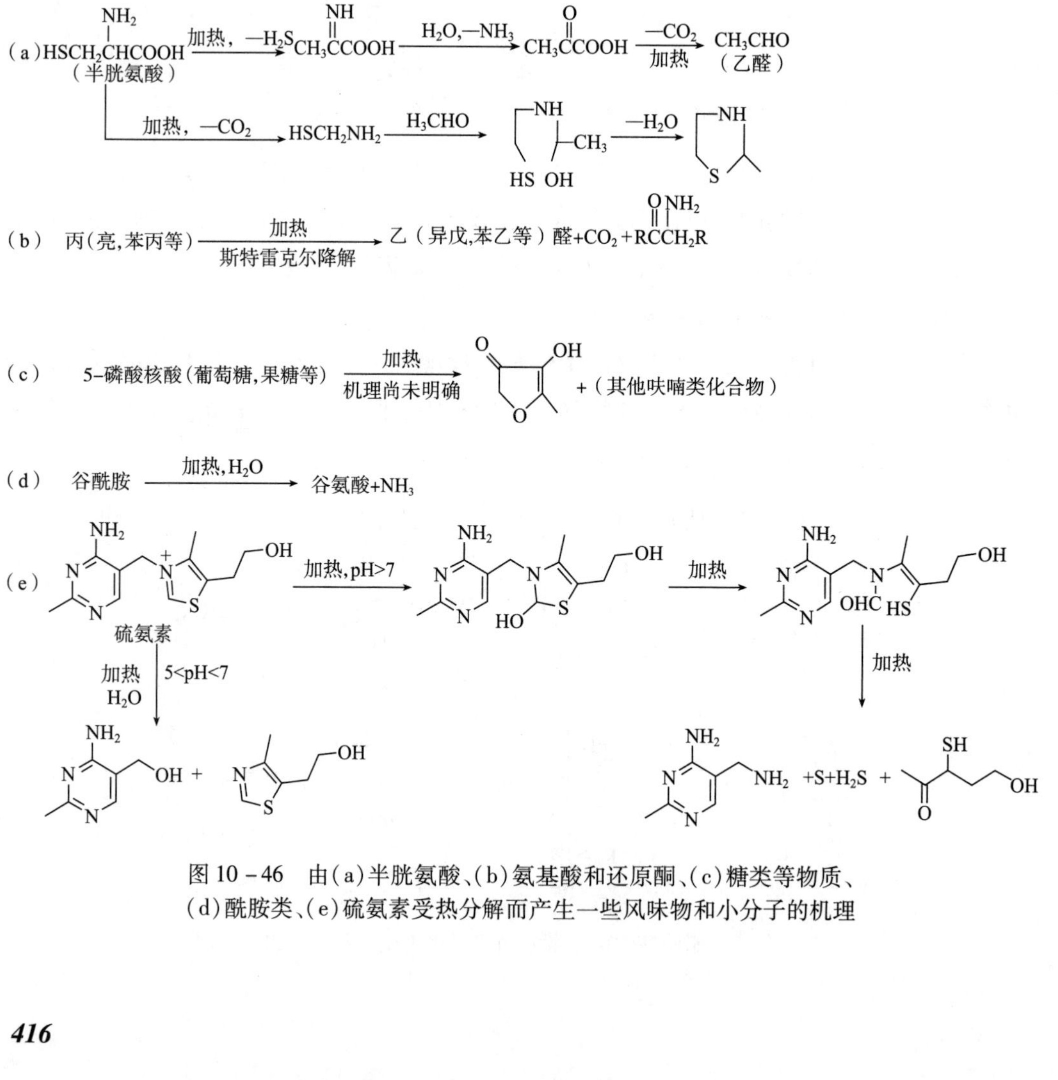

图 10 - 46　由(a)半胱氨酸、(b)氨基酸和还原酮、(c)糖类等物质、
(d)酰胺类、(e)硫氨素受热分解而产生一些风味物和小分子的机理

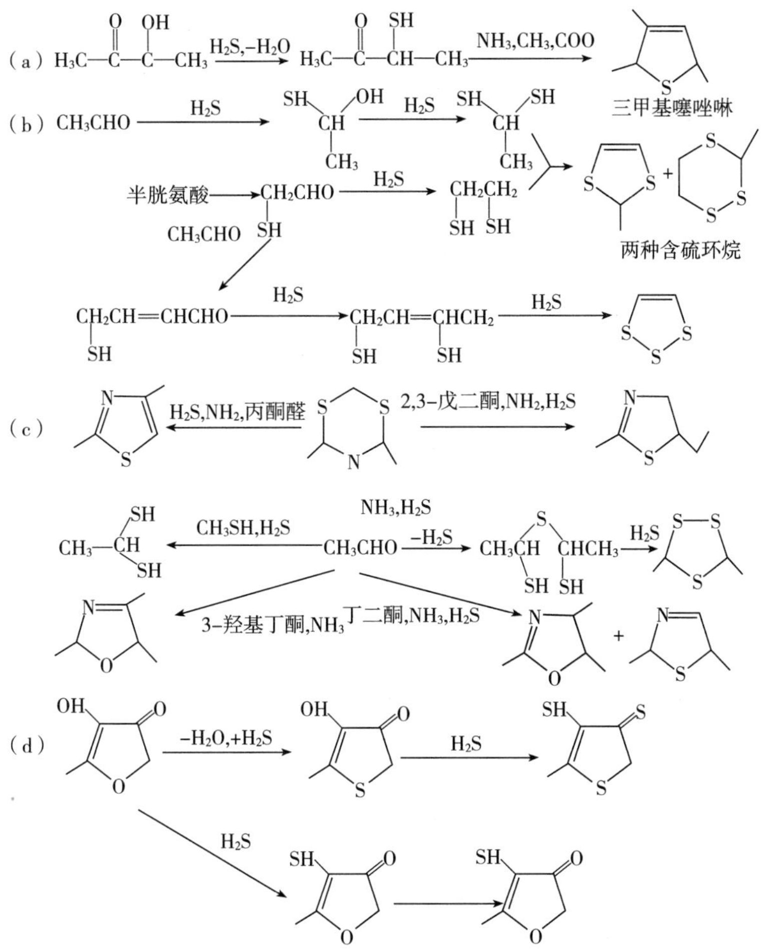

图 10 - 47　热加工中肉里产生的小分子通过二次反应产生风味物的机理
（本图中的产物有些已经在肉中检出,有些只在模拟实验体系中产生）

（三）水产品的风味

水产品包括鱼类、贝类、甲壳类的动物种类,还包括水产植物等。每种水产品的风味因新鲜程度和加工条件不同而丰富多彩。

新鲜捕获的鱼和海产品的气味极淡,随着新鲜度及加工方式的改变,其风味成分逐渐发生变化。鱼与海产品的优劣风味可分为以下 6 种:

① 非常新鲜的鱼和海产品般的香味。

② 氧化的、陈鱼的和贮藏的鱼气味。

③ 腐败的或腐臭气味。

④ 与鱼品种有关的特征气味。

⑤ 加工产生的鱼的气味。

⑥ 因环境产生的气味。

1. 新鲜水产品的风味成分

刚刚捕获的鱼及海产品具有令人愉快的植物般的清香和甜瓜般的香气。这一类香气来自于 C_6、C_8 和 C_9 醛类、酮类和醇类化合物(表 10 – 11),如 1 – 辛烯 – 3 – 酮、2 – 反 – 壬烯醛、顺 – 1,5 – 辛二烯 – 3 – 酮、1 – 辛烯 – 3 – 醇等,这些化合物都是长链多不饱和脂肪经酶促氧化的产物。尽管 C_8 醇的浓度大于相应的羰基化合物,但由于后者的阈值(表 10 – 12)很低,因此羰基化合物对新鲜鱼和海产品的风味影响比醇更大。

表 10 – 11　长链多不饱和脂肪酸受酶作用产生的新鲜鱼挥发性香气成分

化合物	香气描述	化合物	香气描述
己醛	浓、青香、醛似气味	顺 – 1,5 – 辛二烯 – 3 – 醇	浓的,泥土般气味,清香,蘑菇香
反 – 2 – 己烯醛	清香,臭虫般的气味	顺 – 1,5 – 辛二烯 – 3 – 酮	粉碎天竺葵叶香气
顺 – 3 – 己烯醛	清香,青叶般的香气	(反,顺) – 2,6 – 壬二烯醛	黄瓜般香气
1 – 辛烯 – 3 – 醇	生蘑菇的香气	(反,顺) – 2,6 – 壬二烯醇	黄瓜、甜瓜般香气
1 – 辛烯 – 3 – 酮	熟蘑菇的香气		

表 10 – 12　新鲜鱼香气部分挥发性化合物的阈值

化合物	阈值/1×10^{-9}	鱼中的浓度/1×10^{-9}
羰基类化合物		
1 – 辛烯 – 3 – 酮	0.090	0.1 ~ 10
1,顺 – 5 – 辛二烯 – 3 – 酮	0.001	0.1 ~ 10
反 – 2 – 壬烯醛	0.080	0 ~ 25
(反,顺) – 2,6 – 壬二烯醛	0.010	0 ~ 50
醇类化合物		
1 – 辛烯 – 3 – 醇	10	10 ~ 100
1,顺 – 5 – 辛二烯 – 3 – 醇	10	10 ~ 100
(顺,顺) – 3,6 – 壬二烯醇	10	0 ~ 15

2. 贮藏过程中水产品风味成分的变化

贮藏过程中,随着水产品新鲜度的降低,气味成分逐渐发生变化,呈现出一种极为特殊的气味,如鱼腥气、土腥气及腐臭气等。鱼腥气的特征成分是鱼皮黏液中含有的 δ – 氨基戊醛、δ – 氨基戊酸和六氢吡啶类化合物,它们是由碱性氨基酸经过脱氨酶、脱羧酶、氧化酶的作用产生的。在淡水鱼中,六氢吡啶类化合物所占的比重比海鱼大。δ – 氨基戊醛和 δ – 氨基戊酸具有强烈腥味,鱼类血液强烈的腥臭味主要是由 δ – 氨基戊醛产生的。

鱼体鲜度下降时会产生令人厌恶的腐臭气味,主要有氨、二甲胺、三甲胺、甲硫醇、粪臭素及脂肪酸氧化产物等成分,其中,三甲胺是鱼体腐臭气的代表,新鲜的鱼体内不含三甲胺,只有氧化三甲胺,而氧化三甲胺在海鱼中含量丰富,淡水鱼中含量极少甚至没有。随着新鲜度的下降,鱼体内的氧化三甲胺会在微生物和酶的作用下降解生成三甲胺和二甲胺

（图 10 - 48）。纯净的三甲胺仅有氨味,当它与 δ - 氨基戊酸、六氢吡啶等成分共同存在时,增强了鱼腥的嗅感。故一般海鱼的腥臭气比淡水鱼更为强烈。

鱼油中多不饱和脂肪酸含量丰富,容易被氧化。因此,氧化鱼油般的鱼腥气味中,其成分还有部分来自 ω - 不饱和脂肪酸自动氧化而生成的羰基化合物,例如 2,4 - 癸二烯醛、2,4,7 - 癸三烯醛等。它们是氧化鱼油鱼腥味异味的主要成分。

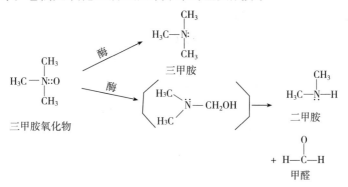

图 10 - 48　新鲜海产品中微生物产生的主要挥发性胺类

冷冻是水产品尤其是海产品保藏的重要手段。和鲜鱼相比,冷冻鱼的风味成分中羰基化合物的含量增加,其他成分大致相同。这些羰基化合物主要是由鱼脂肪的缓慢自动氧化而成,是冻鱼脂肪腥臭的重要组分。

将鱼经适当处理制成鱼干后更利于贮藏。在干鱼的风味成分中,羰基化合物和脂肪酸的含量有所增加,其他组分与鲜鱼基本相同。干鱼特殊的清香霉味主要是由丙醛、异戊醛、丁酸、异戊酸产生。这些风味成分也是鱼脂肪自动氧化产生的。

3. 烹饪和加工对水产品风味成分的影响

熟鱼的风味成分中,挥发性酸、含氮化合物和羰基化合物的含量都有增加,产生了熟肉的诱人香气。熟鱼香气物质主要通过美拉德反应、氨基酸热降解、脂肪的热氧化降解以及硫胺素的热降解等反应途径生成。由于香气成分及含量上的差别,组成了各种鱼产品的香气特征。例如,罐装金枪鱼有类似肉香的气味,与其他罐装的熟鱼大不相同。有人在罐装金枪鱼中鉴定出 2 - 甲基 - 3 - 呋喃硫醇,这种化合物具有浓厚的牛肉汁般的香气,是由半胱氨酸与核糖在加热时发生反应而生成的,它与其他一些相似的化合物共同使罐装金枪鱼具有浓郁的肉般香气。

烤鱼和熏鱼的香气与烹调鱼有所差别。当烘烤不加任何调料的鲜鱼时,主要是鱼皮及部分脂肪、肌肉在热作用下发生非酶褐变反应,其香气成分相对较贫乏。若在鱼的表面涂了调味汁再烘烤,羰基化合物及二次反应生成物的含量显著增加,风味较浓。以熏烤干鱼（干松鱼）为例,2 - 甲基庚醇、3,4 - 二甲氧基甲苯、全顺式 - 1,5,8 - 十一碳三烯 - 3 - 醇、2,5 - 辛二烯 - 3 - 醇、2,6 - 二甲氧基苯酚、4 - 甲（乙）基 - 2,6 - 二甲氧基苯酚、3 - 甲基 - 2 - 环戊烯酮、2,3 - 二甲基 - 2 - 环戊烯酮、2 - 十一酮、2 - (或 3 -)甲基巴豆酸 - γ - 内酯等都是干松鱼的重要香气成分。其中,烟熏焙干能将熏烟成分中的酚类(2,6 - 二甲氧基苯酚)转移到干松鱼上,形成干松鱼的特有香气。

牡蛎是一种海产贝类,新鲜牡蛎主要表现出腥味及植物清香、海藻或黄瓜的气味。而经过烹饪的牡蛎能产生诱人的贝肉甜香味,与鲜牡蛎的风味差别很大。加工温度对牡蛎的挥发性风味成分也具有重要影响,新鲜牡蛎在加热到100℃和150℃时气味发生明显变化。借助GC—MS分析发现,己醛、(反,顺)-2,6-壬二烯醛、庚醛、辛醛等醛类物质对新鲜牡蛎的风味影响较大,赋予其腥味、蘑菇及黄瓜的风味。经过100℃加热后,牡蛎的腥味减弱、肉香浓郁,醛类和杂环化合物是其主要的挥发性风味物质。150℃加热牡蛎的主要挥发性物质是烃类,杂环化合物对其烘烤风味的形成具有重要作用。

熟小虾中有两种长链不饱和甲基酮,它们是(顺,顺,顺)-5,8,11-十四碳三烯-2-酮与(反,顺,顺)-5,8,11-十四碳三烯-2-酮,具有虾、蟹、甲壳类和海参的香味。煮青虾的特征香气成分有乙酸、异丁酸、三甲胺、氨、乙(丙)醛、正(异)丁醛、异戊醛和硫化氢等。2,6-壬二烯醇、2,7-癸烯醇、7-癸烯醇、辛醇、壬醇等是海参、海鞘类水产品清香气味的来源。紫菜的头香成分在40种以上,其中最重要的有羰基化合物、硫化物和含氮化合物。

(四) 乳品的香气物质及其产生途径

1. 乳品的香气物质简介

乳制食品种类较多,商业意义较大的有:鲜奶、稀奶油、黄油、奶粉、发酵黄油、炼乳、酸奶和干酪。

鲜奶、稀奶油和黄油的香气成分基本都是乳中固有的挥发性成分(表10-13),它们的差异来自特定分离时鲜乳中的风味物,这些风味物由于水溶性和脂溶性不同而进入不同产品。鲜奶被离心分离时,脂溶性成分更多地随稀奶油而分出,由稀奶油转化为黄油时,被排出的水又把少量的水溶性风味物带去。因此,中长链脂肪酸、羰化物(特别是甲基酮和烯醛)在稀奶油和黄油中就比在鲜奶中含量高。

表10-13 从牛奶、鲜奶油、黄油中测出的主要香气物质

酸类	内酯类
C2,4,6…,…18 烷酸	C6~18 δ-内酯
C10,12…,…18 单烯酸	C8~16 γ-内酯
C18 二烯酸	酯类
C18 三烯酸	C1,2,4,5,6,7,8,9,10,11,12,16 酸甲酯
C4,6,8,15,16,17 异烷酸	C1,2,4,5,6,7,8,9,10,12 酸乙酯
C10~13 酮酸	苯甲酸甲酯
C10~16 羧酸	硫化物
醇类	二甲硫醚
C4~10 烷醇	硫化氢
醛类	甲硫醇

续表

酸类	内酯类
2－甲基苯醛苯酚	糠醛
C4～12 烷醛	甲基磺酰甲烷
C4～12 烯醛	其他
2－甲基丁醛	苯酚
4－顺式－庚烯醛	m－甲酚
酮类	p－甲酚
C3～18－2－烷酮	香兰素
丁二酮	麦芽酚
3－羟基－2－丁酮	

　　奶粉和炼乳的加工中,奶中固有的一些香气物因挥发而部分损失,加热又产生了一些新的风味物。例如,脱脂奶粉中糠醛、丁酸－2－糠醇酯、烷基吡嗪、N－乙基－2－甲酰吡咯、邻甲基苯、苯甲醛和水杨醛的增加使脱脂奶粉具有不新鲜的气味。甲基酮和烯醛等气味成分也在奶粉与炼乳中增加。加热产生这些风味的反应包括美拉德反应、脂肪氧化和一些二次反应。

　　发酵乳品是利用一些专门的微生物作用来制造的。例如发酵黄油利用了乳酸链球菌或嗜柠檬酸明串球菌等,在它们的作用下,发酵黄油中除产生了较多乳酸外,还产生了二羟丙酮、3－羟丁酮、乙醛等气味物,使风味发生较大变化。又如酸奶利用了嗜热乳链球菌和保加利亚乳杆菌发酵,脱脂乳受它们的作用后,除慢慢形成凝胶外,还产生了乳酸、乙酸、异戊醛等重要风味成分。其中乙醇与脂肪酸形成的酯给酸奶带来了一些水果气味。酸奶制作中,消毒和杀菌必然也影响到风味,比如会引起羰化物含量波动。酸奶后熟中,在酶促作用下产生的丁二酮已被证明是酸奶重要的特征风味成分。

　　干酪的制作中常使用混合菌发酵,例如嗜热乳链球菌、乳酸链球菌、乳脂链球菌和干酪杆菌等。它们一方面促进凝乳,另一方面在后熟期间促进产生香气物质。另外,干酪加工中常引入脂酶,目的是水解乳脂,增加脂肪酸对风味的贡献。奶酪的风味在乳制品中最丰富,它们包括:游离脂肪酸、β－酮酸、甲基酮、丁二酮、醇类、酯类、内酯类和硫化物等。

　　乳品加工和贮藏方法不当,常出现异味。例如:长期暴露于空气中会产生氧化臭味,暴露在日光下会产生日晒气味(卷心菜气味),杂菌在发酵乳中增多时会引起丁酸等增高而引起酸败气味等。

2.乳品中一些风味物的产生途径

(1)二甲硫醚的生成途径

　　二甲硫醚的阈值很小,所以是乳品中贡献较大的风味物。它的含量随饲料中的蛋氨酸添加量增加而增加,牛奶经过加热,它的含量也增加,所以认为其前体物质是 S－甲基蛋氨酸硫盐。从前体向二甲硫醚的转化反应如图 10－49 所示。

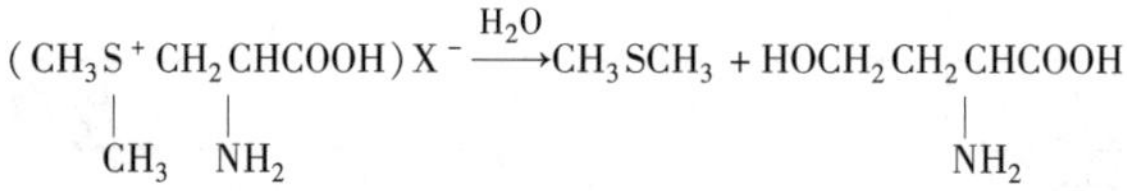

$$(CH_3S^+CH_2CHCOOH)X^- \xrightarrow{H_2O} CH_3SCH_3 + HOCH_2CH_2CHCOOH$$

$S-$甲基蛋氨酸硫盐 　　　　 二甲硫醚 　　 高丝氨酸

图 10 – 49 　前体向二甲硫醚的转化反应

（2）乳品受热中产生风味物的途径

乳中含有氨基酸、蛋白质、乳糖、乳脂和硫氨素等成分，在加工乳品的受热过程中它们会发生非酶褐变、热氧化和热分解以及这些反应产物的二次反应而生成加热乳品的一部分风味物。

（3）发酵乳品中丁二酮、乙醛、乙酸、乙醇和乳酸的产生途径

丁二酮、乙醛和乙酸是发酵乳品（酸奶和发酵黄油）特征风味的主要贡献成分。它们的产生是乳酸菌作用的结果。乳酸发酵分为同型和异型两种。同型乳酸发酵菌可使每分子乳糖转化为两分子乳酸，而异型乳酸发酵菌则使每分子乳糖转化为一分子乳酸的同时还产生乙醇或乙酸。丁二酮的产生是这种发酵的一个副产物。它主要从柠檬酸开始，经过两条途径而生成。图 10 – 50 表示了这些风味物的形成途径。

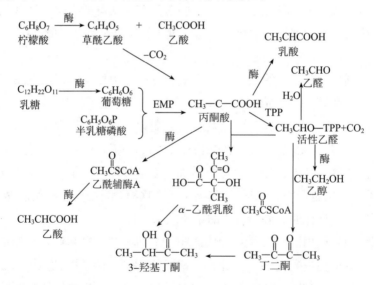

图 10 – 50 　发酵乳制品中丁二酮、乙酸、乳酸、乙醛和乙醇的生成途径

（4）干酪中脂肪酸的产生途径

干酪中存在有多种含量大多低于各自阈值的脂肪酸，其中，中等链长的脂肪酸对干酪风味来说是必不可少的。这些脂肪酸是乳脂经脂酶水解而产生的。脂酶来源于奶中固有、发酵微生物产生和人为添加。水解反应如图 10 – 51 所示。

乳脂 $\xrightarrow{\text{脂酶}}$ 中（和短）碳链脂肪酸 $+\beta-$ 酮酸 + 长碳链脂肪酸

$\downarrow$ 酶，CO_2

甲基酮

图 10 – 51 　乳脂的水解反应

从上式可知,这条途径也同时产生一部分甲基酮。另外,生成的脂肪酸中有少量 δ - 羟基脂肪酸和不饱和脂肪酸,后者经酶催化又可产生一些羟基脂肪酸,而羟基脂肪酸又会在加热等条件下形成内酯。内酯的产生会带来明显的风味特征,一些人很喜爱,另一些人不喜欢。

(5)氧化臭气物的产生途径

乳品不应长期暴露在空气中,否则会出现氧化臭气。这是乳中不饱和脂肪酸经自动氧化反应产生了 α,β - 不饱和醛所致。乳中微量存在的 Cu^{2+} 和 Fe^{3+} 等可促进这一反应。几个阈值很低的此类风味物的生成反应式如图 10 - 52 所示。

$$\text{多不饱和脂肪(或脂肪酸)} \xrightarrow[\text{自动氧化}]{O_2} \text{2 - 辛烯醛(或 2 - 壬烯醛或 2,5 - 辛二烯醛)}$$

图 10 - 52　多不饱和脂肪的氧化反应

(6)日晒气味物的产生途径

乳品不应暴露在日光下,否则会出现日晒气味。这是由于乳中蛋氨酸在日光和核黄素作用下分解,产生硫化物和丙烯醛所致。有关反应见图 10 - 53。

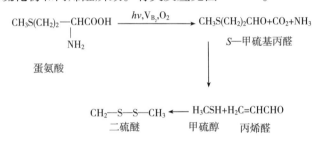

图 10 - 53　乳品中日晒风味物的生成途径

三、焙烤食品中的香气物质

人们已很熟悉飘荡在焙烤或烘烤食品中的愉快的香气。例如,面包皮风味、爆玉米花气味、焦糖风味、坚果风味、爆竹气味都是这类风味。通常,当食品色泽从浅黄变为金黄时,这种风味达到最佳,当继续加热使色泽变褐时就出现了焦煳气味和苦辛滋味。

焙烤或烘烤香气似乎是综合特征类香气。吡嗪类、吡咯类、呋喃类和噻唑类中都发现有多种具有此类香气的物质,而且它们的结构有明显的共同点。在气味和气味物的关系章节中已介绍了这种共同结构,图 10 - 54 是更多此类物质的结构、名称和香气。

然而,还没有依据来说明实际的焙烤或烘烤食品的主要香气贡献成分是由哪几种挥发物组成,因为在任何一种焙烤或烘烤而制成的食品中都发现了非常多的香气成分。据报道,焙烤可可中已测出 380 种以上香气成分,烘烤咖啡豆中已测出 580 种以上香气成分,炒花生中已测出 280 种以上的香气成分,炒杏仁中已测出 85 种香气成分,烤面包皮中已测得70 多种羰化物和 25 种呋喃类化合物及许多其他挥发物质。

不同焙烤或烘烤食品中气味物的种类各不相同,但从大的类别看,多有相似之处。比如,它们多富含呋喃类、羰化物、吡嗪类、吡咯类及含硫的噻吩、噻唑等。

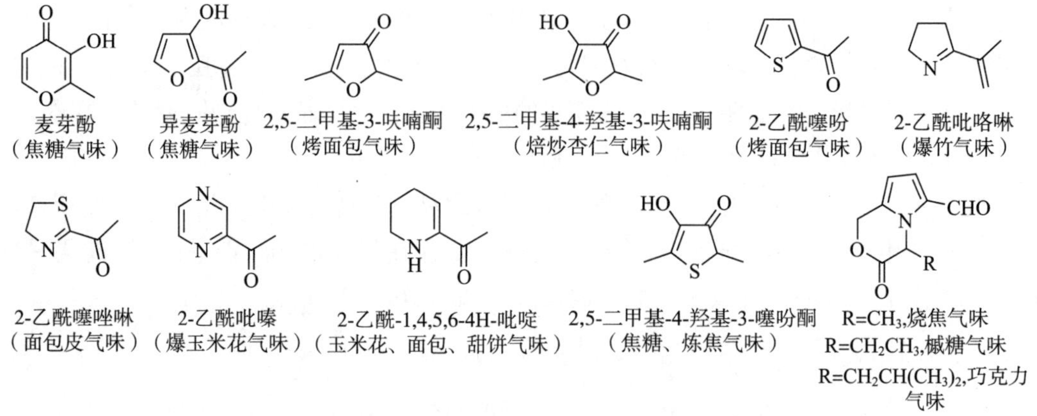

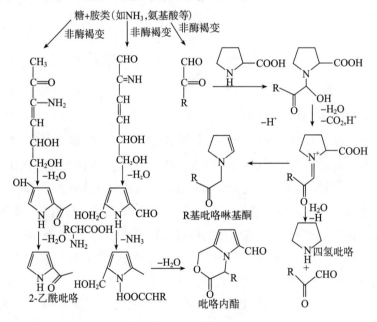

麦芽酚
（焦糖气味）
异麦芽酚
（焦糖气味）
2,5-二甲基-3-呋喃酮
（烤面包气味）
2,5-二甲基-4-羟基-3-呋喃酮
（焙炒杏仁气味）
2-乙酰噻吩
（烤面包气味）
2-乙酰吡咯啉
（爆竹气味）
2-乙酰噻唑啉
（面包皮气味）
2-乙酰吡嗪
（爆玉米花气味）
2-乙酰-1,4,5,6-4H-吡啶
（玉米花、面包、甜饼气味）
2,5-二甲基-4-羟基-3-噻吩酮
（焦糖、炼焦气味）
R=CH3,烧焦气味
R=CH2CH3,槭糖气味
R=CH2CH(CH3)2,巧克力气味

图 10－54　一些具有焙烤(或烘烤)气味的化合物

焙烤或烘烤食品的香气物质主要在食品烘烤中产生,它们的前体物质非常广泛,比如,蛋白质、氨基酸、糖、脂类、绿原酸、阿魏酸、葫芦巴碱、高级醇、木质素等。一些前人研究发现大多与非酶褐变反应有关。

1. 吡咯的形成途径

不同研究者分别提出了多种吡咯生成的途径。总的来说,非酶褐变仍然是吡咯形成的关键反应。图 10－55 是一些经此途径生成吡咯的机理。

糖+胺类(如NH3,氨基酸等)
非酶褐变
非酶褐变
非酶褐变
R基吡咯啉基酮
四氢吡咯
2-乙酰吡咯
吡咯内酯

图 10－55　吡咯的形成机理

2. 吡啶的形成途径

非酶褐变产生的醛与氨或氨基酸反应就可产生吡啶。已提出多种机理说明吡啶如何生成,如图 10－56 所示。

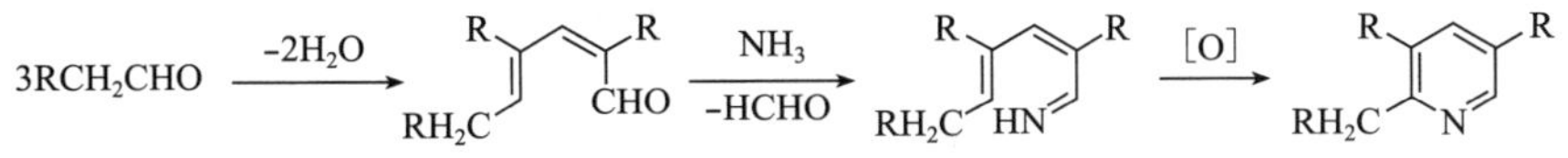

图 10-56　吡啶的形成途径

3. 噻吩的形成途径

非酶褐变中间产物和含硫氨基酸降解产物之间发生反应就可产生噻吩。下边举两例说明,如图 10-57 所示。

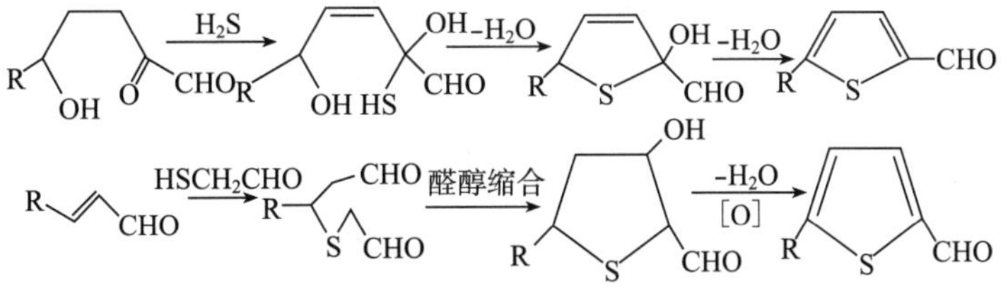

图 10-57　噻吩的形成途径

4. 噻唑的形成途径

非酶褐变中间产物和含硫氨基酸降解产物之间发生反应也是形成噻唑的主要途径,如图 10-58 所示。

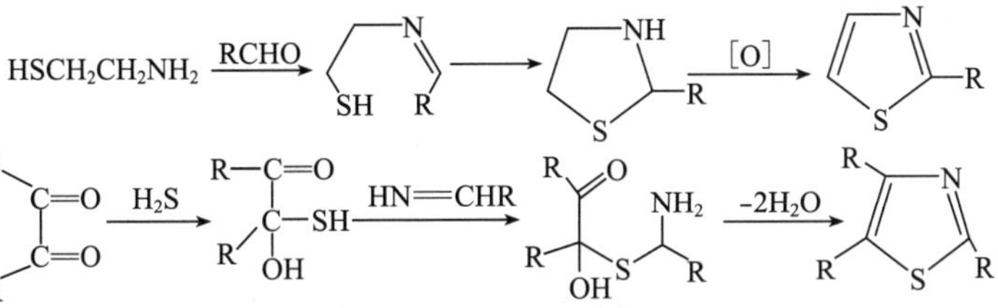

图 10-58　噻唑的形成途径

5. 多硫环化物的形成途径

在焙烤或烘烤食品中产生多硫环化物的途径与在肉中产生该类化合物的途径基本相同,不再赘述。

6. 吡嗪类的生成途径

吡嗪类化合物的生物合成已在水果和蔬菜的风味物生成途径一节介绍,这里介绍在加工中的生成途径。热加工中,非酶褐变产生的邻二羰基化合物与氨基酸发生斯特雷克尔降解是最基本的吡嗪生成途径,图 10-59 给出了这条途径的机理。

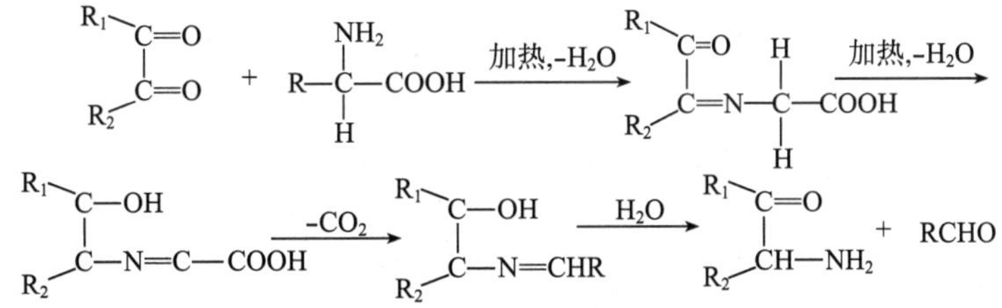

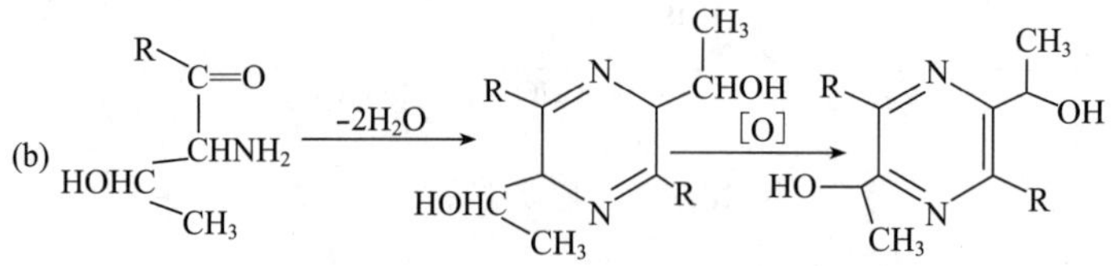

图 10 - 59　（a)斯特雷克尔降解和(b)吡嗪的生成机理

7. 其他固有成分向风味物的转化途径

根据对咖啡香气物的研究,在烘烤中,由于高温和氧化作用,原料中的固有萜类会转化产生更多种挥发萜类,原料中的生物碱可转化为吡咯和吡啶类风味物,原料中的绿原酸和奎尼酸可转化为多种酚类风味物。这些反应的例子见图 10 - 60。

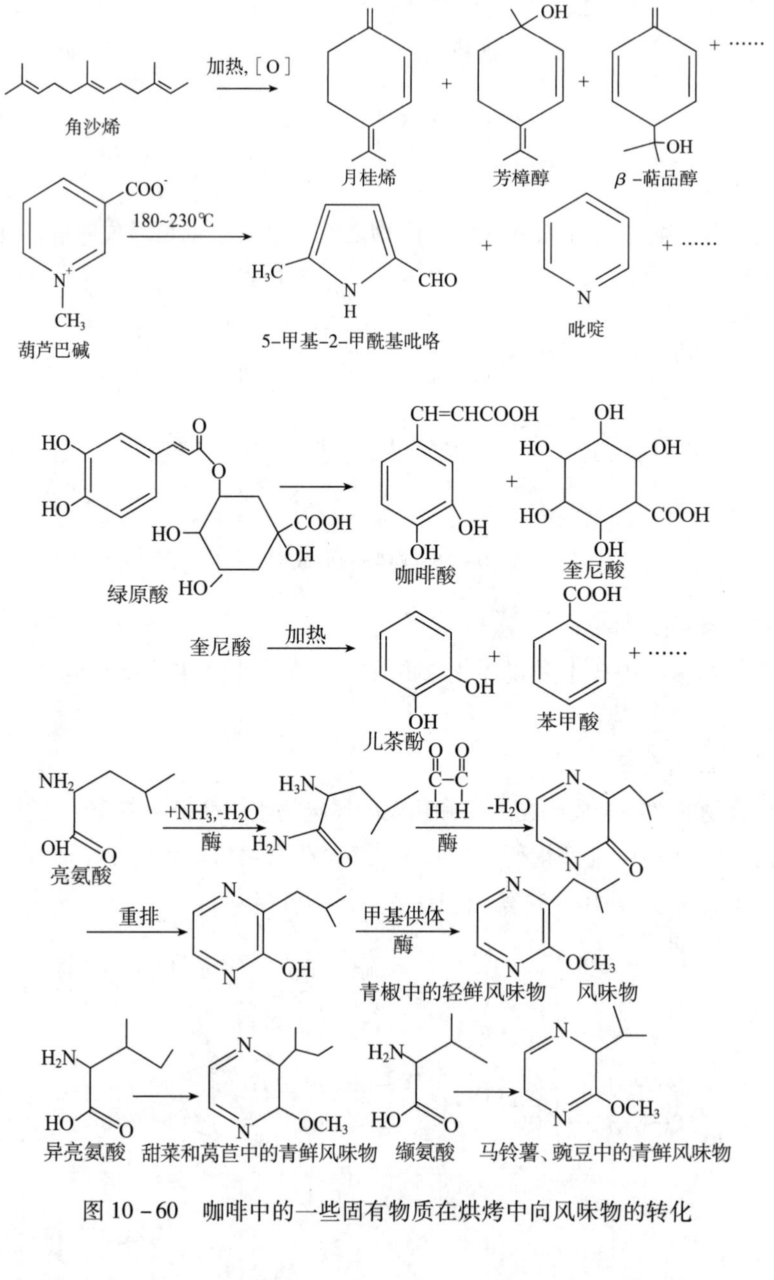

图 10 - 60　咖啡中的一些固有物质在烘烤中向风味物的转化

四、发酵类食品的香气物质

(一)发酵食品的香气物及其产生途径简介

1.发酵食品的香气物简介

常见的发酵食品包括酒类、酱类、食醋、发酵乳品、香肠等。

我国酿酒历史悠久,名酒极多,如茅台酒、五粮液、泸州大曲等。中国食品发酵工业研究所(1977 年)对名酒进行气相色谱分析,其结果是泸州大曲的主要呈香物质为己酸乙酯及乳酸乙酯,而茅台酒的主要呈味物质是乙酸乙酯及乳酸乙酯。

在各种白酒中已鉴定出 300 多种挥发成分,包括醇、酯、酸、羰化物、缩醛、含氮化合物、含硫化合物、酚、醚等。前 4 类成分多样,含量也最多。乙醇和挥发性的直链或支链饱和醇是最突出的醇,乙酸乙酯、乳酸乙酯和己酸乙酯是主要的酯,乙酸、乳酸和己酸是主要酸,乙缩醛、乙醛、丙醛、糠醛、丁二酮是贡献较大的羰基化合物。

啤酒中也已鉴定出 300 种以上的挥发成分,但总体含量很低,对香气贡献大的是醇、酯、羰化物、酸和硫化物。

发酵葡萄酒中香气物更多(350 种以上),除了醇、酯、羰化物外,萜类和芳香族类的含量比较丰富。

酱油的香气物包括醇、酯、酸、羰化物、硫化物和酚类等。醇和酯中有一部分是芳香族化合物。

食醋中酸、醇和羰化物较多,其中乙酸含量高达 4% 左右。

乳制品的风味前文已介绍。香肠中与微生物活动有关的风味物目前资料太少,总的风味物比一般熟肉更丰富,这在前文中已介绍。

面包的风味物中也包括酵母活动的产物,但许多微生物活动产生的挥发物在焙烤中挥发损失,而焙烤过程又产生了大量焙烤风味物。总之,面包的香气物包括醇、酸、酯、羰化物、呋喃类、吡嗪类、内酯、硫化物及萜烯类化合物等。

2.发酵风味物的生成途径

发酵食品都包含着发酵风味,这主要和微生物活动有关。酒类主要依赖酵母菌发酵,酱类利用曲霉、乳酸菌和酵母发酵,食醋利用酵母和醋酸菌发酵,酸菜和乳制品主要利用乳酸菌发酵,面包主要利用酵母发酵。发酵中,微生物产生的酶使原料成分生成小分子,这些分子又经不同时期的化学反应而生成更多种风味物。

发酵食品的后熟阶段常对风味有较大贡献。该阶段中,残存酶的作用以及长期而缓慢地化学变化产生了许多重要的风味成分。

微生物能产生氧化还原酶类、水解酶类、异构化酶类、裂合酶类、转移酶类和连接酶类,由这些酶联合进行的发酵反应是如何形成发酵风味物的,目前了解的还很有限。下面仅举几个例子。

（1）酯的形成

啤酒中有80多种酯,现已知大部分来自微生物酶的作用。形成反应如图10-61所示。

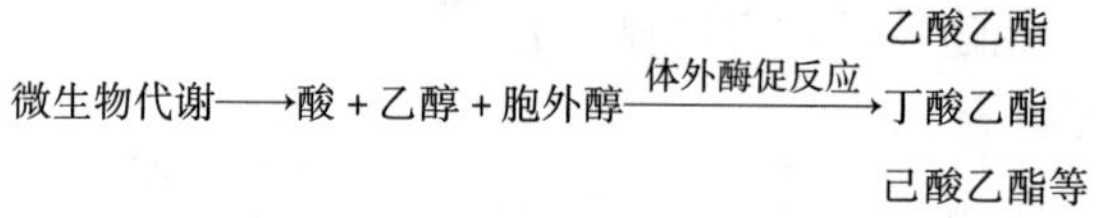

$$微生物代谢 \longrightarrow 酸 + 乙醇 + 胞外醇 \xrightarrow{体外酶促反应} \begin{cases} 乙酸乙酯 \\ 丁酸乙酯 \\ 己酸乙酯等 \end{cases}$$

图 10-61　啤酒中酯的形成反应

（2）高级醇的形成

酒中高级醇的产生是在微生物酶的作用下先合成氨基酸,再转化氨基酸而产生的,可用图10-62表示。

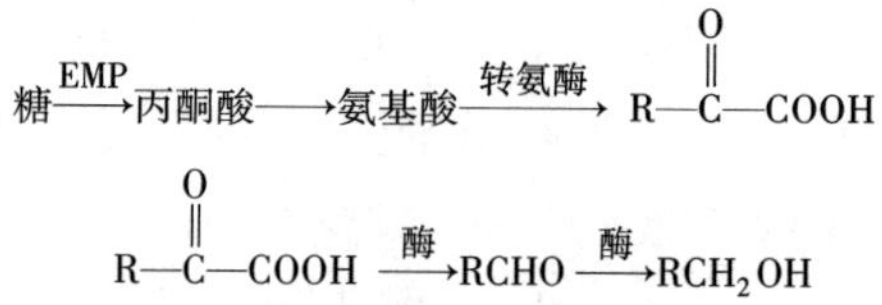

$$糖 \xrightarrow{EMP} 丙酮酸 \longrightarrow 氨基酸 \xrightarrow{转氨酶} R\overset{\overset{\displaystyle O}{\|}}{-C}-COOH$$

$$R\overset{\overset{\displaystyle O}{\|}}{-C}-COOH \xrightarrow{酶} RCHO \xrightarrow{酶} RCH_2OH$$

图 10-62　高级醇的形成反应

这条途径里缬氨酸转变为异丁醇,亮氨酸转化为异戊醇,异亮氨酸转化为2-甲基丁醇,蛋氨酸转化为3-甲硫基丙醇,苯丙氨酸转化为苯乙醇等。

（3）醛和甲基酮的形成

原料脂肪或微生物脂肪受微生物酶的催化,先水解为脂肪酸,再转变为氢过氧化物,然后分解为甲基酮或醛。

（4）内酯的形成

微生物可使一些氨基酸转化为内酯,如图10-63所示。

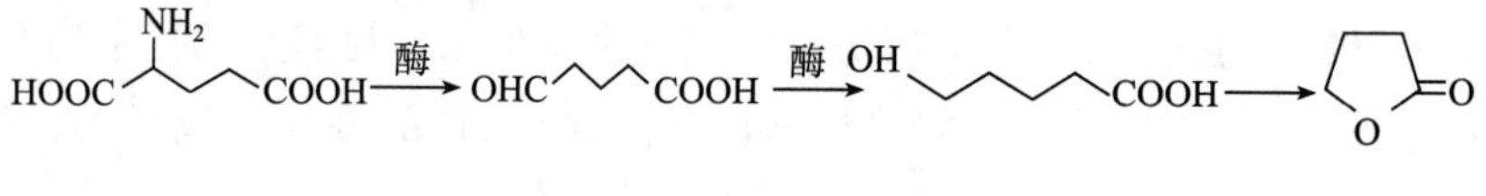

图 10-63　内酯的形成反应

（二）主要发酵食品及其香气物质

1. 白酒

白酒的芳香物质已经鉴别出300多种,主要成分包括:醇类、酯类、酸类、羰基化合物、酚类化合物及硫化物等。以上这些物质按不同比例相互配合,构成各种芳香成分。我国按风味成分将白酒分成5种主要香型(表10-14)。

表 10-14　白酒的香型

香型	代表酒	香型特点	特征风味物质
浓香型	五粮液、泸州大曲	香气浓郁、纯正协调、绵甜爽净、回味悠长	酯类占绝对优势,其次是酸,酯类以乙酸乙酯、乳酸乙酯、己酸乙酯最多
清香型	山西汾酒	清香纯正、入口微甜、干爽微苦、香味悠长	几乎都是乙酸乙酯、己酸乙酯

香型	代表酒	香型特点	特征风味物质
酱香型	茅台、郎酒	优雅的酱香、醇甜绵柔、醇厚持久、空杯留香时间长、口味细腻、回味悠长	乳酸乙酯、己酸乙酯比大曲少；丁酸乙酯增多。高沸点物质、杂环类物质含量高，成分复杂
米香型	桂林三花	香气清爽	香味成分总量较少、乳酸乙酯、β-苯乙醇含量相对较高
风香型	西凤酒	介于浓香和清香之间	己酸乙酯含量高、乙酸乙酯和乳酸乙酯比例比较恰当

（1）醇类化合物

白酒中香气成分中含量最大的是醇类物质，其中以乙醇含量最多，它是通过淀粉类物质经酒精发酵得来。除此之外，还含有甲醇、丙醇、2-甲基丙醇、正丁醇、正戊醇、异戊醇等。除甲醇外，这些醇统称为高级醇，又称高碳醇。高碳醇含量的多少，决定了白酒风味的好坏。高碳醇来源于氨基酸发酵，故酒类发酵原料要有一定蛋白质。果酒发酵因氨基酸少，生成的高碳醇较少；白酒及啤酒发酵，高碳醇直接从亮氨酸、异亮氨酸等转化而成，反应如图10-64所示。

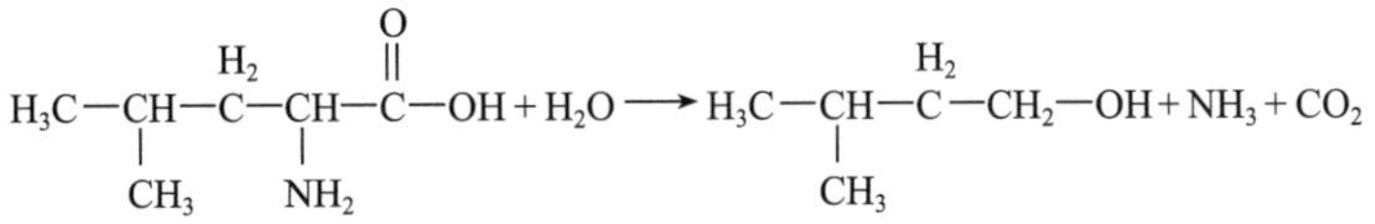

图 10-64　亮氨酸转变为异戊醇的反应

好酒的高碳醇含量稍高，且比率适当。如果高碳醇含量过高，会产生不正常风味。

（2）酯类化合物

白酒中的酯类化合物主要是发酵过程中的生化反应产物，此外，也可以通过化学合成而来。酯类的含量、种类和它们之间的比例关系，对白酒的香型、香气质量至关重要。白酒的香型基本是按酯类的种类、含量以及相互之间的比例进行分类的。例如，在浓香型白酒中，它的香气主要是由酯类物质所决定，酯类的绝对含量占各成分含量之首，其中己酸乙酯的含量又占各微量成分之冠，己酸乙酯的香气占主导；清香型白酒的香味组分仍然是以酯类化合物占绝对优势，以乙酸乙酯为主。

酯类的来源有：

① 酵母的生物合成，是酯类生成的主要途径。

$$R-COOH + CoA-SH + ATP \longrightarrow R-CO-S-CoA + AMP + ppi$$

$$R-CO-S-CoA + ROH \longrightarrow R-CO-OR + CoA-SH$$

② 白酒在蒸馏和储存过程中发生酯化反应。在常温下酯化速度很慢，往往十几年才能达到平衡。因此，随着酒储存期的延长，酯类的含量会增加（表10-15）。这也是经陈酿酒比新酿造的酒香气浓的原因。一般优质酒都经多年陈酿。

表 10 – 15　蒸馏酒贮藏时间与酯化率的关系

贮藏期	8 个月	2 年	3 年	4 ~ 15 年
酯化率/%	34	36	62	64

（3）酸类化合物

有机酸类化合物在白酒中是重要的呈味物质，它们的种类很多，有含量相对较高、易挥发的有机酸，如乙酸、丁酸、己酸等；有含量中等的含 C_3、C_5、C_7 的脂肪酸；有含量较少、沸点较高的 C_{10} 或 C_{10} 以上的高级脂肪酸，如油酸、亚油酸、棕榈酸等。酸类化合物本身对酒香直接贡献不大，但具有调节体系口味和维持酯的香气的作用，也是酯化反应的原料之一。这些酸类一部分来源于原料，大部分是由微生物发酵而来。带侧链的脂肪酸一般是通过 α – 酮酸脱羧生成，这些带侧链的酮酸，则是由氨基酸的生物合成而来。

（4）羰基化合物

羰基化合物也是白酒中主要的香气成分。茅台酒中羰基化合物最多，主要有乙缩醛、丙醛、糠醛、异戊醛、丁二酮等。大多数羰基化合物由微生物酵解而来。

酒中的乙醇和乙醛缩合生成柔和香味的缩醛：

$$R – CHO + 2R'OH \longrightarrow R – CH(OR')_2 + H_2O$$

除上述主要形成途径外，少数羰基化合物可以在酒的蒸馏过程中通过美拉德反应或氧化反应生成。酒中的双乙酰及 2,3 – 戊二酮是酵母正常的新陈代谢产物。在酿造酒和蒸馏酒中均含有双乙酰，它对酒类的口味和风味有重要影响，当含量在 2 ~ 4 mg/kg 时，能增强酒的香气强度，含量过高时会使酒产生不正常气味。双乙酰由如下途径形成：

① $CH_3CHO + CH_3COOH \longrightarrow CH_3COCOCH_3$。

② 由乙酰辅酶 A 和活性乙醇缩合而成。

$$辅酶 A + 乙酸 \longrightarrow 乙酰辅酶 A$$

$$乙酰辅酶 A + 活性乙醇 \longrightarrow 双乙酰 + 辅酶 A$$

③ α – 乙酰乳酸的非酶分解：

$$丙酮酸 + 活性乙醛 \longrightarrow \alpha – 乙酰乳酸 \xrightarrow{非酶水解} 双乙酰$$

④ 2,3 – 丁二醇氧化为双乙酰。

（5）酚类化合物

某些白酒中含有微量的酚类化合物，如 4 – 乙基苯酚、愈创木酚、4 – 乙基愈创木酚等。这些酚类化合物一方面由原料中的成分在发酵过程中生成，另一方面是储酒桶的木质容器中的某些成分，如香兰素等溶于酒中，经氧化还原产生。

2. 果酒的香气

最重要的果酒是葡萄酒。葡萄酒的种类很多，按颜色分为红葡萄酒（用果皮带色的葡萄制成）；白葡萄酒（用白葡萄或红葡萄果汁制成）。按含糖量分：干葡萄酒（含糖量小于 4 g/L）、半干葡萄酒（含糖量 4 ~ 12 g/L）、半甜葡萄酒（含糖 12 ~ 50 g/L）和甜葡萄酒（含糖量大于 50 g/L)。

葡萄酒的香气成分,包括芳香和花香两大类:芳香来自果实本身,是果酒的特征香气;花香是在发酵、陈化过程中产生的。葡萄酒的香气物质特点如下。

(1)醇类化合物

葡萄酒中的高碳醇含量以红葡萄酒较多,但较白酒少,主要的高级醇有异戊醇、其他的如异丁醇、仲戊醇的含量很少。这些高级醇主要是在发酵过程中由微生物生物合成,高级醇的含量和品种对其风味有重要影响,较少的高级醇会给葡萄酒带来良好的风味,如葡萄牙的包尔德葡萄酒中含较多的高级醇,很受各国欢迎。甘油是发酵的副产物,味甜,会影响葡萄酒的风味。果酒中还有些醇是来自果实,例如,麝香葡萄的香气成分中含有芳樟醇、香茅醇等萜烯类化合物,用这种葡萄酿成的酒也含有这种成分,从而使酒呈麝香气味。

(2)酯类化合物

葡萄酒中的酯类化合物比啤酒多,而比白酒少。主要是乙酸乙酯,其次是己酸乙酯和辛酸乙酯。由于酒中含酯类化合物少,故香气较淡。在发酵过程中除生成酯类还会生成内酯类,如 γ - 内酯等,这些成分与葡萄酒的花香有关。如,5 - 乙酰基 - 2 - 二氢呋喃酮是雪梨葡萄酒香气的主要成分之。另外葡萄酒在陈化期间 4,5 - 二羟基己酸 - γ - 内酯含量会明显增加,故该化合物常作为酒是否陈化的指标。

(3)羰基化合物

葡萄酒中的羰基化合物主要是乙醛,有的酒可高达 100 mg/kg,当乙醛和乙醇缩合形成已缩醛后,香气就会变得很柔和。葡萄酒中也含有微量的 2,3 - 戊二酮。

(4)酸类及其他化合物

葡萄酒中含有多种有机酸,如酒石酸、葡萄酸、乙酸、乳酸、琥珀酸、柠檬酸、葡萄糖酸等,含酸总量比白酒大,其中酒石酸含量相对较高,它们主要来自果汁。在酿造过程中,酒石酸会以酒石(酒石酸氢钾)形式沉淀,部分苹果酸在乳酸菌的作用下变成乳酸,使葡萄酒的酸度降低。

葡萄酒中还有微量的酚类化合物,如:对乙基苯酚、对乙烯基苯酚呈木香味;4 - 乙基(乙烯基) - 2 - 甲氧基苯酚呈丁香气味,为使葡萄酒的风味更加浓厚,陈酿时的容器最好使用橡木桶。

从果皮溶出的花青素、黄酮及儿茶酚、单宁等多酚类化合物质,含量较高,使葡萄酒产生涩味,甚至苦味。

葡萄酒中的糖类产生的甜味、有机酸的酸味及酒中所含的香气物质,共同组成了它的特殊风味。红葡萄酒一般是深红色或宝石红色,具优雅的酒香和浓郁的花香;白葡萄酒澄清透明,一般呈淡黄色,酒味清新,有果实的清香,风味圆滑爽口。

3. 酱油

大豆、小麦等原料经曲霉分解后,在18%的食盐溶液中由乳酸菌、酵母等长期发酵,生成了氨基酸、糖类、酸类、羰基化合物和醇类等成分,共同构成了酱油的风味,在最后加热(78～80℃)工序中,发生一系列反应,生成香味物质,使香气得到显著增加。酱油的主要香气物质有:醇类、酸类、羰基化合物及硫化物等。

酱油中除1%～2%的乙醇外,还含有微量的各种高级醇类,如:丙醇、丁醇、异丁醇、异戊醇、β-苯乙醇等;酱油中约含1.4%的有机酸,其中乳酸最多,其次是乙酸、柠檬酸、琥珀酸、乙酰丙酸、α-丁酮酸(具有强烈的香气,是重要的香气成分)等;酯类物质有:乙酸乙酯、丁酸乙酯、乳酸乙酯、丙二酸乙酯、安息香酸乙酯等;C_1～C_6的醛类和酮类化合物是美拉德反应的产物,反应同时也产生了麦芽酚等香味物质,使香气得到显著增加。在酱油中还有甲硫醇、甲硫氨醛、甲硫氨醇、二甲硫醚等硫化物,它们对酱油的香气也有很大的影响,特别是二甲硫醚使酱油产生一种青色紫菜的气味。

酱油的整体风味是由它的特征香气和氨基酸、肽类所产生的鲜味,食盐的咸味,有机酸的酸味等的综合味感。

第五节　食品中香气物质形成的途径

一、生物合成

(一)植物中脂肪氧合酶对脂肪酸的作用

植物组织中存在脂肪氧合酶,可以催化多不饱和脂肪酸氧化(多为亚油酸和亚麻酸),生成的过氧化物经过裂解酶作用后,生成相应的醛、酮、醇等化合物。己醛是苹果、草莓、菠萝、香蕉等多种水果的风味物质,它是以亚油酸为前体合成的。

2-反-己烯醛和2-反-6-顺壬二烯醛分别是番茄和黄瓜中的特征香气化合物,它们可由亚麻酸为前体进行生物合成。食用香菇的特征香味物质有1-辛烯-3-醇、1-辛烯-3-酮、2-辛烯醇等,它们也是亚油酸氧化降解的产物。亚油酸在脂肪氧合酶作用下的生成1-辛烯-3-醇的裂解途径如图10-65。

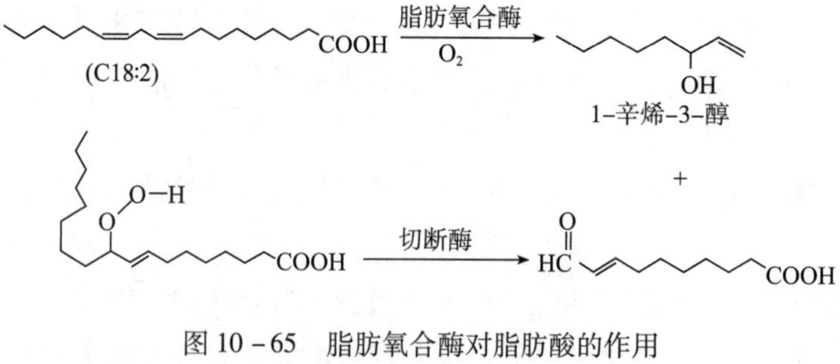

图10-65　脂肪氧合酶对脂肪酸的作用

(二)支链氨基酸的酶法脱氨脱羧

带支链羧酸酯是水果香气的重要化合物,可以由支链氨基酸经酶促Strecker降解反应产生。

（三）萜类化合物的生物合成

萜类化合物是很多植物精油的重要组成,具有特征的风味性质,在植物中通常经过类异戊二烯生物合成途径生成(图 10 - 66)。

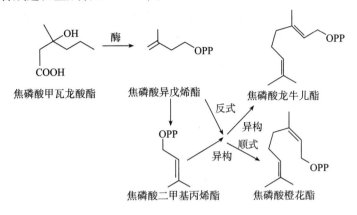

焦磷酸甲瓦龙酸酯　焦磷酸异戊烯酯　焦磷酸龙牛儿酯

焦磷酸二甲基丙烯酯　焦磷酸橙花酯

图 10 - 66　萜类的生物合成

（四）莽草酸途径

在莽草酸合成途径中能产生与莽草酸有关的芳香化合物,如苯丙氨酸和其他芳香族氨基酸。芳香族氨基酸可进一步通过莽草酸途径生成酚、醚等嗅感成分。如苯丙氨酸、酪氨酸通过莽草酸途径可以生成香蕉中的嗅感物质榄香素、5 - 甲氧基丁香酚及葡萄中的嗅感物质桂皮酸甲酯。除了产生芳香氨基酸所衍生的风味化合物外,莽草酸途径还产生与精油有关的其他挥发性物质(图 10 - 67)。

食品的烟熏芳香在很大程度上是以莽草酸途径中的化合物为前体,如香草醛可通过莽草酸途径天然生成。

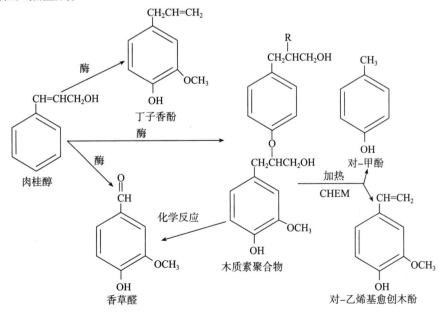

图 10 - 67　莽草酸途径中的前体衍生的某些重要风味化合物

(五)乳酸—乙醇发酵产生风味物质

由微生物产生的风味极为广泛,但微生物在发酵风味化学中特殊的或确切地作用仍有待进一步探讨。干酪是广受欢迎的食品。各种干酪的生产工艺的差异使它们具有各自的风味。但除了由甲基酮和仲醇产生的青霉干酪的独特风味以及硫化物产生的表面成熟干酪的温和风味外,由微生物产生的干酪风味化合物难以归入特征风味化合物这一类。啤酒、葡萄酒、烈性酒(不包括我国的白酒)和酵母膨松面包中的酵母发酵也不产生具有强烈和鲜明特征的风味化合物,然而乙醇使酒精饮料具有共同的特征。

图10-68总结了异型发酵乳酸菌[如嗜柠檬酸明串珠菌(*Leuconostoc citrovorum*)]的主要发酵产物,乳酸、双乙酰和乙醛共同产生酸性奶油和酸性乳酪的大部分风味。酸奶是一种同型发酵加工产品,它的特征风味化合物是乙醛。尽管3-羟基丁酮基本无气味,但它可以氧化为双乙酰。双乙酰则是大部分混合乳酸发酵的特征芳香化合物,它被广泛用作乳型或奶油型风味剂。

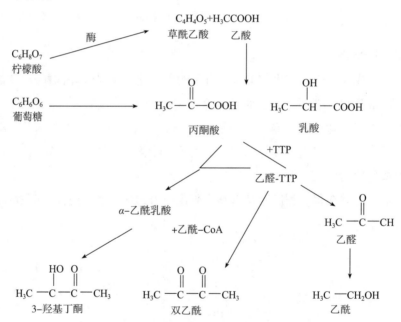

图10-68　乳酸菌异型发酵产生的主要挥发物

乳酸菌只产生少量的乙醇(10^{-6}),而酵母代谢的最终产物主要是乙醇。乳酸链球菌(*S. Lactic*)的麦芽菌株和所有的啤酒酵母(*S. Cerevisiae S. Carlsbergensis*)均能通过转氨作用和脱羧作用把氨基酸转化为挥发物(见图10-69反应式)。这些微生物能产生一些氧化型产物(醛类和酸类),但它们的主要产物是还原型衍生物(醇类)。葡萄酒和啤酒的风味可归入由发酵直接产生风味的一类。上述这些化合物与乙醇相互作用的产物(如酯类、缩醛)与这些挥发物的复杂混合物组成了啤酒、葡萄酒的风味。

(六)酶法合成支链脂肪酸

常见的甲基支链脂肪酸如4-甲基-辛酸是羊膻气味的重要物质,是丙酸经生物合成产生的。

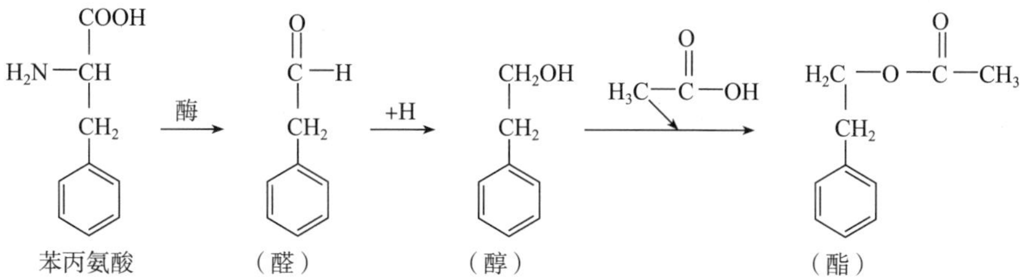

图 10-69 氨基酸转化为挥发物的反应

二、化学反应

(一)美拉德反应

很多食品在加热焙烤时,不需要酶的作用就可以生成杂环化合物,产生了丰富多彩的食品风味,如咖啡、茶、熟肉香、烤面包等。很多杂环化合物的前体物质就是食品的基本组成成分,即游离氨基酸、还原糖、小的肽类和脂肪的衍生物。还原糖与氨基酸或肽在适宜的条件下能发生被称为美拉德反应的一系列反应。上述许多具有风味的化合物都是美拉德反应的产物。

食品体系的美拉德反应及其产物极其复杂。一般说来,当受热时间较短、温度较低时,反应主要产物除了 Strecker 醛类外,还有具有香气的内酯类、吡喃类和呋喃类化合物;当受热时间较长、温度较高时,还会生成有焙烤香气的吡嗪类、吡咯类、吡啶类化合物。

烷基吡嗪化合物是所有焙烤食品或类似加热食品中重要的风味化合物。一般认为吡嗪化合物的产生与美拉德反应有关,它是由反应中生成的中间物 α - 二羰基化合物与氨基酸通过 Strecker 降解反应直接生成的(图 10-70)。反应中氨基酸的氨基转移到二羰基化合物上,最终通过分子的聚合反应形成吡嗪化合物。

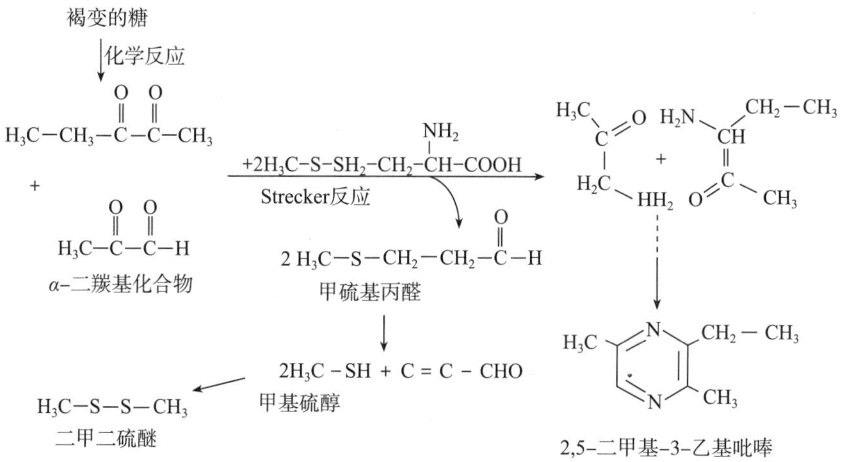

图 10-70 蛋氨酸与还原糖反应生成吡嗪

在加热产生的风味化合物当中,通过 H_2S 和 NH_3 形成的含有硫、氮的化合物也具有重要作用。例如在牛肉加工中,半胱氨酸裂解生成的 H_2S、NH_3 和乙醛,它们可与美拉德反应中的生成物羟基酮反应,产生具有煮牛肉风味的 2,4,5 – 三甲基 – 3 – 噻唑啉(图 10 – 71)。

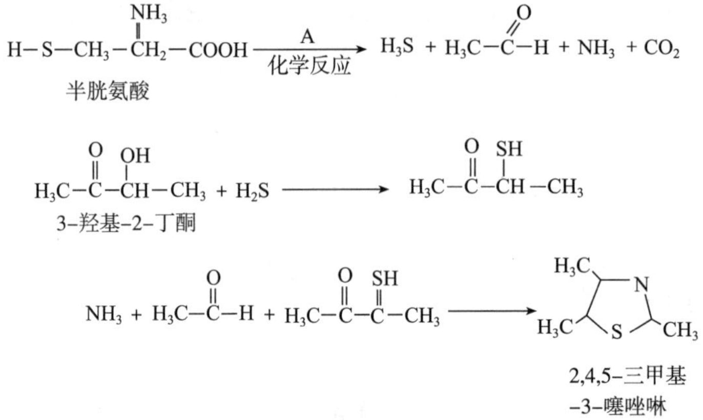

图 10 – 71　半胱氨酸和糖 – 氨反应产物作用生成熟牛肉风味物质噻唑啉

(二)脂肪氧化

在食品加工过程中除了美拉德反应外,脂肪降解也是产生风味物质的一个重要原因。同美拉德反应一样,人们熟悉的通常是油脂由于氧化或分解而产生的一些不良风味,而事实上脂肪的降解也会产生令人愉快的风味物质。

1. 脂肪降解产生风味的途径

脂质产生特征香气的途径主要包括:热降解及热降解产物的二次反应。首先,脂质在受热过程中分解为游离脂肪酸,其中不饱和脂肪酸(油酸、亚油酸、花生四烯酸等)因含有双键易发生氧化作用,生成过氧化物,这些过氧化物进一步分解生成酮、醛、酸等挥发性羰基化合物,产生特有的香味;而含羟基的脂肪酸经脱水环化生成内酯类化合物,这类化合物具有令人愉悦的气味。其次,热降解产物继续与存在于脂间的少量蛋白质、氨基酸发生非酶褐变反应,反应得到的杂环化合物也会具有某些特征香气。

2. 深度煎炸产生的风味物质

煎炸食品如炸薯条、油炸饼圈等快餐深受消费者的喜爱。油炸食品独特的风味之所以深受人们喜爱是因为食品中的脂类物质的物理特性在起作用,这些特性主要有润滑性、饱腹感等。这种风味主要来源于食品加热过程中发生的化学变化(如美拉德反应、脂肪氧化等),并在煎炸油中进一步形成。众所周知,煎炸油只有在使用一段时间后才能产生特定的风味,而新鲜的煎炸油并不能产生令人喜爱的风味。

油脂在加热过程中产生的风味物质由氧化产生(图 10 – 72)。首先,油脂加热过程中发生氧化反应失去自由基,与进入体系的氧产生过氧化物自由基,然后形成氢过氧化物,最后分解产生风味物质。

在加热过程中脂类氧化的产物与通常在室温下的氧化反应产生的典型产物不同,原因是由美拉德反应引起的。每一个反应都有自己特定的活化能,因此煎炸油发生的化学反应及风味物质的形成取决于加工过程中的温度。加热过程中的氧化与室温下氧化不同的第二个原因是加热时反应更具有随机性。高温可以增加能参加氧化反应的脂肪酸的分子数目,从而产生更多的挥发性风味物质。因此,即使是发生相同的化学反应,在加热过程中产生的风味也是独特的。

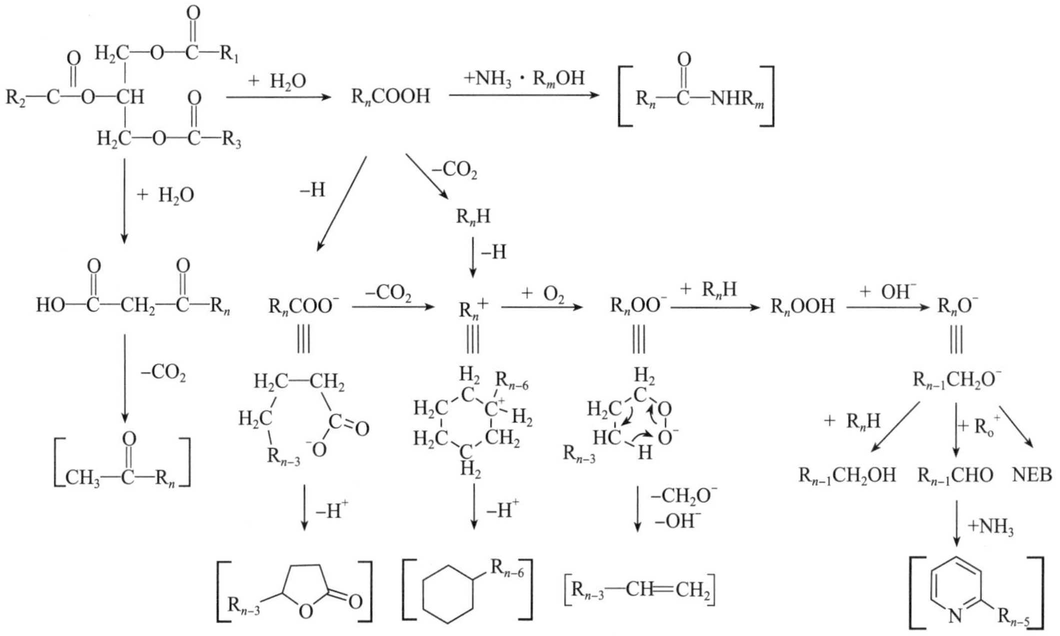

图 10-72 加热动物脂肪产生挥发性物质的机制

深度煎炸过程中产生的挥发性物质有酸、醇、醛、烃、酮、内酯、酯、芳香化合物及其混合化合物(例如戊基呋喃和 1,4-二氧杂环乙烷等)。例如炸薯条中起关键作用的风味物质主要有:2-乙基-3,5-二甲基甲硅烷、3-乙基-2,5-二甲基甲硅烷、2,3-乙基-5-甲基苯乙烯、3-异丁基-2-甲氧基吡嗪、(E,Z)或(E,E)-2,4-十二烯、顺-4,5-环氧基-(E)-2 癸烯、4-羟基-2,5-二甲基-3(2H)-呋喃、甲基丙醛、2-甲基丁醛、3-甲基丁醛以及甲基硫醇等。很明显,美拉德反应(主要产生吡嗪、支链醛类、呋喃、甲硫化物等)和油脂的氧化反应(主要产生不饱和醛类)是炸薯条风味物质产生的主要反应。

(三)类胡萝卜素氧化降解

类胡萝卜素为前体可通过氧化衍生得到一些重要的风味化合物。如红茶中存在一些化合物能赋予茶叶浓郁的甜香和花香,如顺-茶螺烷、β-紫罗酮等,这些物质均来源于 β-胡萝卜素的氧化分解(图 10-73)。尽管这些化合物仅以低浓度存在,但分布广泛,可使很多食品产生丰满和谐的风味。

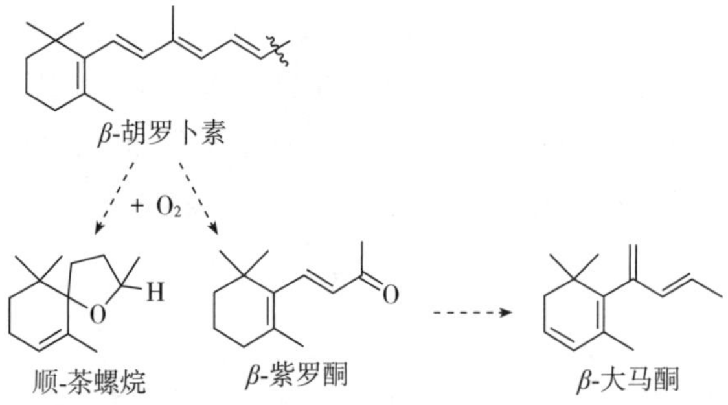

图 10-73 β-胡萝卜素氧化降解生成茶风味中某些重要化合物的过程

第六节 食品香气的控制与增强

一、食品加工中香气生成与损失

食品呈香物质形成的基本途径,除了一部分是由生物体直接生物合成之外,其余都是通过在储存和加工中的酶促反应或非酶反应而生成。这些反应的前体物质大多来自于食品中的成分,如糖类、蛋白质、脂肪以及核酸、维生素等。因此,从营养学的观点来考虑,食品在储存加工过程中生成香气成分的反应是不利的。这些反应使食品的营养成分受到损失,尤其是那些人体必需而自身不能或不易合成的氨基酸、脂肪酸和维生素。当反应控制不当时,甚至还会产生抗营养的或有毒性的物质,如稠环化合物等。

从食品工艺的角度看,食品在加工过程中产生风味物质的反应既有有利的一面,也有不利的一面。前者如增加了食品的多样性和商业价值等,后者如降低了食品的营养价值、产生不希望的褐变等。这很难下一个肯定或否定的结论,要根据食品的种类和工艺条件的不同来具体分析。例如,对于花生、芝麻等食物的烘焙加工,在其营养成分尚未受到较大破坏之前即已获得良好风味,而且这些食物在生鲜状态也不大适于食用,因而这种加工受到消费者欢迎。对咖啡、可可、茶叶或酒类、酱、醋等食物,在发酵、烘焙等加工过程中其营养成分和维生素虽然受到了较大的破坏,但同时也形成了良好的风味特征,而且消费者一般不会对其营养状况感到不安,所以这些变化也是有利的。又如,对粮食、蔬菜、鱼肉等食物来说,它们必须经过加工才能食用。若在不是很高的温度、受热时间不长的情况下,营养物损失不多而同时又产生了人们喜爱、熟悉的风味,这时发生的反应是人们所认同而无可非议的。有些烘烤或油炸食品,如面包、饼干、烤猪、烤鸭、炸鱼、炸油条等。其独特风味虽然受到人们的偏爱,但如果是在高温下长时间烘烤油炸,会使其营养价值大为降低,尤其是重要的限制氨基酸如赖氨酸的明显减少,这也是消费者所关心的。至于乳制品则是另外一种情况。美拉德反应对其风味并无显著影响,但却会引起营养成分的严重破坏,尤其是当婴儿以牛乳作为赖氨酸的主要来源之一时,这种热加工是不利的。经过强烈的美拉德反应之后,牛奶的价值甚至会降低到与大豆粕或花生粕粉相似的程度。水果经加工后,其风味和维生素等也受到很大损失,远不如食用鲜果。

二、食品加工中香气的控制

为了解决或减轻营养成分与风味间可能存在的某些矛盾,加强食品的香气,世界各国的食品科技工作者都十分重视对食品香气的控制、稳定或增强等方面的研究。

(一) 控制作用

1. 酶的控制作用

酶对食品,尤其是植物性食品香气物质的形成,起着十分重要的作用。在食品的储存和加工过程中,除了采用加热或冷冻等方法来抑制酶的活性外,如何利用酶的活性来控制香气的形成,目前也正在研究和探索。一般认为,对酶的利用主要有下列2个途径。

(1) 在食品中加入特定的增香酶

通过在玻璃容器内将酶液与基质作用生成香气的方法。可以筛选出能生成特定香气成分的酶。用于这种目的的酶类通常称为"增香酶"。例如黑芥子硫苷酸酶、蒜氨酸酶等。当蔬菜脱水干燥时,由于黑芥子硫苷酸酶也失去了活性,这时即使将干燥蔬菜复水。也难以再现原来的新鲜香气。若将黑芥子硫苷酸酶液加入干燥的卷心菜中,就能得到和新鲜卷心菜大致相同的香气风味。经热烫、脱水后的水芹菜,也可通过加入从另一种蔬菜中提取的酶制剂的办法,来恢复水芹特有的香气。用酶处理过的加工蔬菜,香气不但接近于鲜菜,而且又突出了天然风味中的某些特色,往往更受人们喜爱。又如,为了提高某些乳制品的香气特征,有人利用特定的酯酶,以使乳脂肪更多地分解出有特征香气的脂肪酸。

(2) 在食品中加入特定的去臭酶

有些食品往往会含有少量的具有不良气味的成分,从而影响了风味。有人认为,有可能利用酶反应来去掉这种气味不好的成分,以改善食品香气。例如,大豆制品中由于含有一些中长碳链的醛类化合物而产生豆腥气味。这些醛类大部分和大豆蛋白结合在一起,用化学或物理方法完全除掉相当困难。因为按照 Weber—Fecher 法则,嗅觉和气味的刺激强度的对数成正比。某种气味成分即使消除了99%,其嗅感强度仍会残留1/3。而利用醇脱氢酶和醇氧化酶来将这些醛类氧化,便有可能除去它们产生的豆腥气味。

采用加酶的方法使加工食品恢复某些新鲜香气或消除某种异味的技术,目前尚未得到广泛应用。其主要原因有三:一是从食品中提取酶制剂经济成本较高;二是将酶制剂纯化以除去不希望存在的酶类的技术难度较大;三是将加工后的食品和酶制剂分装在两个容器上出售,带来麻烦。因此,对酶的控制利用前景,不同的科学家意见并不一致。目前看来,风味酶对那些只需产生一两种有代表性香气化合物的场合,还是可行的。

此外,通过特定微生物作用,可以得到发酵香气。发酵香气主要来自微生物作用下的代谢产物,发酵乳制品的微生物有3种类型:一是只产生乳酸的细菌;二是产生柠檬酸和发酵香气的细菌;三是产生乳酸和香气的细菌。其中第三类细菌能将柠檬酸在代谢过程中产生的 α-乙酰乳酸转变成具有发酵乳制品特征香气的丁二酮,故有人也将它叫作芳香细菌。因此可通过选择和纯化来控制香气。此外,严格工艺条件对食品香气也很重要。有时也可以利用微生物的作用来抑制某些气味的生成。

2. 微生物的控制作用

发酵过程是将微生物加入食物内并对其繁殖进行有效控制的过程。发酵香气主要来自微生物的代谢产物。例如,发酵乳制品的微生物有 3 种类型:一是只产生乳酸的细菌;二是产生柠檬酸和发酵香气的细菌;三是产生乳酸和香气成分的细菌。其中第 3 类菌能将柠檬酸在代谢过程中产生的 α – 乙酰乳酸转变成具有发酵乳制品特征香气的丁二酮,故有人也将它叫作芳香细菌。因此,可以通过选择和纯化菌种来控制香气。此外,严格工艺条件对食品香气也很重要。例如,当氧气充足时,上述第三类菌能将 α – 乙酰乳酸氧化生成丁二酮;但在缺氧时,则会生成没有香气的 2,3 – 丁二醇。

有时也可以利用微生物的作用来抑制某些气味的生成。例如,脂肪和家禽肉在储存过程中会生成气味不良的低级脂肪醛类化合物。有人利用一种叫 Pseudo Monas 的微生物,能抑制部分低级脂肪醛的生成,并且还会使过氧化物的含量降低。

(二) 香气的稳定和隐蔽作用

香气物质由于蒸发原因而造成的损失,可以通过适当的稳定作用来防止。在一定条件下,使食品中香气成分的挥发性降低的作用,就是一类稳定作用。稳定作用必须是可逆的,否则会造成香气成分的损失而毫无意义。香气物质的稳定性是由本身和食物的结构和性质所决定的。例如,完整无损的细胞比经过研磨、均质等加工后的细胞能更好地结合香气物质;加入软木脂或角质后,也会使香气成分的渗透性降低而易于保存。目前利用的稳定作用大致有 2 种方式。

1. 形成包含物

即在食品微粒表面形成一种水分子能通过而香气成分不能通过的半渗透性薄膜。这种包含物一般是在食品干燥过程中形成的,当加入水后又易将香气成分释放出来。组成薄膜的物质有纤维素、淀粉、糊精、果胶、琼脂、羧甲基纤维素等。

2. 物理吸附作用

对那些不能形成包含物的香气成分,可以通过物理吸附作用(如溶解或吸收)而与食物成分结合。一般液态食品比固态食品有较大的吸附力;脂肪比水有更大的黏结性;相对分子质量大的物质对香气的吸收性较强等。例如,可用糖来吸附醇类、醛类、酮类化合物,用蛋白质来吸附醇类化合物。但若用糖或蛋白质来吸附酸类、酯类化合物,则效果要差很多。

虽然从理论上讲将某一气味完全抵消的另一气味物质是存在的,但实际上要找到这种物质来抵消某些异味是非常困难的。由于希望加入某种物质来直接消除异味很难取得效果,所以对异味进行隐蔽或变调就成为常用的方法。使用其他强烈气味来掩盖某种气味,称为隐蔽作用。使某种气味与其他气味混合后性质发生改变的现象,叫变调作用。从感觉的角度看,人们在感受了 A 和 B 气味之后,经过大脑的"融合",变成另一种嗅感或无嗅感的现象是存在的。这种"补嗅"的关系与颜色中的"补色"现象有某些类似之处。

三、食品香气的增强

目前主要采用2种途径来增强食品香气。一是加入食用香精以达到直接增加香气成分的目的。有关这方面的问题可查阅食品添加剂有关书籍。二是加入香味增强剂,提高和改善嗅细胞的敏感性,加强香气信息的传递。香味增效剂有各种类型,呈现出不同的增香效果。有的增效作用较为单一,只对某种类食品有效果;有的增香范围广泛,对各类食品都有增香作用。目前在实践中应用较多的主要有麦芽酚、乙基麦芽酚、MSG、IMP、GMP 等。

麦芽酚和乙基麦芽酚都是白色或微黄色针状结晶,易溶于热水,也可溶于多种有机溶剂中。它们都具有焦糖香气,乙基麦芽酚还有明显的水果香味。

它们的结构中含有酚羟基,遇 Fe^{3+} 会发生络合而显红色,影响食品的洁白度,故应防止与铁器长期接触。它们在酸性条件下的增香效果较好;随着 pH 升高,香气减弱;在碱性条件下由于酚形成酚盐,效果较差。

麦芽酚和乙基麦芽酚目前在各种食品和卷烟中都已得到广泛应用(表 10-16)。作为食品香料使用,一般用量较大,常在 200 mg/kg 以上,若增至 500 mg/kg 效果更显著,它会使食品产生麦芽酚固有的香蜜般的香气和水果香气。在 5~150 mg/kg 之间,它能对某一主要成分的香气起增效作用,氨基酸明显增加肉香,加到天然果汁内可明显提高该水果的独特风味。作为甜味增效剂使用,能减少食品中的糖用量,并可去掉其中加入糖精后的苦涩味感。对于某些必须减糖的疗效食品有效果。乙基麦芽酚的增香作用约为麦芽酚的 6 倍。

表 10-16　麦芽酚在一些食品中的参考用量　　　　　　　　　　　　（单位:mg/kg）

食品名称	用量	食品名称	用量	食品名称	用量
汽水	20~30	冰淇淋	10~30	汽水粉	10~150
低热量饮料	20	巧克力布丁	75	果汁混合粉	10~100
葡萄汁	10~50	即席布丁	30~150	曲奇饼	75~250
橘汁	25~50	椰子布丁	75	饼干	75
番茄汁	100	橘子冻	150	番茄肉汤	130~350
发酵牛奶	200~100	草莓冻	200	粉末肉汤	100
甜酒	20~200	橘子果酱	50~175	卷烟	100~500
巧克力饮料	250	草莓酱	50~175		

第七节　风味化学和技术的发展方向

在过去的 45 年中,随着气相色谱和快速质谱技术的发展,风味化学与技术取得了很大的进展。在这段时期,除了对一些风味物质进行深入细致的研究外,都集中在对风味活性物质的系统发现上,并已基本实现了研究目标。人们对风味化合物的形成和降解的基本知识也有了更多的了解,但是风味的形成过程中的很多细节仍需要进一步的探索。当然,各种单细胞和更高等生物风味研究的遗传工程技术的不断发展将有力推动风味物质在复杂生物中合成机制的深入研究。

不过,将来风味化学研究的重点仍需要做相当大的调整,以满足食品工业面临的紧迫需要。保健食品或功能性食品领域的充分发展将会带来一个新的挑战,即要求掩盖或抑制其中的不良风味,而这个不良风味是食品本身固有的,同时也可能具有功能特性。然而,最具挑战性的问题是能否成功地将食品改造,消除其中过量的传统组分,尤其是盐类、脂类和精制的碳水化合物,使它更利于人类的健康。起初,在开发称之为"营养平衡"食品中遇到了很多问题,但是消费者不断增长的需求还是使食品工业克服了早期开发这类食品时所遇到的障碍。

近几年开展了风味化合物在不同基质中的释放速率研究,目的是生产具有良好风味的配方食品。但是,在风味释放上的研究还没有取得突破性的进展。这要求我们拓宽研究思路,探寻新的研究方法。一个最容易被人们忽视的领域是风味增效剂和改良剂研究,其作用机制还没有被充分认识和理解。不过,该领域的研究要求转变传统的食品和风味化学的思维方式,例如,改进感官分析技术,尤其是在检测和评定由风味增效剂引起的微妙的食品风味特性改变方面。挑战是巨大的,然而人类的健康和生活也将由此获得巨大受益。

课程思政案例

根据各种菜肴原料的性质、形态及口味的差异,我们在调味时必须掌握以下原则:

1. 掌握调味品的性质和用量:在使用调味品之前,首先要了解各种调味品的性质。根据菜肴的烹调要求,正确地投放调味品,用量要适宜。

2. 根据原料新鲜程度使用调味品:对新鲜蔬菜和鱼虾等,保持其本身特有的鲜味非常重要,因为新鲜蔬菜及鱼虾都具有良好的鲜美味道,所以调味不要过重,以免掩盖菜肴本身的鲜味,反而不美。而不新鲜的食物,调味时应以解除菜肴的邪味、增加美味为重点。厨师把这种调味方法叫压住口。对带有腥膻味较重的鱼、牛、羊肉及内脏等,调味时要适量搭配调味品,如可多用糖、醋、料酒、胡椒粉、葱、姜、蒜等调味品搭配适量,既可解除邪味,又可增加美味。对滋味较淡的原料,调味时要适当增加滋味,以增加其鲜味。

3. 要随着季节变化进行调味:例如,寒来暑往,随着季节的交替,人们的口味在不断变化。寒冷的冬天,人们喜欢味浓的菜肴;夏季,人们多喜欢清淡、凉爽的食品。因此,在调味时必须根据季节的变化,才能适应人们的口味。

4. 因地因人制宜:地区、物产以及生活习惯等,对人们的口味和爱好有一定影响。例如,北方人多喜食咸味的菜肴,山西人多喜食酸味菜肴,四川、湖南、湖北、贵州等地多数人喜爱吃带辣味的食品。因此,在调味时必须根据各地就餐者的口味不同进行调味。

总之,调味要掌握以适口为宜,并要细心研究原料特点、调味方法,按照菜肴的特点灵活地使用调味品,使烹调出的菜肴具有一定的特色,并适合就餐者的需要。

课程思政育人目标:提高学生理论联系实际的能力,培养学生的创新意识。

思考题

1.影响味感的主要因素是什么?说明食品中主要的甜味剂、酸味剂、鲜味剂的特点及其实际应用。

2.简述呈味物质呈甜、呈酸、呈辣、呈鲜的机理。

3.食品风味的定义是什么?

4.食品加工中香气会发生哪些损失?

5.食品加工中香气的变化应如何控制?

6.如何稳定及隐蔽食品中的香气?

7.如何增强食品中的香气?

习题

第十一章　食品添加剂

学习目标与要求

1. 了解各类食品添加剂基本性质及在食品加工中的作用机理。

2. 掌握食品安全国家标准《食品添加剂使用标准》的主要内容,能够根据食品工艺和产品类型,合理选择使用食品添加剂,并能严格执行食品添加剂的使用范围和使用量有关标准。

3. 培养学生树立食品添加剂使用安全意识,使学生养成良好的职业道德。

PPT 课件

第一节　概述

一、食品添加剂的概念

根据我国《GB 2760—2014　食品安全国家标准　食品添加剂使用标准》规定:食品添加剂是指为改善食品品质和色、香、味,以及为防腐和加工工艺的需要而加入食品中的化学合成或者天然物质,也包括食品用香料、胶基糖果中基础剂物质、食品工业用加工助剂。

食品工业用加工助剂,是为了使食品加工和原料处理能够顺利进行,而添加的辅助物质,如助滤、澄清、脱色、脱皮、提取溶剂和发酵用营养物等,这些物质本身与食品无关,一般应在食品成品中除去而不应成为最终食品的成分,或仅有残留,这类物质称为食品加工助剂,也属于食品添加剂的范畴。

此外,为平衡、补充、增强营养成分而加入食品中的天然的或者人工合成的属于天然营养素范围的食品添加剂称为营养强化剂,适用标准为食品安全国家标准《GB 14880—2012食品安全国家标准　食品营养强化剂使用标准》。

复配添加剂是将两种或两种以上添加剂混合使用的添加剂,其定义为:"为了改善食品品质、便于食品加工,将两种或者两种以上单一品种的食品添加剂,添加或者不添加辅料,经物理方法混匀而成的食品添加剂。"也就是说,它与食品添加剂并没有本质上的区别,只是将不同的添加剂的功能混合起来而已。

由于对食品添加剂的认识和理解不同,使用范围和种类的差异,有关食品添加剂的定义也有所不同。如美国食品与药物管理局(FDA)对食品添加剂定义为:有明确的或合理的预定目标,无论直接使用或间接使用,能成为食品成分之一或影响食品特征的物质,统称为食品添加剂。日本《食品卫生法》规定,食品添加剂是指:在食品制造过程,即食品加工中为了保存的目的加入食品,使之混合、浸润及其他目的所使用的物质。国际食品添加剂法典委员会(CCFA)给食品添加剂做的定义为:有意识地加入食品中,以改善食品的外观、风味、组织结构和贮藏性能的非营养物质。食品添加剂不以食用为目的,也不作为食品的主要食材,并不一定有营养价值,而是为了在食品的制造、加工、准备、处理、贮存和运输时,因工艺技术方面的需要,直接或间接加入食品中以达到预期目的,其衍生物可成为食品的一部分,也可对食品的特性产生影响。食品添加剂不包括污染物质,也不包括为保持或改进食品营养价值而加入的物质。

二、食品添加剂的分类

食品添加剂品种繁多,各国对食品添加剂的分类有多种方法,如按来源、应用特性、功能分类等。

1. 按来源分类

食品添加剂可分为天然和人工化学合成的食品添加剂两大类。天然食品添加剂是指利用动植物或微生物的代谢产物等为原料,经提取所获得的天然物质。化学合成的食品添加剂是指采用化学方法制备得到的物质。按生产方法分类,我国食品添加剂的生产方式主要有化学合成、生物合成、天然提取 3 种方法。

2. 按功能分类

按功能进行分类是国际上普遍使用的一种分类方法。我国《GB 2760—2014　食品安全国家标准　食品添加剂使用标准》按功能将食品添加剂分为 22 类。

① 酸度调节剂:用以维持或改变食品酸碱度的物质。

② 抗结剂:用于防止颗粒或粉状食品聚集结块,保持其松散或自由流动的物质。

③ 消泡剂:在食品加工过程中降低表面张力,消除泡沫的物质。

④ 抗氧化剂:能防止或延缓油脂或食品成分氧化分解、变质,提高食品稳定性的物质。

⑤ 漂白剂:能够破坏、抑制食品的发色因素,使其褪色或使食品免于褐变的物质。

⑥ 膨松剂:在食品加工过程中加入的,能使产品形成致密多孔组织,从而使制品具有膨松、柔软或酥脆特点的物质。

⑦ 胶基糖果中基础剂物质:赋予胶基糖果起泡、增塑、耐咀嚼等作用的物质。

⑧ 着色剂:赋予食品色泽和改善食品色泽的物质。

⑨ 护色剂:能与肉及肉制品中呈色物质作用,使之在食品加工、保藏等过程中不致分解、破坏,呈现良好色泽的物质。

⑩ 乳化剂:能改善乳化体中各种构成相之间的表面张力,形成均匀分散体或乳化体的

物质。

⑪ 酶制剂:由动物或植物的可食或非可食部分直接提取,或由传统或通过基因修饰的微生物发酵、提取制得,用于食品加工,具有特殊催化功能的生物制品。

⑫ 增味剂:补充或增强食品原有风味的物质。

⑬ 面粉处理剂:促进面粉的熟化和提高制品质量的物质。

⑭ 被膜剂:涂抹于食品外表,起保质、保鲜、上光、防止水分蒸发等作用的物质。

⑮ 水分保持剂:有助于保持食品中的水分而加入的物质。

⑯ 防腐剂:防止食品腐败变质、延长食品贮存期的物质。

⑰ 稳定剂和凝固剂:使食品结构稳定或使食品组织结构不变,增强黏性固形物的物质。

⑱ 甜味剂:赋予食品甜味的物质。

⑲ 增稠剂:可以提高食品的黏稠度或形成凝胶,从而改变食品的物理性状,赋予食品黏润、适宜的口感,并兼有乳化、稳定或使呈悬浮状态作用的物质。

⑳ 食品用香料:能够用于调配食品香精,并使食品增香的物质。

㉑ 食品工业用加工助剂:有助于食品加工能顺利进行的各种物质,与食品本身无关,如助滤、澄清、吸附、脱模、脱色、脱皮、提取溶剂等。

㉒ 其他:上述功能类别中不能涵盖的其他物质。

3. 按照安全性分类

FAO/WHO 食品添加剂与污染物法典委员按安全性将食品添加剂分成 A、B、C 三类,每一类又分为 1、2 两个亚类。

A 类是 FAO/WHO 食品添加剂和污染物联合专家委员会(JECFA)已制定出 ADI(allouance daily intake)和暂定 ADI,即每人每天允许摄入量,以每千克体重可摄入的质量(mg)表示。A1 类,经 JECFA 评价认为毒理学资料清楚,已制定出 ADI,或者认为毒性有限无须规定 ADI 者;A2 类,JECFA 已制定暂定 ADI,但毒理学资料不够完善,暂时许可用于食品。

B 类是 JECFA 曾进行过安全评价,但未建立 ADI,或者未进行过安全评价者,但食品生产上对本类添加剂有需求。B1 类,JECFA 曾进行过评价,因毒理学资料不足,未制定 ADI 者;B2 类,JECFA 未进行过评价者。

C 类是 JECFA 认为在食品中使用不安全或应该严格限制作为某些食品的特殊用途。C1 类,JECFA 根据毒理学资料认为在食品中使用不安全;C2 类,JECFA 认为应严格限制在某些食品中作特殊用途。

需要注意的是,随着毒理学评价及分析检测技术等的发展,一些已被 JECFA 评价过的品种,经再度评价时,其安全性评价分类可能有变化。例如糖精,原曾属 A1 类,后因研究发现可使大鼠致癌,经 JECFA 评价,暂定 ADI 为 0 ~ 2.5 mg/kg,而归为 A2 类。而 1993 年再次对其进行评价时,认为对人类无生理危险,制定 ADI 为 0 ~ 5 mg/kg,又转为 A1 类。因此,关于食品添加剂安全性评价分类及 ADI 值的情况,应随时关注新变化。

三、食品添加剂在食品工业中的作用

"民以食为天",食品是人类赖以生存和发展的重要物质基础,同时食品工业也是国民经济的一个重要支柱产业。在我国,食品行业的年产值长期居于各行业的前列。而食品工业发展的一个重要基础就是食品添加剂。食品添加剂被誉为现代食品工业发展的灵魂,食品添加剂的研究、生产和应用水平也是一个国家食品工业的发展和现代化程度的重要标志。正如食品添加剂的定义所言,食品添加剂是为改善食品的品质和色、香、味以及防腐和加工工艺的需要而加入食品中的天然和化学合成物质。众所周知,单纯天然食品无论是其色、香、味,还是质构和保藏性,都不能满足消费者的需要。因此,没有食品添加剂也就没有现代的食品工业。

随着食品工业的飞速发展,人们对食品的色香味、品种、新鲜度等方面提出了更高的要求,这就促使我们必须开发更多更好的新型食品来满足人们的需求。因此开发新型食品,最有效、最经济的方法就是使用食品添加剂。例如,如果没有使用增稠剂,就不会有果冻、软糖之类的食品出现。

因此,食品添加剂对食品质量的影响主要体现在 3 个方面。

① 提高食品的贮藏性,防止食品腐败变质。

② 改善食品的感官品质、调整食品结构类型、拓展食品花色品种、满足人们对食品的不同需求,食品添加剂的使用,加速了传统食品的工业化程度,促进了食品产品创新。

③ 推动了食品生产工艺升级,食品添加剂有利于食品加工操作适应机械化、连续化和自动化生产,推动食品工业走向标准化、现代化。

四、食品添加剂的安全性评价及使用标准

1.食品添加剂的安全性评价

出于对食品添加剂安全性的考虑,我国对食品添加剂能否使用及使用范围和最大使用量都有严格规定。凡列入我国《GB 2760　食品添加剂使用卫生标准》的食品添加剂,都要进行安全性试验。我国《食品安全件毒理学评价程序》规定了食品添加剂的安全毒性学评价程序,一般分 4 个阶段进行试验。

① 第一阶段:急性毒性试验。

② 第二阶段:遗传毒性试验。

③ 第三阶段:亚慢性毒性试验。

④ 第四阶段:慢性毒件试验(包括致癌试验)。

评价食品添加剂的安全性时,除要根据《食品安全性毒理学评价程序》得出关于化学合成或天然食品添加剂的毒理试验结果,同时综合考虑以下因素:

① 半数致死量(LD_{50}),是指给予一次较大的剂量后,对动物体产生的作用情况,即能

使一群试验动物中毒死亡一半的投药剂量,以"mg/kg"表示。半数致死量是通常用来粗略地衡量急性毒性高低的一个指标,对于食品添加剂来说,主要采用经口服的半数致死量来对受试物质的急性毒性进行分级。急性毒性分级如表 11 – 1 所示。

表 11 – 1　经口服 LD_{50}（大白鼠）与毒性分级

毒性级别	$LD_{50}/(mg/kg)$	毒性级别	$LD_{50}/(mg/kg)$
极剧毒	<1	低毒	501 ~ 5000
剧毒	1 ~ 50	相对无毒	5001 ~ 15000
中毒	51 ~ 500	实际无毒	>15000

②　最大无作用量(MNL)值,是指动物长期摄入某添加剂,而无任何中毒表现的每日最大摄入剂量,单位是 mg/kg,可通过以不同添加剂的剂量喂饲动物测得。

③　每日允许摄入量(ADI),即人类每天摄入某种食品添加剂直到终生而对健康无任何毒性作用或不良影响的剂量,以每人每日每千克体重摄入的质量(mg/kg)表示,它表明该种食品添加剂从每日膳食中摄取的量。

ADI 可以根据动物试验的最大无作用量(MNL)值计算,将动物的最大无作用量除以安全系数(100),即可求得人体每日允许摄入量。例如,苯甲酸 MNL 值是 500 mg/kg,将其除以 100 得 5 mg/kg,则其 ADI 为 0 ~ 5 mg/kg;山梨酸 MNL 值是 2500 mg/kg,将其除以 100 得 25 mg/kg,则其 ADI 为 0 ~ 25 mg/kg。由于动物试验和计算方法的不同,所制订的 ADI 标准也可能不同,一般多以 JECFA 和 CCFA 所订为准。

2. 我国食品添加剂的使用标准

为保证食品安全卫生,食品添加剂首先应是安全的,即无害无毒,其次才是具有改善食品色、香、味、形等的工艺作用。因此,对食品添加剂应有如下严格要求。

①　食品添加剂本身应经过充分的毒理学鉴定,证明在使用限量范围内对人体无害,长期摄入后对食用者不引起慢性中毒。生产、经营和使用食品添加剂应符合《GB 2760—2014 食品安全国家标准　食品添加剂使用标准》。此外,对于食品营养强化剂应遵照《GB 14880—2012　食品安全国家标准　食品营养强化剂使用标准》执行。

②　食品添加剂进入人体后,最好能参与人体正常代谢,或被正常解毒过程解毒后排出体外,或者不被消化吸收而全部排出体外,不在人体内分解或不与食品作用产生对人体有害的物质。

③　食品添加剂在达到一定的工艺效果后,若能在以后的加工、贮藏、烹调过程中消失或被破坏,避免被摄入人体,则更为安全。

④　食品添加剂对食品的营养成分不应有破坏作用,也不应该影响食品的质量及风味。

⑤　食品添加剂要有助于在食品生产、制造和储存等过程中保存食品营养素、防止腐败变质、增强感官性状、提高产品质量等作用,并在较低用量条件下有显著的效果。

⑥　食品添加剂应有严格的质量标准,有害杂质不得超过标准规定的允许限量,且用于

食品后不得分解产生有毒物质,用后也能被分析鉴定出来。

⑦ 食品添加剂的使用必须对消费者有益,不能用来掩盖食品腐败、变质等缺陷,也不能用来对食品进行伪造、掺假等违法活动。

⑧ 鉴于有些食品添加剂具有一定的毒性,应尽可能地不用或少用,必须使用时应严格控制使用范围及使用量。

⑨ 价格低廉,来源充足,使用方便、安全,易于储存、运输及检测。

五、科学认识食品添加剂

中国具有 5000 多年的文明历史,古人早已懂得在腌制肉时加入硝盐可使肉色鲜红。食品添加剂的直接使用可追溯到 1 万年以前,在《神农本草》《本草图经》中有栀子染色记载;周朝时已使用肉桂增香;北魏时期的《食经》《齐民要术》中有用盐卤、石膏凝固豆浆的记载。

随着现代食品工业的崛起,食品添加剂的地位日益突出,世界各国批准使用的食品添加剂品种也越来越多,其使用水平已成为该国现代化程度的重要标志。目前全世界应用的食品添加剂品种已达 2.5 万多种(80% 为香料),其中直接使用的品种有 3000 ~ 4000 余种,常用的有 600 ~ 1000 种。美国是目前世界上食品添加剂产值最高的国家,其销售额占全球食品添加剂市场的三分之一,其食品添加剂品种也位居榜首。在美国食品药品监督管理局(FDA)所列 2922 种食品添加剂中,受管理的有 1755 种。日本使用的食品添加剂约 1100 种。欧洲使用 1000 ~ 1500 种。我国批准使用的食品添加剂有 2300 种(含食品用香料)。

当前,很多人常把食品安全和食品添加剂联系在一起,总是对食品添加剂的安全性持怀疑的态度,认为食品安全问题都是食品添加剂造成的,实际上绝大多数食品安全问题并不是由食品添加剂引起的。例如,三聚氰胺、苏丹红、吊白块等引起的安全事件,这些根本不是食品添加剂,都是非法添加物。因此,必须把食品添加剂和非法添加物区分开来,严厉打击食品非法添加行为。更重要的原因是很多人对食品添加剂缺乏正确的理解和认识,食品添加剂的生产和使用在我国实行许可制度,只有确有必要使用、经过安全评价、确认安全可靠,并经过批准的食品添加剂才会被许可使用。即便是允许使用的食品添加剂,也必须合法使用,不能超范围、超量使用。《食品安全法》多处对食品添加剂生产、使用做出了明确禁止情况,要求食品生产者应当依照食品安全标准中食品添加剂的品种、使用范围、用量的规定使用食品添加剂,不得在食品生产中使用食品添加剂以外的化学物质和其他可能危害人体健康的物质。

现代食品工业的发展,使食品的规模化生产、长距离运输、长时间贮存成为可能,而这些都离不开食品添加剂。食品添加剂已经渗透到食品加工和生产的方方面面。几乎所有的加工食品都含有食品添加剂,无论超市销售的各类食品,还是家庭厨房购置的调味品、食用油,无一例外都含有添加剂。例如饼干和焙烤制品,这些食品里不可避免地添加了膨松剂、乳化剂、抗氧化剂、甜味剂等。食用油中含有抗氧化剂,调味酱里含的防腐剂,酱油和醋中含的增稠剂和色素等,就连食盐和白砂糖中,也都含有抗结剂。

食品工业已成为国民经济的支柱产业,食品添加剂在食品工业快速发展中起了决定性作用,科学认识食品添加剂,才能使其更好地服务于现代食品工业,更好地满足人民群众对美好生活的向往。

第二节 食品防腐保鲜剂

食品防腐保鲜剂是指食品在加工与贮运、销售过程中为保持风味和营养成分,并延长保质期而使用的添加剂。食品防腐保鲜包括防腐、保鲜以及抗氧化等方面,在食品加工和贮藏中,对抑制微生物繁殖代谢、保持新鲜度以及防止氧化反应的发生具有重要的意义。有多种方法可以实现防腐保鲜目的,而使用食品添加剂是其中较为简便的方式。常用的食品添加剂有食品防腐剂、食品抗氧化剂、被膜剂等。

一、食品防腐剂

食品腐败变质是指食品受生物因素、物理因素、化学因素等的影响,使其原有理化性质发生变化,导致营养价值、商品价值降低或失去,甚至产生有毒、有害物质的过程。如肉类制品腐败变质、油脂氧化酸败、果蔬发酵腐烂和粮食发霉等。引起食品腐败变质的原因较多,其中由微生物污染所引起的食品腐败变质最重要、最普遍。对肉、蛋、乳等高蛋白食品的腐败变质,以细菌危害最为显著,而果蔬、面制品等低蛋白食品的腐败变质则以霉菌、酵母菌危害最为显著。

能够抑制微生物生长的食品添加剂称为食品防腐剂。它是指能够抑制食品中微生物的生长或者能够杀死食品中微生物的化学合成或天然物质。具有抑制微生物生长或者杀灭微生物作用的物质很多,根据它们的结构和来源主要分为三大类。

① 无机防腐剂,主要包括亚硫酸及其盐类、二氧化碳、硝酸盐及亚硝酸盐类、次氯酸盐等。

② 有机防腐剂,主要包括苯甲酸及其盐类、山梨酸及其盐类、对羟基苯甲酸酯类、乳酸等。

③ 生物抑菌剂,这类物质主要是由微生物代谢产生的细菌素组成的,主要包括乳酸链球菌素、纳他霉素及各种抗生素等。

我国批准使用的食品防腐剂主要是有机防腐剂和生物防腐剂。

(一)防腐剂作用机理

食品防腐剂对细菌的抑制作用可以通过影响其细胞的亚结构而实现。这些亚结构包括细胞壁、细胞膜、与代谢有关的酶、蛋白质合成系统及遗传物质。有关防腐剂的抑菌机理有以下4个方面。

① 通过与染色体上的碱基发生交联、置换等反应干扰微生物细胞的遗传机制。

② 通过溶解细胞膜,干扰膜及胞壁质的合成、表面电荷、物质的进出,影响微生物细胞壁和细胞膜的形成及完整性。

③ 与酶活性中心或者辅酶作用,降低微生物的代谢酶活力。

④ 分解细胞内蛋白质二硫键,使微生物的蛋白质变性或凝固而导致微生物无法存活。

(二)常用防腐剂性质及用途

我国批准使用的食品防腐剂主要包括有机酸及其盐类防腐剂、有机酸酯类和脂肪酸酯类、微生物菌素等。

1. 苯甲酸及其钠盐

苯甲酸又称安息香酸,纯品为白色有丝光的鳞片或针状结晶,质轻,无臭或微带安息香气味,相对密度为 1.2659,沸点 249.2℃,熔点 121~123℃,在酸性条件下容易随同水蒸气挥发,微溶于水,易溶于乙醇。

苯甲酸(通常以钠盐的形式)作为一种抗微生物剂被广泛地使用于食品中。天然存在于酸果蔓、梅干、肉桂和丁香中。未解离的苯甲酸才具有抗菌活性,因未解离的苯甲酸亲油性强,易透过细胞膜,进入细胞内,酸化细胞内的贮藏,并能抑制细胞的呼吸酶系的活性,对乙酰辅酶 A 缩合反应有很强的阻止作用。在 pH 2.5~4.0 范围内呈现最佳活性,因而适合用于酸性食品,如果汁、碳酸饮料、腌菜和泡菜。当 pH 5.5 以上时,对霉菌、酵母没有抑制作用。苯甲酸不会在人体内积累,进入机体后,大部分在 9~15 h 内与甘氨酸化合成马尿酸而从尿中排出,剩余部分与葡萄糖醛酸合成糖苷而解毒,上述两种解毒过程均在肝脏中进行,因此婴幼儿(周岁以内)、老年人或肝功能衰弱的成人,不宜食用含有苯甲酸类的食品。用于汽水、果汁等产品时,先将糖溶化、煮沸、过滤后,边搅拌边将苯甲酸钠投入糖浆中,也可在溶糖时添加。用于酱油时,苯甲酸钠要在加热杀菌工序中添加,通常是将生酱油放入杀菌装置中,加热至杀菌温度(一般 65~75℃,根据季节与品质具体掌握),添加苯甲酸钠,也可以先用适量的热水或近 80℃ 的酱油溶解后加入。

2. 山梨酸及其钠盐

山梨酸(sorbic Acid)(2,4-己二烯酸)和它的钠盐及钾盐(potassium sorbate)广泛用于乳酪、焙烤食品、果汁、葡萄糖、蔬菜等各类食品以抑制霉菌和酵母菌。山梨酸无臭或微带刺激性臭味,耐热性好,但易被氧化而失效。山梨酸钾也无臭或微有臭味,易吸潮、易氧化分解。

山梨酸及其钾盐具有相同的防腐效果,它们能够抑制包括肉毒杆菌在内的各类病原体滋生。0.1% 山梨酸就可抑制无益的革兰氏阴性菌,而对有益的菌(乳酸杆菌和细球菌属)没有影响。山梨酸是一种不饱和脂肪酸,在机体内可正常参加新陈代谢,基本与天然不饱和脂肪酸一样可以在机体内分解产生二氧化碳和水,故山梨酸可以看成是食品的成分,用于婴幼儿、老年、肝脏弱人群食物的防腐。山梨酸在水中的溶解度低,使用前要先将山梨酸溶解在乙醇、碳酸氢钠或碳酸钠的溶液里,随后再加入食品中,溶解时注意不要使用铜、铁容器。为防止山梨酸挥发,在食品生产中应先加热食品,再加入山梨酸。特别注意食品卫生,若食品被微生物严重污染,山梨酸便成为微生物的营养物质,不仅不能抑制微生物繁殖,反而会加速食品腐败。

3. 丙酸及其盐类

丙酸盐类作为防腐剂一般使用丙酸的钠盐和钙盐,丙酸钠与丙酸钙均为白色结晶、颗粒或结晶性粉末,无臭或略具特异臭。丙酸钠,安全无毒,易溶于水、乙醇,易吸潮。丙酸钙对光和热稳定,易溶于水,不溶于乙醇。

丙酸盐呈微酸性,对各类霉菌、需氧芽孢杆菌或革兰氏阴性杆菌有较强的抑制作用,对能引起食品发黏的菌类如枯草杆菌抑菌效果很好,对防止黄曲霉毒素的产生有特效。对酵母菌基本无效,故丙酸盐常用于面包的防霉。丙酸盐也属于酸性防腐剂,其抑菌作用受环境 pH 的影响,最小抑菌浓度在 pH5.0 时为 0.01%,在 pH6.0 时为 0.5%。丙酸是食品中的正常成分,也是人体代谢的中间产物,不存在毒性作用,ADI 不需要规定。

丙酸盐已广泛用于面包、巧克力制品、西式糕点、果冻、蜜饯、果酱、酱油等的防霉。在面制品中使用时,丙酸盐一般在和面时添加,或在出炉时作表面喷涂防腐,其添加浓度根据产品的种类和各种焙烤食品所需的贮存时间而定。

4. 对羟基苯甲酸酯类

常用的有对羟基苯甲酸甲酯、乙酯和丙酯,水溶性比较低,具有特殊的气味,使其在食品防腐应用中受限。对羟基苯甲酸酯类的性质与烃基有直接关系。抗菌性一般与烷基链长成正比。随着 R 基团的增大,其毒性降低,抗菌性增高,水溶性减小(脂溶性增大)。

由于它具有酚羟基,所以抗菌性能比苯甲酸、山梨酸都强。与其他防腐剂不同,对羟基苯甲酸酯类的抑菌作用不像苯甲酸类和山梨酸类那样受 pH 的影响。它的抗菌作用在 pH 4~8 的范围内均有很好的效果。对霉菌、酵母有较强的抑制作用,但对细菌特别是对革兰氏阴性杆菌及乳酸菌的作用较差。由于对羟基苯甲酸酯的水溶性较低,使用时通常先将它们溶于氢氧化钠、乙酸或乙醇溶液中,可将不同的酯类混合使用,也可与苯甲酸等混合使用,增加协同作用,提高防腐效果。

5. 乳酸链球菌肽

乳酸链球菌肽是一种由乳酸链球菌合成的多肽抗菌素类物质,是一种对大多数革兰氏阳性菌有杀灭作用的细菌素,在大多数的牛乳中存在。乳酸链球菌肽是有 34 个氨基酸的多肽,活性分子常为二聚体、四聚体等。溶解度随 pH 上升而下降,中性、碱性时几乎不溶解。

乳酸链球菌素食用后在消化道中很快被蛋白水解酶消化成氨基酸,基本不用考虑其毒性及副作用。乳酸链球菌素的抗菌谱相当窄,只能抑制或杀死革兰氏阳性细菌,如乳酸杆菌、链球菌、芽孢杆菌、梭状芽孢杆菌或其他厌氧性形成芽孢的细菌等。对革兰氏阴性菌、酵母和霉菌均无作用。因此若与山梨酸(主要抑制霉菌、酵母菌及需氧细菌)或辐射处理等配合使用,则可使抗菌谱扩大。使用时可先将乳酸链球菌素制成 5%~6% 的蒸馏水(或冷开水)悬液,放置 30~60 min 后加入食品中,充分混匀。

二、食品抗氧化剂

食品的氧化变质包括油脂及含油食品的氧化酸败、食品的氧化变色以及维生素的破坏等过程,这些变化最终导致食品的外观、风味和营养价值遭到破坏,甚至还会由于氧化而产生一些有害的物质。长期食用酸败油脂会产生急性中毒现象,严重的还会出现急性呼吸、循环功能衰竭现象。

抗氧化剂是指能阻止或延迟食品氧化,以提高食品稳定性和延长储存期为目的的食品添加剂。它具有阻止或延迟空气中氧气对食品中油脂和脂溶性成分的氧化作用,从而提高食品的稳定性和延长食品的保质期。因此,在油脂和富脂食品中加入抗氧化剂以抑制或延缓食品在加工或流通储存过程中氧化变质,已成为食品加工中的重要手段。防止食品氧化,除了采用密封、排气、避光及降温等措施外,适当地使用一些安全性高、效果显著的抗氧化剂,是一种简单、经济而又理想的方法。

(一)抗氧化剂的作用机理

抗氧化剂的作用机理比较复杂,不同的抗氧化剂其作用机理也不完全相同,但均以其还原性为依据。它们能够提供氢原子与脂肪酸自由基结合,使自由基转化为惰性化合物,从而中止脂肪连锁反应。根据抗氧化剂的作用类型,主要分为以下几种作用机理。

① 抗氧化剂自身氧化,即抗氧化剂本身极易氧化,所以通过自身氧化,消耗食品内部和周围环境中的氧,使空气中的氧首先与抗氧化剂结合,从而避免了食品的氧化。

② 抗氧化剂释放出的氢原子将氧化过程中产生的过氧化物破坏分解,中断油脂的连锁反应,阻止氧化过程的继续进行。

③ 抗氧化剂是自由基吸收剂,可与氧化过程中的氧化中间产物结合,从而阻止氧化反应的进行。

④ 抗氧化剂阻止或减弱氧化物类酶的活动。

⑤ 抗氧化剂是金属离子的螯合剂,通过对金属离子的螯合作用,减少金属离子的促进氧化作用。

(二)食品中常用抗氧化剂性质及用途

1. 丁基羟基茴香醚(简称 BHA)

丁基羟基茴香醚亦称叔丁基-4-羟基茴香醚、丁基大茴香醚,它有 2 种同分异构体:3-叔丁基-4-羟基茴香醚、2-叔丁基-4-羟基茴香醚,即 2-BHA、3-BHA。BHA 为无色至微黄色蜡样结晶粉末,具有酚类的特异臭和刺激性味道,熔点 57~65℃。BHA 不溶于水,可溶于油脂和有机溶剂,对热稳定性高,在弱碱性条件下不容易被破坏,这可能是其在焙烤食品中有效的原因之一。BHA 与其他抗氧化剂相比,BHA 溶于丙二醇,成为乳化态,具有使用方便的特点。

通常出售的 BHA 是以 3-BHA 为主(占 95%~98%)与少量 2-BHA(占 5%~2%)的混合物。在油脂和含油脂食品中使用时,可以采用直接加入法,即将油脂加热到 60~

70℃加入BHA,充分搅拌,使其充分溶解和分布均匀。用于鱼肉制品时,可以采用浸渍法和拌盐法,浸渍法抗氧化效果较好,它是将BHA预先配成1%的乳化液,然后再按比例加入到浸渍液中。BHA的抗氧化效果以用量0.01%~0.02%为好。

2. 二丁基羟基甲苯(简称**BHT**)

二丁基羟基甲苯又称2,6-二特丁基对甲苯。BHT为无色结晶或白色结晶性粉末,基本无臭、无味,不溶于水、甘油,易溶于乙醇、大豆油等,化学性质稳定,耐热性好,具有良好的抗氧化效果,遇热抗氧化效果不受影响,没有BHA的特异臭。BHT抗氧化能力不如BHA,与BHA或TBHQ复配使用的效果超过单独使用。BHT可用于食用油脂、油炸食品、干鱼制品、饼干、方便面、果仁罐头、腌腊肉品、早餐谷类食品等。最大使用量为0.2 g/kg(以脂肪总量计)。BHT添加于精炼油中时,必须在碱炼、脱色、脱臭后,在真空下油品冷却到常温时添加,可充分发挥其抗氧化效果。此外,应注意保持设备与容器的清洁,在添加时应事先用少量油脂使BHT溶解,柠檬酸用水或乙醇溶解后再借真空吸入油中搅拌均匀,以充分发挥抗氧化能力。

3. 没食子酸丙酯(简称**PG**)

没食子酸丙酯也称桔酸丙酯,为白色至浅黄褐色晶体粉末,或乳白色针状结晶,无臭、微有苦味,水溶液无味。易溶于乙醇等有机溶剂,微溶于油脂和水。

PG对热比较稳定,抗氧化效果好,易与铜、铁离子发生呈色反应,变为紫色或暗绿色。具有吸湿性,对光不稳定易分解。PG对油脂的抗氧化能力很强,与增效剂柠檬酸或与BHA、BHT复配使用抗氧化能力更强。

没食子酸丙酯可用于油脂、油炸食品、干鱼制品、饼干、速煮面、速煮米、罐头,最大使用量为0.19 g/kg(以脂肪总量计)。与其他抗氧化剂复配使用时,PG不得超过0.059 g/kg(以脂肪总量计)。没食子酸丙酯使用量达0.01%时即能着色,故一般不单独使用,而与BHA、BHT或与柠檬酸、异抗坏血酸等增效剂复配使用。复配使用时BHA、BHT的总量不超过0.10 g/kg,PG不超过0.05 g/kg。PG用量约为0.05 g/kg即能起到良好的抗氧化效果。

没食子酸丙酯使用时,应先取少部分油脂,将PG加入,使其加热充分溶解后,再与全部油脂混合。一般是在油脂精炼后立即添加。或者以PG:柠檬酸:95%乙醇按1:0.5:3的比例混合均匀后,再徐徐加入油脂中搅拌均匀。另外,因没食子酸丙酯有与铜、铁等金属离子反应变色的特性,所以在使用时应避免使用铜、铁等金属容器。具有螯合作用的柠檬酸、酒石酸与PG复配使用,不仅起增效作用,而且可以防止金属离子的呈色作用。

4. 叔丁基对苯二酚(简称**TBHQ**)

TBHQ是白色或浅黄色的结晶粉末,无异味异臭,有一种极淡的特殊香味。几乎不溶于水(约为0.5%),溶于乙醇、乙醚及植物油等,在油、水中溶解度随温度升高而增大。

TBHQ对大多数油脂均有防止腐败的作用,尤其是植物油。遇铁、铜离子不变色,但如有碱存在可转为粉红色。TBHQ抗氧化性能优越,比BHT、BHA、PG和维生素E具有更强的抗氧化能力。TBHQ 的溶解性能与 BHA 相当,超过 BHT 和 PG。TBHQ 对其他抗氧化剂和螯合剂有增效作用,例如,对 PG、BHA、BHT、维生素 E、抗坏血酸棕榈酸酯、柠檬酸和 EDTA 等。在植物油、膨松油和动物油中,TBHQ 一般与柠檬酸结合使用。

TBHQ 可用于食用油脂、油炸食品、干鱼制品、饼干、方便面、速煮米、干果罐头、腌腊肉制品中作抗氧化剂。最大使用量为 0.2 g/kg。实际使用量为 0.01% ~ 0.02%,溶于热油中。另外,它的复配型产品抗氧化效果更佳。

5. L - 抗坏血酸及钠盐

L - 抗坏血酸亦称维生素 C,抗坏血酸为白色或略带淡黄色的结晶或粉末,无臭,味酸,易溶于水,不溶于苯、乙醚等溶剂。L - 抗坏血酸遇光颜色逐渐变深,干燥状态比较稳定。抗坏血酸的水溶液由于易被热、光等显著破坏,特别是在碱性及金属存在时更容易被破坏,因此在使用时必须注意避免在水及容器中混入金属或与空气接触。

抗坏血酸钠是由 L - 抗坏血酸与碳酸氢钠(或碳酸钠)反应制得。L - 抗坏血酸钠为白色或略带黄白色结晶或结晶性粉末,无臭,稍咸;干燥状态下稳定,吸湿性强;极难溶于乙醇。其抗氧化作用与 L - 抗坏血酸相同。因 L - 抗坏血酸呈酸性,因此在不适宜添加酸性物质的食品中可使用 L - 抗坏血酸钠,例如牛乳等制品。另外,对于肉制品还可以作为发色助剂,同时可以保持肉的风味、增加肉制品的弹性。

6. 茶多酚

茶多酚是一类多酚化合物的总称,主要包括:儿茶素、黄酮、花青素、酚酸 4 类化合物,其中以儿茶素的数量最多,占茶多酚总量的 60% ~ 80%。因此,在茶多酚中常以儿茶素作为代表。

茶多酚是由茶提取的抗氧化剂,为浅黄色或浅绿色的粉末,有茶叶味,易溶于水、乙醇、乙酸乙酯。在酸性和中性条件下稳定,最适宜 pH4 ~ 8。

茶多酚与柠檬酸、苹果酸、酒石酸有良好的协同效应,与柠檬酸的协同效应最好,与抗坏血酸、生育酚也有很好的协同效应。茶多酚对猪油的抗氧化性能优于生育酚混合浓缩物和 BHA 及 BHT。由于植物油中含有生育酚,所以茶多酚用于植物油中可以更加显示出其很强的抗氧化能力。茶多酚不仅具有抗氧化能力,它还可以防止食品褪色。

三、食品被膜剂

被膜剂又称上光剂、涂层剂或表面装饰剂,是指一种在某些食品表面涂布一层薄膜,即可延长食品保存期,增加食品外表的明亮、美观效果,起保质、保鲜防止水分蒸发等作用的物质。目前,我国允许使用的被膜剂有紫胶、石蜡、白色油(液状石蜡)、果蜡、松香季戊四醇酯盐、巴西棕榈蜡、硬脂酸、辛基苯氧聚氧乙烯醚、二甲基聚硅氧烷、普鲁兰多糖、聚乙二醇、聚乙烯醇、蜂蜡共 13 种。按来源可分为两大类:天然被膜剂,如紫胶、蜂蜡;人工合成被膜剂,如石蜡、液状石蜡等。

(一)被膜剂的作用机理

将被膜剂涂在水果表面,形成一层薄膜,可以抑制水分蒸发,防止微生物侵袭,并形成气调层,能调节水果的呼吸作用,延长水果保鲜时间。在粮食贮藏过程中,被膜剂能有效隔离病菌和虫害,一定程度上抑制植物的呼吸作用,具有良好的保鲜作用。在稻米加工中,被膜剂能使米粒具有晶莹的光泽,提高其食用品质。

(二)常用被膜剂

将不同材料配制成各种浓度的液体,采用涂覆方法(包括机器或手工进行喷淋、涂刷或浸渍等)在水果、鱼肉、农产品等表面涂以薄膜,起到保护食品的作用。

1. 紫胶

紫胶又称虫胶,是寄生于豆科、桑科等植物上的紫胶虫所分泌的一种天然树脂,为淡黄色至褐色片状物,有光泽,可溶于碱、乙醇,不溶于酸。一般采用热滤法或溶剂法制得。用虫胶溶液喷淋或浸渍水果表面而形成保护膜后,可以有效地抑制水分蒸发、调节果蔬呼吸作用,防止微生物入侵。涂于要求防潮的食品如糖果的表面,可形成光亮膜,起到隔离水分、保持产品质量稳定和美观的作用。但虫胶使用有一定的局限性,如在湿度较高的季节不能使用虫胶涂膜,虫胶片的贮存期较短,一般有效期为半年。虫胶片在储运过程中极易结块,应在干燥处储存,将水分控制在4%以下,避免结块。

2. 蜂蜡

蜂蜡有黄色蜂蜡和白色蜂蜡两种产品,相对密度0.95,熔点62~65℃,不溶于水,微溶于乙醇,可完全溶于氯仿、乙醚。在低温状态具有一定的脆性,且有蜂蜜的特征风味。蜂蜡的主要成分包括:游离脂肪酸(占12%~14%)、游离脂肪醇(占1%)、线性的蜡质单酯和醇酯(占35%~45%)、复合蜡酯(占15%~27%)。鉴于蜂蜡悠久的应用历史及主要成分的低毒性,美国FDA将蜂蜡列为GRAS物质,主要用于糖果上光、上釉;面包和砂糖制品的防粘;果蔬类表皮涂膜剂等。

第三节 食品色泽改善剂

现代人对食物追求色、香、味、形俱全,而颜色则是认识食品质量的第一感受。美好的色泽不仅带来视觉的享受,还能激发食欲。消费者对某种食品的色泽具有一定期望,如肉呈鲜红色,橘子汁呈橘黄色,面粉呈白色。但在实际加工过程中,由于各种因素的影响,食品会出现褪色或变色现象。为了使食品能具有消费者所期望的色泽,在食品加工生产中,根据不同种类食品色泽变化的特点,运用调色技术,生产各种各样美观诱人的食品时都需要利用食品添加剂,包括各种着色剂、发色剂及漂白剂等来改善食品的色泽,以提高食品的商品价值。

一、食品着色剂

食品着色剂也称食用色素,是赋于和改善食品色泽的物质。食用色素是食品添加剂中重要的组成部分,常用于饮料、糕点、糖果等食品中,用以改善食品的色泽。按其来源可分为人工合成色素和天然色素两大类。

（一）人工合成色素

人工合成色素是用人工合成的方法所制备的有机化合物,具有着色力强、色泽鲜艳、稳定性好、不易褪色、成本低等特点。从化学结构上,可将人工合成色素分为偶氮类色素和非偶氮类色素两类。偶氮类色素又分为油溶性和水溶性,在食品中使用的合成色素有相当一部分为水溶性偶氮色素。此外,人工合成色素还包括色淀。色淀是由水溶性色素沉淀在允许使用的不溶性基质上所制备的特殊着色剂,其着色部分为允许使用的合成色素,基质部分多为氧化铝,故也称铝色淀。色淀可以增强水溶性色素在油脂中的分散性,并提高其耐热、耐光、耐盐等性能。目前使用的铝色淀产品包括苋菜红铝色淀、胭脂红铝色淀、新红铝色淀、柠檬黄铝色淀、日落黄铝色淀等。

1. 苋菜红及其铝色淀

苋菜红又称蓝光酸性红,为水溶性偶氮类色素。一般为棕红色粉末或颗粒。无臭,耐光、耐热性强,耐氧化,还原性差,不适用于发酵食品及含有还原性物质的食品,多年来被公认安全性高,并被世界各国普遍列为法定许可使用的色素。

苋菜红铝色淀是分布于氧化铝水合物上的食品着色剂,着色度与粉末的细度有关,粒子越细,着色度越高,比苋菜红的耐光、耐热性强,几乎不溶于水及有机溶剂。在酸性及碱性的水中,色素缓慢溶出,因此用于酸性及碱性食品,容易混合均匀。

2. 胭脂红及其铝色淀

胭脂红又名丽春红,也是偶氮类水溶性色素,为红色至深红色颗粒或粉末,无臭、耐光、耐酸、耐热。对柠檬酸、酒石酸等果酸稳定,耐还原性、耐细菌性差,遇碱变为褐色。溶于水呈红色溶液,溶于甘油,难溶于乙醇,不溶于油脂。在食用上基本与苋菜红相同。其相应的铝色淀在制备、特性上与苋菜红铝色淀相同。

3. 靛蓝及其靛蓝铝色淀

靛蓝是人类最早使用的天然色素之一,最初是从靛蓝植物的叶中提取得到的。常用的是靛蓝的 5，5′-二磺酸盐。属于水溶性非偶氮类色素,无臭,易溶于水,中性水溶液中呈蓝色,酸性时呈蓝紫色,碱性时呈绿色至黄绿色,还原时褪色。能溶于甘油、丙二醇,难溶于乙醇、油脂。靛蓝易着色,有独特的色调,使用广泛。其相应的铝色淀在制备、特性上与苋菜红铝色淀相类似。

（二）天然色素

天然色素是从动植物及微生物中提取得到的色素,以植物性色素占多数,如叶绿素、类胡萝卜素、花色苷等。着色自然,很多天然色素除了有着色作用外,还具有一定的营养价值和保健功能。天然色素按化学结构可分为:卟啉类衍生物、异戊二烯衍生物、花色苷类衍生物、黄酮类衍生物等类别。

1. 卟啉类色素

卟啉类色素有血红素、叶绿素、胆红素和蓝藻素等,其基本结构都是由 4 个吡咯环的氮原子通过次甲基连接而成的复杂共轭体系,结构比较稳定,色素性能主要由共轭体系结合的金属离子和衍生的外围结构决定。

目前我国许可使用血红素、叶绿素和叶绿素铜钠盐等。叶绿素不稳定,难溶于水,而叶绿素铜钠盐稳定,易溶于水,且耐光性较叶绿素强,着色牢固,色彩鲜艳。在酸性食品或含钙食品中使用时会产生沉淀,遇硬水也生成不溶性盐而影响着色。作为一种安全着色剂,可用于汽水、糖果、果味粉、果子露、配制酒、罐头、糕点等食品的着色,也可用于牙膏的着色。

2. 异戊二烯类衍生物

异戊二烯类衍生物主要是类胡萝卜素,是一类广泛存在于水果和蔬菜中,能使其呈现黄、橙、红等不同颜色的一组天然化合物。类胡萝卜素是 C_{40} 的类异戊二烯聚合物,广泛存在于动植物体内,可在光合作用有机体、一些细菌和真菌体内合成。迄今为止,自然界中已发现超过 700 种的天然类胡萝卜素。

β - 胡萝卜素是胡萝卜素中一种最普遍的异构体,在油脂溶液及悬浮液中很稳定,是一种非极性脂溶性色素,对油脂性食品着色性能良好,可用于人造奶油、奶油、干酪等。在冰激凌、糖果、蛋黄酱、调味汁和干酪等食品中也有应用。

番茄红素属于胡萝卜素类,易溶于油脂和脂肪性溶剂,不溶于水,微溶于甲醇和乙醇,对光和氧不稳定。番茄红素作为着色剂可用于发酵乳及饮料类食品中。

叶黄素,3,3′ - 二羟基 - α - 胡萝卜素,在自然界中与玉米黄素共同存在,不溶于水,易溶于油脂和非极性溶剂。有金属光泽,对光和氧不稳定。作为着色剂可用于焙烤食品、饮料类、冷冻食品、果冻和果酱。

3. 花色苷类衍生物

花色苷是多酚类衍生物,是一类水溶性色素,广泛分布于植物界,是花、叶、茎和果实等美丽色彩的主要成分,由糖苷和花色素苷配基组成,其基本结构是苯并吡喃衍生物。自然界常见的花色素苷配基有天竺葵素、矢车菊素、飞燕草素、芍药色素、牵牛色素、锦葵色素 6 种。花色苷在酸性时呈红色,pH 小于 4 时颜色较稳定,在碱性时则呈蓝色。对光和热都很敏感。但苷配基不同特别是其酚羟基的数目和位置不同,颜色的稳定性不同。氧和金属离子对其稳定性也有一定的影响,尤其是铜、铁等金属可加速其降解或变色。我国许可使用的花色苷类色素如甜菜红、玫瑰茄红、葡萄皮红、越橘红、萝卜红、甘薯红、黑豆红和桑葚红等。

甜菜红是用食用甜菜根制取的一种天然色素,由红色的甜菜花青和黄色的甜菜黄素组成的,其主要成分为甜菜红苷,占红色素的 75% ~95% 。甜菜红对食品着色性好,其颜色在 pH3.0 ~7.0 区间不发生变化,用作食品着色剂时,色泽不受 pH 的影响,故适用于大多数食品。

4. 黄酮类衍生物

黄酮类色素是多酚类衍生物中另一类水溶性色素,同样以糖苷的形式广泛的分布于植物界。其基本结构是 α - 苯基并吡喃酮。这类色素的稳定较好,但也受分子中羟基数和结合位置的影响。

姜黄素主要从草本植物姜黄的根茎中提取而得,包含姜黄素、脱甲氧基姜黄素和双脱甲氧基姜黄素 3 种。在酸性和中性溶液中显黄色。姜黄素分子中含有多个双键、酚羟基及羰基,化学反应活性较高。染色力大于其他天然色素和合成柠檬黄等,特别对蛋白质有很强的染色能力。

二、食品发色剂

食品发色剂是指本身不具有颜色,但能使食品产生颜色或使食品的色泽得到加强或保护的食品添加剂,也叫护色剂或呈色剂。主要用在肉类食品加工中,能与肉及肉制品中呈色物质作用,使之在食品加工、贮藏过程中不致分解、破坏,呈现良好色泽的物质。用肉类原料制造香肠、火腿、午餐肉等食品时,需要改善其色泽,加入硝酸钠、亚硝酸钠作为护色剂,使产品颜色和原料肉更加一致。

(一)护色机理

由于新鲜肉色泽的不稳定性,使其在加工过程中颜色会发生很大变化。为了使肉制品能呈现鲜红的色泽,在加工中可通过添加一定量的护色剂来实现。在肉类腌制的过程中,通常混合使用硝酸盐和亚硝酸盐。硝酸盐可在细菌还原作用下转变为亚硝酸盐。宰后成熟的肉因有氧呼吸的中断而含乳酸,pH 为 5.6 ~ 5.8,亚硝酸盐在弱酸性条件下生成亚硝酸,亚硝酸很不稳定,即使在常温下也可分解产生亚硝基(NO),生成的亚硝基会很快地与肌红蛋白反应生成鲜红色的亚硝基肌红蛋白(MbNO),亚硝基肌红蛋白遇热后,成为具有粉红色的亚硝基血色原。

(二)常用的护色剂

最常使用的护色剂是硝酸盐及亚硝酸盐,护色助剂有 L - 抗血酸及其钠盐、D - 异抗坏酸及其钠盐、烟酰胺等。

1. 亚硝酸钠

亚硝酸钠为白色或浅黄色晶体颗粒,无臭,微带咸味,外观和滋味像食盐。亚硝酸钠除了起到护色作用外,还可产生腌肉的特殊风味。另外亚硝酸钠对多种厌氧性梭状芽孢菌,如肉毒梭菌、绿色乳杆菌等有抑菌和抑制其产毒的作用。亚硝酸钠可用于腌腊肉制品类、酱卤肉制品类、熏、烧、烤肉类、油炸肉类、肉灌肠类、发酵肉制品类食品中,最大使用量范围 0.15 ~ 0.50 mg/kg,残留量≤30 mg/kg。

2. 硝酸钠

硝酸钠为无色透明晶体或白色晶体粉末,可稍带浅颜色,无臭,微苦。易吸潮,易溶于水。硝酸盐在高温或细菌(亚硝酸菌)的作用下还原成亚硝酸盐,进而发挥护色作用。实际使用时,硝酸钠常与亚硝酸钠复配使用。最大使用量为 0.5 g/kg,残留量以亚硝酸钠计,不得超过 30 mg/kg。

（三）护色剂使用注意事项

① 在加工过程中应严格控制亚硝酸盐及硝酸盐的使用量,在保证发色作用的基础上尽可能降低使用量。

② 护色剂使用量较低时,一定将发色剂与原料混合均匀后再进行加工,以避免部分食品中亚硝酸盐超标。若肉在腌制时为干腌,应先与食盐混匀后再加入食品中;若为湿腌,应先用少量水将其溶解后再添加到食品中。

③ 生活中的亚硝酸盐中毒事件一般都是误用所致,且由于亚硝酸盐和硝酸盐的外观、口味与食盐相似,必须防止误用导致的食物中毒。

三、漂白剂

漂白剂是指能破坏、抑制食品的发色因素,使其褪色或使食品免于褐变的食品添加剂。经过漂白剂的作用,可使食品的色泽变浅或变成白色,从而达到改善色泽的目的。为了去除食品在加工中产生的不好颜色或食品原料因品种、运输、储存方法不同,导致最终颜色不一致而影响产品的质量,可使用漂白剂进行改善。

（一）漂白机理

漂白剂主要以亚硫酸类为主,包括硫黄、二氧化硫、焦亚硫酸钾、焦亚硫酸钠、亚硫酸钠、亚硫酸氢钠等还原性漂白剂,其作用比较缓和,具有一定的还原能力。大多数有机物的颜色是由其分子中所含的发色基产生的,发色基都含有不饱和键,还原漂白剂释放氢原子可使发色基所含的不饱和键变成单键,有机物便失去颜色,达到漂白的目的。但被其漂白的色素一旦再被氧化,可能重新显色。

（二）常用的漂白剂

亚硫酸类还原漂白剂都是通过使用时释放二氧化硫而发挥作用的。

1. 硫黄

硫黄为黄色或浅黄色脆性晶体、片状或粉末,容易燃烧,燃烧时产生二氧化硫。硫黄可用于干果、粉丝、粉条、食糖,经表面处理的鲜食用菌和藻类,以上产品均仅限用于熏蒸,不准直接加入食品中,最大使用量以二氧化硫残留量计。实际使用时,通常采用气熏法。熏硫可使果片表面的细胞破坏,加速干燥,同时由于二氧化硫的还原作用,可破坏酶的氧化系统,阻止氧化作用,使果实中单宁及维生素类物质不致被氧化而变成棕褐色。

2. 亚硫酸钠

亚硫酸钠有无水物和七水合物,无水亚硫酸钠为无色至白色六角形棱柱晶体或晶体粉末,无臭,可溶于水,微溶于乙醇,溶于甘油。有强还原性,在空气中慢慢氧化成硫酸钠。其有效二氧化硫的含量为50.84%。七水亚硫酸钠为无色单斜晶体,易溶于水、甘油,在空气中易氧化成硫酸钠,其有效二氧化硫的含量为25.42%。

实际应用时,亚硫酸钠可采用浸渍法和直接加入法两种。浸渍法是将果蔬浸在0.2%~0.6%的亚硫酸钠溶液中,再干制,以防止褐变;而对于果汁类,可采用直接加入法。

(三)漂白剂使用注意事项

① 使用时避免金属容器,防止混入铁、铜等金属离子,以防金属离子与亚硫酸发生反应或使食品氧化变色。

② 亚硫酸盐类的溶液容易分解失效,在使用过程中最好现用现配。

③ 用亚硫酸盐类漂白的物质,易出现色泽不稳定复色的现象,需要控制食品中残留二氧化硫,抑制复色现象。

④ 亚硫酸盐类会破坏食品的营养元素。亚硫酸盐能与氨基酸、蛋白质等反应生成双硫键化合物,与维生素 B_1 发生不可逆的亲核反应,导致维生素 B_1 裂解而损失,不能用于作为维生素 B_1 源的食品中。

⑤ 使用亚硫酸盐类时,由于其能渗入果蔬组织,适宜于制作果酱、果干、果酒、果脯、蜜饯等小块型或破碎组织的产品,经过后期加热、抽真空等加工工艺,能将二氧化硫尽可能除去。

第四节　食品组织结构稳定剂

食品的组织结构和状态通常用食品的质构特性来表示,食品质构特性取决于食品组分之间的相互作用。质构是消费者评价食品质量的重要特性之一,随着消费水平的提高,人们对食品质构的要求越来越高,可以通过添加乳化剂、增稠剂、凝固剂和水分保持剂等改善或稳定加工过程中食品组织结构和状态,增加其食用和商品价值。

一、乳化剂

乳化剂是一类具有亲水基和亲油基的表面活性剂,这两种基团一般分布于乳化剂分子的两端,形成不对称结构,其亲水基一般是溶于水或能被水浸湿的基团,如羟基、羧基等;其亲油基一般是与油脂结构中的烷烃相类似的碳氢化合物长链,可与油脂互溶。因此,它能使食品体系中原本互不相溶的两相得以均匀混合,形成均匀状态的分散体系,改变食品体系原有的物理状态,进而改变食品的内部结构,提升食品感官特性和食用质量。

(一)乳化剂分类

1. 按照离子性

乳化剂按离子性可分为离子型乳化剂和非离子型乳化剂两类。

(1)离子型乳化剂

当乳化剂溶于水时,凡是能电离成离子的,称为离子型乳化剂。如果乳化剂溶于水后电离成 1 个较小的阳离子和 1 个较大的包括羟基的阴离子基团,且起作用的是阴离子基团,称为阴离子型乳化剂;如果乳化剂溶于水后电离成 1 个较小的阴离子和 1 个较大的阳离子基团,且发挥作用的是阳离子基团,称为阳离子型乳化剂。两性乳化剂是亲水的极性部分既包含阴离子,也包含阳离子。离子型乳化剂品种较少,主要有硬脂酰乳酸钠、磷脂和改性磷脂以及一些离子型高分子,如黄原胶、羧甲基纤维素等。

（2）非离子型乳化剂

非离子型乳化剂在水中不电离,溶于水时,疏水基和亲水基在同一分子上,分别起到亲油和亲水的作用。大多数食用乳化剂均属此类,如甘油酯类、山梨醇酯类、木糖醇酯类、蔗糖酯类和丙二醇酯类等。

2. 按照亲水亲油性

乳化剂按其亲水亲油性可以分为油包水型乳化剂和水包油型乳化剂两类。乳化剂的乳化特性是由其分子中亲水基的亲水性和亲油基的疏水性的相对强度所决定。一般用HLB 值表示乳化剂的亲水亲油平衡值。HLB 值的计算公式为:

$$\text{HLB 值} = 7 + \sum \text{亲水基团值} - \sum \text{亲油基团值}$$

一般来说,HLB 值越大,表明乳化剂亲水性越强,反之亲油性越强。

油包水类乳化剂一般指亲油性较强,HLB 值在 3~6 的乳化剂,如脂肪酸甘油酯类乳化剂、山梨醇酯类乳化剂。

水包油类乳化剂一般指亲水性较强,HLB 值在 9 以上的乳化剂,如低酯化度的蔗糖酯、吐温系列乳化剂、聚甘油酯类乳化剂等。

(二)乳化剂在食品中的作用

1. 分散体系的稳定作用

乳化剂由于其两亲作用,在油水界面能定向吸附,使油相界面变得亲水,水相界面变得亲油,使原本不相容的不同体系变得相容,从而使体系稳定。

2. 发泡和充气作用

乳化剂是表面活性剂,在气、液面也能定向吸附,大幅降低了气液界面的表面张力,使气泡容易形成和稳定。

3. 破乳和消泡作用

乳化剂中 HLB 值较小者在气、液界面会优先吸附,但其吸附层不稳定、缺乏弹性,造成气泡破裂,因而起到消泡的作用,如可用在豆腐、味精、蔗糖生产中的消泡。

4. 影响体系结晶

乳化剂可以定向吸附于结晶体系的晶体表面,改变晶体表面张力,影响体系的结晶行为,如一般情况下会干扰结晶,使晶粒细小,这对于糖果、雪糕、巧克力等生产中控制晶粒的大小很有效果。

5. 与淀粉相互作用

食品乳化剂一般为脂肪酸酯,淀粉可以和脂肪酸的长链结构形成络合物,从而防止了淀粉的凝沉老化,达到延长淀粉质食品保鲜期的目的。

(三)食品常用乳化剂

1. 蔗糖脂肪酸酯

简称蔗糖酯,由蔗糖与脂肪酸酯化反应制得,分为单酯、二酯、三酯和多酯,溶于乙醇,微溶于水。主要功能为乳化、抑制油脂结晶成长、防止淀粉之间的相互作用。在饮料中添加本品,可起着香、起浊、赋色、助溶和乳化分散等作用。在含乳饮料中使用同时起抗氧化作用,还能使各组分在水中分散地更均匀、更稳定。提高产品稳定性和保鲜性。果酱中加本品,能防止食品老化,使制品质地软化,有效防止所含砂糖结晶及水分离析。

2. 单硬脂酸甘油酯

单硬脂酸甘油酯又称甘油单硬脂酸酯,简称单甘酯,为乳白至微黄色蜡样固体,无臭、无味;溶于乙醇、热脂肪油和烃类,不溶于水,是乳化性很强的油包水(W/O)型乳化剂。单甘酯是乳化剂中最普遍使用的一种,也是乳化剂中产量最大的一种,在食品中具有乳化、分散、稳定、发泡、消泡、抗淀粉老化等作用。

3. 硬脂酰乳酸钠和硬脂酰乳酸钙

硬脂酰乳酸钠或硬脂酰乳酸钙是一种合成的离子型乳化剂,具有特殊的焦糖气味,难溶于冷水,易溶于乙醇、植物油等有机溶剂,在空气中稳定,不宜作为水包油型乳化剂。主要用作乳化剂、稳定剂、发泡剂、组织改良剂。用于面包、馒头可以提高发酵面团的持气性和成品体积,并具有抗老化和使组织柔软的效果。用于蛋糕可使成品体积增加,不宜塌陷和老化,组织均匀、柔软,不易变硬和掉渣。也可用于糕点、饼干、馅料、膨化食品、植脂奶油、植脂末等。

4. 卵磷脂

卵磷脂又称大豆磷脂,浅黄色透明黏稠状液态物质,无臭或略带坚果类气味及滋味;纯品不稳定,遇空气或光则颜色变深,易与水合物形成乳浊液;难溶于丙酮、醋酸酯。

卵磷脂是两性离子表面活性剂,在热水中或 pH 在 8 以上时易引起乳化作用。酸式盐可破坏乳化而析出沉淀。虽然磷脂不耐热,但由于在食品中添加不多,对温度的敏感并不明显。磷脂具有与蛋白质结合的特殊性质,同时具有优良的润滑性能。

常用乳化剂还有司盘系列和吐温系类。司盘系列乳化剂主要用于面包、冰激凌、饼干、饮料等。在面包制作过程中,加入司盘可使面包柔软,防止表面老化,增加面团韧性,提高发酵烘烤质量。在糕点制品中,与其他乳化剂混合使用,改善糕点生面团的气孔率和气孔结构。还可控制巧克力的"起霜",增加巧克力颗粒间的摩擦力和流动性,降低黏度,增进脂肪分散,防止起霜。其中司盘 60 应用最为广泛。吐温系列乳化剂广泛用于食品、化妆品和其他行业,与司盘配合使用可以调配适合各种乳状液制备所需的 HLB 值。作为食品添加剂广泛用在蛋糕、面包和各类饮料中,具有乳化、稳定、起泡等功能。

二、食品增稠剂

食品增稠剂又称食品胶,是一类能增加液体食品的黏度或形成凝胶,从而改善其物理性质,赋予黏润、适宜的口感,并兼有稳定、乳化和悬浮作用的食品添加剂,被用于充当增稠剂、胶凝剂、持水剂、成膜剂、乳化剂、黏着剂、悬浮剂、泡沫稳定剂等。

根据增稠剂来源不同,大致可分为 4 类。

① 植物胶。如阿拉伯胶和刺梧桐胶等。

② 动物胶。如明胶和壳聚糖等。

③ 微生物胶。如黄原胶和结冷胶等。

④ 化学改性胶。如以天然淀粉为原料制备的各种变性淀粉。

（一）增稠作用机理

食品增稠剂是一类高分子亲水胶体物质,具有亲水胶体的一般性质。因此增稠剂一般应具有以下特性:

① 在水中有一定的溶解度。

② 在水中强烈溶胀,在一定温度范围内能迅速溶解或糊化。

③ 水溶液中有较大黏度,具有非牛顿流体的性质。

④ 在一定条件下可形成凝胶和薄膜。

增稠机理是利用增稠剂分子结构中含有许多亲水基团,如羟基、羧基、氨基和羧酸根等,能与水分子发生水合作用,其分子水合后以分子状态高度分散于水中,形成高黏度的单相均匀分散体系——大分子溶液。食品增稠剂对保持流态食品、凝胶食品的色、香、味、结构和稳定性起相当重要的作用。

（二）增稠剂在食品中的作用

1. 增稠、稳定作用

食用增稠剂都是水溶性高分子,溶于水中有很大的黏度,使体系具有稠厚感。体系黏度增加后,体系中的分散相不容易聚集和凝聚,因而可以使分散体系稳定。增稠剂大多具有表面活性,可以吸附于分散相的表面,使其具有一定的亲水性而易于在水体系中分散。

2. 凝胶作用

有些增稠剂,如明胶、琼脂等溶液,在温热条件下为黏稠流体。当温度降低时,溶液分子连接成网状结构,溶剂和其他分散介质全部被包含在网状结构之中,整个体系形成了没有流动性的半固体,即凝胶。很多食品的加工都利用了增稠剂的这个性质,如果冻、奶冻等。有些离子性的水溶性高分子,如海藻酸钠,在有高价离子的存在下可以形成凝胶,而与温度没有关系。这对于加工很多特色食品都有益处。

3. 乳化作用

大多数增稠剂只是因增加黏度而使乳化液得以稳定,但它们的单个分子并不同时具有乳化剂所特有的亲水、亲油性。部分高分子增稠剂在分子结构上也存在亲油基和亲水基,因此也有乳化性能。

4. 其他作用

（1）起泡作用和稳定泡沫作用

增稠剂可以发泡,形成网络结构,它的溶液在搅拌时像小肥皂泡一样,可包含大量气体,并因液泡表面强性增加使其稳定。蛋糕、啤酒、面包、冰淇淋等使用鹿角菜胶、槐豆胶、海藻酸钠、明胶等作发泡剂用。

（2）成膜作用

增稠剂能在食品表面形成非常光润的薄膜，可以防止冰冻食品、固体粉末食品表面吸湿而导致的质量下降。这层膜还可以使果品、蔬菜保鲜，并有抛光作用。作被膜用的有醇溶性蛋白、明胶、琼脂、海藻酸等。

（3）保水作用

增稠剂有强亲水作用。在肉制品、面粉制品中能起改良品质的作用。如在面类食品中，增稠剂可以改善面团的吸水性，调制面团时，增稠剂可以加速水分向蛋白质分子和淀粉颗粒渗透的速度，有利于调粉过程。增稠剂能吸收几倍乃至上百倍于自身质量的水分，这个特性可改善面团的吸水量，使产品的质量增大。

（三）常用的增稠剂

1. 琼脂

琼脂又名琼胶、洋菜、冻粉，由石花菜和江蓠等藻类提取。琼脂应用于食品加工中时，可使产品具有很好的形状，但产品的组织结构较粗糙，产品的表皮易收缩而起皱纹，产品易发脆。如果将琼脂与卡拉胶进行适当的复配后使用，则可以克服其单独使用时所存在的不足和缺陷，使产品更具有柔软性和弹性。如果将琼脂与糊精、蔗糖等复配后使用，则凝胶的强度升高；将琼脂与淀粉、海藻酸钠复配后使用，则凝胶强度反而会下降；将琼脂与明胶复配后使用，则可适当降低凝胶的破裂强度。琼脂是一种耐热性较好的增稠剂，但长时间加热，尤其在酸性条件下加热，琼脂很容易失去凝胶能力。

2. 海藻酸钠

海藻酸钠又称藻朊酸钠、褐藻酸钠。白色至浅黄色粉末，无臭，无味，溶于水形成黏稠状胶体溶液。易与金属离子结合，海藻酸钠与二价阳离子能在室温下形成凝胶。凝胶的强度与两价阳离子的性质有关，其由强到弱的顺序为 Ba^{2+}、Ca^{2+}、Mg^{2+}，具有实用价值的是 Ca^{2+}。加入冰激凌、蛋糕等中，产品保形性好、口感细腻、膨胀率大、松软、富有弹性。在牛奶制品和饮料中，能提高产品的口感，改善酸奶的凝乳形状。在糖果、冷食、点心及食品芯、馅中，具有良好的凝胶性，能改善口感。海藻酸钠可形成纤维和薄膜，且易与蛋白质、淀粉、果胶、阿拉伯胶、甘油、山梨醇等共溶。

3. 卡拉胶

卡拉胶是由某些红海藻提取制得，由半乳聚糖组成的多糖类物质。在中性和碱性溶液中很稳定，但在酸性溶液中，pH 小于 4 时较易水解，造成凝胶强度和黏度下降。只有 κ - 型和 ι - 型卡拉胶的水溶液能形成凝胶，其凝固性受某些阳离子的影响很大。在一定的范围内，凝固性能随这些阳离子浓度的增加而增强。卡拉胶可与多种胶复配。如添加黄原胶可使卡拉胶凝胶更柔软、更黏稠和更具弹性。黄原胶与 ι - 型卡拉胶复配会降低食品的脱水收缩。κ - 型卡拉胶与魔芋胶相互作用能形成一种具弹性的热可逆凝胶。加入槐豆胶可显著提高 κ - 型卡拉胶的凝胶强度和弹性。

4. 果胶

果胶主要由半乳糖醛酸与其甲基酯的聚合物组成。分为高甲氧基果胶（HMP）和低甲氧基果胶(LMP)。高甲氧基果胶即为普通果胶,一般其甲氧基含量越高,果胶的胶凝能力越强。但高甲氧基果胶必须在可溶物含量达50%以上时,才能形成胶冻。而低甲氧基果胶只需多价离子(如钙、镁等)存在,即使可溶物含量低于1%时,仍能因多价离子的桥连而形成胶冻。果胶必须完全溶解以避免形成不均匀的凝胶,为此需要有一个高效率的混合器,并缓缓添加果胶粉,避免果胶结块,否则极难溶解。

5. 黄原胶

黄原胶又称汉生胶,是一种微生物胶。淡黄色至棕色粉末,易溶于水,不溶于大多数有机溶剂。黄原胶是一种乳化稳定剂和增稠剂,其水溶液黏度几乎不受酸碱度、温度和盐类的影响。具有与其他胶很好的相互复配的功能,如与海藻酸钠、淀粉等互溶,且与其他一些胶有很好的协同效应,如卡拉胶、瓜尔豆胶、槐豆胶等,使之具有很好的弹性和黏稠性。黄原胶还能使面包、糕点等延长老化和货架寿命;能使饮料更爽口,使不溶物更好地悬浮而稳定;在果酱中改善口感和持水性。

6. 羧甲基淀粉钠

羧甲基淀粉钠主要由葡萄糖聚合而成的淀粉衍生物。可作为食品增稠剂、稳定剂、防老化剂等使用。它在酸性水溶液中不稳定,而在碱性条件下较稳定。不适合作为强酸性食品的增稠剂。其水溶液不宜在80℃以上长时间加热,其水溶液中存在金属盐时,会产生不溶于水的盐类,降低其黏稠度。具有抑制α-淀粉酶的作用,可用于酱类和果酱中。在面包中可防止老化,改良品质。

三、稳定剂和凝固剂

稳定剂和凝固剂是指使食品结构稳定或使食品组织结构不变,增强黏性固形物的一类食品添加剂。稳定剂和凝固剂能够使食品中的果胶、蛋白质等溶胶凝固成不溶性凝胶状物质,从而达到增强食品中黏性固形物的强度、提高食品组织性能、改善食品口感和外形等目的。可分为盐类凝固剂(如氯化钙)和酸类凝固剂(如葡萄糖酸-δ-内酯)两类。

在食品工业中主要应用于以下3个方面:

① 果蔬罐头与果冻食品的制作。

② 豆腐的生产。

③ 与金属离子通过配位作用形成稳定而能溶解的复合物。

(一)稳定剂和凝固剂作用机理

稳定剂和凝固剂分子中多含有钙盐、镁盐或带多电荷的离子团,在促进蛋白质变性而凝固时,起到破坏蛋白质胶体溶液中的夹电层,使悬浊液形成凝胶或沉淀的作用。有些稳定剂如乳酸钙,在溶液中可与水溶性的果胶结合,生成难溶的果胶酸钙;葡萄酸内酯可在水解过程与蛋白质胶体发生反应形成稳定的凝胶聚合物。

(二)常用稳定剂和凝固剂

1. 硫酸钙

俗称石膏或生石膏,可作为稳定剂和凝固剂、增稠剂、酸度调节剂使用,在豆类制品中可按生产需要适量使用,用于嫩豆腐生产,使蛋白质凝固作用缓和,产品质地细嫩、持水性好、有弹性,产量高。但由于石膏难溶于水,易残留涩味和杂质,不适合生产豆干和油炸豆腐。另外硫酸钙还可用作西红柿罐头和马铃薯罐头的硬化剂。

2. 氯化钙和氯化镁

氯化钙易溶于水和乙醇,易潮解。与可溶性果胶酸反应生成果胶酸钙,保持果蔬制品的脆性和硬度;也可在豆腐生产中用作凝固剂。

氯化镁是盐卤的主要成分。氯化镁制作的豆腐比硫酸钙制作的豆腐质嫩味鲜,豆浆凝固快,硬度较强,含水量低,具有独特的甜味和香味,但制品持水性差、易破、产量低,适合老豆腐、豆干、油炸豆腐的生产。

3. 葡萄糖酸 $-\delta-$ 内酯

葡萄糖酸 $-\delta-$ 内酯易溶于水,在水中缓慢水解形成葡萄糖酸及其酯,口感先呈甜味后显酸味。可作为防腐剂,对霉菌和一般细菌均有抑制作用,且能增强防腐剂和发色剂的作用效果。用作凝固剂在水中发生离解生成葡萄糖酸,使蛋白质溶胶凝结形成蛋白质凝胶,其效果优于硫酸钙、氯化钙、盐卤。葡萄糖酸 $-\delta-$ 内酯作为稳定剂和凝固剂,可以在各类食品中按生产需要适量使用。

四、水分保持剂

水分保持剂是指有助于保持食品中水分而加入的物质。按照功能用途的不同可分为持水剂和润湿剂两类,前者如磷酸盐类,后者如甘油。水分保持剂主要是指用于肉类和水产品加工中,增强水分稳定和有较高持水性的磷酸盐类。水分保持剂可以通过保水、保湿、黏结、填充、增塑、稠化、增溶、改善流变性能和螯合金属离子等改善食品品质,即改进产品的感官质量和理化性质。

(一)水分保持剂作用机理

水分保持剂一般用于肉类和水产品加工,目的是增强水分稳定性,提高产品持水能力。用于肉制品,提高肉的持水性的机制有:

① 通过提高肉的 pH,使其偏离肉蛋白质的等电点(pH 5.5)。

② 螯合肉中的金属离子。

③ 增加肉的离子强度,使肌肉蛋白更易于转变为疏松状态。

④ 解离肌肉蛋白质中的肌动球蛋白,增加肉的嫩度。

(二)水分保持剂在食品中的作用

① 具有增加肉制品嫩度和持水性的功能。复合磷酸盐一般能提高熟肉制品 10% 的出肉率。例如在碎肉制品和香肠中,添加氯化钠和聚磷酸盐能使胶体较为稳定,也使烹饪后的蛋白质凝结成紧密的网络。

② 用作乳化用盐。磷酸盐能够稳定乳酪蛋白使其保持均匀分散的状态,防止酪蛋白因钙离子等引起絮凝聚集作用,从而使乳脂肪和其他成分均匀分布,稳定饮料(特别是含乳

饮料)胶体。在可乐饮料、蛋白饮料等饮料中起到防止浑浊的乳化稳定作用。

③ 提高面制品品质。磷酸盐在水溶液中与可溶性金属盐类生成复盐,在葡萄糖基团间起"架桥"作用,促进淀粉分子交联。交联淀粉具有耐高温和耐高压蒸煮的优点,在油炸温度下仍能保持胶体的黏弹性,使复水后的成品保持良好的"咬劲"。还能增强面筋蛋白与淀粉的结合力,促进两者形成稳定的复合物,减少淀粉的溶出,从而增强面粉的筋力。

常用的磷酸盐类水分保持剂包括正磷酸盐、焦磷酸盐、聚磷酸盐和偏磷酸盐等,以及乳酸盐和甘油,还包括丙二醇,甜味剂中的麦芽糖醇、山梨糖醇和增稠剂中的聚葡萄糖等。

第五节　食品风味调节剂

味是指食品进入口腔咀嚼或者饮用时给人的一种综合感觉,一般将味分为酸、甜、苦、辣、咸、鲜、涩7种。在生理感觉中,酸、甜、苦、咸、鲜是独立的味道,在舌头的味觉神经中有专门的传递路线,是基本的口味。由于辣味是刺激口腔黏膜引起的痛觉,涩味是舌头黏膜蛋白质被作用而凝固引起的收敛作用,二者都是触觉神经末梢受到刺激而产生的,并非由味觉神经所产生,不算独立的基本味道。虽然各种天然食品都有其特殊的味道,但人们的偏爱和口味有所不同,因此常用风味调节剂调和成适当口味。风味调节剂不仅可改善食品的感官性质,促进消化液的分泌和增进食欲,有些调味剂还具有一定的营养价值。作为食品添加剂的调味物质而不同于传统调料(多属于配料及其制品),仅包含酸、甜、鲜3种类别,因其风味更强烈,更适宜加工食品使用。

一、酸味剂

酸味剂又叫酸度调节剂,可调节食品的pH、控制酸度。酸味剂还能赋予食品以酸味,改善食品风味,促进唾液、胃液、胆汁等消化液的分泌,增强食欲和促进消化。酸味剂可分为有机酸和无机酸。目前,食品中常用的酸味剂,如柠檬酸、乳酸、苹果酸、酒石酸等为有机酸,主要的无机酸为磷酸。

(一)酸味剂在食品中的作用

① 调节食品体系的酸碱性,改善产品性能。如在凝胶、干酪、果酱、果冻等产品加工过程中,正确调节pH可获得产品的最佳性状和韧度;酸味剂的添加能降低食品体系的pH,增强酸性防腐剂的防腐效果,减少食品高温灭菌时间,进而减少高温处理对食品风味可能产生的不利影响。

② 作为香味辅助剂,广泛应用于调香。如添加酒石酸可辅助葡萄的香味,磷酸可辅助可乐的香味,苹果酸可辅助多种水果型饮料的香味。酸味剂的使用可修饰甜味,平衡食品风味,辅助构成特定的香味。

③ 螯合剂。食品或加工材料中某些金属离子如铜、铁、镍等能加速食品氧化,引起变色、腐败、营养素损失等不良影响,许多酸味剂具有螯合金属离子的能力,并且酸味剂与抗

氧化剂、防腐剂等复配使用,具有增效作用。

④ 稳定泡沫。由于酸味剂遇碳酸盐可产生 CO_2 气体,因此,酸味剂是化学膨松剂产气的基础,其性质决定了膨松剂的反应速率。

⑤ 具有还原性。酸味剂可作为水果、蔬菜制品加工中的护色剂及肉类加工中的护色助剂。

⑥ 在糖果生产中酸味剂用于蔗糖的转化,并能抑制褐变,具有缓冲作用。

(二) 常用酸味剂

常用的酸味剂有柠檬酸、乳酸、酒石酸、苹果酸、富马酸、磷酸、醋酸、己二酸等。磷酸是唯一作为食品酸味剂使用的无机酸。在有香味的碳酸饮料,特别是可乐和类似啤酒的无醇饮料中,磷酸是广泛使用的一种重要酸味剂。

1. 柠檬酸

柠檬酸的酸味纯正、温和、芳香可口,其味觉阈值在 $0.02\% \sim 0.08\%$,易与多种香料配合而产生清爽的酸味,适用于各类食品的酸度调节。柠檬酸广泛用于各种饮料、果汁、罐头、糖果、果酱、果冻的生产,使产品的酸味清爽可口,并能增强果味的香甜。在糖水罐头中添加,除能改进风味外,还可以抑制微生物生长,防止褐变,降低杀菌条件。在果酱中添加柠檬酸可促进蔗糖转化,防止蔗糖晶体析出而引起返砂。柠檬酸还可以作为香料稳定剂添加到许多食品包装材料中,发挥保鲜除异味作用。

2. 乳酸

乳酸存在于发酵食品、腌渍食品、果酒、清酒、酱油及乳品中,具有较强的杀菌作用,可防止杂菌生长,抑制异常发酵。但因具有特异收敛性酸味,使用范围不如柠檬酸广。乳酸及其衍生物可在糖果、饮料、果汁、葡萄酒和乳制品中作为增香剂、酸味剂或者防腐剂;在啤酒生产过程中作为酸味剂代替磷酸;用于果酱、果冻时,其添加量以保持产品的 pH 为 $2.8 \sim 3.5$ 为宜;用于乳酸饮料和果味饮料时,一般与柠檬酸并用;还用于配制酒、果酒、白酒的调酸、调香。

3. 苹果酸

苹果酸有特殊愉快的酸味,酸味较柠檬酸强约 20% ,呈味缓慢,保留时间长、爽口。苹果酸在水果加工中使用有很好的防止褐变作用。苹果酸一般多与柠檬酸并用,如 60% 苹果酸加 40% 柠檬酸则更接近天然苹果酸味;用于果汁、清凉饮料、果酱、果冻以保持 pH $2.8 \sim 3.5$ 为宜,还可适量用于罐头、糖果、焙烤食品等。

4. 酒石酸

酒石酸存在于多种植物中,以酒石酸氢钾的形式存在,也是葡萄酒中主要的有机酸之一。酒石酸添加到食品中,可以使食品具有酸味,口感稍涩。酒石酸主要用于饮料产品中,一般很少单独使用,多与柠檬酸、苹果酸等并用,特别适合添加到葡萄汁及其制品中,也可作为速效合成膨松剂的酸味剂使用。

5. 磷酸

磷酸为无机酸的中强酸,其酸度比柠檬酸大 $2.3 \sim 2.5$ 倍,有强烈的收敛味和涩味,多用于可乐型饮料。一般认为磷酸风味不如有机酸好,但用作一些非水果型饮料,特别是传统可乐饮料的酸味剂,是构成可乐风味不可缺少的风味促进剂。磷酸还可用作螯合剂、抗氧化增效剂和 pH 调节剂。在软饮料、糖果和焙烤食品中用作增香剂。

二、甜味剂

甜味剂是指赋予食品甜味的添加剂。食品甜味的作用是满足人们的嗜好要求,改进食品的可口性以及其他食品的工艺性质。

食品的甜味剂品种繁多,按来源可分为天然甜味剂和合成甜味剂;通常所说的甜味剂是指人工合成的非营养甜味剂、糖醇类甜味剂与非糖天然甜味剂 3 类。糖醇类甜味剂是指多羟醇结构、甜度低于蔗糖、低热能的一类甜味剂。非糖天然甜味剂是指从天然物(甘草、植物果实等)中提取其天然甜味成分而制成的一类天然甜味剂。至于葡萄糖、果糖、麦芽糖和乳糖等物质,虽然也是天然甜味剂,但因长期被人类食用,且是重要的营养素,所以通常被视为食品原料,不作为食品添加剂对待。

(一) 化学合成甜味剂

化学合成甜味剂是人工合成的具有甜味的复杂有机化合物。化学合成甜味剂的主要优点为:

① 化学性质稳定,耐热、耐酸和耐碱,不易出现分解失效现象,故使用范围比较广泛。

② 不参与机体代谢,大多数合成甜味剂经口摄入后全部排出体外,不提供能量,适合糖尿病人、肥胖者和老年人等特殊营养消费群使用。

③ 甜度较高,一般都是蔗糖甜度的 50 倍以上。

④ 价格便宜,等甜度条件下的价格均低于蔗糖。

⑤ 不是口腔微生物的合适作用底物,不会引起牙齿龋变。

1. 糖精钠

糖精钠又称可溶性糖精或水溶性糖精,为无色至白色的结晶或结晶性粉末,无臭,微有芳香气味。糖精钠易溶于水,在水中的溶解度随温度的上升而迅速增加。在常温时,糖精钠的水溶液长时间放置后甜味亦降低,摄入后在体内不分解,随尿排出,不供给热能,无营养价值。糖精钠甜味强,为蔗糖的 200 ~ 700 倍。糖精钠主要用于酱菜类、调味酱汁、浓缩果汁、蜜饯类、配制酒、冷饮类、糕点、饼干、面包,其最大使用量为 0.15 g/kg。

2. 甜蜜素

甜蜜素又称环己基氨基磺酸钠,对热、光、空气以及较宽范围的 pH 均很稳定,无吸湿性,易溶于水。甜味是蔗糖的 40 ~ 50 倍。与蔗糖相比,甜蜜素的甜味刺激来得较慢,但持续时间较长。甜蜜素风味良好,不带异味,还能掩盖诸如糖精类人工甜味剂所带有的苦涩味。作为一种无能量甜味剂,甜蜜素主要应用于如软饮料、果汁饮料的配料,冰淇淋、糕点,最大使用量 0.25 g/kg;水果蜜饯,最大使用量 1.0 g/kg。

3. 安赛蜜

安赛蜜又称乙酰磺胺酸钾,也称 AK 糖,是一种白色结晶状粉末。甜度大约是糖精钠的一半,比甜蜜素钠甜 4~5 倍。安赛蜜甜味感觉快,没有任何不愉快的后味,味觉不延留。其水溶液甜度不随温度的上升而下降。安赛蜜在人体内不代谢为其他物质,能很快排出体外,因此,它完全无热量,特别适合保健食品的生产。另外,它不与食品中成分特别是香精和香料发生反应,故在用安赛蜜增甜的产品中,香精可保持稳定。

(二)天然甜味剂

糖醇类是最有代表性的天然甜味剂,糖醇是世界上广泛采用的甜味剂之一,它可由相应的糖加氢还原制成。这类甜味剂口味好,化学性质稳定,不易被消化吸收,属于低热量甜味剂;不被口腔微生物利用,具有防龋齿功能;属于水溶性膳食纤维,具有纤维素的部分功能,可调理肠胃,防止便秘;此外,还具有保湿功能。

木糖醇不与可溶性氨基化合物发生美拉德反应。木糖醇溶于水中会吸收很多能量,是所有糖醇甜味剂中吸热最大的一种,食用时会感到一种凉爽愉快的口感。在人体中代谢不需胰岛素,而且还能促进胰脏分泌胰岛素。木糖醇作为一种功能性甜味剂主要用于防止龋齿性糖果和糖尿病人的专用食品。

山梨糖醇甜度是蔗糖的 60%~70%,具有清凉爽快的甜味。山梨糖醇有持水性,可防止糖、盐等析出结晶,能保持甜、酸、苦味强度的平衡,增强食品的风味。山梨糖醇具有良好的吸湿性,可以保持食品具有一定水分以调整食品的干湿度。利用山梨糖醇的吸湿性和保湿性,应用于食品中可防止食品干燥、老化,延长产品货架期。此外,山梨糖醇与其他糖醇类共存时会出现吸湿性增加的协同现象。除了作甜味剂外,山梨糖醇还可作为润湿剂、多价金属螯合剂、稳定剂与黏度调节剂等。

(三)其他甜味剂

1.蔗糖衍生物

三氯蔗糖(TGS),又称蔗糖素,是以蔗糖为原料经氯化作用而制得的,通常为白色粉末状产品。易溶于水和乙醇。甜味纯正,没有任何苦后味,是目前世界上公认的强力甜味剂。

由于三氯蔗糖的物化性质和甜味特性比较接近蔗糖,因此,在很多食品中代替蔗糖。三氯蔗糖主要应用于焙烤食品与焙烤粉、饮料与固体饮料、口香糖、咖啡与茶汁、乳制品类似物、脂肪与油、冰冻甜点心与混合粉、水果与冰淇淋、明胶食品与布丁、果酱、果子冻、乳制品、加工水果与果汁、蔗糖替代物、甜沙司与糖浆等。

2.肽类衍生物

这类甜味剂中最具有代表性的是天冬氨酰苯丙氨酸甲酯(又称甜味素、阿斯巴甜),味质近于蔗糖。但苯丙酮酸尿症患者不能食用,也不单独用于焙烤食品。

甜味素的甜度比蔗糖大 100~200 倍。热稳定性差,高温加热后,其甜味下降或消失。甜味素味质好,且几乎不增加热量,可作糖尿病、肥胖症等人疗效食品的甜味剂,亦可作防龋齿食品的甜味剂。

甜味素在食品或饮料中的主要作用表现在:提供甜味,口感类似于蔗糖;能量可降低

95%左右;增强食品风味,延长味觉停留时间,对水果香型风味效果更佳。

3. 纽甜

纽甜是阿斯巴甜的衍生物,甜度是阿斯巴甜的 30～60 倍,其能量值几乎为零,且甜味纯正。纽甜不仅可以广泛用于食品和饮料中,而且可以单独使用或与其他强力甜味剂或多糖混合使用。纽甜具有纯正甜味,没有其他甜味剂常有的苦味和金属味,将其配成不同浓度的水溶液,它的甜味随着溶液浓度的增加而增加,但其他风味如苦味、酸味和金属味等没有明显增加。将其添加在可乐溶液中,随着甜味剂浓度的增加,不仅甜味增加,而且增加了饮料的风味,但令人不快的风味却没有增加。

三、增味剂

增味剂又称食品鲜味剂,是指能补充或增强食品原有风味的物质。在不影响酸、甜、苦、咸等基本味和其他呈味物质的味觉刺激前提下,增强其各自的风味特征,从而改进食品的可口性。一些食品中添加增味剂后,呈现鲜美滋味,能促进食欲和丰富营养。增味剂的使用量低于味阈值时,仅增强风味,提高食品总的味觉强度,而当其用量高于味阈值时,产生鲜味。

(一)增味剂种类

食品增味剂按照来源可分为动物性增味剂、植物性增味剂、微生物增味剂及化学合成增味剂等;按化学成分可分为氨基酸类、核苷酸类、有机酸类、复合增味剂等。

1. 氨基酸类增味剂

氨基酸类增味剂中呈味基团是分子两端带负电的基团,且分子中有亲水性辅助基团。以谷氨酸为代表,属于第一代增味剂产品。除了谷氨酸钠外,此类增味剂还包括 L - 丙氨酸和甘氨酸,也具有一定的鲜味。

2. 核苷酸类增味剂

核苷酸类增味剂以肌苷酸和鸟苷酸为代表,它们均属芳香杂环化合物,结构类似,都是酸性离子型有机物,呈味基团是亲水的核糖 - 5 - 磷酸酯,辅助基团是芳香杂环上的疏水取代基。属于第二代增味剂产品。

3. 有机酸类增味剂

有机酸类增味剂以琥珀酸二钠为代表,它是目前我国唯一允许使用的有机酸类增味剂。琥珀酸二钠作为增味剂常用于酒类、清凉饮料及糖果食品中,其钠盐用于酿造品及肉制品。

4. 复合增味剂

复合增味剂是指含有两种或两种以上增味剂的一类产品。大多数由动物、植物及微生物经过水解或发酵而制成,包括肉类抽提物、水产抽提物、水解动物蛋白等动物性增味剂,植物性抽提物和水解植物蛋白等植物性增味剂,酵母菌抽提物等。属于第三代增味剂产品。

（二）常用增味剂

1. L - 谷氨酸钠

俗称味精,具有特有的鲜味。味精以蛋白质组成成分或游离态广泛存在于植物组织中。通常在食品加工和烹饪时不分解,但在高温条件下会出现部分水解,长时间 155 ℃ 以上受热,会发生失水生成焦谷酸钠,鲜味下降。

L - 谷氨酸钠是第一代增味剂的主要成分,也是人类最早发现的增味剂成分。广泛用作复配其他增味剂的基础料。味精具有很强的肉类鲜味,特别在微酸性溶液中味道更佳。作为增味剂,味精还具有调整咸、酸、苦味的作用,并能引出食品所具有的自然风味。味精与核苷酸类增味剂一起使用,可显著增强鲜味效果,因此可适当减少其使用量。添加味精时要注意避免高温和酸性条件,最好在加热后期或食用前添加。

2. 5′- 肌苷酸二钠和 5′- 鸟苷酸二钠

5′- 肌苷酸二钠呈鲜鱼的鲜味,鲜味阈值为 0.025% ,对热稳定,在一般食品的 pH 范围(4~6)内,100℃加热 1 h 几乎不分解,但在 pH 3 以下的酸性条件下,长时间加压、加热时,则有一定分解。5′- 肌苷酸二钠具有特殊的鲜味,可作为汤汁和烹调菜肴的调味品,较少单独使用,多与味精复配使用,可显著增加鲜味。5′- 肌苷酸二钠可用于肉、禽、鱼等动物性食品和蔬菜等植物性食品中,可增强其天然鲜味。

5′- 鸟苷酸二钠具有类似香菇的鲜味,鲜味阈值为 0.0125% ,对酸、碱、盐和热均稳定。5′- 鸟苷酸二钠代表蔬菜和菌类食品的鲜味,其鲜味程度为 5′- 肌苷酸二钠的 3 倍以上。

5′- 呈味核苷酸二钠主要由 5′- 肌苷酸二钠和 5′- 鸟苷酸二钠组成,与味精复配可得到超鲜味精,称为第二代味精或复合味精。5′- 呈味核苷酸二钠的商品名为 I + G,主要由 5′- 肌苷酸二钠(IMP)和 5′- 鸟苷酸二钠(GMP)按照 1∶1 比例复配而成。5′- 肌苷酸二钠具有鲜鱼的鲜味,其鲜味是味精的 40 倍;5′- 鸟苷酸二钠具有香菇的鲜味,其鲜味是味精的 160 倍,而 5′- 呈味核苷酸二钠呈现出动植物鲜味融合一体的较为完全的增味剂,其鲜味是味精的 100 倍。5′- 呈味核苷酸二钠在食品加工中多应用于配制强力味精、特鲜酱油和汤料等。

第六节　食品加工助剂

食品加工助剂是指在加工食品原料、食品或其配料时,因加工工艺需要,为了保证加工过程顺利进行而使用的物质。食品加工助剂是有助于食品加工顺利进行的各种物质。这些物质与食品本身无关,如助滤、澄清、吸附、润滑、脱模、脱色、脱皮、提取溶剂、发酵用营养物质等。食品加工助剂一般应在食品中除去而不应成为最终食品的成分,或仅有残留,在最终产品中没有任何工艺功能,无须在产品成分中标明。

一、酶制剂

酶是由活细胞产生的、催化特定生物化学反应的一种生物催化剂,是一种蛋白质。酶制剂是指酶经过提纯、加工后的具有催化功能的生物制品。根据国际生物化学联合委员会对酶的分类,酶可以分成6类:氧化还原酶类、转移酶类、水解酶类、裂合酶类、聚合酶类和合成酶类。

(一)酶制剂在食品加工中的用途

酶制剂作为一类绿色食品添加剂,用于改善食品品质和食品制造工艺,其应用已越来越普遍。在食品工业中主要用于淀粉、酿造、果汁、饮料、调味品、油脂加工等领域,在食品加工中具有重要作用。

① 酶能提高食品的保藏性,防止食品腐败变质。如溶菌酶现已广泛用作水产品、肉食品、蛋糕、清酒、料酒、饮料等产品的防腐剂,一般与植酸、甘氨酸等物质配合使用。

② 改善食品质地。如复合蛋白酶可嫩化肌肉,使肉制品鲜嫩可口;谷氨酰胺转氨酶,用于鲜肉处理,通过催化蛋白质分子之间的交联,改善蛋白质性能,生产重组肉时,不仅可将碎肉黏结在一起,还能将各种非肉蛋白交联到肉蛋白上,明显改善肉制品的口感、风味、组织结构和营养。而木聚糖酶、葡萄糖氧化酶、脂肪酶等在面包生产中可以使面团光滑、柔软,缩短发酵时间,提高耐醒发能力,提高成品质量。

③ 酶制剂还能提高食品的品质和方便性。如用纤维素酶及果胶酶处理果蔬,使硬组织软化,方便食用,提高适口性。丹宁酶消除多酚类物质,去除涩味并消除其形成的沉淀。

(二)食品中主要酶制剂

1. 淀粉酶

淀粉酶是水解淀粉和糖原的酶类总称,一般作用于可溶性淀粉、直链淀粉、糖原等的 $\alpha - 1,4 -$ 糖苷键,根据水解产物异构类型的不同,可分为 $\alpha -$ 淀粉酶(EC 3.2.1.1)、$\beta -$ 淀粉酶(EC 3.2.1.2)、葡萄糖淀粉酶(EC 3.2.1.3)等。

(1)$\alpha -$ 淀粉酶

$\alpha -$ 淀粉酶每个分子中含有一个 Ca^{2+},最适 pH 为 4.5~7.0,最适温度 85~94℃。

$\alpha -$ 淀粉酶以随机的方式作用于淀粉中的 $\alpha - 1,4 -$ 糖苷键,产生糊精、低聚糖和单糖等水解产物。底物不同时,水解结果也不相同。例如,底物为直链淀粉时,最终产物是葡萄糖和麦芽糖;底物为支链淀粉时,最终产物除葡萄糖和麦芽糖外,还有一系列 $\alpha -$ 极限糊精。$\alpha -$ 淀粉酶不能水解 $\alpha - 1,6 -$ 糖苷键。

(2)$\beta -$ 淀粉酶

$\beta -$ 淀粉酶主要存在于大多数高等植物以及少数几种细菌中,其相对分子质量和热稳定性质与具体的来源有关。$\beta -$ 淀粉酶最适 pH 范围是 5.0~6.0。

$\beta -$ 淀粉酶作用于淀粉时,是从糖链的非还原端开始,以一个麦芽糖为单位,切断 $\alpha - 1,4 -$ 糖苷键,并且使麦芽糖的构型从 α 型转化为 β 型,即得到的是 $\beta -$ 麦芽糖。但是 $\beta -$ 淀粉酶不能绕过 $\alpha - 1,6 -$ 糖苷键继续作用,所以,当它作用于支链淀粉时,一般只有 50%~60% 能转化为 $\beta -$ 麦芽糖。

（3）葡萄糖淀粉酶

葡萄糖淀粉酶是一种外切酶，最适 pH 为 4 ~ 5，最适作用温度为 50 ~ 60℃，作用于淀粉或糖原时，从糖链的非还原端开始，以葡萄糖为单位，逐一切断 $\alpha-1,4-$糖苷键，并使葡萄糖构型从 α 型转变 β 型。葡萄糖淀粉酶的特异性较低，除了能作用于 $\alpha-1,4-$糖苷键外，它还能作用于 $\alpha-1,3-$糖苷键和 $\alpha-1,6-$糖苷键，但对 $\alpha-1,4-$糖苷键的作用比对其他两种糖苷键的作用强烈。虽然葡萄糖淀粉酶能作用于 $\alpha-1,6-$糖苷键，但却必须与 $\alpha-$淀粉酶共同作用，才能把支链淀粉彻底水解。

2. 蛋白酶

蛋白酶为水解蛋白质和多肽肽键的一类酶。蛋白质在蛋白酶作用下依次被水解成胨、多肽、肽，最后成为蛋白质的组成单位——氨基酸。

实际生产中，常按酶的来源分为胃蛋白酶、胰蛋白酶、木瓜蛋白酶、细菌或霉菌蛋白酶等。微生物蛋白酶则常根据其作用最适 pH 分类为碱性蛋白酶、中性蛋白酶、酸性蛋白酶等。蛋白酶是食品工业中最重要的一类酶，广泛应用于干酪生产、肉类嫩化、植物蛋白水解。

（1）木瓜蛋白酶

木瓜蛋白酶，亦称木瓜酶，是由木瓜的未成熟果实，提取出乳液，经凝固、干燥得到粗制品。由木瓜制得的酶制剂主要有 3 种酶：木瓜蛋白酶、木瓜凝乳蛋白酶和溶菌酶。

木瓜蛋白酶为酸性蛋白酶，其适宜 pH 为 5，当溶液的 pH 低于 3 和接近 14 时，酶很快失活，而且，其最适 pH 会随底物而变动，明胶时为 5，蛋清蛋白和酪蛋白则为 7，最适温度为 65℃。

木瓜蛋白酶在食品工业中主要用于啤酒和其他酒类的澄清、肉类嫩化；用于饼干、糕点松化，可使制品疏松，降低碎饼率；用于酱油，提高产率和氨基酸含量；还可作为凝乳酶的代用品和干酪的凝乳剂。

（2）菠萝蛋白酶

菠萝蛋白酶由菠萝果实及茎（主要利用其外皮）经压榨提取、盐析（或丙酮、乙醇沉淀）、分离、干燥而制得。

此酶水解肽键及酰胺键，等电点 pI 为 9.4，最适 pH 为 6 ~ 8。属糖蛋白，含糖量约为 2%。在食品工业中主要用于啤酒和其他酒类的澄清，肉类嫩化，饼干、糕点松化，水解蛋白质生产等。添加量在 0.8 ~ 1.2 mg/kg。

3. 其他酶制剂

（1）果胶酶

果胶酶为灰白色或微黄色粉末，有 3 种类型：原果胶酶、果胶酯酶和聚半乳糖醛酸酶。果胶酶的最适 pH 因底物而异。最适温度为 40 ~ 50℃。

主要用于果汁澄清，能提高果汁过滤速率，降低果汁黏度，防止果泥和浓缩果汁胶凝化，提高果汁得率，还可用于果蔬脱内皮、内膜等。果汁澄清时果胶酶的用量和作用条件，因果实的种类、品种、成熟程度以及酶制剂的种类和活力不同而不同。葡萄汁用0.2%的果胶酶在40~42℃下放置3 h,即可完全澄清。苹果汁澄清,果胶酶最高用量为3%。

（2）纤维素酶

纤维素酶为灰白色粉末或液体,作用的最适 pH 为4.5~5.5。对热较稳定,一般最适作用温度为50~60℃。

主要用于提高大豆蛋白的提取率。酶法提取工艺用在原碱法提取大豆蛋白工艺前,增加酶液浸泡豆粕处理,可增加提取率11.5%,质量也有提高。用于制酒生产,可提高酒的出酒率和原料利用率,降低溶液黏度,缩短发酵时间,使酒口感醇香,杂醇油含量低。

二、消泡剂

消泡剂是指以消除或抑制食品加工过程中产生的泡沫为目的而添加的一类食品添加剂。在食品加工过程中,由于所溶解蛋白质的界面作用,有时会产生大量泡沫,既影响工业生产的顺利进行,又影响最终产品的质量,因此一定要加以控制。

（一）消泡剂的性质及用途

有效的化学消泡剂必须具备下列条件：

① 具有比被加液体更低的表面张力。

② 易于分散在被加液体中。

③ 在被加液体中的溶解度很差。

④ 具有不活泼的化学惰性。

⑤ 无残留物或气体。

⑥ 符合食品安全要求。

目前,我国准许使用的消泡剂有高碳醇脂肪酸酯复合物、聚氧丙烯甘油醚、乳化硅油等,主要应用于发酵工艺中。

（二）常用消泡剂

1. 乳化硅油

乳化硅油俗称硅油,是以甲基聚硅氧烷为主体组成的有机硅消泡剂。为乳白色、黏稠液体,无臭,性质稳定,不挥发,对金属没有腐蚀性,不溶于水、乙醇、甲醇。乳化硅油属于亲油性表面活性剂,表面张力小,消泡能力强。

我国规定乳化硅油主要应用于发酵工艺,如味精的生产,在谷氨酸发酵过程中用以消除泡沫,按发酵液计,乳化硅油的用量为0.2 g/kg。用于消除豆浆中的气泡,其用量为0.1%。

2. 高碳醇脂肪酸酯复合物

高碳醇脂肪酸酯复合物的主要成分是硬脂肪酸酯、液状石蜡、硬脂酸二乙醇胺和硬脂酸铝组成的混合物,为白色至淡黄色黏稠液体,性能稳定、不挥发、不易燃、无腐蚀性,相对密度0.78~0.88,消泡率可达96%~98%,属破泡型消泡剂。

高碳醇脂肪酸酯复合物主要应用于酿造工艺,最大使用量为 1.0 g/kg;豆制品工艺,最大使用量为 1.6 g/kg;制糖工艺及发酵工艺,最大使用量为 3.0 g/kg。

3. 聚氧丙烯甘油醚

聚氧丙烯甘油醚为无色或淡黄色黏稠状液体,有苦味,难溶于水,溶于乙醇和苯等有机溶剂,主要用于酵母、味精。

除以上几种消泡剂外,我国还制定了聚氧乙烯聚氧丙烯季戊四醇醚、聚氧乙烯聚氧丙醇胺醚、聚氧丙烯氧化乙烯甘油醚的使用标准,它们均用于酵母、味精的生产,添加量按生产需要适量使用。

此外,还可用一些天然的脂肪酸作消泡剂,如癸酸、月桂酸(十二烷酸)、肉豆蔻酸(十四烷酸)、辛酸、油酸、棕榈酸产品,它们有的还具有增香的功能,由于这些产品是天然物质,无毒,可安全地用于生产。

三、助滤剂

助滤剂是指在食品加工的过滤单元操作中,为防止滤渣堆积过于密实,使过滤顺利进行,而使用的细碎程度不同的不溶性惰性材料,以帮助过滤为目的,兼有脱色作用的食品添加剂。主要有活性炭、硅藻土、高岭土等。

1. 活性炭

活性炭可用于淀粉糖浆的脱色和提纯,也可用于油脂和酒类的脱色、脱臭。用活性炭脱色之前,需将糖液中的胶黏物滤去,然后蒸发至浓度为 48%~52%,再加入一定量的活性炭进行脱色,最后压滤,以便将残存糖液中的一些微量色素脱除干净,得到无色澄清的糖液。

2. 硅藻土

硅藻土是由硅藻的硅质细胞壁组成的一种沉积岩,主要成分为二氧化硅的水合物。有强吸水性,能吸收自身质量 1.5~4 倍的水。常作为砂糖精制、葡萄酒、啤酒、饮料等加工的助滤剂;如与活性炭并用可提高脱色效果和吸附胶质的作用。使用硅藻土时,应先将硅藻土放在水中搅匀,然后流经过滤机网片,使其在网片上形成硅藻土薄层,当硅藻薄层达 1 cm 左右,即可过滤得到澄清的制品。

3. 高岭土

高岭土主要成分为含水硅酸铝,易分散于水或其他液体中,有滑腻感,并有土味。高岭土既有助滤、脱色作用,又可作为抗结剂、沉降剂等,可用于葡萄糖的澄清。

四、加工助剂的使用原则

食品加工助剂的使用需要遵循以下 3 个原则:

① 食品加工过程中加工助剂的使用量应限制在能达到预期效果的最低量。

② 加工助剂在食品终产品中的残留量应在当前的工艺水平下尽可能降到最低,并且

不会对食品本身产生任何物理的或其他作用。

③ 食品加工助剂在工艺需要的同时应强调安全性,追求低用量、低残留。其在食品终产品中的残留量不能对健康造成任何危害,不对食品终产品有功能作用。

第七节　其他功能食品添加剂

一、膨松剂

面包、蛋糕口感柔软,饼干口感酥脆,是由于这类食品具有海绵状多孔组织的缘故。膨松剂是指在食品加工过程中加入的,能使产品起发并形成致密多孔组织,从而使产品具有膨松、柔软或酥脆特性的食品添加剂,又称膨胀剂、疏松剂或发粉。在糕点、饼干、面包、馒头等以小麦粉为主的焙烤食品加工中,为了改善食品的质量,常加入膨松剂。

(一)膨松剂的作用

① 增加食品体积。面包、饼干等食品之所以具有海绵状致密多孔组织,是因为在制作过程中面团里含有足量的气体,气体受热膨胀使产品起发。这些气体,除少量来自制作过程中混入的空气和物料中所含水分在烘焙时受热产生的水蒸气之外,绝大多数是由膨松剂带来的。膨松剂可使面包体积增大2~3倍。

② 产生多孔结构。使食品具有松软酥脆的质感,提高产品的咀嚼感和可口性。

③ 帮助消化。加入膨松剂后,面制品内部的海绵状多孔结构可以使消化液(如唾液等)快速进入食品内部,促进消化。

膨松剂主要用于面包、蛋糕、饼干及发面食品。只要食品加工中有水,膨松剂就能发挥作用,一般是温度越高,反应越快。用酵母菌发酵时也存在上述特点,但酵母菌在我国并不作为食品添加剂管理。

(二)常用膨松剂

膨松剂一般分为碱性膨松剂、酸性膨松剂和复合膨松剂。

1. 碱性膨松剂

碱性膨松剂主要有碳酸氢钠(钾)和碳酸氢铵两大类。碱性膨松剂反应速度较快,产气量较大,在制品中可产生较大孔洞,产气过程只能通过控制面团的温度来进行调整。碳酸氢钠(钾)和碳酸氢铵应尽可能减少单独使用,两者合用能减少一些缺陷。

2. 酸性膨松剂

酸性膨松剂包括酒石酸氢钾、硫酸铝钾、硫酸铝铵、磷酸氢钙等,主要用作复合膨松剂的酸性成分,不能单独作为膨松剂使用,用于中和碱性膨松剂以产生气体,并调节产气速度,同时可避免食品产生不良气味和因碱性增大而导致食品质量下降。

3. 复合膨松剂

单一膨松剂由于反应速率不容易控制,生产中更多使用的是复合膨松剂。复合膨松剂又称发酵粉、泡打粉,是目前应用最多的膨松剂,一般由碳酸盐类、酸性物质和助剂等几部分组成。碳酸盐类包括碳酸盐和碳酸氢盐,最常用的是碳酸氢钠(小苏打),比例占20%~40%。酸性物质包括酸性盐或有机酸,一般由多种酸性盐组成,主要是硫酸铝钾、酒石酸氢钾等,使用量占35%~50%,作用是与碳酸盐发生反应产生CO_2气体,控制反应速率,调整食品酸碱度,降低制品的碱性。酸性物质和碳酸盐类的反应速度决定着复合膨松剂的产气速度,一般可通过控制酸性物质的种类和数量来控制复合膨松剂的产气过程。辅助材料也称为助剂,主要使用淀粉或脂肪酸等,比例占10%~40%,主要作用是避免复合膨松剂吸潮、结块,甚至失效,提高复合膨松剂的贮存性。另外,辅助材料的加入量和种类也可调节复合膨松剂的产气速度,使产生气体均匀。

根据产气速度复合膨松剂可分为速效复合膨松剂、缓效复合膨松剂和长效复合膨松剂。

二、抗结剂

阻止粉状颗粒彼此粘结成块的物质称为抗结剂。抗结剂一般附着在颗粒表层使之具有一定程度的憎水性而防止粉状颗粒结块。抗结剂多是硅酸、脂肪酸、磷酸等的钙盐和镁盐,其他抗结剂包括硅铝酸钠、磷酸三钙、硅酸镁和碳酸镁等。例如,硅酸钙可用来阻止发酵粉(达到5%)、食盐(达到2%)以及其他食品发生结块;除吸收水分以外,硅酸钙还可有效地吸收油和其他非极性有机物质,这一特性使之能用于成分复杂的粉状混合物和某些含有游离香精油的香料。又如,硬脂酸钙可以阻止粉状食品的凝聚或黏结,加工时还能增大流动。

常用抗结剂有亚铁氰化钾、二氧化硅。

亚铁氰化钾为强黄色结晶颗粒或粉末,无臭,溶于水,水溶液遇光则分解为氢氧化铁,不溶于乙醇和乙醚。在空气中稳定,加热至70℃失去结晶水,并变成白色,100℃时生成白色粉状无水物。用于食盐中作抗结剂使用,其最大使用量为0.01 g/kg。

二氧化硅是无定形物质。吸湿或易从空气中吸收水分,无臭,无味,不溶于水、酸、有机溶剂,溶于氢氟酸和热的浓碱液。

二氧化硅可用作抗结剂、干燥剂、消泡剂、载体、增稠剂,也可用做麦精饮料、果酒、酱油、醋、清凉饮料等的助滤剂、澄清剂。

三、面粉处理剂

面粉处理剂是指能促进面粉熟化、增白和提高制品质量的一类食品添加剂,又称面粉品质改良剂。面粉品质改良剂是专用于小麦面粉及其制品品质和食品加工性能的改善,食品保质期的延长,增强食品营养价值的一类化学合成或天然物质。按照《GB 2760—2014食品安全国家标准 食品添加剂使用标准》规定,目前许可使用的品种有L-半胱氨酸盐酸盐、抗坏血酸、偶氮甲酰胺、碳酸镁、碳酸钙等。

偶氮二甲酰胺具有漂白与氧化双重作用,是一种面粉快速处理剂,在国外已广泛应用,并已通过 WHO 和 FDA 的批准,偶氮甲酰胺具有氧化性,是一种速效氧化剂,能改善面团的弹性、韧性及均匀性,使生产出的面制品具有较大的体积和较好的组织结构。在面粉潮湿后立即起作用,起效更快,基本在和面阶段就可以使面团达到成熟,对制粉行业要求缩短仓储期、烘焙行业要求快速发酵具有重要意义。

L-半胱氨酸作为还原剂,在面粉蛋白中能破坏形成的二硫键,减少面筋网络结构的形成,使面筋蛋白质断裂成小分子结构,从而降低面团弹性、韧性,起到减筋作用。用于缩短面包发酵时间或其他非焙烤类食物的面团制作时间,提高延伸性等,还具有增大面包体积、防止老化、延长货架期的作用。

课程思政案例

随着科技的发展,食品添加剂已广泛应用于日常食品。今天,人们生活中所接触的每一种食品几乎都与食品添加剂相关,普通人每天可能摄入十几种到几十种食品添加剂。食品添加剂对于防止食品腐败变质,保证食品供应,繁荣市场,满足人们对食品营养、质量以及色、香、味的追求,起到了重要作用。

大部分消费者由于缺乏食品添加剂的基本知识,不了解食品添加剂在改善食品品质特性及在食品加工中的作用,片面地认为食品的不安全是由于食品添加剂引起的,再加上一些不科学的宣传或不实报道,更加重了消费者对食品添加剂的误解,将食品安全事件的起因归咎于食品添加剂,严重损害了食品添加剂行业在消费者心目中的形象。中国工程院院士、北京工商大学校长孙宝国认为,食品添加剂不但对身体没有坏处,反而是确保食品安全的必需物质,没有食品添加剂就没有食品安全;食品添加剂不仅能够改善食品的"品相"和口感,还有利于食品加工,能更适应生产机械化和自动化。食品添加剂对于现代食品工业至关重要,也是食品工业技术进步和科技创新的重要推动力。

课程思政育人目标:通过阐述食品添加剂的重要性,培养学生树立全面看待问题的能力,增强学生利用食品添加剂开发新产品的创新意识,使学生认识到作为食品行业从业人员应承担的社会责任,培养学生的职业道德感和社会责任感。

思考题

1.食品添加剂在食品工业有哪些作用?

2.如何科学认识食品添加剂?

3.食品添加剂有哪些种类?

4.食品添加剂的利弊有哪些?

5.如何对食品添加剂进行有效监管?

6. 根据食品添加剂作用原理,结合生活中常见食品,设计一款食品,列举合法使用的添加剂有哪些?

习题

第十二章　食品中的有害成分

学习目标与要求

1.了解食品中有害成分的概念和分类。

2.熟悉食品中有害物质的结构、理化性质与分布。

3.掌握食品中有害物质的来源、对人体的危害、安全评价方法及消除措施。

4.通过学习让学生具备运用食品有害成分的相关知识评价食品的安全性、保障食品安全的能力。

PPT 课件

第一节　概述

一、有害成分的概念

食品中的有害成分,也称嫌忌成分(undesirable constituents),或毒素、毒物(toxic substances,toxicants),是食品或食品原料中含有的各种分子结构不同、对人体有毒或具有潜在危险性的物质。当这些有害成分的含量超过一定限度时,即可对人体健康造成损害,有的是急性中毒,有的是慢性中毒,有的还有致癌、致畸、致突变的作用。值得注意的是,定义某物质是有害成分是相对的,随着分析手段的提高和科学的进步,现阶段定义为有害成分的物质,可能在一定量时或特定情况下是有益成分。例如,微量元素硒在 1973 年被世界卫生组织专家委员会宣布为人体生理必需的微量元素之前,一度被认为是有毒元素,它导致了 1856 年在 Nebraska 地方流行的一种使马致死的疾病;亚硝酸盐对正常人是有害成分,但对氰化物中毒者则是有效的解毒剂;食品中酚类物质当与蛋白质一起食用时,会对蛋白质的吸收有一定的抑制作用,然而它有抗氧化、清除自由基等作用,又是食品中天然的抗氧化剂和保健成分。

二、有害成分的分类

根据其性质不同,食品中的有害成分可分为生物性有害成分、物理性有害成分和化学性有害成分。生物性有害成分主要有有害微生物及其毒素、病毒、寄生虫及其虫卵和昆虫等。物理性有害成分主要是食品吸附、吸收的外来放射性元素，如^{137}Cs 和^{90}Sr 等。化学性有害成分主要是一些外来化学物质，如化学农药、兽药、重金属元素、食品添加剂、环境污染物、工业中未处理的废水、废气、废渣等。

根据其来源不同，食品中的有害成分可分为内源性有害成分、外源性有害成分和诱发性有害成分。内源性有害成分是指动植物食品原料自身产生的天然有毒有害的物质。外源性有害成分是指食品或食品原料中本来没有而在加工、运输或贮藏过程中受到污染的有毒有害物质。诱发性有害成分是指食品加工、运输或贮藏过程中产生的有毒有害物质。

根据食品原料分类，食品中的有害成分可分为植物性食品中的有害成分和动物性食品中的有害成分。植物性食品中的有害成分大部分属于植物次生代谢物。动物性食品中的有害成分大多为鱼类和贝类毒性物质。

第二节　食品中的天然有害物质

一、植物性食品中的天然有害物质

（一）有毒植物蛋白

1. 凝集素

凝集素也称植物红细胞凝集素，是豆类及一些豆状种子中含有的一种能使血液中的红细胞凝集的蛋白质。主要有大豆凝集素、蓖麻毒蛋白、菜豆属豆类凝集素（豌豆、扁豆、菜豆、刀豆、蚕豆、绿豆、芸豆等）。这些凝集素大部分是糖蛋白，含糖量4%～10%，其分子多由2或4个亚基组成，并含有二价金属离子。含有凝集素的食物生食或烹调加热不足时会引起食用者恶心、呕吐等症状，严重者甚至死亡。其中蓖麻毒蛋白毒性极大，2 mg 即可使人中毒死亡，为其他豆类凝集素的1000倍。所有凝集素在湿热处理时均能够被破坏，加工时可采取加热处理（或高压蒸汽处理）以及热水抽提等措施去毒。

2. 消化酶抑制剂

消化酶抑制剂是一种小分子蛋白质，对食品成分的消化起阻碍作用，比较重要的有胰蛋白酶抑制剂和淀粉酶抑制剂两类。胰蛋白酶抑制剂主要存在于大豆等豆类及马铃薯块茎食物中，可以与胰蛋白酶或胰凝乳蛋白酶结合，从而抑制了酶水解蛋白质的活性，使胃肠消化蛋白质的能力下降，并且会造成胰脏肿大。淀粉酶抑制剂主要存在于小麦、菜豆、芋头、未成熟的香蕉和芒果等食品中，可以使淀粉酶的活性钝化，影响淀粉的消化，从而引起消化不良等症状。长期生食这类食物或烹调加热不够，会使人的营养素吸收下降，生长和发育受到影响。高压蒸汽处理及充分加热处理可以基本上完全去除有关消化酶抑制剂的活性，消除其不良作用。

3. 毒肽

一些真菌中含有剧毒肽类，误食后可造成严重的后果。最典型的毒肽是存在于毒蕈中的鹅膏菌毒素和鬼笔菌毒素。鹅膏菌毒素是环辛肽,鬼笔菌毒素是环庚肽。这两种毒肽的毒性机制基本相同,都是作用于肝脏。鹅膏菌毒素的毒性大于鬼笔菌毒素。1 个质量约 50 g的毒蕈所含的毒素足以杀死一个成年人。误食毒蕈数小时后即可出现中毒症状,初期出现恶心、呕吐、腹泻和腹痛等胃肠炎症状,后期则是严重的肝、肾损伤。一般中毒后 3 ~ 5 d死亡。

(二)有毒氨基酸

1. 山黧豆毒素

山黧豆毒素存在于山黧豆中,主要有两类:一类是致神经麻痹的氨基酸毒素,有 α, γ - 二氨基丁酸、$\gamma - N$ - 草酰基 - α, γ - 二氨基丁酸和 $\beta - N$ - 草酰基 - α, β - 二氨基丙酸;另一类是致骨骼畸形的氨基酸衍生物毒素,有 $\beta - N - (\gamma -$ 谷氨酰) - 氨基丙腈、γ - 羟基戊氨酸及山黧豆氨酸等。人摄食山黧豆中毒的典型症状是肌肉无力、不可逆的腿脚麻痹,严重者可导致死亡。

2. β - 氰基丙氨酸

β - 氰基丙氨酸是主要存在于蚕豆中的一种神经性毒素,能引起与山黧豆中毒相似的症状。

3. 刀豆氨酸

刀豆氨酸是存在于刀豆属中的一种精氨酸同系物,在人体内是一种抗精氨酸代谢物,其中毒效应也因此而起。焙炒或煮沸 15 ~ 45 min 可以破坏大部分的刀豆氨酸。

4. L - 3,4 - 二羟基苯丙氨酸

L - 3,4 - 二羟基苯丙氨酸(L - DOPA)主要存在于蚕豆等植物中,以游离态或 β - 糖苷态存在。L - DOPA 引起的中毒症状是急性溶血性贫血症,人们过多地摄食青蚕豆(无论煮熟或是去皮与否)5 ~ 24 h 后即开始发作,经过 24 ~ 48 h 的急性发作期后,大多可以自愈。但 L - DOPA 也是一种药物,能治震颤性麻痹等症。

(三)有毒苷类

1. 氰苷

氰苷是一类由氰醇衍生物的羟基和 D - 葡萄糖缩合形成的糖苷类化合物,水解后产生氢氰酸(HCN),故又称生氰糖苷。氰苷主要存在于杏、桃、李、枇杷等核果或仁果的核、仁以及木薯块根、亚麻籽中,如杏仁中含有苦杏仁苷,木薯和亚麻籽中含有亚麻苦苷。氰苷本身无毒,但机体摄入氰苷后在酸或酶的作用下水解产生的氰氢酸具有高毒性,会对人体造成危害。氢氰酸被机体吸收后,随血液循环进入组织细胞,并透过细胞膜进入线粒体,氰根离子与呼吸链电子传递体细胞色素氧化酶的铁离子结合,破坏其传递电子的作用,导致细胞的呼吸链中断,从而使有氧呼吸作用不能正常进行,导致细胞呼吸停止,使机体处于窒息状态。中毒后的临床症状为意识紊乱、肌肉麻痹、呼吸困难、抽搐和昏迷窒息而死亡。

2. 硫苷

硫苷是一类含有 $\beta - D$ - 硫代葡萄糖糖基成分的糖苷类化合物。硫苷主要存在于甘

蓝、萝卜、芥菜等十字花科蔬菜及葱、大蒜等葱蒜属植物中,是蔬菜辛味的主要成分。过多
地摄入硫苷可以引发甲状腺代谢性肿大,因此也被称为致甲状腺肿因子。

3. 皂苷

皂苷又称皂素,广泛分布于植物界中,是类固醇或三萜系化合物的低聚糖苷类化合物
的总称。由于其水溶液振摇时能像肥皂一样产生大量泡沫,故谓之皂苷。皂苷按苷配基的
不同有三萜烯类苷、螺固醇类苷和固醇生物碱类苷三类。大豆中的大豆皂苷属于三萜烯类
苷;薯类中的薯芋皂苷属于螺固醇类苷;马铃薯、茄子等茄属植物中的茄苷(龙葵素)属于
固醇生物碱类苷。过量摄入皂苷类物质会出现喉部发痒、噎逆、恶心、腹痛、头痛、晕眩、泄
泻、体温升高、痉挛等中毒症状,严重者会因麻痹而致死亡。

(四)有毒生物碱

1. 毒蝇蕈碱

毒蝇蕈碱是一种羟色胺类化合物,存在于毒蝇蕈等毒伞属蕈类中。食用毒蝇蕈后15～
30 min 出现中毒症状,有多涎、流泪和多汗症状,严重者发生恶心、呕吐和腹泻,脉搏降低、
不规律,哮喘,并有致幻作用,少见死亡。阿托品硫酸盐是该病主要的解毒剂。

2. 裸盖菇素及脱磷酸裸盖菇素

裸盖菇素及脱磷酸裸盖菇素存在于裸盖菇属(*Psilocybe*)、斑褶菇属或花褶伞属
(*Panaeolus*)等蕈类中。误食后出现精神错乱、狂歌乱舞、大笑,产生极度的快感,有的烦躁
苦闷,甚至杀人或自杀。花褶菇在我国各地方都有分布,生于粪堆上,也称粪菌、笑菌或舞
菌。最新临床研究表明,裸盖菇素可以有效改善重度抑郁症患者的症状。

3. 秋水仙碱

秋水仙碱主要存在于鲜黄花菜中,本身无毒,在胃肠中吸收缓慢,但在体内被氧化成氧
化二秋水仙碱时则有剧毒,致死量为3～20 mg/kg。食用较多量的炒鲜黄花菜后数分钟至
十几小时发病,表现为恶心、呕吐、腹痛、腹泻、头昏等。但黄花菜干制品无毒。如果食用鲜
黄花菜,必须先经水浸或开水烫,然后再炒熟。

(五)有毒酚类

植物性食品中的有毒酚类最具有代表性的是棉酚。棉酚是萘的衍生物,存在于棉籽
中,榨油时会随着进入棉籽油中,因此食用棉籽油的地区易发生棉酚中毒。棉酚可损害人
体的肝、肾、心等脏器和中枢神经系统,并且长期食用可降低生殖能力。棉酚的毒性可以用
湿热处理法去除,在湿热处理过程中,棉酚的羰基与赖氨酸的碱性 ε - 氨基结合为结合棉
酚(即 α - 棉酚),是无毒的。棉籽中的棉酚也可以采用溶剂萃取法去除,从而避免食用未
经脱酚处理的棉籽油而中毒,粗制生棉籽油可经加碱加水炼制抽提法去除。

二、动物性食品中的天然有害物质

1. 肉毒鱼类毒素

肉毒鱼类又称雪卡鱼,泛指栖息于热带和亚热带海域珊瑚礁周围因食用毒藻类而被毒

化的鱼类,主要有梭鱼、黑鲈和真鲷等海洋鱼类。肉毒鱼类毒素(雪卡毒素)来自生活于珊瑚礁附近的多种底栖微藻,它可直接进入草食性鱼类,并间接进入肉食性鱼类,人类误食这些鱼类可引起中毒。肉毒鱼类毒素是一种脂溶性高醚类物质,无色无味,不溶于水,对热稳定,不易被胃酸破坏,其毒性非常强,比河豚毒素强100倍,主要存在于鱼体肌肉、内脏和生殖腺等组织或器官中。该毒素不易被胃酸破坏,不会被高温分解,故烹调过程并不能除去毒素。肉毒鱼类毒素属神经毒素,引起人体中毒的临床症状有:胃肠道系统症状(主要表现为恶心、呕吐、腹泻和腹痛)、心血管系统症状(包括血压过低,心搏徐缓或心动过速,严重者会导致呼吸困难甚至瘫痪)和神经系统症状(包括手指和脚趾尖的麻木,局部皮肤瘙痒和出汗)。

2. 鱼类组胺毒素

海产鱼类中的青皮红肉鱼,如沙丁鱼、金枪鱼、鲭鱼、大麻哈鱼等,体内含有丰富的组氨酸,鱼死亡后在大肠埃希菌、产气杆菌、假单胞菌、变形杆菌和无色菌等富含组氨酸脱羧酶的细菌的作用下,游离的组氨酸脱去羧基产生大量的毒性比较强的组胺,从而使食用者发生恶心、呕吐、腹泻、头昏等症状,但1~2 d后症状即消逝。在鲜活状态下处理和烹调的此类鱼,食用后不会中毒;但是烹调食用死亡较久的此类鱼,则可能发生中毒现象。

3. 河豚毒素

河豚毒素主要存在于河豚等豚科鱼类中,一些两栖类爬行动物如水蜥、加利福尼亚蝾螈也含有河豚毒素。在大多数河豚鱼的品种中,河豚毒素的浓度由高到低依次为卵巢、鱼卵、肝脏、肾脏、眼睛和皮肤,肌肉和血液中含量很低。河豚中毒大多是因为可食部分受到卵巢或肝脏的污染,或是直接进食了内脏器官引起的。河豚毒素是一种小分子量、非蛋白质的神经毒素,毒性很强,比剧毒的氰化钠还要高1250多倍,0.5 mg即可致人死亡。河豚毒素中毒潜伏期很短,往往在食用10~30 min内即出现毒性症状,主要是使神经中枢和神经末梢发生麻痹,最后导致呼吸中枢和心血管神经中枢麻痹,如果抢救不及时,中毒后最快的10 min内死亡,最迟4~6 h死亡。河豚毒素是氨基全氢喹唑啉型化合物,纯品为无色、无味、无臭的针状结晶,微溶于水,易溶于弱酸性水溶液,不溶于有机溶剂。河豚毒素理化性质稳定,耐光、耐盐、耐热。经紫外线照射48 h或日晒一年,其毒性无变化;用30%的食盐腌制一个月,卵巢中仍含毒素;100℃温度下加热4 h,115℃温度下加热3 h,120℃温度下加热30 min,200℃以上温度下加热10 min方可使毒素完全受到破坏,故一般的家庭烹调和灭菌操作不能使其完全失活。河豚毒素在碱性环境中易于降解,将新鲜河豚去除内脏、皮肤和头后,肌肉经反复冲洗,加2%碳酸钠处理2~4 h,即可使河豚毒性降到对人体无害。

4. 贝类毒素

贝类自身并不产生毒素,但是当它们通过食物链摄取海藻时,有毒藻类产生的毒素在其体内累积放大,转化为有机毒素,即贝类毒素,足以引起人类食物中毒。常见的有毒贝类有蚝、牡蛎、蛤、油蛤、扇贝、紫贻贝和海扇等。主要的贝类毒素包括麻痹性贝类毒素和腹泻性贝类毒素两类。

麻痹性贝类毒素由贝类摄食有毒的涡鞭毛藻、莲状原膝沟藻、塔马尔原膝沟藻产生,是一类四氢嘌呤的三环化合物,主要有石房蛤毒素,新石房蛤毒素,膝沟藻毒素。麻痹性贝类毒素呈白色,可溶于水,易被胃肠道吸收,耐高温、耐酸,在碱性条件下不稳定易分解失活。麻痹性贝类毒素是低分子毒物中毒性较强的一种,很少量时就会对人类产生高度毒性,不会因洗涤而被冲走,炒煮温度下也不能分解,加热至80℃经1 h毒性无变化,加热至100℃经30 min毒性仅减少一半。麻痹性贝类毒素属于神经和肌肉麻痹剂,为强神经阻断剂,能阻断神经和肌肉间的神经冲动的传导。毒性与河豚毒素相似,主要表现为摄取有毒贝类后15 min到2~3 h,人出现唇、舌、指间麻木,随后四肢、颈部麻木,行走困难,伴有头晕、恶心、呕吐、胸闷乏力和昏迷,严重者常在2~12 h之内死亡。有毒的贝类在清水中放养1~3周,并经常换水,可将毒素排净。

腹泻性贝类毒素是由鳍藻属和原甲藻属等藻类产生的一类脂溶性次生代谢产物,被贝类滤食后在其体内性质非常稳定,一般的烹调加热不能使其破坏,人类误食会产生以腹泻为主要特征的中毒效应,因此而得名。腹泻性贝类毒素的化学结构是聚醚或大环内酯化合物,根据这些毒素的碳骨架结构,可以将它们分为三类:酸性成分,包括具有细胞毒性的大田软海绵酸和其天然衍生物轮状鳍藻毒素;中性成分,蛤毒素;其他成分,扇贝毒素。腹泻性贝类毒素的毒性机制主要在于其活性成分大田软海绵酸能够抑制细胞质中磷酸酶的活性,导致蛋白质过磷酸化,作用于人体的酶系统,对细胞蛋白磷脂酶有强烈的抑制作用,可以使人肠道发炎引起腹泻。其主要症状表现为较轻微的胃肠道紊乱,如恶心、呕吐、腹痛和腹泻。一般在摄入贝类后30 min到4 h内即可发生,症状持续2~3 d即可痊愈。

第三节　食品加工、贮藏过程中产生的有害物质

一、有害微生物污染产生毒素

(一)细菌毒素

1.沙门氏菌毒素

沙门氏菌广泛分布于自然界,是引起食物中毒的重要病原菌。在世界各国各类细菌性食物中毒中,沙门氏菌引起的食物中毒常列榜首。沙门氏菌引起的食物中毒是摄入大量的活菌引起的感染型食物中毒。沙门氏菌本身不分泌外毒素,但菌体裂解时可产生毒性很强的内毒素,此种毒素是一种多糖、类脂、蛋白质的复合物,具有耐热能力,75℃经1 h后仍有毒力,可使人发生食物中毒。沙门氏菌毒素中毒大多由动物性食物引起,中毒症状表现为呕吐、腹泻、腹痛等,活菌在肠内或血液内被破坏,放出的内毒素可引起中枢神经系统中毒,出现头痛、体温升高、痉挛,严重者导致死亡,潜伏期一般为12~36 h,病程为3~7 d。

2.葡萄球菌肠毒素

金黄色葡萄球菌是葡萄球菌中致病力最强的一种。金黄色葡萄球菌污染食品后可分

泌出外毒素——葡萄球菌肠毒素,引起毒素型食物中毒。葡萄球菌肠毒素是相对分子质量为 30000 ~ 35000 的简单蛋白质,根据血清学特征的不同可分为 A、B、C_1 ~ C_3、D、E、G 和 H 9 个类型,其中 A 型肠毒素是最常见的,毒力也是最强的。肠毒素的等电点在 7.0 ~ 8.6 范围内,易溶于水,难溶于有机溶剂,耐热性强,一般烹调温度不能将其破坏,煮沸 1 ~ 1.5 h 仍保持其毒力,120℃加热 20 min 也几乎不被破坏,在 248℃油中经 30 min 才能失活,完全消除毒性。葡萄球菌肠毒素中毒主要表现为恶心、呕吐、腹泻、腹痛及痉挛等急性胃肠炎症状,潜伏期多为 2 ~ 3 h,较短的仅 40 min,大多 1 ~ 2 d 后恢复正常,死亡者较少见。

3. 肉毒梭菌毒素

肉毒梭菌毒素是肉毒梭菌产生的外毒素,为相对分子质量约 150000 的蛋白质,由亚基通过二硫键连接在一起,现已鉴定出 A、B、C、D、E、F、G 7 个血清型,其中以 A、B 及 E 型较常见。肉毒梭菌毒素对热不稳定,各型毒素在 80℃加热 30 min 或 100℃加热 10 ~ 20 min,即可完全被破坏。肉毒梭菌的芽孢极为耐热,肉毒梭菌毒素中毒常因肉食罐头杀菌不足时引起。肉毒梭菌毒素是一种神经毒素,作用于运动神经和副交感神经,抑制神经递质乙酰胆碱的释放,使肌肉收缩运动发生障碍,因为膈肌或其他呼吸器的麻痹而造成患者窒息死亡。肉毒梭菌毒素中毒潜伏期一般为 6 ~ 36 h,长者可达 8 ~ 10 d,恶心、呕吐、腹痛及腹泻等症状常常先于神经症状发生,死亡者大多在发病后 3 ~ 7 d 内发生。

(二) 霉菌毒素

1. 黄曲霉毒素

黄曲霉毒素是由普遍存在于粮食中的黄曲霉和寄生曲霉产生的有毒代谢产物,是目前为止所发现的毒性最强的霉菌毒素,主要存在于花生、花生油、玉米、稻米、小麦、豆类、高粱及棉籽等粮油及其制品中,尤以花生和玉米最为严重。黄曲霉毒素是一类结构类似的混合物,含 C、H、O 三种元素,都是二氢呋喃氧杂萘邻酮的衍生物,其基本结构中含有一个双呋喃环和一个氧杂萘邻酮(香豆素)。黄曲霉毒素在紫外光的照射下能够发出特殊的荧光,根据荧光颜色可将其分为 B 族和 G 族两大类,目前已经分离鉴定出 20 余种,其中以黄曲霉毒素 B1 最为常见、污染最普遍且毒性最强。黄曲霉毒素溶于氯仿、甲醇、丙酮等有机溶剂,不溶于水、正己烷、石油醚及乙醚;十分耐热,加热至熔点温度 268 ~ 269℃时才发生裂解,一般的烹调加工很难将其破坏;在中性和酸性环境中很稳定,在 pH 9 ~ 10 的碱性环境中能迅速分解,形成香豆素钠盐。黄曲霉毒素有很强的急性毒性,主要表现为肝毒性,症状包括呕吐、厌食、发热、黄疸和腹水等肝炎症状。同时,黄曲霉毒素也有明显的慢性毒性,主要表现为生长缓慢、发育迟缓、肝脏出现损伤。另外,黄曲霉毒素是目前所知致癌性最强的化学物质,可诱发动物发生胃癌、肾癌、肠癌、乳腺癌、卵巢癌等多种癌症,并与人类肝癌的发生密切相关。

2. 青霉毒素

青霉毒素是由污染食品的青霉菌产生的毒性代谢产物,常见于黄变米中。黄变米是稻谷在收割后和储存中由于含水分过多,被青霉菌污染而霉变,失去原有的颜色,表面呈黄色的大米。其中最重要的毒素是岛青霉产生的岛青霉毒素、橘青霉产生的橘青霉毒素和黄绿青霉产生的黄绿青霉毒素。岛青霉毒素毒性很强,可引发动物肝脏硬化和肝癌。橘青霉毒素对人和哺乳动物肾脏有损害。黄绿青霉毒素属神经毒素,中毒初期表现为四肢麻木,最后因循环及呼吸衰竭而死亡。

3. 镰刀菌毒素

镰刀菌毒素是镰刀菌在各种粮食中生长所产生的一种有毒的代谢产物,是常见的粮食和饲料微生物污染产生的毒性成分。已知的镰刀菌毒素大体上可分为 4 类:第一类,单端孢霉毒素,因阻碍蛋白质合成而引起呕吐、腹泻和拒食症状,并引发进行性的造血系统功能衰退;第二类,玉米赤霉烯酮,具有雌激素的作用,损伤动物的生殖器官,使动物子宫加重、脱垂,造成流产、不孕;第三类,丁烯酸内酯,一种血液毒素,可以使实验动物皮肤发炎,以及产生坏死;第四类,串珠镰刀菌毒素,使动物发生皮下出血、黄疸现象,并且还能造成心出血和肝损害。镰刀菌毒素性质比较稳定,耐热、耐酸、耐干燥,在超过200℃的温度下才能被破坏,经120℃的烘烤仍有活性,因此被镰刀菌污染的粮食不能再食用,或作为饲料。

4. 霉变甘薯毒素

霉变甘薯毒素是甘薯被甘薯黑斑病菌和茄病镰刀菌寄生后做出生理反应而产生的一种次生产物,并非霉菌的代谢产物。这两种霉菌广泛存在于土壤中,甘薯表皮擦伤摔伤后,即可发生污染。霉变甘薯毒素主要有甘薯宁、1 - 甘薯醇、4 - 甘薯醇,在中性 pH 下稳定,易受酸、碱的破坏,可导致人和家畜肺气肿、肝损害。

二、食品中的农药残留

(一)有机磷农药

有机磷农药是人类最早合成且目前仍在广泛使用的一类杀虫剂,占总用量的80%左右。有机磷农药是一类有相似结构的磷酸酯类化合物,根据其分子结构的不同分为 3 大类:磷酸酯类(不含硫原子),如敌敌畏、敌百虫;单硫代磷酸酯类(含 1 个硫原子),如杀螟硫磷、丙硫磷;双硫代磷酸酯类(含 2 个硫原子),如乐果。大多数的有机磷农药为无色或黄色的油状液体,不溶于水,易溶于有机溶剂及脂肪中,在环境中较为不稳定,尤其是在碱性条件、紫外线、氧化及热的作用下极易降解,也容易被生物体内的磷酸酯酶完全水解,如酸性磷酸酶、微生物分泌的有机磷水解酶等。在食品加工过程中,利用有机磷农药对热的不稳定性和酶的作用可有效降低有机磷农药残留。有机磷农药对食品的污染主要表现在植物性食物中,水果、蔬菜等含有芳香物质的植物最易吸收有机磷农药,且残留量高。有机磷农药是一种神经毒素,主要是竞争性抑制体内乙酰胆碱酯酶的活性,造成神经突触和中枢神经递质乙酰胆碱的积累,引起中枢神经系统过度兴奋而出现中毒症状,其慢性毒性较少见。

(二)有机氯农药

有机氯农药曾是应用最广、用量最大的化学杀虫剂之一,具有广谱、高效、价廉、急性毒性小的特点。根据其化学结构不同,有机氯农药分为两大类:氯苯类,包括六六六(NCH)、滴滴涕(DDT)等;氯化环戊二烯类,包括艾氏剂、毒杀芬、氯丹、七氯等。有机氯农药不溶于水或微溶于水,具有高度的物理、化学、生物学稳定性,在自然界中降解很慢,半衰期可达数年之久,属高残留品种,环境危害较大,许多国家已经禁止其生产和使用,我国在1983年开始禁止生产和使用有机氯农药。但由于有机氯农药性质稳定,其在水域、土壤中仍有残留,并会在相当长时间内继续影响食品的安全性,危害人类健康。有机氯农药在动物性食品中残留量要高于植物性食品。禽肉、乳制品、蛋类中有机氯农药残留主要来源于饲料中的农药残留,鱼及水产品中有机氯农药残留主要来源于水域污染和生物富集作用,粮谷类及果蔬类有机氯农药污染主要源于土壤污染或直接施用农药。有机氯农药也属于神经毒素,主要引起中枢神经系统疾患。另外,有机氯农药还可能引起肝脏脂肪病变,肝、肾器官肿大等,并具有致畸、致癌、致突变作用。

三、重金属

(一)镉

在重金属污染中以镉最为严重。镉是一种银白色有延展性的金属,能够生成很多无机化合物,但镉的有机化合物很不稳定,故自然界中没有有机镉存在。食品中镉主要来源于冶金、冶炼、陶瓷、电镀工业及化学工业(如电池、塑料添加剂、食品防腐剂、杀虫剂、颜料)等排出的三废,通过对水源的直接污染、鱼贝类等水生生物的生物富集作用以及含镉三废被农作物及牧草吸收而对人类的健康造成危害。镉的急性中毒症状大多表现为呕吐、腹痛和腹泻,继而引发中枢神经中毒。镉的慢性毒性主要表现在以下3个方面:

① 肾脏中毒,导致尿中蛋白质的排出增加和肾小管功能障碍。

② 骨中毒,导致负钙现象,引起骨萎缩和骨质疏松症。

③ 致癌性,引起肺、前列腺和睾丸的肿瘤。

(二)汞

汞俗称水银,是典型的有毒重金属元素,呈银白色,室温下唯一的液体金属。汞在自然界中以金属汞、无机汞和有机汞三种形式存在。金属汞在室温下有挥发性,汞蒸气被人体吸入后会引起中毒。金属汞可以生成硫酸盐、硫化物、卤化物和硝酸盐等无机汞化合物。金属汞与烷基化合物可以形成甲基汞、乙基汞、丙基汞等有机汞化合物。这些无机汞、有机汞化合物也具有很大毒性,有机汞的毒性比无机汞大。食品中的汞主要以无机汞和有机汞(二价汞和烷基汞)两种形式存在,主要来源于环境的自然释放和工业污染。环境中毒性较低的无机汞经微生物的甲基化作用转化为毒性较高的甲基汞,鱼类和贝类吸收甲基汞的速度很快,且在体内蓄积不易排出,通过食物链引起生物富集和放大效应。受汞污染的鱼类和贝类等动物性食品是人类通过膳食摄取汞,引起汞中毒的主要来源。由无机汞引起的急性中毒主要导致肾组织坏死,发生尿毒症,严重时引起死亡;有机汞引起的急性中毒早期主要造成胃肠系统的损坏,引起肠道黏膜发炎,剧烈腹痛、腹泻和呕吐,甚至虚脱而死亡。长期摄入被汞污染的食品可引起慢性汞中毒,导致一系列不可逆的神经系统中毒症状,造成肝脏、肾脏的功能性衰竭。

甲基汞对机体还具有致突变性、致畸性和致癌性,影响人体生育能力。

(三)铅

铅是一种较软的、强度不高的金属,新切开的铅表面有金属光泽,但很快由于氧化而变成暗灰色。铅在自然界里以化合物状态存在,分布很广。食品中铅的主要来源有 4 个方面,其一是含铅农药残留;二是含铅三废污染;三是含铅输送管道、加工设备、包装材料,如铅合金、锡酒壶、锡箔、劣质陶瓷搪瓷、马口铁罐或导管镀锡和焊锡等均含有铅;四是含铅食品添加剂,如加工松花蛋的黄丹粉(PbO)。铅的急性中毒的主要症状为食欲不振、口腔金属味、失眠、头痛、头昏、肌肉关节酸痛、腹痛、胃肠炎等。铅在人体内长期蓄积可损害造血系统、肾脏和神经系统,导致贫血与溶血,引起肾小球萎缩和高血压,引发脑病与周围神经病,严重者出现铅性脑病。高剂量的铅还具有致癌性,可诱发良性和恶性肾脏肿瘤;还可抑制受精卵着床,明显降低女性受孕的概率,并可引起死胎或流产。

(四)砷

砷本属于非金属元素,但根据其化学性质,又鉴于其毒性,一般将其列在有毒重金属元素中。化合态的砷主要以三价和五价形态存在,最常见的是 As_2O_3(俗称"砒霜")和 As_2O_5,一般三价砷的毒性大于五价砷,无机砷的毒性大于有机砷,有机砷的毒性大于砷化氢。工业中含砷的废气、废水、废渣对环境的污染,农业中含砷杀虫剂、除草剂、杀菌剂、灭鼠剂的使用,动物饲料中生长促进剂对氨苯基砷酸等含砷化合物的添加,食品工业中水解时所使用不纯的酸类、碱类和质量不纯的食品添加剂等,这些都是使食品中砷含量增高的原因。砷对人的急性中毒通常由于误食而引起。砷慢性中毒表现为食欲下降、体重下降、胃肠障碍、末梢神经炎、结膜炎、角膜硬化以及皮肤变黑等。流行病学发现长期接触无机砷还会诱发恶性肿瘤,特别是皮肤癌和肺癌。

四、食品添加剂引起的毒害

(一)食品添加剂的化学及生物转化产物

某些食品添加剂本身没有毒性作用,但是,它们加入食品及进入人体以后都有转化问题,可以经一定的化学或代谢转化成为有毒性的转化产物。例如,赤藓红色素在食品贮藏过程中转变成的内荧光素;天冬酰胺甜肽可以转化为二羰哌嗪;人体摄入的亚硝酸盐可在体内形成转化为致癌的亚硝基化合物;偶氮染料类色素在体内可以转化为游离芳香族胺等有毒物质;糖精在体内转化成的环己胺等。

(二)食品添加剂中混入的杂质

食品添加剂中所含的杂质,随同食品添加剂的使用而成为对人体有害的成分。这些杂质,可能来自食品添加剂的生产过程,也可能来自食品添加剂的污染物质,如糖精中的邻甲苯磺酰胺,氨法生产的焦糖色素中的 4 - 甲基咪唑等。

(三)过量使用的营养性添加剂

多种作为营养强化剂加入食品中的维生素,若摄入过多会引起中毒现象。例如维生素

A 摄入过多,可发生慢性中毒现象,表现为无食欲、头痛、视力模糊、失眠、脱发、皮肤干燥脱屑、唇裂出血、鼻出血、牙龈发红、贫血等症状。维生素 D 摄食过多会造成婴儿食欲缺乏、呕吐、烦躁、便秘、体重下降、生长停滞。

(四)食品添加剂引起的过敏反应

日常原因不明的过敏反应疾患中,可能有部分是由食品添加剂所引起的。已知添加柠檬黄合成色素的饮料有引起支气管哮喘、荨麻疹、血管性浮肿等过敏反应。糖精会引起皮肤瘙痒、日光过敏皮炎等症状。

(五)食品添加剂的毒性

食品添加剂对人体的毒性概括起来有致癌性、致畸性、致突变性。这些毒性的共同特点是要经历较长时间才能表现出来,即对人体存在潜在的危害,这也是人们关心食品添加剂安全的原因。有些食品添加剂本身的毒性较低,但由于抗营养因子作用,及食品成分或不同添加剂之间的相互作用和影响,可能会生成意想不到的有毒物质。几乎所有的食品添加剂都有一定的毒性,仅其程度不同而已。另外,食品添加剂还有可能有叠加毒性,即两种或以上的化学物质组合之后产生新的毒性。因此要重视添加剂在食品原料、生产过程、最终加工和烹饪为成品的过程中的严格控制。

五、食品加工过程中产生的毒素

(一)亚硝胺

通常所说的亚硝胺是两种具有 N—N—O 基本结构的 N - 亚硝基化合物的总称,一类是 N - 亚硝胺,连有烷基基团或芳香基基团;一类是 N - 亚硝酰胺,连有一个烷基基团和一个酰基基团。亚硝胺具有很强的致癌性,可诱发人类胃癌、食管癌、肝癌、结肠癌、直肠癌、膀胱癌等。亚硝胺还具有致畸性和致突变性,主要使胎儿神经系统畸形,包括无眼、脑积水、脊柱裂和少趾。

亚硝胺由亚硝酸盐与仲胺在人和动物体内(特别是在胃部)发生亚硝化反应转化形成。啤酒在酿造过程中,大麦芽的二甲胺、三甲胺和生物碱在干燥工序时与空气中的氮氧化物也会发生亚硝化反应形成亚硝胺。硝酸盐在哺乳动物体内或在细菌作用下可转变成亚硝酸盐,故硝酸盐也是亚硝胺的前体之一。硝酸盐、亚硝酸盐和胺类化合物这些前体物质广泛存在于人类环境中,由于水源、土壤和硝态氮肥的转移,一般蔬菜中的硝酸盐含量较高,而腌制不充分的蔬菜和不新鲜的蔬菜因微生物作用亚硝酸盐含量较高,肉制品加工中会添加硝酸盐、亚硝酸盐作为发色剂和抑菌剂;胺类化合物主要源于氨基酸的脱羧产物,在鱼、肉等高蛋白食物中含量丰富。肉制品加工过程中,在添加亚硝酸盐的同时加入维生素 C 或维生素 E 等还原剂,亚硝酸盐可被还原成硝酸盐,防止亚硝胺的转化,极大地提高食品的安全性。预防食物微生物污染,农业生产中应用钼肥取代硝态氮肥,限制硝酸盐、亚硝酸盐的添加量。少食腌制蔬菜,多食新鲜水果蔬菜及大蒜,也都是预防亚硝胺危害的有效措施。

(二) 杂环胺

杂环胺是蛋白质、肽和氨基酸的热解产物,为一类氨基咪唑杂芳烃类化合物,包括氨基咪唑并喹啉、氨基咪唑并喹噁啉、氨基咪唑并吡啶、氨基咪唑并吲哚以及氨基二吡啶并咪唑等的衍生物。杂环胺具有强烈的致突变性和致癌性,但属于前致突变物,必须在肝脏内代谢活化才能产生致癌及致突变性,可以诱发肝癌、结肠癌、直肠癌、乳腺癌、前列腺癌等。

杂环胺在高温烹调、加工富含蛋白质的食物时产生,加热温度、烹调时间、水分含量对杂环胺的生成有很大影响。研究表明,当温度从200℃升至300℃时,杂环胺的生成量可增加5倍;在200℃油炸温度时,杂环胺主要在前5 min形成,在5~10 min形成减慢,进一步延长烹调时间则杂环胺的生成量不再明显增加;食品中的水分能够抑制杂环胺的形成。烧烤,煎炸,烘焙等直接与明火或灼热金属表面接触的烹调方法,由于加热温度高且水分快速丧失,产生的杂环胺数量远远高于水煮、炖煨及微波烹调等温度较低、水分较多的烹调方法。改进烹调加工方法,减少油煎、油炸或烘烤方法处理食品,不食用烧焦和炭化的食品,增加富含膳食纤维、维生素C、维生素E、黄酮类物质的水果蔬菜的摄入量,是预防杂环胺危害的有效措施。

(三) 苯并(a)芘

多环芳烃类化合物是煤炭、汽油、木柴等含碳燃料在不完全燃烧过程中产生的烃的热解产物。苯并(a)芘是多环芳烃类化合物中一种最有代表性的食品污染物,由5个苯环构成,对食品的安全影响最大。苯并(a)芘是目前世界上公认的强致癌、致畸、致突变物质之一,可诱发人类胃癌、皮肤癌和肺癌等癌症。

食物中的苯并(a)芘有两个来源,一是大气污染,二是食物加工,其中熏烤加工是造成食品苯并(a)芘污染的重要途径。据流行病学资料发现,常食用熏鱼、熏肉的地区胃癌发病率较高,在改变吃熏烤食品的习惯之后胃癌发病率下降。熏烤过程中燃料燃烧产生的苯并(a)芘可直接污染食品,生烟时的温度超过400℃以后,温度越高,熏烟中苯并(a)芘的含量越大。另外,熏烤时的高温也会使脂肪热解生成多环芳烃化合物,烘烤时油脂滴入火中会使苯并(a)芘含量升高。严格控制食品熏烤温度,避免食品直接接触明火,改良食品烟熏剂,使用熏烟洗净器或冷熏液,是预防苯并(a)芘危害的有效措施。

第四节　食品中有害物质的安全评价方法

食品中有害物质的安全评价方法可以按照食品的安全性毒理学评价方法,依据食品安全国家标准《GB 15193.1—2014　食品安全国家标准　食品安全性毒理学评价程序》规定的方法进行。该标准规定我国的食品安全性毒理学评价包括以下试验内容:急性经口毒性试验、遗传毒性试验、28天经口毒性试验、90天经口毒性试验、致畸试验、生殖毒性试验和生殖发育毒性试验、毒物动力学试验、慢性毒性试验、致癌试验、慢性毒性和致癌合并试验。该标准还规定了选择食品安全性毒理学评价试验的原则:

① 凡属我国首创的物质,特别是化学结构提示有潜在慢性毒性、遗传毒性或致癌性,或该受试物产量大、使用范围广、人体摄入量大,应进行系统的毒性试验,包括急性经口毒性试验、遗传毒性试验、90 天经口毒性试验、致畸试验、生殖发育毒性试验、毒物动力学试验、慢性毒性试验和致癌试验(或慢性毒性和致癌合并试验)。

② 凡属与已知物质(指经过安全性评价并允许使用者)的化学结构基本相同的衍生物或类似物,或在部分国家和地区有安全食用历史的物质,则可先进行急性经口毒性试验、遗传毒性试验、90 天经口毒性试验和致畸试验,根据试验结果判定是否需进行毒物动力学试验、生殖毒性试验、慢性毒性试验和致癌试验等。

③ 凡属已知的或在多个国家有食用历史的物质,同时申请单位又有资料证明申报受试物的质量规格与国外产品一致,则可先进行急性经口毒性试验、遗传毒性试验和 28 天经口毒性试验,根据试验结果判断是否进行进一步的毒性试验。

④ 对于食品添加剂、新食品原料、食品相关产品、农药残留及兽药残留的安全性毒理学评价应根据《GB 15193.1—2014 食品安全国家标准 食品安全性毒理学评价程序》的要求,选择适宜的试验。

一、预备工作

在进行食品安全性评价之前,还需要估计人体的可能摄入量。测量方法主要有两种:一是"全膳食分析",即访问调查对象以获得他们消费食物类型的信息,并对这类食品所含的所有化学成分(包括有毒物质的残留)进行全面的分析;二是"菜篮子分析",即从零售商那里购买食物,用传统或有代表性的方法进行处理,然后分析某种有疑问的食品成分。通过分析可以计算出某一特定食物成分的年人均消耗量或暴露量。

暴露量评估是指对于通过食品或其他有关途径的暴露而可能进入的生物、化学和物理性因素进行定性和定量评估。例如膳食农药残留暴露评价应以农药残留水平和膳食消费结构为基础进行。农药残留水平主要通过监测分析得出食品中的具体残留量(MRL,单位 mg/kg 或 μg/kg),膳食消费可通过全膳食研究获得数据,以 kg/(人·d)表示。

二、急性经口毒性试验

急性经口毒性试验是检测和评价受试物毒性作用最基本的一项试验,即经口一次性或 24 h 内多次给予受试物后,在短期内观察动物所产生的毒性反应,包括中毒体征和死亡,通常用 LD_{50} 来表示,观察期限一般为 14 d。常用的急性经口毒性试验方法有:霍恩氏(Horn)法、限量法(limit test)、上—下法(up-down procedure,UDP)、寇氏(Korbor)法、机率单位—对数图解法、急性联合毒性试验。急性经口毒性试验的意义:

① 可提供在短期内经口接触受试物所产生的健康危害信息。
② 作为急性毒性分级的依据。
③ 为进一步毒性试验提供剂量选择和观察指标的依据。

④ 初步估测毒作用的靶器官和可能的毒作用机制。

如果受试物的 LD_{50} 小于人的推荐（可能）摄入量的 100 倍，则一般应放弃该物质用于食品，不再继续进行其他毒理学试验。

三、遗传毒性试验

遗传毒性试验的首要目的是了解受试物的遗传毒性以及筛查受试物的潜在致癌作用和细胞致突变性。

遗传毒性试验项目包括：细菌回复突变试验、哺乳动物红细胞微核试验、哺乳动物骨髓细胞染色体畸变试验、小鼠精原细胞或精母细胞染色体畸变试验、体外哺乳类细胞 HGPRT 基因突变试验、体外哺乳类细胞 TK 基因突变试验、体外哺乳类细胞染色体畸变试验、啮齿类动物显性致死试验、体外哺乳类细胞 DNA 损伤修复（非程序性 DNA 合成）试验、果蝇伴性隐性致死试验。

遗传毒性试验的组合一般应遵循原核细胞与真核细胞、体内试验与体外试验相结合的原则，需要几个试验联合使用以观察不同的遗传学终点。推荐下列遗传毒性试验组合：

组合一：细菌回复突变试验；哺乳动物红细胞微核试验或哺乳动物骨髓细胞染色体畸变试验；小鼠精原细胞或精母细胞染色体畸变试验或啮齿类动物显性致死试验。

组合二：细菌回复突变试验；哺乳动物红细胞微核试验或哺乳动物骨髓细胞染色体畸变试验；体外哺乳类细胞染色体畸变试验或体外哺乳类细胞 TK 基因突变试验。

其他备选遗传毒性试验：果蝇伴性隐性致死试验、体外哺乳类细胞 DNA 损伤修复（非程序性 DNA 合成）试验、体外哺乳类细胞 HGPRT 基因突变试验。

如果遗传毒性试验组合中两项或以上试验阳性，则表示该受试物很可能具有遗传毒性和致癌作用，一般应放弃该物质应用于食品。如果遗传毒性试验组合中一项试验为阳性，则再选两项备选试验（至少一项为体内试验），如果再选的试验均为阴性，则可继续进行下一步的毒性试验，如其中有一项试验阳性，则应放弃该物质应用于食品，如果三项试验均为阴性，则可继续进行下一步的毒性试验。

四、28 天经口毒性试验

28 天经口毒性试验用于评价受试物的短期毒性作用，确定实验动物连续 28 天经口接触受试物后引起的毒性效应。该试验的目的是在急性毒性试验的基础上，进一步了解受试物毒作用性质、剂量—反应关系和可能的靶器官，确定 28 天经口最小观察到有害作用剂量（LOAEL）和未观察到有害作用剂量（NOAEL），初步评价受试物的安全性，并为下一步较长期毒性和慢性毒性试验剂量、观察指标、毒性终点的选择提供依据。

对只需要进行急性毒性、遗传毒性和 28 天经口毒性试验的受试物，若试验未发现有明显毒性作用，综合其他各项试验结果可做出初步评价。

五、90 天经口毒性试验

90 天经口毒性试验用于评价受试物的亚慢性毒性作用。亚慢性毒性是指实验动物在不超过其寿命期限 10% 的时间内（大鼠通常为 90 d），重复经口接触受试物后引起的健康损害效应。90 天经口毒性试验可以观察受试物以不同剂量水平经较长期喂养后对实验动物的毒作用性质、剂量—反应关系、毒作用靶器官和可逆性，确定 90 天经口最小观察到有害作用剂量（LOAEL）和未观察到有害作用剂量（NOAEL），初步确定受试物的经口安全性，并为慢性毒性试验剂量、观察指标、毒性终点的选择以及获得"暂定的人体健康指导值"提供依据。

如果 90 天经口未观察到有害作用剂量小于或等于人的推荐（可能）摄入量的 100 倍表示毒性较强，应放弃该物质用于食品；如果 90 天经口未观察到有害作用剂量大于 100 倍而小于 300 倍者，应进行慢性毒性试验；如果 90 天经口未观察到有害作用剂量大于或等于 300 倍者则不必进行慢性毒性试验，可进行安全性评价。

六、致畸试验

致畸试验的目的是了解受试物是否具有致畸作用和发育毒性。母体在孕期受到可通过胎盘屏障的某种有害物质作用，影响胚胎的器官分化与发育，导致结构异常，出现胎仔畸形。因此，在受孕动物的胚胎的器官形成期给予受试物，可检出该物质对胎仔的致畸作用。该试验可检测妊娠动物接触受试物后引起的致畸可能性，预测其对人体可能的致畸性。

如果致畸试验结果阳性则不再继续进行生殖毒性试验和生殖发育毒性试验。如果在致畸试验中观察到其他发育毒性，则应结合 28 天和（或）90 天经口毒性试验结果进行综合评价。

七、生殖毒性试验和生殖发育毒性试验

生殖毒性是指对雄性和雌性生殖功能或能力的损害和对后代的有害影响；既可发生于雌性妊娠期，也可发生于妊前期和哺乳期；表现为外源化学物对生殖过程的影响，如生殖器官及内分泌系统的变化，对性周期和性行为的影响，以及对生育力和妊娠结局的影响等。发育毒性是指个体在出生前暴露于受试物、发育成为成体之前（包括胚期、胎期以及出生后）出现的有害作用，表现为发育生物体的结构异常、生长改变、功能缺陷和死亡。生殖毒性试验和生殖发育毒性试验的目的是了解受试物对实验动物繁殖及对子代的发育毒性，如性腺功能、发情周期、交配行为、妊娠、分娩、哺乳和断乳以及子代的生长发育等，得到受试物的未观察到有害作用剂量水平（NOAEL），为初步制定人群安全接触限量标准提供科学依据。

如果未观察到有害作用剂量小于或等于人的推荐（可能）摄入量的 100 倍表示毒性较强，应放弃该物质用于食品；如果未观察到有害作用剂量大于 100 倍而小于 300 倍者，应进行慢性毒性试验；如果未观察到有害作用剂量大于或等于 300 倍者则不必进行慢性毒性试

验,可进行安全性评价。

八、毒物动力学试验

毒物动力学试验主要适应于化学物质(农药、食品添加剂、包装材料等),用来评价受试物的毒物动力学过程,即受试物在体内吸收、分布、生物转化和排泄等过程随时间变化的动态特性。该试验对一组或几组试验动物分别通过适当的途径一次或在规定的时间内多次给予受试物,然后测定体液、脏器、组织、排泄物中受试物和(或)其代谢产物的量或浓度的经时变化,得到相关毒物动力学参数。毒物动力学试验的目的是了解受试物在体内的吸收、分布和排泄速度等相关信息,为选择慢性毒性试验的合适实验动物种、系提供依据,了解代谢产物的形成情况。

九、慢性毒性试验

慢性毒性试验的目的是确定实验动物长期经口重复给予受试物引起的慢性毒性效应,了解受试物剂量—反应关系和毒性作用靶器官,确定未观察到有害作用剂量(NOAEL)和最小观察到有害作用剂量(LOAEL),为预测人群接触该受试物的慢性毒性作用及确定健康指导值提供依据。

如果未观察到有害作用剂量小于或等于人的推荐(可能)摄入量的50倍者,表示毒性较强,应放弃该物质用于食品;如果未观察到有害作用剂量大于50倍而小于100倍者,经安全性评价后,决定该物质可否用于食品;如果未观察到有害作用剂量大于或等于100倍者,则可考虑允许使用于食品。

十、致癌试验

致癌性是指实验动物长期重复给予受试物所引起的肿瘤(良性和恶性)病变发生。致癌试验可以确定在实验动物的大部分生命期间,经口重复给予受试物引起的致癌效应,了解肿瘤发生率、靶器官、肿瘤性质、肿瘤发生时间和每只动物肿瘤发生数,为预测人群接触该受试物的致癌作用以及最终评定该受试物能否应用于食品提供依据。

凡符合下列情况之一,可认为致癌试验结果阳性(若存在剂量—反应关系,则判断阳性更可靠):

① 肿瘤只发生在试验组动物,对照组中无肿瘤发生。

② 试验组与对照组动物均发生肿瘤,但试验组发生率高。

③ 试验组动物中多发性肿瘤明显,对照组中无多发性肿瘤,或只是少数动物有多发性肿瘤。

④ 试验组与对照组动物肿瘤发生率虽无明显差异,但试验组中发生时间较早。

十一、慢性毒性和致癌合并试验

慢性毒性和致癌合并试验的目的是确定在实验动物的大部分生命期间,经口重复给予受试物引起的慢性毒性和致癌效应,了解受试物慢性毒性剂量—反应关系、肿瘤发生率、靶器官、肿瘤性质、肿瘤发生时间和每只动物肿瘤发生数,确定慢性毒性的未观察到有害作用剂量(NOAEL)和最小观察到有害作用剂量(LOAEL),为预测人群接触该受试物的慢性毒性和致癌作用以及最终评定该受试物能否应用于食品提供依据。

如果一种物质在慢性毒性和致癌合并试验中未发现有致癌性,那么根据上述急性和慢性毒性实验的数据以及该物质的摄入水平,将对该物质应用于食品做出总的风险性评估。如果一种物质被证明具有致癌活性,且存在剂量—效应关系,在绝大多数情况下该物质不允许使用于食品。如果发现毒性试验的设计有误或在将来出现未预料的情况,则需要进一步的试验。

课程思政案例

案例一:"百业农为先,农兴百业兴",农业既是人类赖以生存和发展的基础,同时也是关乎国计民生的支柱产业。提高农产品国际竞争力,促进我国农产品出口,对于巩固我国农业产业的基础地位以及加快我国农业经济的发展都至关重要。自加入世界贸易组织(WTO)以来,我国农产品出口规模逐年提升。根据中华人民共和国商务部的进出口统计报告显示,我国农产品出口总额从2002的180.2亿美元上升到2017年的755.3亿美元,已成为世界上主要的农产品出口大国之一。随着我国正式加入WTO,我国农产品进入国际市场的大门虽然已逐步敞开,但贸易门槛并没有因此而降低。由于针对我国农产品所采取的关税保护措施受到一定约束,部分WTO成员转而采用隐蔽性更高的技术性贸易措施来限制我国农产品对其出口。技术性贸易措施正逐步取代关税和配额,成为我国加入WTO后农产品出口面临的主要障碍。根据原国家质量监督检验检疫总局出版的《中国技术性贸易措施年度报告(2017)》显示,"2016年我国有34.1%的出口企业遭受国外技术性贸易措施的影响,因国外技术性贸易措施导致的直接损失和新增成本分别为3265.6亿元和2047.7亿元。"其中,农产品行业是受国外技术性贸易措施影响较大的行业之一,影响的类型主要包括:

① 农兽药残留限量要求。
② 微生物指标要求。
③ 重金属等有害物质限量要求。
④ 食品标签要求。
⑤ 加工厂和仓库注册的要求。

例如,2015年,我国蜂蜜产品的两大主要出口市场欧盟以及日本以"四环素、胺素等抗生素含量过高"为由,对我国的蜂蜜产品实行封关,使得我国蜂蜜产品在欧盟与日本的市场份额逐步被阿根廷的蜂蜜产品所取代。

——摘自 ①谢众民,朱信凯.国外技术性贸易措施对我国农产品出口的影响——以我国苹果及大蒜出口为例[J].华中农业大学学报(社会科学版),2019(02):46-54,165.;②万鹰昕.《食品化学实验》思政教育的探究与实施[J].广州化工,2021,49(13):211-212.

课程思政育人目标:以国际视野思考食品化学的安全问题,在"食品中农药残留"的学习中思考如何提高农药残留检测技术,维护我国对外贸易的利益,培养学生的家国情怀。

案例二:我国重大食品安全事件。

1.速生鸡事件

2012年12月18日,中央电视台曝光了山东一些养鸡场用违禁药物饲养,40天可以使鸡长2.5公斤。个别养鸡场喂药达20多种,其中18种是抗生素类药物,而屠宰企业接收时几乎不检验检疫。速生鸡流入百胜餐饮集团上海物流中心,并供给肯德基、必胜客、麦当劳等快餐企业。此事引起了原农业部的关注,原农业部立即责成山东省相关部门迅速查处,并派出专家组前往山东调查,责令涉案企业整改。

2.染色馒头事件

2011年4月初,中央电视台"消费主张"节目指出,在上海市浦东区的一些华联超市和联华超市的主食专柜都在销售同一个公司生产的三种馒头,高庄馒头、玉米馒头和黑米馒头。黑米馒头、玉米馒头是将白面染色制成,制作过程中以甜蜜素代替白糖,加入防腐剂防止发霉。馒头生产日期标注为进超市的日期,过期馒头被回收后重新销售。这种馒头食用过多会对人体造成伤害。上海工商部门连夜查扣6048只涉嫌"染色"的馒头。生产染色馒头的上海盛禄食品有限公司分公司被责令停产整顿。

3.三聚氰胺奶粉事件

2008年9月初,全国各地医院都发现许多数月大的婴儿患上泌尿结石病症,这些婴儿的共同点是长期食用同一品牌奶粉,后被证实是三鹿牌婴幼儿奶粉。原中华人民共和国卫生部的统计数据显示,从2008年9月12日至17日8时,各地报告临床诊断患儿一共有6244例。

9月13日,原中华人民共和国卫生部召开"三鹿牌婴幼儿配方奶粉"重大安全事故情况发布会,指出三鹿牌部分批次的婴幼儿配方奶粉中含有的三聚氰胺是不法分子为增加原料奶或奶粉的蛋白含量而人为加入的。

9月16日,政府公布对婴幼儿奶粉生产企业的检查结果。政府相关部门对109家生产企业的491批次婴幼儿奶粉进行了检验,其中22家企业69批次检出含量不同的三聚氰胺。

9月18日,原中华人民共和国国家质量监督检验检疫总局又紧急组织开展了全国液态奶三聚氰胺专项检查。检查结果显示,蒙牛、伊利、光明一些抽检的产品批次中发现三聚氰胺。

事件中总共有6个婴孩因喝了有毒奶粉死亡,逾30万儿童患病。三鹿集团停产后宣告破产。

4.牛肉膏事件

2011年4月,工商部门发现市场上广泛流传"牛肉膏"添加剂,这种添加剂可以将鸡肉、猪肉加工成"牛肉"。据市民透露,这种"牛肉膏"不仅在小肉松作坊中使用,在一些小吃店也是"公开的秘密"。如果一次腌制50斤猪肉来冒充牛肉,就可直接省下近千元的成本。之后,广东佛山又爆出有商家在猪肉中添加硼砂等有毒有害原料假冒牛肉,涉案假牛肉数量超过了1.6万公斤。过量长期食用"牛肉膏"或会致癌。

5.皮鞋酸奶事件

2012年4月,网络上有传闻称,一些老酸奶使用了工业明胶,而这些工业明胶是从旧皮鞋中提取,这引起了消费者的不安。后来网络上又传言说,果冻、酸奶等固体乳制品中添加了从旧皮鞋等废旧物中提取炼制的工业明胶。

工业明胶部分原料为废旧皮革,只能用于轻工、化工、手工业等非食用产品,一般是作为黏合剂使用。工业明胶含重金属铬,金属铬会破坏人体骨骼以及造血干细胞,长期食用会导致骨质疏松,严重的会患上癌症。

2012年4月15日央视"每周质量报告"栏目报道,胶囊生产企业使用皮革废料制造药用胶囊,并流入国内医药市场。报道中指出,事件共涉及9家药品生产企业生产的13个批次的胶囊剂药品,所用胶囊的铬含量超过国家标准规定的2 mg/kg限量值,其中超标最多的甚至高达90多倍。

——摘自 ①许兰娟,李甲亮. 食品安全与健康[M]. 徐州:中国矿业大学出版社,2011.;②胡燕,王钊. "食品化学"课程思政建设的探索与实践[J]. 农产品加工,2020,513(19):132-134.

课程思政育人目标:阐述食品安全的重要性,使学生认识到作为食品行业从业人员所承担的社会责任,认识到任何时候都不能以任何理由,做出违背职业道德,有损人民健康的事情,培养学生的职业道德感和使命感。

思考题

1.食品中的有害物质如何分类?

2.常见的动植物毒素有哪些? 平时应如何预防?

3.常见的细菌毒素和霉菌毒素有哪些? 其毒性和预防措施是什么?

4.食品中的哪些有害物质来源于环境污染?

5.食品热加工中可能引入哪些有害物质?

6.食品中有害物质的安全性评价方法有哪些?

习题

参考文献

［1］SRINIVASAN D, KRIK L P. Fennema's Food Chemistry ［M］. 5th ed. Boca Raton：CRC Press，2017.

［2］江波,杨瑞金. 食品化学 ［M］. 北京：中国轻工出版社，2018.

［3］SRINIVASAN D,等. 食品化学［M］. 5 版. 江波,等译. 北京：中国轻工业出版社，2020.

［4］SRINIVASAN D,等. 食品化学［M］. 4 版. 江波,等译. 北京：中国轻工业出版社，2018.

［5］黄泽元,迟玉杰. 食品化学 ［M］. 北京：中国轻工业出版社，2017.

［6］赵谋明. 食品化学 ［M］. 北京：中国农业出版社，2012.

［7］邵颖,刘洋. 食品化学 ［M］. 北京：中国轻工出版社，2018.

［8］隋晓,赵爱云,郭群群,等.《食品化学》课程思政教学的探讨［J］. 中文信息，2021，（1）：200.

［9］林淑琴. 食品化学课程思政教学模式探索和实践［J］. 食品界，2020，（12）：88.

［10］满在伟,郭静. 课程思政教育背景下《食品化学》的课程改革与实践［J］. 广州化工，2020，48（23）：231－233.

［11］刘邻渭. 食品化学［M］. 郑州：郑州大学出版社，2011.

［12］谢笔钧. 食品化学［M］. 3 版. 北京：科学出版社，2011.

［13］谢明勇. 高等食品化学［M］. 北京：化学工业出版社，2014.

［14］汪东风. 食品化学［M］. 3 版. 北京：化学工业出版社，2019.

［15］阚建全. 食品化学［M］. 3 版. 北京：中国农业大学出版社，2016.

［16］刘树兴,吴少雄. 食品化学［M］. 北京：中国计量出版社，2008.

［17］陈敏. 食品化学［M］. 北京：中国林业出版社，2008.

［18］夏红. 食品化学［M］. 3 版. 北京：中国农业出版社，2016.

［19］周克元,罗德生. 生物化学［M］. 第二版. 北京：科学出版社，2020.

［20］魏民,张丽萍,杨建雄. 生物化学简明教程［M］. 6 版. 北京：高等教育出版社，2021.

［21］刘宇浩,孙永乐. 乳制品质量事件对企业市场势力的实证研究［J］. 商业观察，2020（01）：172.

［22］任晓镁,妥彦峰,梁月慧,等. 新疆民族特色酸奶及酸奶疙瘩中乳酸菌的分离鉴定及其生物膜形成能力检测［J］. 塔里木大学学报，2014，26（04）：1－7.

［23］翟硕莉. 食品化学课程中融入"课程思政"元素初探［J］. 绿色科技，2020（5）：

235 – 236.

[24]张力田,罗志刚. 碳水化合物化学[M]. 2 版. 北京:中国轻工业出版社,2013.

[25]夏延斌. 食品化学[M]. 北京:中国农业出版社,2004.

[26]冯凤琴. 食品化学[M]. 北京:化学工业出版社,2020.

[27]王璋,许时婴,汤坚. 食品化学[M]. 北京:中国轻工出版社,1999.

[28]OWEN R. F. 食品化学[M]. 3 版. 王璋,等译. 北京:中国轻工出版社,2003.

[29]赵国华. 食品化学[M]. 北京:科学出版社,2014.

[30]薛长湖,汪东风. 高级食品化学[M]. 2 版. 北京:化学工业出版社,2021.

[31]毕艳兰. 油脂化学[M]. 北京:化学工业出版社,2005.

[32]王兴国,金青哲. 油脂化学[M]. 北京:科学出版社,2012.

[33]倪培德. 油脂加工技术[M]. 2 版. 北京:化学工业出版社,2007.

[34]刘玉兰. 现代植物油料油脂加工技术[M]. 郑州:河南科学技术出版社,2015.

[35]GURR M, HARWOOD J L, FRAYN K N, et al. Lipid [M]. NJ: John Wiley & Sons Inc., 2016.

[36]耿挺,王应睐. 科学需要人的全部生命探索[N]. 上海科技报,2021 – 6 – 30 (002).

[37]宋为威,戴云龙,解永娟. "地沟油"问题浅析及其检测鉴定和回收利用[J]. 化工管理,2013,(20),219.

[38]赵新淮. 食品化学[M]. 北京:化学工业出版社,2006.

[39]孙长颢. 营养与食品卫生学[M]. 8 版. 北京:人民卫生出版社,2017.

[40]迟玉杰. 食品化学[M]. 北京:化学工业出版社,2012.

[41]李林. 上善若水 往亦来者——王应睐科学精神长存[J]. 民主与科学,2018 (05):73 – 75.

[42]贾俊强. "食品生物化学"课程思政教育路径探讨[J]. 现代面粉工业,2020,34 (3):34 – 35.

[43]秦菲,刘彦霞,魏涛. 无机与分析化学课程思政建设的探索[J]. 林区教学,2021,(4):18 – 21.

[44]徐文思,贺江,杨祺福,等. 课程思政融入"食品化学"课程的教学探索与反思[J]. 农产品加工,2020,(23):85 – 87.

[45]赵维克. 食盐中的食品营养强化剂——碘[J]. 食品安全导刊,2016,(30):92 – 93.

[46]李斌,于国萍. 食品酶学与酶工程[M]. 2 版. 北京:中国农业大学出版社,2017.

[47]卞科,郑学玲. 谷物化学[M]. 北京:科学出版社,2017.

[48]周惠明. 谷物科学原理[M]. 北京:中国轻工出版社,2003.

[49]郭勇. 酶工程[M]. 2 版. 北京:科学出版社,2016.

[50]罗贵民. 酶工程[M]. 3 版. 北京:化学工业出版社,2016.

[51]孙君社,江正强,刘萍. 酶与酶工程及其应用[M]. 北京:化学工业出版社,2006.

［52］周晓云. 酶学原理与酶工程［M］. 北京：中国轻工出版社，2007.

［53］施巧琴. 酶工程［M］. 北京：科学出版社，2005.

［54］陈石根，周润琦. 酶学［M］. 上海：复旦大学出版社，2001.

［55］陈宁. 酶工程［M］. 北京：中国轻工业出版社，2007.

［56］梅乐和，岑沛霖. 现代酶工程［M］. 北京：化学工业出版社，2018.

［57］李斌，于国萍. 食品酶工程［M］. 北京：中国农业大学出版社，2010.

［58］王清滨，陈国良. 食品着色剂及其分析方法［M］. 北京：化学工业出版社，2004.

［59］项斌，高建荣. 天然色素［M］. 北京：化学工业出版社，2004.

［60］Tony. 2005 年食品安全大事件启示［J］. 福建质量信息，2006(3)：4－7.

［61］张晓鸣. 食品风味化学［M］. 北京：中国轻工业出版社，2018.

［62］冯涛，田怀香，陈福玉，等. 食品风味化学［M］. 北京：中国质检出版社，2013.

［63］夏延斌. 食品风味化学［M］. 北京：北京大学出版社，2008.

［64］SARA J R, CHI T H. Flavor Chemistry. Industrial and Academic Research ［M］. Chapter 1, 2. Washington DC：American Chemical Society，2000.

［65］GARY R. Flavor Chemistry and Technology ［M］. Second Edition. Boca Raton：Taylor & Francis Routledge，2006.

［66］马汉军，田益玲. 食品添加剂［M］. 北京：科学出版社，2014.

［67］刘钟栋，刘学军. 食品添加剂［M］. 郑州：郑州大学出版社，2015.

［68］秦卫东. 食品添加剂学［M］. 北京：中国纺织出版社，2014.

［69］高彦祥. 食品添加剂［M］. 北京：中国林业出版社，2013.

［70］卢晓黎，赵志峰. 食品添加剂特性、应用及检测［M］. 北京：化学工业出版社，2014.

［71］郝利平. 食品添加剂［M］. 3 版. 北京：中国农业大学出版社，2016.

［72］王向东，赵良忠. 食品毒理学［M］. 南京：东南大学出版社，2007.

［73］汪东风. 食品中有害成分化学［M］. 北京：化学工业出版社，2006.

［74］万鹰昕.《食品化学实验》思政教育的探究与实施［J］. 广州化工，2021，49（13）：211－212.

［75］胡燕，王钊.“食品化学”课程思政建设的探索与实践［J］. 农产品加工，2020，513（19）：132－134.

［76］谢众民，朱信凯. 国外技术性贸易措施对我国农产品出口的影响——以我国苹果及大蒜出口为例［J］. 华中农业大学学报(社会科学版)，2019（02）：46－54，165.

［77］许兰娟，李甲亮. 食品安全与健康［M］. 徐州：中国矿业大学出版社，2011.